Electric High Speed
Mercedes-Benz Design Projekt

→ Vorwort Prof. Dr. h.c. Gorden Wagener ● Als Designer leben wir unsere kreativen Phantasien. Inspiriert werden wir vor allem auf Reisen, auf denen wir die künstlerischen und gesellschaftlichen Trends aufsaugen, interessante Orte und interessante Menschen kennenlernen. Es geht um Wissen und Träumereien, um Mögliches und Unmögliches, denn wer nicht gelegentlich spinnt, ist schon im Rückwärtsgang. Die Phantasie neue Wege zu gehen, gepaart mit höchster physikalischer Effizienz und extremen technischen Lösungen war und ist bei Rekordversuchen schon immer die Triebfeder für Innovationen gewesen. Und dies beweisen wir, als Erfinder des Automobils, täglich neu.

Die Entwicklung des Automobils und damit auch das gesamte Design unserer individuellen Mobilität wird sich in den kommenden fünf Jahren grundlegender verändern als in den 50 Jahren davor. Aus diesem Grund ist es mir auch ein persönliches Anliegen insbesondere die künftige Generation an die traditionsreiche Marke MERCEDES-BENZ aktiv heranzuführen. Dazu habe ich ganz bewusst für die Studierenden an der HOCHSCHULE MÜNCHEN die anspruchsvolle Aufgabenstellung ausgesucht ein Rekordfahrzeug zu entwickeln und die angehenden Designer aufgefordert ihrer Phantasie freien Lauf zu lassen, neue Wege zu gehen, gepaart mit höchster physikalischer Effizienz und extremen technischen Lösungen. Optimale Aerodynamik ist nicht nur nötig um den Rekord mit selbstangetriebenen Rädern zu erreichen, sondern im Umkehrschluss auch wichtig, um bei geringerer Geschwindigkeit höhere Reichweiten zu erreichen. Hochgeschwindigkeit und sparsamer Umgang mit endlichen Ressourcen sind eng miteinander verwoben. Unsere reiche Geschichte der Hochgeschwindigkeitsfahrzeuge von MERCEDES-BENZ ist im kollektiven Gedächtnis der Designer unserer Marke tief verankert. Die Symbiose von Technik und Design könnte nicht besser umgesetzt werden. Und so hat uns der seit 1938 bestehende, noch heute gültige Rekord von 432,7 km/h auf öffentlicher Straße inspiriert, diesen Gedanken in die Zukunft zu führen.

Das zusammen mit Prof. Dr. Wickenheiser angestoßene Hochschulprojekt ist eine inspirierende und gleichzeitig mutig experimentelle Auseinandersetzung, in der Visionen und ihre formalen Herausforderungen von Übermorgen bereits heute sichtbar gemacht werden. Als *Chief Design Officer* der DAIMLER AG liegt mir ganz persönlich die Förderung junger, kreativer Talente ganz besonders am Herzen, denn der Nachwuchs ist unsere Zukunft.

→ Vorwort Prof. Dr. Othmar Wickenheiser ● Vor knapp einem Vierteljahrhundert wurde mir die Verantwortung für das *Transportation Design* an der HOCHSCHULE MÜNCHEN übertragen und erfreulicher Weise ist es seither auch gelungen, dass fast 95 % der Absolventen in der Automobil-Design-Branche eine Anstellung fanden. Dies ist jedoch nur möglich, weil alle Hersteller der Einladung gefolgt sind, sich als integraler Anteil in der Lehre zu engagieren und Design-Experten mit zukunftsweisenden Aufgabenstellungen an die HOCHSCHULE MÜNCHEN gekommen sind. So ist auch dieses Projekt, einen Rekordwagen für MERCEDES-BENZ zu entwerfen eines dieser Kooperationsprojekte, zu dem die Studierenden des Transportation Designs auf Initiative von Prof. Dr. h.c. Gordon Wagener unter der Leitung des Exterieur Design Leiters von MERCEDES-BENZ und einigen seiner Mitarbeiter aufgerufen waren über sich hinaus zu wachsen. Ausgerechnet einen Designentwurf für den absoluten Hochgeschwindigkeits-Weltrekord für radgetriebene Fahrzeuge von MERCEDES-BENZ auszuloben, mag manchen Kritikern – im Zuge der Diskussionen um Nachhaltigkeit und Klimawandel – wie aus der Zeit gefallen erscheinen. Dabei bleibt es aus funktionaler Sicht nichts anderes, als ein Effektivitätswettlauf um das beste Mobilitätskonzept attraktiv zu gestalten. Ob bei einer Forschungs- und Entwicklungsarbeit die weiteste Stecke oder die höchste Geschwindigkeit im Fokus steht, ist primär unerheblich. In beiden Fällen geht es nur darum unserem Grundbedürfnis nach individueller Mobilität auch künftig unter optimalem Einsatz der Ressourcen gerecht werden zu können. Letztlich gilt es – wie in der Mathematik – Betrachtungsgrenzen zwischen Null und Unendlich zu analysieren, um eben diese Erkenntnisse aus den Extremen demokratisch für die Allgemeinheit nutzbar zu machen. Denn noch nie wurde ein Rekordwagen – weder ein Reichweiten- noch ein Hochgeschwindigkeitsfahrzeug – für den breiteren Anwendungsbereich eines normalen PKWs ohne die notwendigen Angleichungen zur Alltagsverwendung serientauglich. Aus gestalterischer Sicht ging es also darum, die perfekte Balance zwischen Form und Funktion zu finden, und das ist nun einmal das Hauptaugenmerk, zu dem Designer ihre Expertise einbringen können. Ziel war es, die Grundausrichtung für einen hochspezialisierten Fortbewegungsanspruch insbesondere auch als ästhetisch überzeugendes Gesamtkonzept so attraktiv darzustellen, dass möglichst auch für Kritiker zumindest ein Gestaltungsergebnis mit Identifikationspotential erkennbar wird. Und das alles natürlich vor dem Hintergrund einer starken Marke, die als Erfinder des Automobils Pionierarbeit zur Massenmobilisierung geleistet hat. So einen Anspruch an Innovationsgeist auch für künftige Mobilitätskonzepte unter dem anspruchsvollen Motto: »Das Beste oder nichts« zu realisieren, behielten die Studierenden als Motivation bei der gestalterischen Forschungsarbeit im Hinterkopf.

    Dabei wird in dieser Veröffentlichung ganz klar der Fokus auf dem Themenschwerpunkt Design gerichtet bleiben. Dies geschieht nicht etwa um das Klischee des Designers, der als realitätsfremder Phantast »im luftleeren Raum« Stilblüten hervorbringt, noch weiter zu bestärken. Es ist einfach der Tatsache geschuldet, dass bereits wirklich hervorragende Literatur und sogar fantastische Standardwerke von Günter Engelen, Karl Ludvigsen und Louis Sugahara zu dem Themenspektrum der MERCEDES-BENZ Renn- und Rekordfahrzeuge existieren, die allesamt den Verfasser dieses Buches mit Respekt und Anerkennung erfüllen. In deren Büchern wurden zu Recht – um die Zusammenhänge im Umfeld dieser speziellen Wagen der heutigen DAIMLER AG für jeden nachvollziehbar zu halten – auch die Firmenhistorie, die Technik bis ins Detail, die Aerodynamik bis hinter viele Stellen des Kommas, die handelnden Persönlichkeiten, die Rennergebnisse, die Mitbewerber, die Finanzen, die zeitgenössischen und historischen staatspolitischen Zusammenhänge in der notwendigen Breite thematisiert, um ein komplettes Gesamtbild in der Tiefe den Lesern vermitteln zu können.

Einzig der Aspekt der ästhetischen Wirkung der MERCEDES-BENZ Rekordfahrzeuge auf die Wahrnehmung des Menschen schien mir als einem dieser wissbegierigen Leser mit dem Interessensschwerpunkt Gestaltung in den bekannten Werken noch nicht ausführlich genug erörtert zu sein.

Ziel dieser Publikation ist es daher, nicht alles, was Wesentlich ist, aber schon gesagt und niedergeschrieben wurde, noch einmal zu wiederholen. So werden nur genau die Textinhalte angeboten, welche die ästhetische Betrachtungslücke der bisherigen MERCEDES-BENZ Hochgeschwindigkeitsrekordfahrzeuge ein Stück weit schließen können und gleichzeitig einen Ausblick auf die künftige Wertigkeit und Wirkung der Gestaltungsdisziplin innerhalb der Automobilentwicklung in unserer Gesellschaft vermitteln.

Prof. Dr. Othmar Wickenheiser
Transportation Design an der HOCHSCHULE MÜNCHEN

→ Die Entwicklung des Erscheinungsbilds der MERCEDES-BENZ Rekordwagen

→ Die Entwicklung des Erscheinungsbilds der MERCEDES-BENZ Rekordwagen ● Der Mensch – schon immer bestrebt die Grenzen der eigenen Fortbewegungsmöglichkeiten zu erweitern – vervielfachte die mit eigener Körperkraft erreichten Distanzen und Geschwindigkeiten. Über viele Jahrhunderte geschah dies entweder *auf* dem Rücken der Pferde oder *in* – durch tierische Muskelkraft gezogenen – Vehikeln. Der aktuell schnellste Mann der Welt, Usain Bolt, macht zwar als Sprintweltmeister mit einer Maximalgeschwindigkeit von 44,72 km/h einem durchschnittlichen Pferd im vollen Galopp bereits Konkurrenz, aber dies nur über wenige Sekunden. Der Rekord des schnellsten Galopprennpferds der Welt, »Eclipse« aus den 1770er Jahren, ist über die 7.000 Meterdistanz mit einer Durchschnittsgeschwindigkeit von fast 72 km/h bis heute nicht übertroffen.

Mit der Erfindung des Automobils 1886 befeuerte Carl Benz die Phantasien, das Erlebnis der Beschleunigung und den Rausch der Geschwindigkeit auf dem Landwege in ungeahnte Dimensionen zu steigern. Dabei ging es zunächst darum das sportliche Kräftemessen im direkten Konkurrenzkampf von Maschine gegen Maschine mit dem wagemutigen Heldenduo aus Rennwagenlenker und Copilot im Wettbewerb um den ersten Platz auszutragen. Speziell konzipierte Wagen, welche ausschließlich für Höchstgeschwindigkeitsrekorde und die damit einhergehende Passion Mensch und Maschine gegen die Zeit ausgelegt waren, standen dabei ganz zu Beginn noch nicht im Mittelpunkt. Wie eng der Erfolg solcher Rekordwagen mit der Karosserieformgebung verwoben sein würde, in wie weit die »Stromlinie« zum Synonym für »die schnellsten Autos der Welt« werden musste und in wie weit der allgegenwärtige Leitsatz »form follows function« für die aktuelle und künftige Designentwicklung seine Gültigkeit behalten kann, soll zum Betrachtungsgegenstand werden.

Zur 1900er Jahrhundertwende trugen insbesondere auch die fast ausnahmslos offenen Wettbewerbsfahrzeuge den Namen »Motorkutsche« noch wirklich zu recht. Denn bis auf das neue Karosseriehauptvolumenelement, unter dessen Blechverkleidung im Zentrum der Verbrennungsmotor unüberhörbar meist in der Front seine Kraft entfaltete, und dem dazu notwendig großen, oft im Heck positionierten Treibstofftank, blieb das Erscheinungsbild dieser Automobile im Bereich des Fahrers und Beifahrers in der Tat den charakteristischen Ausstattungsmerkmalen aus der Zeit des Pferdekutschenwagenbaus eng verhaftet.

→ DAIMLER 23 PS PHÖNIX RENNWAGEN, 1900 ● Definiert man die Vielzahl der einzelnen Elemente eines Rennwagens aus dem deutschen Erfinderstall des Automobils ab dem Jahre 1900, ergibt sich, z.B. beim DAIMLER 23 PS PHÖNIX RENNWAGEN in der Seitenansicht schnell das komplexe und heterogene Bild eines Technikkonglomerats. Immerhin lag die Höchstgeschwindigkeit mit 81 km/h genau neun Stundenkilometer über der des schnellsten Pferdes der Welt. In ästhetischer Hinsicht jedoch hatte das Galopprennpferd die Nase weit vorne. Denn zwischen zahlreichen, auf den Trägerrahmen montierten, offen sichtbaren, teils groben, teils

feingliedrigen Maschinenbaukomponenten, den wenigen technischen Körperanteilen, wie dem bereits erwähnten unabdingbaren Benzintank oder dem freistehenden Kühlerkasten, erhob sich der Motor in der Front als einziges verkleidetes Vollvolumen. Selbst die zum Teil dazu gleichfarbig ummantelten Außenflächen des Sitzensembles – mit dem Unterbau, den Seitenwangen und der Rückenlehne – vermochten eine große klaffende Lücke nicht zu schließen. Der Einstiegsbereich zwischen der Schottwand und den Passagierplätzen ließ einen unüberbrückbaren Freiraum offen. So konnten die Karossen als Einzelelemente-Ansammlung nicht zu einem homogenen Gesamterscheinungsbild zusammenwirken, sondern waren allenfalls in der Seitenansicht als zwei isolierte Bereiche oberhalb der Räder auszumachen. Somit ist es mit dieser Distanz zwischen den Hauptvolumenanteilen kaum möglich eine echte Bestimmung nur eines visuellen Schwerpunkts eines unbemannten Rennwagens der damaligen Zeit auszumachen. Zumal das kleine Flächendelta im Fußraum, auf dem die Pedalerie und die Lenksäule montiert sind, nicht ausreichend Platz einnahm, um optisch als Vermittler den Abstand zu schließen. Daher ist die empfundene Höhenlinie ohne die Menschen in jedem Falle noch weit oberhalb der riesigen Räder bei ca. 11/16 der Gesamthöhe auf etwa 1.030 mm über dem Boden anzuberaumen.

Mit der Rennfahrerbesatzung, die gleichsam als lebendiges Bindeglied mit ihren Körpern die Front und das Heck überhaupt visuell miteinander in Beziehung bringt, würde die optische Höhenwirkung noch weiter nach oben wandern.

→ MERCEDES 35 PS RENNWAGEN, 1900 ● Mit der Anforderung, den physikalischen Schwerpunkt eines Rennwagens im Gegenteil dazu näher an die Straße zu bringen, war und wirkte der MERCEDES 35 PS RENN- UND TOURENWAGEN auf Bestellung von Herrn Emil Jellinek tatsächlich bedeutend niedriger. Der flächenbündig angegliederte Kühlergrill verlängerte schon einmal die

Motorhaube, und insbesondere der erweiterte Radstand streckte den Wagen optisch gegenüber dem kürzeren und höheren PHÖNIX RENNWAGEN. Zudem brachte die deutlich abgesenkte Motorverkleidung das Hauptvolumen in der Seitenansicht dichter an die Fahrbahn. Allerdings lagen nun auch die Hüftpunkte[1] der Passagiere fast auf dem Höhenniveau der Motorhaubenlinie, so dass sich die besorgniserregend kippanfällige Gesamtwirkung noch verstärkte. Trotz des tatsächlich niedrigeren Schwerpunkts stellte sich nach wie vor der optische Eindruck ein, dass die sportlichen Akteure auch beim MERCEDES-SIMPLEX 60 PS GORDEN-BENNETT-RENNWAGEN[2] mit bereits 128 Stundenkilometern Höchstgeschwindigkeit – immer noch nicht im, sondern auf dem Rennwagen saßen.

→ MERCEDES 90 PS GORDON-BENNETT-RENNWAGEN, 1903 ● Mit dem bis zu 156,5 km/h schnellen[3] MERCEDES 90 PS RENNWAGEN beginnt sich ab dem Jahre 1903 – im Unterschied zu der 60 PS Sportwagenvariante – mit der Version des GORDON-BENNETT-RENNWAGENS immerhin die große Lücke im Einstiegsbereich zwischen Vorderwagen und den Fahrerplätzen nun durch die bis zur Oberkante der Motorhaube ausgedehnte, gleichschenklige Verkleidungsdreieckfläche allmählich geometrisch zu schließen.

①
DAIMLER 23 PS
PHÖNIX RENNWAGEN

→ MERCEDES 120 PS GORDON-BENNETT-RENNWAGEN, 1905 ● Eine erstmals homogene, fließende Verbindungsebene, die im geschmeidigen Schwung auch formal als Integrationslinie die Front und zumindest das Fahrerpodest als Einheit erscheinen lässt, zeichnet die Karosseriegestaltung des ab 1905 eingesetzten und mit fast vier Meter (3.975 mm) lang gestreckten MERCEDES 120 PS GORDON-BENNETT-RENNWAGENS von 1905/06 aus. Rückschrittlich mutet allerdings der riesige Tank in Form eines »Benzinfasses« im Heck an, der direkt im Blickfeld des Betrachters als Fremdkörper die Aufmerksamkeit auf sich zieht.

→ MERCEDES 135 PS GRAND-PRIX-RENNWAGEN, 1908 ● Erst der MERCEDES 135 PS GRAND-PRIX-RENNWAGEN von 1908 (173,1 km/h) schließt die große Lücke des Einstiegsbereichs mit einer die Personen umgreifenden Geste. Semantisch betrachtet ein konsequenter Ansatz, indem das technische Antriebsaggregat geometrisch hart eingefasst bleibt und der Mensch skulptural von der Form umschlossen wird. Zwar stehen so der Vorder- und Hinterwagen entlang der vertikalen Feuerwandlinie formensprachlich im direkten Kontrast, da die planen Flächen mit abrupten, geradlinigen Kanten der Motorverkleidung im Bereich der aufrechten Linie der Motorraumtrennwand stumpf auf die geschmeidigeren Über-

wölbungsgrade des anschließenden Hinterwagenvolumens treffen. Jedoch für die ästhetische Wirkung viel entscheidender ist die Tatsache, dass die unterschiedlichen Volumenelemente zu einem zwischen den Rädern liegenden Hauptvolumen und somit erstmals zu einer Gesamtkarosserieform vereint werden konnten. Zudem entsteht erstens ein formaler Ansatz für das Auge und zweitens ein funktionaler Ansatz, damit auch den Wind mit der aufsteigenden Kragenanlauffläche hinter dem oberen Bereich der Motorhaube über die Köpfe der »Insassen« zu leiten. Und ja, diese kann man nun auch endlich zu Recht so bezeichnen, da schließlich auch die Sitze ganzheitlich formumschlossen den Fahrer und Beifahrer bis auf den Oberkörper gleichsam mit dem Schwerpunkt in den Rennwagen aufnehmen und nicht länger – wie zuvor – die mutigen Protagonisten »on top« völlig im Freien exponiert wirken lassen. Mit der Schaffung eines gesamten Karosserievolumens zerfällt der Rennwagen in seiner optischen Präsenz nicht länger in zumindest zwei Bestandteile. Der geschmeidige Zug einer geschlossenen Verbindungslinie bewirkt überhaupt erst, dass von einer kohärenten oberen Silhouette gesprochen werden kann, selbst wenn diese im unbesetzten Wagen noch durch die hochaufschießende Lenksäule und den Lenkradkranz überragt wurde. Aber es wurde zumindest begonnen bei der Gestaltung des Karosserievolumens den Menschen nicht länger als Fremdkörper oder allenfalls lebendiges Bindeglied zwischen Technikkomponenten und zwei separaten Hauptvolumina, sondern als integralen Bestandteil in die Gesamterscheinung formal einzubeziehen. Lediglich hinter den Sitzen wirken die Fahrzeuge noch meist mit ihren aufgeschnallten Ersatzrädern, dem obligatorischen Benzintank und freiliegenden Federelementen gestalterisch zerklüftet.

→ BENZ REKORDWAGEN BLITZEN-BENZ, 1909-1911 ● Bedenkt man, dass seinerzeit die Straßen allenfalls den Ansprüchen von Pferdekutschen und kaum Geschwindigkeiten jenseits der 50-km/h-Marke[4] mit gutem Gewissen gerecht wurden, so ist es um so erstaunlicher, dass bereits 1909 der erste reinrassige Rekordwagen BLITZEN-BENZ mit seinen Leistungsdaten von 200 PS und dem 1911 erzielten Geschwindigkeitsrekord von 228,1 km/h nicht nur die Grenzen des damals technisch Vorstellbaren durchbrach. Die Karosserieform war auch ein ästhetischer Meilenstein der Rekordwagenhistorie. In der Tat gab es in der MANNHEIMER Rennabteilung seinerzeit zwei Karosserieformen, die auf das gleiche Chassis gewechselt werden konnten. Eine aus gestalterischer Sicht wenig überraschende, zeitgemäß normal breite Rennvariante und die schlanke, formal revolutionäre Rekordwagenkarosserie. Schon aus der Draufsicht wird besonders eindrucksvoll sichtbar, was die Besonderheit dieses spektakulären Karosseriedesigns ausmacht. Im maximalen Kontrast zu den in der Front noch sichtbaren vier rechten Rahmenwinkeln der Längs- und Querträgerbasis setzt der Wagenkörper – anmutig wie der Rumpf eines Vogels im Sturzflug – mit einer doppelten Pfeilung seine gespannten Silhouettenzüge von der Spitze des Kühlerrahmens bis in den ebenfalls spitz zulaufenden Heckabschluss fort. Die Konsequenz solch kompromisslos auf einen Punkt treffender Einzüge im Heck aus der Draufsicht greift der

②
MERCEDES 120 PS
GORDON-BENNETT-RENNWAGEN

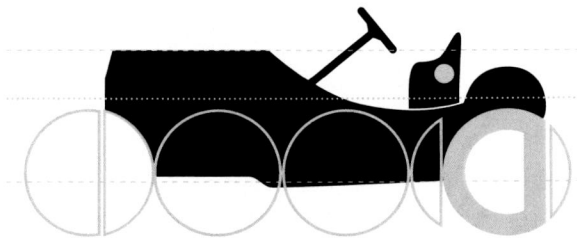

»Tropfenform«, die erst über eine Dekade später bei Rennfahrzeugen eingesetzt wurde, vor. Allerdings liegt die breiteste Stelle dieser innovativen Rekordwagenkarosserie nicht unmittelbar nach dem balligen Volumen in der Front, welches als typisierendes Merkmal des Tropfens, aber funktional zwingend, die größte Ausdehnung von oben im Freischnitt der Karosserie für die Besatzung besitzt, die im Innenraum trotzdem gerade noch ein enges Korsett für den Fahrer und ein noch engeres für den Beifahrer bietet. Somit beschreiben die Umrisslinien des sich zur Front verjüngenden Wagens zwischen den Rädern in der exakteren Analyse eine gestreckt bikonvexe, pointierte Linsenform. Von oben

bleibt das Volumen in der Querschnittsprogression eher gleichförmig überwölbt. Die Seitenansicht zeigt als Umrisslinie im oberen Bereich des vertikalen, zurückversetzten Kühlers eine weit hervortretende Anspitzung, die den kurzen Anlauf über die Kühleroberkante in einem langen Horizontalverlauf fortsetzt, der nach der konkaven Ausschnittlinie für die Piloten sich des Weiteren wie eine horizontale Spitzprojektilkontur zum Heckpunkt hin und darunter bis an die Hinterräder fortsetzt.

Noch genauer als über die graduelle Schattierungsentwicklung in der Seitenansicht wird in der Perspektive Folgendes erkennbar: Hier sieht man genau, dass die Heckquerschnitte zwar unten abgeflacht sind, sich aber ansonsten radial entwickeln, bevor diese im seitlichen Verlauf erst allmählich – etwa im Bereich der Rückenlehnenwinkel – an den Flanken straffer werden. Auf der Höhe des Lenkrads bis zur Front nehmen die Schnitte zunächst sukzessiv ab, bis vollkommen geradlinig ohne jede Überwölbung die vertikalen Kanten des Kühlerrahmens sichtbar werden. Dabei werden auch unterhalb des als einzig kantig hervortretenden Profilrahmens wiederum in den Querschnitten der Bodenverkleidung vergleichbar starke Rundungen wie über der Haube verfolgt. Ein derart konsequentes Aufgreifen der Gestaltungsthemen, wie die Bombierungsgrade über der Haube und im Unterzugvolumen oder die spitz zulaufenden Konturführungen von Front und Heck, bewirken einen bis zu diesem Zeitpunkt ungesehenen Grad der Geschlossenheit und der harmonischen Linienführung für eine Rekordwagenkarosserie. Die drastische Reduktion der Wendepunkte – insbesondere durch den dezenteren Ausschnitt für den Beifahrer auf der linken Karosserieseite – und die damit einhergehende Simplifizierung machen die Umrisslinien des Volumens in der Seitenansicht so einprägsam. Gleichzeitig sorgt die Länge, mit der die Hüllkurven der Silhouette ununterbrochen ihre beschleunigten Züge zur Geltung bringen können, für eine enorme ästhetische Durchschlagskraft dieser dynamischen Körperform. Und schließlich verleihen die konsequenten Einzüge, insbesondere in der Front, ein zum damaligen Zeitpunkt unvergleichlich schmales, aufrechtes Profil und ergeben damit die deutlich elegantere Präsenz des Rekordwagens gegenüber der Wechselkarosserie in der Rennwagenversion. Mit dieser konsequent niederkomplexen Prägnanz avanciert das Design des BLITZEN-BENZ zur unerreichten Stilikone für zahlreiche Rennwagen. Mit spitz zugeschnittenem Heck, wie der BENZ 6/18 PS RENNWAGEN von 1921, oder dem bedeutend flacheren BENZ TROPFEN-RENNWAGEN, der als Mittelmotorkonzept zwischen 1922 und 1925 Max Wagners Konstrukteursleistung einen Ehrenpreis einbrachte, waren diese Wagen in Leistung dem BLITZEN-BENZ nicht ebenbürtig.

→ BENZ TROPFEN-RENNWAGEN, 1923 ● Allerdings ist der BENZ TROPFEN-RENNWAGEN aus formgestalterischer Sicht als reinrassiger Vertreter der Tropfenform außerordentlich bemerkenswert. Sein Design geht zurück auf die Aerodynamik-Pionierarbeit Edmund Rumplers und nimmt mit seinem tieferen Schwerpunkt und der extrem tiefen Sitzposition wesentliche Impulse späterer Rekordwagen voraus.

→ MERCEDES-BENZ SSKL STROMLINIEN-RENNWAGEN, 1932 ● In der Höchstgeschwindigkeit mit 230 km/h aus 300 Kompressor PS nach 22 Jahren dem BLITZEN-BENZ leicht überlegen und auch formal motiviert, entstand der MERCEDES-BENZ SSKL STROMLINIEN-RENNWAGEN. In dieser Sonderversion des SSKL realisierte – nach Plänen des Fahrzeug-Aerodynamik-Experten und Geschwindigkeitsrekordinhabers Reinhard Freiherr von Koenig-Fachsenfeld [5] – der Karosseriebauer VETTER in CANNSTATT für den MERCEDES-BENZ Werksfahrer Manfred von Brauchitsch die strömungsoptimierte Rennkarosse. Trotz der typisierenden Stilmerkmale aus der Hauptansicht mit balliger Umrisslinie in der Front und mit spitz zulaufendem

③
BENZ REKORDWAGEN
BLITZEN-BENZ

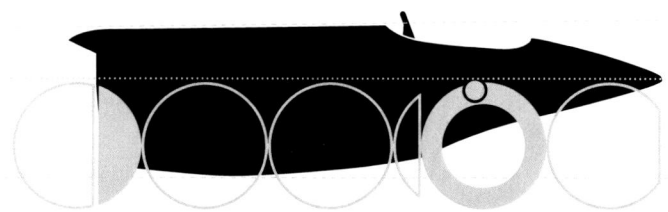

Heck erkannten die Zuschauer des AVUS-Rennens in der Erscheinung des neuen, windschlüpfigen SSKL nicht etwa die bekannte Tropfenform wieder, sondern tauften den ungewöhnlichen Wagen mit der Startnummer 31, irritiert von seiner davon abweichenden Gesamtästhetik, spöttisch auf den Spitznamen »Gurke«. Und damit lagen sie instinktiv richtig, denn das Publikum hätte schon aus der Vogelperspektive von der Gondel der perfekten Tropfenform des Luftschiffs vom Format eines Zeppelin LZ 120 »BODENSEE« des Aerodynamik Pioniers Paul Jaray[6] das Rennengeschehen von oben verfolgen müssen. Allenfalls aus der direkten Draufsicht erinnern die äußeren Umrisslinien des Körpers ausreichend an einen lang gezogenen Tropfen mit einer geradlinigen mittleren Symmetrielinie. Von den teuren Plätzen der leicht erhöhten Tribünen oder von den Rasenflächen sah das Publikum Manfred von Brauchitschs aerodynamisch optimiertes Geschoss nie weit genug von oben, sondern allenfalls von der Seite. Immerhin erreichte er als erster die Ziellinie, aber hinterließ optisch den bleibenden visuellen Eindruck einer durchhängenden »Gurke«. Dieses ist einerseits erklärbar, da der obere, zur Front hin horizontaler verlaufende Silhouettenzug von seinem unteren, zur Front hin aufsteigenden Spiegelpendant zu stark abweicht und somit die notwendige Symmetrie sowie die dementsprechend korrelierende Mittellinie mit straffer Geradlinigkeit zur Wiedererkennbarkeit der typischen Tropfenform vermissen ließ, gegenüber einer nach unten gebogenen Verlaufslinie gemäß des grünen Gurkengewächs. Noch verstärkt wird dieser Eindruck durch das seitlich ebenfalls leicht durchgebogene Abgasrohr und die gleichsam hängende Karosseriefügenaht. Bei aller aus rein formaler Sicht berechtigten Kritik ist jedoch auch zu berücksichtigen, dass unter der von König-Fachsenfeld gerade noch rechtzeitig für das Rennen aerodynamisch optimierten Karosserie der riesige Frontkühler des SSKL steckte und unverändert als feststehende Größe in der Gestaltungsgleichung eingehen musste. Bedeutend schmeichelhafter als von der seinerzeit schon berüchtigten Berliner Schnauze wird dieses Körpervolumen in der Literatur unter dem weiter gefassten Überbegriff als »Stromlinienkarosserie« bezeichnet. Unbestritten bleibt es jedoch Tatsache, dass die strömungsoptimierte Gestaltung des SSKL einen um ein Viertel günstigeren Luftwiderstand als die konventionellen Rennversionen aufwies und so – mit einer um über 20 km/h höheren Endgeschwindigkeit – Manfred von Brauchitsch beim AVUS-Rennen im Mai des Jahres 1932 den Sieg erringen ließ. Die aus Zeitnot in blankem Metall glänzende, aber lackierungsseitig unbehandelte Außenhaut veranlasste den für seine frei gesprochenen Rundfunkreportagen beliebten Dr. Paul Laven, den Wagen auch nicht etwa als grüne Gurke, sondern auf Grund seiner Siegerqualitäten als »silbernen Pfeil« zu beschreiben. Ein Begriff, der als »Silberpfeil« in die Rennwagengeschichte eingehen und bis heute und auch künftig Bestand haben sollte.

Allerdings kam die Sonderausführung des SSKL mit Stromlinienkarosserie nur noch ein weiteres Mal zum Renneinsatz: beim AVUS-Rennen 1933, wo sie mit Vorjahressieger Manfred von Brauchitsch am Steuer einen 6. Platz belegte. Die schweren, mit großvolumigen Motoren ausgestatteten MERCEDES-BENZ Zweisitzer, deren Konstruktion auf die Jahre 1927/1928 zurückging, waren nicht mehr wirklich konkurrenzfähig. Im Grand-Prix-Rennsport, der von 1931 bis 1933 nach einer freien Formel ausgetragen wurde, dominierten die leichteren, leuchtblauen BUGATTI und die reinrassigen roten ALFA ROMEO Rennwagen die Rennszene. Selbst die zunächst erfolgreichen Anstrengungen, die Aerodynamik des vergleichsweise massiven SUPER SPORT KURZ LEICHT Wagens zu optimieren, hatten diese Entwicklung nicht nachhaltig aufhalten können und machten schließlich eines klar: Die Ära der von Sportwagen abgeleiteten Rennwagen, die womöglich noch einen siegreichen Herrenfahrer hervorbrachte, neigte sich ihrem Ende zu, und auch MERCEDES-BENZ musste mit einer Vervielfachung des Budgets für speziell nur für diesen Zweck konzipierten Rennwagen in die Startaufstellung.[7]

→ MERCEDES-BENZ W 25 REKORDWAGEN, 1934 ● Diesen Paradigmenwandel vollzogen die nachfolgenden Fahrzeuggenerationen, die im Zuge einer deutlichen Reglementänderung neu entwickelt wurden. Gegenüber den vorherigen Rennformeln – mit Vorschriften für den maximalen oder minimalen Hubraum, für Art und Verbrauch des Kraftstoffs oder für die Chassis-Mindestbreiten – von 100 cm bzw. 80 cm für die Monoposto-Karossen – wurde nunmehr auch erstmals das Maximalgewicht von 750 Kilogramm für die Saison 1934 eingeführt. Ebenso entscheidend wie diese neue Gewichtsgrenze war jedoch, dass MERCEDES-BENZ nun auch den schlankeren Karosseriekörper mit zentraler Sitzposition als Ausgangspunkt für eine vollkommen eigenständige Rennwagenkonstruktion fernab der Serien-sportwagen einführte. Unmittelbar deutlich wird der enorme Unterschied, die den MERCEDES-BENZ W 25 von 1934 gegenüber seinem Vorgänger ausmacht. Ein Blick auf die reine Größendimension W 25 / SSKL (Länge 4.040 / 4.250 mm, Breite 1.770 / 1.700 mm, Höhe 1.160 / 1.250 mm) lässt den immerhin 21 cm kürzeren, aber auch um 9 cm niedrigeren und mit 7 cm breiteren W 25 zwar proportional schon etwas geduckter erscheinen. Aber genau wie technisch die reinen Leistungsgewicht-Kennzahlen im Vergleich der beiden Generationen [8] – mit weit weniger als einem Drittel Gewicht, jedoch, in der Motorausbaustufe M 25 B, mit rund 40 % mehr Leistung – bereits das gigantische Potential des Boliden von 1934 vermuten ließen, so steigerten sich nicht nur die Höchstgeschwindigkeiten um gut ein Drittel von 230 auf ein Rekordniveau von 317,5 km/h. Viel frappanter war die Steigerung der ästhetischen Qualität gegenüber der Vorgängergeneration. Bemühte sich König-Fachsenfeld mit der aerodynamisch optimierten Version des SSKL den riesigen Stirnflächenanteil von 1,720 Quadratmetern und den daraus resultierenden ungünstigen Luftwiderstand von 0,914 in den Griff zu bekommen,[9] so polarisierte deren Auftritt bekanntermaßen die öffentliche Meinung. Die Neuentwicklung der Außenhaut des W 25 aber differenziert das Erscheinungsbild gegenüber der aerodynamisch optimierten »Gurke«, die nur aus der Draufsicht stimmig schien, um Welten. Begeistert wurde aus allen Perspektiven die Form von den Zuschauern aufgenommen. Während mit

einem weichen Anlauf zur Kragenfläche vor dem Fahrercockpit die offene Karosserieversion als die naturgemäß niedrigere, aber – durch den ausgeschnittenen Einstiegsbereich – noch etwas zerklüftete Körpervariante gilt, setzte man für Rekordfahrten – im oberen Bereich der Motorhaube stumpf und ansonsten strakbündig – einen zusätzlichen recht schmalen, hochaufschießenden Karosserieaufsatz auf.[10] Dieser umschloss das Cockpit und integrierte den Piloten vollkommen in das Fahrzeugvolumen und hinterließ somit in seiner Geschlossenheit einen vergleichsweise homogeneren Gesamteindruck. Generell beschreiben die äußeren Umrisslinien des zentralen Hauptkörpers aus der Draufsicht eine gestreckte Tropfenform. In der Seitenansicht entspricht der Bolide nur bis zur Mitte mit einer halben Tropfenform und einer dicht zur Straße parallel laufenden, planen Bodenlinie kaum in Ansätzen der ursprünglichen Definition eines Jarayschen Stromlinienwagens. Insbesondere nicht mit den vollkommen unverkleideten Rädern und mit dem Merkmal, dass in der hinteren Hälfte die Umrisslinien keine vollständige Zusammenführung an einer tief zur Straße positionierten gemeinsamen horizontalen Kante ergeben. Denn die linken und rechten Seitenflächen wurden in einer nur leicht nach innen geneigten Finne aus der Heckansicht vertikal zusammengeführt. Der im Querschnitt bis zum Karosserieaufsatzende leicht hoch oval anmutende Bereich des oberen Wagenkörpers ist insgesamt bis zur Motorhauben-Öffnungsfuge oder auf Höhe der linksseitigen Abgasendrohrführung schmäler als der darunter liegende. Dieser entspringt zunächst gemeinsam aus der Front formbündig mit den Achsenverkleidungsflächen. Während diese sich nach hinten tropfenförmig zuspitzen zieht die Verbreiterung bis auf einen leichten Vorsprung ein und läuft als annähernd parallele Bank konsequent horizontal, bevor im Bereich der hinteren Achsenverkleidungsflächen sich die untere und obere Schwellerlinie auf einen spitz zulaufenden Punkt aufeinander zubewegen. Die Stringenz, mit der dieser breitere dreidimensional hervortretende untere Zug in der Lage ist den visuellen Schwerpunkt tiefer zu ziehen und parallel zur Straße konstanter zu halten, verleiht dem W 25 eine sehr wirkungsvolle Grundstabilität. Zwar weist das Körpervolumen des W 25 schon klar in Richtung eines Stromlinienfahrzeugs, aber die freistehenden Räder und die vertikale Zusammenführung in der Heckkontur werden den definierten Designmerkmalen noch nicht bis in die letzte Konsequenz aus jeder Ansicht gerecht. Allerdings ist der wesentliche Sprung in eine neue Ära gemacht, die mit der aerodynamischen Optimierung sowohl eine Verbesserungsmaßnahme der technischen als auch eine Steigerung der ästhetischen Qualität beinhaltete. Und dabei hatte der deutsche Werksfahrer Rudolf Caracciola, der seinen geschlossenen Rekordwagen in Diensten von MERCEDES-BENZ scherzhaft als »Rennlimousine« bezeichnete, in GYON mit 317,5 km/h die Messlatte für die Höchstgeschwindigkeiten faszinierender radgetriebener Fahrzeuge sehr weit nach oben gelegt.

→ MERCEDES-BENZ 12-ZYLINDER-REKORDWAGEN W 25, 1936 ● Vergleichbar mit der Erkenntnis bei den Formel-Rennwagen, nicht länger mit zunächst konkurrenzfähigen Seriensportwagen gegen die Mitbewerber mit speziell für den Renneinsatz konzipierten Formelwagen in den Grand-Prix-Wettbewerben bestehen zu können, stellte sich bei MERCEDES-BENZ auch die Überzeugung ein, dass ebenfalls auch nur höchstspezialisierte Karosserievarianten für die Rekordwagen mit dem Stern gegen die dominanten Mitbewerber aus Zwickau die Krone für die Spitzengeschwindigkeit der radgetriebenen SILBERPFEILE nach Untertürkheim holen konnten. Hans Stuck stellte noch im März 1936 auf einer abgesperrten Autobahnteilstrecke sage und schreibe acht internationale Langstreckenrekorde für die Marke mit den vier Ringen auf. Im August richteten sich die Augen der Welt auf das sportliche Großereignis mit den fünf Ringen in Nazi-Deutschland. Und so musste es den Erfindern des Automobils wieder gelingen, den Fokus für die motorsportliche Königsdisziplin mit einem Höchstgeschwindigkeits-Weltrekord auf MERCEDES-BENZ zurückzugewinnen.

Mit dem »Mensch-Maschine-Duo« für dieses ehrgeizige Ziel schienen die gleichen Protagonisten mit den Namen Rudolf Caracciola und MERCEDES-BENZ W 25 an den Start zu gehen. Während sich der legendäre Rennfahrer seit seiner Rekordfahrt von 1934 äußerlich kaum verändert hatte, war sein Bolide nicht mehr wiederzuerkennen. Legte das W 25 Rekordfahrzeug von 1934 als formaler Wegbereiter noch nicht einmal die halbe Strecke in Richtung einer stromlinienförmigen Außenhaut zurück, so war seine 1936 zum Einsatz gebrachte Sonderkarosserie kein Facelift, sondern nicht wiederzuerkennen. Zwar basierte der neue SILBERPFEIL auf dem technischen Prinzip des W 25, aber als Treibsatz wirkte ein bärenstarker Zwölfzylinder. Um so auch jede Verwechslung durch Namensgleichheit zu vermeiden, ist der exakt zu bezeichnende MERCEDES-BENZ 12-ZYLINDER-REKORDWAGEN W 25, 1936, visuell nicht im

Entferntesten an den konventionellen Rennboliden angelehnt, sondern entspricht erstmals exakt der Definition eines reinrassigen Stromlinienwagens. Denn das Leichtmetall der Außenhaut umschloss nicht nur das bewusst flach konzipierte, 570 PS starke V12 Aggregat, sondern erstmals auch alle Räder. Von der Seite nahezu exemplarisch in Form eines halben Tropfens, liefen auch tatsächlich – mit Ausnahme des marginalen Höhenversatzes des spitz zulaufenden Headliners[11] – alle Flächen im Heck des Wagens in einer dicht am Boden ausgerichteten Horizontalkante zusammen. Aus der nahezu ebenen Bodenfläche baute sich in der Front um den tief positionierten Motorkühllufteinlass mit querliegender Langlochkontur[12] über die riesigen 24 Zoll-Rad-Reifenkombinationen kontinuierlich das betont bombierte Monovolumen des Karosseriekörpers auf. Dessen von vorne nach hinten halbtropfenförmiger Verlauf mit degressiver Querschnittsabschwellung rief dennoch über weite Strecken durch die gleichförmige konvexe Überwölbung – ohne jeden Richtungswechsel über der Haube und zu den Flanken hin über einen engeren Radius straffer werdender Flächen – einen »kissenartigen« Gesamteindruck hervor. Dieser verlor sich lediglich durch die scharfen, teilkreisbogenförmigen Ausschnitte unterhalb der vorderen Radmitte. Demgegenüber konturierte ein vergleichsweise dezenter

Schnittverlauf in einem schräg angestellt gestreckten Zug mit anschließendem Radius die hinteren Seitenflächen. Stumpf auf die tief zum Heck hin abfallende Karosserie aufgesetzt, bildet die Hinterradverkleidung eine hohe, im Querschnitt ballig geformte, nach hinten tropfenförmig zulaufende Abdeckung. Dieses vom Überwölbungsgrad formal schlüssige Teilvolumen nimmt sich – bis auf die ebenfalls additiv hervorstehende und dazu noch planflächige Windschutzscheibe[13] – gegenüber des ansonsten konjunktiv gestalteten Anbindungswesens innerhalb des Karosseriegesamtbilds etwas störend als Fremdkörper aus. Das schlägt jedoch angesichts der Konsequenz einer exemplarischen Stromlinienform allenfalls als formale Randnotiz zu Buche. Ein deutliches Ausrufezeichen für die Geschichtsbücher hingegen setzte dieser Rekordwagen im Olympiajahr in zweifacher Hinsicht: Erstens war die Außenhaut gestalterisch ein Meilenstein für MERCEDES-BENZ SILBERPFEILE mit voller Stromlinienkarosserie, und zweitens gelang es funktional dem tief im Wageninneren positionierten Rudolf Caracciola[14] durch einen neuen Weltrekord mit einer Spitzengeschwindigkeit von 372,102 km/h auf einem geraden Vorgängerteilstück der heutigen Autobahn A5 einen Hochgeschwindigkeitsrekord für die Marke mit dem Stern zu erringen. Dabei gab es sogar beim ruhmreichen Rekordversuch durch den enormen

MERCEDES-BENZ
12-ZYLINDER-REKORDWAGEN W 25

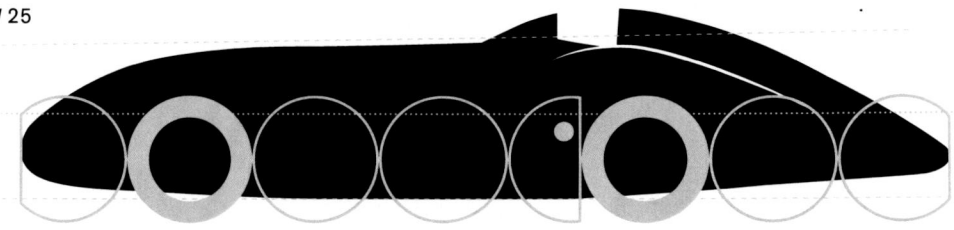

Anpressdruck noch eine Schrecksekunde, als die Front der aerodynamischen Kraft des Windes mit einer tiefen Beule nachgeben musste. Und dies in einer Saison, die sich ohnehin aus motorsportlicher Sicht mit dem vorzeitigen Abbruch der Grand-Prix-Wettbewerbsteilnahme als Unglücksjahr ausnahm. Während die SILBERPFEILE aus UNTERTÜRKHEIM das Renngeschehen Mann gegen Mann im Jahre 1935 noch dominiert und sogar die erstmals ausgetragene Europameisterschaft eingefahren hatten, zog MERCEDES-BENZ sich während der laufenden Saison 1936 trotz zweier Siege vorzeitig zurück. Jedoch entwickelte die Rennabteilung mit neuer Hoffnung und motiviert durch den Erfolg der 1936er Rekordfahrt auf der Autobahn zwischen FRANKFURT A.M. und DARMSTADT eine neue Strategie. Diesmal sollte die Rekordfahrzeugkarosserie als Impulsgeber für die Rennfahrzeuge dienen. Und so stattete man erstmals für ein sehr spezielles formelfreies Rennen in der 1937er Saison drei MERCEDES-BENZ Boliden mit Stromlinienkarosserien aus.

→ MERCEDES-BENZ W 25 und W 125 W 25AVUS-STROMLINIEN-RENNWAGEN, 1937 ● Denn insbesondere die AVUS-Rennstrecke war ein besonderer Austragungsort mit einem großen Hochgeschwindigkeitsanteil. Die Streckenführung im Wettbewerbs-Rennkalender verband im Wesentlichen gerade Autobahnteilstücke mit just vor dem Rennen fertiggestellten 43° Grad geneigten und 12 Meter breiten Steilwandkurven und schien somit bestens geeignet, die aerodynamischen Vorteile der eigenen MERCEDES-BENZ Rennwagen mit den Startnummern 35, 36 und 37 auszunutzen. Und tatsächlich gelang es Hermann Lang am 30. Mai 1937 als Sieger des Hauptrennens die Pisteneigenschaften südlich von Berlin mit der zwar schwereren, aber windoptimierten AVUS-Sonderkarosserie mit einer Höchstgeschwindigkeit von 380 km/h[15] im Renneinsatz an der Spitze

zu platzieren.[16] Im Unterschied zum Vorbild des reinrassigen Stromlinien-Rekordwagens von 1936 erschienen die AVUS-Stromlinienkarossen nicht mehr als ein durchgehendes, der halben Topfenform strikt folgendes Vollvolumen, welches in der Front so hoch aufbaute, dass die 24 Zoll großen Räder in einem Zug umschlossen wurden. Im Gegensatz dazu wurde die Front dreiteilig. Im Zentrum drückte man die Fläche über dem

Motor nunmehr unterhalb des Höhenniveaus der vorderen Räder. Zusätzlich schuf man mit einer demgegenüber noch deutlicheren Absenkung der seitlichen Kotflügelvolumina eine markant durchlaufende dreidimensionale Linie. Diese startet eine – mit der Kühleröffnung bündig zur Wagenmitte hin auslaufende – V-förmige Sicke zwischen dem mittleren Kernvolumen und den etwas tiefer dazu angedockt wirkenden Seitenverkleidungen. Diese umklammerten Chassis und Räder mit einer zur mittleren Flanke aufsteigenden und zum Heck hin tief abfallenden Geste, wobei die durchdringenden vorderen Radverkleidungsvolumina konjunktiv angebunden sind und die hinteren, in Relation noch stärker hervortretenden Radummantelungen als integrales Freiformvolumen die Eigenständigkeit der Seitenverkleidung auflösen und krümmungsstetig in die horizontale Heckkontur einlaufen.

→ MERCEDES-BENZ 12-ZYLINDER-REKORDWAGEN W 125, 1937 ● Einen deutlichen Dämpfer erhielt die Euphorie aber bereits im Oktober des gleichen Jahres. Denn schon wieder hatte die rivalisierende AUTO UNION, diesmal mit dem Ausnahmetalent-Piloten Bernd Rosemeyer, ihre Beteiligung bei der Rekordwoche in der Kategorie Automobile gegen MERCEDES-BENZ angemeldet. Um 07:00 Uhr begannen – wieder auf der abgesperrten Autobahnteilstrecke zwischen FRANKFURT A.M. und DARMSTADT – die »Einstellungsfahrten« des Stromlinienrekordwagens. Dieser sah aus der Distanz der Vorjahresversion mit fast identischem Radstand[17] nur auf den ersten Blick zum Verwechseln ähnlich.

Auf der Haube fielen allerdings im Unterschied zur vollkommen glatt geschlossenen Fläche seines Vorgängers zwei längsformatige Rechteckfelder mit insgesamt acht Luftaustrittslamellen ins Auge. Auffällig war spontan auch die homogene Integration der Hinterradverkleidung. Deren Anbindung, mit welcher die Mantelflächen über den Hinterrädern zu Beginn der Volumendurchdringungen mit den abfallenden Seitenflächen nun formüberleitend Verbindung aufnahmen, geschah mit einem sehr weichen Anlauf. Dieser entwickelte sich

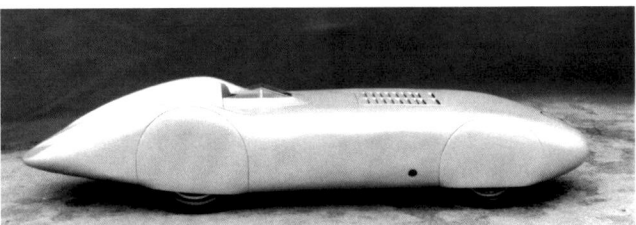

im weiteren Verlauf – wie kurz zuvor schon bei den AVUS-Rennwagen erfolgreich gezeigt – aus seiner ursprünglichen Detailrolle als Abdeckung in ein eigenständiges Heckgestaltungsthema. Dieses interpretiert die Silhouetten-Geste des in einem weiten Schwung tief abfallenden Headliners, dessen Querschnitt sich kontinuierlich zum Heck hin verjüngt, und mündet fließend mit einer 90° Eindrehung in den tiefliegenden waagrechten Heckabschluss ein. Die untere Abschlusskante des W 125 zeigt auch nicht mehr die scharfen Einschnitte, welche die Radabdeckungen des W 25 noch charakterisierten, sondern folgte – zwar ohne den radialen Anlauf zur Bodenverkleidung über die gesamte Radabdeckung zu übernehmen – scharfkantig, aber annähernd bündig, der Richtung des unteren Zugs. In der direkten Gegenüberstellung wird deutlich, welche Entwicklungsschritte gestaltungsseitig das Körpervolumen innerhalb eines Jahres gemacht hat. Denn beim W 25 bleibt die Bodenfläche länger plan und startet vor dem Vorderrad mit einem leicht aufsteigenden Unterzug in Richtung Front. Dessen Umrisslinie erinnert schon an eine Halbtropfenform, wobei dessen exakte Beschreibung einer querliegenden, einseitig gegen den Boden flach skalierten Parabel entspricht. Deren leicht bombierter Schwerpunktverlauf würde etwa durch den vorderen Radmittelpunkt und durch die Heckspitze verlaufen. Im Vergleich dazu beginnt direkt vor dem Vorderrad des W 125 eine querliegend parabelförmige Silhouette, deren Mittellinie allerdings weit über dem Radmittelpunkt anzuberaumen ist und tatsächlich auf Grund des gleichförmigen Ober- und Unterzugverlaufs der Umrisslinien als nahezu horizontale Spiegelachse für die visuelle Volumenbalance des Karosseriekörpers bis kurz vor dem Aufschwung über dem Hinterrad ihre Geltung behält. Somit fast durchgehend bis auf die leichte Überwölbung mündet diese in die Spitze der Heckkontur.[18]

Die »Nase« ist dabei weniger ballig, deutlich gespitzter, der Körper insgesamt viel gestreckter und in allen Anbindungen harmonischer. Vor allem aber vermittelt das Karosseriehauptvolumen der 1937er Version einen in sich kompletten, ausgewogenen Gesamteindruck aus der Seitenansicht. Demgegenüber bleibt das Auge naturgemäß bei der Halbtropfenform des Vorgängers außerhalb einer solchen Symmetriebalance, dafür ist der visuelle Schwerpunkt durchgängig tiefer und trägt dazu bei, dass der W 25 satter[19] auf der Straße zu sitzen scheint. Vielleicht ist das auch nicht nur der optische Eindruck, sondern physikalische Realität, denn bereits bei Testfahrten stellte der Fahrer Hermann Lang bei 360 km/h Auftrieb am Vorderwagen fest. Caracciola quittierte beim ersten Anlauf für den fliegenden Start 391,726 km/h im Durchschnitt und während der Beschleunigung ein unruhiges Heck. Beim zweiten Durchgang wurde als bester Wert in der Spitze 400 km/h gemessen, aber der dritte Lauf lieferte wegen Motorproblemen keine relevanten Ergebnisse. Gegen die AUTO UNION, die mit Bernd Rosemeyer viele Klassensiege und einen neuen Weltrekord auf sich verbuchen konnte, hatte MERCEDES-BENZ bei dieser Rekordwoche und mit diesem Rekordwagen, noch viel weniger mit den anderen unverkleideten Monoposto-Wagen, die man im Gepäck hatte, keine Chance.

Und so hieß das Motto zwei Tage vor dem offiziellen Ende am 28. November 1937 für das Team Uhlenhaut nicht mehr Rekordfahrt,[20] sondern Heimreise.

Nach dieser Enttäuschung hätte man Verständnis gehabt, wenn MERCEDES-BENZ nun endgültig die Flinte ins Korn geworfen hätte. Aber wer dies glaubte wurde eindrucksvoll überrascht. Denn nicht erst in der nächsten Rekordwochen-Saison im Spätherbst 1938 blitzten die SILBERPFEILE wieder auf.[21] Ohnehin fühlte man sich motorleistungsseitig den aktuellen Rekordhaltern aus Zwickau überlegen. Also musste die Motorstandfestigkeit erhöht und der Karosserieschwerpunkt gesenkt werden, um so mit dem Gesamtpaket aus dauerhafter Vollgasfestigkeit und überlegener Form die Krone zurück zu erringen.

→ MERCEDES-BENZ 12-ZYLINDER-REKORDWAGEN »VOLLSTROMLINIE«, 1938 ● Die Weiterentwicklung der Außenhaut fiel sehr viel deutlicher aus als zuvor. Der evolutionäre Prozess, der aus formgestalterischer Sicht zwar von 1936 auf 1937 ein klar homogeneres Ergebnis brachte, sollte mit dem Modell, das bereits im Februar 1938 sein Debüt feierte, noch einmal deutlich an Dramatik in der Gesamterscheinung gewinnen. Auf Anhieb zu erkennen war der viel längere, messerscharf zugespitzte Heckabschluss und ein neuer Rhythmus in der für die Ästhetik maßgeblichen oberen Silhouettenlinie. War der 1936er Rekordwagen noch klar eine Stromlinienform mit aufgesetzter Radabdeckung, so pfeilte die engere Parabelform der 1937er Version mit integralem Hüftschwung pointierter horizontal in Fahrtrichtung. Die letzte Ausbaustufe dieser Grundform ließ einen insgesamt viel schlankeren Körper in Erscheinung treten. Dessen Vorwärtsdrang schien den Wagen zunächst mit der Front in den Asphalt zu beschleunigen. Denn die deutlich abgesenkte, straffer geschnittene Motorhaube bewirkte nicht nur diese Anfangsdynamik. Plötzlich wirkte nun auch über den Vorderrädern ein dezenter Aufschwung in der Seitenansicht. Gemeinsam mit diesem bewirkte nun noch der gleichzeitig zur Mitte hoch aufsteigende Unterzug eine starke Körpertaillierung,[22] die bis fast vor die Hinterräder vorteilhaft zur Geltung

⑤

kam. Zum Radumfang hin verbreitern sich nun aber beide Silhouttenlinien – die obere in der weich anlaufenden Manier des Vorjahresmodells, die untere eher abrupt –, bevor beide Umrisslinien, in zunächst ähnlicher Winkelanstellung, dann im Unterzug mit einem kaum merklichen Knick, auf der in der Heckansicht horizontalen Schneide[23] in einem gemeinsamen Punkt zusammentreffen.

Eine halbe Tropfenform, wie die 1936er Silhouette als reinrassige Stromlinienform, fand in der unterbewussten Suche nach einem geschlossenen Gesamtkör-

⑤
MERCEDES-BENZ 12-ZYLINDER
REKORDWAGEN »VOLLSTROMLINIE«

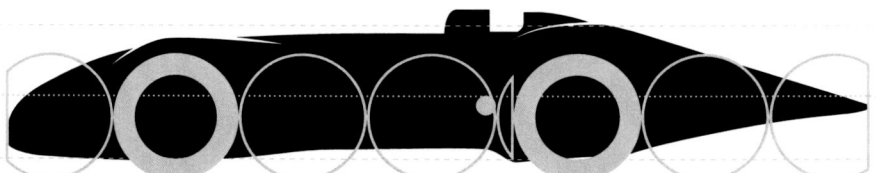

pereindruck allenfalls im Spiegelbild einer nassen Straße ihr Pendant. Sie wirkte insgesamt mit noch definitionsgemäß balliger Front, weit aufschweifenden Zügen und Bombierungsgraden, aber mit tief liegendem Schwerpunkt gegenüber dem Nachfolger etwas aufgeblasen. Dieser streckte die spitzere Nase seines zwar hochbeiniger aufgestellten, aber schlankeren Körperbaus, horizontal nach vorne. Die mit strafferen Flächen und taillierten Zügen durchtrainierte Anmut des neuen Rekordwagens von 1938 hingegen stellt mit der leicht keiligen Ausrichtung des Vorderwagens einen direkten Bezug zur Straße her. Der Körper ist deutlich länger und wirkt somit bei gleicher Höhe auch proportional flacher, noch stärker gestreckt und trägt mit den zahlreichen Richtungswechseln in der Silhouette einen erhöhten Bewegungsdrang in seinen formalen Genen. Während die Windschutzscheibe im Volumen eher an eine statische Käseglocke erinnert, beweist das dynamische Detail der Auspuffendrohrverkleidung in waagrechter Tropfenform, dass Uhlenhauts Notizblock für Verbesserungsvorschläge von 1937 Punkt für Punkt umgesetzt wurde. Rechtzeitig zum vorverlegten Termin am 28. Januar 1938 wurden Anstrengungen bestätigt die Karosserieform aerodynamisch zu verbessern. So lagen nicht nur aus ästhetischer Sicht Welten zwischen dem nur ein Vierteljahr zuvor noch kläglich gescheiterten Rekordwagen. Caracciola bemerkte einen unvergleichlich besseren Geradeauslauf, eine insgesamt verbesserte Fahrstabilität, sodass mit der vollen Motorleistung und einer verbesserten Schaltung ein ganz anderes Fahren möglich war. Sein Rekord auf öffentlicher Straße für den fliegenden Kilometer von 432,7 km/h sollte über Jahrzehnte Bestand haben und bleibt bis heute unerreicht.

→ MERCEDES-BENZ 12-ZYLINDER-REKORDWAGEN W 154, 1939 ● Um die Höchstgeschwindigkeit aus stehendem Start ging es bei einer bemerkenswerten Form einer Rekordwagenkarosserie von 1939. Diese erinnerte vom Grundkonzept eher an ein Monoposto-Fahrzeug mit voll verkleideten Rädern. So bleibt auch beim zentralen Körpervolumen der seitlich hervortretende durchlaufende Balken im unteren Bereich zwischen den Rädern mit zum Heck leicht aufsteigendem Schwung deutlich sichtbar. Ansonsten entspricht aus der Draufsicht der Hauptkarosseriekörper einer gestreckten Tropfenform. Diese nimmt durch große radiale Freiformverbindungsebenen einen sehr geschmeidigen Anschluss zu den querliegenden Achsummantelungen auf. Dagegen werden diese querliegenden »Brückenvolumina« zur Verblendung der Vorder- und Hinterachsen-Geometrien mit kleineren, hohlkehligen Übergängen straff an die riesigen Hüllvolumina der Räder etwas härter angeschlossen.

Auf Grund ihrer sichtbaren Größe am höchsten aufragend treffen in der Seitenansicht die beiden Radverkleidungskörper auch tatsächlich gestalterisch die Hauptaussage. Der vordere der beiden beschreibt im Umriss eine unten leicht abgeflachte und am Ende

eben nicht eine konventionell spitze, sondern eine teilkreisbogenförmig abgerundete, volle Tropfenform, während die hintere Abdeckung am Ende ähnlich abgerundet, eher eine halbe Tropfenform wiedergibt. Aus allen anderen Ansichten bleibt jedoch der zentrale Mittelkörper um Mensch und Maschine das dominante Gestaltungs-Statement. Dabei entfaltet dieses mit einer kreisrunden Luftöffnung in der Front und mit dem spitz zulaufenden Heck als gestreckte Tropfenform seine dynamische Wirkung auf den Betrachter. Im Heck wird der Hauptkörper annähernd mittig von einer waagrechten Verbindungsebene zwischen den Radhäusern durchdrungen. Diese trifft bündig mit den hinteren Enden der Hinterradverkleidungen zusammen und bildet einen scharfkantigen horizontalen Heckabschluss.

Selbst in Ruhe versetzt die Ästhetik des W 154 Rekordwagens das Auge durch die zahlreichen Formrichtungswechsel in ständige Bewegung. Im Vergleich zu der vorbeirasenden, monolithischen Massenkonzentration der vollintegralen Stromlinien-Rekordwagen wirkt die gestalterische Konstellation des W 154 Volumenensembles ganz eigenständig wie ein Geschwader individueller dynamischer Skulpturen, die wie Zugvögel in perfekter Formation auf ihr gemeinsames Ziel zusteuern.

→ MERCEDES-BENZ REKORDWAGEN T 80, 1939 ● Nie zum Einsatz kam eine spektakuläre Karosserieform, die damals wie von einem anderen Stern Ihresgleichen suchte. Im Streben nach der absoluten Höchstgeschwindigkeit eines Landfahrzeugs lieferten sich die Engländer George Eyston und John Cobb einen Zweikampf um den Titel. Eyston hatte bereits 1937 ein mit zwei Flugmotoren vorangetriebenes Geschoss namens THUNDERBOLT mit 502,12 km/h über die Piste auf der BONNEVILLE SALT FLATS im USA Bundesstaat UTAH pilotiert. Auf die über neun Meter lange, vorn eingezogene, nach hinten spitz zulaufende Quaderform mit hochaufschießender Heckfinne des THUNDERBOLT fand Cobb mit seinem RAILTON

⑥
MERCEDES-BENZ 12-ZYLINDER-
REKORDWAGEN W 154

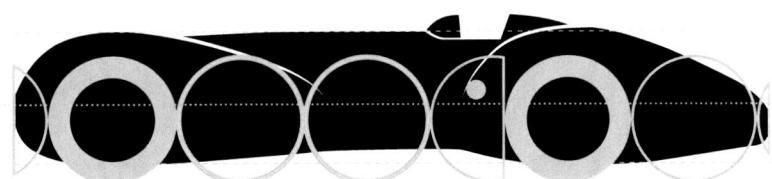

SPECIAL, einer von oben idealtypischen Tropfenform, schon im Folgejahr mit 563,6 km/h auf gleicher Piste die bessere Antwort, die aber am nächsten Tag mit Eystons 575,3 km/h erwidert wurde. In dieses Duell um den absoluten Höchstgeschwindigkeits-Weltrekord plante die DAIMLER-BENZ AG einzugreifen. Und so entstand eine vollkommen atemberaubende Neukonstruktion,[24] die mit einem DB 603 RS SPEZIAL-FLUGZEUGMOTOR und drei Achsen gegenüber den Engländern vergleichsweise bescheiden, aus technischer Sicht trotzdem mit prognostizierten 650 km/h alles andere in den Schatten stellen sollte. Direkt hinter den Vorderrädern sollte der mutige Pilot[25] mit 3.500 PS im Rücken die unbändige Kraft, auf zwei angetriebenen Achsen verteilt, über die Rekordpiste[26] schießen. Dass ein Rekordversuch für dieses Landfahrzeug nicht doch zum Flugmanöver geriet, stellten zwei seitlich weit über den 1.740 mm breiten Grundkörper herausragende Stutzflügel zur Anpressdruckverstärkung sicher. Mit einer Gesamtbreite von 3,2 Metern und 8,2 Meter Überlänge sprengte dieses MERCEDES-BENZ T 80 REKORDFAHRZEUG alle bisherigen Dimensionen.

Auch formal blieb das zentrale Volumen, welches, so flach wie eine Flunder, etwa auf Höhe der Radmittelpunkte wohl treffender als Horizontalflügel bezeichnet werden sollte, von ungesehener Konsequenz. Am äußeren Rand dieser vorne abgerundeten, ansonsten minimalistisch überwölbten und im Heck scharfkantigen Ebene bildeten die weich angebundenen, dazu vergleichsweise hochaufschießenden Vertikalvolumen der Räderverkleidungen einen maximalen Kontrast. Die Vorderräder entsprachen von der Seite betrachtet – mit einer typischen halbtropfenförmigen Silhouette oben und der horizontalen, über dem Radmittelpunkt nach vorne aufsteigenden Grundlinie – dem Gedankengang einer Stromlinie. Die hintereinander liegenden Radpaare wurden verkleidungsseitig in einem aufrechten Volumen zusammengebunden. Dieses näherte sich aus der Ebene des Hauptkörpers mit einem langen, konkaven Anlauf zunächst in Richtung Radverkleidung an. Am höchsten Punkt über dem Rad verläuft die Linie dann im Gegenschwung konvex und mit zunächst leicht – nach hinten stärker absenkendem – Zug in den schwach bombierten vertikalen Heckabschluss radial ein. Als Bindeglied bildet die ungewöhnlich scharfe Kante des Anpressdruckflügels zwischen den beiden Radummantelungen eine minimal unterwölbte Winkelprofillinie. Darüber wird aus der Seitenansicht nur ein kleiner Abschnitt der »Dachlinie« erkennbar. Deren Gesamteindruck kann man nur direkt von oben erkennen, wo eine echte Kreiskontur einen langgestreckten, tropfenförmigen Verlauf zu einer Spitze nach hinten beschreibt. Der an die Kreiskontur anschließende Fugenverlauf war übrigens die einzige Trennlinie am gesamten Fahrzeug, dessen Außenhaut in einer speziellen noch einmal leichteren Magnesiumlegierung namens Elektron komplett vom darunterliegenden Chassis abgehoben werden konnte. Elektrisierend und gleichermaßen abgeho-

ben präsentiert sich diese unfassbar fortschrittliche dynamische Skulptur, die sicher auch das hochgesteckte Ziel, den absoluten Höchstgeschwindigkeitsweltrekord für die Marke mit dem Stern einzufahren, seinerzeit erreicht hätte. Aber auf Grund des Zweiten Weltkrieges nie vollendet und nicht zum Einsatz gekommen, ist die Kompromisslosigkeit, der Mut und Pioniergeist, mit der diese Form vor fast 8 Jahrzehnten gestaltet wurde und heute noch immer mit ihrer Erscheinung alle Betrachter in den Bann zieht, die beste Inspirationsquelle für die Transportation Design Studierenden der Hochschule München im MERCEDES-BENZ Design Projekt »Electric High Speed«.

⑦

⑦

⑦
MERCEDES-BENZ
REKORDWAGEN T 80

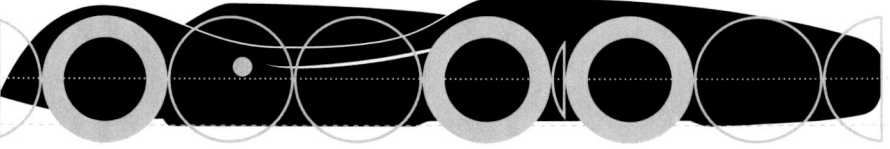

→ Exkurs: Definition Tropfenwagen oder Stromlinienwagen ● Zunächst ist es für die Definition gemeinsamer stilprägender Gestaltungmerkmale entscheidend von welchem Blickwinkel aus eine Karosserieform mit einem spezifischen Fachterminus charakterisiert wird. Ist es eine beliebige Perspektive oder fungiert denn etwa irgendeine der orthogonalen Ansichten prinzipiell als »Namensgeber« für die Formbeschreibung?

Menschen reagieren oft intuitiv auf Körperformen, sobald sie bekannte Umrisslinien in einer Automobilaußenhaut wiederentdecken und indem sie dann spontan das Design charakterisieren – meist fernab der Herstellerbezeichnung, z.B. das des MERCEDES-BENZ 230 SL mit dem passenden Rufnamen PAGODE. Dies geschieht nicht rein rational, aber fachlich meist völlig korrekt auf Grund der formalen Besonderheit, welche in unserem Beispiel das MERCEDES-BENZ Sportcabriolet aus der Font- und Heckansicht mit seiner spezifischen Querschnittskontur beim Festverdeck an eine bestimmte chinesische Architekturform mit typisch zum Rand hin aufsteigender Dachlinienführung erinnert.

Aus dieser Erkenntnis werden auch zwei Dinge erklärbar. Erstens, weshalb es nur ganz selten geschieht, dass Fahrzeuge überhaupt neben der offiziellen Typenbezeichnung einen »Spitznamen« bekommen: Nämlich auf Grund der Tatsache, dass eine Karosserieform fernab der gängigen Gestaltungklischees erst einmal aus der Masse mit einem besonderes charakterstark differenzierten Gestaltungsmerkmal hervorstechen muss, um von den Menschen als echte Stilikone mit einem Eigennamen geadelt zu werden. Und Zweitens: Offensichtlich hat die Silhouette als Umrisskontur eine große Wirkung, indem sie anhand von Wiedererkennungsmerkmalen die spontanen, wahrnehmungspsychologischen Mechanismen in uns auslöst, um als Reaktion darauf eine stilbeschreibende formalanaloge Nomenklatur für dynamische Skulpturen zu etablieren.

Aber ist nun wie bei der PAGODE oder auch dem MERCEDES-BENZ 300 SL »FLÜGELTÜRER« die Front- und Heckansicht der Pate für die Namensgebung? Wenn es keine derart hervortretenden Merkmale gibt, die gleichermaßen deutlich aus zwei Blickrichtungen erkennbar werden, dann wird zunächst wegen der Möglichkeit, die Bewegungsrichtung von dynamischen Körpern zu identifizieren, die Seitenansicht als Hauptansicht bevorzugt. Zudem bietet diese Blickrichtung auch auf Grund ihrer schlicht größeren Ausdehnung (Länge zu Höhe) gegenüber der Front und Heckansicht ein weiteres Anwendungsfeld für die Gestaltungsaussagen. So beziehen sich epochale automobile Designkategorien[27] – wie z.B. die Keilform mit dem flacheren Bug und nach hinten aufsteigenden Hecklinien oder die sogenannte Trapezlinie mit fliehender Heck- und Frontkontur – in der Definition ihrer gemeinsamen stilprägenden Ausrichtung eindeutig auf die Linienführung aus der Seitenansicht. Weshalb nun aber, trotz der gleichen Argumente im Bezug auf die Richtungserkennbarkeit und der Gesamtdimension nur seltener die Draufsicht als verbindlicher Namensgeber dient, liegt wohl eher an der rein praktischen Ursache, dass wir sehr einfach um ein Fahrzeug herumgehen können, aber als Menschen kaum ohne Aufwand im Alltag für die Betrachtung eines Automobils direkt nach oben in Vogelperspektive aufsteigen können. Daher birgt die

Draufsicht auch für den Laien beim ersten Anblick auch durchaus unerwartete Erkenntnisse über die Form. Trotzdem gibt es auch eine Ära im Automobilbau, in welcher die Grundzüge ausschlaggebend für die Epochenbezeichnung geworden sind. So bemüht die Bezeichnung »Pontonform« die formale Analogie zur oberen Ansicht meist quaderförmiger Schwimmkörperelemente für Behelfsbrücken, mit der als umgangssprachliche Terminologie das Fahrzeugdesign des MERCEDES-BENZ W 120 gemeint war. Dieser Typ hatte erstmals eine selbsttragende Karosse, aber seinen Namen PONTON-MERCEDES erhielt er wegen der vollständigen Integration der vormals freistehenden Kotflügel in das Karosserievolumen. Aus der Draufsicht waren nun Kotflügel und Wagenhauptkörper zu einem Gesamtvolumen vereint, während sich in der Seitenansicht noch leichte Reminiszenzen der geschwungenen Radabdeckungen zeigten. Front-, Heckansicht und wie im letzten Beispiel auch die Draufsicht, vor allem aber die Seitenansicht waren daher also schon für die epochalen Bezeichnungen der Stilepochen des Automobildesigns verantwortlich.[28] Somit bliebe schließlich noch die Untersicht als prinzipiell mögliche orthographische Ansicht und das sogar mit der gleichen schlüssigen Begründung eines großen Gestaltungsfelds und der Richtungsidentifikation zur Formanalyse von Fahrzeugen.[29] Aber auch hier befindet sich der Mensch zu selten in der Betrachtungsebene unterhalb des Wagens und somit spielt diese für lange Zeit aus gestalterischer Sicht auch vollkommen vernachlässigte Ansicht aus der Froschperspektive – obwohl sicher mit noch drastischeren Überraschungsmomenten – als Impulsgeber für die Namensgebung einer Karosserieform bis heute eine Nebenrolle.

    Und wer soll nun festlegen, aus welchem der möglichen Blickwinkel nun die Formanalyse für die epochalen Bezeichnungen stattzufinden hat? Wer bestimmt denn, aus welcher Ansicht eine Karosserie welche Gestaltungsmerkmale haben muss, damit die Definition eines Stromlinienfahrzeugs erfüllt ist? Gibt es denn eindeutige Kriterien, anhand derer eine so klare Zuordnung möglich ist? Die Antwort auf diese Frage ist klar, denn es war kein Geringerer als Paul Jaray,[30] der mit seiner Anmeldung am 8. September 1921 bereits die Definitionsgrundlage für stromlinienförmige Automobilkarosserien lieferte. Nach gewonnenem Rechtsstreit gegen einen weiteren Aerodynamik Pionier, Edmund Rumpler,[31] ist in Jarays Patentschrift mit der Nr. 441618 folgende Formulierung zu lesen:

»Patentansprüche:
1. Kraftwagen, dessen Maschinenanlage, die Nutzräume, das Fahrgestell und die Räder überdeckender Oberbau einen halben Stromlinienkörper mit im wesentlichen ebener, der Fahrbahn paralleler Bodenfläche bildet, dadurch gekennzeichnet, dass der Stromlinienkörper an seinem hinteren Ende in eine waagerechte Schneide ausläuft.
2. Kraftwagen nach Anspruch 1, dadurch gekennzeichnet, daß auf dem Hauptteil des Oberbaues ein zweiter wesentlich schmalerer Stromlinienkörper aufgesetzt ist.«[32]

Übersetzt: (Kraftwagen) Fahrzeug, dessen (Oberbau) Außenhaut mit einer halben (halben Stromlinienkörper) Tropfenform alles komplett (Räder, Fahrwerk, Maschinenanlage = Motor, Nutzräume = Passagier- und Kofferraum) umschließt und mit einem fast flachen, parallel zur Straße verlaufenden (Bodenfläche) Unterboden, auf dessen (hinteren Ende) Heckabschlusskante alle (Stromlinienkörper) darüber liegenden Flächen zulaufen.

Diese Ausführung setzt voraus, dass Jaray seine Karosserieform der Stromlinie aus dem Blickwinkel der Seitenansicht definiert hat, da nur in der Seitenansicht (Abb. 1. der Patentschrift entlang des Mittelschnitts d – d) der darin erwähnte halbe Stromlinienkörper sichtbar ist. Aus der Draufsicht (Abb. 2. der Patentschrift) ist eine volle Tropfenform in der Dachsilhouette und eine gekappte volle Tropfenform in der unteren Wagenkörpersilhouette – die sog. »waagrechte Schneide« – gezeigt. Die Schnittzeichnung entlang des Querschnitt a – a zeigt nur den unteren Wagenkörper als eine halbe, liegende 90° Ellipse, und die Sektion entlang b – b stellt bereits eine – bis auf die plane Bodenlinie – bombierte Trapezform dar. In der letzten Konsequenz

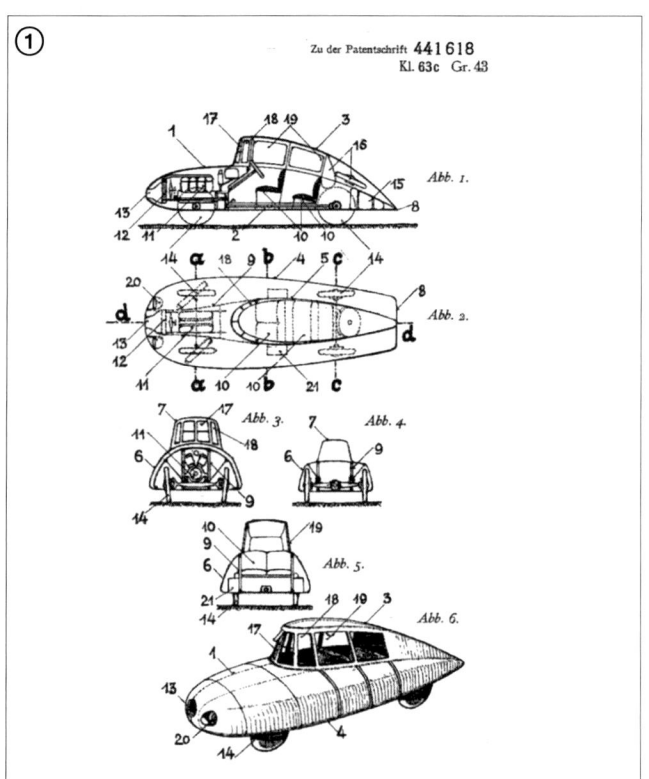

weichen Jarays Text und die Bilddarstellung an einer Stelle ab. Hier geht es im schriftlichen Teil um die parallele Bodenfläche. In der Abbildung ① der Patentschrift entlang des Mittelschnitts d – d steigt die Bodenlinie in der Zeichnung nach dem vorderen Radmittelpunkt jedoch nach vorne mit ungleichförmiger Beschleunigung parabelförmig auf und bildet mit der Front einen formschlüssigen Verbund.

→ Definition Stromlinienform für Automobilkarossen ● Die Stromlinie beschreibt aus der Seitenansicht eine halbe Tropfenform. Dabei bleibt die Bodenlinie dicht parallel zur Straße und könnte somit – bis auf das Zugeständnis einer weichen Frontanbindung – als die Mittelachse eines querliegenden Tropfens bezeichnet werden. Alle Silhouettenlinien darüber senken sich – wie ein halber Tropfen – bis tief auf die waagrechte Hecklinie. Hingewiesen kann hier auf das wörtliche

Zitat in Jarays Diktion aus seiner Patentschrift: »...an seinem hinteren Ende waagrechte Schneide« (wie Flügelhinterkante LEY T6 1922 oder AUDI K 1923). Das Dach entspricht von oben betrachtet einer vollen Tropfenform und das gesamte Greenhouse steht stumpf auf dem unteren Wagenkörper und wird bis auf die Hecklinie verlängert.33

→ Definition Tropfenform für Automobilkarossen ● Die Tropfenform hat in der Seitenansicht einen kugelförmigen Mittelschnitt in der Front und bildet im Heck eine Spitze. Dabei bewegen sich die obere und die untere Silhouettenlinie etwa gleichförmig, wie bei einem querliegendem Tropfen, aufeinander zu. Die Fahrzeugquerschnitte können dabei kreisförmig, oval oder Ableitungen davon sein. Ein exemplarisches Beispiel für einen Tropfenwagen ist der BENZ TROPFEN-RENN- UND SPORTWAGEN von 1923.

1   Zum Hüftpunkt (H-Point= »Hüftpunkt«) vgl. Stuart Macey, H-Point: THE FUNDAMENTALS OF CAR DESIGN & PACKAGING, CULVER CITY 2009

2   Durch den Brand in der Cannstatter Daimler-Fabrik im Juni 1903 werden drei Wochen vor dem GORDON-BENNETT-RENNEN in Irland auch die 90-PS-Rennwagen vernichtet. Um dennoch an dem international wichtigen Rennen teilnehmen zu können, erbittet die DAIMLER-MOTOREN-GESELLSCHAFT von Kunden drei schon ausgelieferte MERCEDES-SIMPLEX 60-PS-SPORTWAGEN zurück. Eine scharfe Trennung zwischen dem Auto als Alltagsfahrzeug und als Sportgerät ist zu dieser Zeit noch nicht üblich. Für den Renneinsatz werden lediglich die Kotflügel demontiert und jeder weitere überflüssige Ballast entfernt, um Gewicht zu sparen. Mit einem dieser Fahrzeuge, das die Startnummer 4 erhält, gewinnt Camille Jenatzy diesen prestigeträchtigen Wettbewerb. Der noch aus einem anderen Grund ein Meilenstein ist: Nach den früheren Rennen von Stadt zu Stadt beginnt in Irland die Ära der Wettbewerbe auf Rundstrecken. (Quelle: MERCEDES-BENZ Archiv)

3   Mit diesem MERCEDES-SIMPLEX 90 PS Rennwagen durchfuhr 1904 Baron Pierre de Caters den Kilometer bei fliegendem Start mit einer Geschwindigkeit von 156,5 km/h. Dies bedeutete den absoluten Geschwindigkeits-Weltrekord für Landfahrzeuge. (Quelle: MERCEDES-BENZ Archiv)

4   Immerhin traute sich 1899, schon ein Jahr vor der Jahrhundertwende, der belgische Rennfahrer Camille Jenatzy mit seiner von und hinten angespitzten Zylinderform als Karosserie und einem elektrischen Antrieb den bis dahin bestehenden zweistelligen Geschwindigkeitsrekord von 62,79 km/h einzustellen. Sein Fahrzeug, auf den Namen »La Jamais Contente« getauft, war das erste Straßenfahrzeug, welches mit 106 km/h die magische 100 km/h Marke durchbrach.

5   Paul Jaray hatte bereits 1919 bei den Zeppelin-Werken einen Windkanal, in dem er Untersuchungsreihen für die Strömungseigenschaften von Luftschiffen durchführte. Im Ergebnis dieser Forschung wurde der Zeppelin LZ 120 »BODENSEE« entwickelt, der bis zu diesem Zeitpunkt nicht wie zylinder-, sondern tränenförmig gestaltet war. Ab 1921 hatte Jaray auch erstmals Patente zur Anmeldung gebracht, die sich mit den Grundlagen der Strömungslehre im Bezug auf Kraftfahrzeuge beschäftigten. Seine dadurch Repräsentanz wurde von König Fachsenfeld gegen Ende der 1920er Jahre zunächst übernommen. Fachsenfeld wandte sich aber von Jaray ab und der Forschung am Institut für Kraftfahrwesen und Fahrzeugmotoren in STUTTGART zu. Dort widmete er sich insbesondere der Aerodynamik von Rennwagen und Rekord- sowie Versuchsfahrzeugen.

6   Paul Jaray (11.03.1889- 22.09.1974)

7   Im weiteren Verlauf wird es auch bald klar werden, dass selbst eine Ära der von Rennwagen abgeleiteten Rekordfahrzeuge zu Ende gehen muss, da der Erfolg direkt mit dem Spezialisierungsgrad für Hochgeschwindigkeitsrekordfahrzeuge in Zusammenhang steht.

8   REKORDWAGEN W 25 / SSKL-STROMLINIENRENNWAGEN Gewicht: 847 / 1.352 Kilogramm; Leistung: 430 / 300 PS; Höchstgeschwindigkeit: 317,5 /230 km/h

9   König-Fachsenfeld war dabei sehr erfolgreich. Mit dem um 25% reduzierten Luftwiderstand gegenüber dem »konventionellen« SSKL und einer um 20 km/h höheren Endgeschwindigkeit verhalf er der »Gurke« beim AVUS-Rennen zum Sieg. Allerdings waren die MERCEDES-BENZ W 25 REKORDWAGEN allein schon auf Grund ihrer viel kleineren Stirnfläche – 1,21 m² geschlossen und 0,9887 m² offen und einem Luftwiderstandsbeiwert von 0,400 c_w geschlossen und 0,529 offen – der Vorgängergeneration haushoch überlegen.

10   Der Karosserieaufsatz für die Rekordfahrt in Gyon vom 28. Oktober 1934 baute in seiner Dachüberwölbung aus der Frontansicht noch höher aus als der oben abgeflachte Karosserieaufsatz für die Rekordfahrt aus der AVUS-Strecke in Berlin zwischen dem 14. November und 12. Dezember 1934. Seine dadurch marginal schlechteren aerodynamischen Eigenschaften wurden durch die geringere Stirnfläche fast ausgeglichen. Formal stellte sich der etwas geduckter Wagen in Berlin noch etwas vorteilhafter proportioniert dar. Allerdings wirkte die – bis auf zwei dezent angeformte Entlüftungsöffnungen – vollkommen geschlossene Motorhaube der Gyon-Version noch kompakter und solider wie aus einem Guss, während die zahlreichen Entlüftungslamellen, die das Berliner Pendant kennzeichneten. Dieser stand dadurch den noch stärker geschlitzten Rennwagen visuell näher.

11   Als Headliner wird die Form bezeichnet, welche sich hinter dem Kopf des Fahrers in Anlehnung an dessen Umrisskontur über die umliegend tiefer liegende Heckfläche erhebt und sich – in diesem Falle – im spitz zulaufenden Ende als ein vom Karosseriehauptvolumen unabhängiges eigenständiges Teilvolumen entwickelt.

12   Erst bei den Rekordwagen ab 1938 begann man die riesige Öffnung in der Front als Motorkühllufteinlass aufzugeben und bevorzugte für die Kurzstreckenrekorde auf die Eiskühlung des Motors zurückzugreifen. Nur so konnten die relativ kleinen, aerodynamisch günstigeren Öffnungskonturen beim W 125, W 154 realisiert und beim T 80 geplant werden.

13   Windschutzscheibenvarianten Flachglas kantig und Freiformvolumen. Diese Version wurde mit einer Anlauffläche versehen, die den Richtungswechsel von der Karosserieebene tangential in den dreidimensional überwölbten, unten offenen parabelförmigen Querschnitt der Windschutzscheiben einleitet und die optische Verbindung zum anschließenden Headliner herstellt. Auch von der Seite zeigt diese Version im Mittelschnitt einen Zug, der das visuelle Potential aufweist die Lücke zwischen Glas und anschließenden Metallvolumen zu überbrücken.

14   Der Pilot dieses Rekordwagen gelangte in das Wageninnere über einen größeren Ausschnitt, der erst vor Fahrtantritt von außen flächenbündig mit der Karosserie verbunden wurde. Im Unterschied zu dem hohen dreidimensionalen, mit voll flächenbündiger Verglasung komplett geschlossenen Aufbau des Vorgängerrekordwagens von 1934 war diese Abdeckung eher eine flache, oben offene Luke, deren Windschutzscheibe in einer Version aus kantigen Flachglaselementen bestand.

15   380 km/h Angabe im Artikel: MERCEDES-BENZ STROMLINIENRENNWAGEN W 25 »AVUS« (Quelle: https://www.mercedes-benz.com/de/mercedes-benz/classic/museum/stromlinienrennwagen-w-25-avus/)

16   Rudolf Caracciolas W 125 Stromlinienrennwagen trug die Startnummer 35 mit 8-Zylinder Motor M 125 F und gewann den ersten Vorlauf. Mit der Startnummer 36 gewann der ebenso aerodynamisch vollverkleidete Wagen des Werkfahrers Manfred von Brauchitsch mit dem kurzen Chassis des W 25 und dem kraftvollen V12-Motor MD 25 DAB den zweiten Vorlauf, wurde aber im Haupttrennen wegen Getriebeproblemen vom Gesamtsieger des AVUS-Rennens Hermann Lang – auf einem ebenso stromlinienverkleideten W 125 mit langem Radstand mit der Startnummer 37 und dem 8-Zylinder Motor M 125 F – ausgestochen. Richard Seaman bewegte einen konventionellen W 125 mit einer M 125 Motorisierung. Goffredo Zehenders W 25 mit kurzem Chassis und V12-Motor MD 25 DAB mit der Startnummer 39 fiel im Training aus (vgl. Engelen 2011, S. 191).

17   Radstand W 25 2.796 mm / W 125 2.798 mm

18   Die visuelle Volumenbalance beschreibt aus einer bestimmten Ansicht an welchem Punkt sich ein geschlossener Körper im visuellen Gleichgewicht befindet. Bei Karosseriekörpern – oft im Querformat – setzt man dazu primär die Ober- und Unterzüge der Silhouetten ins Verhältnis. Fügt man diese Punkte als Verlauf zusammen, ergibt sich daraus eine mittlere Resultierende, die den Schwerpunktverlauf darstellt. Diese Mittelkurve ist nur in sehr speziellen Fällen eine Gerade, in jedem Fall liegt die visuelle Volumenbalance in der Streckenmitte des Schwerpunktverlaufs.

19   Leider sitzt der 1936er Rekordwagen nicht nur satter auf der Straße, sondern wirkt auch durch seine aufgeblähteren Längs- und Querschnitte als Körpervolumen etwas wohlgenährt.

20   Von formalem Interesse war Rudolf Uhlenhauts Liste für anstehende Verbesserungen in den Punkten: neue Karosserieschürze am Rahmen vor der Vorderachse und hinter der Hinterachse; Verlagerung der Auspuffrohre nach hinten mit tropfenförmiger Verkleidung (vgl. Engelen 2011, S. 230).

21   MERCEDES-BENZ hatte kein Interesse, ein komplettes Jahr auf dieser Schmach sitzen zu bleiben und bewirkte bei den damaligen Machthabern, dass die Rekordwoche noch vor den Eröffnungstermin der IAMA in Berlin vorverlegt wurde.

22   Diese deutlichen Einzüge und die generelle Reduzierung der Seitenwandflächen machten den Wagen auch unempfindlicher gegenüber den gefürchteten Seitenwinden. Diese wurden Bernd Rosemeyer beim Rekordversuch zum Verhängnis. Er verunglückte am 28. Januar 1938 tödlich.

23   Exemplarisch für die Definition nach Jaray, der allerdings in seiner Patentschrift von einer tiefliegenden horizontalen Heckschneide sprach.

24   Das Konstruktionsbüro DR. ING. H.C. F. PORSCHE GMBH wurde damit betraut und deren Auftragsprojektkürzel T 80 wurde für den unvollendeten Weltrekord-Höchstgeschwindigkeitswagen als Bezeichnung.

25 Hans Stuck, dem in Diensten von AUTO UNION mit dem jüngeren, erfolgreichen Bernd Rosemeyer ein übermächtiger Konkurrent erwachsen war, brachte sich mit Vehemenz und einem Sponsor dazu selbst ins Spiel.

26 Geplant war, wie schon zuvor, ein Autobahnteilstück zwischen DESSAU und BITTERFELD zu nutzen, welches sich aber für die derartig hohen angepeilten Geschwindigkeiten von 650 km/h als nicht lang und auch auf Grund des welligen Mittelbereichs als nicht breit genug herausstellte.

27 Vgl. Wickenheiser Audi Design, BIELEFELD 2014

28 Vgl. Wickenheiser Audi Design, BIELEFELD 2014

29 Vgl. Peter-Philipp Schmitt AUTO REVERSE, in: FAZ MAGAZIN »UPSIDE DOWN«, August 2015, S. 18-26

30 Die Stromlinie für Automobile baut auf den Windkanalergebnissen von Paul Jaray auf, der erstmals schon zu Beginn der 1920er Jahre den Tragkörper des Luftschiffs ZEPPELIN LZ 120 »BODENSEE« nicht mehr zylindrisch, sondern stromlinienförmig gestaltet hatte. Die Silhouettenlinien dieses Flugkörpers verliefen »tränenförmig«, also eine andere Bezeichnung für tropfenförmig.

31 Rumpler verstand sich selbst als Erfinder der »Stromlinie« für Automobile, und seine »Tropfenwagen« wurde tatsächlich bereits 1921 auf der Deutschen Automobilausstellung in Berlin vorgestellt, aber erst 1926 patentiert. Dieser Wagen zeigte von der Seite, aber genau nicht die nach Jarays Definition stromlinienförmige Karosserieform eines halben Tropfens, sondern eine von der Draufsicht sichtbare volle Tropfenform der Umrisslinien. Trotzdem klagte Rumpler gegen Jaray, weshalb dessen Patentschrift erst viele Jahre später, am 9. März 1927, anerkannt wurde.

32 Patentschrift Nr. 441618, Seite 3, Zeile 91-106

33 Nicht so bei Rumplers »Tropfenwagen«, dieser zeigt in der Seitenansicht mit der leicht zum Heck hin abfallenden Dachlinie kaum Ansätze der Definition eines Stromlinienwagens und erfüllt mit vertikalen Frontlinien vom unteren und oberen Wagenkörper und mit einem S-Schwung im unteren Bereich des Heckabschlusses auch nicht die Definition der Tropfenwagenform. Er trägt seinen Namen, weil aus der Draufsicht sowohl das Dach als auch der untere Wagenkörper der Umrisslinie eines Tropfens mit großer Rundung vorne und spitz zulaufendem Heck entsprechen. Im genauen Unterschied zu Jarays Stromliniendefinition mit horizontaler Heckabschlussfläche laufen bei Rumplers »Tropfenwagen« die Flächen auf eine Vertikale und bilden auch nicht gemäß der Definition eines Tropfenwagens etwa die typische Spitze als Heckabschlusspunkt. Dies wird auch im Titel von Rumplers eigener Patentschrift Nr. 427169 vom 30. März 1926 »Frühe Stromlinienwagen – Patent Rumpler Tropfenwagen« von 1926 genau bestätigt, in der Edmund Rumpler seinen »Kraftwagen mit tropfenförmigen Horizontalschnitten…« abbildet und charakterisiert und somit die volle Tropfenform aus der Draufsicht als seine Interpretation der Stromlinie definiert.

Konzept/Ideenfindung — Brainstorming

| Dominic Baumann | Sebastian Bekmann | Tim Bormann | Michael Juraschek | Anja König |

→ MERCEDES-BENZ Design Projekt »Electric High Speed«

→ MERCEDES-BENZ Design Projekt »Electric High Speed« ● »Bernd ist tot« – mit diesen Worten stieg Frank Spörle von der DAIMLER-AG in die erste Veranstaltung des Projektes ein. Gemeint ist Bernd Rosemeyer, welcher 1938 den Landgeschwindigkeitsrekord gefahren ist und dabei tödlich verunglückte.

Die Überraschung war groß, als nach der kurzen, prägnanten Präsentation von Spörle klar wurde, dass es bei diesem Projekt nicht nur um die Gestaltung, sondern auch um ein neues Konzept für den Nachfolger des MERCEDES-BENZ T 80 geht, einem von MERCEDES-BENZ in den 1930er Jahren gebauten Hochgeschwindigkeitsfahrzeug, welches jedoch durch den Kriegsbeginn nie zum Einsatz kam. 1940 sollte der T 80 REKORDWAGEN die 600 km/h erreichen.

Die Anforderungen an das künftige Design des Rekordfahrzeugs sind heute jedoch gestiegen. 800 km/h, radangetrieben, 2-spurig. Dass es keine leichte Aufgabe werden würde, ein solches Fahrzeug zu gestalten, wurde spätestens dann klar, als Frank Spörle die Studenten über die nahezu unüberwindbaren physikalischen Grenzen aufklärte. Zu den Besonderheiten einer solchen Rekordfahrt zählt in diesem Fall auch der Untergrund, auf dem das Fahrzeug fährt. Dieser ist im Gegensatz zu sämtlichen anderen Motorsportarten nicht aus Asphalt, sondern aus festgetrocknetem Salz. Solche Hochgeschwindigkeitsrekordfahrten finden, aufgrund der langen Beschleunigungs- und Ausrollstrecke, die diese Sorte Fahrzeuge benötigen, auf Salzseen statt. Ein erhebliches Problem stellt dabei die Beschaffenheit des Salzes dar. Es ist nicht fest, wie Asphalt, sondern lose. Jenseits der 600 km/h kommt es dann zu einem Durchdrehen der Reifen, da das lose Salz nicht genügend Halt für die Reifen bietet, um gegen den enormen Luftwiderstand zu arbeiten. Der c_w-Wert des Fahrzeugs ist daher entscheidend. Auf dieser Basis sind die meisten Rekordfahrzeuge wie eine Zigarre geformt, um eine möglichst kleine Stirnfläche bei großer Leistung zu haben. Abgesehen von der formalen Gestaltung einer Außenhaut, müssen die Studenten auch ein schlüssiges, innovatives Konzept zum jeweiligen Rekordfahrzeug entwickeln, und dabei von der konventionellen Zigarrenform Abstand nehmen.

| Dominic Baumann | Sebastian Bekmann | Tim Bormann | Michael Juraschek | Anja König |

Variantenphase   Renderings   033

→ Konzeptentwicklung und Ideenfindung ● Da der Entwurf für ein radgetriebenes Hochgeschwindigkeitsrekordfahrzeug nun nicht zum Standardrepertoire im Tagesgeschäft eines Automobildesigners gehört, ist vor der ersten Skizze somit ein erheblicher Grundlagen-Rechercheaufwand notwendig im Bezug auf die technischen Innovationsleistungen und das Potential mit unkonventionellen Lösungsansätzen, inspiriert aus der Natur, Wissenschaft und Philosophie, den Rekord zu erreichen. Um den dafür benötigten Zeitaufwand einzuräumen ohne den etablierten 15-wöchigen Semesterrhythmus zu sprengen, vereinbarten die Studierenden bereits während der vorlesungsfreien Zeit die Auftaktveranstaltung mit den MERCEDES-BENZ Design-Verantwortlichen vorzuziehen, um so mit einem rollenden Start das Projekt zu beginnen. Mit dieser aktiven Vorarbeit konnte bereits das Recherche-Ergebnis als prinzipieller Ideenpool in Form eines gemeinsamen Moodboards vom Designteam zusammengetragen und parallel dazu die Ausrichtung der visuellen Botschaft mit den Designexperten aus STUTTGART diskutiert werden. Die verfolgenswerten Richtungen wurden in einer Matrix differenziert und in einem Funktionscluster mit den drei Ausrichtungen *opposite force*, *external power* und *hot&cold* etabliert.

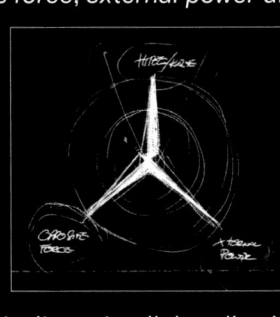

→ Brainstorming ● Erst auf Basis dieser intellektuellen Vorüberlegungen zur prinzipiellen funktionalen Herangehensweise entstanden eine enorme Anzahl von Brainstorming Skizzen, welche die Struktur der unterschiedlichsten Gesamterscheinungen in ihrer Silhouette, dem Proportionsgefüge und der Flächengestaltung sichtbar werden ließen. Auch hierzu wurden wieder alle Inspirationsquellen gesichtet, genauso aber auch alle Konventionen in Frage gestellt, um in erster Linie im Spannungsfeld der möglichst intensiven Auseinandersetzung mit existenten Artefakten und der Erarbeitung komplett neuer formaler Prinziplösungen eine riesige Bandbreite an Möglichkeiten aufzuzeigen, mit der die Aufgabenstellung funktional und mit einem ikonischen Designstatement gelöst werden konnte.

→ Variantenphase ● Im genauen Unterschied zur Ideenfindungsphase gehört bei der Erarbeitung der Varianten die genaue Evaluation der Gestaltungsentwicklung zu den zielführenden Maßnahmen. Nicht länger die Vielzahl an unterschiedlichen Prinziplösungen, sondern der Grad der kontinuierlichen Verbesserung der ausgewählten Designthematik in unterschiedlichen Varianten entscheidet, ob die Entwicklung ein tatsächlicher Designfortschritt ist oder kaum einen Unterschied ausmacht, oder sogar die Gestaltungsabsicht verwässert und damit eher einen Rückschritt bedeutet.

→ Renderings und die Dritte Dimension ● Den Realismus, der unsere Wahrnehmung einfordert, um in einer Abbildung ein plastisches Produkt zu erkennen, von welchem die Faszination der Geschwindigkeit ausgeht und als ästhetisches Ereignis positive Emotionen hervorruft, stellt eine große Herausforderung an die empathische Kompetenz und die künstlerische Eignung des Designers dar. Nur wenn es gelingt mit dem Licht- und Reflexionsspiel auf dem Automobilvolumen die Dynamik einer Silhouette und die Richtungsorientierung einer Proportion mit der Form in Balance zu bringen, um aus der Ebene der Zeichenfläche in das Herz des Betrachters zu gelangen, dann wird das Design als Gesamterscheinung die Menschen begeistern. Erst wenn dies geschafft ist beginnt die Umsetzung in die dritte Dimension. Längen von 10 Meter und darüber hinaus sind für Hochgeschwindigkeitsrekordfahrzeuge keine Seltenheit. In der Breite hingegen versucht man möglichst die Windangriffsfläche gering zu halten. Somit überragen diese Sonderanfertigungen die meisten Personenkraftwagen um das Doppelte in der Länge, sind aber um ein Drittel bis zur Hälfte schmäler als viele konventionelle Automobile auf unseren Straßen.

Dominic Baumann   Sebastian Bekmann   Tim Bormann   Michael Juraschek

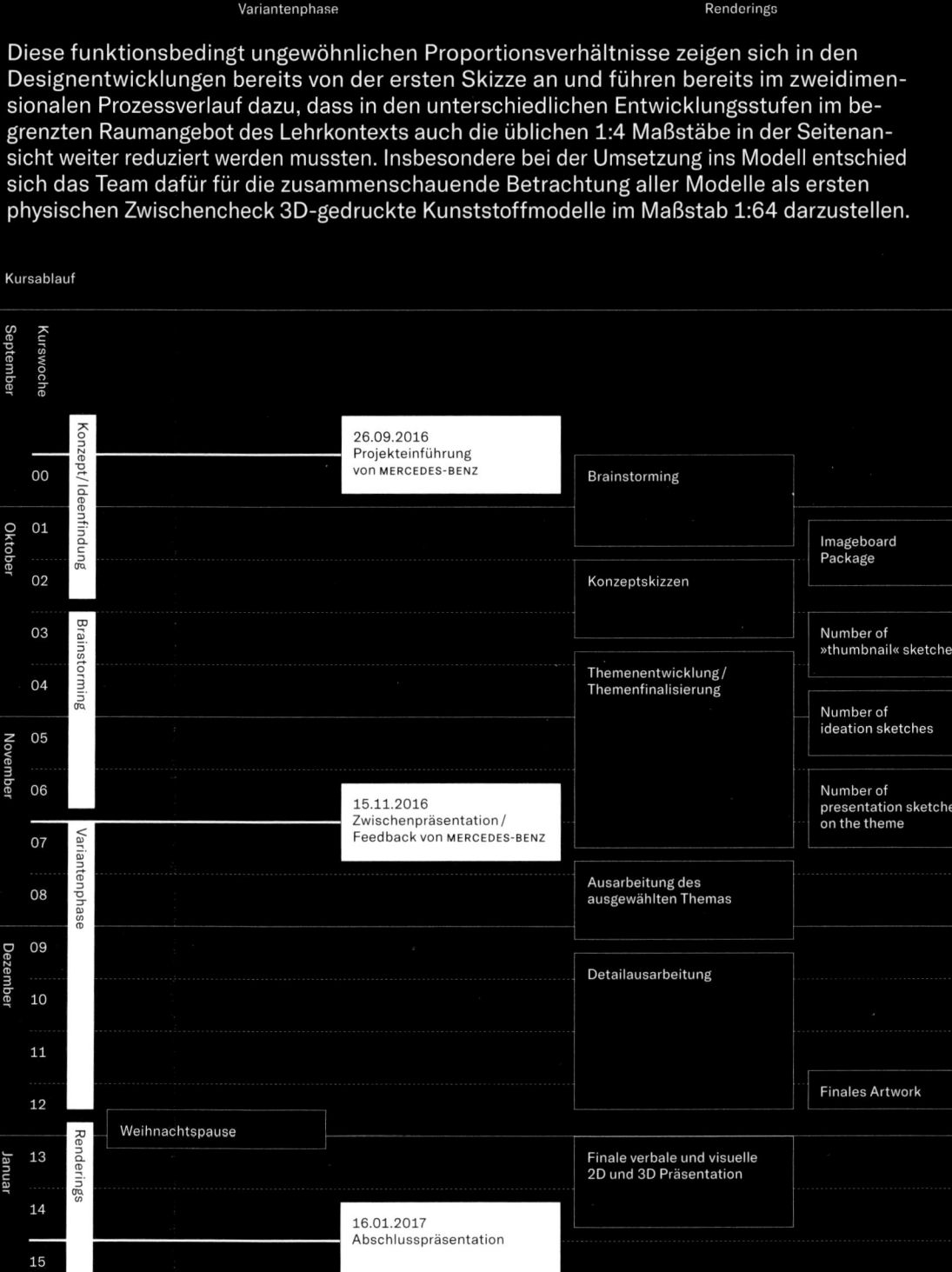

Diese funktionsbedingt ungewöhnlichen Proportionsverhältnisse zeigen sich in den Designentwicklungen bereits von der ersten Skizze an und führen bereits im zweidimensionalen Prozessverlauf dazu, dass in den unterschiedlichen Entwicklungsstufen im begrenzten Raumangebot des Lehrkontexts auch die üblichen 1:4 Maßstäbe in der Seitenansicht weiter reduziert werden mussten. Insbesondere bei der Umsetzung ins Modell entschied sich das Team dafür für die zusammenschauende Betrachtung aller Modelle als ersten physischen Zwischencheck 3D-gedruckte Kunststoffmodelle im Maßstab 1:64 darzustellen.

Kursablauf

Monat	Kurswoche	Phase	Termin	Variantenphase	Renderings
September	00	Konzept/Ideenfindung	26.09.2016 Projekteinführung VON MERCEDES-BENZ	Brainstorming	
Oktober	01				Imageboard Package
	02			Konzeptskizzen	
	03	Brainstorming			Number of »thumbnail« sketches
	04			Themenentwicklung/ Themenfinalisierung	
November	05				Number of ideation sketches
	06		15.11.2016 Zwischenpräsentation/ Feedback von MERCEDES-BENZ		Number of presentation sketches on the theme
	07	Variantenphase			
	08			Ausarbeitung des ausgewählten Themas	
Dezember	09				
	10			Detailausarbeitung	
	11				
	12				Finales Artwork
Januar	13	Renderings	Weihnachtspause	Finale verbale und visuelle 2D und 3D Präsentation	
	14		16.01.2017 Abschlusspräsentation		
	15				
	16			1:4 scale Tape Drawing Rendering	
Februar	17				
	18			Hardmodell	
	19				
	20				

→ Achim Badstübner ● DAIMLER AG – Leiter *Creation Exterior* ○ Auch im Leben eines erfahrenen Designmanagers gibt es Momente, in denen sich eine komplett neue Sichtweise auf die Möglichkeiten bietet, die das Automobildesign eröffnet.

Einen dieser Momente durfte ich erleben als ich am am 09. Dezember 2016 für die DAIMLER AG an der FAKULTÄT FÜR DESIGN der HOCHSCHULE MÜNCHEN den Entwicklungsstand unseres Speed-Projekts in Augenschein nahm. Dort hatten mir Studierende ihre Datenmodelle mittels einer 3D-Brille virtuell auf dem Salzsee von BONNEVILLE vorgestellt. In voller Größe konnte ich alle Rekordwagen im direkten Vergleich in realistischer Umgebung nebeneinander begutachten. Selten habe ich so viel Passion, Kreativität und Teamgeist sowie die reine Freude am Gestalten bei einem Hochschulprojekt erlebt. Dabei basiert jede einzelne Arbeit auf einer eigenen funktionalen Besonderheit und ist formal sensibel bis ins Detail durchdekliniert worden. Das Daimler Team – stets an der Nachwuchsförderung talentierter Kreativer interessiert – hat mit seiner reichen Historie und dem routinierten Umgang mit komplexen Aufgabenstellungen hier sehr gerne seine Unterstützung angeboten. Die proaktive Herangehensweise nicht nur als Styling-Studie, sondern in der ästhetischen Umsetzung einer eigenen technischen Idee, und auch der Mut zum Risiko formales Neuland zu erobern, war der Kern unserer Aufgabenstellung an das Hochschulteam. Der Weg war lang, die Ideen mussten zu einem plausiblen Konzept heranreifen, die jungen Kreativen brauchten enormes Durchhaltevermögen und wir blieben immer im Gespräch, um den Fokus für einen kontinuierlichen Verbesserungsprozess im Blick zu behalten.

Am Ende war es für beide Seiten eine wirklich lohnende Erfahrung, denn das Thema entwickelte sich stetig weiter. Die Nachwuchsdesigner haben – auf Basis unserer Automobilgeschichte, mit den Verbindungen zum DAIMLER MUSEUM sowie zum historischen Archiv – im Ergebnis auch den Brückenschlag von der Vergangenheit in die Zukunft geschafft. Das gezeigte Einfühlungsvermögen und die Hochleistungsbereitschaft sowie den gelebten Teamgeist werden wir im Rahmen von Praktikums- und Bachelorstellen in unserer Designabteilung noch weiter festigen und letztlich die besten Talente in die Professionalität als Automobildesigner aufnehmen. Für mich als Leiter im *Center Exterieur Creation* wurden den Projektteilnehmern an der Hochschule sowohl die positive Haltung sowie die Grundwerte für ein erfolgreiches Gestalten vermittelt, und diese Fähigkeiten können sie zum Nutzen einer fortschrittlichen Mobilitätsgesellschaft bei uns voll entfalten.

Es sind eben jene Momente, die mich in meiner Überzeugung bestärken: Automobildesign ist komplex, hochspannend, schön und sicher für manche Menschen die interessanteste Berufung der Welt.

| Dominic Baumann | Sebastian Bekmann | Tim Bormann | Michael Juraschek | Anja Kön |

| Ignacio Pena | Anna Pittrich | Jonas Rall | Constantin Weyers | Benjamin Wiedling |

→ Torben Ewe ● DAIMLER AG – Ideation, Skizzen, Design ○ Eine kurze Frage vorab: Kennen sie noch den MERCEDES-BENZ W124? Nein? Oder vielleicht den R129? Auch nicht? Das macht nichts, damit geht es Ihnen vermutlich wie so einigen meiner Freunde, die schmunzelnd die Augen verdrehen, sobald ich über das Design dieser Klassiker philosophiere.

    Scheinbar hat der schwäbische Automobilbauer schon in meiner Kindheit eine so große Faszination auf mich ausgeübt, dass sich fortan meine Biografie darauf aufbaute. Um ein Automobil von Grund auf besser verstehen zu können, studierte ich Maschinenbau mit der Spezialisierung im Fahrzeugbau. In meiner Diplomarbeit fand ich bei der DAIMLER AG in STUTTGART eine ausgezeichnete Unterstützung. Im Anschluss studierte ich Transportation Design an der HOCHSCHULE MÜNCHEN. Mein Mentor, Prof. Dr. Wickenheiser hat mich dabei maßgeblich gefördert. Den Bachelor-Abschluss gestaltete ich mit den Profis im MERCEDES-BENZ DESIGN STUDIO in SINDELFINGEN.

    Der endgültige Traum ging für mich in Erfüllung, als ich mich 2016 als Designer zum Exterieur-Design Team von MERCEDES-BENZ zählen durfte. Durch die Verbundenheit zur HOCHSCHULE MÜNCHEN habe mich umso mehr gefreut, als mich im vergangenen Jahr das Angebot einer Projekt-Betreuung erreichte und ich erstmals die Möglichkeit hatte, meine Kenntnisse als Automobildesigner an die Studenten weiterzugeben. Ich hoffe, Sie erleben auf den nachfolgenden Seiten den positiven Spirit, den auch wir während des Semesters erfahren durften. Viel Spaß!

Dominic Baumann | Sebastian Bekmann | Tim Bormann | Michael Juraschek | **Anja König**

| Ignacio Pena | Anna Pittrich | Jonas Rall | Constantin Weyers | Benjamin Wiedling |

→ Frank Spörle ● DAIMLER AG – Historie, technisches Konzept, CAD Modelling-Rendering
○ Wer Frank Spörle begegnet, trifft eine Persönlichkeit, deren Kenntnisse über die Automobilgeschichte der Marke mit dem Stern umfassend und dazu noch von einer ganz besonderen Qualität sind. Neben allen wichtigen technischen Details und geschichtlichen Hintergründen ist er der einzige Mensch, der die gesamte Rekordwagenflotte bis 1939 auf einzigartige Weise in der virtuellen Realität wieder zum Leben erweckt hat. Sein Geschenk an die Studierenden gleich bei der Auftaktveranstaltung war ein sechs Meter langes Poster, auf dem die Boliden nebeneinander ihre imposante Wirkung entfalten. Sein kenntnisreicher Vortrag, wie ein Hochgeschwindigkeitsrekordfahrzeug unter der Berücksichtigung der physikalischen Gegebenheiten bei diesen Geschwindigkeiten von der Auslegung konfiguriert sein könnte, war Inspiration und Information at its best. Trotz der Fülle an Wissen hat sich Frank Spörle aber im Umgang mit den jungen Menschen die Offenheit und Neugier für Innovationen erhalten und bietet seine Kompetenz wie einen intensiven Motivationsschub im Rahmen der Nachwuchsförderung an. An der Seite und nicht vor der Nase der jungen Leute hat er es in seiner gleichzeitig fordernden und unterstützenden Haltung erreicht, dass die Studierenden unter seiner Anleitung in zwei kompakten Wochenseminaren die professionelle Umsetzung ihrer Konzeptidee in eine überzeugend realistische, plastische Skulptur selbstständig bewältigt haben. Mit seinem Einsatz hat er vorgelebt, dass die Bereitschaft Höchstleistungen zu bringen, nicht nur Spaß machen kann, sondern er hat als Vollblut Automobil Designer diesen Wettbewerb der Ästhetik und Effizienz entscheidend mitgeprägt und zum Gesamterfolg der Studierenden einen erheblichen Beitrag geleistet. Er jedoch würde sagen: »... war mein Job, keiner Erwähnung wert«. So kennen und schätzen wir ihn alle, die bereit sind, über sich hinaus zu wachsen.

Dominic Baumann	Sebastian Bekmann	Tim Bormann	Michael Juraschek	Anja König

Variantenphase　　　　　　　　　　Renderings　　　　　　　　　　041

Ignacio Pena　　　Anna Pittrich　　　Jonas Rall　　　Constantin Weyers　　　Benjamin Wiedling

→ Prof. Dr. Othmar Wickenheiser

Dominic Baumann   Sebastian Bekmann   Tim Bormann   Michael Juraschek   Anja König

HOCHSCHULE MÜNCHEN – Transportation Design ● Das Ziel meiner Lehre an der HOCHSCHULE MÜNCHEN ist, Studierende mit dem Interessenschwerpunkt für dynamische Produkte optimal auf die berufliche Karriere nach ihrem Abschluss vorzubereiten. Dies geschieht, indem ich die potentiellen Arbeitgeber aus den Designstudios mit realistisch zukunftsweisenden Design-Aufgabenstellungen direkt in die Lehre einbinde. Gemeinsam mit diesen Designexperten betreiben wir dann praxisrelevante, aktive Wissensvermittlung auf höchstem Niveau. Mein Selbstverständnis als Professor steht unter dem Motto: »Mein Job ist es, dass meine Absolventen ihren Traumberuf auch wirklich realisieren.« Ich bin nur dann erfolgreich, wenn es mir zusammen mit den Industriepartnern gelingt dieses Ziel der Studierenden zu verwirklichen. Um auch tatsächlich direkt nach dem Studium nahtlos in den Designstudios als angestellte Mitarbeiter oder selbstständig das in meiner Lehre vermittelte Können und Wissen in den Gestaltungsprozess effektiv umzusetzen, bringe ich alle meine theoretischen Forschungsergebnisse und gestaltungspraktischen Kenntnisse ein. Zudem vermittle ich die notwendigen sozialen Kompetenzen sowie ein gesamtheitlich professionelles Auftreten. Und letztlich biete ich mein Netzwerk zu den Spitzenfachleuten aus den Automobildesign-Studios den Nachwuchstalenten an. Um optimale Arbeitsbedingungen zu schaffen und unter realistischen Bedingungen Team- und bereits auch Führungskompetenzen zu fördern, stelle ich den jungen Menschen ein unabhängiges open 24/7 Designentwicklungsstudio eigenverantwortlich zur Verfügung. In den zurückliegenden 21 Jahren ist es mir und meinen Partnern mit dieser kooperativ optimierten Herangehensweise gelungen kontinuierlich weit über 90 % der Absolventen in den hart umkämpften Designberuf, insbesondere der Automobil-Branche, zu vermitteln. Das ist weltweit einzigartig. Aber ganz gleich, wie man Erfolg letztlich definiert, mich persönlich erfüllt meine Aufgabe an der HOCHSCHULE MÜNCHEN mit Freude und Genugtuung. Denn mit spannenden Themenstellungen die Studierenden sukzessive anzuleiten nach der bestandenen Abschlussarbeit hochkompetent, verantwortungsvoll und international auf Augenhöhe als Transportation Designer einen wertvollen Kulturbeitrag für unsere mobile Gesellschaft zu leisten, das ist meine Berufung. Und so schließt sich auch der Kreis meiner Bemühungen, wenn die Transportation Design Alumni der Münchener Fakultät – dann als wertvolle Designmitarbeiter von der Industrie – an ihre Alma Mater entsandt werden, um ihr Wissen an die Nachwuchsdesigner im Rahmen meiner Lehrpraxis wiederum weiterzuvermitteln.

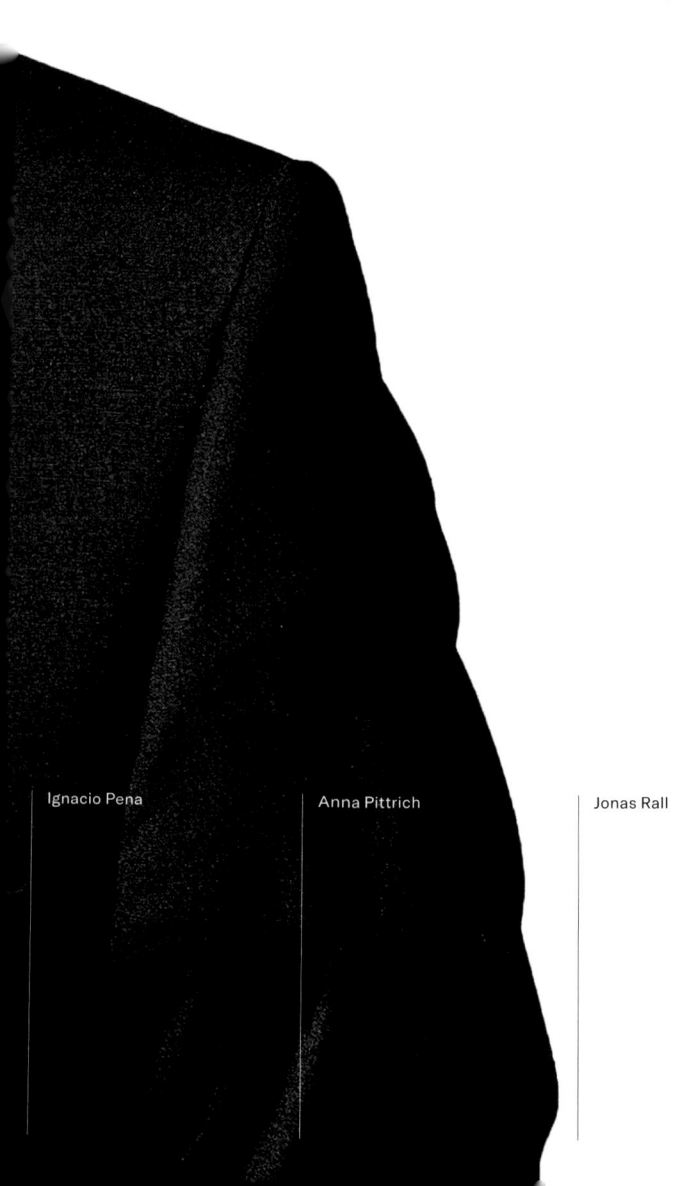

Ignacio Pena | Anna Pittrich | Jonas Rall | Constantin Weyers | Benjamin Wiedling

044 Konzept/Ideenfindung Brainstorming

→ Dominic Baumann

| Dominic Baumann | Sebastian Bekmann | Tim Bormann | Michael Juraschek | Anja König |

01

→ MAGNETIC CAPSULE (Länge 7,03 m, Breite 2,30 m, Höhe 0,69 m)

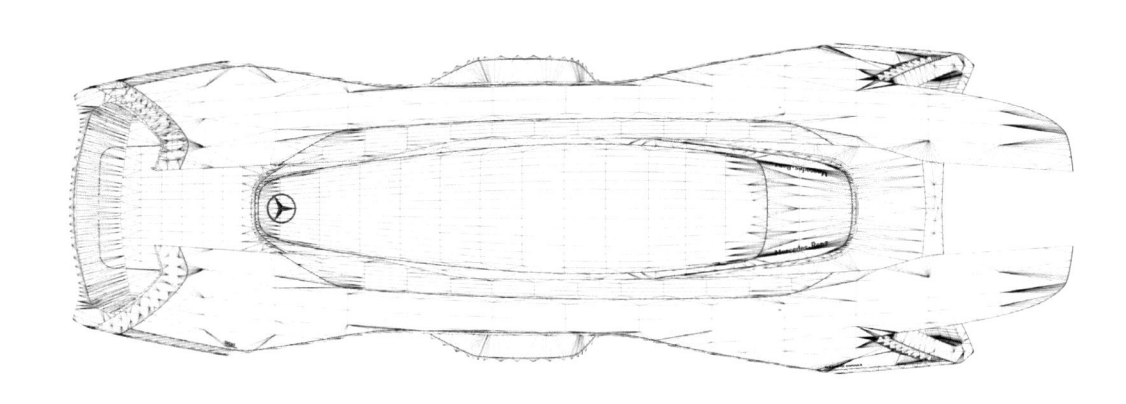

Top-View

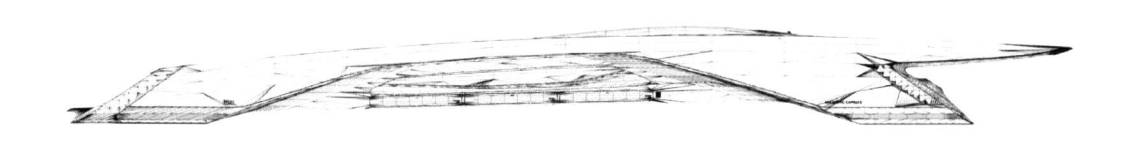

Side-View

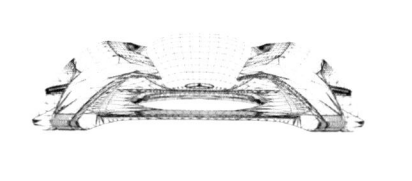

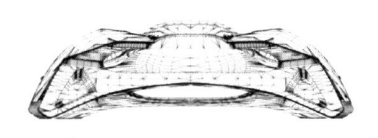

Back-View

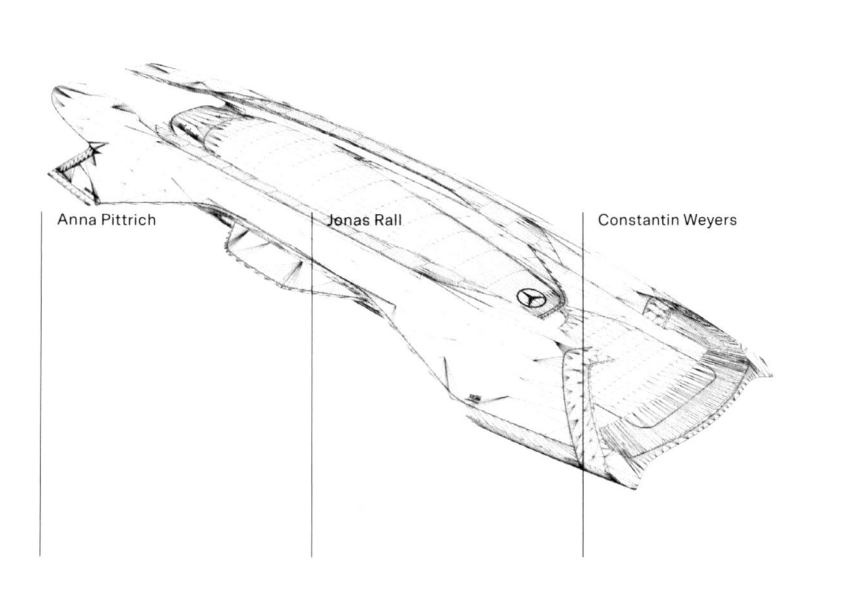

| Ignacio Pena | Anna Pittrich | Jonas Rall | Constantin Weyers | Benjamin Wiedling |

→ Sebastian Bekmann

| Dominic Baumann | Sebastian Bekmann | Tim Bormann | Michael Juraschek | Anja König |

02

→ IONIC FLOW I (Länge 8,74 m, Breite 2,91 m, Höhe 1,16 m)

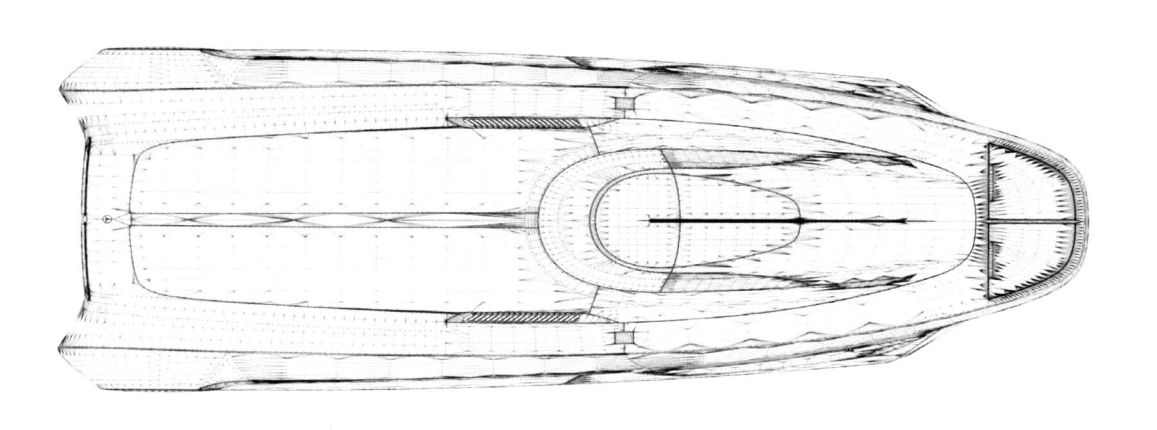

Top-View I

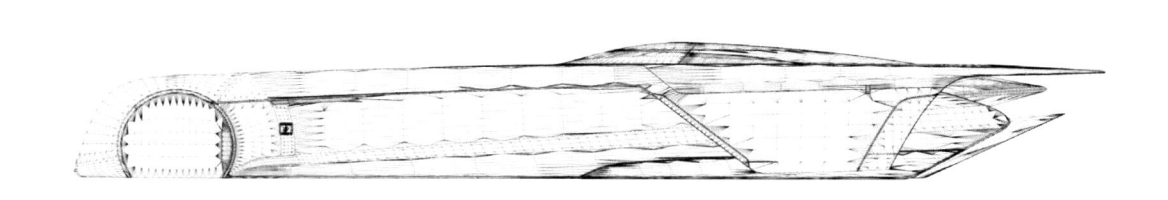

Side-View I

→ IONIC FLOW II (Länge 8,16 m, Breite 2,73 m, Höhe 0,82 m)

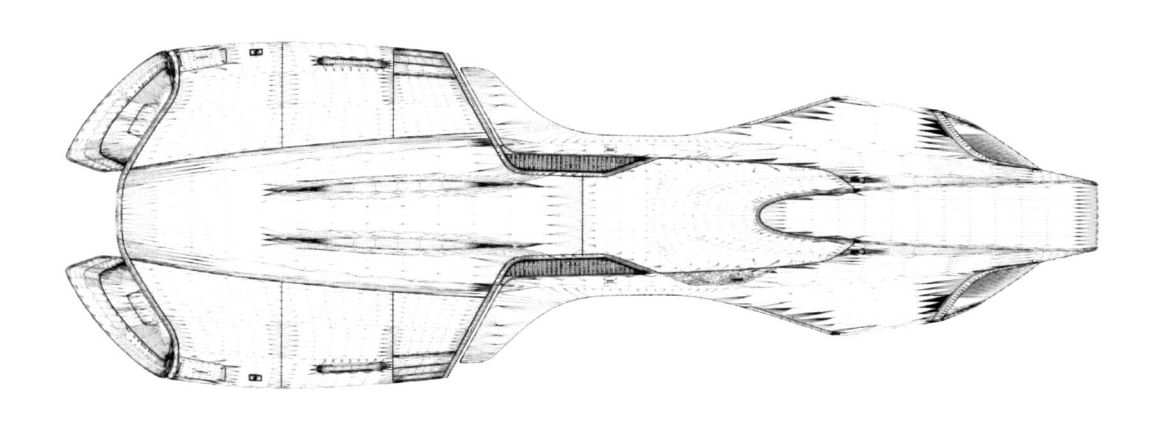

Top-View II

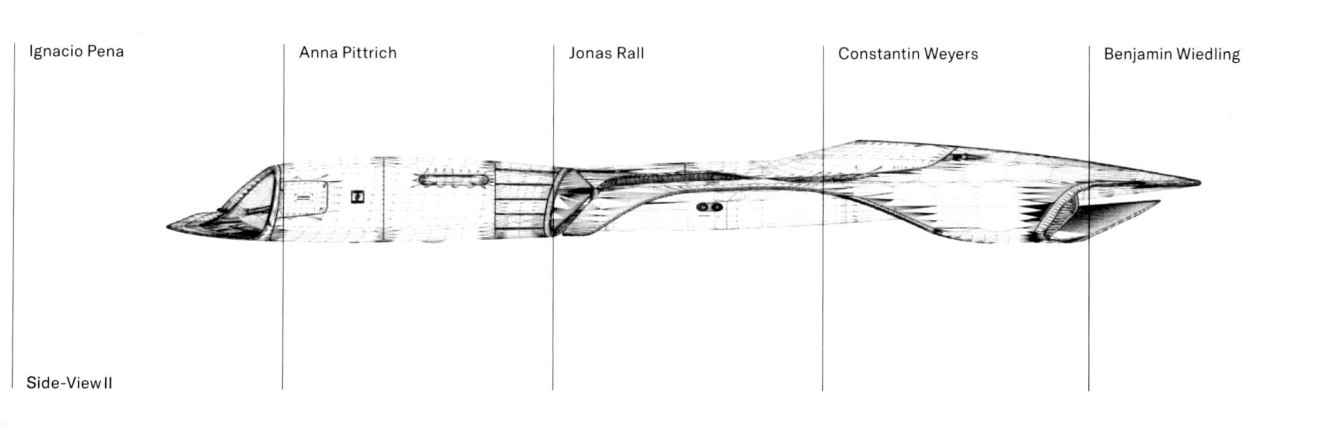

| Ignacio Pena | Anna Pittrich | Jonas Rall | Constantin Weyers | Benjamin Wiedling |

Side-View II

→ Tim Bormann

| Dominic Baumann | Sebastian Bekmann | Tim Bormann | Michael Juraschek | Anja König |

03

Variantenphase — Renderings

→ SHAPE SHIFT (Länge 8,00 m, Breite 2,40 m, Höhe 0,65 m)

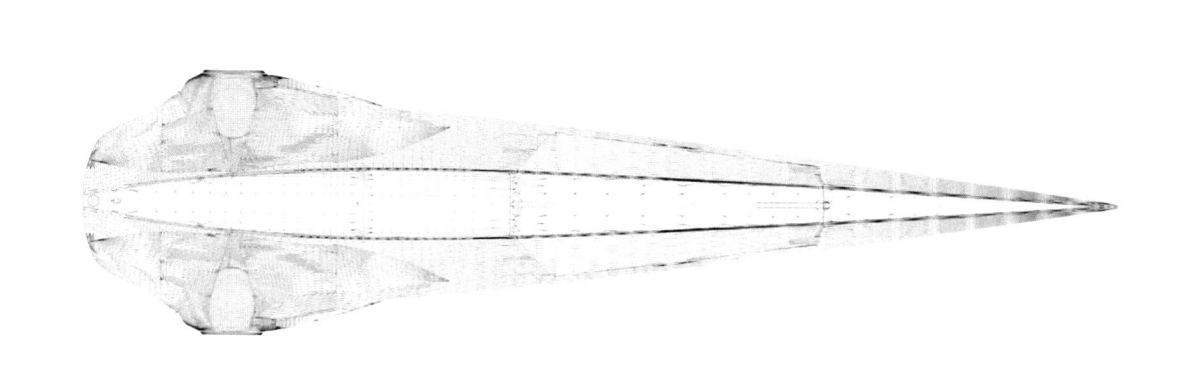

Top-View

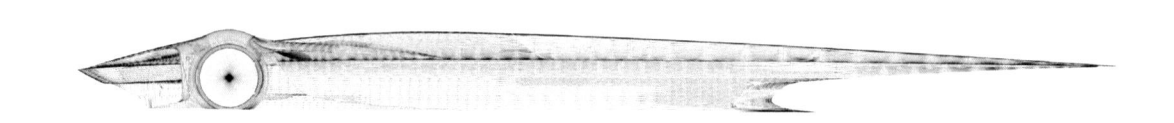

Side-View

Back-View

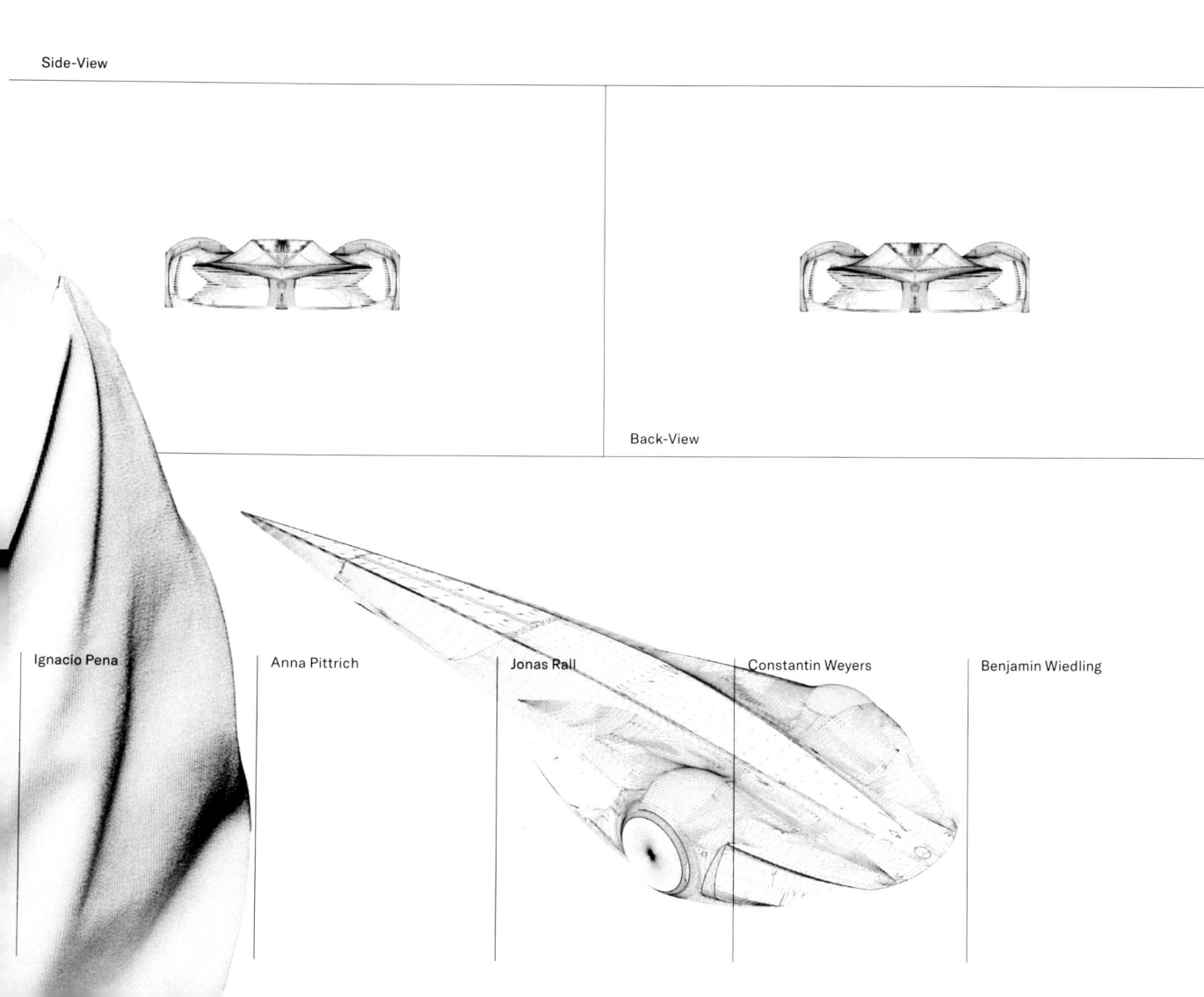

| Ignacio Pena | Anna Pittrich | Jonas Rall | Constantin Weyers | Benjamin Wiedling |

050 Konzept/Ideenfindung Brainstorming

→ Michael Juraschek

| Dominic Baumann | Sebastian Bekmann | Tim Bormann | Michael Juraschek | Anja König |

04

→ RECORD BEAM (Länge 11,25 m, Breite 3,08 m, Höhe 1,21 m)

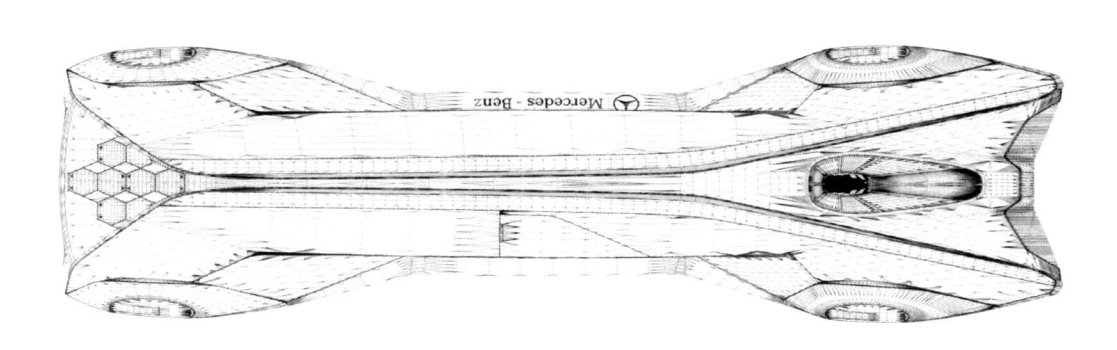

Top-View

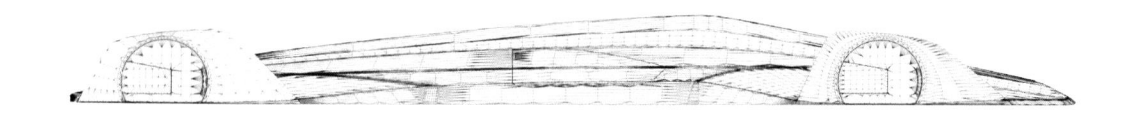

Side-View

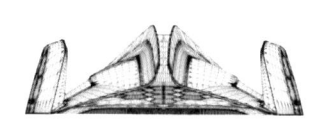

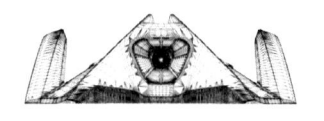

Back-View

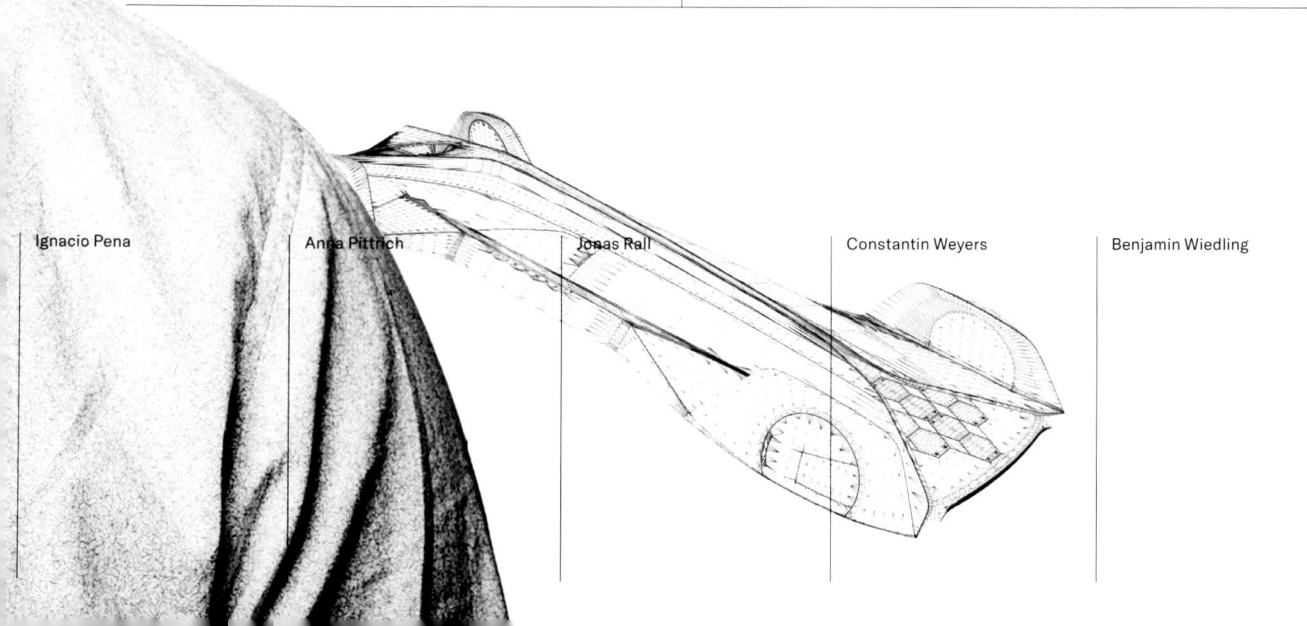

| Ignacio Pena | Anna Pittrich | Jonas Rall | Constantin Weyers | Benjamin Wiedling |

→ Anja König

| Dominic Baumann | Sebastian Bekmann | Tim Bormann | Michael Juraschek | Anja König |

Variantenphase — Renderings — 053

→ ELECTRIC HEAT (Länge 10,05 m, Breite 2,31 m, Höhe 0,83 m)

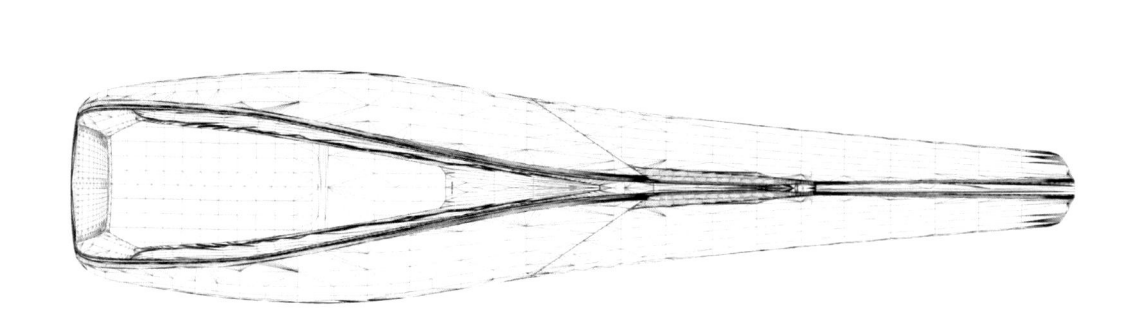

Top-View

Side-View

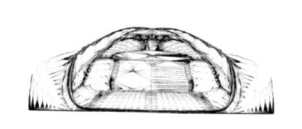

Front-View

Back-View

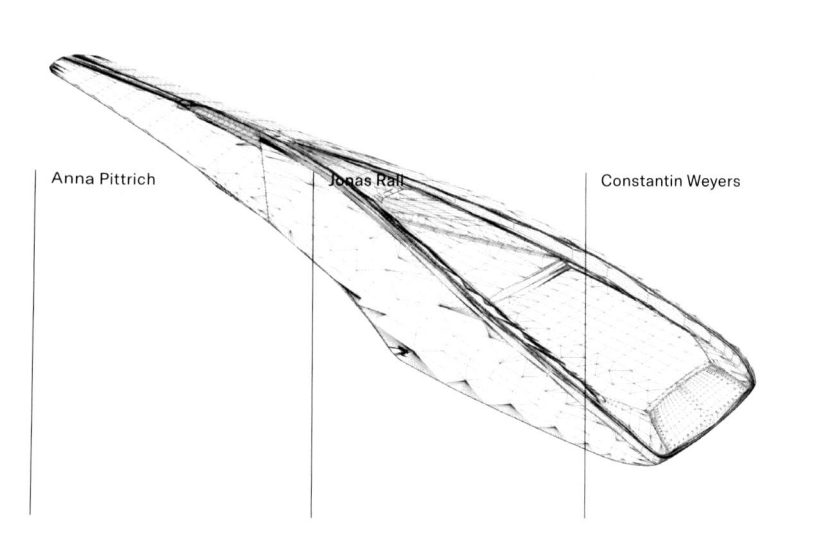

Ignacio Pena | Anna Pittrich | Jonas Rall | Constantin Weyers | Benjamin Wiedling

054   Konzept/Ideenfindung   Brainstorming

→ Ignacio Pena

| Dominic Baumann | Sebastian Bekmann | Tim Bormann | Michael Juraschek | Anja König |

Variantenphase　　　　Renderings　　　　055

→ T 800 (Länge 8,12 m, Breite 1,96 m, Höhe 1,17 m)

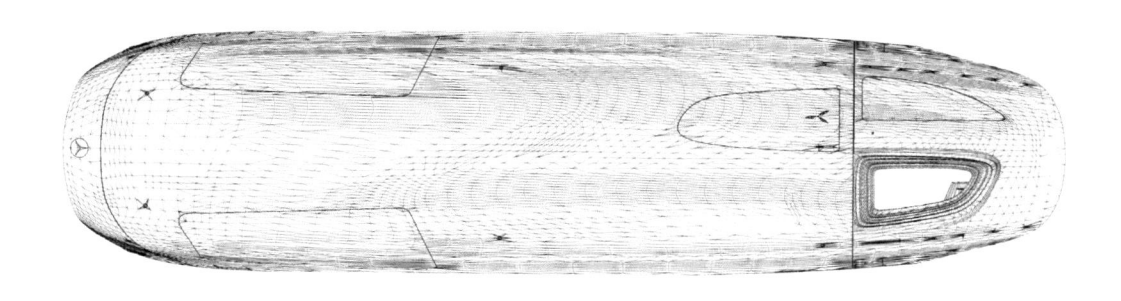

Top-View

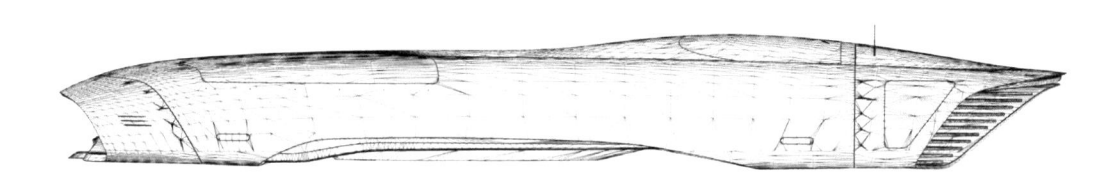

Side-View

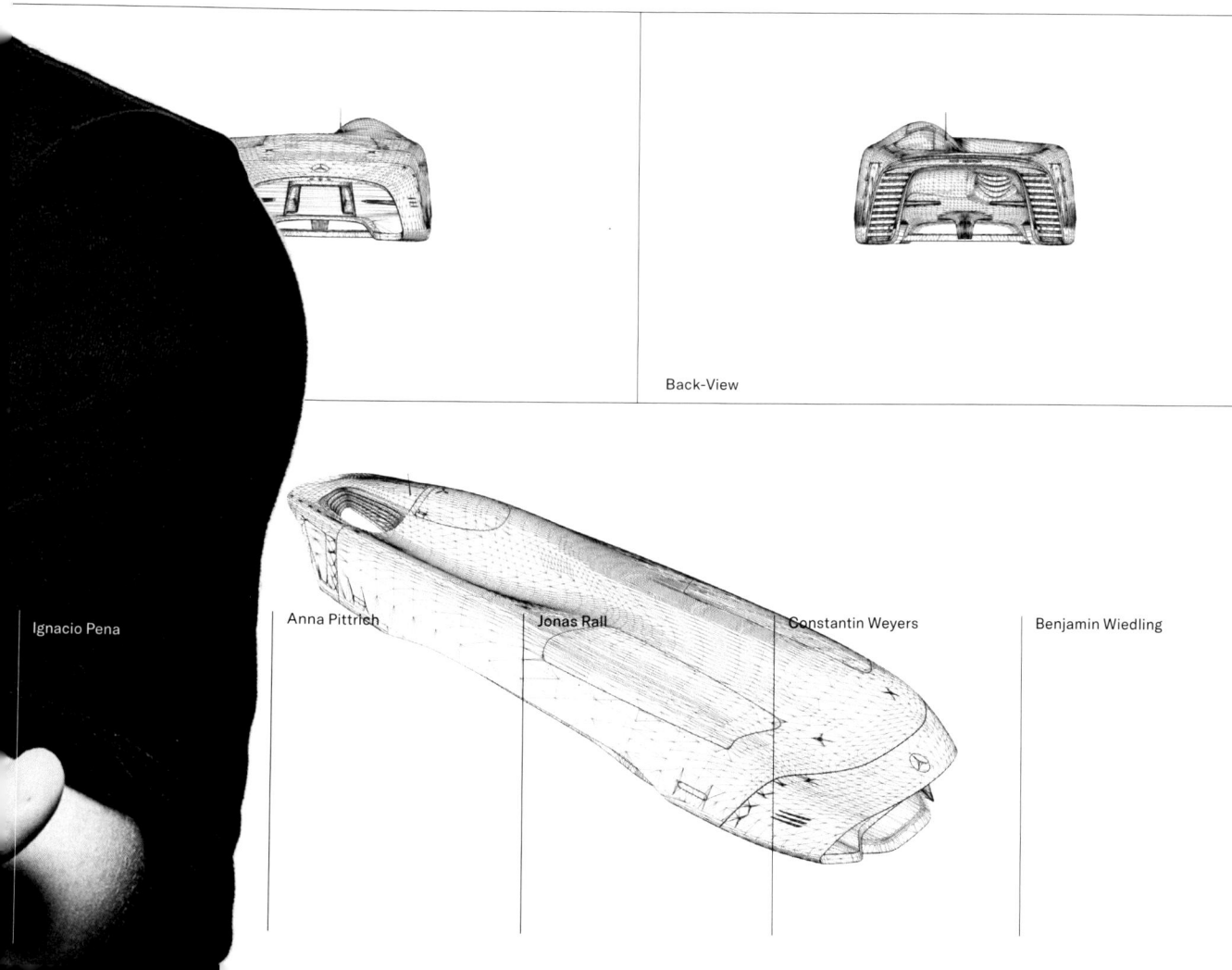

Back-View

| Ignacio Pena | Anna Pittrich | Jonas Rall | Constantin Weyers | Benjamin Wiedling |

→ Anna Pittrich

Dominic Baumann · Sebastian Bekmann · Tim Bormann · Michael Juraschek · Anja König

→ MAELSTROM SKIN (Länge 11,20 m, Breite 2,81 m, Höhe 1,11 m)

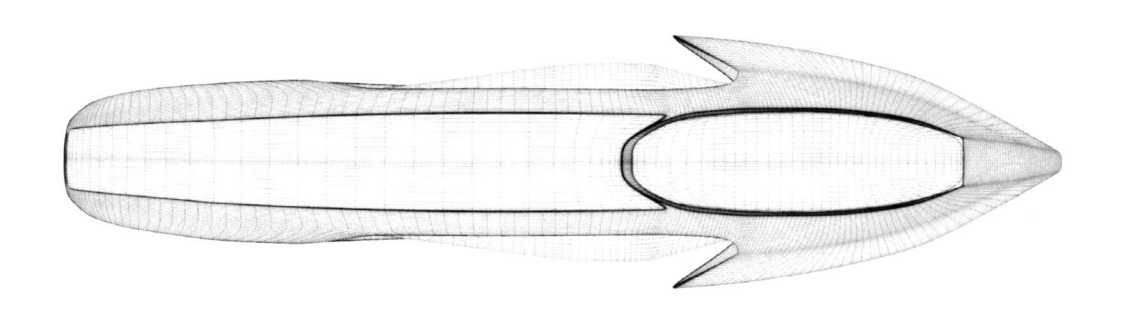

Top-View

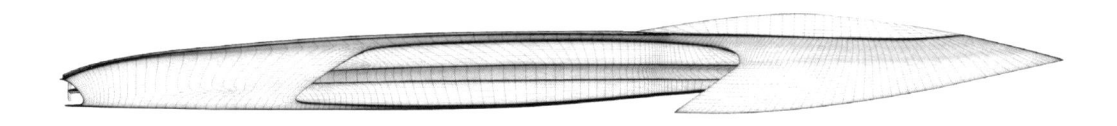

Side-View

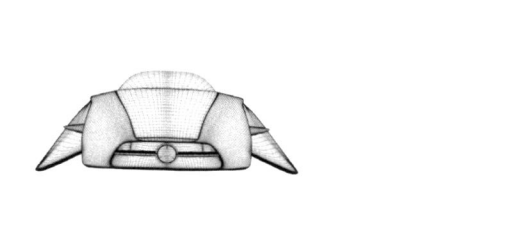

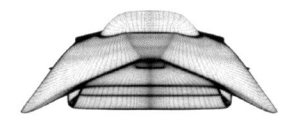

Back-View

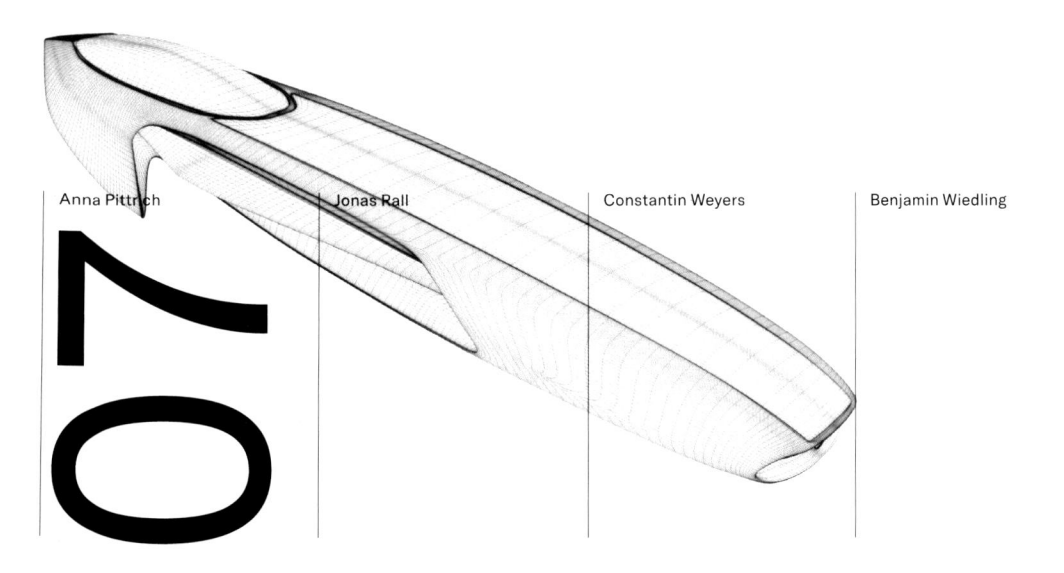

Ignacio Pena | Anna Pittrich | Jonas Rall | Constantin Weyers | Benjamin Wiedling

Konzept/Ideenfindung   Brainstorming

→ Jonas Rall

Dominic Baumann   Sebastian Bekmann   Tim Bormann   Michael Juraschek   Anja König

→ SPEED ARROW (Länge 13,35 m, Breite 3,73 m, Höhe 1,09 m)

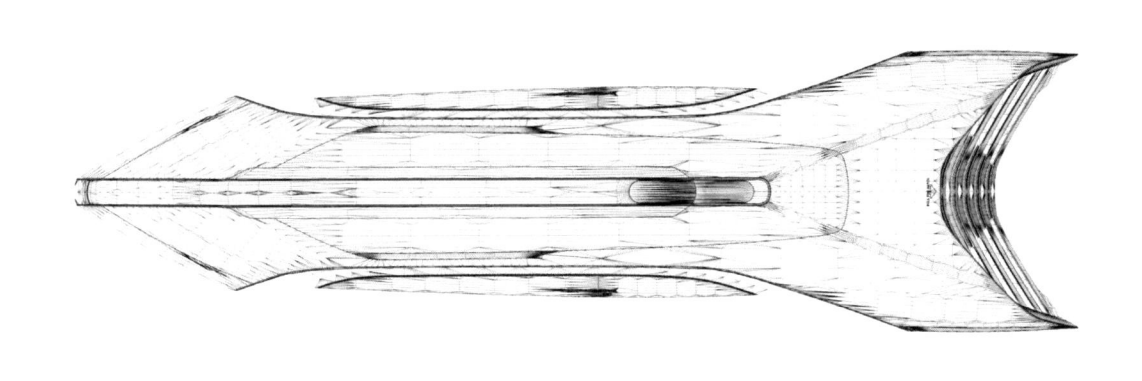

Top-View

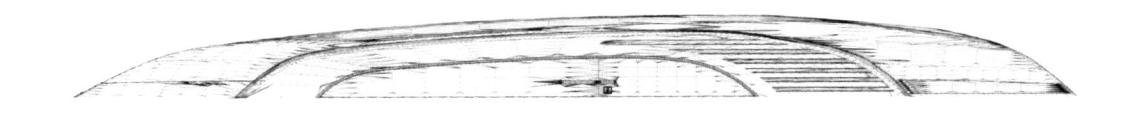

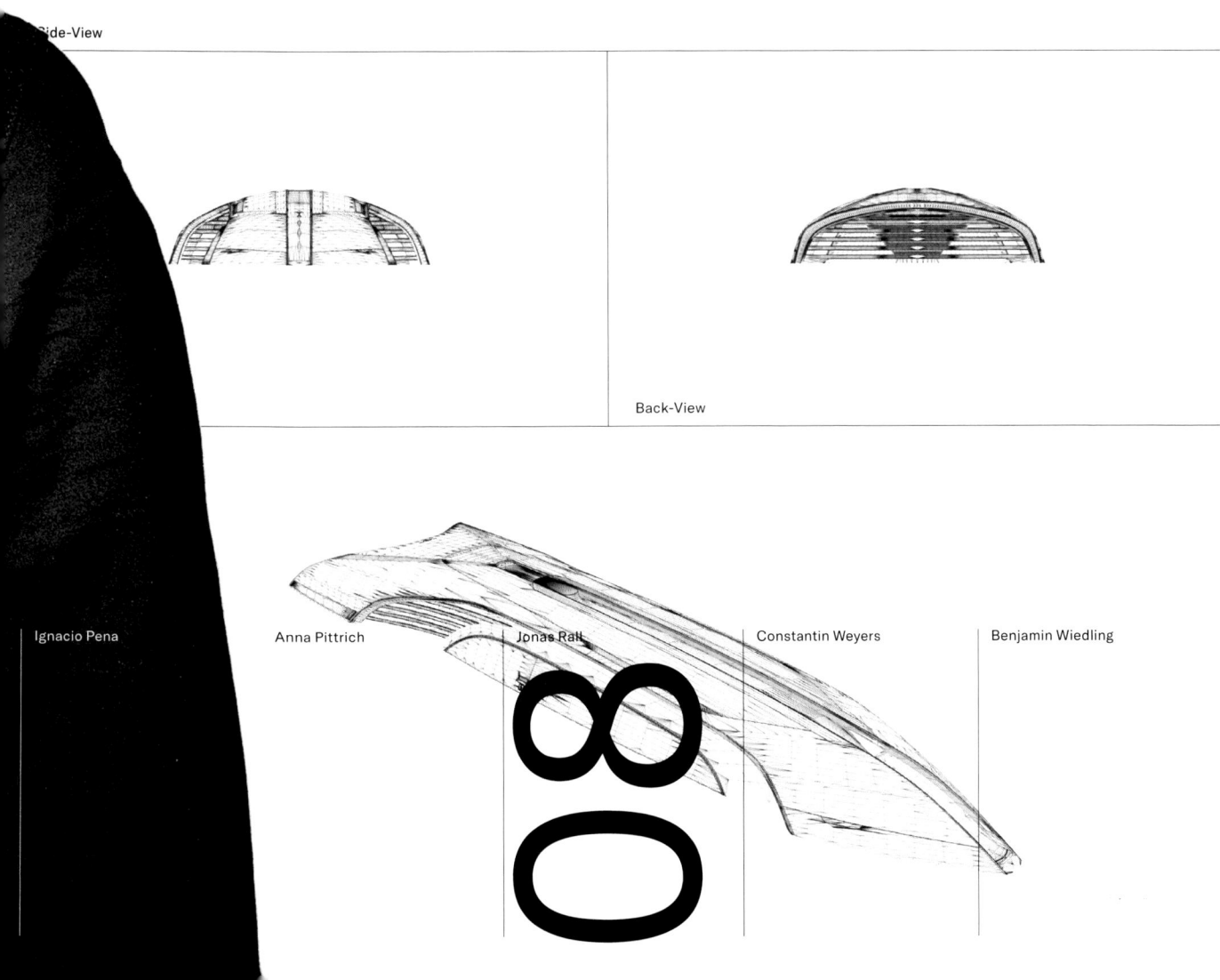

Side-View

Back-View

Ignacio Pena | Anna Pittrich | Jonas Rall | Constantin Weyers | Benjamin Wiedling

060 Konzept/Ideenfindung Brainstorming

→ Constantin Weyers

Dominic Baumann   Sebastian Bekmann   Tim Bormann   Michael Juraschek   Anja König

→ FERRO FLUID (Länge 8,87 m, Breite 1,14 m, Höhe 2,47 m)

Top-View

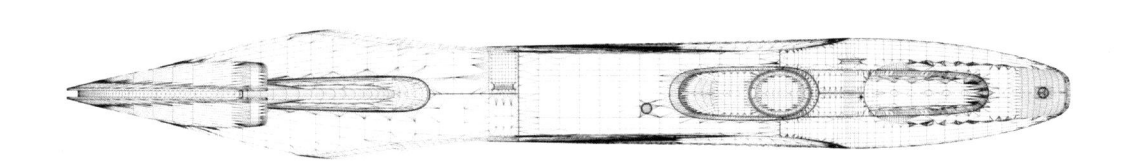

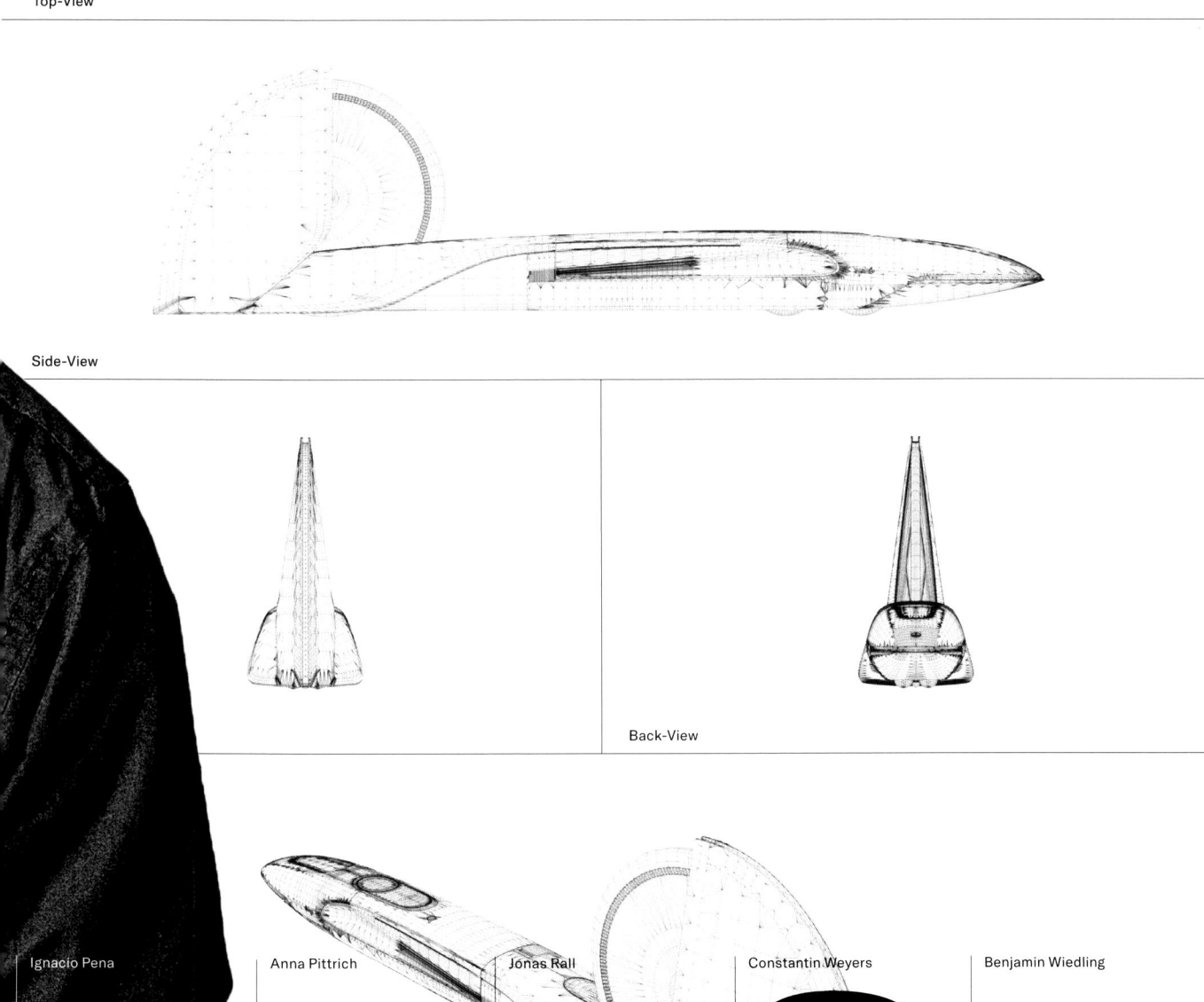

Side-View

Back-View

Ignacio Pena | Anna Pittrich | Jonas Rall | Constantin Weyers | Benjamin Wiedling

062   Konzept/Ideenfindung   Brainstorming

→ Benjamin Wiedling

Dominic Baumann   Sebastian Bekmann   Tim Bormann   Michael Jurasche   Anja König

→ E-SHIFT (Länge 8,21 m, Breite 1,82 m, Höhe 0,69 m)

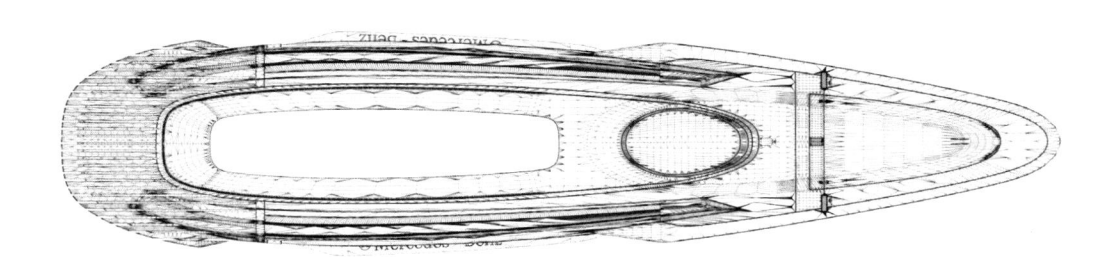

Top-View

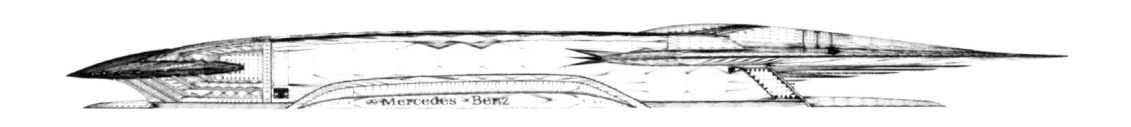

Side-View

Back-View

Ignacio Pena | Anna Pittrich | Jonas Rall | Constantin Weyers | Benjamin Wiedling

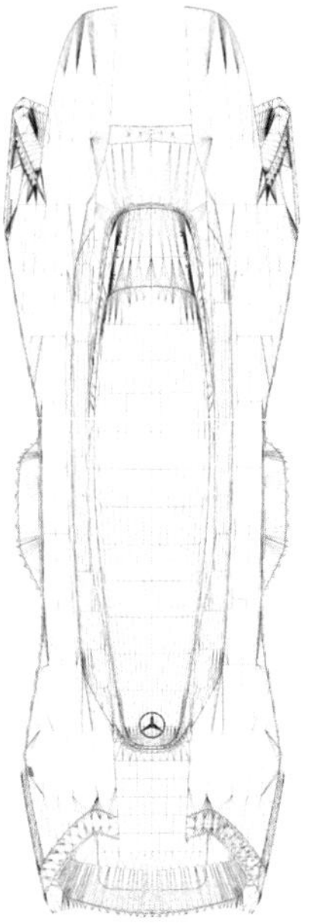

Konzept/Ideenfindung   Brainstorming

Dominic Baumann
→ MAGNETIC CAPSULE
068, 088, 200, 302, 430

01

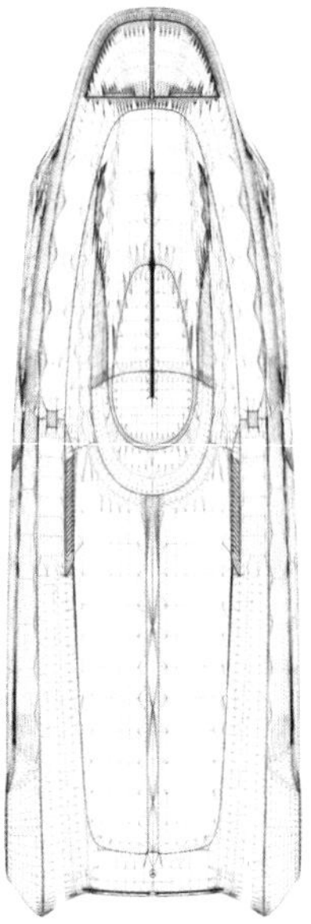

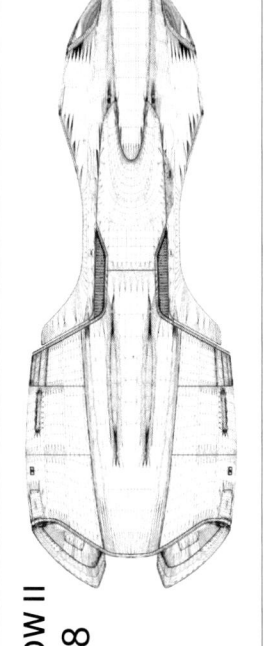

Sebastian Bekmann
→ IONIC FLOW I & IONIC FLOW II
069, 096, 212, 316, 438

02

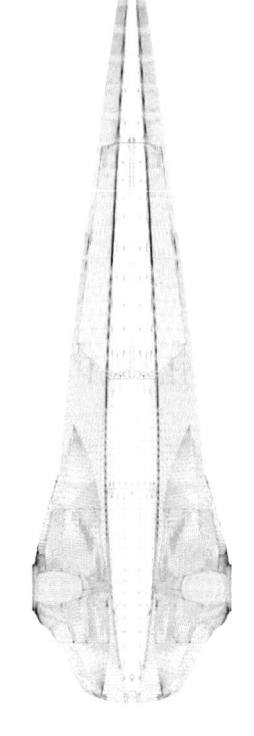

Tim Bormann
→ SHAPE SHIFT
072, 118, 226, 344, 454

03

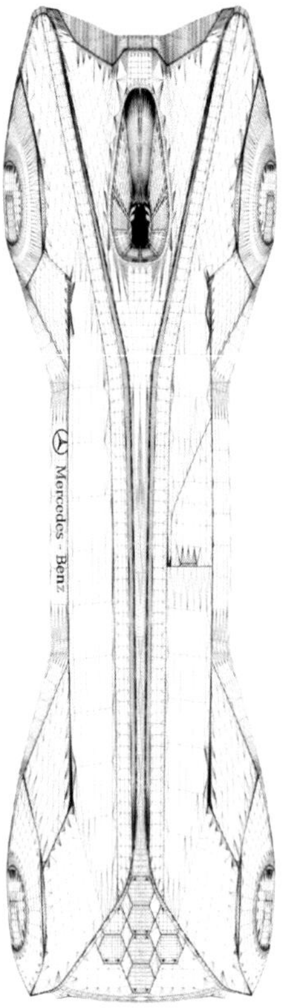

Michael Juraschek
→ RECORD BEAM
073, 124, 232, 352, 460

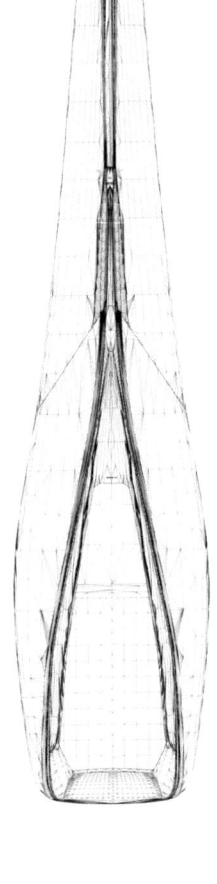

04

Anja König
→ ELECTRIC HEAT
075, 132, 242, 362, 462

05

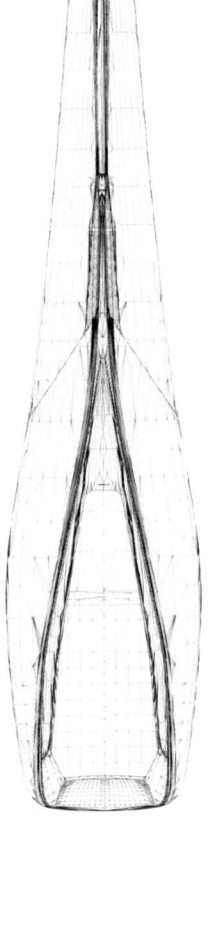

Variantenphase   Renderings   065

→ T 800
076, 142, 252, 368

Ignacio Pena

06

→ MAELSTROM SKIN
078, 162, 270, 382, 470

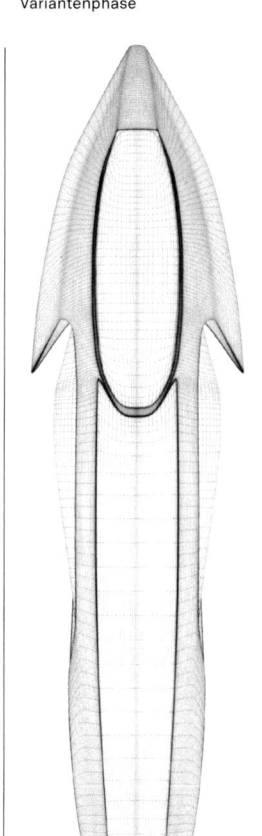

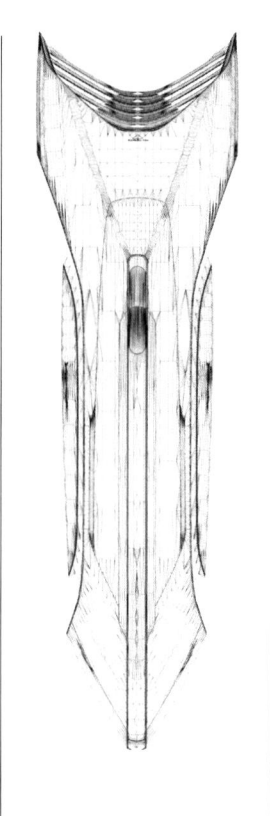

Anna Pittrich

07

→ SPEED ARROW
080, 174, 276, 390, 472

Jonas Rall

08

→ FERRO FLUID
081, 178, 286, 400, 476

Constantin Weyers

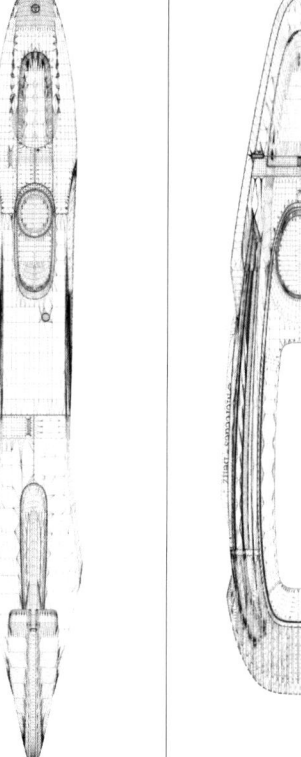

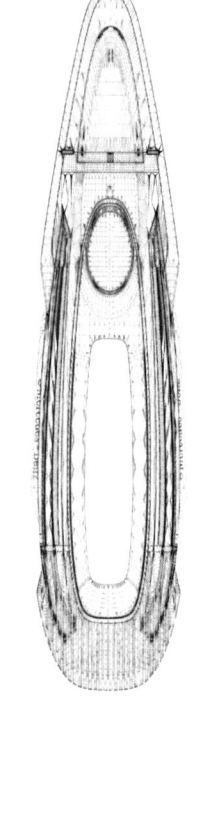

09

→ E-SHIFT
082, 180, 288, 414, 482

Benjamin Wiedling

10

→ Konzeptentwicklung und Ideenfindung ● Die Aufgabenstellung für ein Transportation Exterieur Design Projekt variiert im Komplexitätsgrad deutlich. Das Spektrum reicht von einer rein formalen Erörterung für die modernisierte Interpretation einer existenten Außenhautgestaltung im Sinne einer Modellpflege, bis hin zur Konzeptentwicklung, für die eine ästhetische und funktionelle Prinziplösung zu einer neuartigen Fahrzeuggattung mit spezifischen Anforderungen erstellt werden muss. Dabei ist naturgemäß der gestalterische Innovationsgrad bei dieser Produktneudefinition bedeutend höher. Insbesondere stellt in diesem Zusammenhang auch die Aufstellung und Plausibilisierung des technischen Packages eine besondere Herausforderung für den Designer dar. Da der Entwurf für ein radgetriebenes Hochgeschwindigkeitsrekordfahrzeug nun nicht zum Standardrepertoire im Tagesgeschäft eines Automobildesigners gehört, ist vor der ersten Skizze somit ein erheblicher Grundlagen-Rechercheaufwand notwendig im Bezug auf die technischen Innovationsleistungen und das Potential mit unkonventionellen Lösungsansätzen, inspiriert aus der Natur, Wissenschaft und Philosophie, den Rekord zu erreichen. Um den dafür benötigten Zeitaufwand einzuräumen ohne den etablierten 15-wöchigen Semesterrhythmus zu sprengen, vereinbarten die Studierenden bereits während der vorlesungsfreien Zeit die Auftaktveranstaltung mit den MERCEDES-BENZ Design-Verantwortlichen vorzuziehen, um so mit einem rollenden Start das Projekt zu beginnen.

    Mit dieser aktiven Vorarbeit konnte bereits das Recherche-Ergebnis als prinzipieller Ideenpool in Form eines gemeinsamen Moodboards vom Designteam zusammengetragen und parallel dazu die Ausrichtung der visuellen Botschaft mit den Designexperten aus STUTTGART diskutiert werden. Die verfolgenswerten Richtungen wurden in einer Matrix differenziert und in einem Funktionscluster mit den drei Ausrichtungen *opposite force*, *external power* und *hot & cold* etabliert.

Dominic Baumann	Sebastian Bekmann	Tim Bormann	Michael Juraschek	Anja König

Variantenphase   Renderings   067

| Ignacio Pena | Anna Pittrich | Jonas Rall | Constantin Weyers | Benjamin Wiedling |

→ Dominic Baumann ● MAGNETIC CAPSULE

01 Das Fahrzeug MAGNETIC CAPSULE ist ein Hochgeschwindigkeitsrekordfahrzeug, dessen deutlichstes Unterscheidungsmerkmal sich durch eine klare Zweiteilung der Hauptvolumen von Body und Greenhouse darstellt. Durch die Entkopplung der zentralen, mit Kurzflügeln flankierten Fahrerkanzel wird erreicht, dass sich eine auf den Fahrzustand optimierte Aerodynamik direkt durch die Positionierung der mittigen Fahrerkanzel abstimmen lässt. Tatsächlich als Ganzes frei schwebend, befindet sich diese mit den seitlichen Flügelansätzen in Aussparungen eines U-förmigen Fahrwerksprofils. Diese flügelartigen Ausleger erinnern an die down force-Ästhetik des historischen T 80 Rekordfahrzeugs. Im Unterschied dazu erfüllen diese aber nicht primär die aerodynamischen Luftleitfunktionen eines statischen Profils, sondern sind der funktionale und visuelle Ankerpunkt für die Positionierung der zentralen *capsule* gegenüber dem *drive train*. Denn dort sind in den Flanken der Seitenwände die programmierbaren *Polymagneten* fixiert, die im konstanten Abstand zueinander die Kanzel zwischen den Seitenwänden des Antriebsstrangs magnetisch festhalten. Somit wird die Kapsel unsichtbar im Kraftfeld gehalten und stets komplett vom Medium Luft umströmt. Computergesteuert wird durch die Feinjustierungen der Anstellwinkel und der Relativposition des Greenhouse zum Fahrwerk eine maximale Fahrstabilität erreicht. Mit der angepassten Gewichtsverteilung sowie durch minimale Rotation entlang der Mittelachse werden von der Körperposition im Wind alle Korrekturen zum optimierten Geradeauslauf eingeleitet. Somit benötigt man keine konventionelle Lenkung mehr, um mit der Rad-Reifenkombination auf dem Untergrund Spurkorrekturen vorzunehmen, sondern der volle Bodenkontakt ohne die kleinsten Reibungsverluste liegt an und die maximale Traktion über den gesamten Rekordfahrtverlauf kann zu 100 % genutzt werden. Und zum Ende wird auch der Anstellwinkel gegen den Wind als zusätzliche Bremsunterstützung mit dem Hauptvolumen abgerufen.

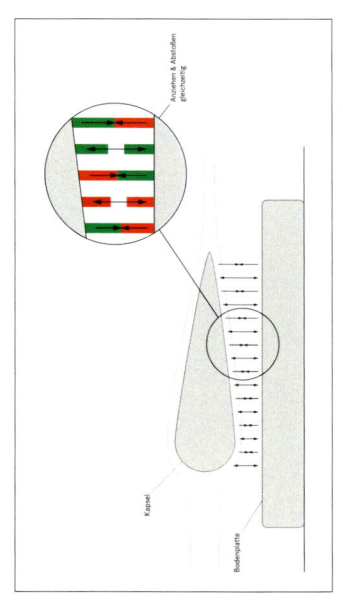

All diese fahrdynamischen Positionsanpassungen des innenliegenden Hauptvolumens sind während der Rekordfahrt durch die sich ändernde obere Silhouette des Fahrzeugs sowie durch einen Ausschnitt an den seitlich herausragenden Flügelprofilen zu beobachten. So zeigt sich die Dynamik des Hochgeschwindigkeitsfahrzeugs nicht als vollkommen starres Volumen, sondern als lebendiger

Dominic Baumann **01**

Sebastian Bekmann **02**

Tim Bormann

Michael Juraschek

Anja König

Körper, der seine Silhouette dem Medium Gegenwind anpasst. Stabil bleibt der Antriebsstrang, der als Basis für das Fahrzeug dient und die technischen Komponenten dieses elektroangetriebenen Fahrzeugs in sich trägt. Diese befinden sich sowohl in den Seitenteilen sowie in den beiden Bodenplatten, welche die Form der Kapsel wieder aufgreifen. Jene Platten verbinden das Fahrzeug im bodennahen Bereich und sorgen durch ihren geringen Bodenabstand für den entsprechenden Anpressdruck. In seiner Gesamterscheinung unvergleichlich erinnert das Fahrzeug in seiner keilförmigen Ausrichtung und dem hinten abgesetzten Ausleger in der Geste noch entfernt an eine futuristische Speed-Yacht.

Nicht als massives Vollvolumen, sondern eingespannt in die bewusst mittig stark ausgesparten, umgreifenden Spangen demonstriert der zentrale Körper wie von Geisterhand schwerelos den Eindruck permanenter »Flugbereitschaft«. Ästhetisch wird mit den Stilmitteln der kontrastierenden Aussagen von Silhouette und Volumeninnendruck eine Sparring Situation hergestellt. So wurde etwa der geometrische Ausleger bewusst als Differenzierungselement zu den sonst sanft bombierten Grundzügen gewählt. Die harten Freischnitte, deren scharfe Begrenzungslinien die geschmeidigen Bombierungsgrade der Flächenüberwölbungen konturieren, sorgen dafür, dass nicht Weichheit als dominante Aussage das Design beherrscht. Vielmehr wirken die straffen Aussparungen als Gegenpol zur Geschmeidigkeit, mit der die Volumina angelegt sind. Im Ergebnis ist die Gesamterscheinung zwar fließend, aber nie opulent, sondern vermittelt einen zukunftsweisenden funktional-minimalistischen Leichtbau-Charakter.

→ Sebastian Bekmann ● IONIC FLOW

02 IONIC FLOW

Der funktionale Ansatz des Aerodynamik-Konzepts beruht auf der Absicht, den Luftstrom am Fahrzeug mithilfe eines geregelten Ionisators elektrisch in der Front aufzuladen, um diesen gerichtet zum Gegenpol am Heck des Rekordwagens zu führen. Auf diese Weise werden zudem minimale Druckunterschiede erzeugt, die dem Fahrzeug zusätzlichen Schub geben.

IONIC FLOW I ○ Dieses Design-Konzept bedient sich eines retrofuturistischen Gestaltungsansatzes. Bewusst wurden klassische, MERCEDES-BENZ-typische Gestaltungselemente – von der Erfindung des Automobils bis hin zur der Ära der 1940er Rekordfahrzeuge – als Designthemen aufgegriffen. So bil-

---

Ignacio Pena | Anna Pittrich | Jonas Rall | Constantin Weyers | Benjamin Wiedling

det auch das Zitat einer überlangen Motorhaube, hinter der tief geduckt ab 1936 seinerzeit im MERCEDES-BENZ W 25 Rennfahrerlegenden wie Rudolf Caracciola die 12-Zylinder-Stromlinienfahrzeuge bis zum W154 von 1939 zu internationalen Geschwindigkeitsrekorden auf öffentlichen Straßen pilotierten, beim aktuellen Konzeptfahrzeug das Hauptvolumen, allerdings nicht für den mächtigen Verbrennungsmotor, sondern für den zukunftsweisenden Front-Ionisator. Auch die Geste, mit der die Radverkleidungsflächen weit vor dem Hauptvolumen den Bug dominieren, ist eine bewusste Anspielung auf die Ästhetik des negativen Frontüberhangs, mit dem die fast vollkommen freiliegende Federungstechnik und Achsgeometrie sowie die riesigen vorgelagerten Räder, z.B. das Erscheinungsbild eines BLITZEN-BENZ charakterisierten. In Reminiszenz daran, aber vollverkleidet und exzessiv betont, wird nun dieser straffe Flächenaufbau weiteren futuristischen Stilmerkmalen im direkten Kontrast gegenübergestellt. Insbesondere aber ist die Linienführung dieser Radhauseinfassung an ihrem Extrempunkteverlauf von gestalterischem Interesse, insofern, als dass die beiden weit vorgelagerten vertikalen scharfen Bügelfalten den Hauptakzent aus der Frontansicht bilden und als Führungskontur den präzisen Übergang von der Topfläche in die seitlichen Flanken und die Fahrzeugbreite definieren. Etwa auf Höhe der Hinterräder wird der bis dahin aus der Draufsicht nur leicht nach hinten verjüngende Verlauf der beiden Leitlinien akzentuiert und in einer parabelförmigen, dezent gestauchten, querliegenden Flügelkontur zusammengeführt. Damit und indem diese Vereinigung der Linienführung an der höchsten Stelle das darunter liegende Volumen weit überschießt, übernimmt – wie schon in der Front – auch im Heck diese Kontur die gestalterische Hauptaussage. Auch bildet diese Kontur über die längste Strecke eine sehr straff gespannte Basis für die überaus wichtige Definition des oberen Silhouettenprofils. Da die Haube des Front-Ionisators tiefer und zurückversetzt seine geschmeidige Aufwärtsbewegung erst hinter der Wagenmitte auf dem Höhenniveau der Schulterlinie entwickelt, überspannt lediglich der beschleunigte Mittelschnittverlauf des weit hinten positionierten Greenhouse die seitlichen feature lines. Darunter beginnen die Flankenflächen sich zwischen den vorderen Radhäusern bis zum Heck um ein Drittel der Fahrzeugbreite so stark nach innen einzuziehen, dass aus der Heckansicht hinter den linken und rechten Radverkleidungen jeweils ein großes offenes Luftdurchströmungsdelta sichtbar wird. Aus dieser Position lässt sich ebenfalls erkennen, dass der Unterboden des Rekordfahrzeugs keinesfalls ein Vollvolumen bildet, sondern unterhalb der seitlichen Deltapaare ebenfalls zur optimalen Luftzusammenführung im Hinterwagen

Dominic Baumann Sebastian Bekmann Tim Bormann Michael Juraschek Anja König

eine exzessive Aufspreizung aufweist. Somit stellt IONIC FLOW I mit dem negativen Frontüberhang, der langen Haube, dem weit hinten positionierten Greenhouse und auch in der Zusammenführung der Umströmungsluft im stark verlängerten Fahrzeugheck in einer scharfen Abschlusskontur den direkten Bezug zu den historischen Rekordfahrzeugen wieder her und verbindet vollkommen neuartiges Surfacemanagement mit dem Pioniergeist, welcher die Gestaltungsmerkmale der MERCEDES-BENZ SILBERPFEILE so eindrucksvoll geprägt hatte.

IONIC FLOW II ○ Einen konsequent avantgardistischen Gestaltungsansatz liefert Concept II. Zwar auch inspiriert vom Flugzeugbau der 1940er Jahre (SPITFIRE), aber in seiner formalen Ausrichtung geprägt von den Podracern und den nubischen Raumschiffen aus den STAR WARS Filmen, bleiben die Silhouette und die Proportionen dieses Rekordwagens ohne formale Anklänge an die Vergangenheit. Der architektonische Aufbau des Rekordwagen-Konzepts ist die Abkehr von der Stromliniencharakteristik oder einem Vollvolumen, welches gesamtheitlich alle Komponenten in einer Hauptform umschließt. Vielmehr wird, wie mit einem Federstahl, eine im Zentrum schmale und flache Brückenebene aufgespannt, aus welcher sich die Volumenanteile entwickeln oder direkt daran angedockt erscheinen. Allen voran treffen die gigantischen turbinenartig gestalteten Ionisatoren mit etwa Vierfünftel der Gesamtbreite direkt in der Front die Gestaltungshauptaussage. Diese beiden Schlüsselelemente schießen zunächst diagonal von der mittleren, schmalen, horizontalen Verbindungsebene hoch hinauf. Im weiteren Verlauf bildet die Umlaufkontur eine mit der Spitze zum Zentrum hin gerichtete und zur Front hin weit auskragende Dreiecksform. Das sich daraus ergebende dominante Volumenpaar bleibt weich bombiert und prägt in seiner Präsenz die ansonsten flächige Ästhetik des Concept II Fahrzeugs. Die lange, schlanke Mittelebene entwickelt in der Topfläche eine kontinuierliche Überwölbung, auf welche im hinteren Drittel

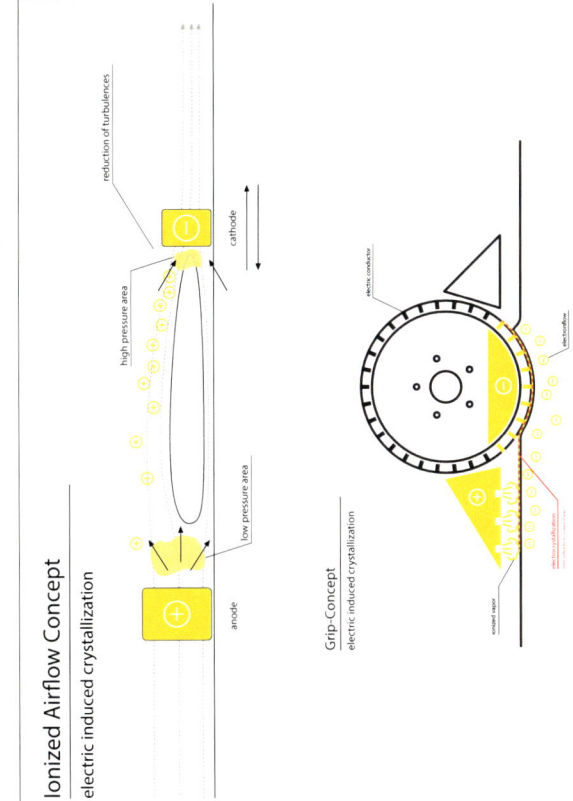

Dominic Baumann

des Wagens eine flugzeugähnliche Fahrerkanzel aufgesetzt wird. Diese ist nach hinten abfallend und überführt die markant planflächig kupierte Dachebene in die obere horizontale Heckabschlusskontur. Darunter wird der durchströmungsfähige Flächengrundaufbau der Wagenunterseite sichtbar, welcher im Wesentlichen den Dreieckscharakter der vorderen turbinenartigen Volumenelemente mit etwas reduziertem Anstellwinkel hinten wieder aufgreift.

Sebastian Bekmann

Das Spannungsfeld, mit der die Fahrzeugarchitektur weg vom Monovolumen hin zur zentralen Verbindungsebene ein charakteristisches Merkmal setzt, spiegelt eine vollkommen neuartige Gestaltungsgrundausrichtung im Automobildesign wider. Gegenübergestellt werden auch die weicheren, skulpturalen Überwölbungsgrade sowohl der mittleren Verbindungsebene als auch der Volumenanteile und die harten geometrischen, wie abgefräst wirkenden Begrenzungskonturen der Cockpit-Dachfläche oder auch die wie mit dem Lasercutter scharf profilierten hinteren Radabdeckungen sowie Ionisator-Schächte. Hierin wird der avantgardistische Anspruch auch noch besonders eindrucksvoll aus der Seitenansicht unterstützt, da dort das kontrastreiche Wechselspiel deutlich erkennbar wird.

Tim Bormann

→ Tim Bormann ● SHAPE SHIFT

03 Das Konzept SHAPE SHIFT ist ein mit Elektromotor angetriebenes Weltrekordfahrzeug, welches seine Form als Prozess versteht. Die Außenhaut des Wagens verändert durch aktive Aerodynamik-Maßnahmen seine Gestalt, um sich während der Rekordfahrt der jeweiligen Fahrsituation mit einer spezifischen Form gezielt anzupassen. In der ersten Phase, in welcher das Fahrzeug Beschleunigung aufnimmt, zeigt es sich mit so wenig Stirnfläche wie nötig, um durch die kleinstmögliche frontale Windangriffsfläche ein Maximum an Geschwindigkeit zu erreichen. Die Front mutet dabei zwar von der Breite auf den ersten Blick wie ein konventionelles Fahrzeug mit extrem flachen Greenhouse an. Dieses trägt an sich schon mit seiner geringen Höhe noch unterhalb der stark bombierten Radverkleidungen zur Reduktion der Windangriffsfläche bei. Insgesamt wird jedoch zusätzlich zur tief positionierten Kanzel, die auf einer flachen Tellerform aufgesetzt ist, auch auf Grund der Tatsache, dass kaum ein statisches Vollvolumen als geschlossene Fläche aufgebaut wird, der Luftwiderstand nochmals enorm gemindert. Der schmale Strukturrahmen der Tellerform, das Greenhouse und die Räder werden von einer flexiblen silbernen Haut überspannt, die jedoch speziell im unteren Bereich durch massive Aussparungen für die größtmögliche Umströmungsfähigkeit des Körpers sorgt. Von

Michael Juraschek

04

Anja König

oben betrachtet wird eine weitere gestalterische Besonderheit offenbar: So sind lediglich in der Front die beiden angetriebenen Räder nebeneinanderliegend, während im Heck die sehr schmalen Räder hintereinander angeordnet sind. Die Verkleidung der Karosseriestruktur startet von der breiten Front, umhüllt die kugelförmigen Radhausformen und entwickelt sich von dort aus tropfenförmig über das gesamte Fahrzeug. Wie ein langer Kometenschweif verjüngt sich diese kontinuierlich bis zu einer Spitze im Heck. Aus den perspektivischen Ansichten wird das sehr flache darunterliegende Tellervolumen erkennbar, welches etwas oberhalb des vorderen Radmittelpunkts aus der Front startet, gleichsam zwischen den seitlichen Lufteinlässen schwebend, und aus der Dreiviertel-Heckansicht auf einer vertikalen Unterstützungsebene ruht, welche auch die hintere lineare Räderanordnung verkleidet.

Nach Erreichen der Höchstgeschwindigkeit vollzieht das Weltrekordfahrzeug eine überraschende Transformation von der optimalen, gespannt umströmten, aerodynamischen Form, hin zu einer tief luftholenden Erscheinung, die durch backenartige Ausdehnungsvolumina die Stirnfläche vergrößert und somit drastisch Geschwindigkeit abbaut. Sowohl durch die mit einer schuppenartig dehnbaren Oberflächenstruktur versehenen Taschenvolumina in der Front als auch durch integrierte Bremsfallschirme, die im Heck gezündet werden, wird der Abbremsvorgang komplett übernommen und macht das Mehrgewicht durch ein konventionelles Bremssystem an diesem Konzept überflüssig.

Die Veränderung, mit der das Konzept von der äußerst schlanken filigranen Tropfenform aus der Draufsicht seine äußerst eindrucksvolle Front mit dem Muskelspiel über den Vorderrädern in der Beschleunigungsphase darstellt und beim Geschwindigkeitsabbau blitzartig zum Windfang aufgebläht werden kann, verleiht dem SHAPE SHIFT Rekordfahrzeug eine unverwechselbare Art, die Form als dynamisch angepassten Prozess zu demonstrieren.

→ Michael Juraschek ● RECORD BEAM

04 RECORD BEAM

Mit der visuellen Bodenhaftung eines Dauermagneten, der Kippsicherheit einer Pyramide, aber der Dynamik eines Laserstrahls, stellt das Rekordfahrzeug RECORD BEAM ein superflaches Gesamtkonzept dar, welches flach wie eine Flunder den Unterboden des Wagens kaum wenige Millimeter über der Fahrbahn seine planflächige Basisebene aufspannt. Von deren Kanten aus entwickeln sich als flache Diagonalebenen links und rechts silbern glänzende Deckflächen über einem mattschwarzen Kernvolumen. Vor Erreichen der Mitte fast vertikal gekröpft, bilden sie eine Kragenfläche, welche der Funktionalität zur Energieversorgung des alternativen Antriebs entsprechend, entlang der Mittelachse einen schmalen Kanal eröffnet.

Denn auf der Grundidee, sowohl die Stirnfläche minimal zu halten als auch das Fahrzeuggewicht auf das absolut Notwendige zu reduzieren, baut das technische Konzept des RECORD-BEAM auf. Durch die Nutzung externer Primärenergie während der gesamten Rekordfahrt müssen im Fahrzeug weder Kraftstoffe noch schwere Akkumulatoren mitgeführt werden. Die Speisung der Wärmekraftmaschine wird durch elektromagnetische Wellen übernommen, die von statischen Emissionsstationen aus, die an beiden Enden der Rennstrecke aufgestellt sind, gezielt zum Rekordfahrzeug geschossen werden. Nachdem der Wagen vom *push truck* auf Startgeschwindigkeit gebracht ist wird ein hochenergetischer Laserstrahl in niedrigem Winkel über den Wüstenboden von unten auf das Heck des Fahrzeugs gelenkt. Dort sind Absorber-Elemente zur Hitzeübertragung positioniert, welche diese an das Arbeitsfluid zur Ausdehnung weiterleiten. Die so von außen an das aufgeladene Stirling-Aggregat mit gasdichtem Kurbelgehäuse herangeführte Energie wird mit optimalem Wirkungsgrad nahe des *Carnot-Faktors* in Vortriebsbewegung umgewandelt. Der Absorber zieht sich im unteren Bereich fast über die gesamte Länge des Rekordwagens und spitzt sich zur Mitte des Hecks konisch zu, um ein Nachjustieren des Lasers beim ersten Auftreffen zu ermöglichen. Die beiden Hauptflächen, die sich über die gesamte Länge des Rekordwagens aufspannen, schieben sich zur Mittelachse kragenförmig auf und bilden durch den zwischen ihnen verbliebenen Abstand eine optische Verlängerung des Laserstrahls. Diese fungieren auch als Wärmetauscher um die Kaltzylinderblöcke zu kühlen. Die Räder sind vollverkleidet, konjunktiv an die Hauptflächen angebunden und zusätzlich durch ein hartes grafisches Thema als Einheit im Proportionsgefüge zusammengefasst. Die so kantig konturierten Radhausverkleidungen durchschneiden wie vier aufrechte Klingen den anströmenden Wind und die hohen, aber schmalen Räder bringen den geduckten, weit zum Boden stabil positionierten Fahrzeugkörper, dessen hintere und vordere Flächenspreizung an die Draufsicht eines Wasserläufers erinnert, auf Rekordgeschwindigkeit.

Dominic Baumann
Sebastian Bekmann
Tim Bormann
Michael Juraschek
Anja König

05

→ Anja König ● ELECTRIC HEAT

05

Die Gestaltungskonzeption beruht auf dem Gedanken mit so wenigen markant gestreckten Linien wie möglich den Charakter von Geschwindigkeit einzufangen. Die Geste, mit der ein glühender Asteroid mit unvorstellbarem Speed seine leuchtende Flugbahn am Himmel in einem gespannten Bogen beschreibt, wurde zum Vorbild für die gestalterische Hauptaussage des Projekts ELECTRIC HEAT angelegt. Als feature line zieht sich so die Schulterlinie in der Seitenansicht mit leicht konvexem Zug vor der Front straff gespannt über die Seite bis in die Heckkontur. Die darunter liegende Flanke verkleidet die konventionell nebeneinander angeordneten Räder mit einem metallisch glänzenden Flächenanteil komplett. Aber bereits nach einem Fünftel der Fahrzeuggesamtlänge steigt dieses Feld bogenförmig bis zur Schulterlinie auf und macht Platz für eine mattschwarze Ästhetik, mit welcher der untere Wagenkörper visuell gleichsam vom Boden abgehoben wirkt. Nach etwa 3/5 der Wagenlänge zieht nun auch die dunkle Verkleidungsfläche mit ansteigender Beschleunigung zur Schulterlinie auf und gibt so sukzessive den Blick auf die hintereinanderliegende Anordnung der beiden Hinterräder frei. Auch beim Funktionsprinzip lehnt sich das Fahrzeug an den Eindruck der gebündelten Energie an, mit welchem ein herabschießender Himmelskörper die Hitzekonzentration in der Front durch den luftleeren Raum presst. Und so wird ein abstrahlendes Hitzefeld direkt am vorderen Wagenkörper dafür sorgen, dass faktisch die aufgeheizte Umgebungsluft dem Vorwärtsdrang des flachen Rekordfahrzeugs einen geringeren Widerstand bietet. Wie schon in der Seitenansicht mit nur einer der steilen Flugbahn nachempfundenen *Feature Line* so ist auch in der Draufsicht die Reduktion auf eine wesentliche Kernaussage die Gestaltungsintension. Und so öffnet sich das in der Front breite, nach hinten konsequent verjüngende Volumen des Hauptkörpers im vorderen Bereich nur einmal mit einer V-förmigen aufgestellten Umrissfläche. Diese klammert den Einstiegsbereich des Fahrers und das Hitzefeld in einem Zug und differenziert den Ausschnitt innerhalb der ansonsten bis zur Schulterlinie sanft bombierten Deckfläche. Mit der Designmaxime der maximalen Reduktion und dem hervor-

→ Ignacio Pena ● T 800

06 T 800

Die Radikalität, mit der das Gedankengut des historischen Vorbilds MERCEDES-BENZ T 80 vor 80 Jahren gewirkt haben muss, wurde zum Kern für die Designentwicklung der T 800 Studie. Im Bewusstsein, dass zwar im Ergebnis die Dynamik der Außengestaltung für den ersten Eindruck immer noch der entscheidende Faktor zur Visualisierung von extremer Höchstgeschwindigkeit darstellt, wurde ein komplett andersartiger Ansatz verfolgt. Der Ausgangspunkt für das Hauptvolumen war ein simpler geometrischer Körper. Diesen so weit wie möglich in seiner monolithischen Präsenz zur Geltung zu bringen, war das Hauptziel. Ein großer Anteil der Flächenkonfiguration für Zusatzanbauteile, z.B. für das Luftführungs- und Anpressdruckkonzept, wurde nicht zusätzlich auf dem Wagenkörper angebracht, sondern aus dem Blickfeld des Betrachters genommen und entweder unter den Wagen oder in das Innere gelegt. Ausgehend von der Quaderform war der Grundgedanke ein radikal niederkomplexes Volumen nur an den absolut notwendigen Bereichen soweit anzutasten, dass eine rekordfähige Speed-Form daraus erkennbar wird. Daher zeigen die Ausgangsskizzen tatsächlich eine längliche Box, die mit wenigen, markanten Aussparungen im Wesentlichen in der Front komplett durchströmt, im Inneren das Antriebskonzept, die Fahrerpositionierung und insbesondere die Luftdurchlässigkeit zu optimieren, zum Gestaltungsziel hatte. Auch das Hinterfragen des absoluten Zwangs zur Symmetrie brachte neue Denk- und Gestaltungsimpulse, die von der Brainstorming-Phase kontinuierlich bis zum finalen plastischen Ergebnis weiterverfolgt wurden. Als Resultat spürt man beim T 800 den Ansatz zur gestalterisch unkonventionellen Lösungskonzeption. Wobei die Seitenansicht mit der hohen, gestreckten Schulterlinie, den geschmeidigen Überwölbungsgraden und einer weit zurückversetzten Cockpitanordnung zunächst an klassische Supersportwagen-Konfigurationen zu erinnern scheint, wird doch mit der vollkommen geöffneten Front bereits die Andersartigkeit des Gesamtkörpervolumens erkennbar. Nicht in der üblichen Massivität, sondern eher als durchströmte Hülse mu-

gerufenen Eindruck von Vorschub, mit dem der Hauptkörper über der Fahrbahn zu schweben scheint, spiegelt die Ästhetik des Rekordfahrzeugs in der Konzentration auf die Quintessenz das Wesen von dynamischer Eleganz wider.

Dominic Baumann Sebastian Bekmann Tim Bormann Michael Juraschek Anja König

tet die Offenheit des glanzschwarz abgesetzten Frontbereichs an. Die Cladding-Thematik des nach vorne gelehnten front cap wird im Heck mit einer absolut vertikalen *end cap-Lösung* pariert. Ein leuchtgelb hervortretendes, dutzendfaches Lamellenpaket leitet diese Ästhetik als schmales aufrechtes Technik-Statement von der Seite in die Heckansicht und weckt die Neugier auf ein weiter innen sichtbar werdendes Gestaltungsmerkmal. Dieses entschlüsselt sich aus der Draufsicht als markanter, linksseitig positionierter Durchbruch des Hauptvolumens. Zu dieser Volumenöffnung führt eine konkave Anformung, die sich aus der bis zum ersten Drittel konvex angelegten Überwölbung nur auf der linken Hälfte des Wagenkörpers kontinuierlich und aus der Seitenansicht vorkommend unmerklich entwickelt. Als Pendant dazu wird auf der rechten Seite das genau umgekehrte Bombierungsszenario mit einem ebenso weiten geschmeidigen, aber konvexen Aufschwung angelegt, welcher allerdings auch die Silhouette aus der Seitenansicht deutlich prägt. Wie eine Wellenbewegung, welche sich des Interferenzprinzips bedient, um die Gesamtbalance innerhalb des Volumenkörpers zwischen den Schulterlinien aufrecht zu erhalten, findet diese Querschnittsverlaufstruktur auf der Deckfläche statt. Weit weg von der Banalität der Basisgeometrie eines einfachen Quaders wird auch von oben besonderes deutlich erkennbar, wie die bewusst angelegten Einzüge in der Front- und Heckgestaltung zur dynamischen Richtungsgebundenheit des T 800 Rekordwagens beitragen. Auf den ersten Blick wirkt die Silhouette mit langer Haube und zurückverlegtem Greenhouse vertraut und im seitlichen Proportionsgefüge mit dem Body-Cockpit-Verhältnis von 1:4 extrem. Aber insbesondere zeigt der gekonnte Umgang mit dem Kontrast aus der simplen Basisgeometrie des Hauptvolumens und der komplexen Flächeninszenierung auf seiner Deckfläche die hohe Schule des Designs für dynamische Skulpturen. Dabei führt die Besonderheit der Asymmetrie innerhalb des Körpervolumens nämlich nicht zur einer unerwünschten Dysbalance, sondern demonstriert erfolgreich über das Superpositionsprinzip ein spektakulär geschmeidiges, ausgewogenes, dennoch hochbewegtes Surfacemanagement auf der Oberseite des Hauptkörpers und macht diese auf dem einfachen Grundkörper basierte Gestaltungsausarbeitung für ein Geschwindigkeitsrekordfahrzeug formal wirklich einzigartig.

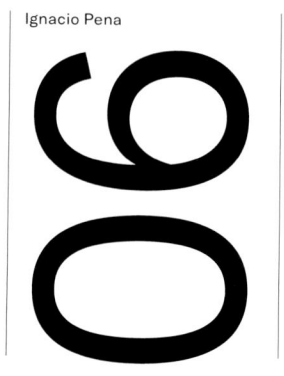

Ignacio Pena

Anna Pittrich

Jonas Rall

Constantin Weyers

Benjamin Wiedling

06

→ Anna Pittrich ● MAELSTROM SKIN

07

Das Vorbild von gediegener Anmut und explosionsartiger Beschleunigung, mit der Raubfische und insbesondere Kalmare die hohen Strömungswiderstände im Wasser überwinden, kann begeistern. Dabei vollführen die Kopffüßler als physikalische Grenzgänger mit ihrer speziellen Antriebstechnik sogar sechs Meter über der Wasseroberfläche energiesparende Flugmanöver von 50 Metern. Sie umgehen dabei die hydrodynamischen Restriktionen außerhalb ihres flüssigen Mediums und nutzen die geringeren Widerstände luftumströmter Körper zu ihrem Effizienzvorteil. So inspiriert von deren Souveränität, bedient sich das Konzept MAELSTROM SKIN ebenso der intelligenten Ausnutzung physikalischer Gesetzmäßigkeiten. Mit fast 10 Metern Länge und einer Breite von nur 95 Zentimetern hat sich die Designerin dieses Entwurfs zunächst ganz bewusst von den üblichen Konventionen gelöst und ihr Design im Proportionsverhältnis 10:1 an die extrem gestreckte Gesamtwirkung der maritimen Fortbewegungsrekordler angelehnt. Als Gegenpol zu den sehr avantgardistischen Dimensionen der Außenhaut wurden als klares Wiedererkennungsmerkmal für die Marke MERCEDES-BENZ in der Kühleröffnung die Lufteinlassthematik des SL-typisch dimensionierten, zentralen Sterns und der vertikalen Mittelstrebe interpretiert. Den Frontbereich so weit zu öffnen ist auch angezeigt, da zwei vollverkleidete Turbinen in den seitlichen Backen primär den sich geschwindigkeitsabhängig steigernden Staudruck an dem prominenten Ansaugbereich in der Front nutzen, diesen in das Fahrzeuginnere beschleunigen und die Luftströmung über die inwändig taillierte Kanalführung komprimieren, bevor diese zur Anpressdruckverstärkung am Heck wieder ausgestoßen wird. Seitlich ist die Flanke in einer Dreiteilung gegliedert. Der im vorderen Drittel vollverkleidete Bereich wird mittig aufgebrochen, so dass ein leicht ansteigendes ausgestelltes Flügelprofil aus dem schmalen Volumen des Hauptkörpers heraustritt, während der tieferliegende Kanal der Luftführungssystematik tief in die Karosserie eingezogen wird. Im hinteren Drittel wird seitlich die Vollverkleidung wieder fortgesetzt und zwar im Verlauf zur Außenkante des Flügelprofils bündig mit einer noch etwas weiter ausgestellten Fläche. Diese beschleunigt sich von ihrem tangentialen Aufstandspunkt auf der Fahrbahn, und trifft im weiten Bogen in die aus der Draufsicht nur leicht abgekantete Heckkontur.

Dominic Baumann Sebastian Bekmann Tim Bormann Michael Juraschek Anja König

Darunter werden die hinteren Räder sichtbar, welche mit der Leistung eines hocheffizienten Elektromotors, der seine Energie durch eine im Bug verbaute Brennstoffzelle bezieht, die mittenzentrierte Anordnung von fünf Rädern antreibt. Die Abwärme der Energiequelle heizt die Deckfläche, welche über einen langen Zug von der Front bis zum Cockpitbereich strakbündig mit der Karosserie ansteigt, extrem auf, um dadurch einen geringeren Reibungswiderstand der heißen, dünneren Luft zur leichteren Umströmung über die gesamte Außenhaut zu erreichen.

Mit diesem Dreifacheffekt

→ Ausschöpfung des gesamten Wirkungsgrades durch die Ausnutzung der Abwärme aus der Energiequelle zur Strömungsreduktion um die Karosserie herum,

→ Staudruckverwertung zur Turbinenradbeschleunigung des im Zentrum liegenden, luftdurchströmten Kernsegments, das durch die starke Verengung eine komprimierte Luftkanalführung zur Anpressdruckverstärkung generiert, sowie der

→ einspurigen Anordnung der fünf angetriebenen Räder als Ausgangsbasis für einen schmalen Hauptkörper mit kleinstmöglicher Stirnfläche,

wird zusammen bewirkt, dass das Fahrzeug aerodynamisch sehr effizient ist und mit maximalem Wirkungsgrad weniger Leistung benötigt, um die Spitzengeschwindigkeit hervorzubringen.

Diese funktionsbasierte Ästhetik mit formalen Proportionsanalogien aus der faszinierenden Tierwelt ist die Schlüsselkonzeption, auf der das Gestaltungsengagement beruht. Dieses stellt visuell mit der vertrauten Kühlerinterpretation der langen Haube und mit zurückversetztem Greenhouse den unmittelbaren Bezug zur Marke MERCEDES-BENZ her, aber gleichzeitig demonstriert das Design sowohl in der longitudinal geprägten Gesamtdimensionierung, sowie in der unkonventionellen Flächenarchitektur – insbesondere im Bereich der offenen Seitenflanke des Rekordwagens – einen hohen gestalterischen Innovationsgrad, der für den unermüdlichen Pioniergeist von MERCEDES-BENZ typisch ist.

Ignacio Pena | Anna Pittrich | Jonas Rall | Constantin Weyers | Benjamin Wiedling

07

→ Jonas Rall ● SPEED ARROW

08 SPEED ARROW

Das Konzept SPEED ARROW spielt zum einen in der Namensgebung auf die historische Bezeichnung der MERCEDES-BENZ Rekordfahrzeuge SILBERPFEILE an, ist aber insbesondere auch formal begründet in der Symbolwirkung, die sich aus der Draufsicht der aktuellen Designlösung mit Pfeilspitze, -schaft und -nocke ergibt. Im Unterschied zu Straßenfahrzeugen wird beim SPEED ARROW in allen Ansichten die Abkehr vom Vollvolumen als strukturellem Grundaufbau sichtbar. Vielmehr entspricht das Design den aerodynamisch funktional bedingten Vorgaben mit einer Ästhetik der Offenheit, ohne dabei zerklüftet anzumuten. Der hochüberspannte Gesamtcharakter des so durchgliederten Volumens ist definiert durch zwei Hauptflächen, die strakbündig so zueinander positioniert sind, dass das Fahrzeug optimal durch- und umströmt wird. Während der Fahrt liegt der Luftstrom im vorderen Bereich des Fahrzeugs dicht an einer mittleren Finne an und strömt durch die Freischnitte zwischen Fahrerkapsel und Rädern im hinteren Bereich aus. Gestalterisches Hauptaugenmerk galt somit auch der minimalisierten frontalen Windangriffsfläche A, die im Quadrat zur Bestimmung des Luftwiderstandbeiwerts eine entscheidende Rolle spielt. Von der Gesamtstruktur bis in die Ausgestaltung der Oberflächenbeschaffenheit sorgen bewusst ausgerichtete Dimple-Elemente an den Frontkanten wie bei einem Golfball zusätzlich für eine Minimierung der Luftverwirbelungen an den Oberflächen.

Im Inneren der Außenhaut nimmt der Fahrer hinter der Steuereinheit in einem engen Kokon Platz. Dieser bildet im vorderen Bereich eine Mittelfinne aus, die in Richtung der Körpermittelachse zwei longitudinal platzierte Räder umhüllt. Die Hinterräder mit integrierten Elektromotoren sind in den Flanken der Außenfläche verbaut und spreizen diese Vollverkleidung im Heckbereich breit ab. Im direkten Vergleich mit der zugespitzten Front unterstützt die versetzte Spurbreite die gewünschte Ausdrucksstärke der nach vorne drängenden Pfeilform. Seinen optimierten Schwerpunkt erhält das lang gestreckte, dynamische Volumen durch das hohe Gewicht der Akkumulatoren, die in der Bodenplatte befestigt am tiefsten Punkt des Fahrzeugs die Fahrstabilität während des Rekordversuchs unterstützen. Ziel des Konzepts ist, trotz großer Durchdringung des Hauptvolumens den fragilen Eindruck der Instabilität zu vermeiden. Vielmehr wird die ikonische Wirkung pfeilartig richtungsgebundener Vorwärtsdynamik mit einer modernen straffen Flächenüberspannung erreicht. Das Gefühl von Schallgeschwindigkeit und souveräner Leichtigkeit stellt sich ein, das trotz aller Komplexität im De-

| Dominic Baumann | Sebastian Bekmann | Tim Bormann | Michael Juraschek | Anja König |

→ Constantin Weyers ● FERRO FLUID

09

Das Konzept FERRO FLUID ist ein elektrisch angetriebenes Hochgeschwindigkeitsfahrzeug, das sich den vom Eiskunstlauf bekannten *Pirouetteneffekt* zu Nutzen macht. So besitzt dieser fast 10 Meter lange Rekordwagen ein etwas über drei Meter hohes, zentral montiertes, teilverkleidetes Vorderrad, dessen transparente Radstruktur eine ferromagnetische Flüssigkeit in konzentrisch angeordneten, länglichen Hohlraumkapillaren einschließt. Während der Beschleunigungsphase treiben die Zentrifugalkräfte das Fluid in den äußeren Felgenbereich. Unmittelbar vor Erreichen der entscheidenden Maximalgeschwindigkeit wird im Zentrum des Rades ein starkes Elektromagnetfeld angelegt, welches die zuvor durch die Fliehkraft nach außen gedrückte magnetische Flüssigkeit zum Zentrum der Achse heranzieht. Dieser zusätzliche Drehmomentschub führt zu einer deutlichen Erhöhung der Rotationsgeschwindigkeit des Rades, welches aber nicht nur einfach durchdreht, sondern auf Grund seines enormen Durchmessers keinen Schlupf zulässt. Somit wird der gesamte zusätzliche Boost mit Grip auf die Fahrbahn gebracht, um die Maximalgeschwindigkeit zu überschreiten und den Hochgeschwindigkeitsweltrekord für MERCEDES-BENZ zu erreichen. Neben dem großen Vorderrad besitzt das Fahrzeug noch vier angetriebene Räder vollverkleidet unter dem Wagenhauptkörper hinter dem Piloten, der aus der Wagenmitte über ein Display mit der Außenwelt verbunden ist.

Formal ist die Gesamtaussage des Wagens auch stark geprägt vom funktionalen Ansatz dieses besonderen Antriebskonzepts. Der längliche Wagenkörper mit kaum merklicher Bombierung über der oberen Längsachse senkt in der Seitenansicht seine flache Silhouetten-Toplinie im Heckbereich, um sich mit dem aufsteigenden Unterzug an eine gemeinsame Abschlussthematik anzunähern. Diese zeigt eine heckumspannende, im unteren Bereich leicht überschießende Offsetlippe, die unterhalb einer waagrechten Umlauffuge den darüber liegenden Hauptkörperanteil visuell federnd lagert. Der horizontale Fugenverlauf wird seitlich in der Flanke nochmals auf gleicher Höhe am unteren Rand einer mittigen einziehenden Taillierung aufgegriffen und über den oberen Rand dieses Einzugs in einem sich kalligraphisch aufweitenden S-Schlag mit großer Geste bis unter die gigantische Vorderradverkleidung entwickelt. Diese dominiert mit aus zwei, drei Meter hoch aufschießenden Halbschatail nach außen durch die Einfachheit in der Flächengestaltung besticht, und darüber hinaus funktionale aerodynamische Ästhetik über gezielte Freischnitte in der Stirnfläche.

Dominic Baumann

len die spektakulär anmutende Front des Rekordwagens und führt die graphische Geste aus der hinteren Randbegrenzungabsetzung weiter fort. Dabei markieren diese Flächen auf der linken und rechten Seite eine Vertikale auf der Höhe der Vorderradmitte und stellen mit einem circa 120° unten abgeflachten Teilkreisbogen den Bodenkontakt her. An der Außenkante mit einer Fase angeschärft, werden die nach vorne aufeinander zugerichteten, ansonsten straff gespannten Hüllflächen über eine schmale Vertikalfuge auf Distanz gehalten. Denn die klingenartige

Sebastian Bekmann

Front-Finne stabilisiert aerodynamisch den Geradeauslauf, erzeugt aber gleichzeitig mittels eines elektrischen Lichtbogens eine enorme Hitze, um dem Luftwiderstand des großen Vorderrades entgegenzuwirken und den Rekordwagen auch bei Maximalgeschwindigkeit optimal durch die Luft schneiden zu lassen. Von oben betrachtet ist die Spitze des Rekordwagens Ausgangspunkt einer sich bis zur Hinterkante des Vorderrades aufweitenden Dreiecksfläche. Dabei wirken nur bis zur Mitte des Rades die großen Verkleidungspaare, und danach wird die Breite von dem anschließenden Wagenkörper fortgeführt. Dieser verjüngt sich nach der ausgestellten Dreiecksform noch einmal deutlich über die gesamte Flanke auf Dreiviertel, zudem im Heck noch einmal auf die Hälfte der Gesamtbreite. Der schlanke, longitudinale, nach vorne ausgerichtete Hauptkörper erhält zu seiner visuellen Antriebskraft mit dem zusätzlichen Drehmoment des dominanten Kreis-Statements in der Front eine unvergleichliche Vehemenz als hochdynamische Skulptur und einprägsames Erscheinungsbild mit maximaler Ausdrucksstärke.

Tim Bormann

(PIROUETTENEFFEKT diagram: STILLSTAND, BESCHLEUNIGUNG, MAGNETFELD IM RADZENTRUM — VORDERRAD, HOHLRAUM, FERROMAGNETISCHE FLÜSSIGKEIT)

Michael Juraschek

→ Benjamin Wiedling ● ENTROPIE IMPULS

Anja König

10 Die Funktionsweise des ENTROPIE IMPULS basiert auf der Hypothese, dass allein schon zwischen zwei statischen Körpern unterschiedlicher Temperatur ein Übergang der mengenartigen Größe vom wärmeren zum kälteren Polelement stattfindet und somit eine potentielle Energie im System ungerichtet gespeichert ist. Beschleunigt man dieses statische System der Entropie in eine Zielrichtung wirkt der Austausch der in einem Volumen erhaltenen Dichte und die Rate, mit welcher diese Größe durch eine Systemgrenze dringt, darüber hinaus mit einer dynamischen Komponente, also als vektorielle Größe mit kinetischer Energie. Mit diesem zusätzlichen Impuls steht die einzigartige Konzeptstudie in den Startlöchern auf dem Weg zur Höchstgeschwindigkeits-Weltrekordfahrt. Nicht nur funktional sind die glühend heiße Front und das eiskalte Heck mit einem deutlichen Abstand voneinander getrennt und physisch nur durch die beiden seitlichen Antriebsstränge miteinander verbunden. Während der Fahrt bildet sich eine Blase aus extrem heißer Luft, die sich tropfenförmig um das Fahrzeug legt, da diese von der kalten Heckfläche gleichsam angezogen wird und einerseits von vorne mit der Hitze die Luftdichte und somit den Reibungswiderstand senkt und andererseits mit der Kälte hinten die aerodynamisch ungewollte Wirbelbildung verhindert. Formal sollen sich die temperaturseitig diametral gegenüberliegenden Hitze- und Kältebereiche aber nicht als bezugslos unabhängige Inselelemente voneinander komplett abgrenzen. Daher wurden diese Gegenpole zwar bewusst sowohl in Materialanmut und Struktur sowie in Durchbrechungs-, Ordnungs- und Glanzgrad semantisch korrekt differenziert gestaltet. Die Front ist zudem auch in der Deckfläche geschlitzt, um so die umströmende Luft über den größeren Oberflächenanteil effizienter aufzuheizen, und ist bei gleichzeitiger Verringerung der Stirnfläche und mit stärkerem Bombierungsgrad etwas skulpturaler ausgeprägt. Das in Längsbahnen perforierte Volumen geht dabei komplett formschlüssig in die seitlichen Antriebsstränge über. Es setzt sich jedoch klar formal in der Art des Materials sowie funktional vom mittleren Karosserievolumen klar ab und ist daher auch mit einem harten Vertikalschnitt voneinander getrennt.

Im Heck herrscht gegenüber der softeren Buggestaltung die straffe Stringenz gestreckt kohärenter Flächen mit scharfen Kanten vor. Das Vollvolumen ist dabei ebenfalls geschlitzt, aber tritt nunmehr mit horizontalen Teilungsebenen auf, welche auf der Deckfläche mit einer metallisch glänzenden Vollverkleidung überspannt werden. Das darunterliegende Lamellenpaket grenzt von innen an die beiden Endstücke der Antriebsstränge. Die Luft, die durch den inneren Tunnel des Fahrzeugs im Heck wieder austritt, sowie die restliche aufgeheizte Umgebungsluft wird an diesem Kühlplattenstapel mithilfe von flüssigem Stickstoff aus hinter der Fahrerkapsel gelagerten Tanks während der Rekordfahrt auf bis zu −196 °C schlagartig schockgefrostet. Damit entsteht der doppelte Effekt aus Entropie und Formgestaltung. Durch die Einzüge in der Form wird die dünnere, reibungsärmere Luft in der Mitte zusammengeführt und durch die Temperaturdifferenz buchstäblich nach hinten angezogen.

Ignacio Pena | Anna Pittrich | Jonas Rall | Constantin Weyers | Benjamin Wiedling

Anstatt des üblichen abbremsenden Verwirbelungseffekts entsteht demgegenüber ein Vorschub und es wird eine maximal optimierte Aerodynamik bei der Rekordfahrt gewährleistet. Um danach den Abbremsvorgang zu unterstützen ist die Spitze des Hecks mit Bremsschirmen bestückt, welche der Fahrer durch das Absprengen der Verkleidungsklappen zünden kann. Bei aller bewussten Darstellung der Unterschiedlichkeit zwischen Vorder- und Hinterwagen-Design stehen trotzdem die Front- und Heckelemente mehrfach aus der Draufsicht in direktem formalen Bezug zueinander. Zum einen, da mit leichter Abflachung im Bug die Hüllkurvengeste einer Tropfenform initiiert wird, welche im zulaufenden Heck thematisch im Anstellwinkel und Überwölbungsgrad eine Fortsetzung findet. Zum anderen interpretieren die in gleicher Weise im Mittelsektor wirkenden Verbindungsklammern eben dieser Tropfen-Silhouettenkontur als ein nach innen versetztes Offsetlinienpaar simultan verbindend und trennend.

Spannend dabei ist, wie es stets gelingt die Verschiedenheit von Distanz und Nähe formal auszubalancieren. Dies geschieht nämlich visuell zur gleichen Zeit, indem die Klammern Front- und Heckanteil auf Abstand halten und über die Umrisslinienführung wie in einer Steckverbindung trotzdem auch ebenda eine Gestaltungsanalogie herstellen. Dieses Wechselspiel setzt sich thematisch weiter fort. Dabei wird im Zentrum des mittleren Hauptkörpers mit einer langlochartigen Ausschnittkontur nicht nur tatsächlich Gewicht reduziert, sondern gestaltungsseitig visuelle Masse abgebaut, aber auch durch die Subtraktion von Vollmaterial die Distanz verstärkt. Umfasst wird diese Sektion von einem gestreckten, tief-mattschwarzen, frontseitig abgeflachten Flächenoval, welches in seiner ringartigen Geste wiederum zwischen den beiden aerodynamischen Front- und Heckkörpern trotz klar separierter Identitäten eine optische Korrelation vermittelt. Wer sich im Übrigen bei der Farbimpression dieses elliptischen Integrationsfelds an die Unterseite des Space Shuttle erinnert, liegt dabei genau richtig, da die identische Hitzeschildbeschichtung der Oberflächen mit Quarzsand Verwendung fand und sich sinnvollerweise – genau wie bei der Nase der

Dominic Baumann   Sebastian Bekmann   Tim Bormann   Michael Juraschek   Anja König

bis 2011 eingesetzten Raumfähre – beim Rekordwagen dieser Temperaturschutz bis über die Deckflächen des Cockpits ausdehnt, um so den Rekordpiloten vor der extremen Hitze abzuschirmen, sowie an der kompletten Innenseite des Fahrzeugs, um dort sämtliche Akku- und Antriebstechnik vor Überhitzung zu bewahren. Im Innern des langgestreckten Flankenvolumens befinden sich die Antriebsstränge. Darunter zieht sich ein mattes, anthrazitfarbenes, keilförmig angestelltes Proportionselement aus der Hauptseitenfläche leicht konkav nach innen ein und eröffnet den Blick auf eine Auflichtfläche an der Unterkante. Diese unterstreicht noch einmal wie das schlüssige Designkonzept der visuellen Integration von Kontrasten innerhalb der gesamten Studie auch in der Seitenansicht thematisch erfolgreich umgesetzt wird. Damit bietet diese Fläche mit ansteigendem Anstellwinkel die beste Position, um an einer so prominenten Stelle den MERCEDES-BENZ Schriftzug zu positionieren. Das formale Wechselspiel zwischen Dualismus und Integrationsabsicht, welches sich semantisch aus der Funktion der Antonyme von Hitze und Kälte innerhalb einer Fahrzeugkarosserie herleitet, wird schließlich noch einmal eindrucksvoll über das von hinten eingesteckte Heckvolumen wiedergegeben, welches sich im Sideview zu einer Spitze formt. Dieser pointierte Heckabschluss bildet nämlich das Pendant zu der ebenfalls im Frontvolumen additiv aufgebrachten, scharf angeschliffenen Flügelprofilebene. Ohne eine greifbar echte Verbindung spannen diese beiden, tatsächlich voneinander getrennten Elemente trotzdem in unserer Wahrnehmung eine nach hinten leicht degressive imaginäre Bezugslinie auf, die den visuellen Kontext zwischen Distanz und Nähe als durchgängige Designthematik beim ENTROPIE IMPULS eindrucksvoll und konsequent unter Beweis stellt.

| Ignacio Pena | Anna Pittrich | Jonas Rall | Constantin Weyers | Benjamin Wiedling |

→ Brainstorming ● Erst auf Basis dieser intellektuellen Vorüberlegungen zur prinzipiellen funktionalen Herangehensweise entstanden eine enorme Anzahl von Brainstorming Skizzen, welche die Struktur der unterschiedlichsten Gesamterscheinungen in ihrer Silhouette, dem Proportionsgefüge und der Flächengestaltung sichtbar werden ließen. Auch hierzu wurden wieder alle Inspirationsquellen gesichtet, genauso aber auch alle Konventionen in Frage gestellt, um in erster Linie im Spannungsfeld der möglichst intensiven Auseinandersetzung mit existenten Artefakten und der Erarbeitung komplett neuer formaler Prinziplösungen eine riesige Bandbreite an Möglichkeiten aufzuzeigen, mit der die Aufgabestellung funktional und mit einem ikonischen Designstatement gelöst werden konnte. Mithilfe von verschiedenen Kreativtechniken sowie intuitivem Vorgehen als Team oder individuell entstand nach kürzester Zeit im Studio eine Eigendynamik, mit der sich die Studierenden gegenseitig immer wieder zu neuartigen Ansätzen beim Zeichnen motivierten. Wichtigstes Kriterium auch bei dieser Basisvisualisierung der Ideen ist es zu keinem Zeitpunkt mit einer vorgefassten Haltung die typischen Klischees erfüllen zu wollen oder schon mit einer »imaginären Schere im Kopf«, während noch die reine Ideenvielfalt gefragt ist, eine Bewertung vorzunehmen und sich damit der Unbefangenheit für die tatsächliche Innovationsleistung zu berauben. Alles darf gedacht und skizziert werden, das gesamte Kreativpotential einer phantasiereichen Erörterung dieser spezifischen Themenstellung sichtbar zu machen, war in dieser Phase das Ziel. Und so konnten bereits nach zwei Wochen Achim Badstübner, Frank Spörle und Torben Ewe aus einem Pool von über 1.000 Entwürfen die vielversprechenden Themen zur Weiterverfolgung auswählen.

Variantenphase — Renderings — 087

Ignacio Pena | Anna Pittrich | Jonas Rall | Constantin Weyers | Benjamin Wiedling

Konzept/Ideenfindung — Brainstorming

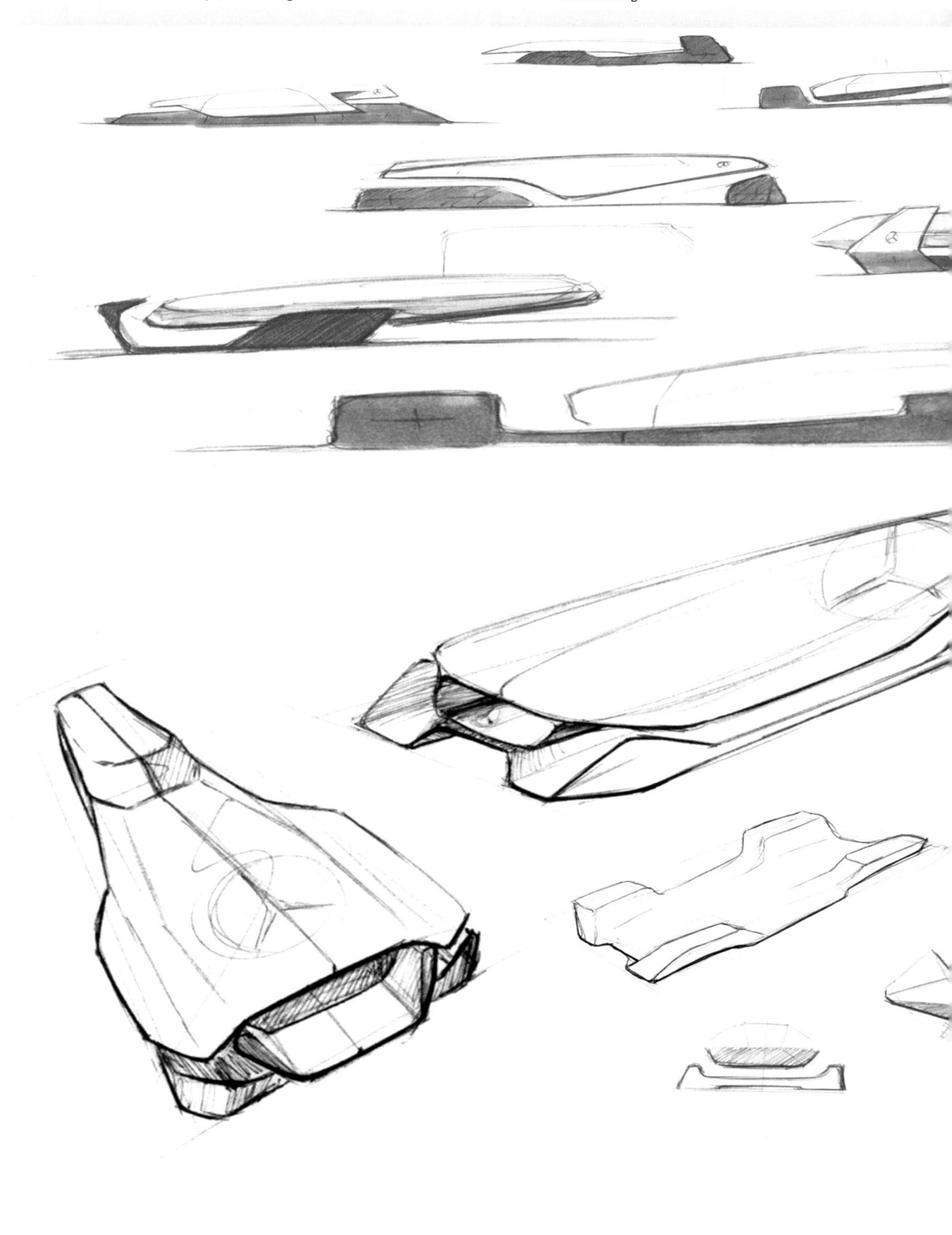

Dominic Baumann	Sebastian Bekmann	Tim Bormann	Michael Juraschek	Anja König

Variantenphase · Renderings · 089

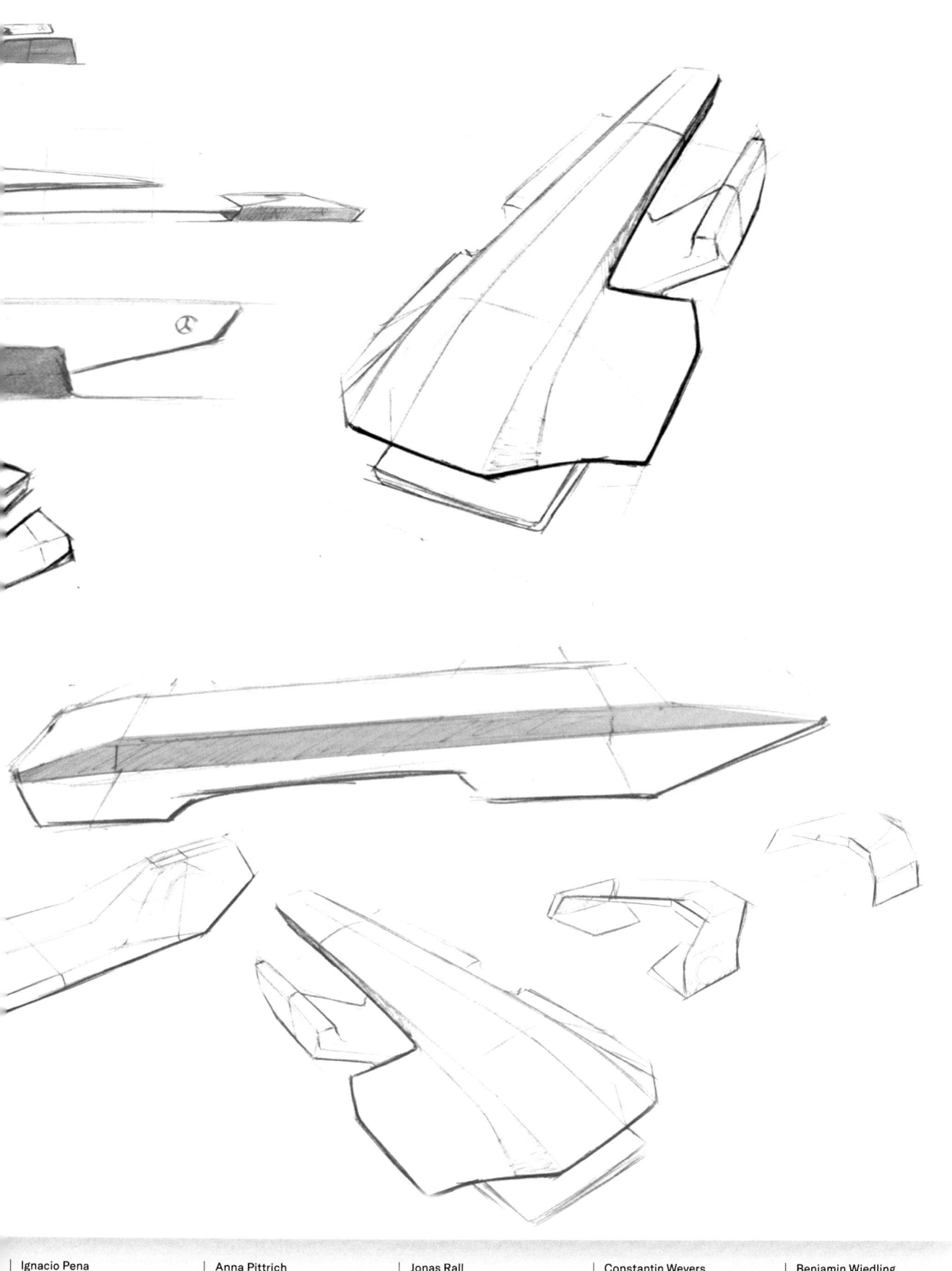

| Ignacio Pena | Anna Pittrich | Jonas Rall | Constantin Weyers | Benjamin Wiedling |

| Dominic Baumann | Sebastian Bekmann | Tim Bormann | Michael Juraschek | Anja König |

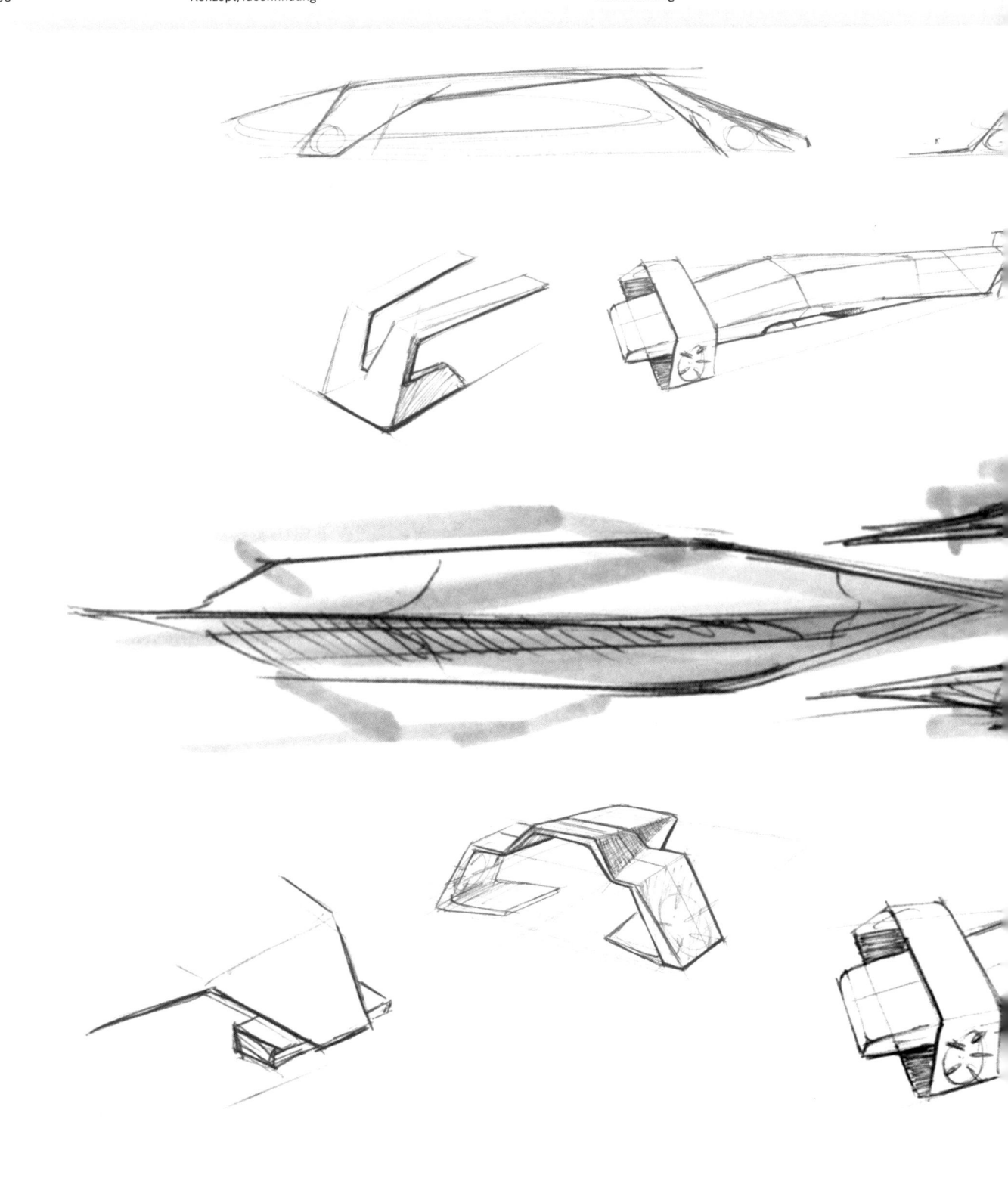

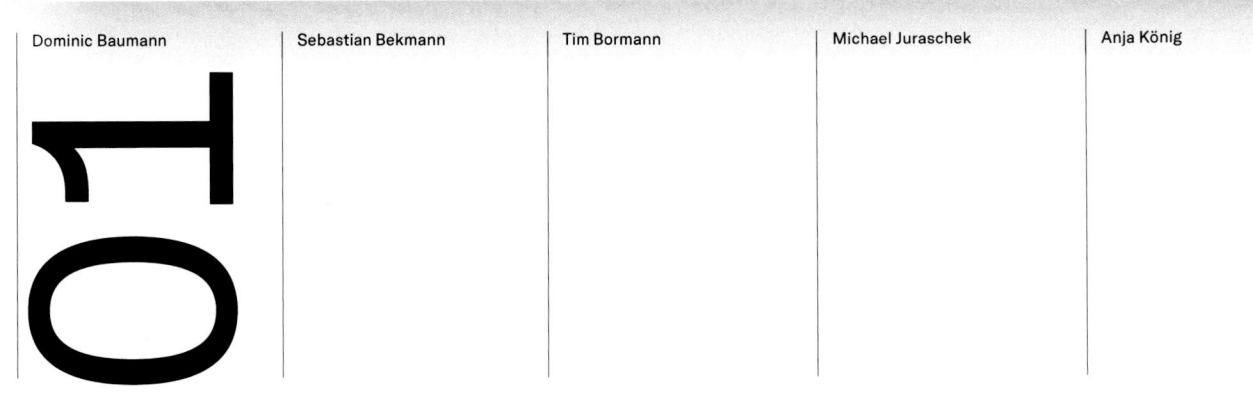

| Ignacio Pena | Anna Pittrich | Jonas Rall | Constantin Weyers | Benjamin Wiedling |

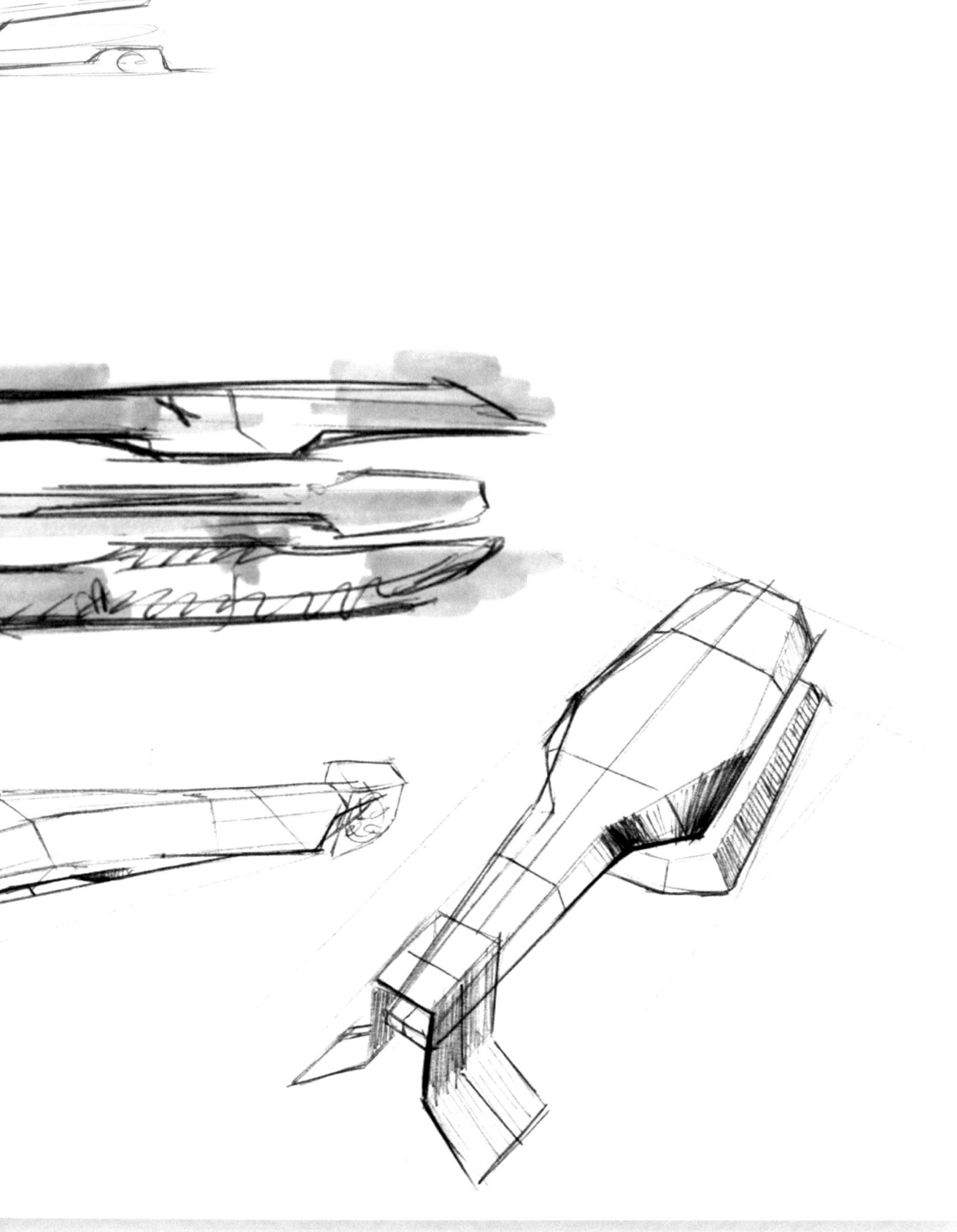

| Dominic Baumann | Sebastian Bekmann | Tim Bormann | Michael Juraschek | Anja König |

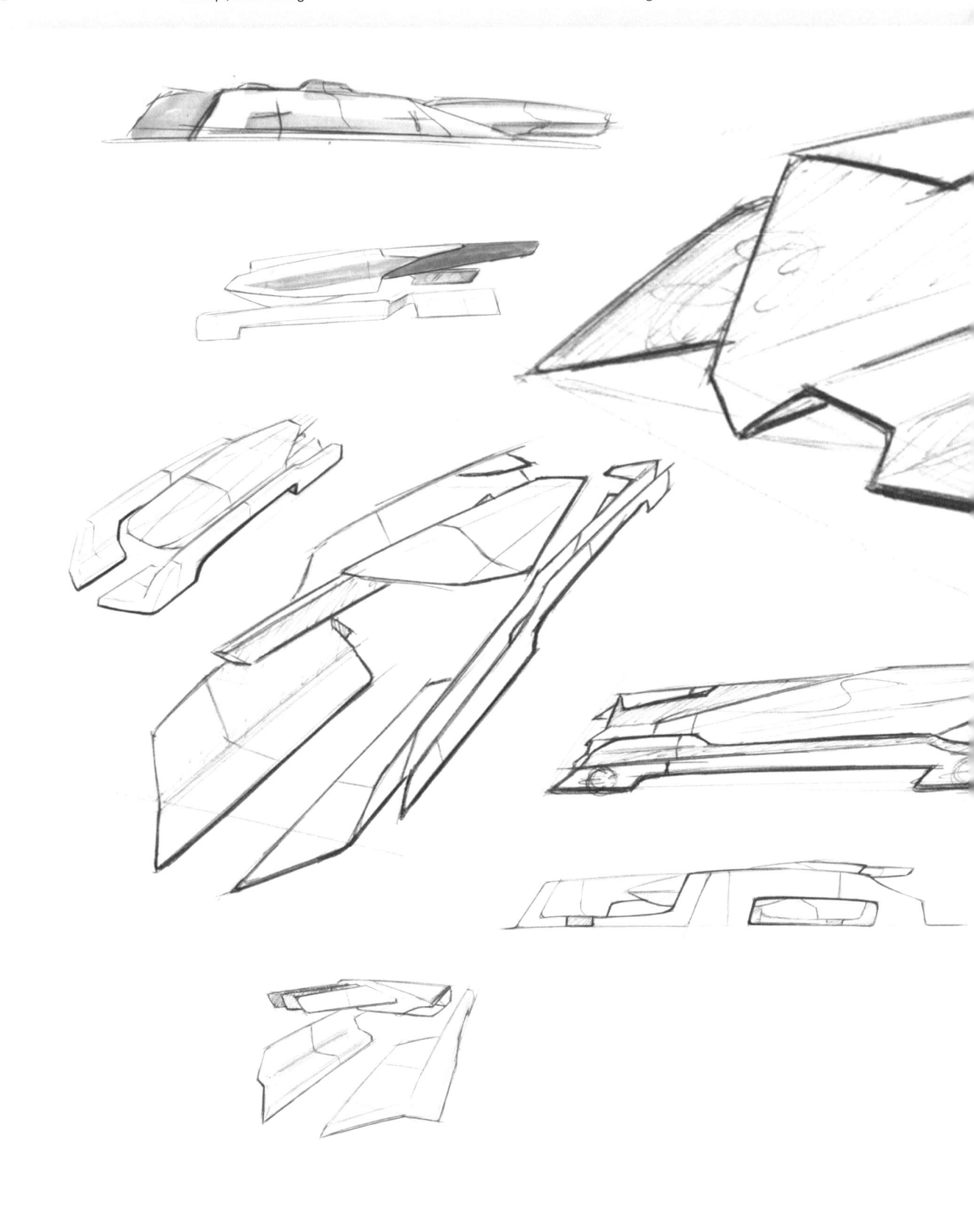

| Ignacio Pena | Anna Pittrich | Jonas Rall | Constantin Weyers | Benjamin Wiedling |

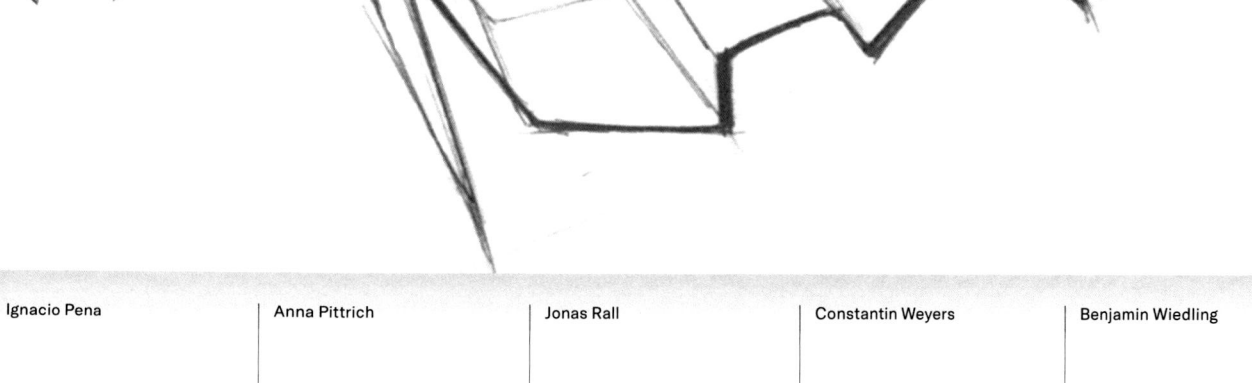

| Dominic Baumann | Sebastian Bekmann | Tim Bormann | Michael Juraschek | Anja König |

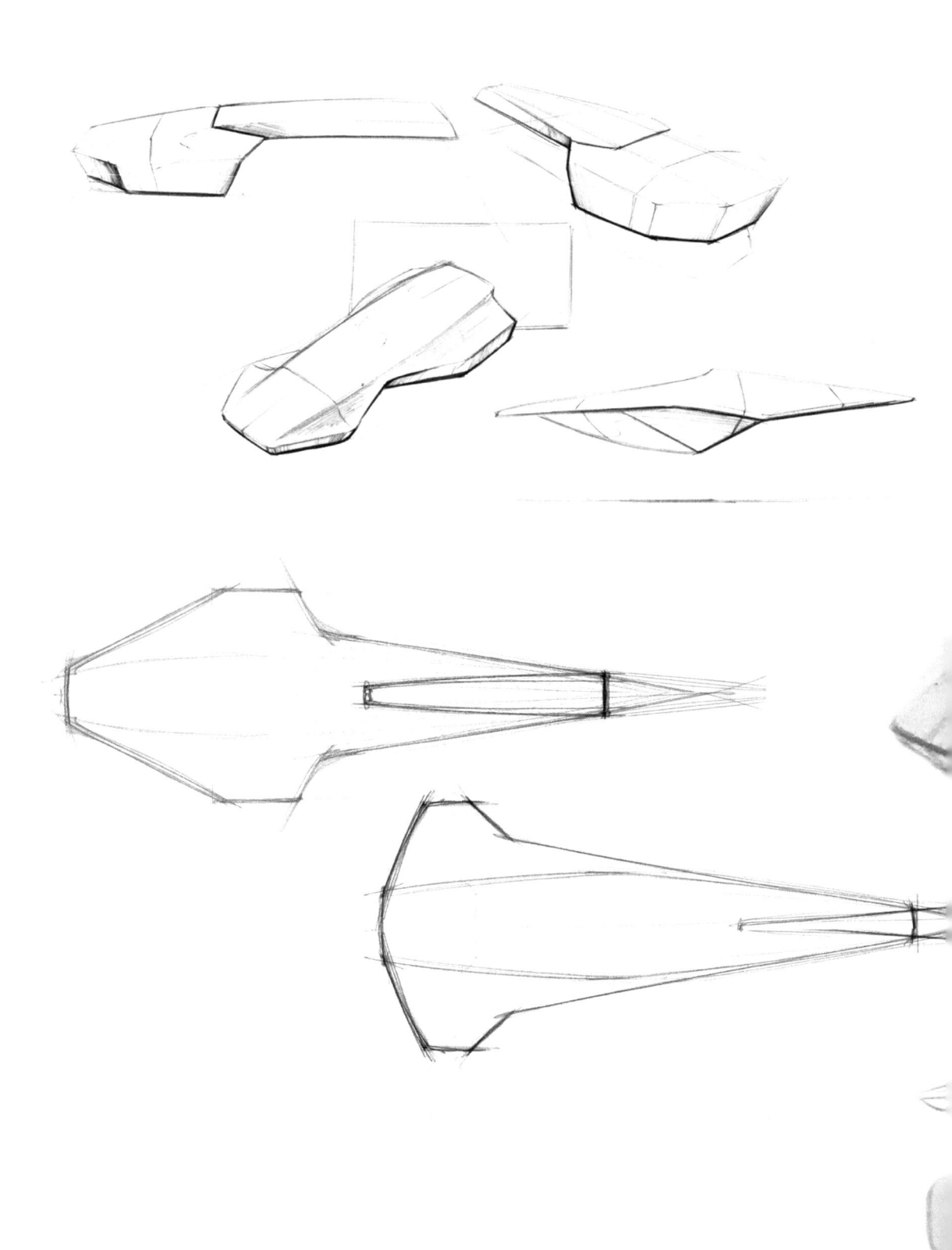

Ignacio Pena	Anna Pittrich	Jonas Rall	Constantin Weyers	Benjamin Wiedling

Konzept/Ideenfindung　　　Brainstorming

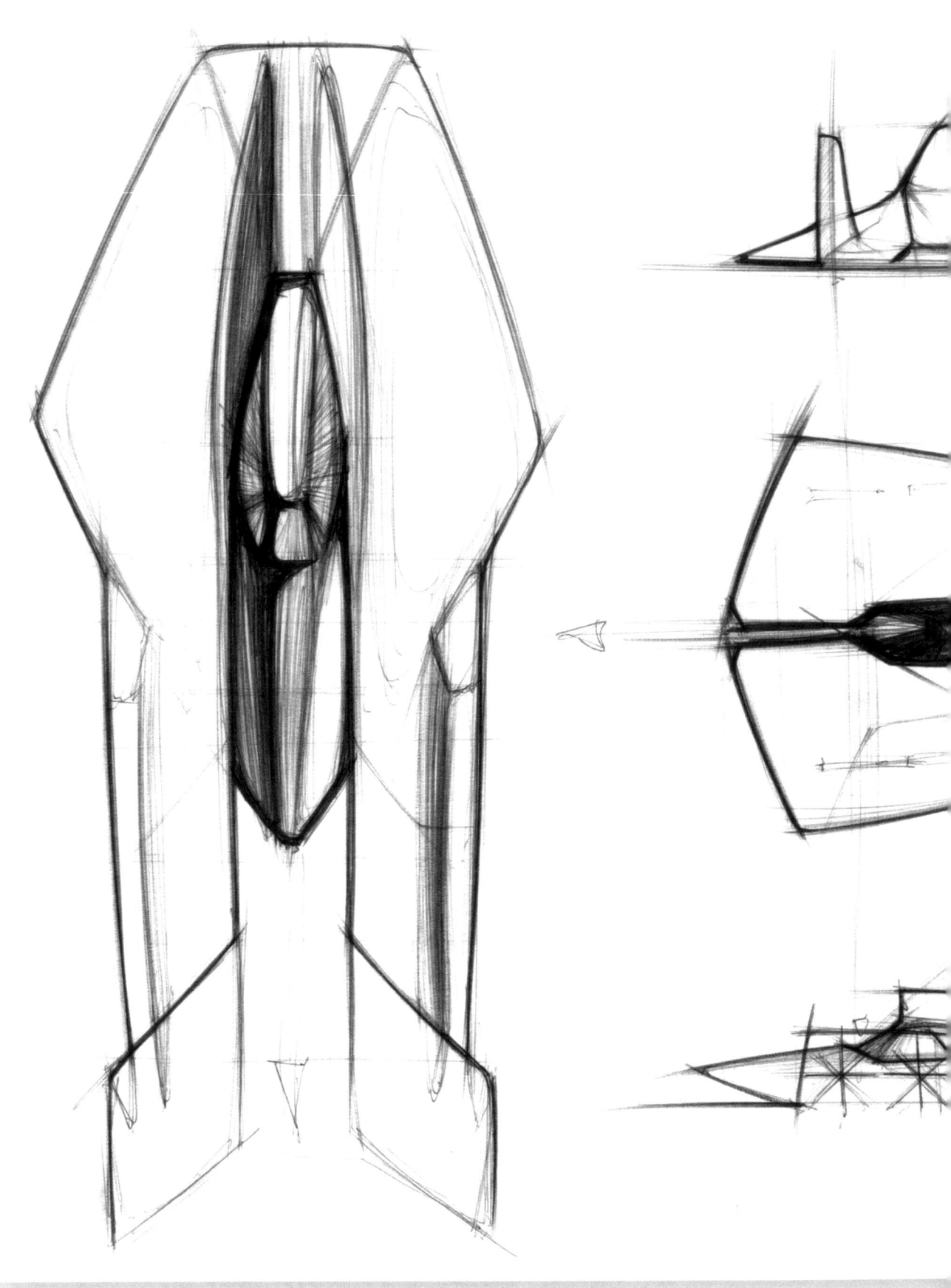

Dominic Baumann	Sebastian Bekmann	Tim Bormann	Michael Juraschek	Anja König

02

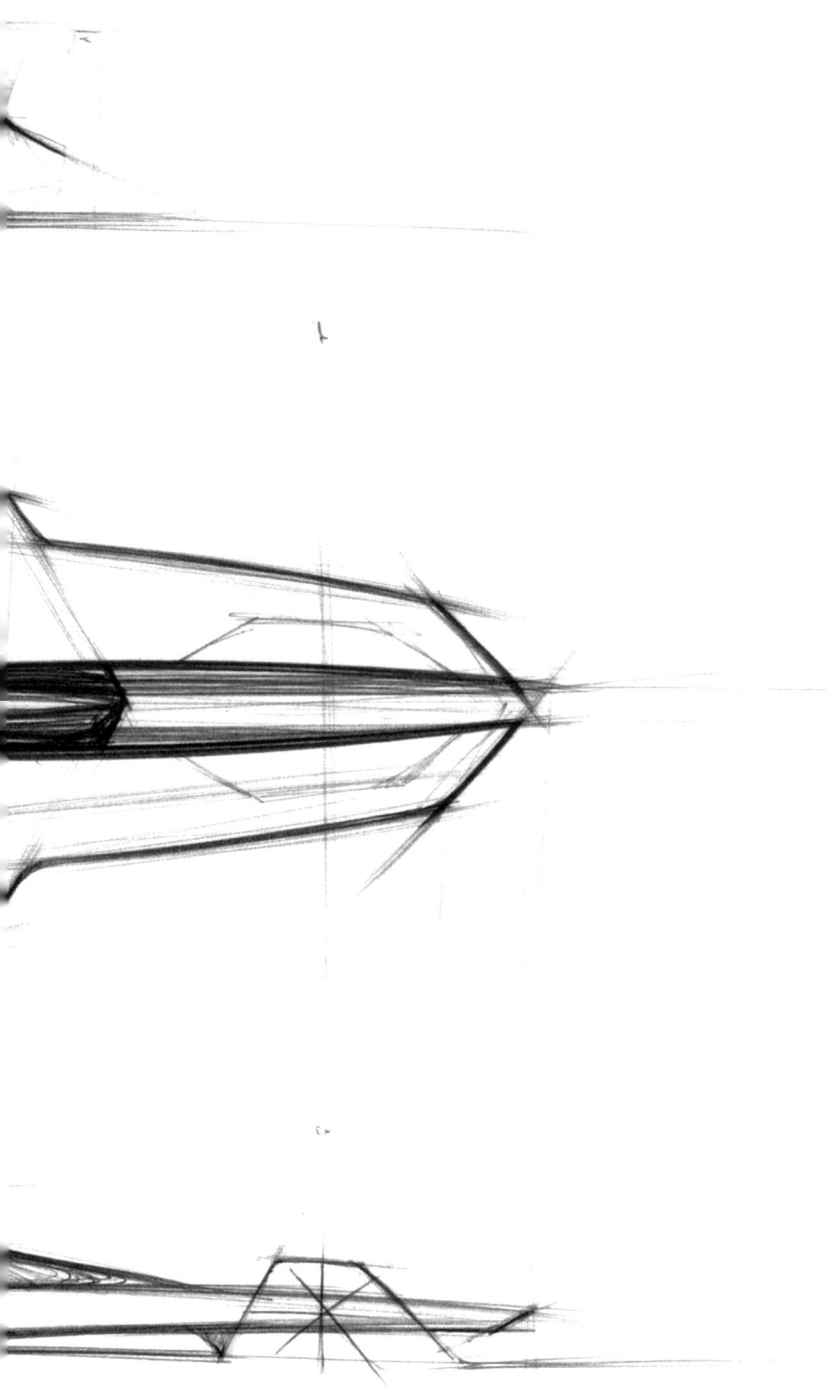

| Ignacio Pena | Anna Pittrich | Jonas Rall | Constantin Weyers | Benjamin Wiedling |

| Konzept/Ideenfindung | Brainstorming |

| Dominic Baumann | Sebastian Bekmann | Tim Bormann | Michael Juraschek | Anja König |

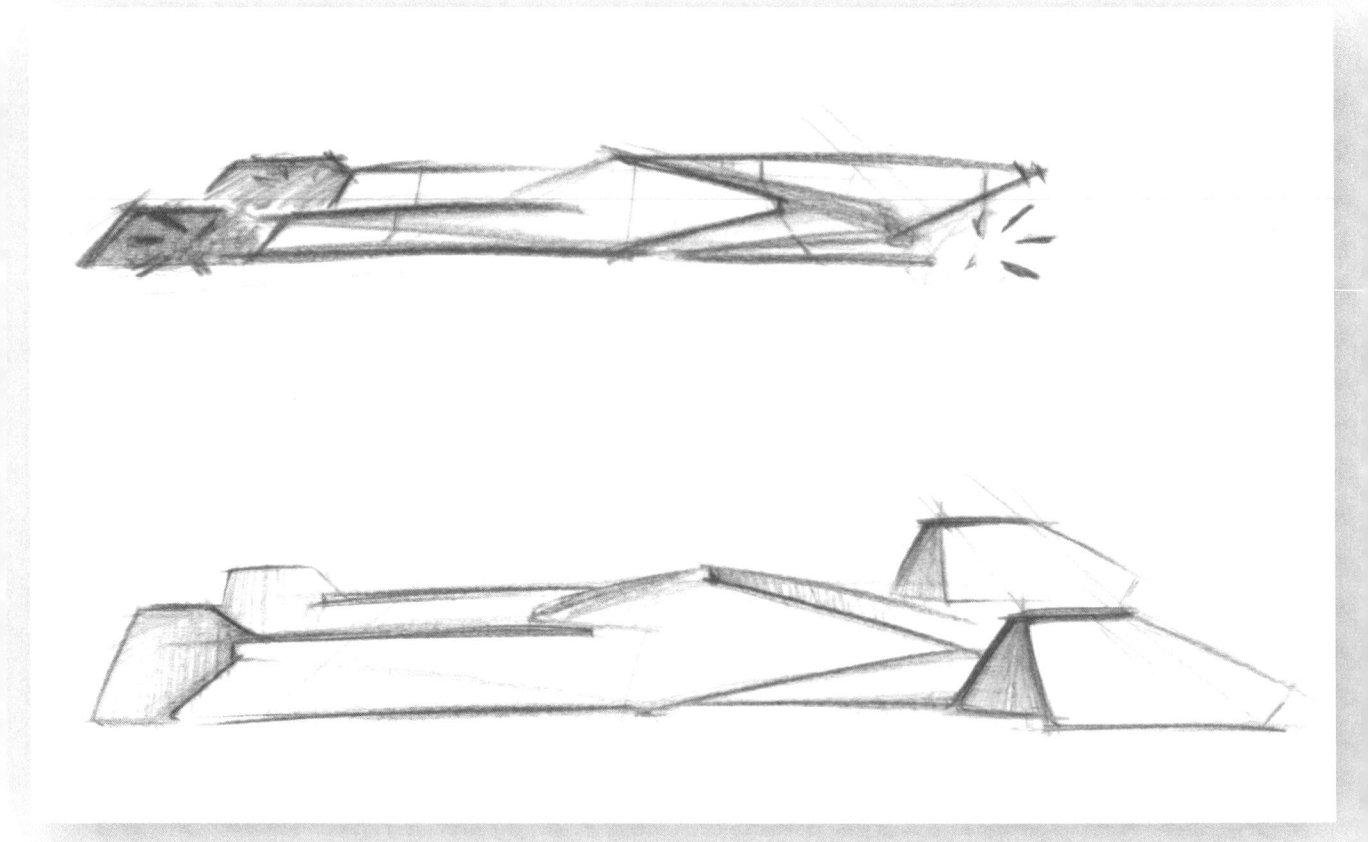

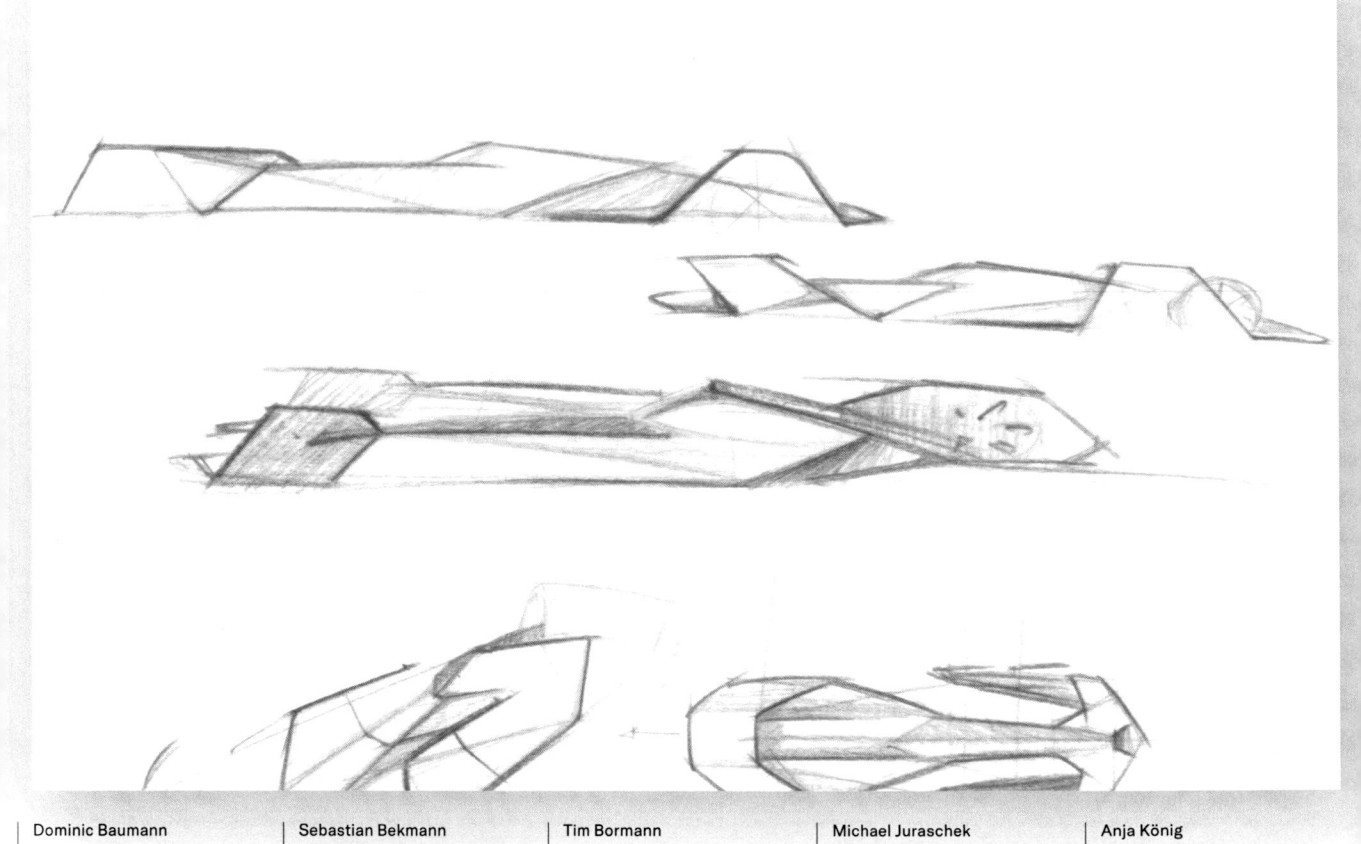

02

Variantenphase | Renderings | 099

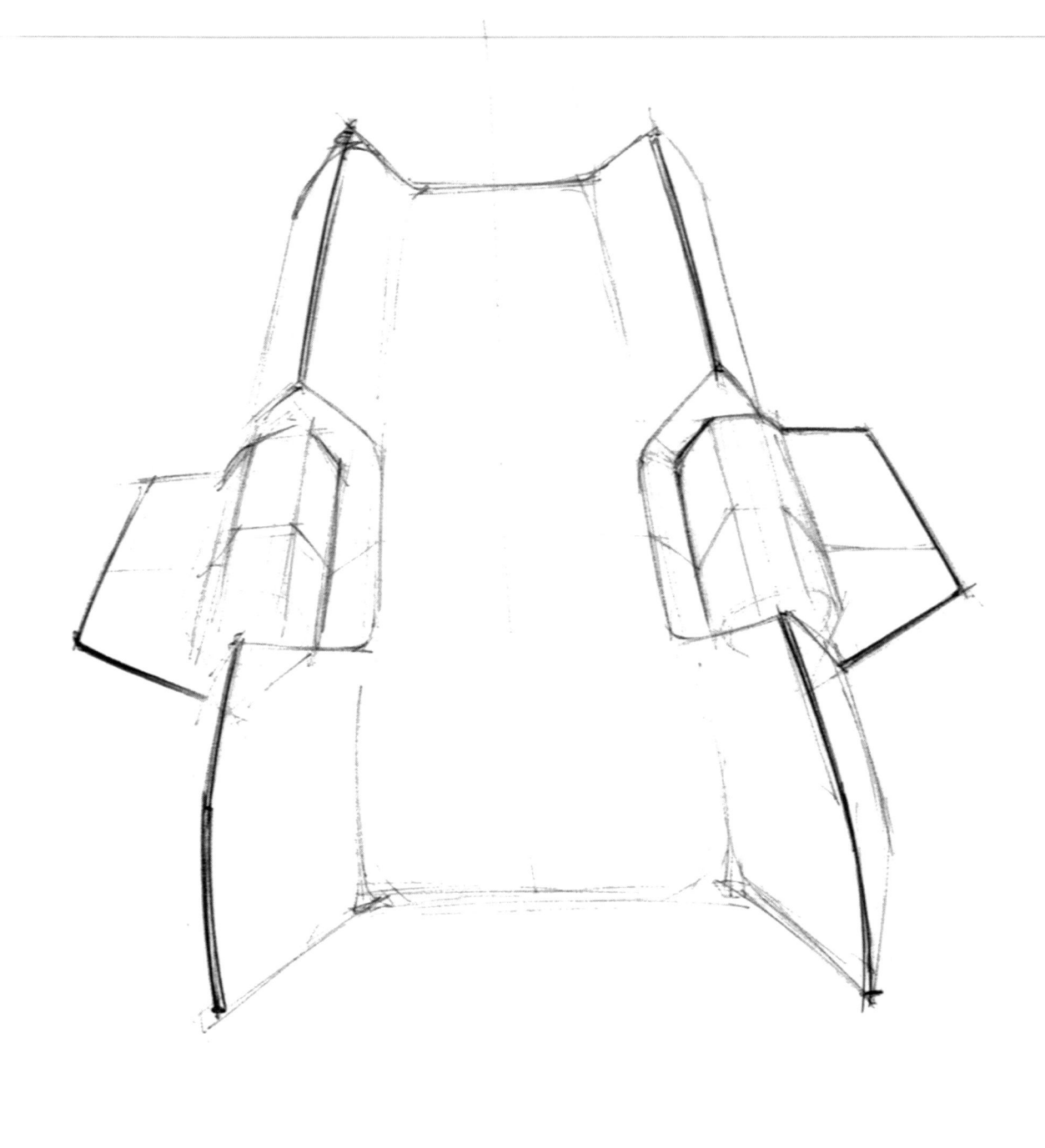

Ignacio Pena | Anna Pittrich | Jonas Rall | Constantin Weyers | Benjamin Wiedling

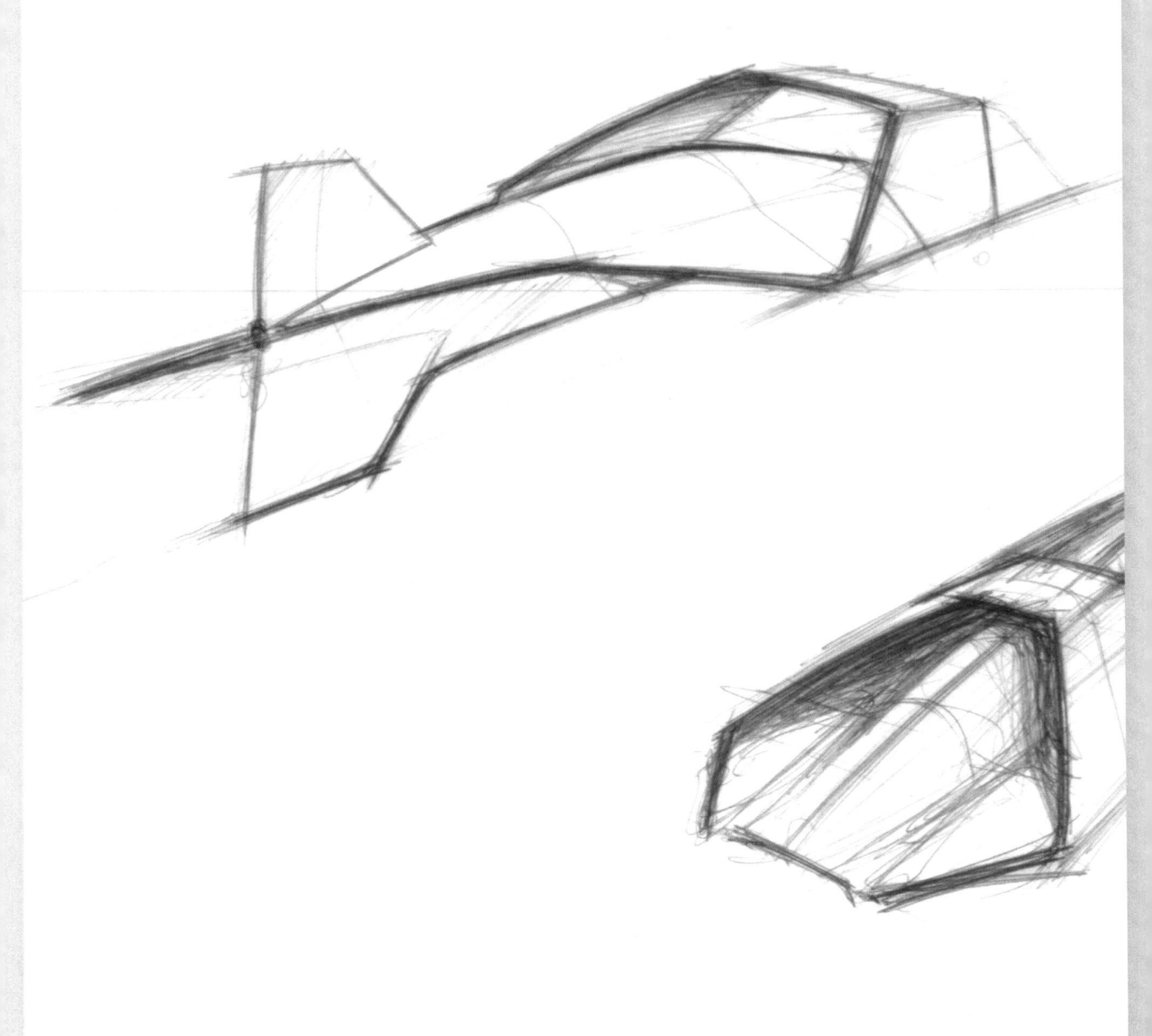

| Dominic Baumann | Sebastian Bekmann | Tim Bormann | Michael Juraschek | Anja König |

02

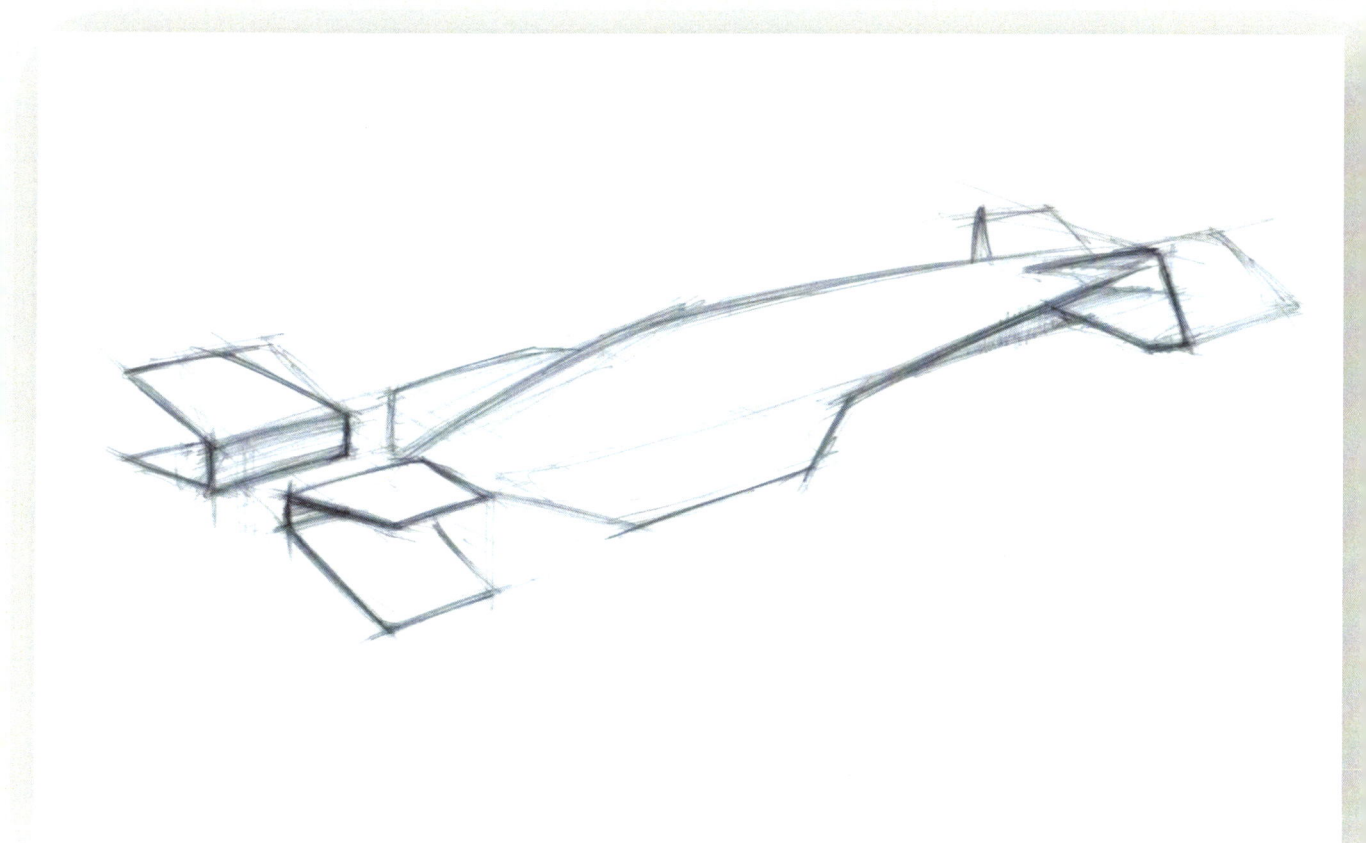

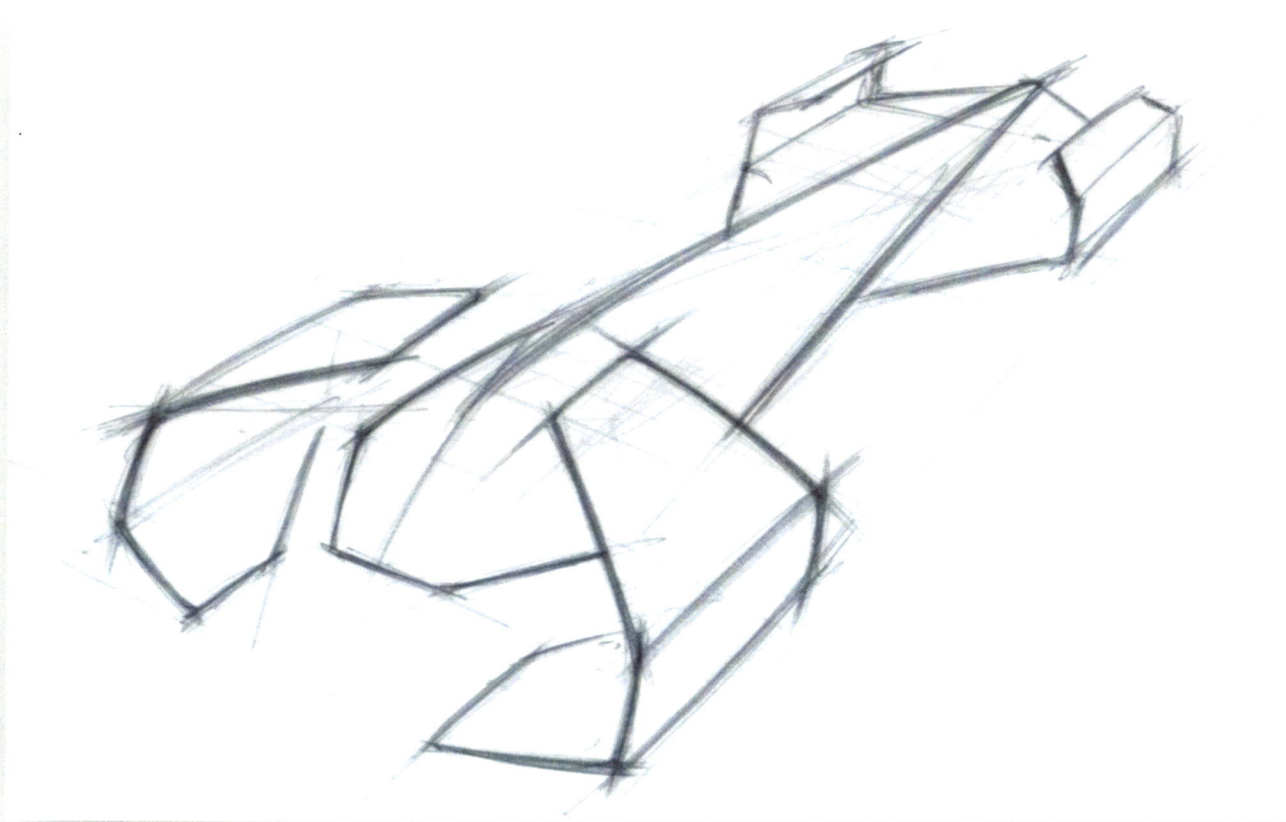

| Ignacio Pena | Anna Pittrich | Jonas Rall | Constantin Weyers | Benjamin Wiedling |

102 Konzept/Ideenfindung   Brainstorming

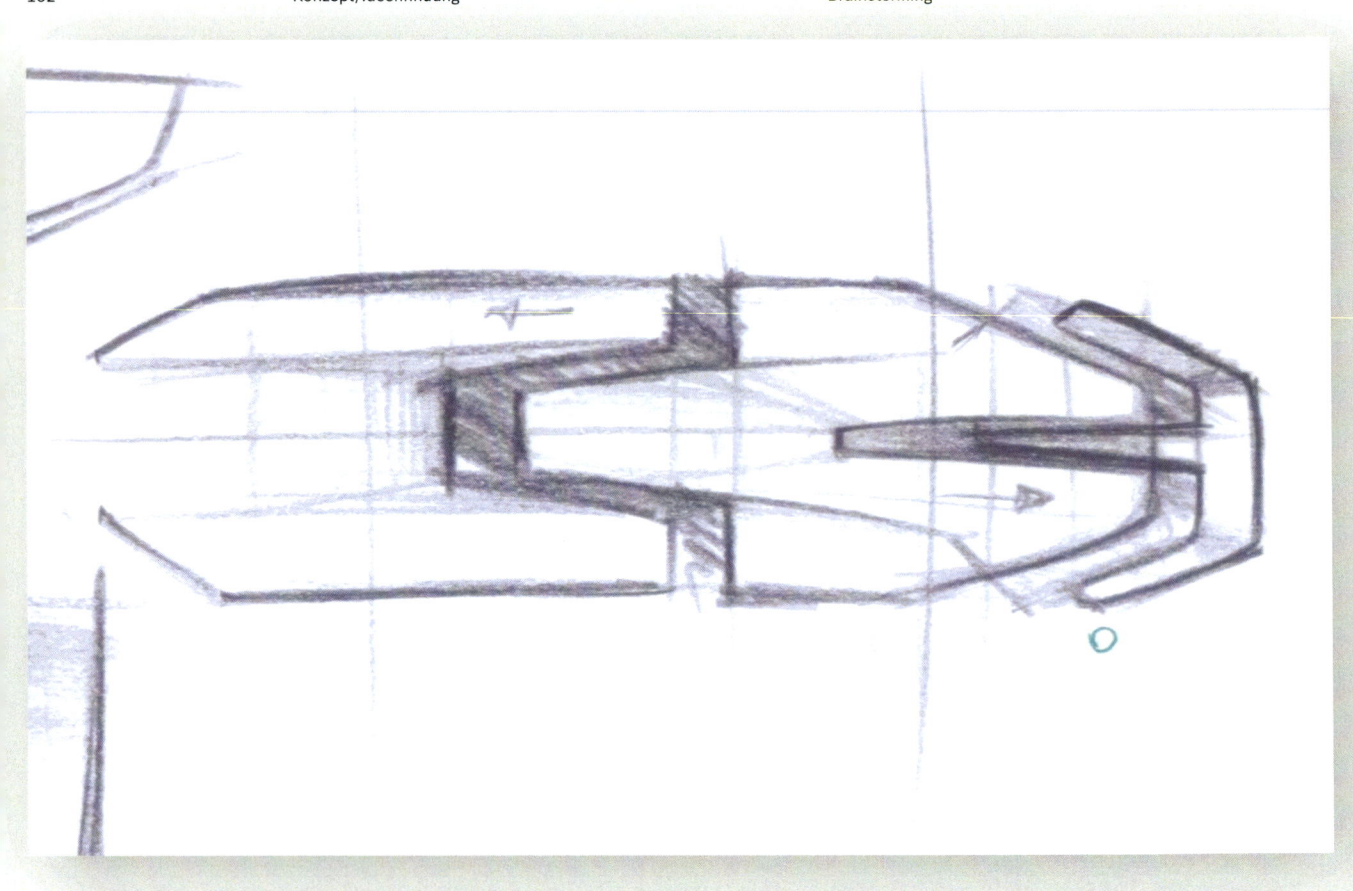

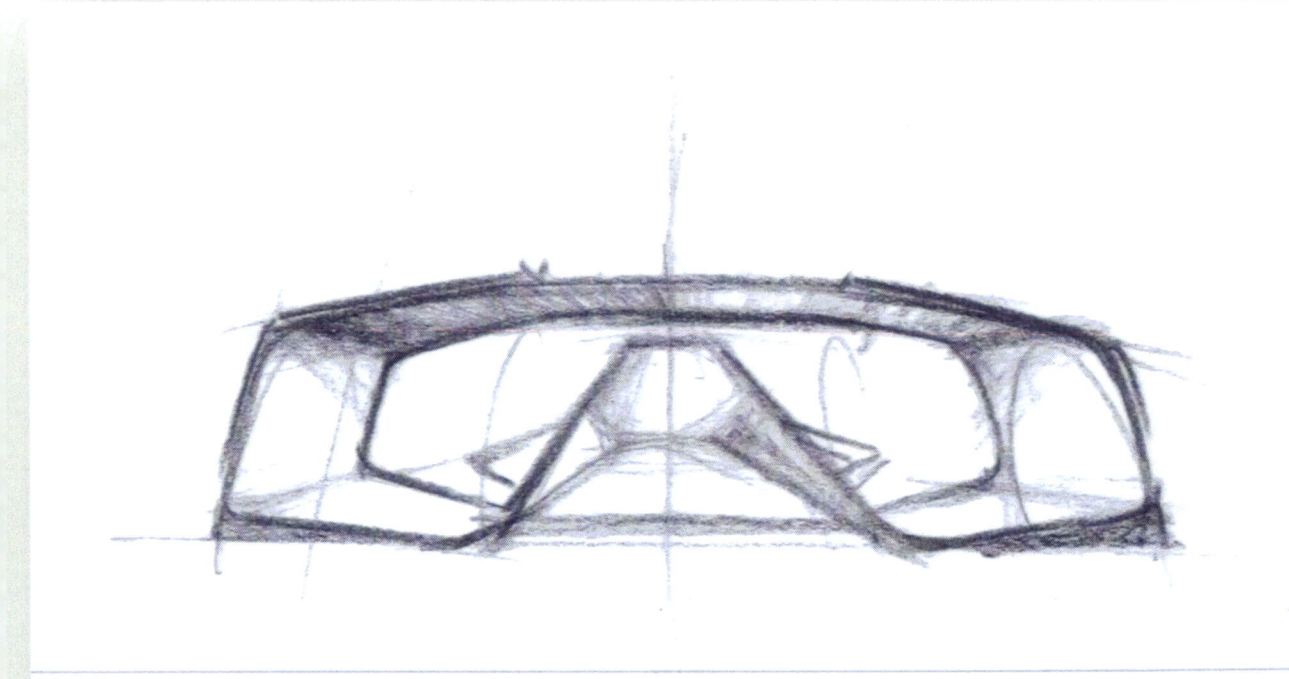

| Dominic Baumann | Sebastian Bekmann | Tim Bormann | Michael Juraschek | Anja König |

02

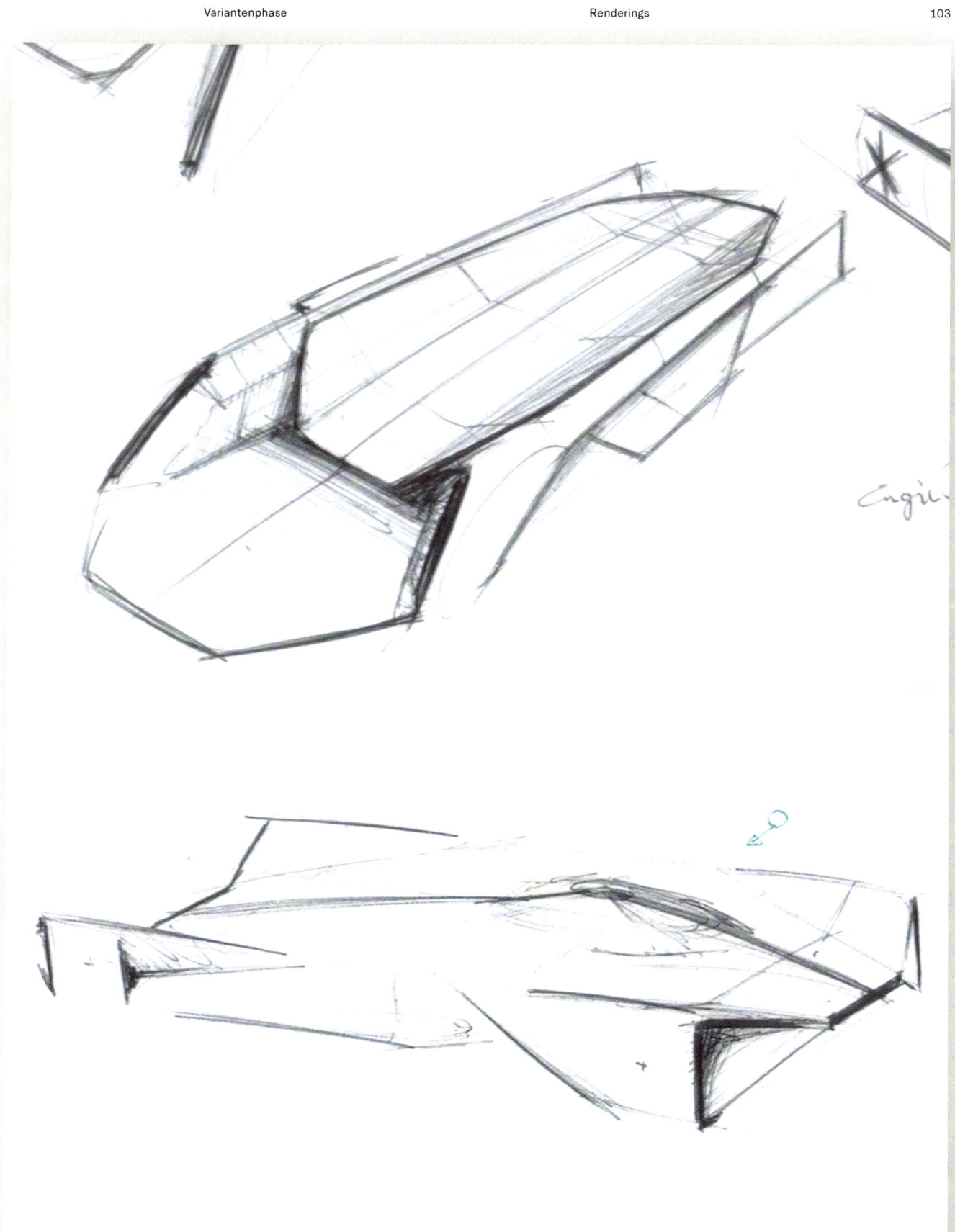

| Ignacio Pena | Anna Pittrich | Jonas Rall | Constantin Weyers | Benjamin Wiedling |

| Dominic Baumann | Sebastian Bekmann | Tim Bormann | Michael Juraschek | Anja König |

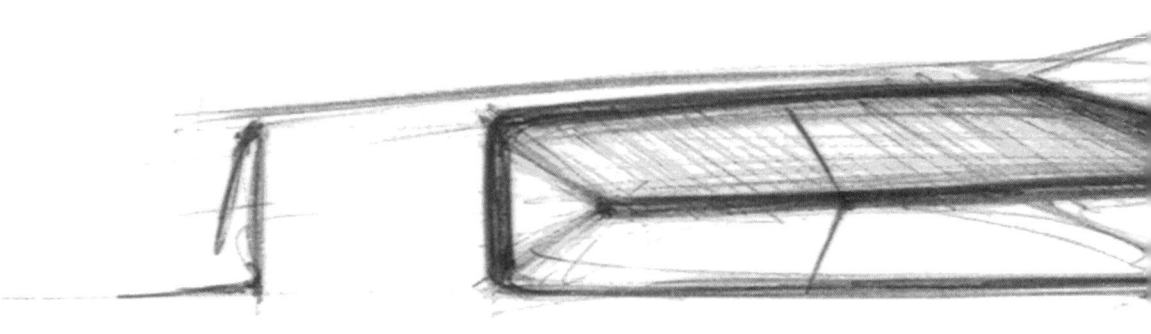

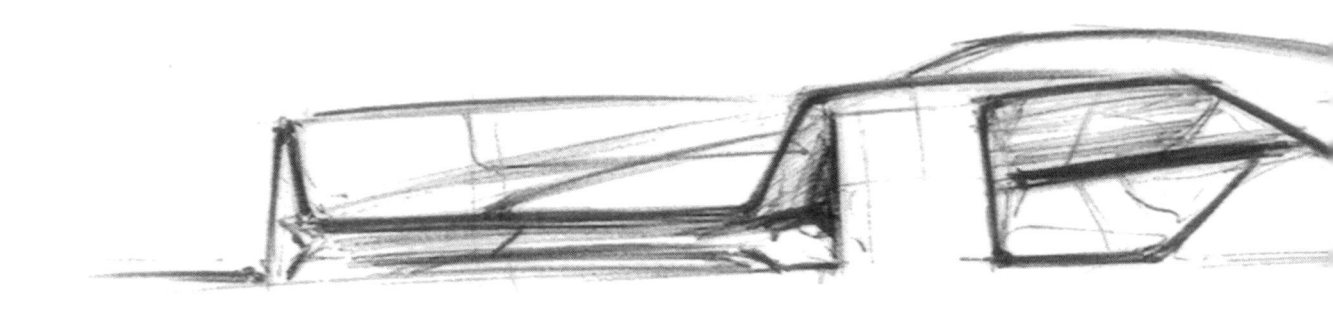

02

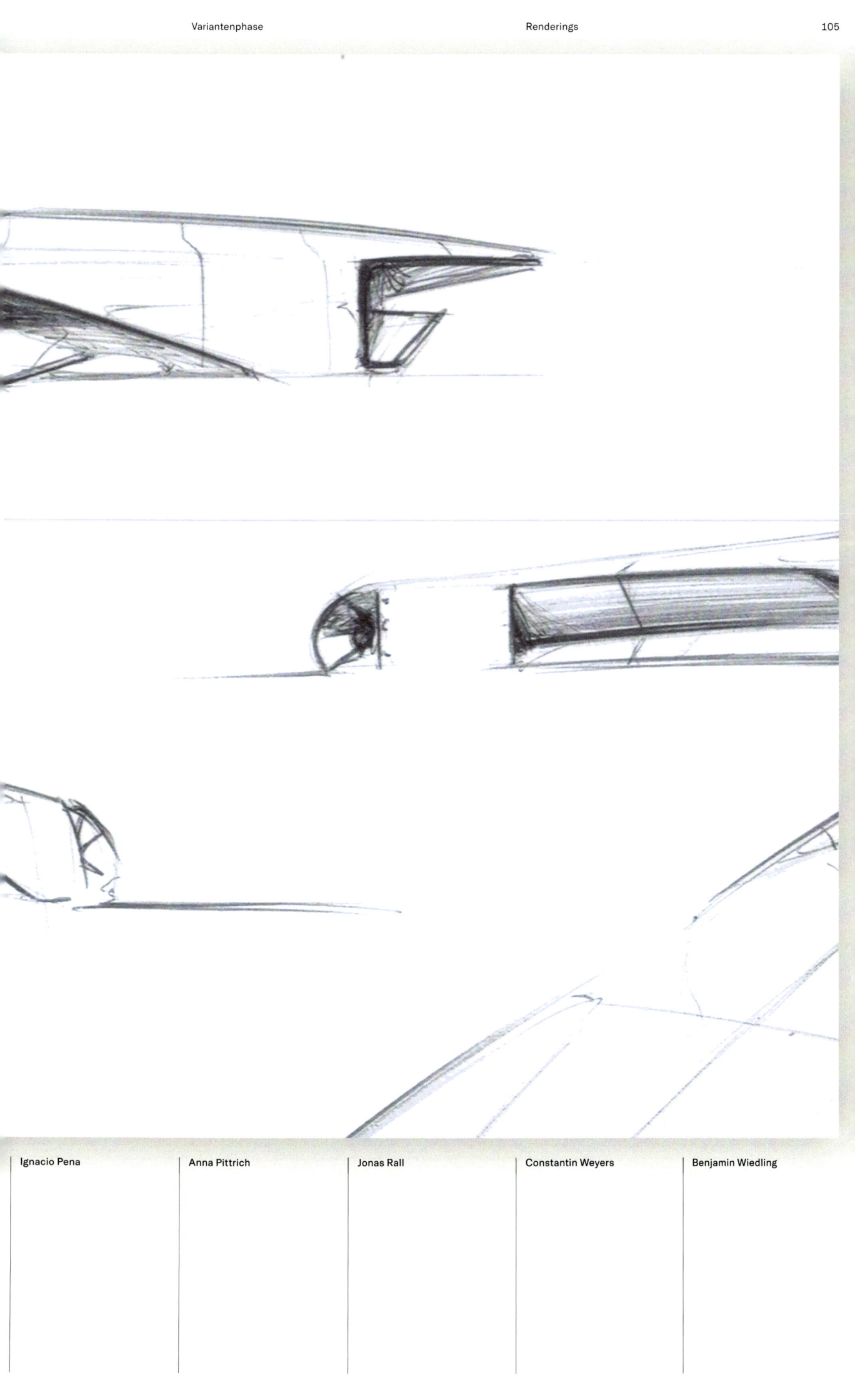

| Ignacio Pena | Anna Pittrich | Jonas Rall | Constantin Weyers | Benjamin Wiedling |

| Dominic Baumann | Sebastian Bekmann | Tim Bormann | Michael Juraschek | Anja König |

02

| Ignacio Pena | Anna Pittrich | Jonas Rall | Constantin Weyers | Benjamin Wiedling |

| Dominic Baumann | Sebastian Bekmann | Tim Bormann | Michael Juraschek | Anja König |

02

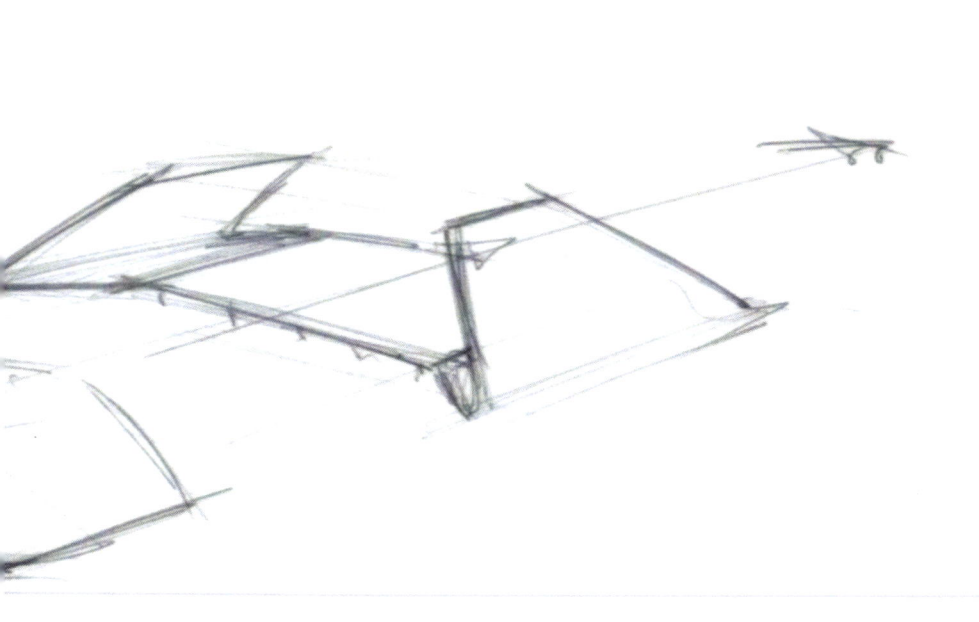

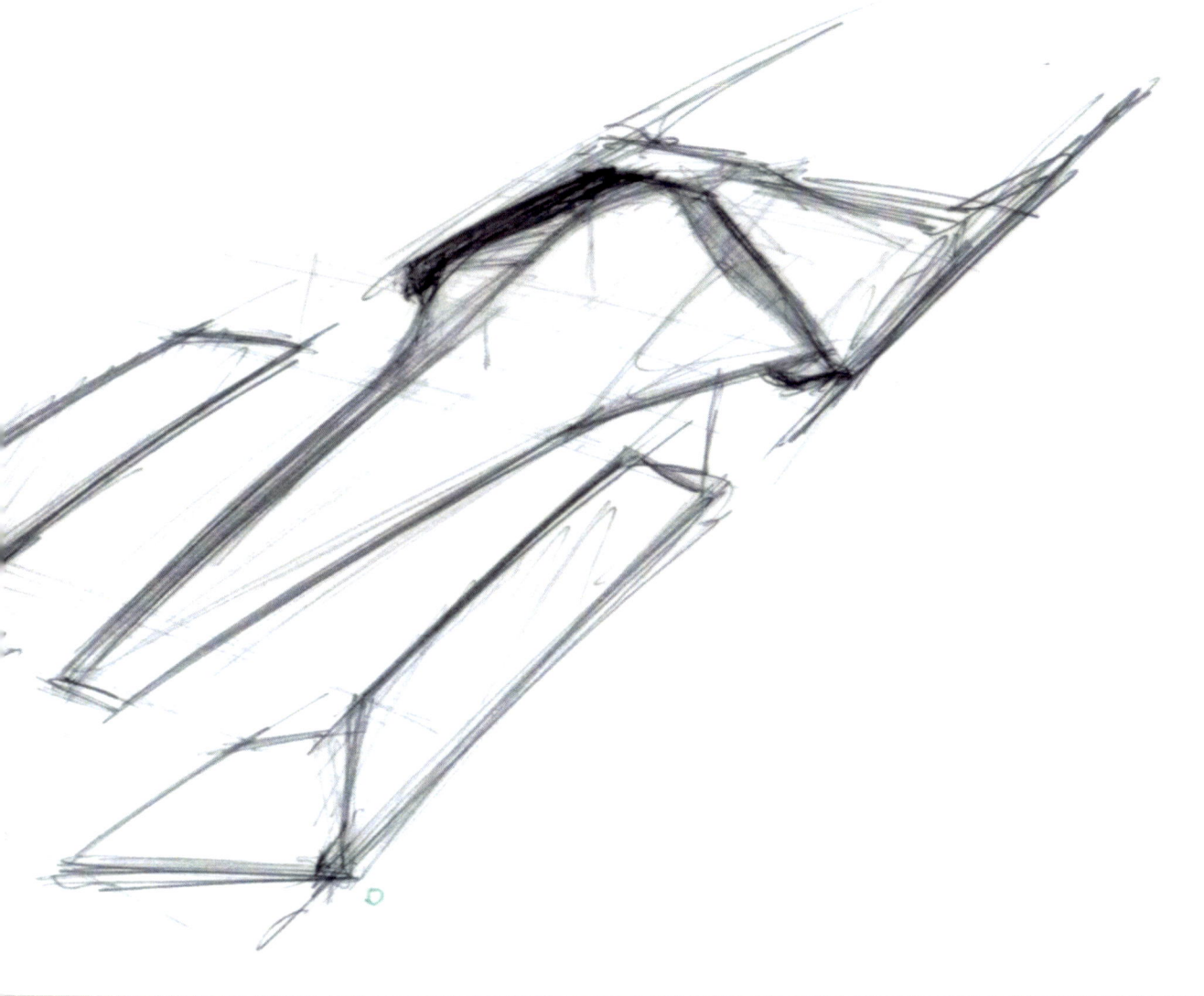

| Ignacio Pena | Anna Pittrich | Jonas Rall | Constantin Weyers | Benjamin Wiedling |

110 Konzept/Ideenfindung Brainstorming

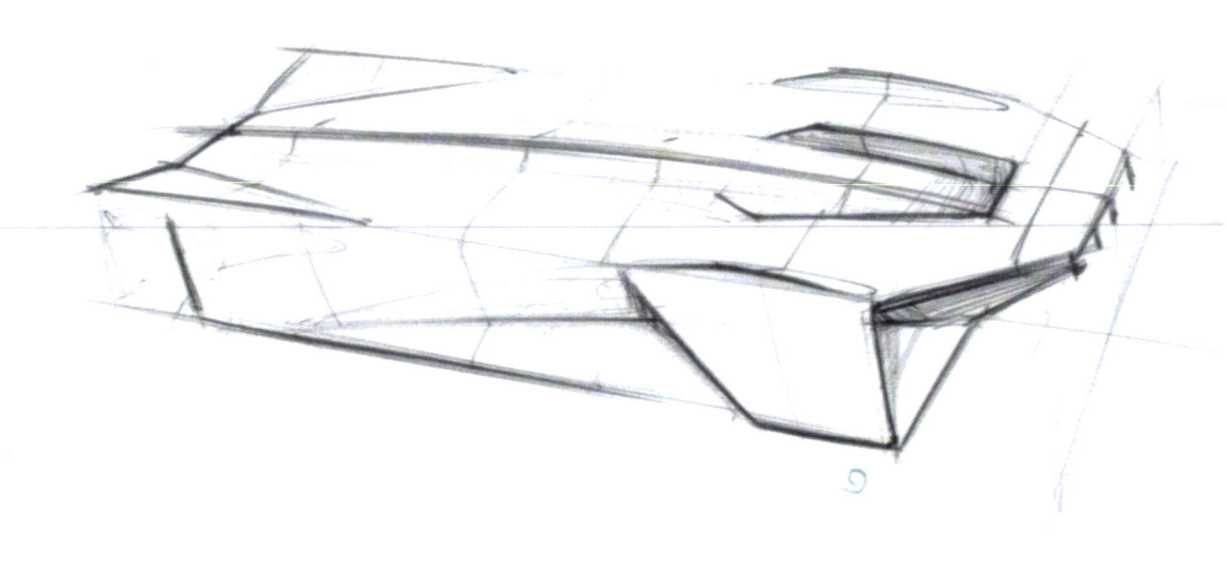

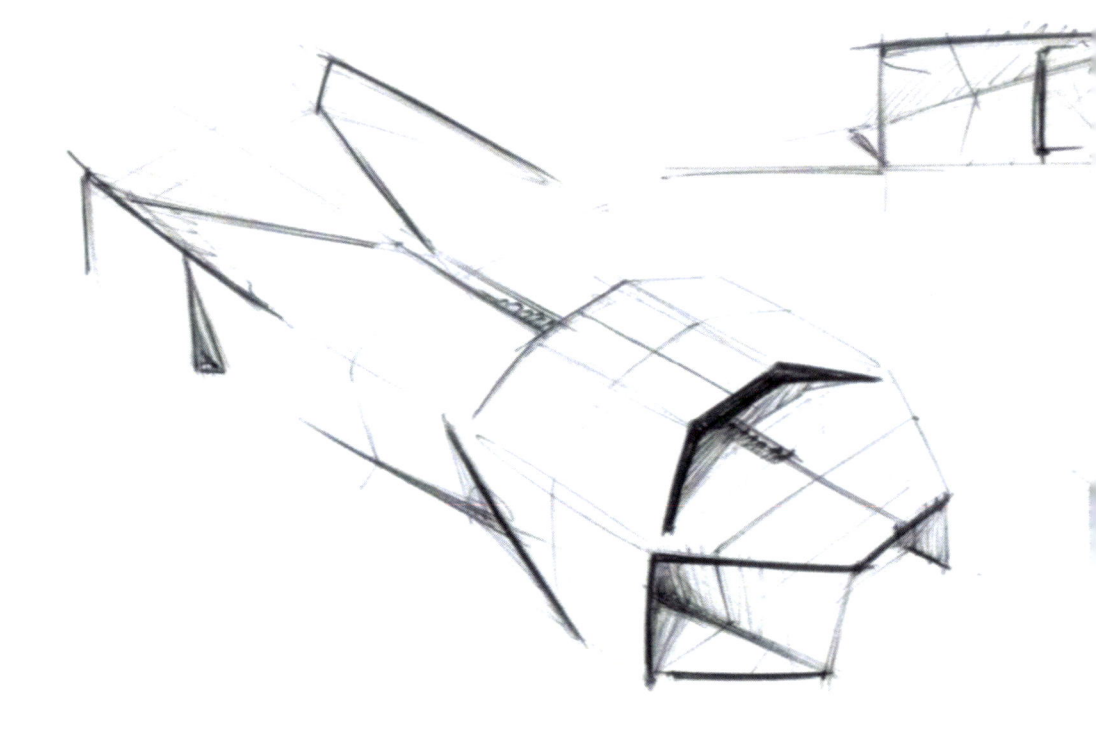

| Dominic Baumann | Sebastian Bekmann | Tim Bormann | Michael Juraschek | Anja König |

02

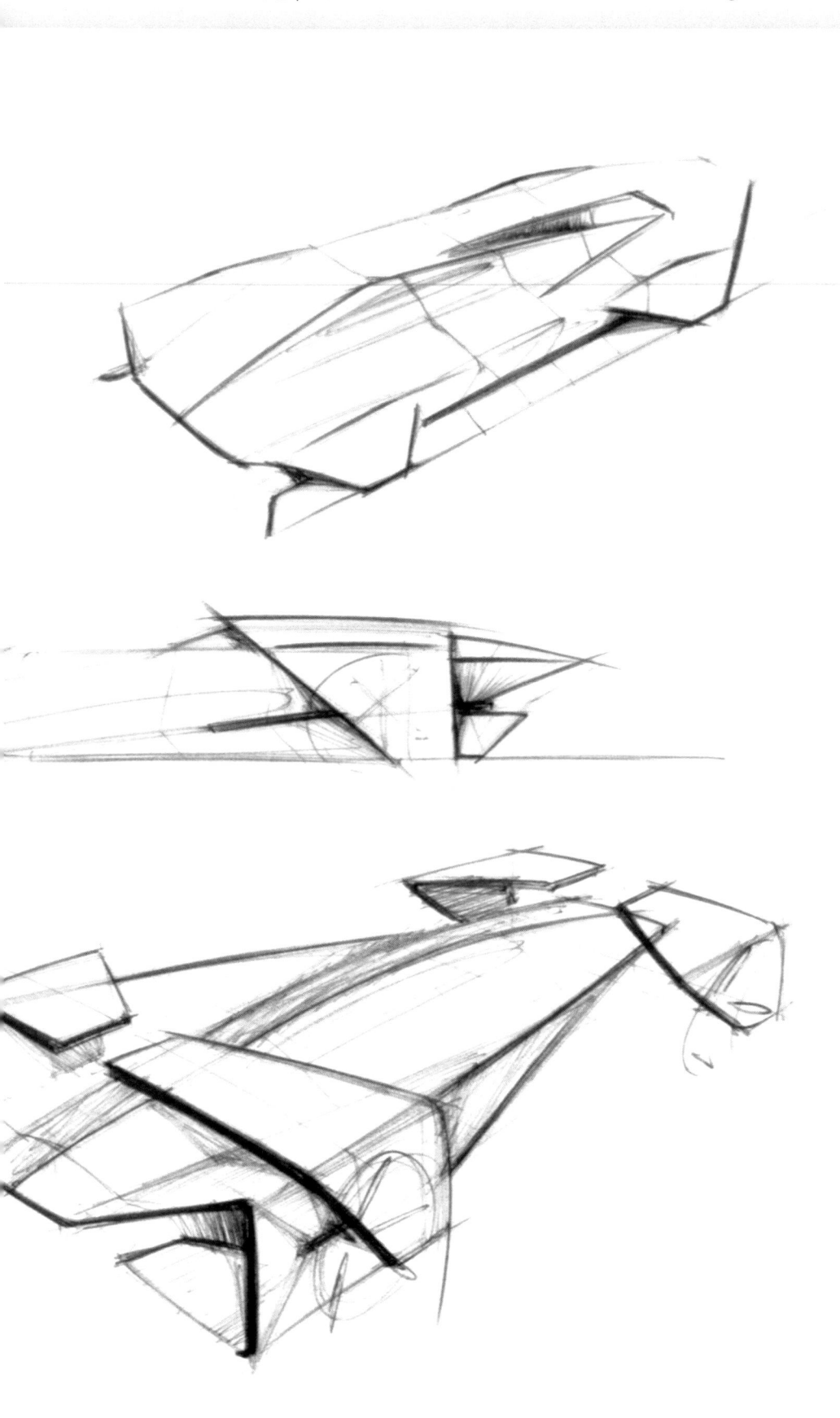

| Ignacio Pena | Anna Pittrich | Jonas Rall | Constantin Weyers | Benjamin Wiedling |

| Dominic Baumann | Sebastian Bekmann | Tim Bormann | Michael Juraschek | Anja König |

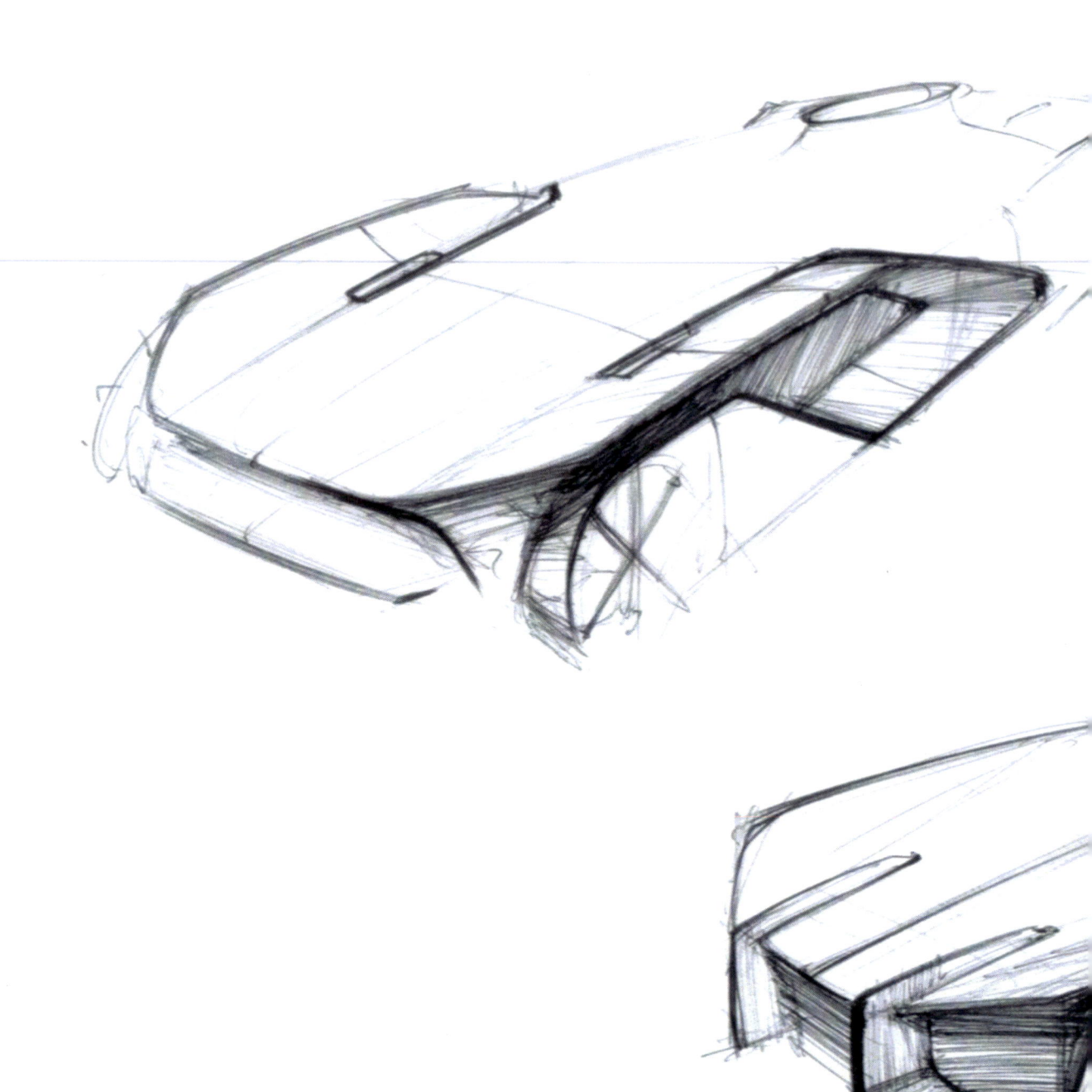

02

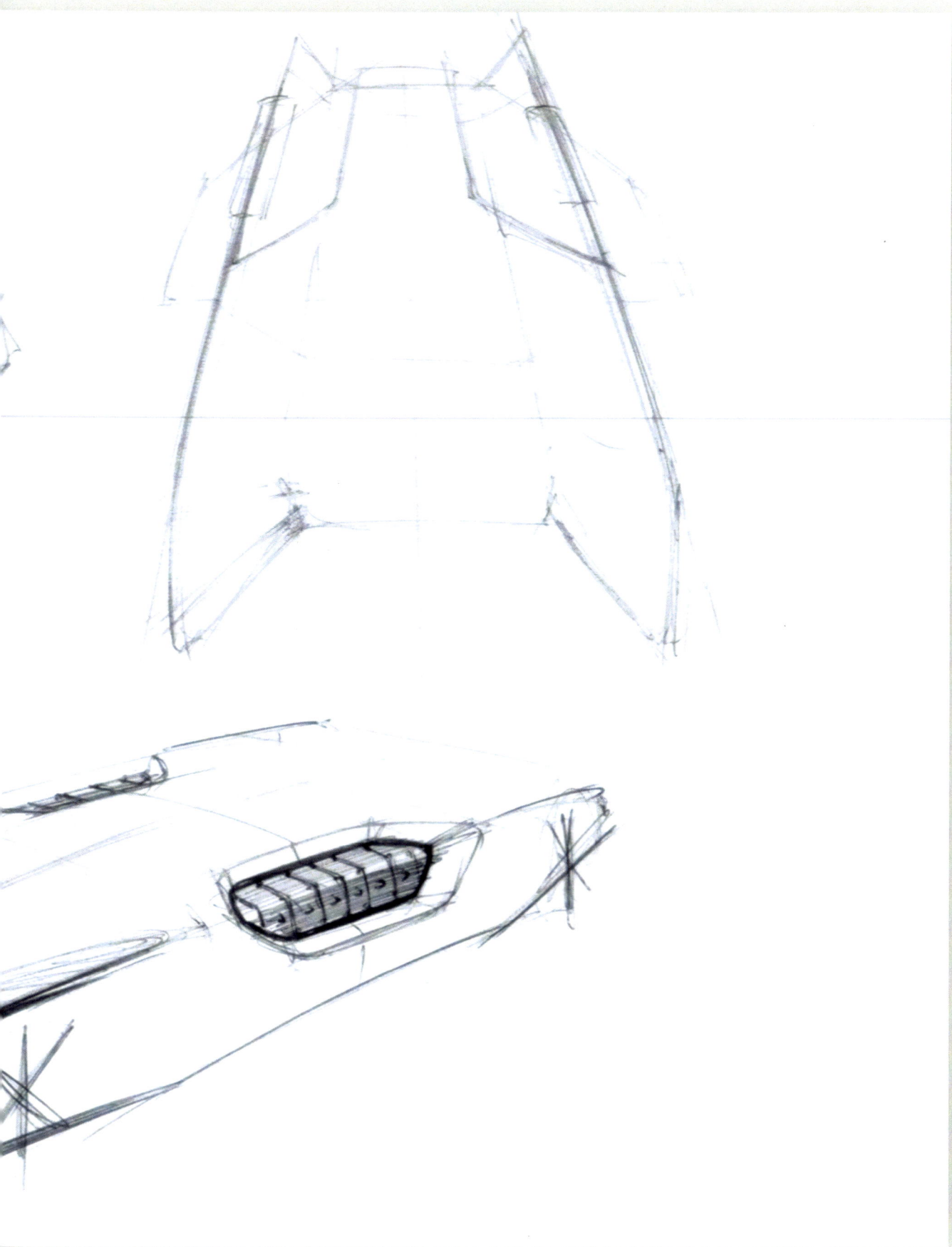

| Ignacio Pena | Anna Pittrich | Jonas Rall | Constantin Weyers | Benjamin Wiedling |

| Dominic Baumann | Sebastian Bekmann | Tim Bormann | Michael Juraschek | Anja König |

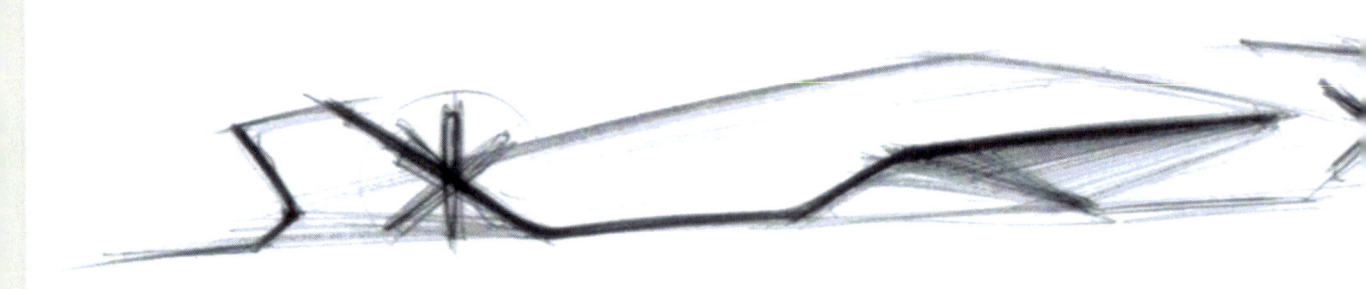

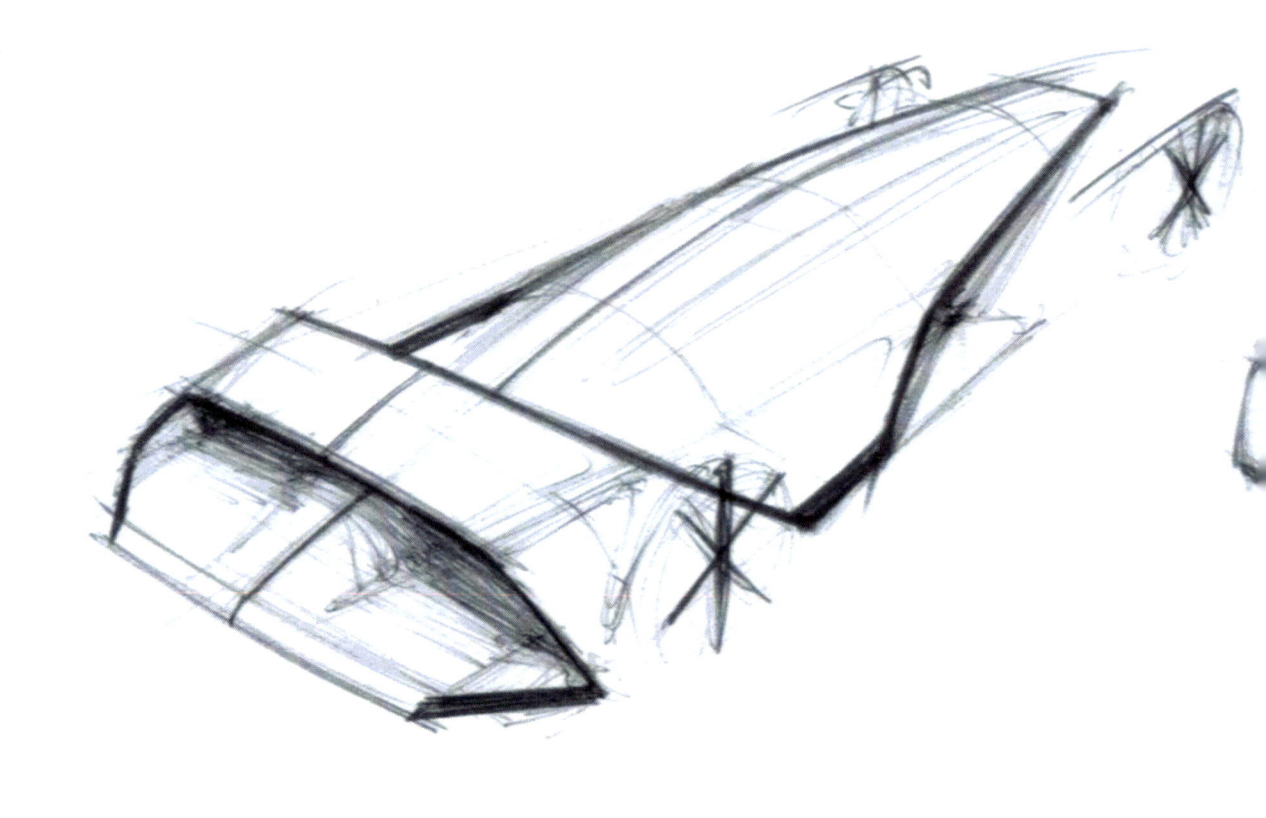

02

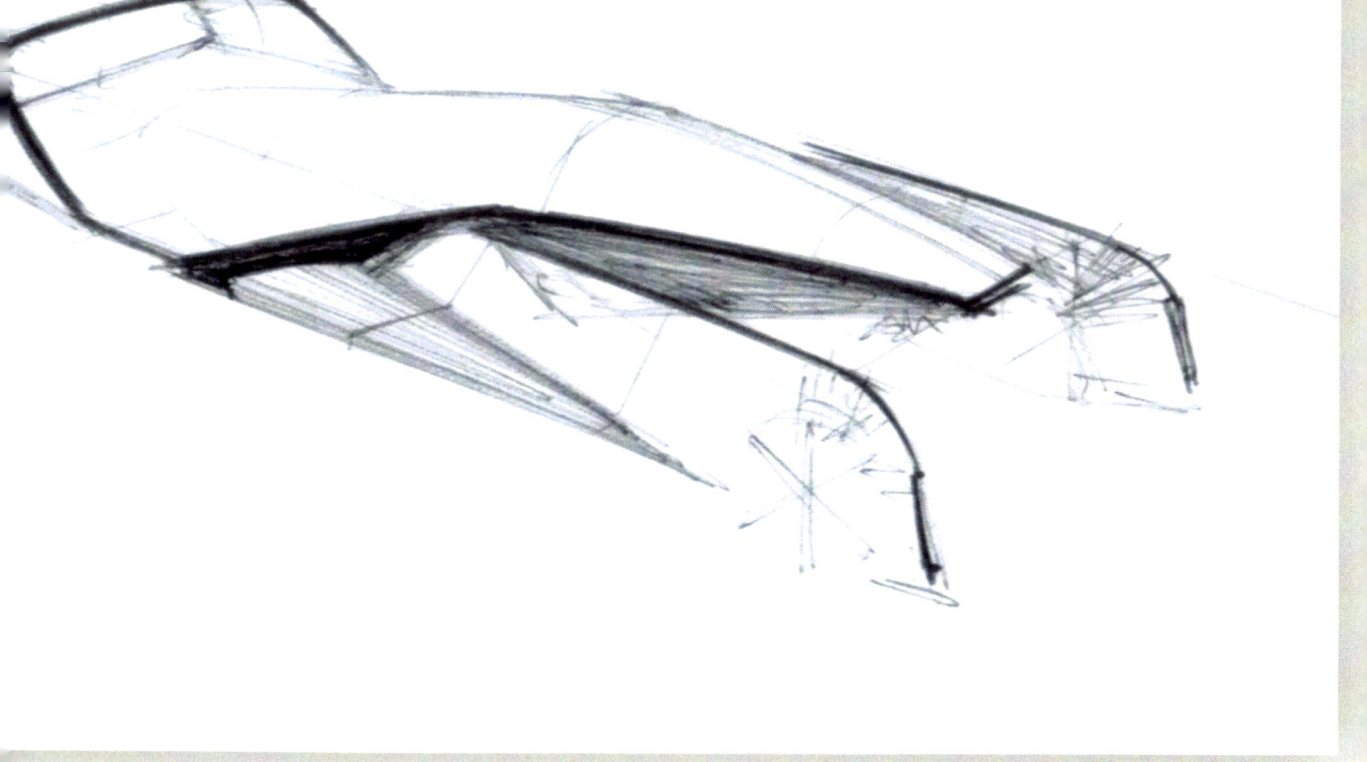

| Ignacio Pena | Anna Pittrich | Jonas Rall | Constantin Weyers | Benjamin Wiedling |

| Dominic Baumann | Sebastian Bekmann | Tim Bormann | Michael Juraschek | Anja König |

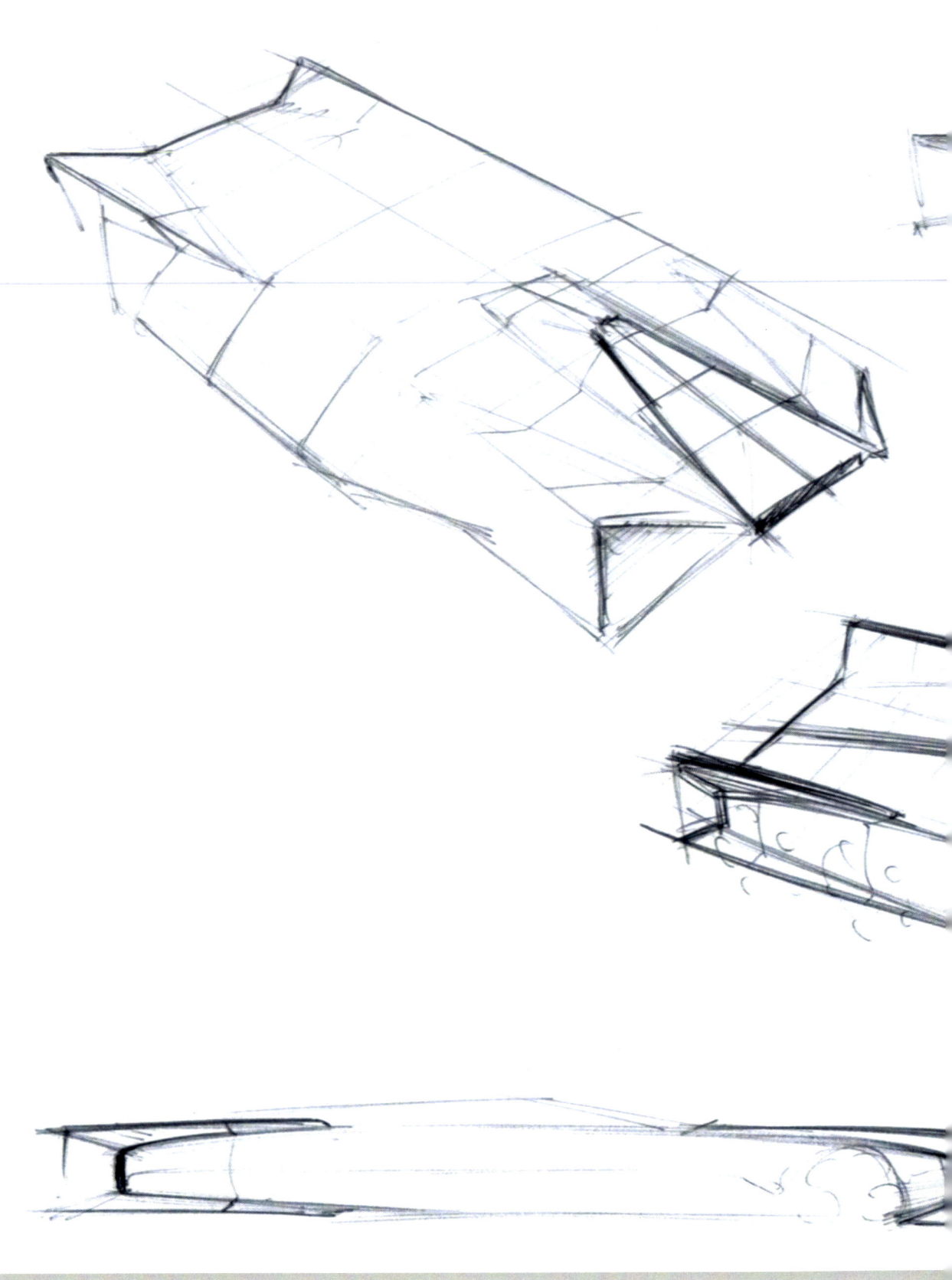

02

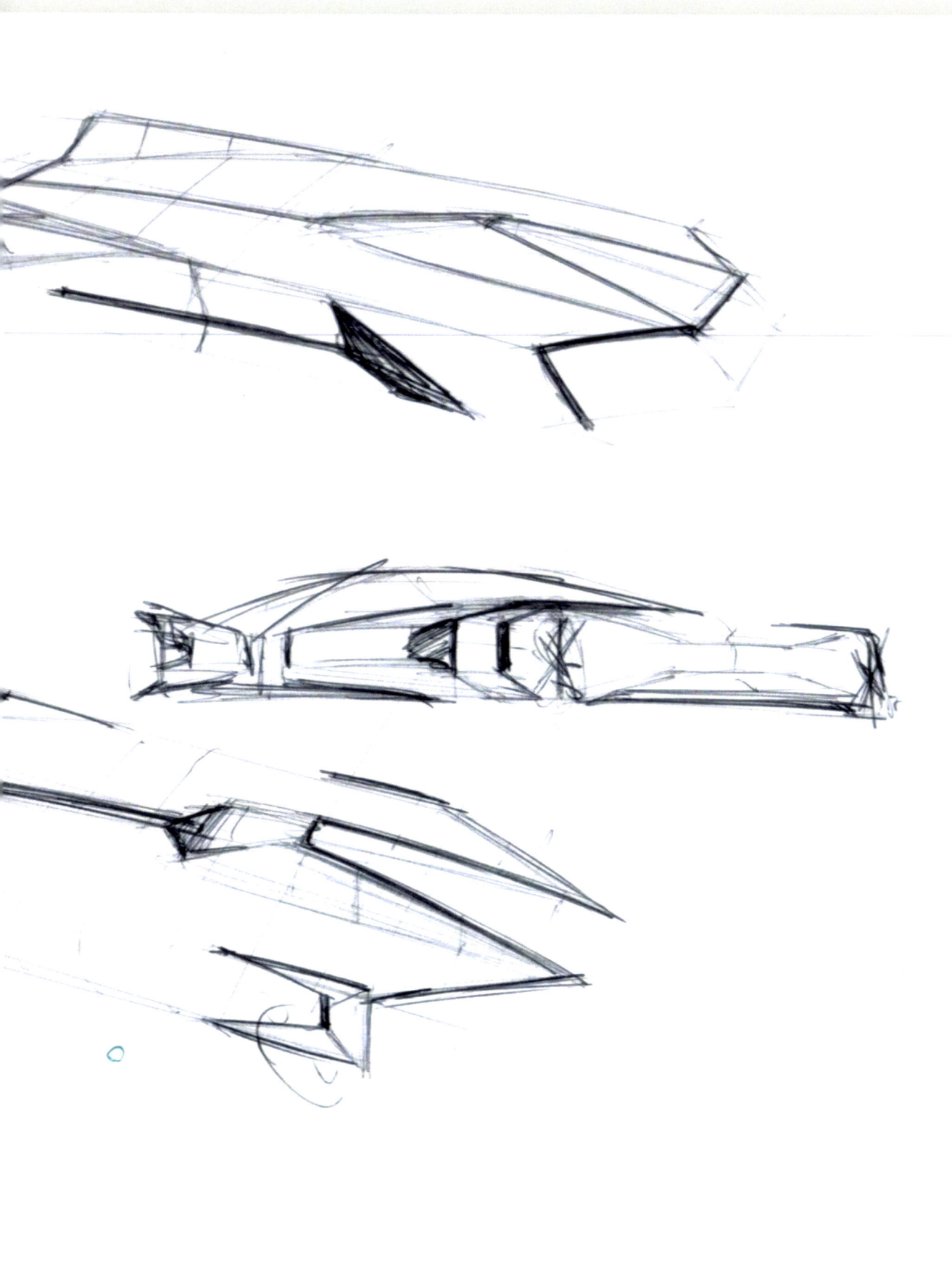

| Ignacio Pena | Anna Pittrich | Jonas Rall | Constantin Weyers | Benjamin Wiedling |

| Dominic Baumann | Sebastian Bekmann | Tim Bormann | Michael Juraschek | Anja König |

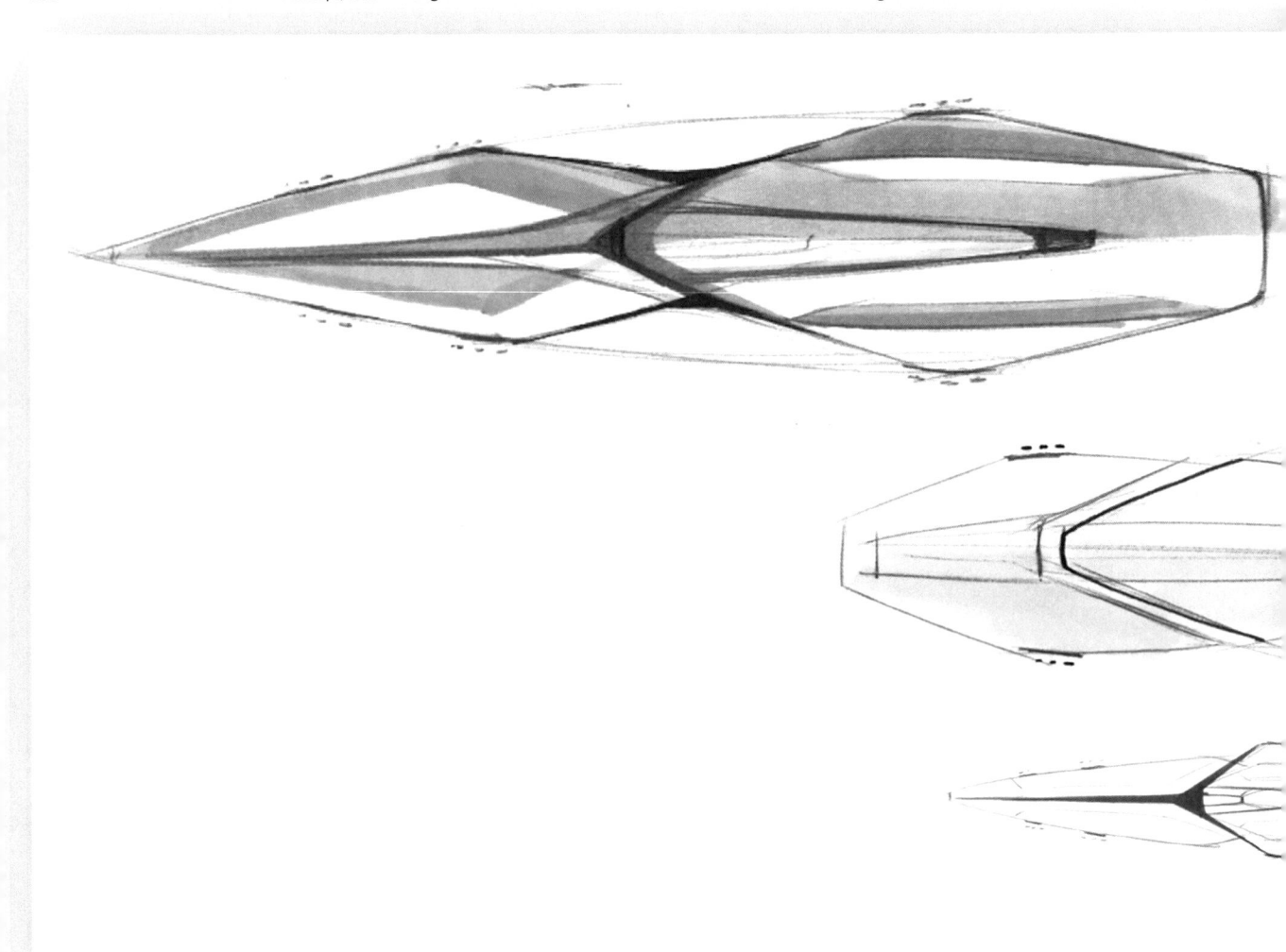

03

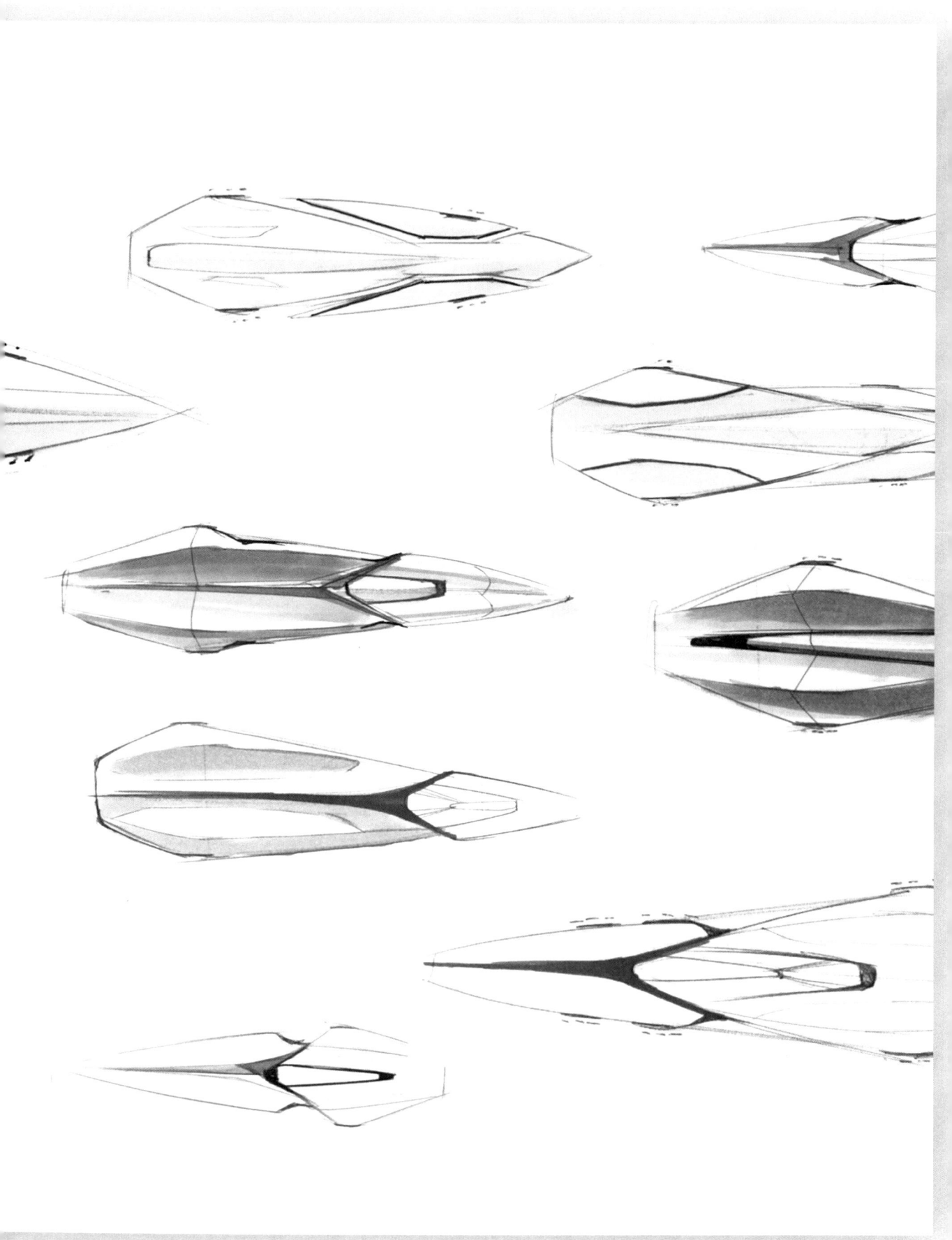

| Ignacio Pena | Anna Pittrich | Jonas Rall | Constantin Weyers | Benjamin Wiedling |

| Dominic Baumann | Sebastian Bekmann | Tim Bormann | Michael Juraschek | Anja König |

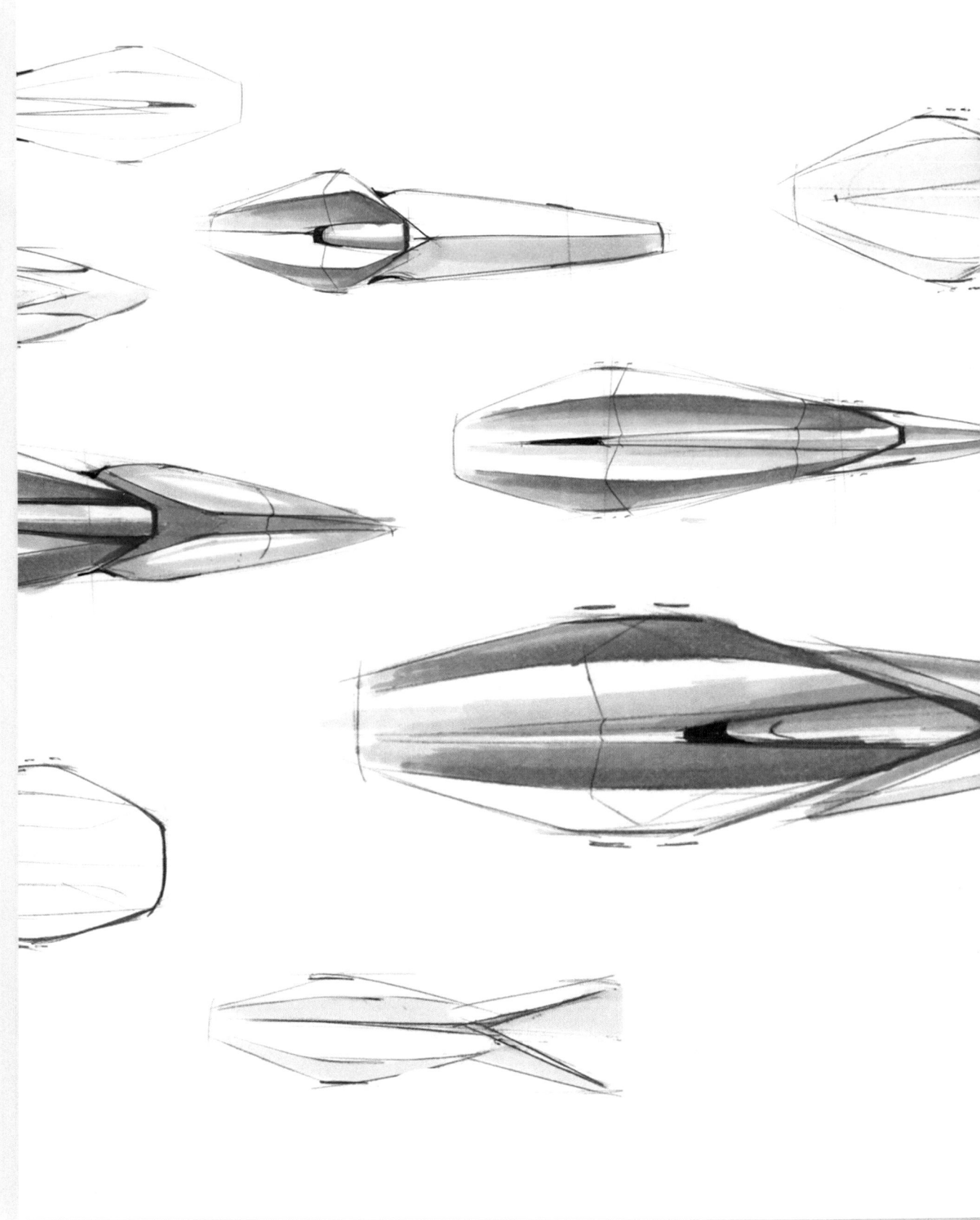

03

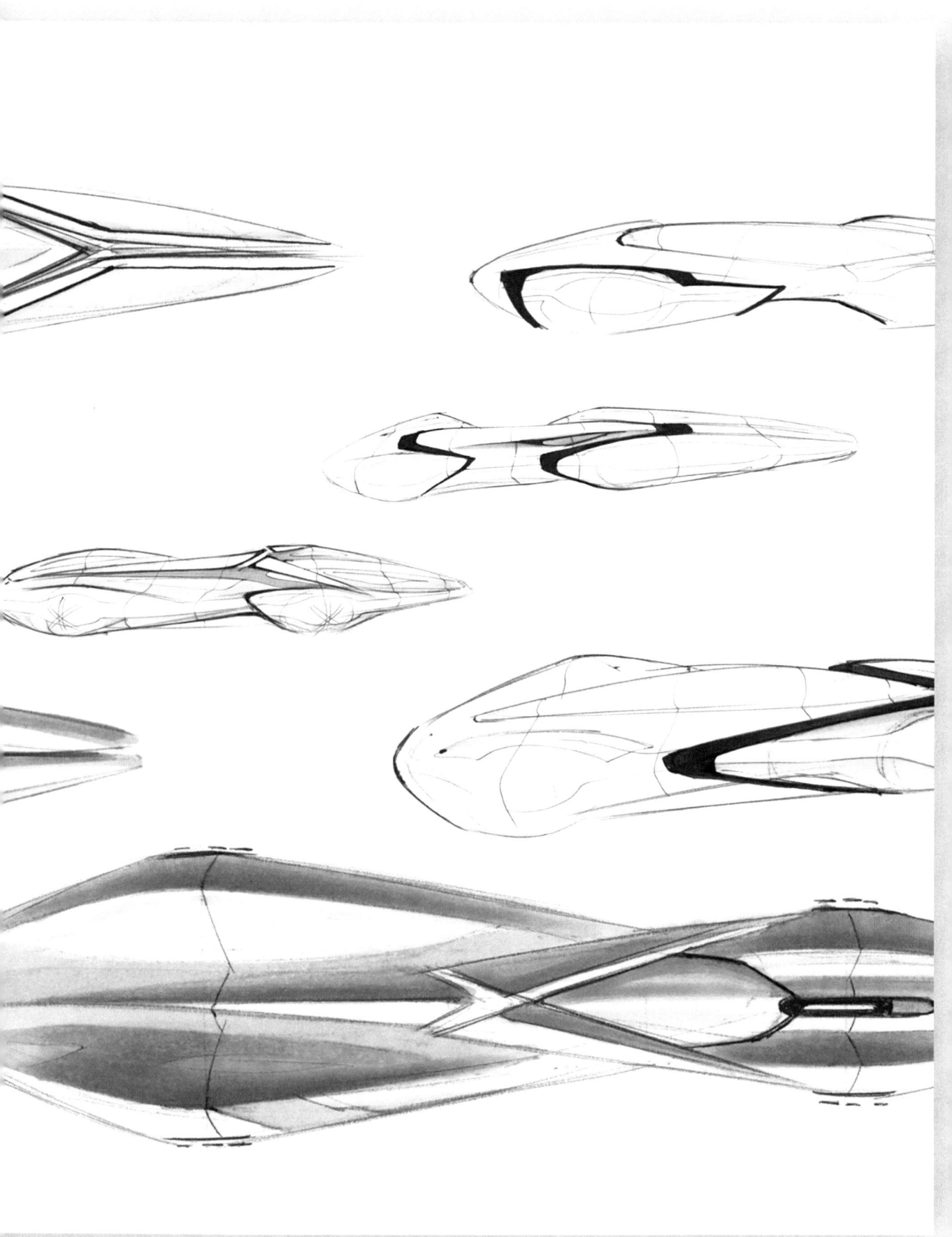

| Ignacio Pena | Anna Pittrich | Jonas Rall | Constantin Weyers | Benjamin Wiedling |

| Dominic Baumann | Sebastian Bekmann | Tim Bormann | Michael Juraschek | Anja König |

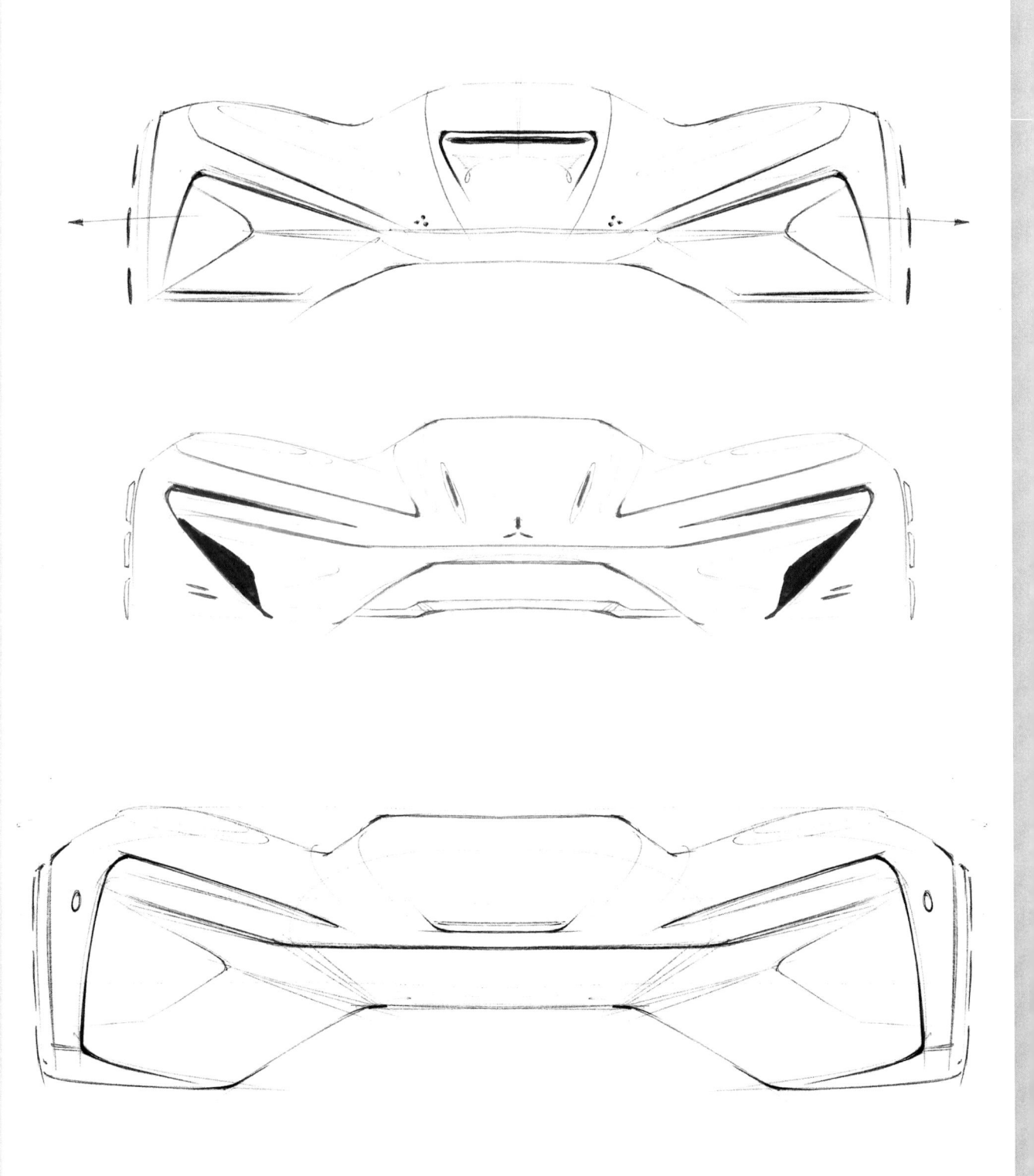

03

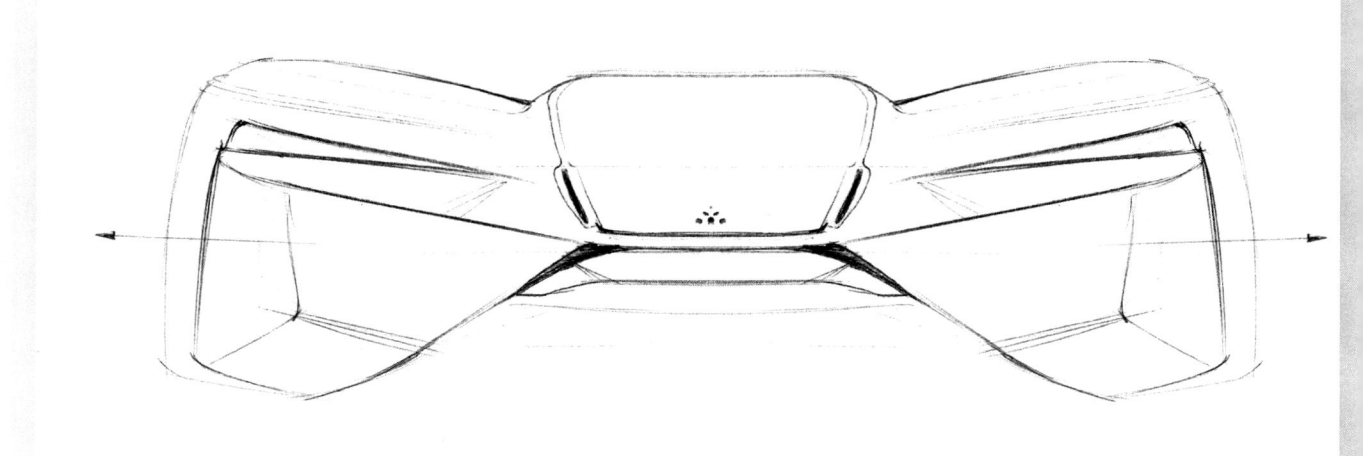

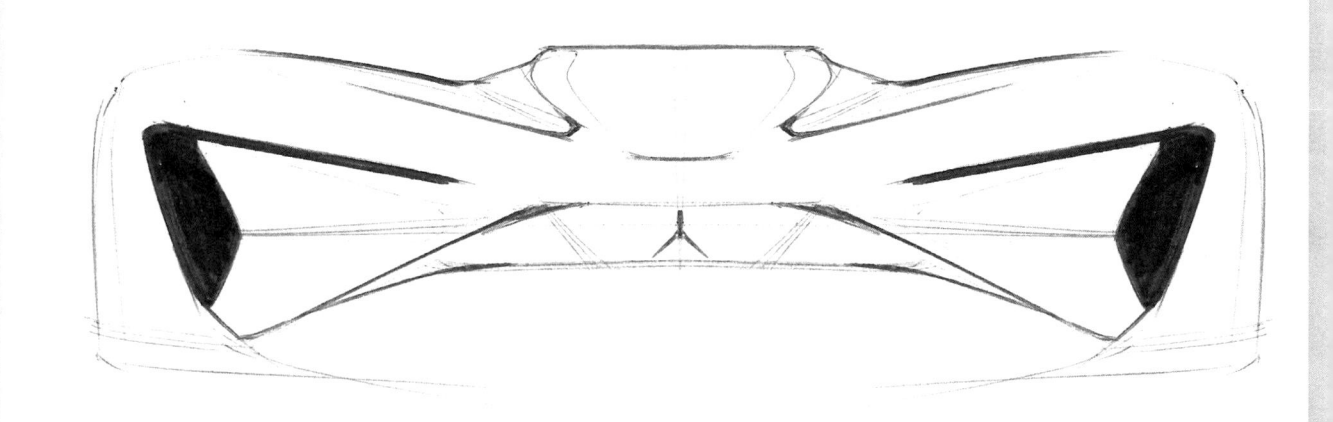

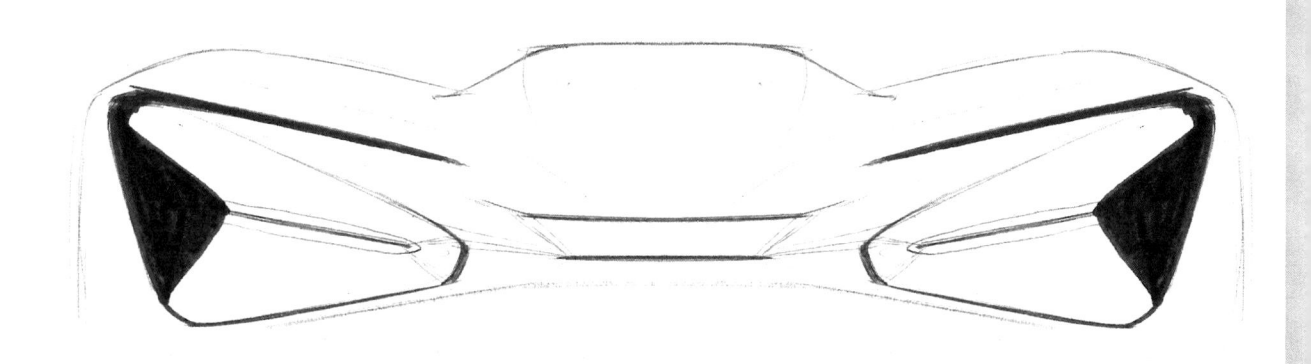

| Ignacio Pena | Anna Pittrich | Jonas Rall | Constantin Weyers | Benjamin Wiedling |

| Dominic Baumann | Sebastian Bekmann | Tim Bormann | Michael Juraschek | Anja König |

04

Variantenphase — Renderings — 125

| Ignacio Pena | Anna Pittrich | Jonas Rall | Constantin Weyers | Benjamin Wiedling |

| Dominic Baumann | Sebastian Bekmann | Tim Bormann | Michael Juraschek | Anja König |

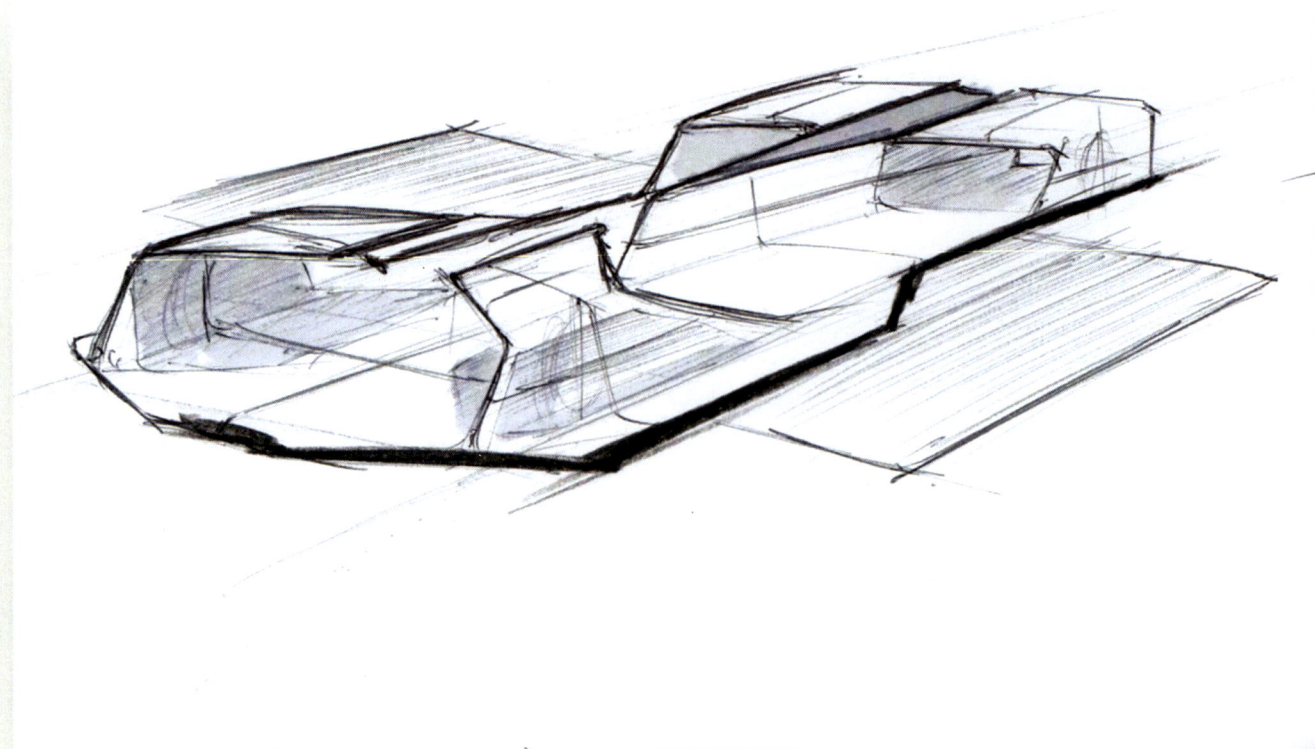

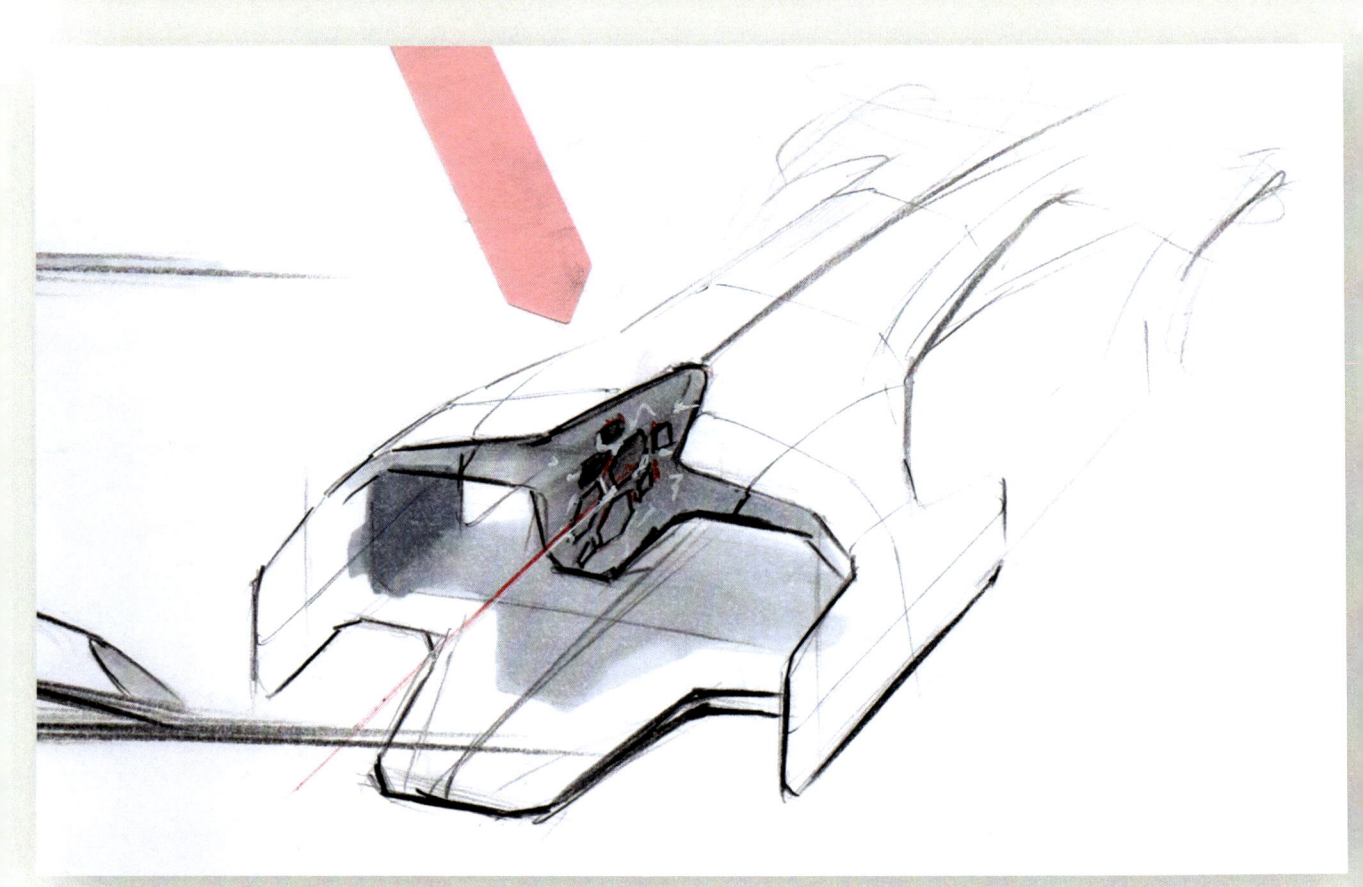

04

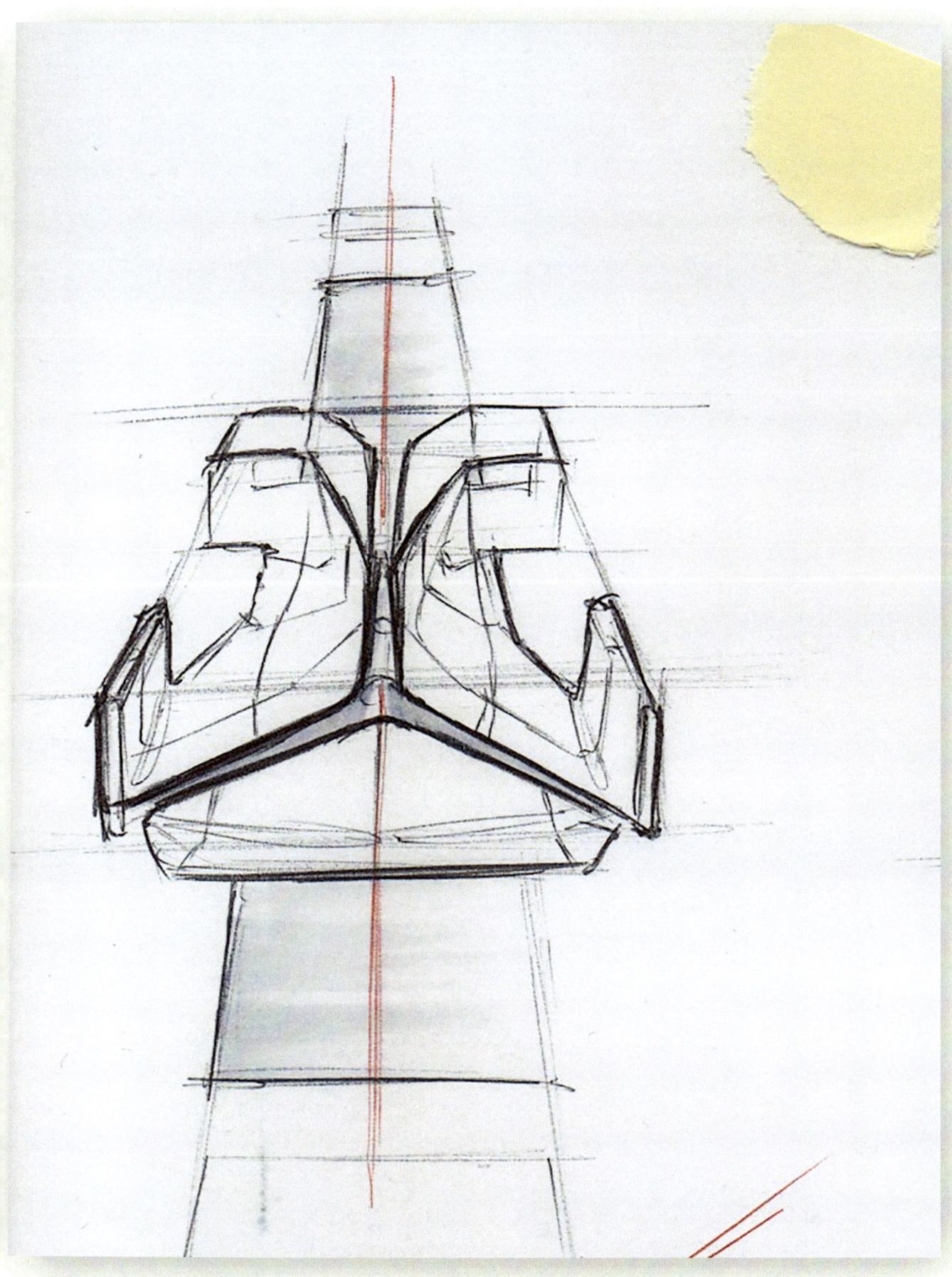

| Ignacio Pena | Anna Pittrich | Jonas Rall | Constantin Weyers | Benjamin Wiedling |

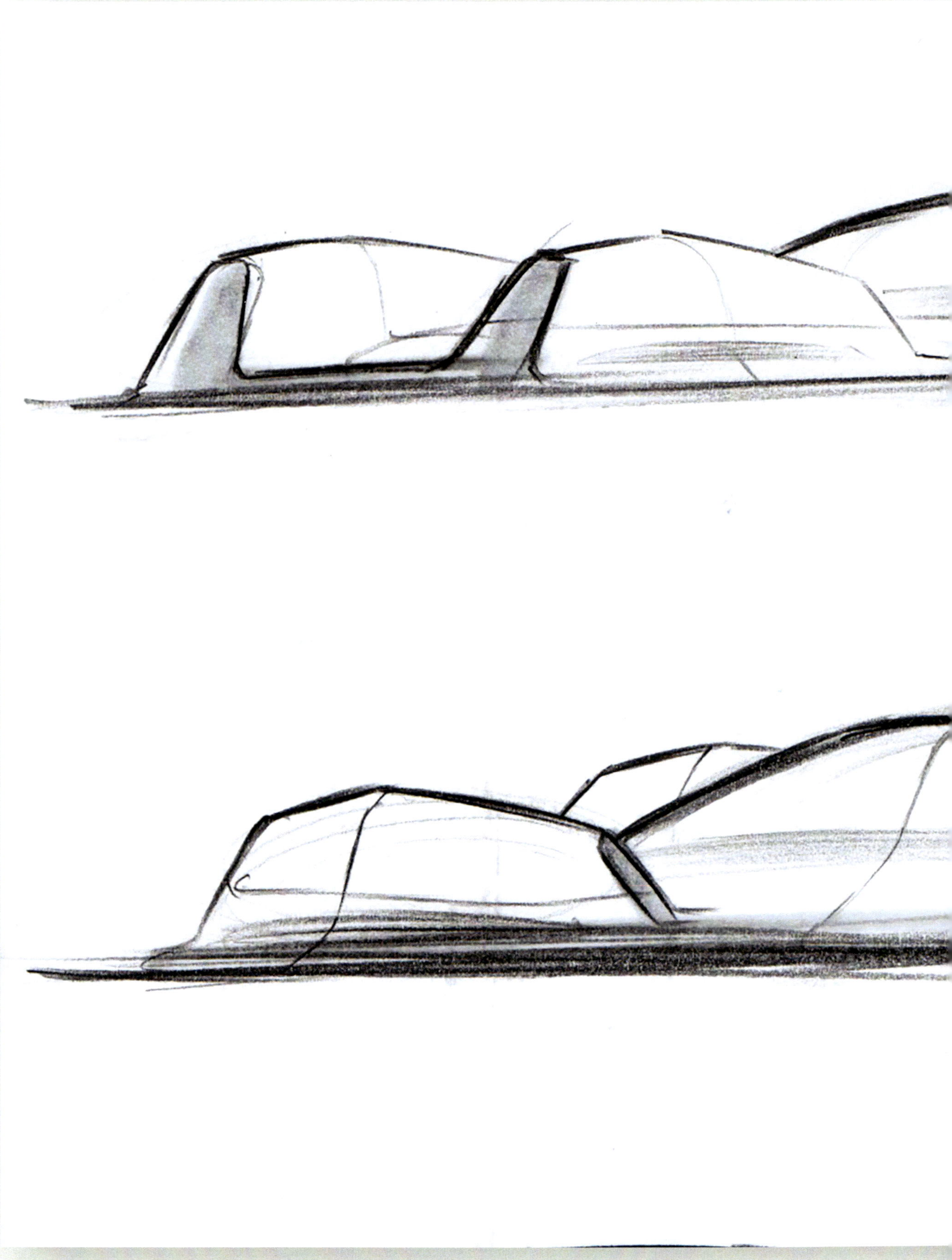

Dominic Baumann | Sebastian Bekmann | Tim Bormann | Michael Juraschek | Anja König

04

| Ignacio Pena | Anna Pittrich | Jonas Rall | Constantin Weyers | Benjamin Wiedling |

| Dominic Baumann | Sebastian Bekmann | Tim Bormann | Michael Juraschek | Anja König |

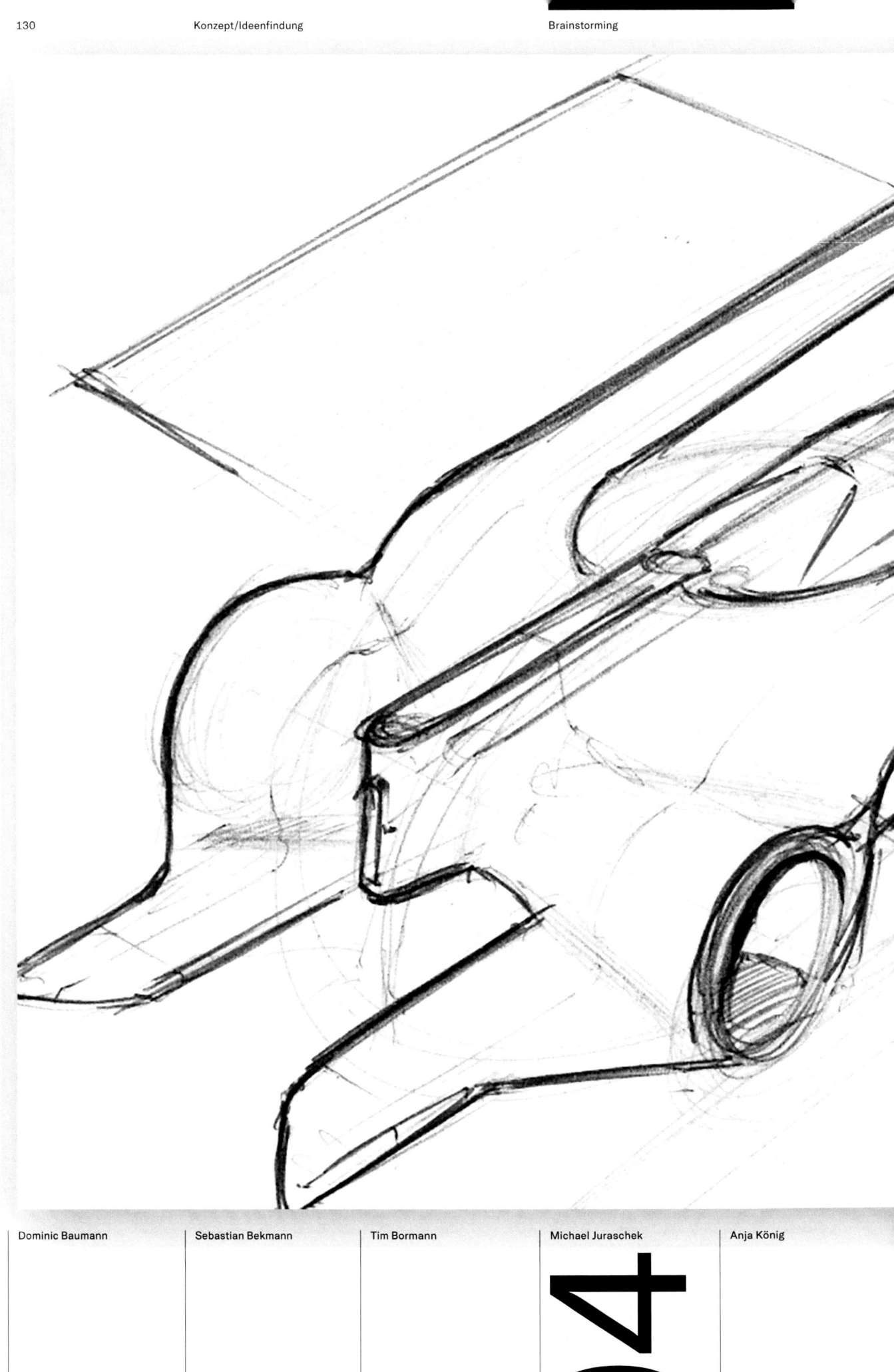

| Ignacio Pena | Anna Pittrich | Jonas Rall | Constantin Weyers | Benjamin Wiedling |

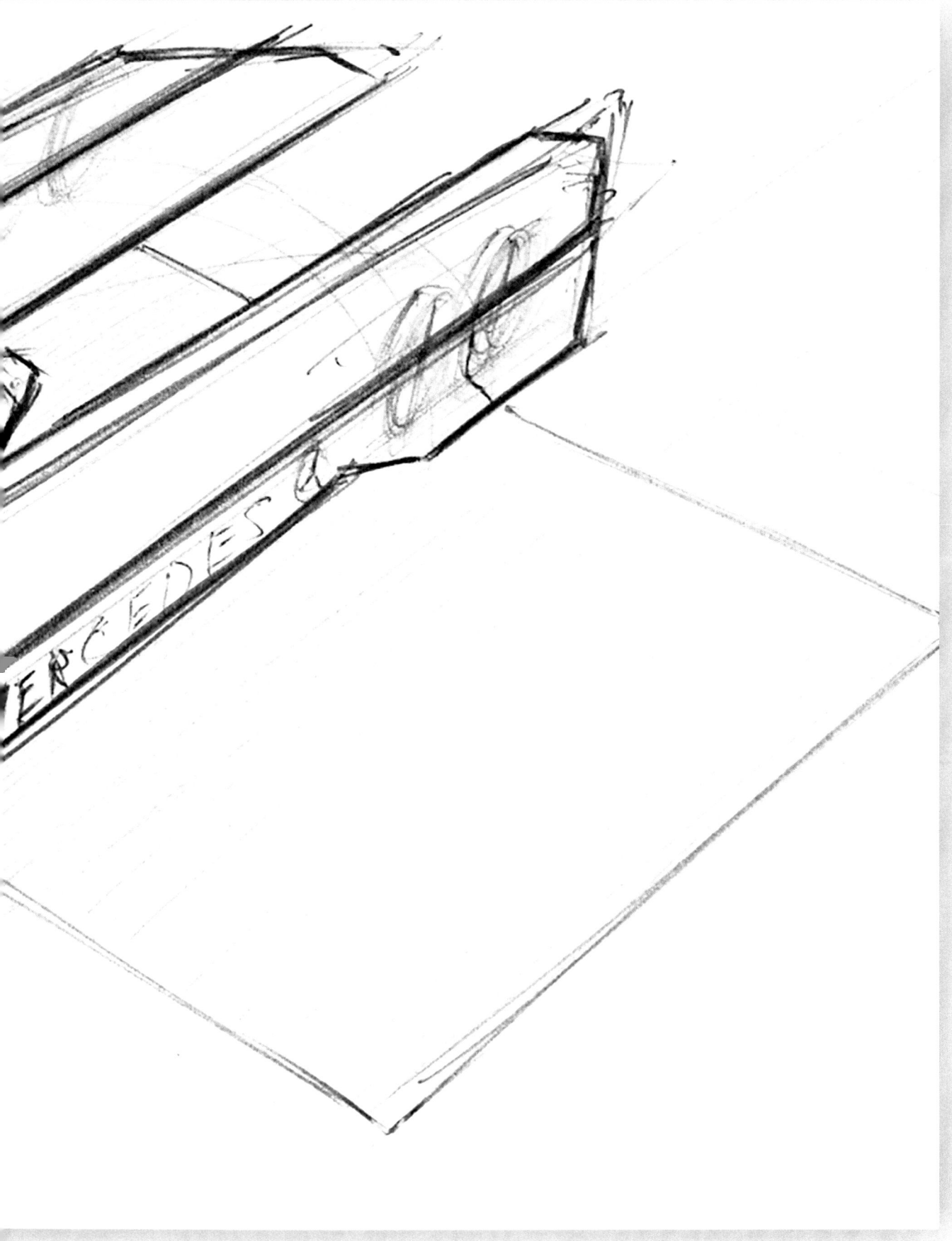

| 132 | Konzept/Ideenfindung | Brainstorming |

| Dominic Baumann | Sebastian Bekmann | Tim Bormann | Michael Juraschek | Anja König |

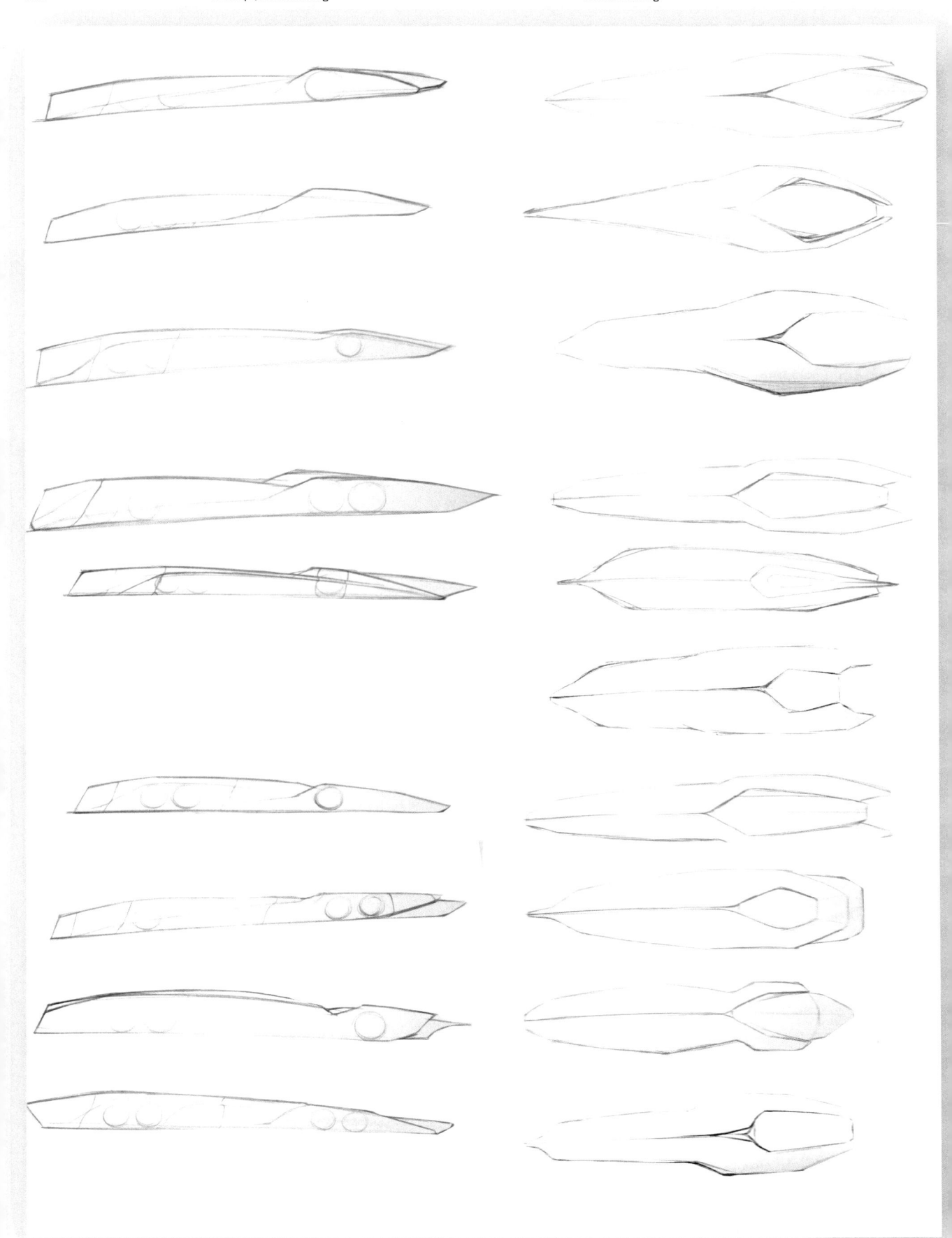

05

| Variantenphase | Renderings | 133 |

| Ignacio Pena | Anna Pittrich | Jonas Rall | Constantin Weyers | Benjamin Wiedling |

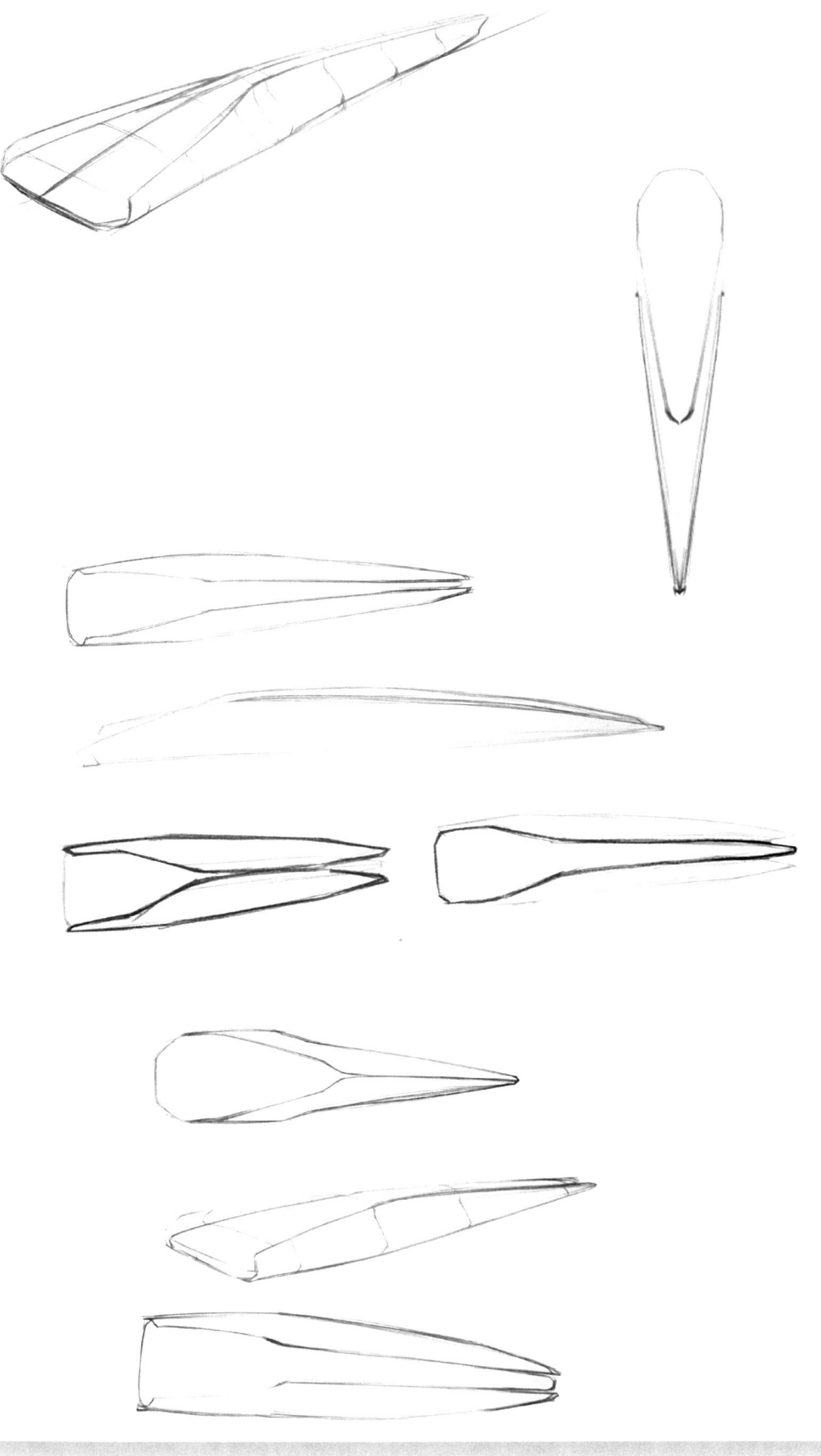

134 Konzept/Ideenfindung Brainstorming

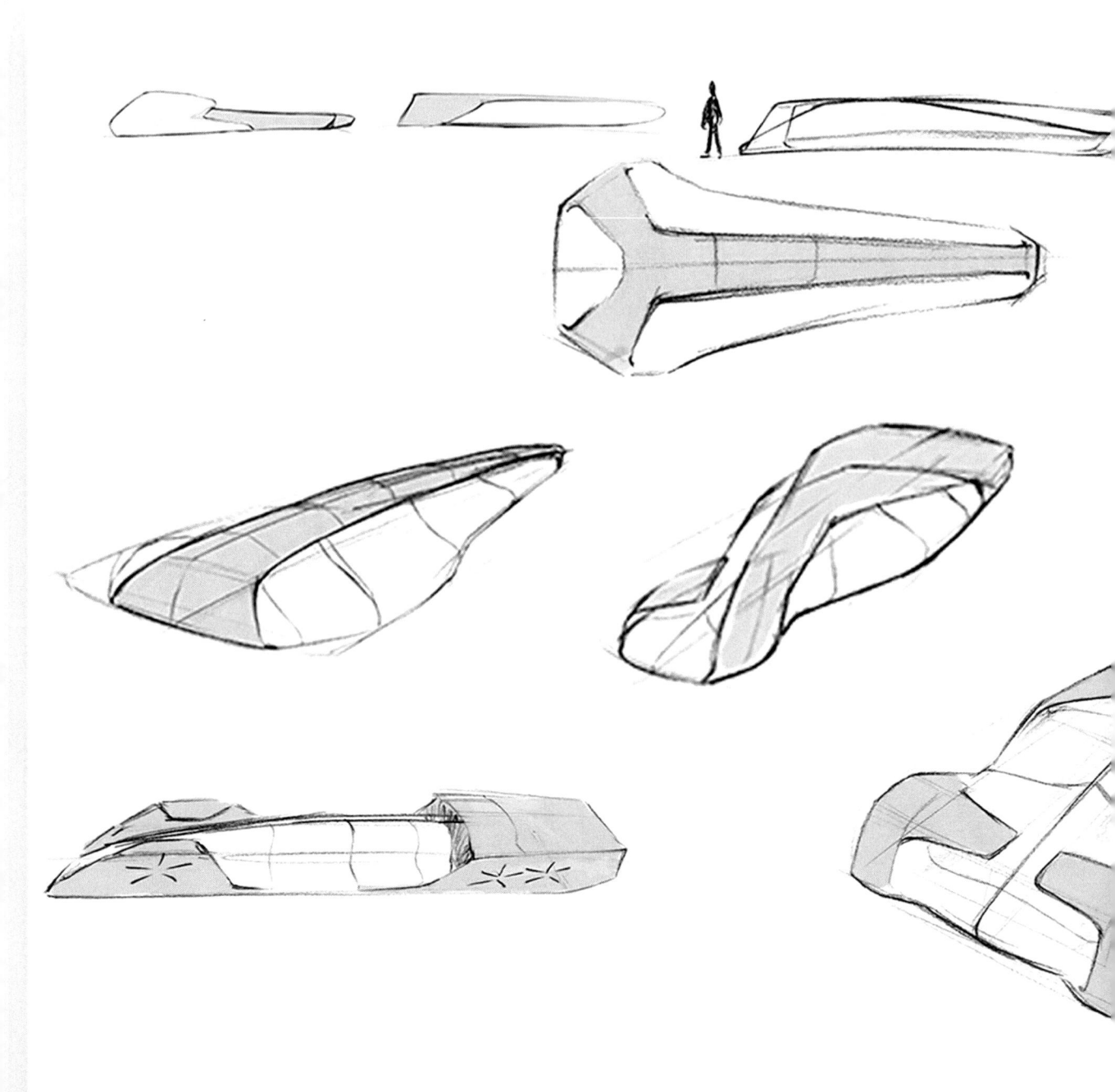

Dominic Baumann | Sebastian Bekmann | Tim Bormann | Michael Juraschek | Anja König

05

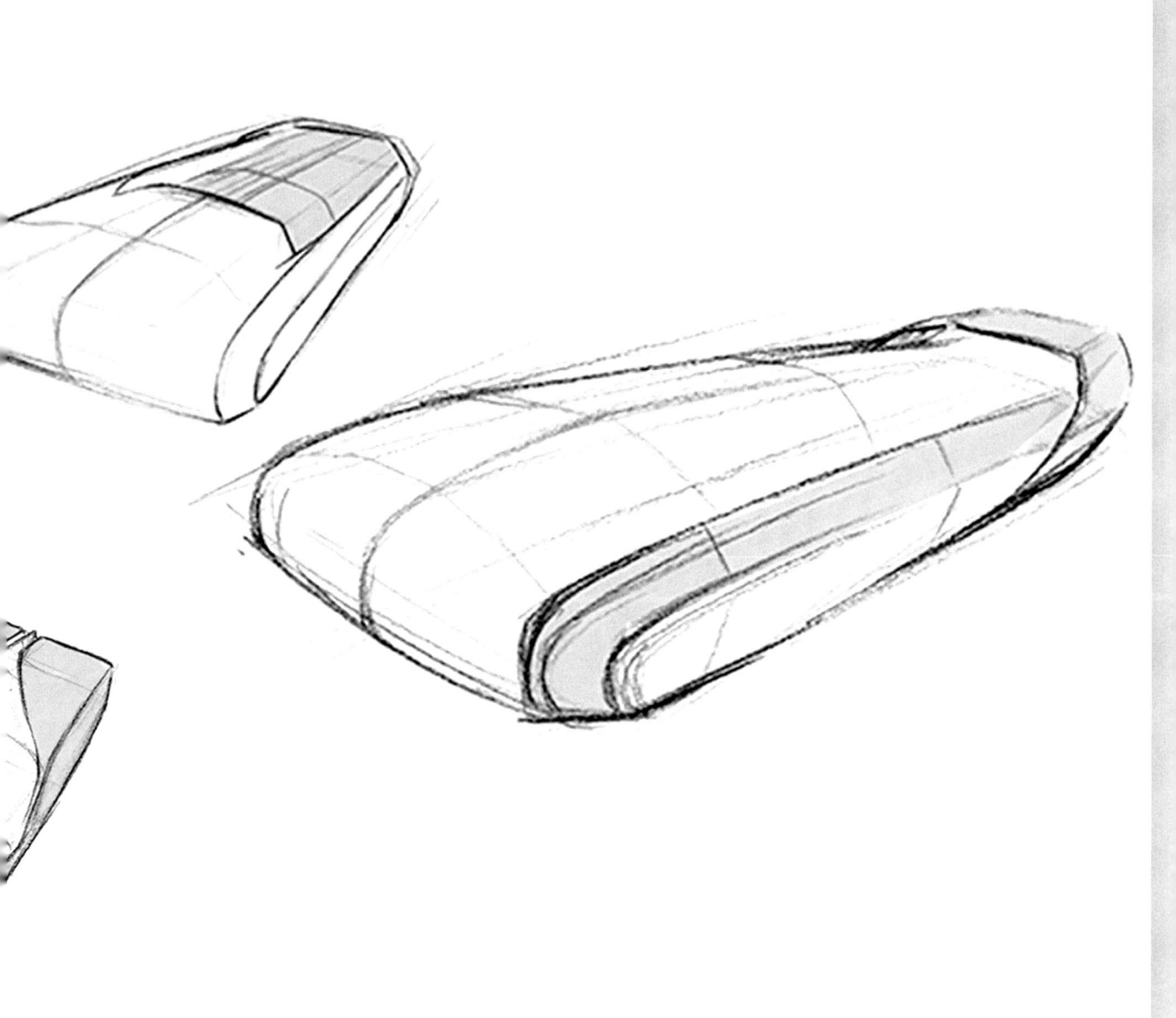

| Ignacio Pena | Anna Pittrich | Jonas Rall | Constantin Weyers | Benjamin Wiedling |

| Dominic Baumann | Sebastian Bekmann | Tim Bormann | Michael Juraschek | Anja König |

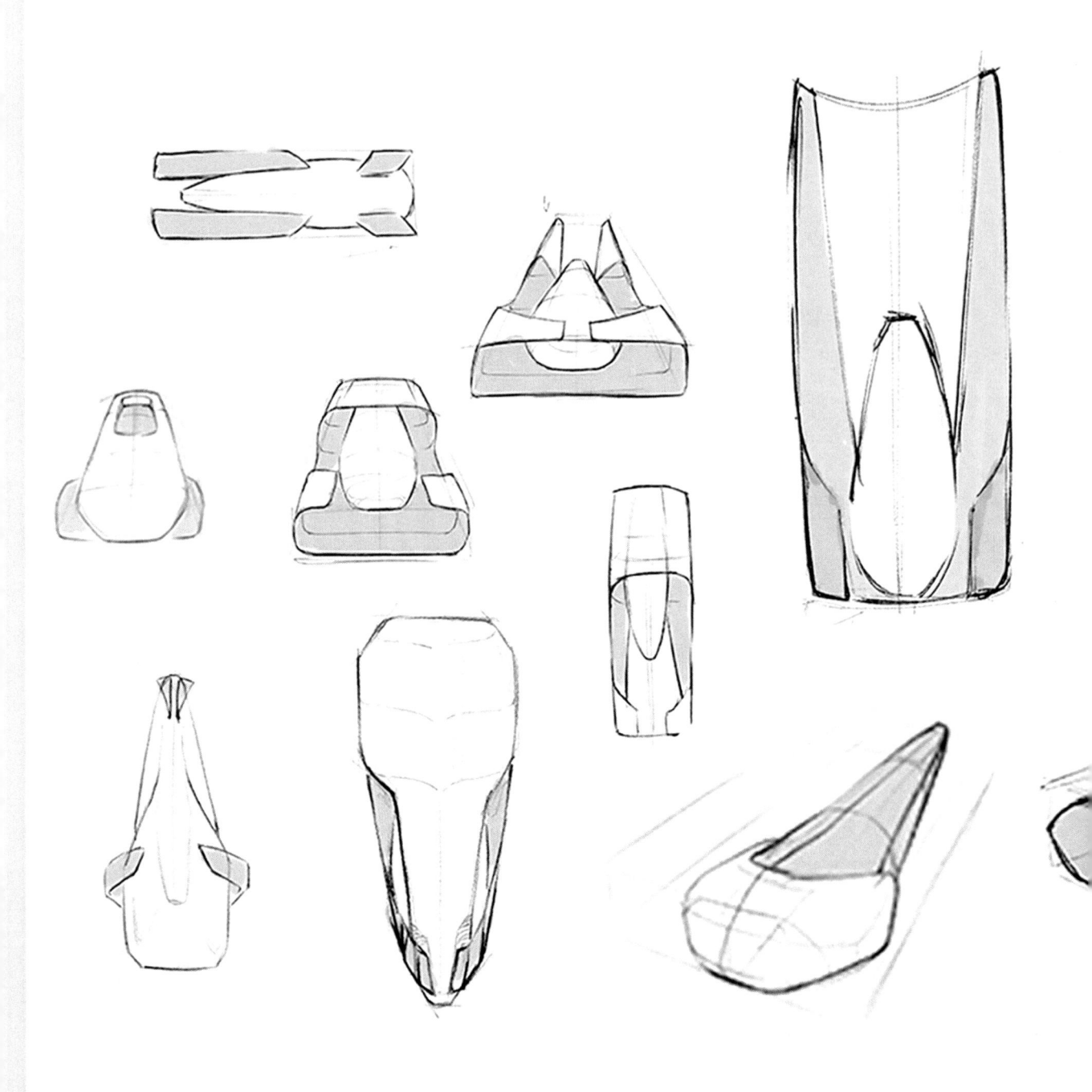

| Ignacio Pena | Anna Pittrich | Jonas Rall | Constantin Weyers | Benjamin Wiedling |

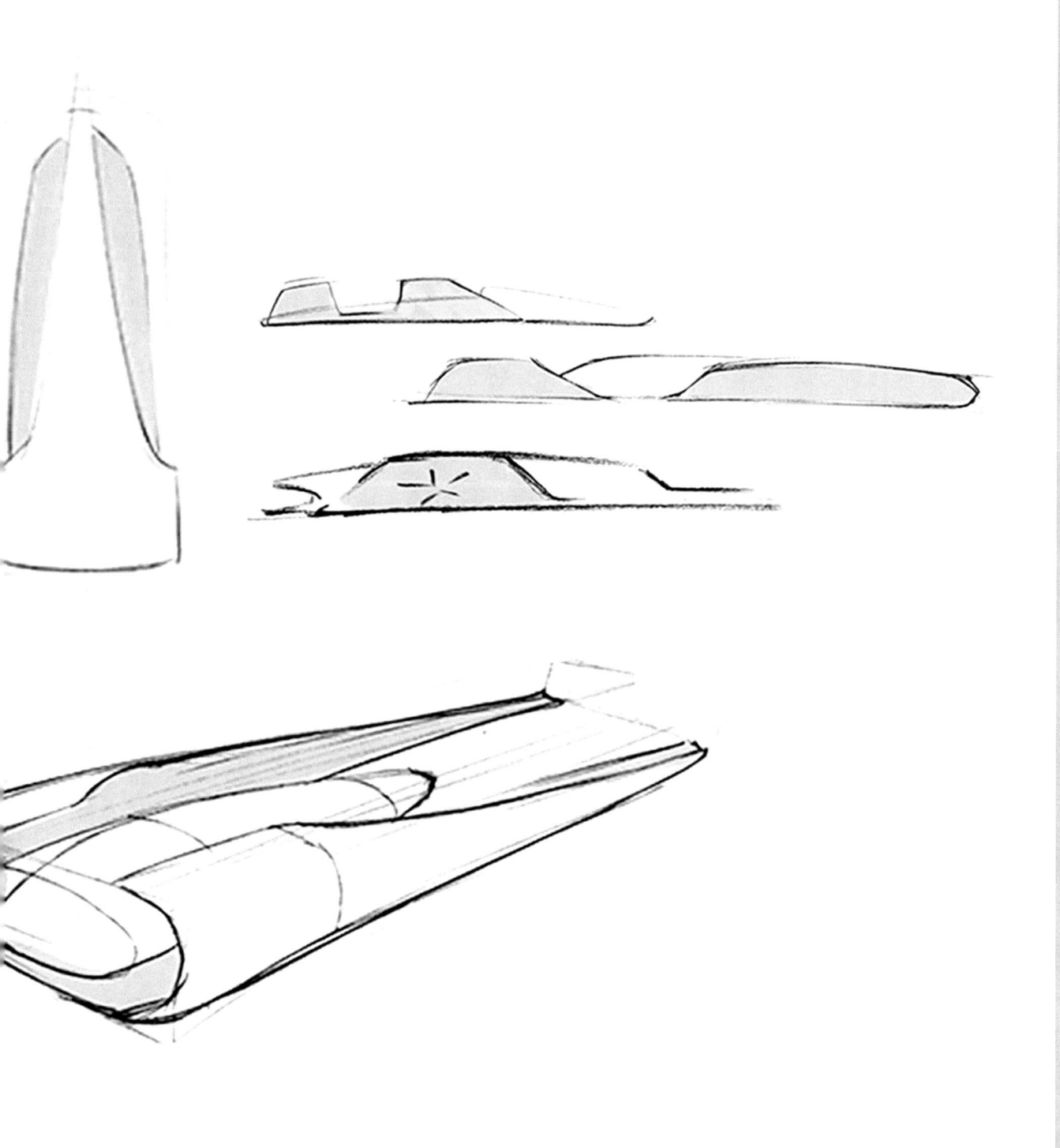

| Dominic Baumann | Sebastian Bekmann | Tim Bormann | Michael Juraschek | Anja König |

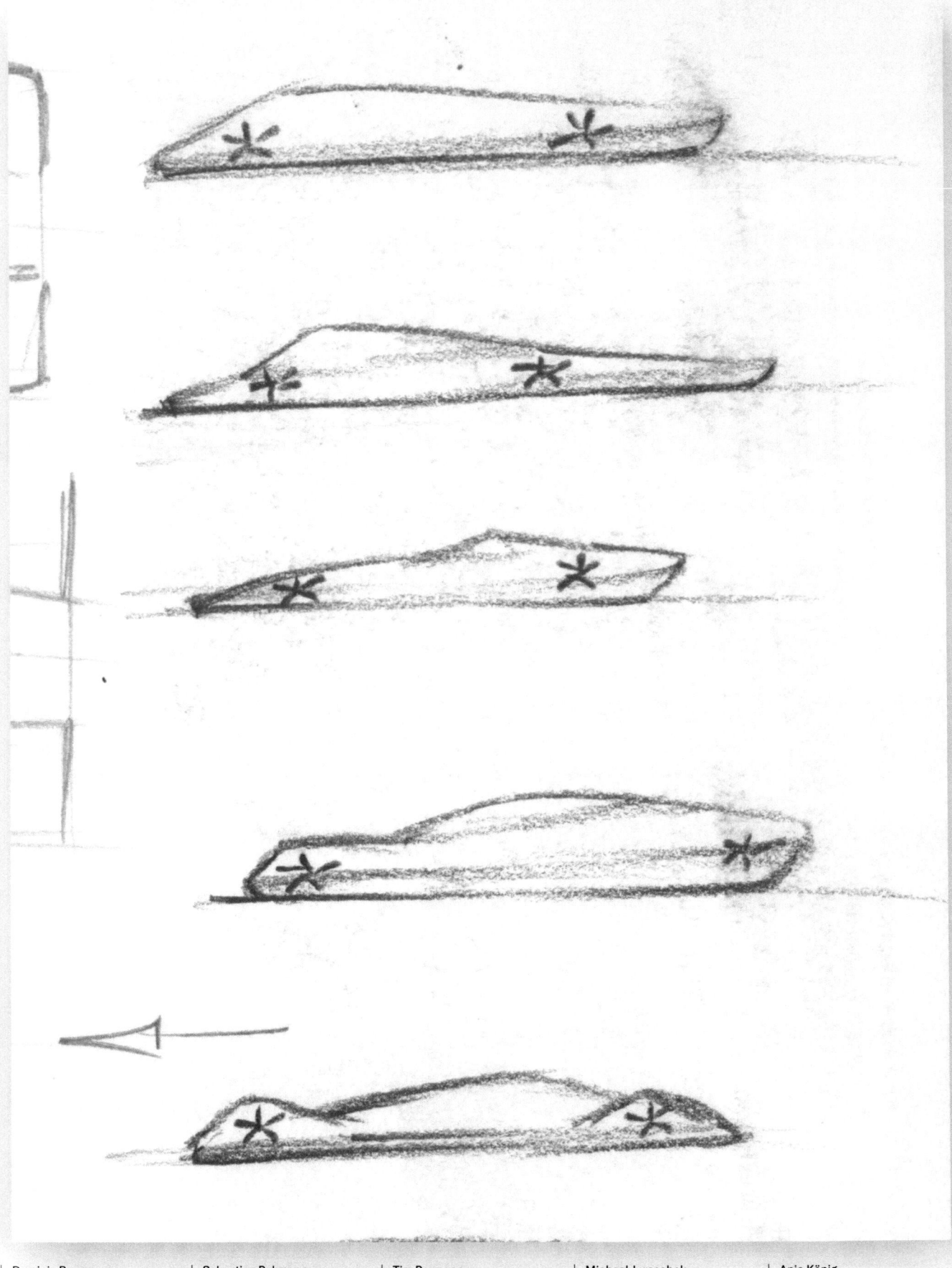

Variantenphase   Renderings   139

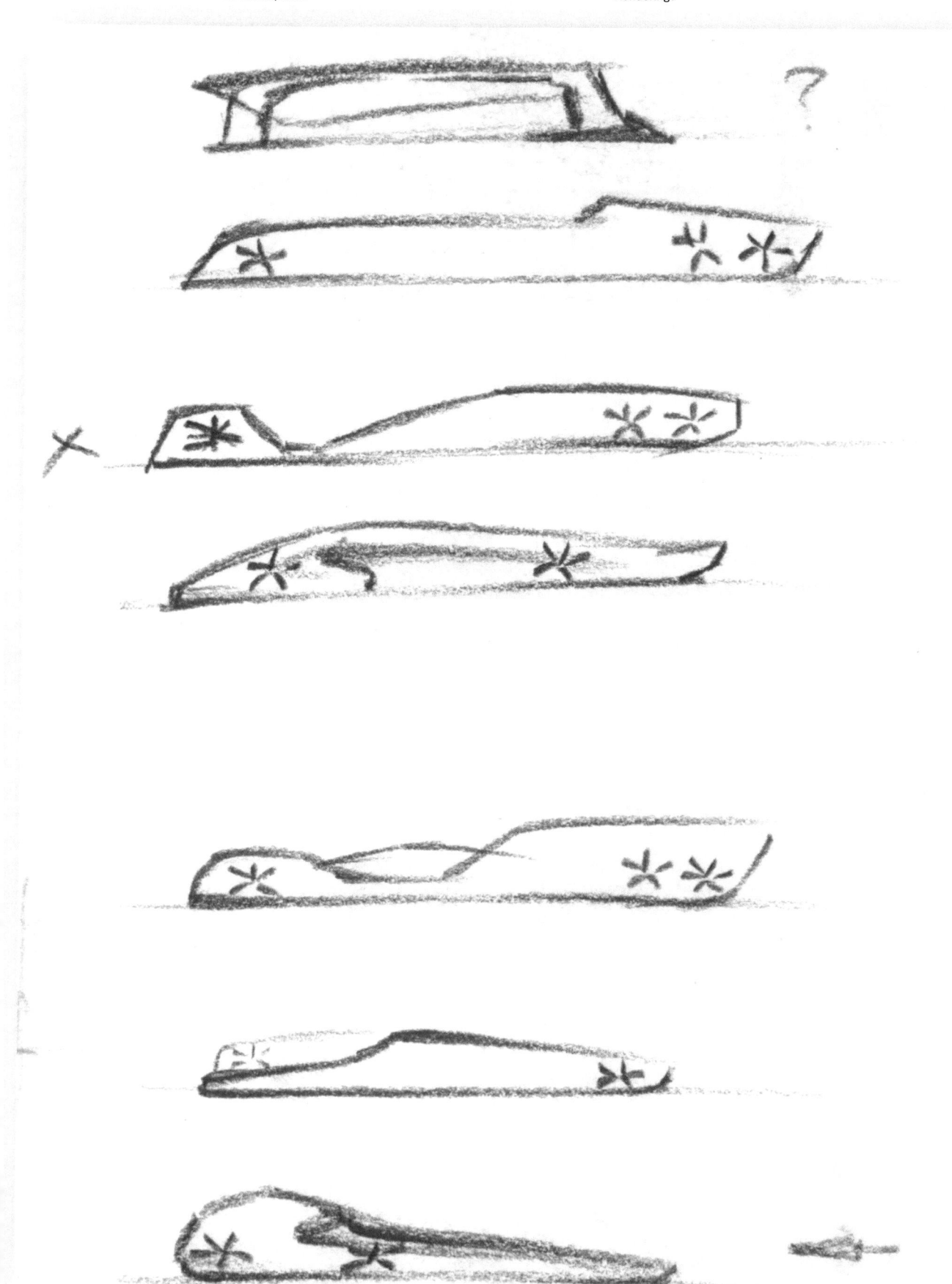

| Ignacio Pena | Anna Pittrich | Jonas Rall | Constantin Weyers | Benjamin Wiedling |

| Dominic Baumann | Sebastian Bekmann | Tim Bormann | Michael Juraschek | Anja König |

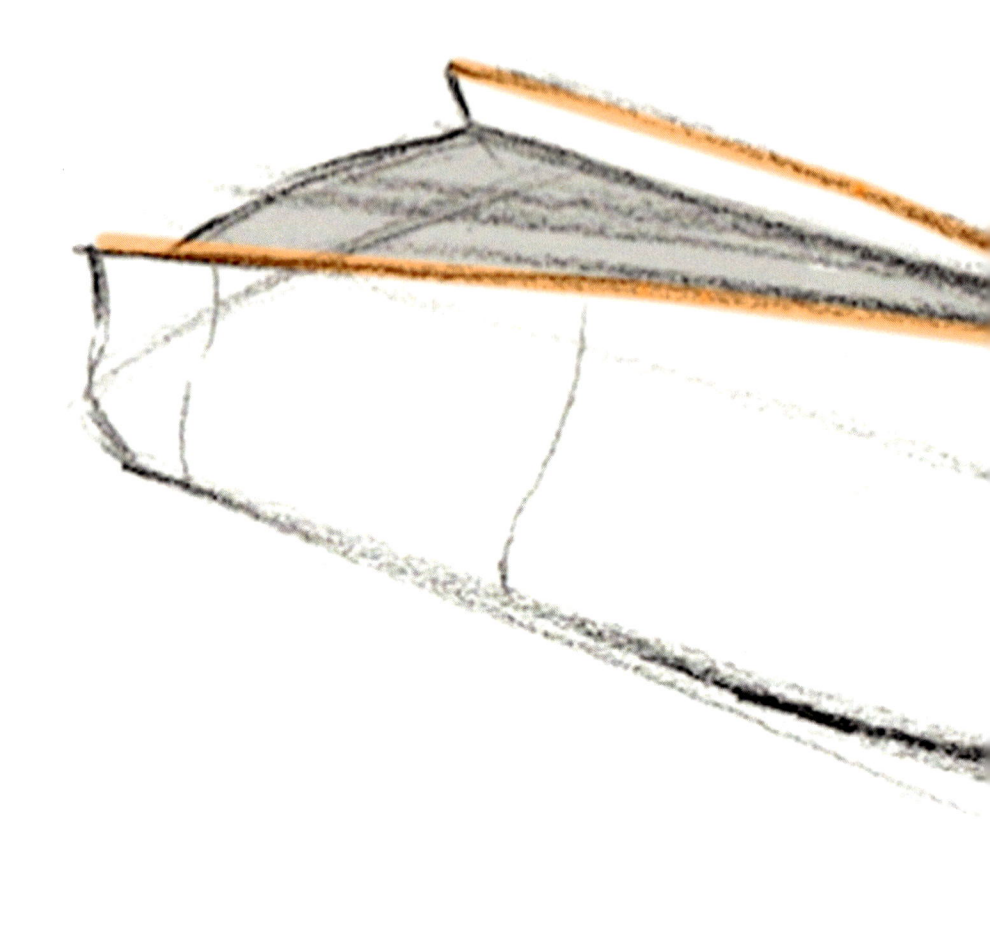

05

| Ignacio Pena | Anna Pittrich | Jonas Rall | Constantin Weyers | Benjamin Wiedling |

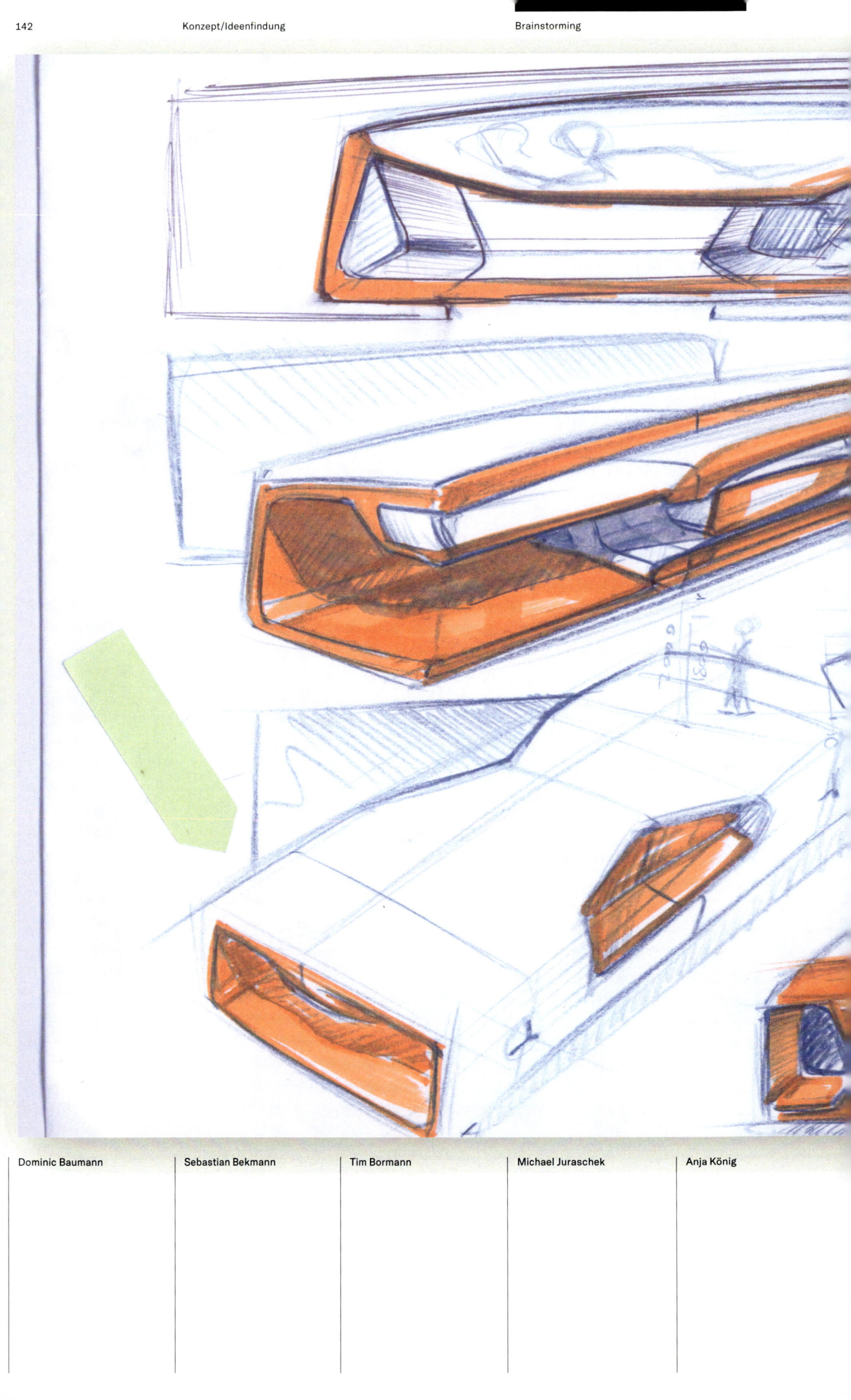

Dominic Baumann	Sebastian Bekmann	Tim Bormann	Michael Juraschek	Anja König

| Ignacio Pena | Anna Pittrich | Jonas Rall | Constantin Weyers | Benjamin Wiedling |

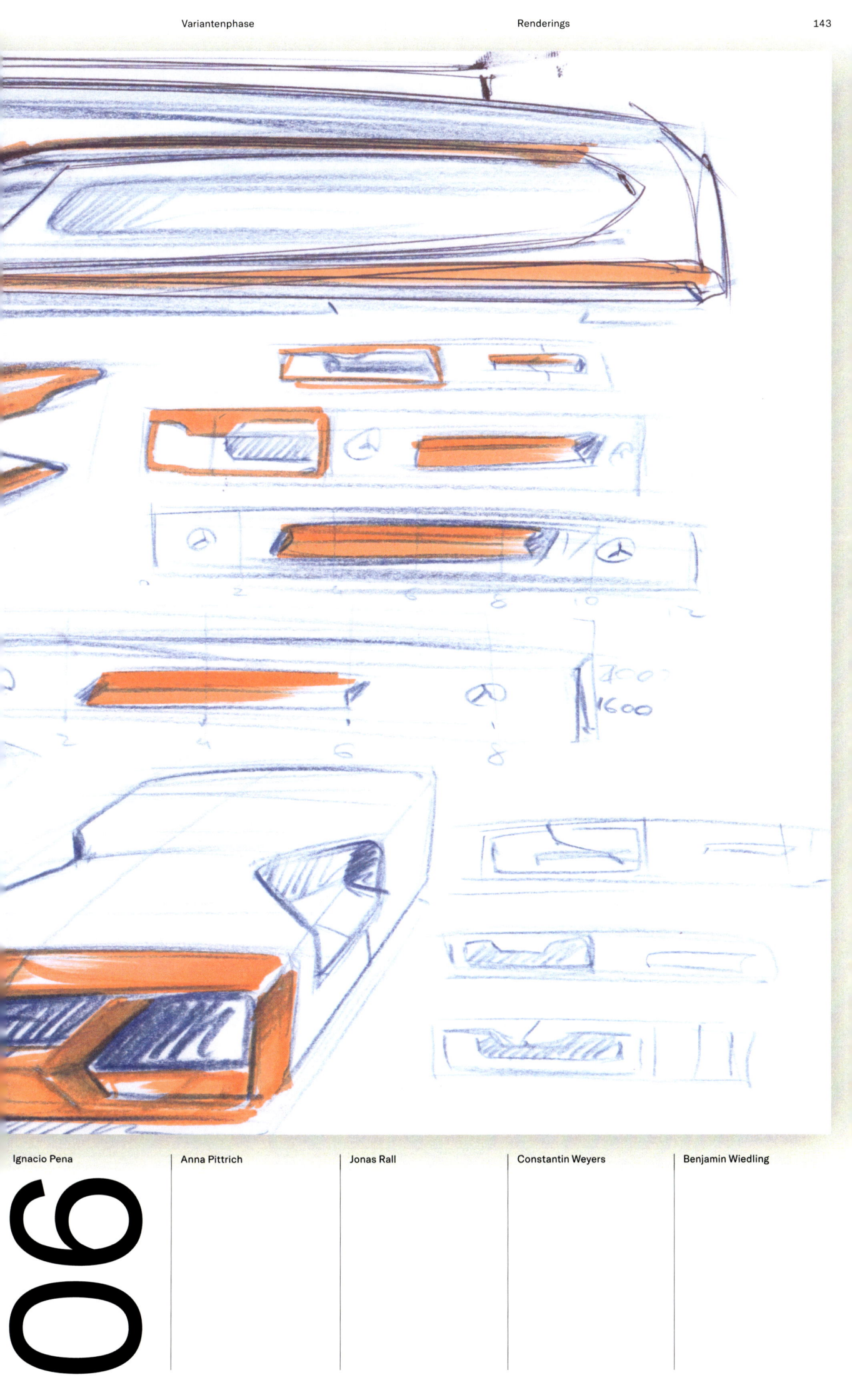

überdachen
peak 3/3 cut

CONSERVE

PURITY!
TOP VIEWS

Ignacio Pena | Anna Pittrich | Jonas Rall | Constantin Weyers | Benjamin Wiedling

06

CONSERVE THE PUR[IST]

| Dominic Baumann | Sebastian Bekmann | Tim Bormann | Michael Juraschek | Anja König |

main graphics

| Ignacio Pena | Anna Pittrich | Jonas Rall | Constantin Weyers | Benjamin Wiedling |

CONSERVE PURITY!

peak 2/3   peak 1/3

RWÖLBUNGEN

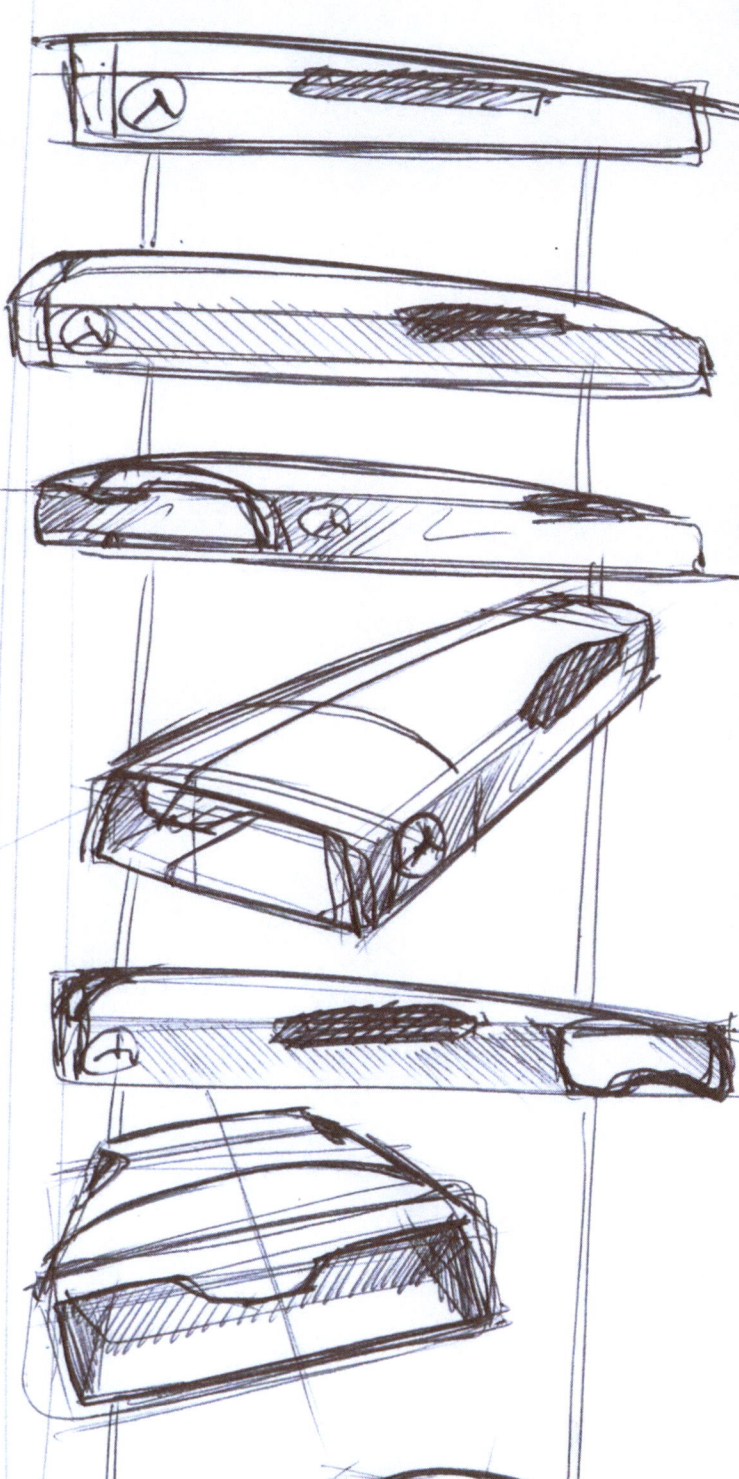

peak 3/3   peak 1/3 cut

| Dominic Baumann | Sebastian Bekmann | Tim Bormann | Michael Juraschek | Anja König |

| Ignacio Pena | Anna Pittrich | Jonas Rall | Constantin Weyers | Benjamin Wiedling |

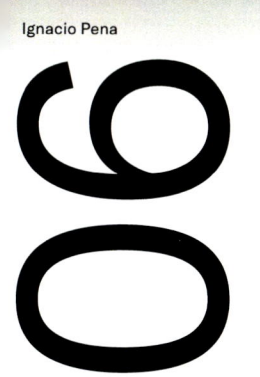

| Dominic Baumann | Sebastian Bekmann | Tim Bormann | Michael Juraschek | Anja König |

| Variantenphase | Renderings | 153 |

| Ignacio Pena | Anna Pittrich | Jonas Rall | Constantin Weyers | Benjamin Wiedling |

06

| Dominic Baumann | Sebastian Bekmann | Tim Bormann | Michael Juraschek | Anja König |

| Ignacio Pena | Anna Pittrich | Jonas Rall | Constantin Weyers | Benjamin Wiedling |

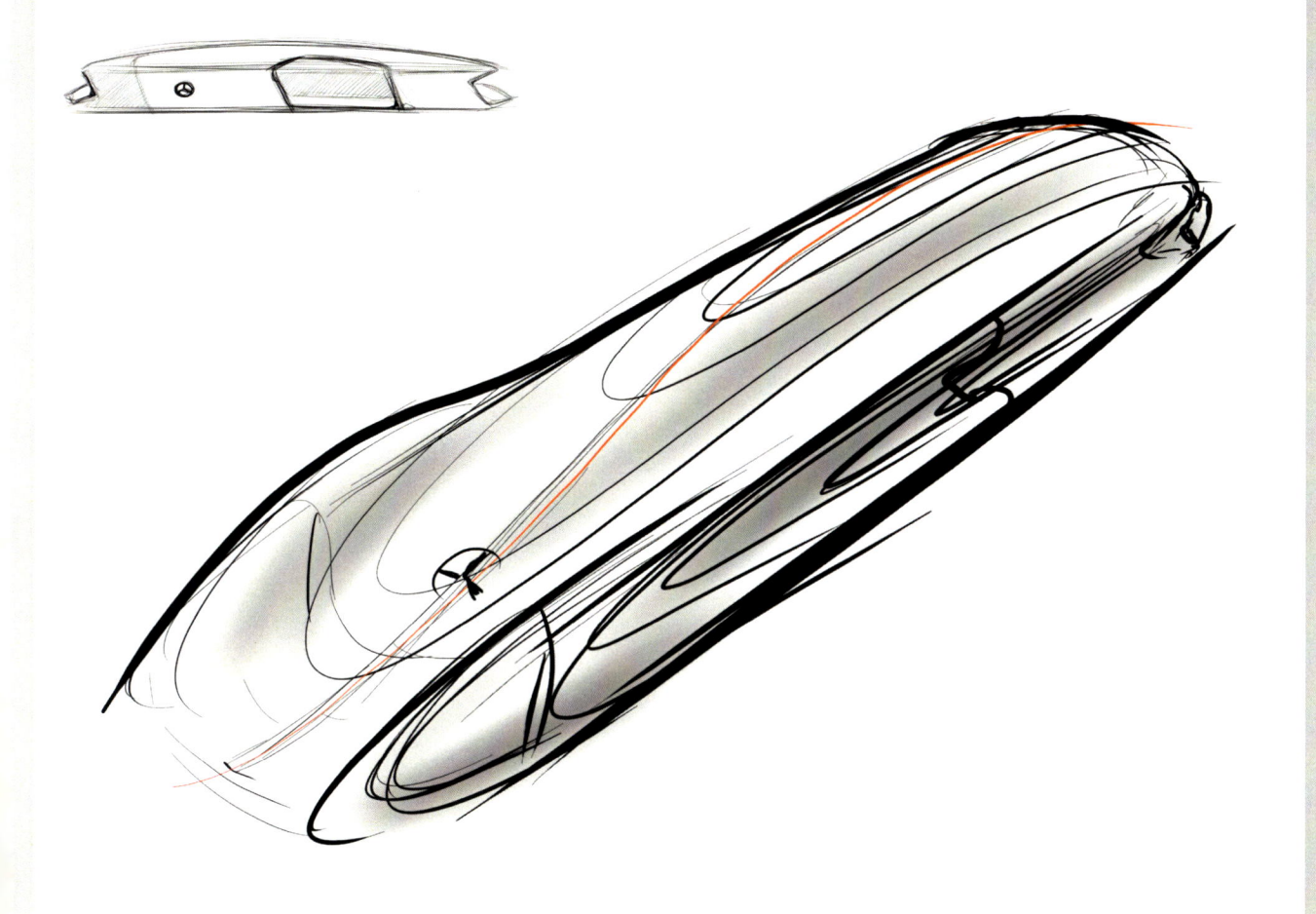

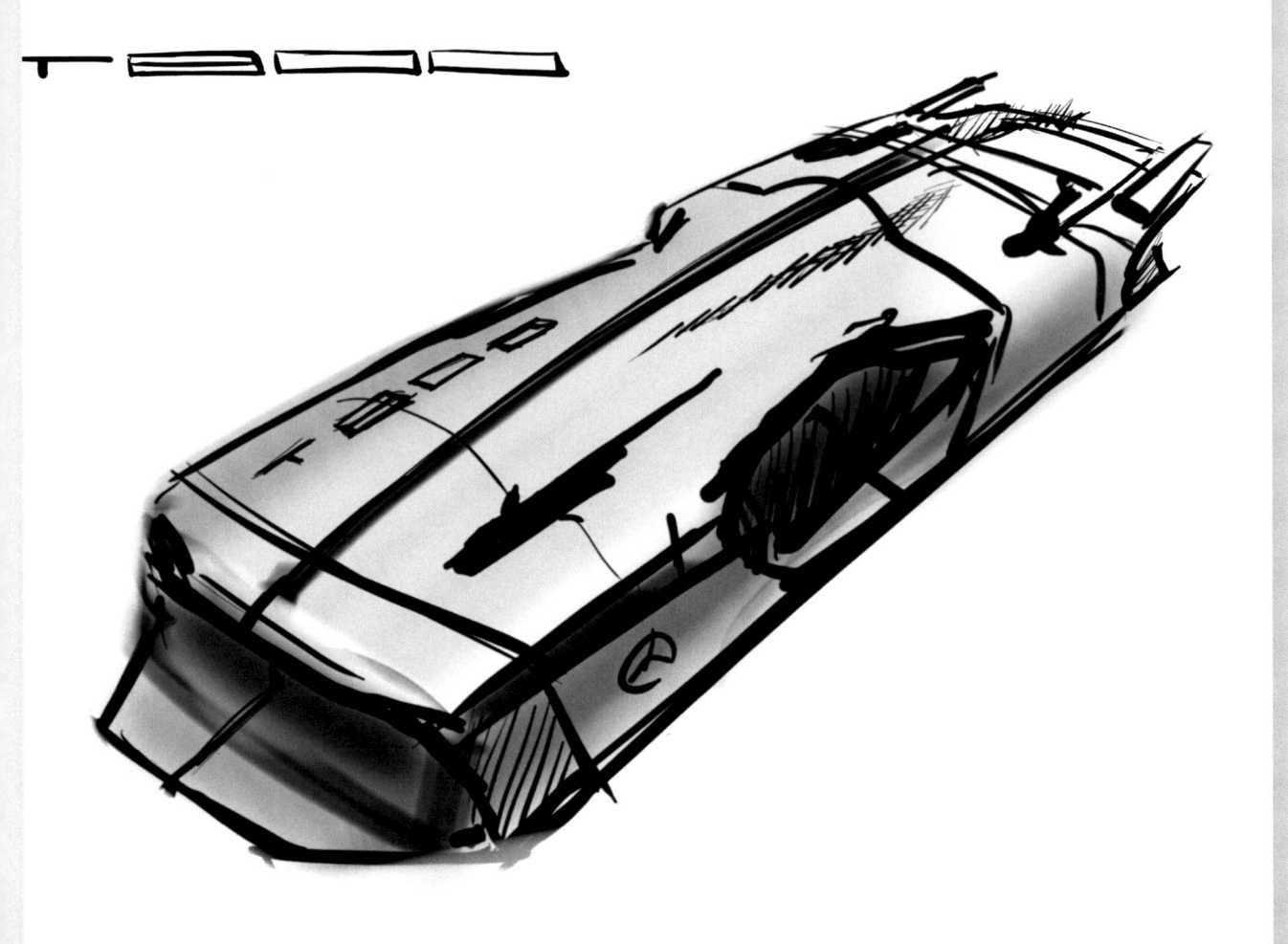

Dominic Baumann	Sebastian Bekmann	Tim Bormann	Michael Juraschek	Anja König

| Ignacio Pena | Anna Pittrich | Jonas Rall | Constantin Weyers | Benjamin Wiedling |

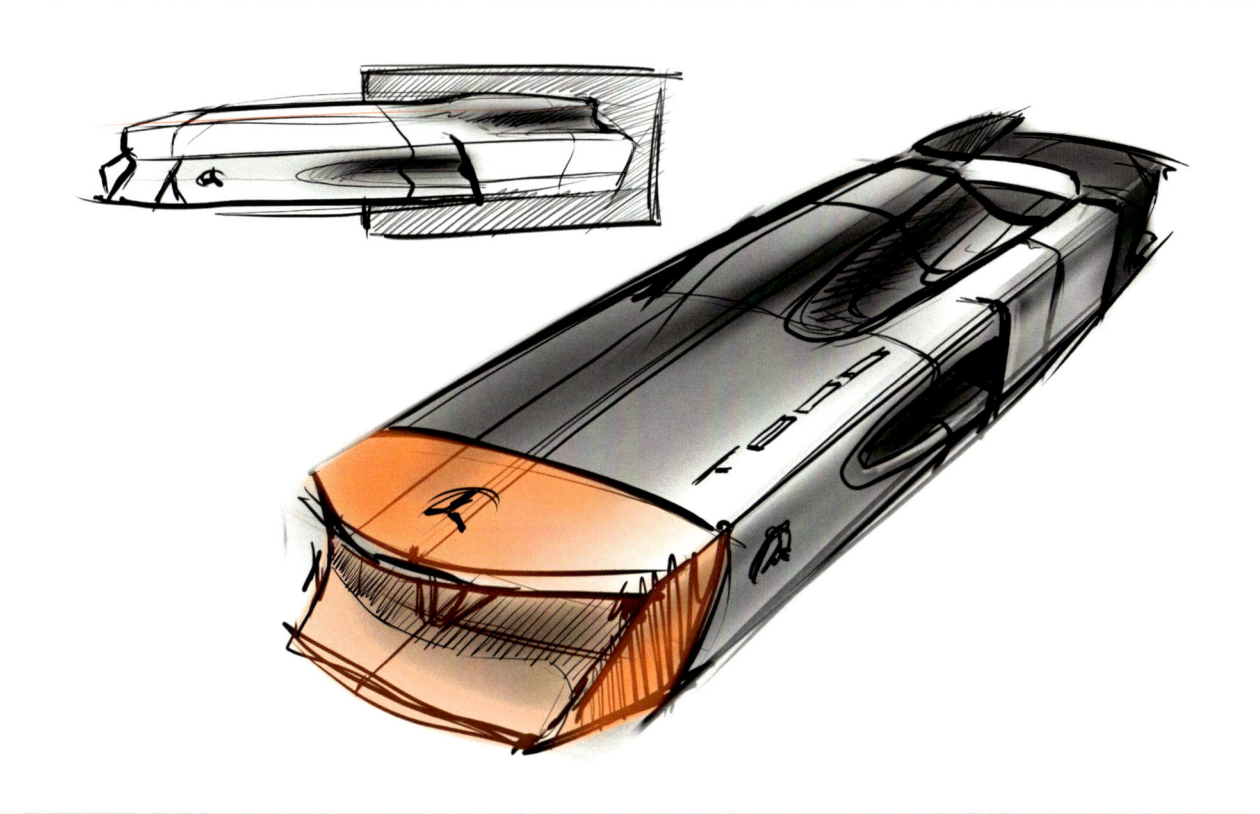

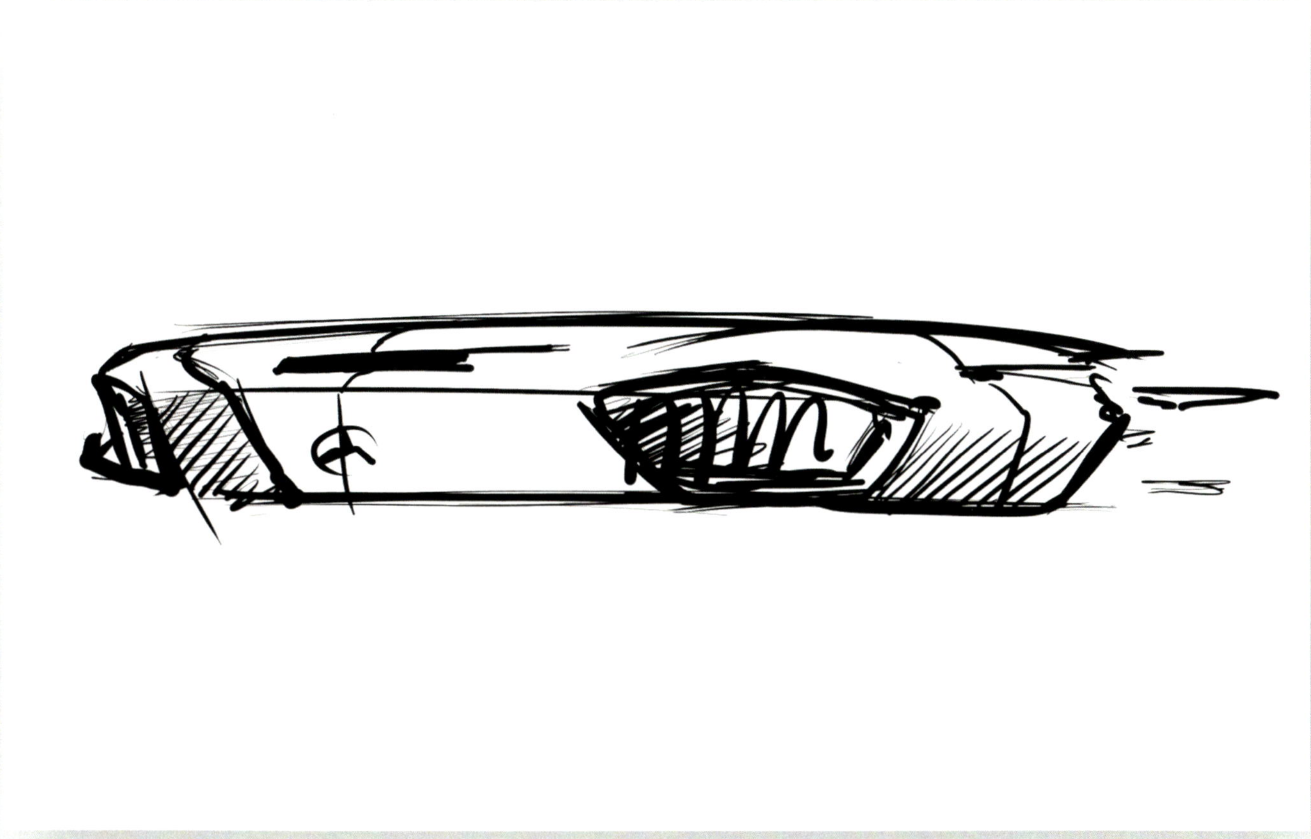

06

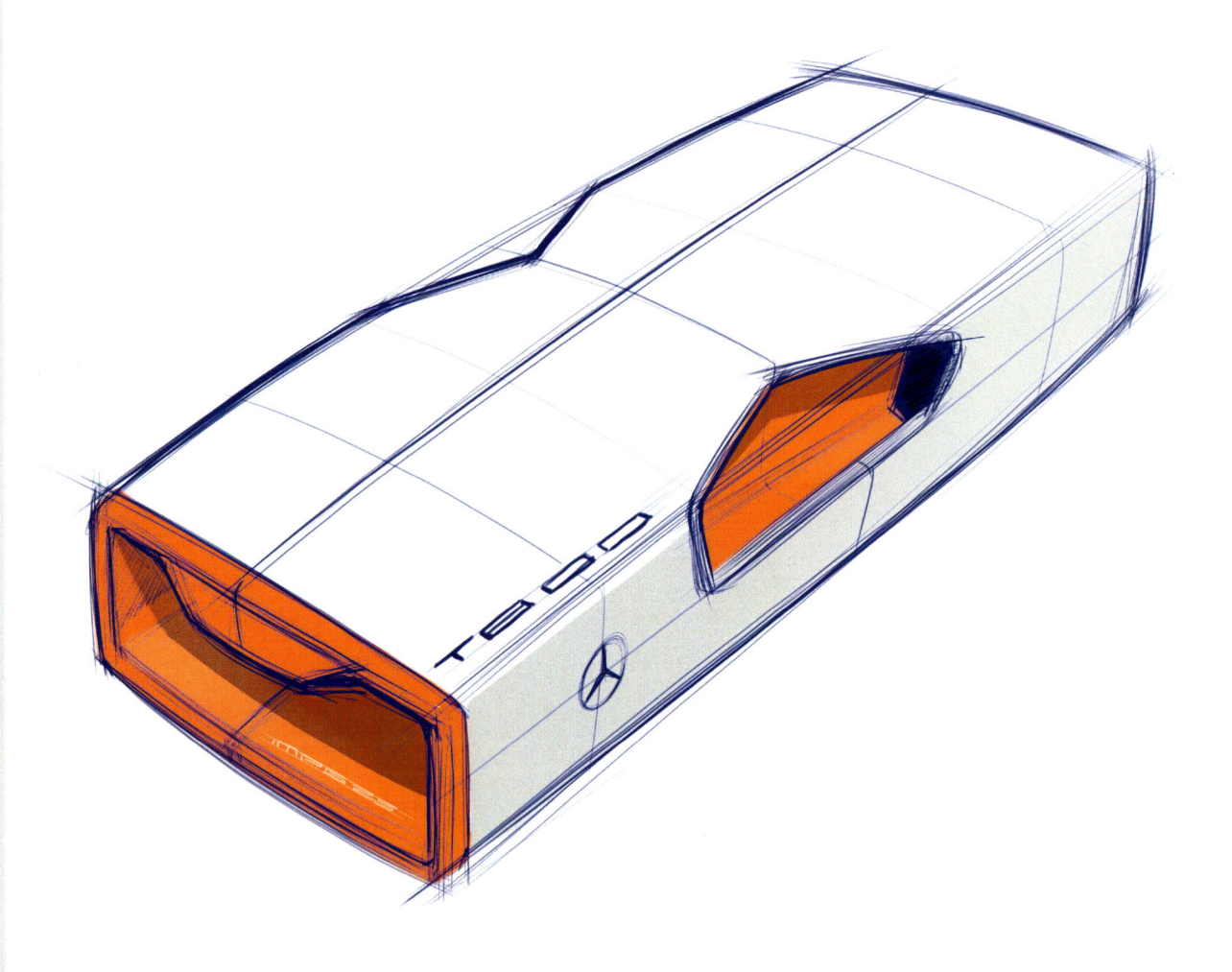

| Dominic Baumann | Sebastian Bekmann | Tim Bormann | Michael Juraschek | Anja König |

| Ignacio Pena | Anna Pittrich | Jonas Rall | Constantin Weyers | Benjamin Wiedling |

160 Konzept/Ideenfindung Brainstorming

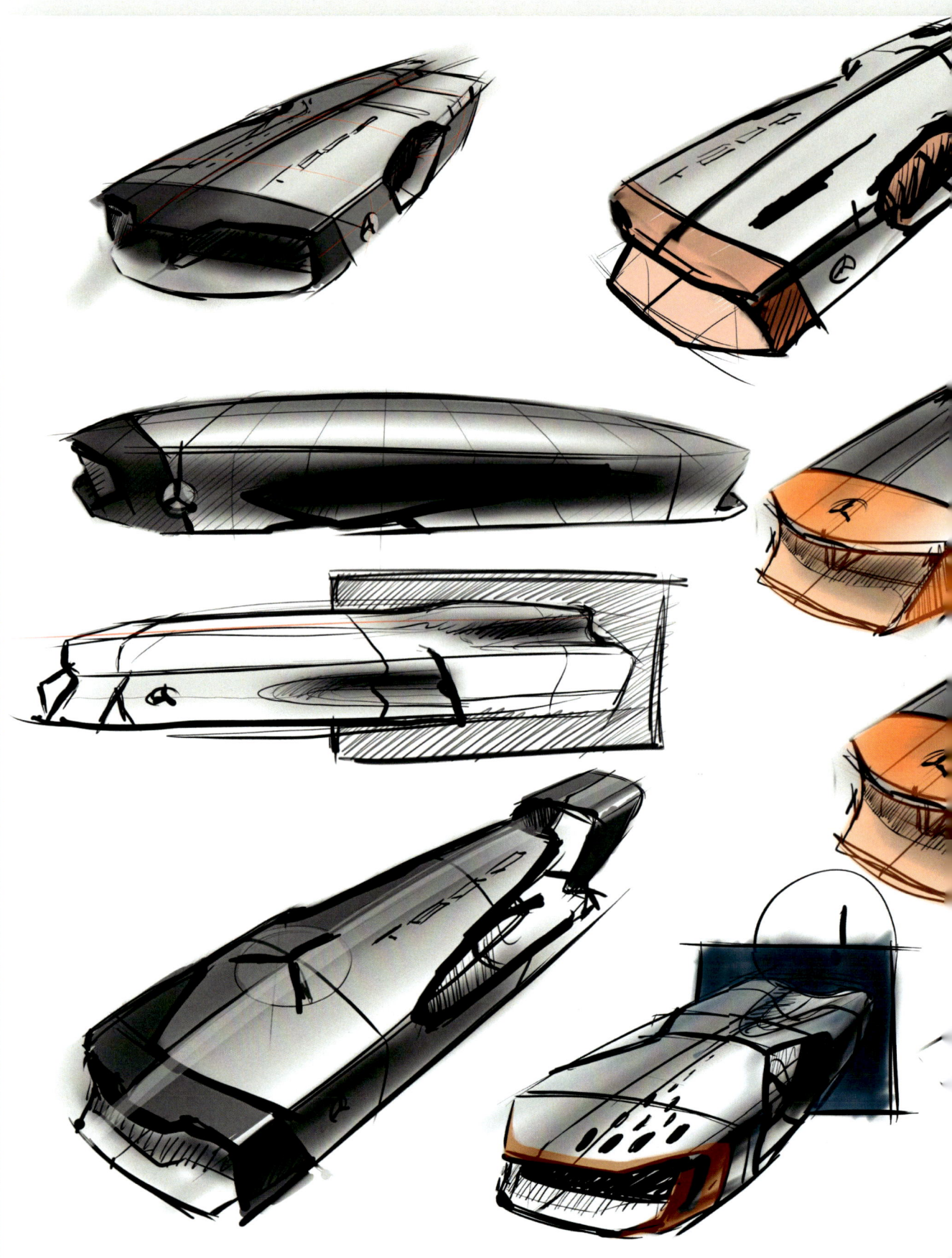

Dominic Baumann	Sebastian Bekmann	Tim Bormann	Michael Juraschek	Anja König

| Variantenphase | Renderings | 161 |

| Ignacio Pena | Anna Pittrich | Jonas Rall | Constantin Weyers | Benjamin Wiedling |

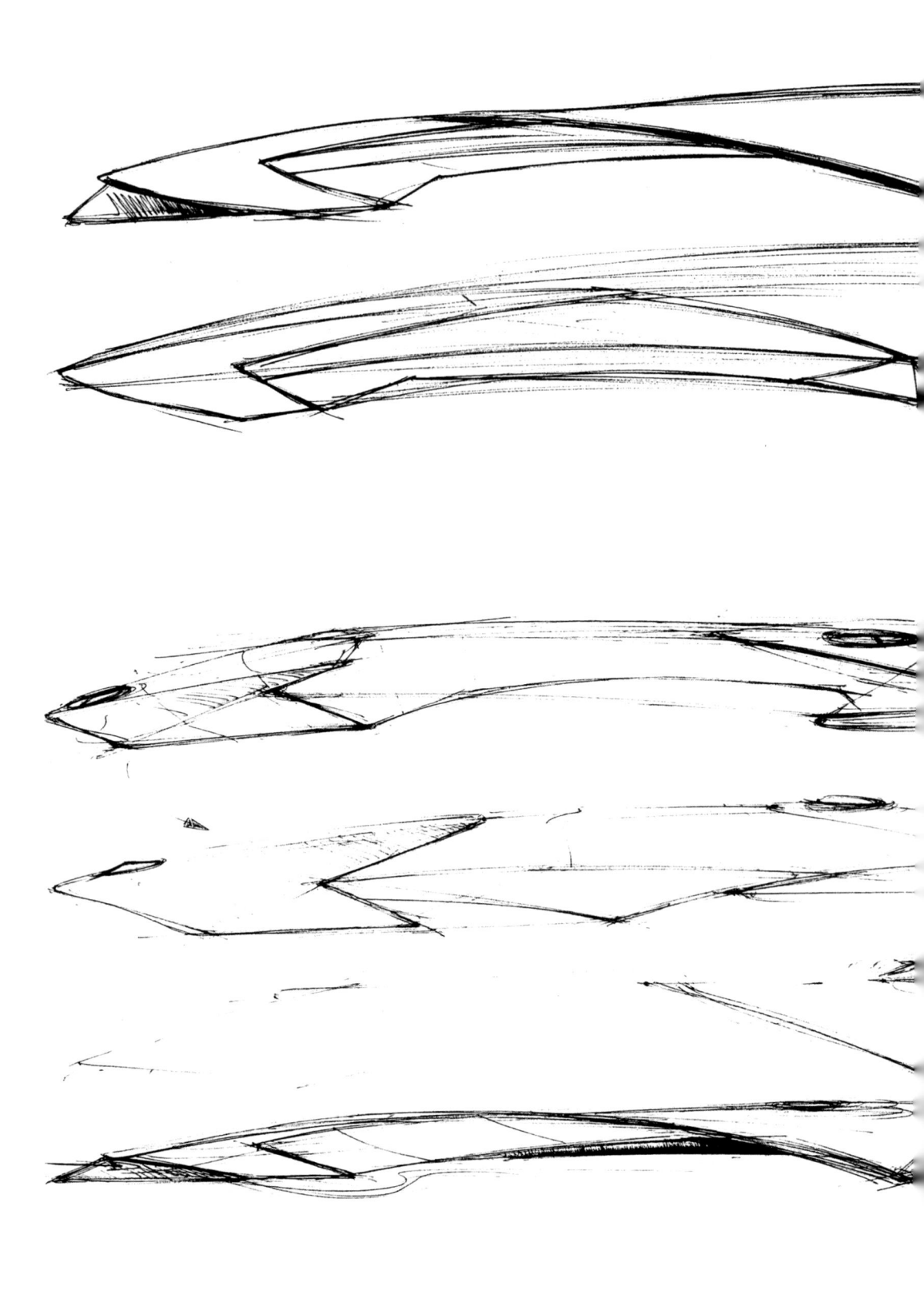

Dominic Baumann	Sebastian Bekmann	Tim Bormann	Michael Juraschek	Anja König

Variantenphase   Renderings   163

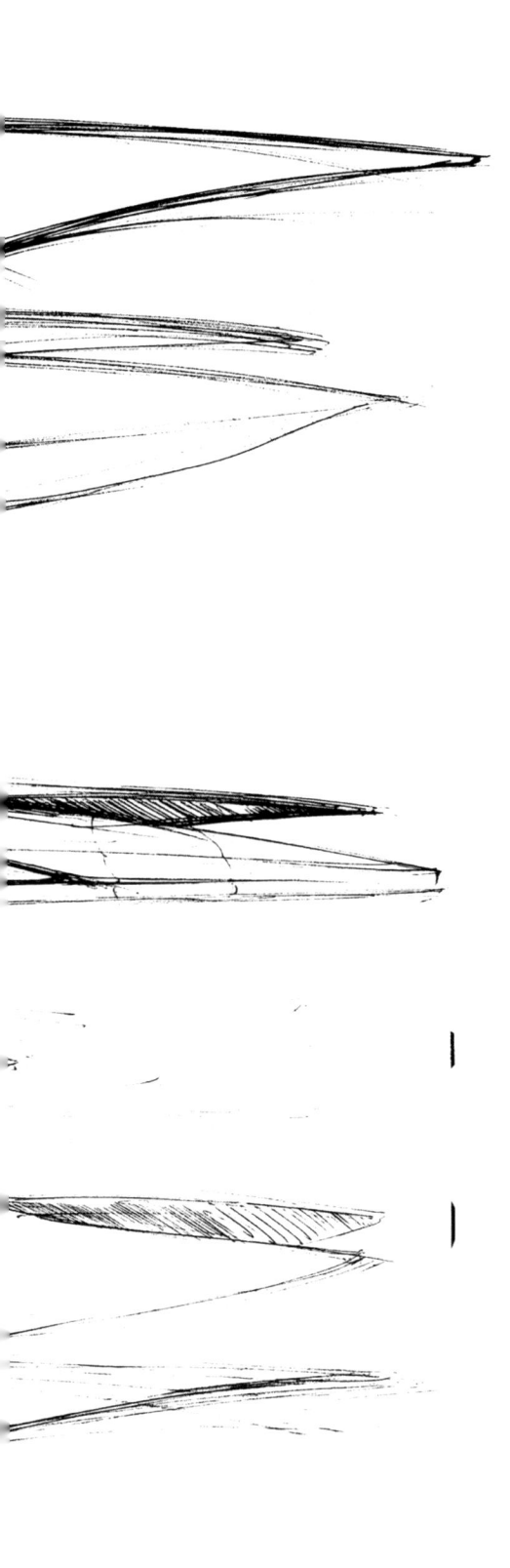

| Ignacio Pena | Anna Pittrich | Jonas Rall | Constantin Weyers | Benjamin Wiedling |

07

Maße: Länge
Höhe
Breite

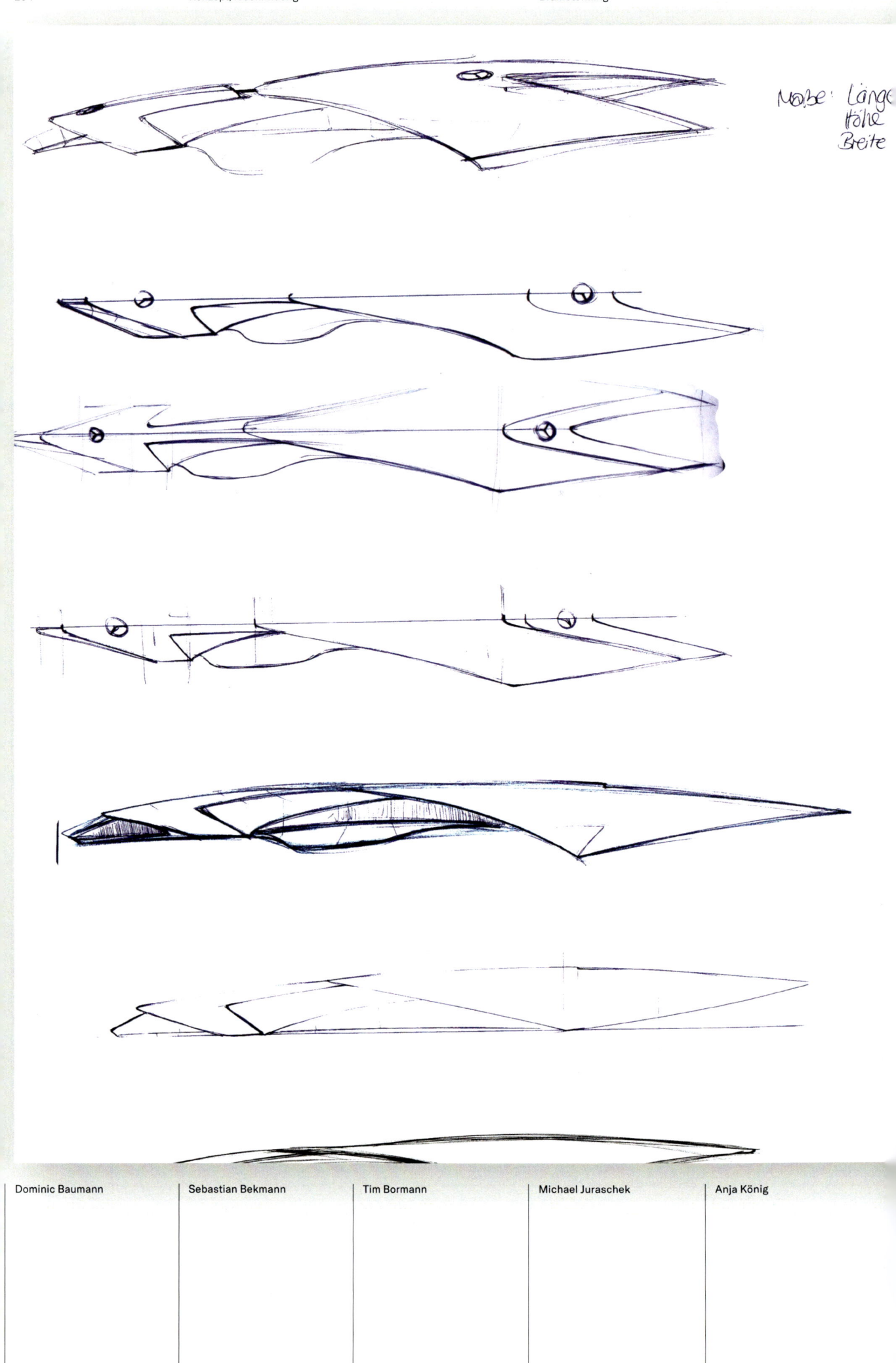

Dominic Baumann	Sebastian Bekmann	Tim Bormann	Michael Juraschek	Anja König

Variantenphase — Renderings — 165

| Ignacio Pena | Anna Pittrich | Jonas Rall | Constantin Weyers | Benjamin Wiedling |

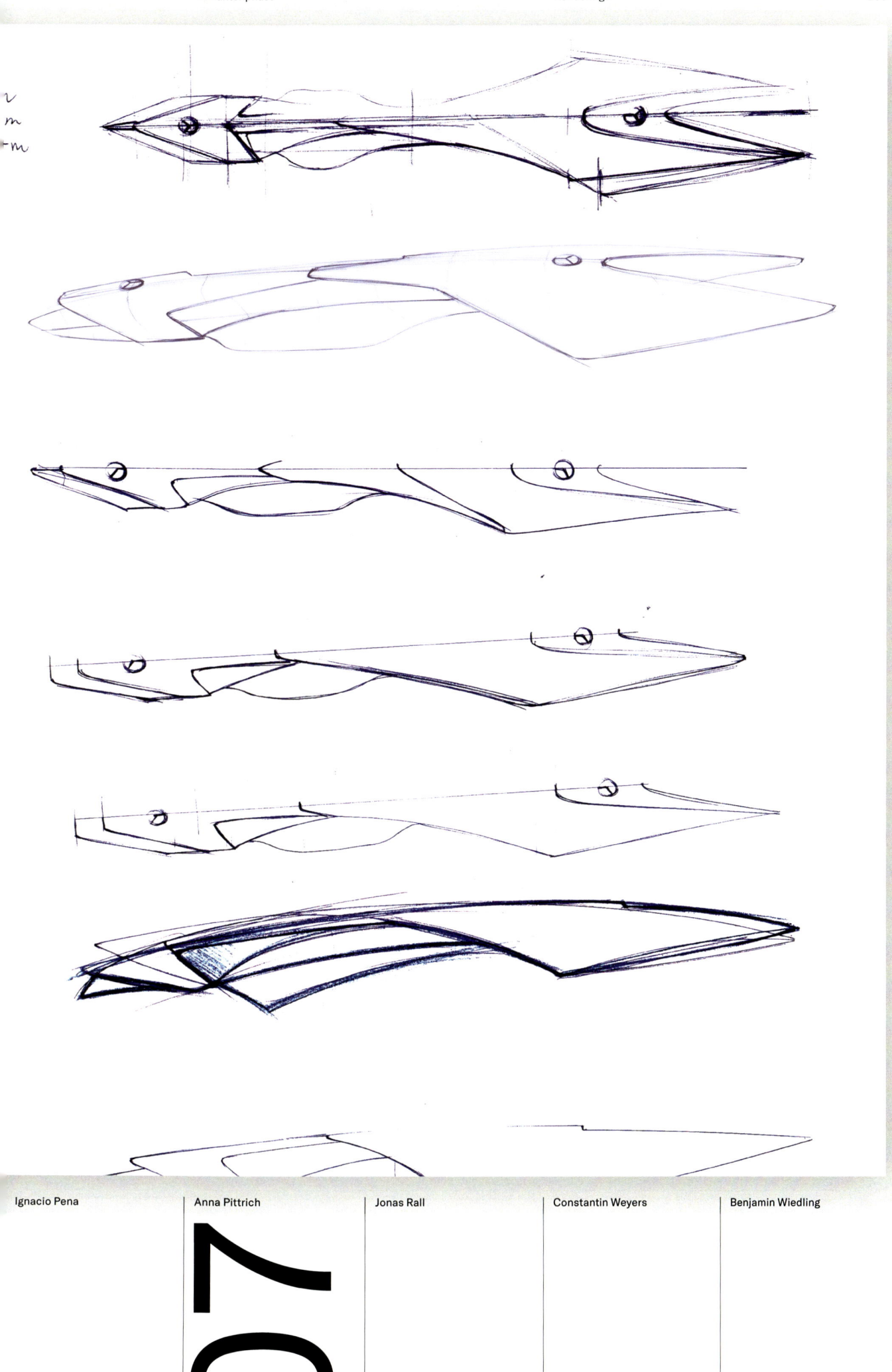

07

Dominic Baumann	Sebastian Bekmann	Tim Bormann	Michael Juraschek	Anja König

| Ignacio Pena | Anna Pittrich | Jonas Rall | Constantin Weyers | Benjamin Wiedling |

07

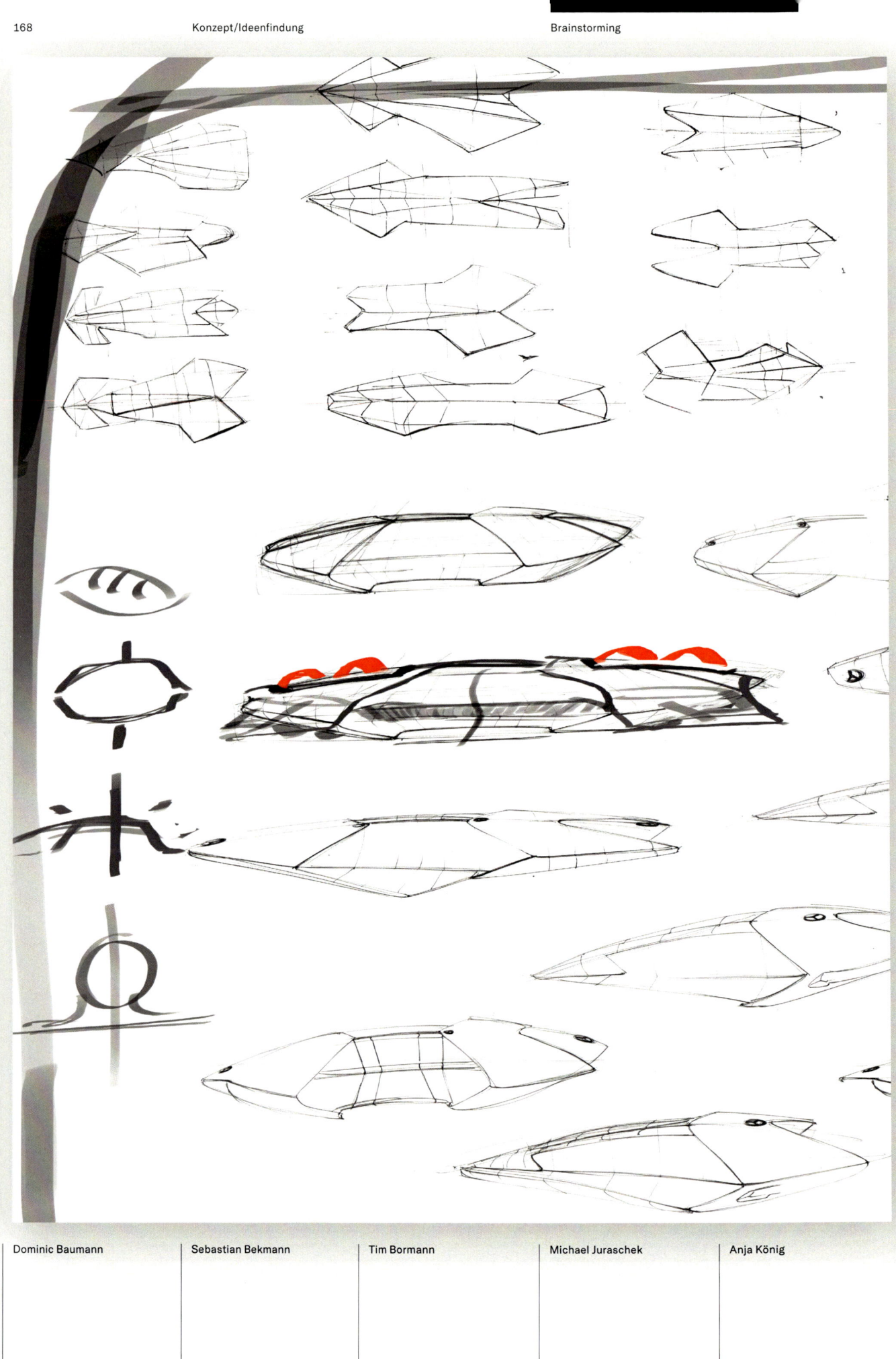

| Dominic Baumann | Sebastian Bekmann | Tim Bormann | Michael Juraschek | Anja König |

| Ignacio Pena | Anna Pittrich | Jonas Rall | Constantin Weyers | Benjamin Wiedling |

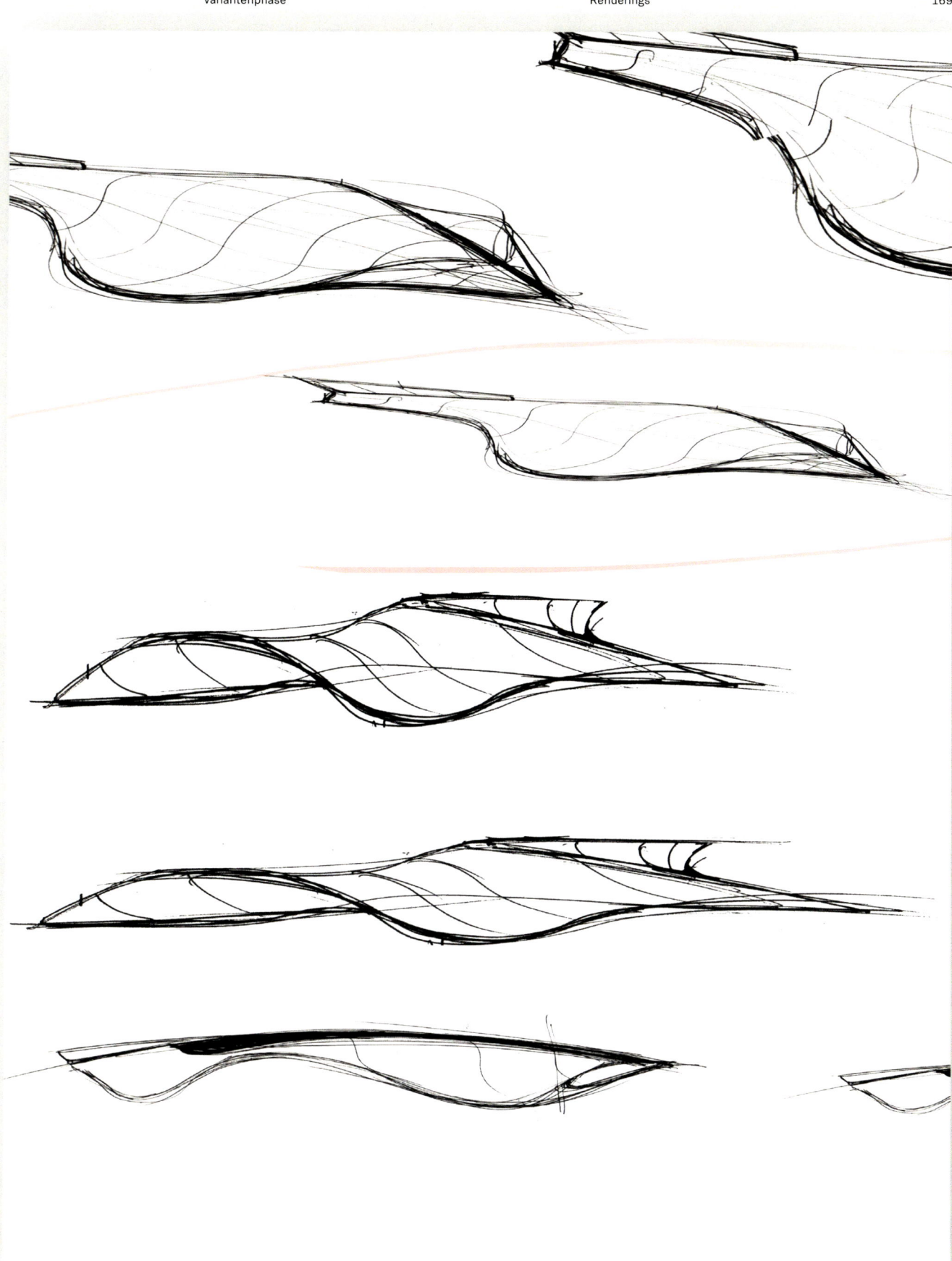

| Dominic Baumann | Sebastian Bekmann | Tim Bormann | Michael Juraschek | Anja König |

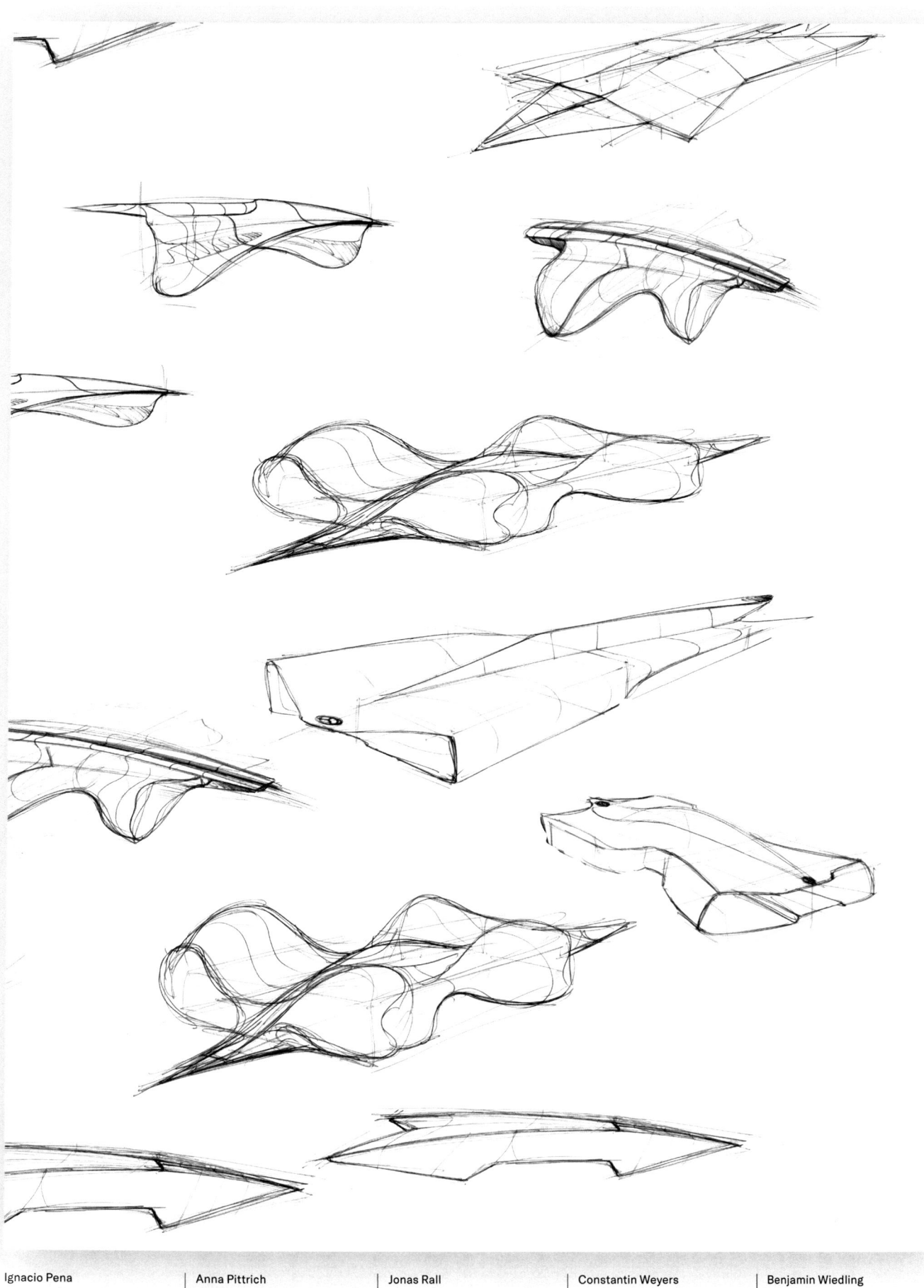

Variantenphase — Renderings — 171

Ignacio Pena | Anna Pittrich | Jonas Rall | Constantin Weyers | Benjamin Wiedling

07

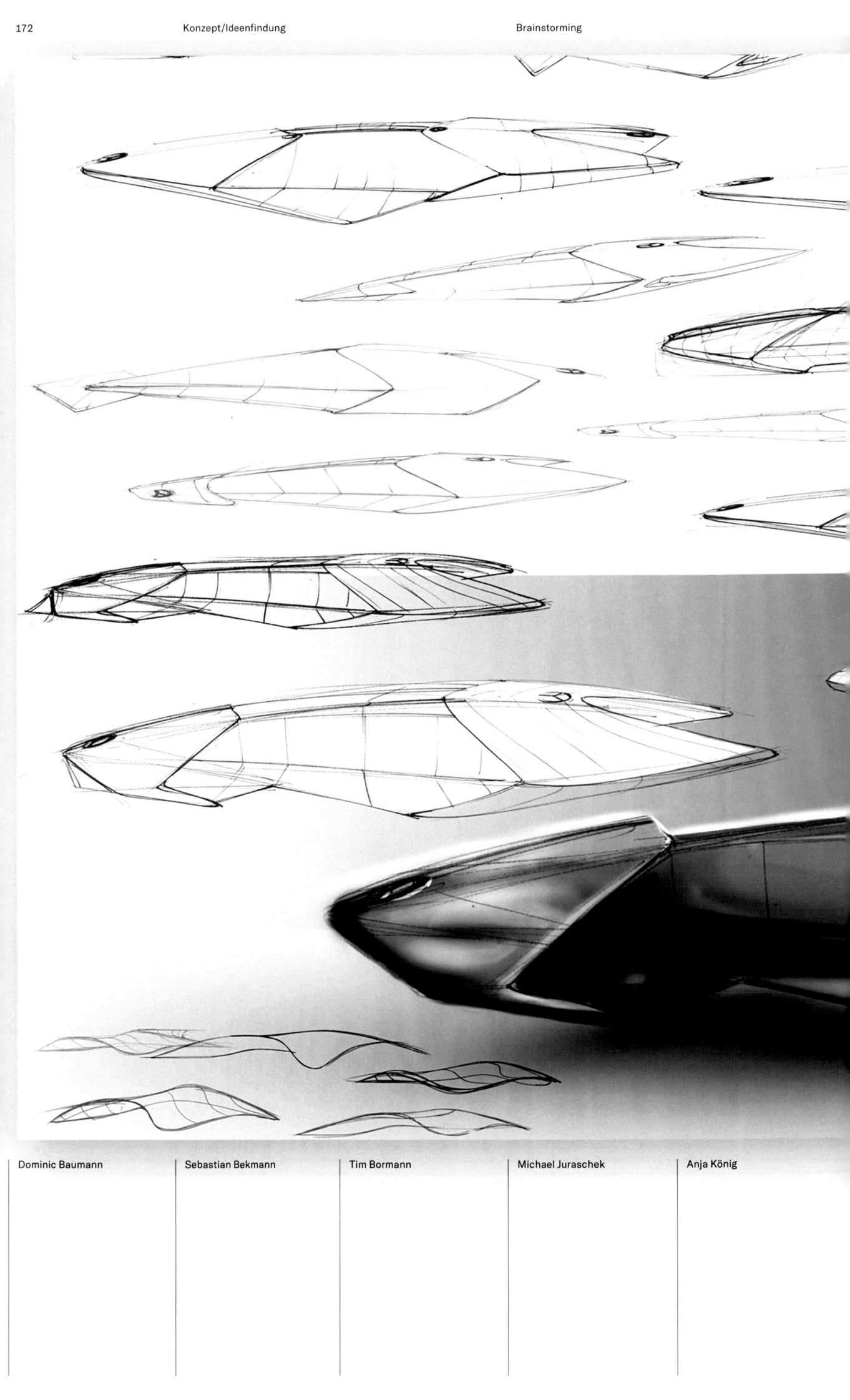

| Dominic Baumann | Sebastian Bekmann | Tim Bormann | Michael Juraschek | Anja König |

| Ignacio Pena | Anna Pittrich | Jonas Rall | Constantin Weyers | Benjamin Wiedling |

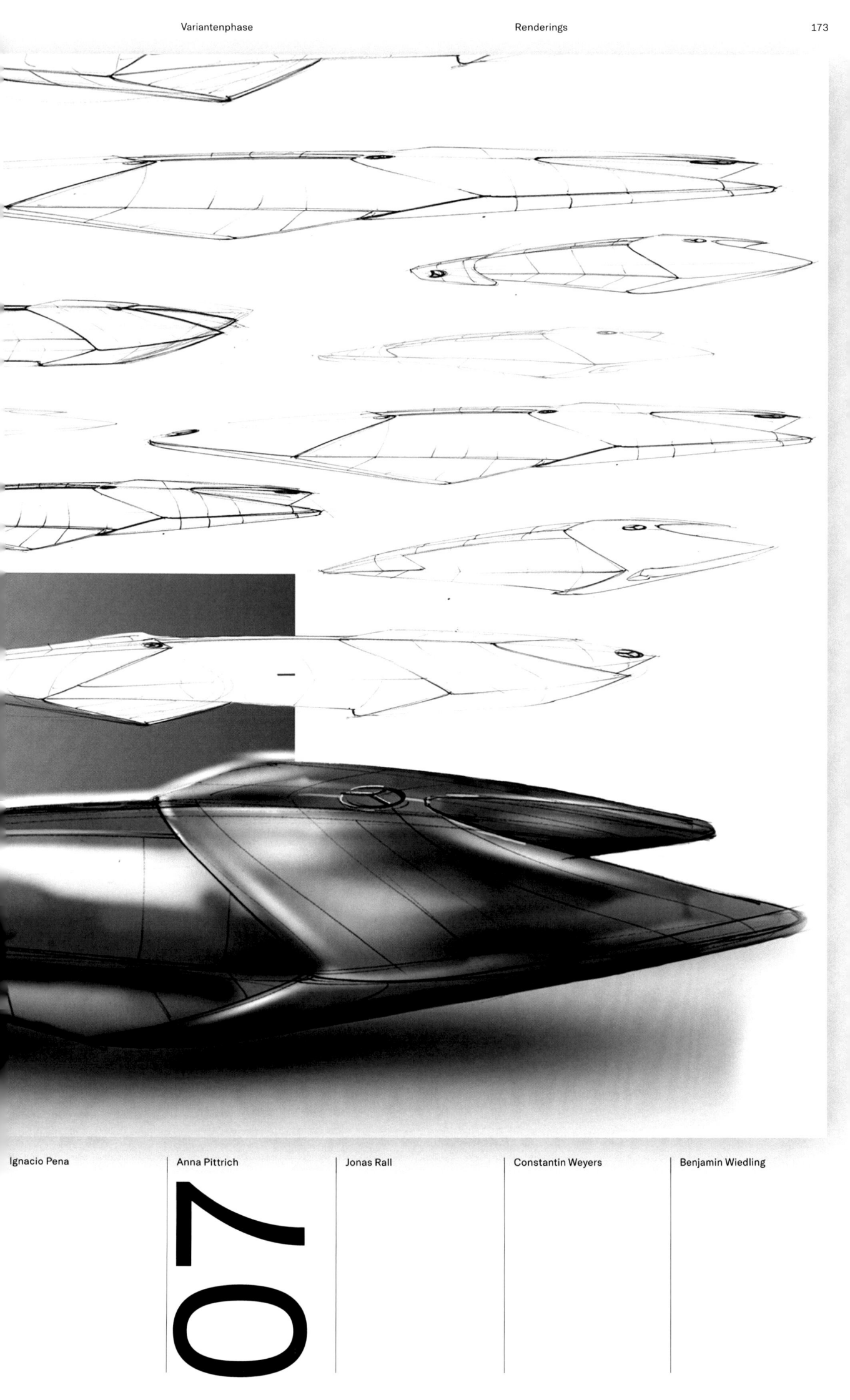

70

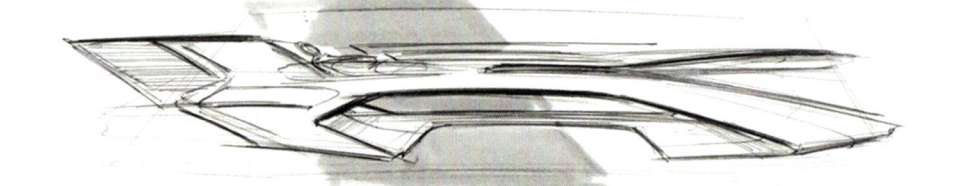

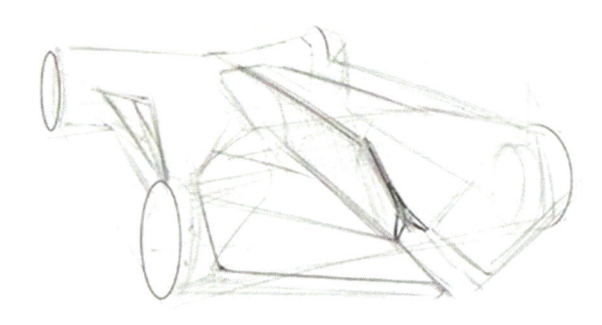

Dominic Baumann	Sebastian Bekmann	Tim Bormann	Michael Juraschek	Anja König

| Ignacio Pena | Anna Pittrich | Jonas Rall | Constantin Weyers | Benjamin Wiedling |

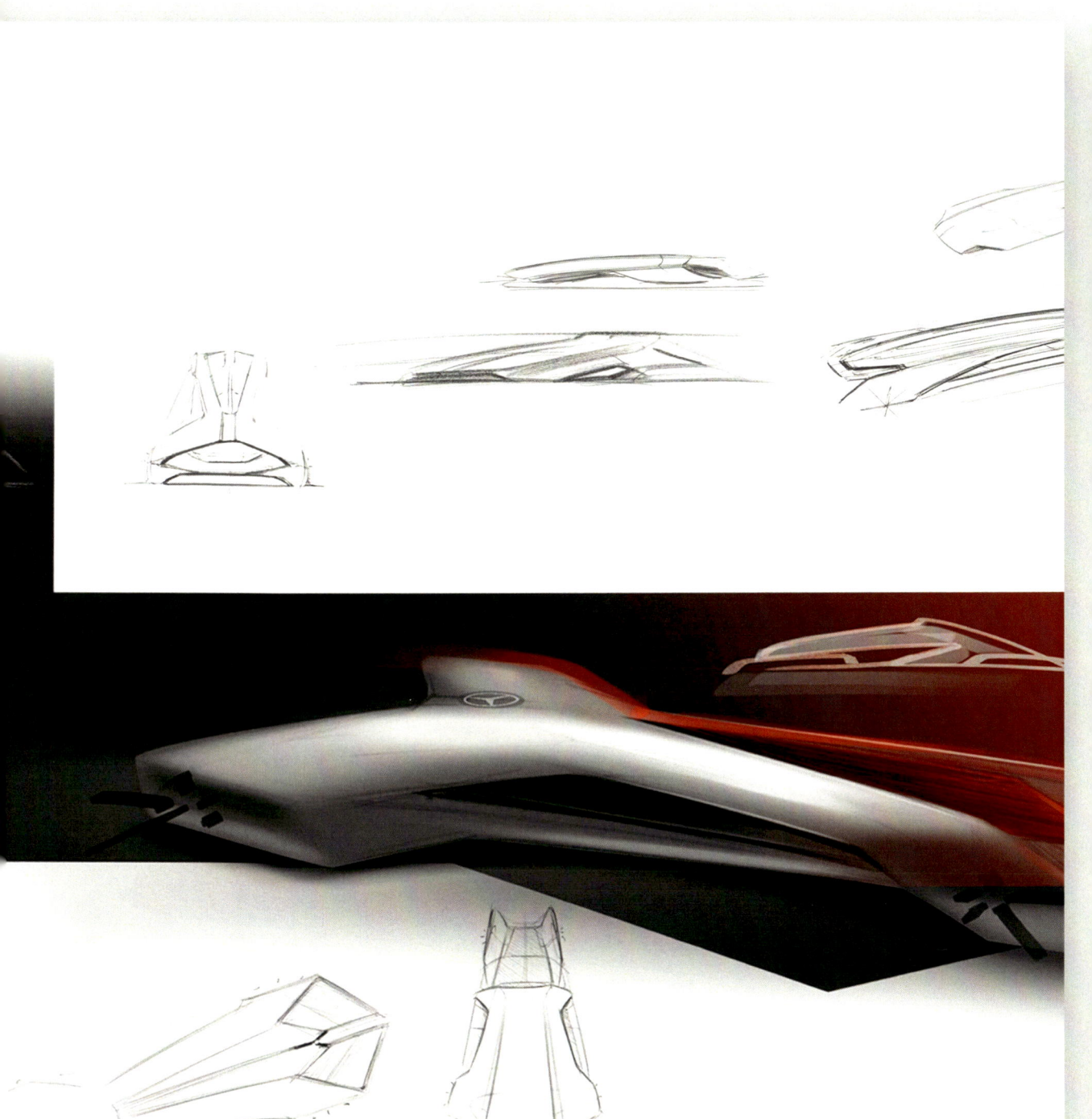

Dominic Baumann	Sebastian Bekmann	Tim Bormann	Michael Juraschek	Anja König

| Ignacio Pena | Anna Pittrich | Jonas Rall | Constantin Weyers | Benjamin Wiedling |

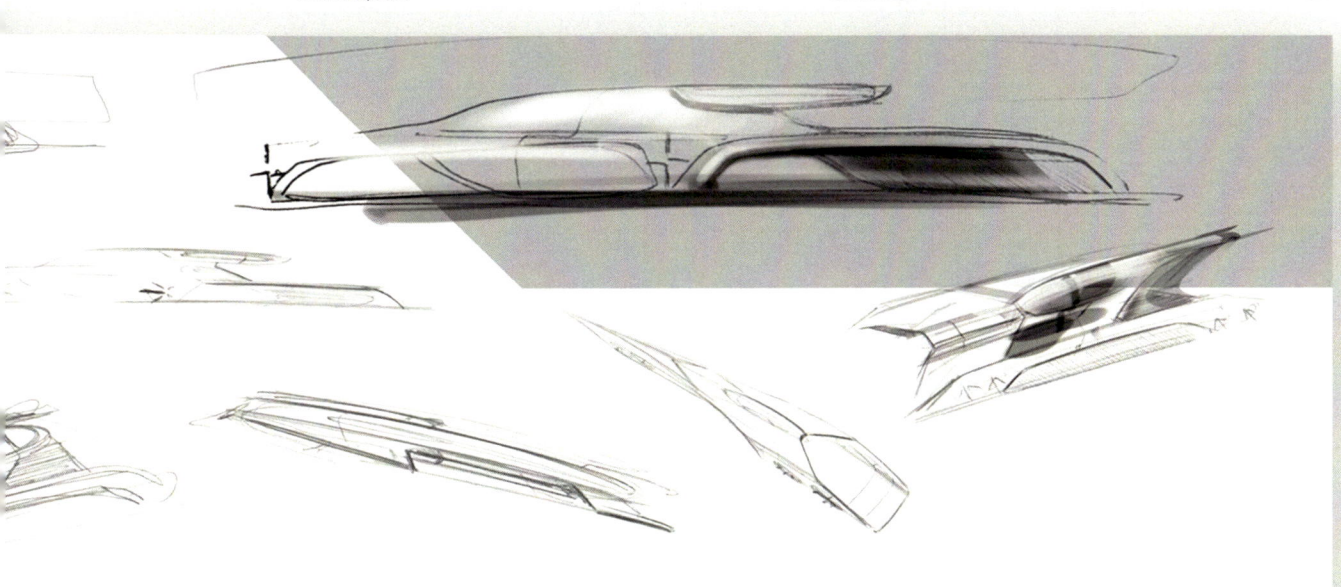

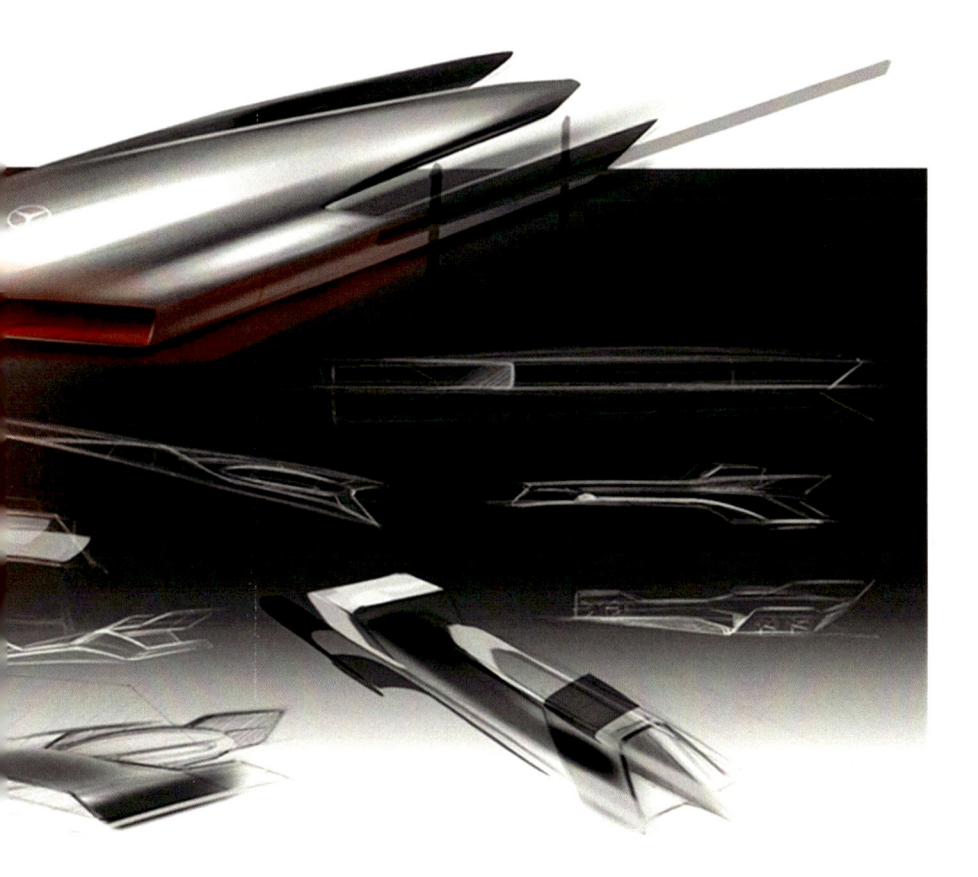

| Dominic Baumann | Sebastian Bekmann | Tim Bormann | Michael Juraschek | Anja König |

Windschatten

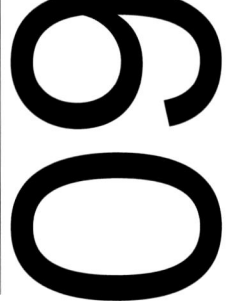

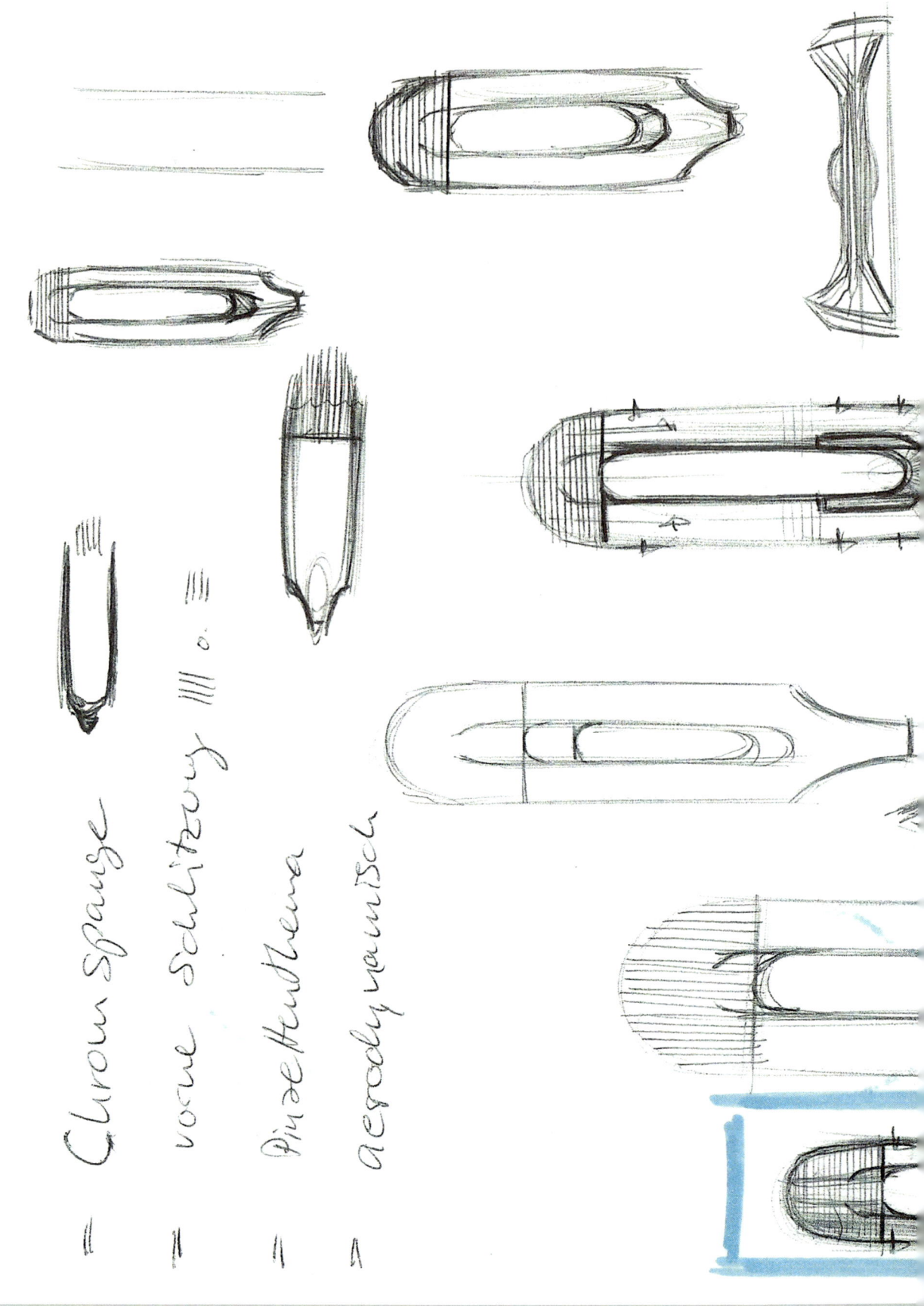

= Chrom Spange
= vorne Schlitzung ||| o. =
= Pinzettenthema
⇗ aerodynamisch

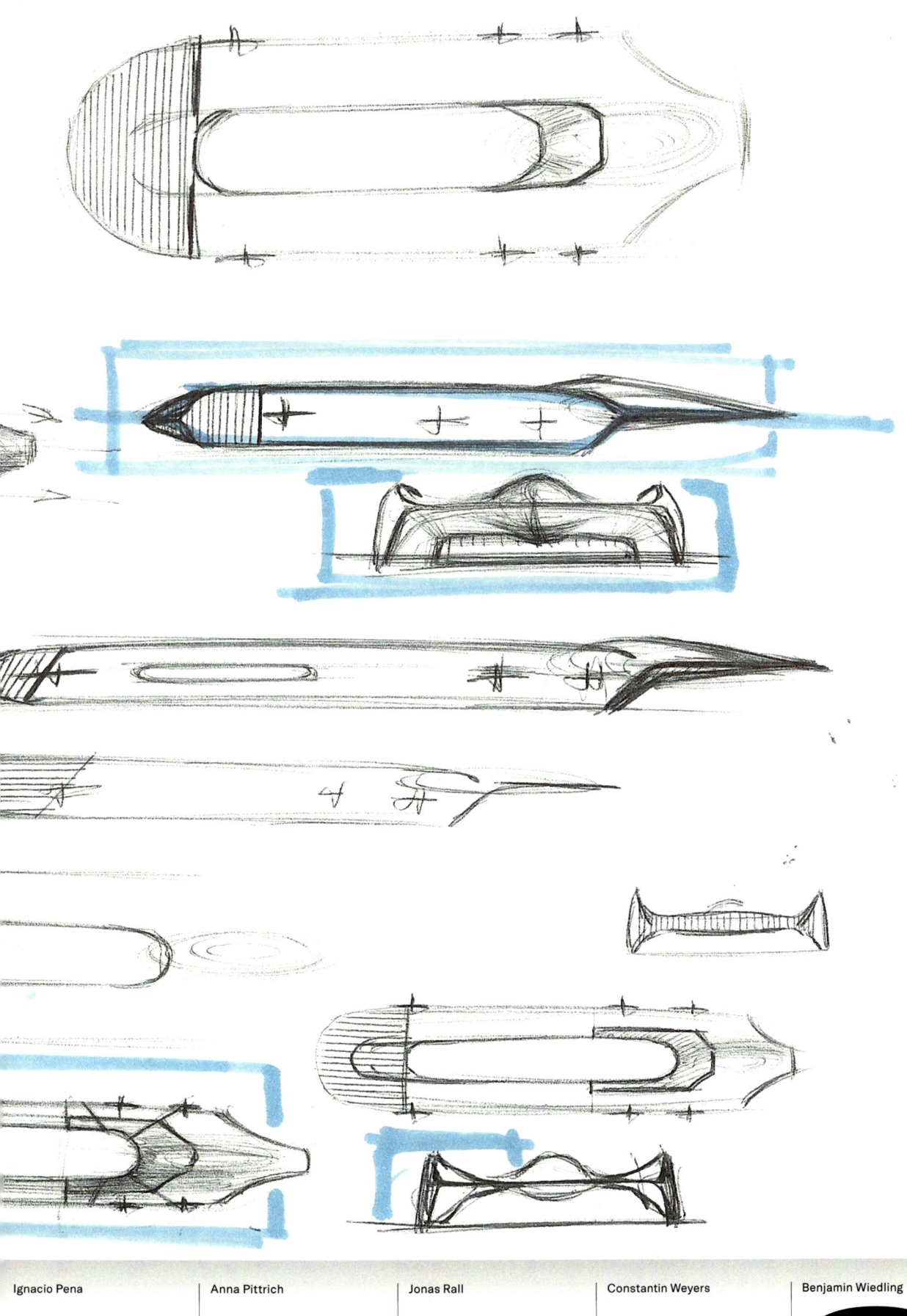

| Variantenphase | Renderings | 181 |

| Ignacio Pena | Anna Pittrich | Jonas Rall | Constantin Weyers | Benjamin Wiedling |

10

| Dominic Baumann | Sebastian Bekmann | Tim Bormann | Michael Juraschek | Anja König |

| Ignacio Pena | Anna Pittrich | Jonas Rall | Constantin Weyers | Benjamin Wiedling |

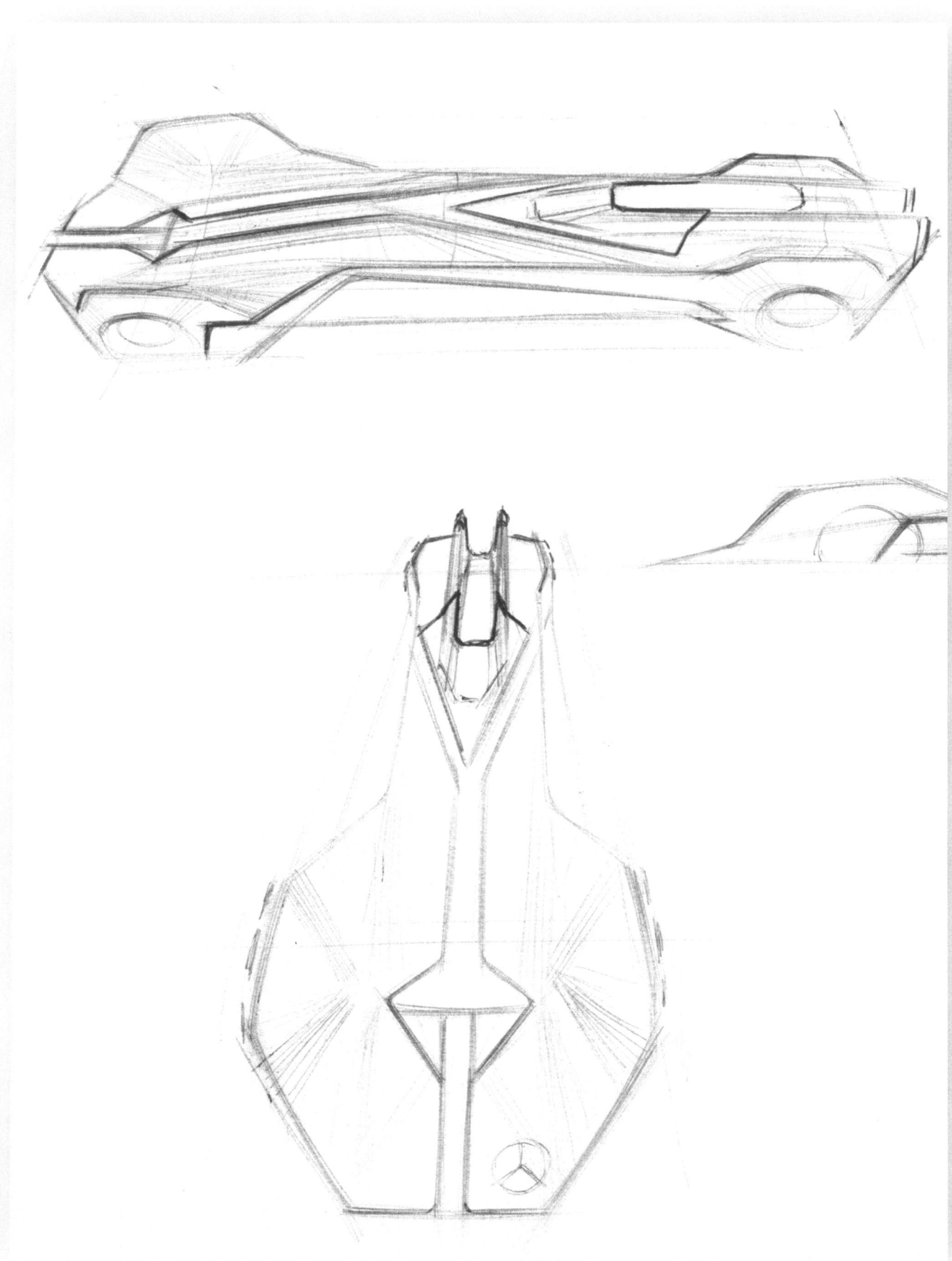

| Dominic Baumann | Sebastian Bekmann | Tim Bormann | Michael Juraschek | Anja König |

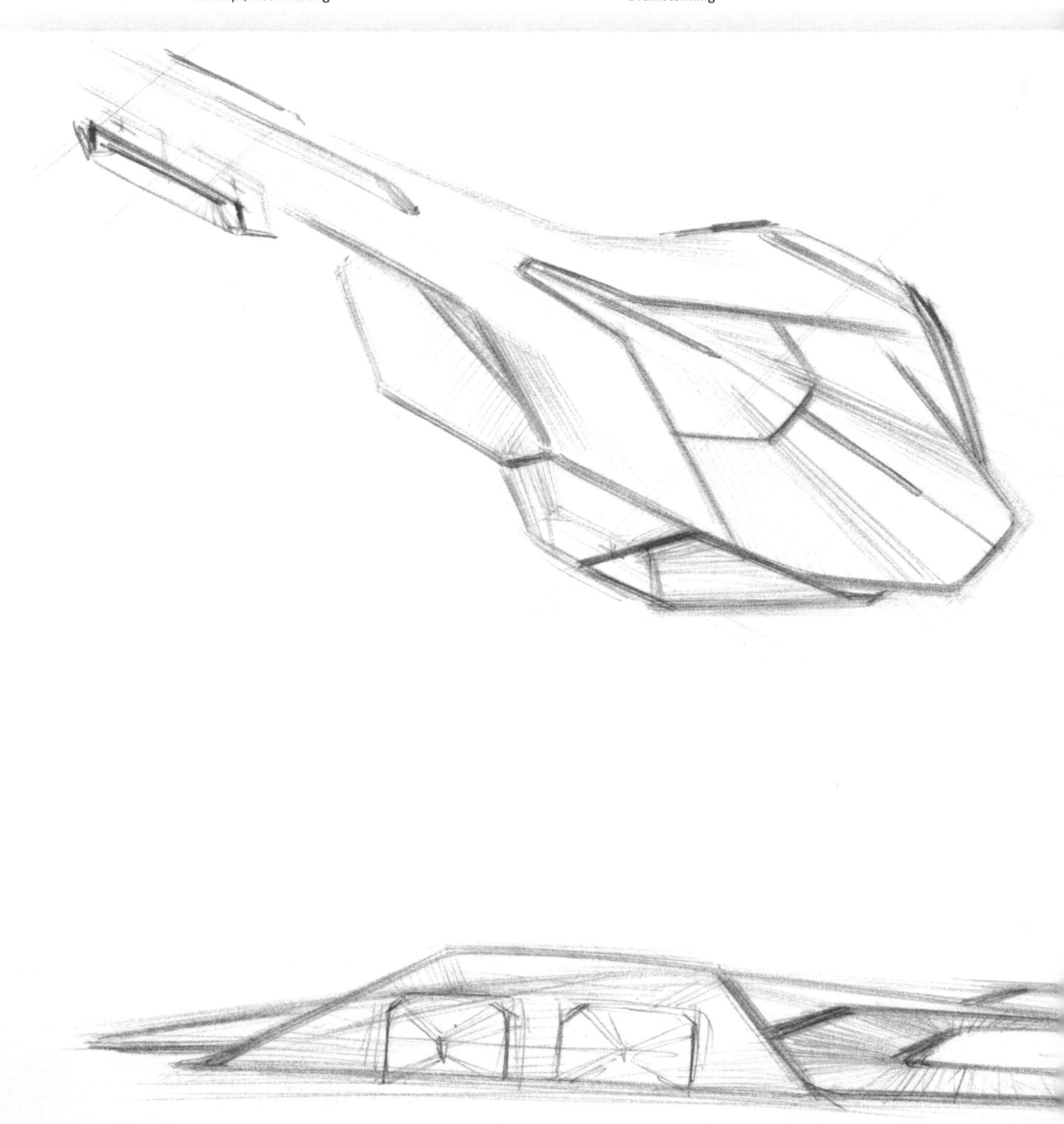

| Variantenphase | Renderings | 185 |

| Ignacio Pena | Anna Pittrich | Jonas Rall | Constantin Weyers | Benjamin Wiedling |

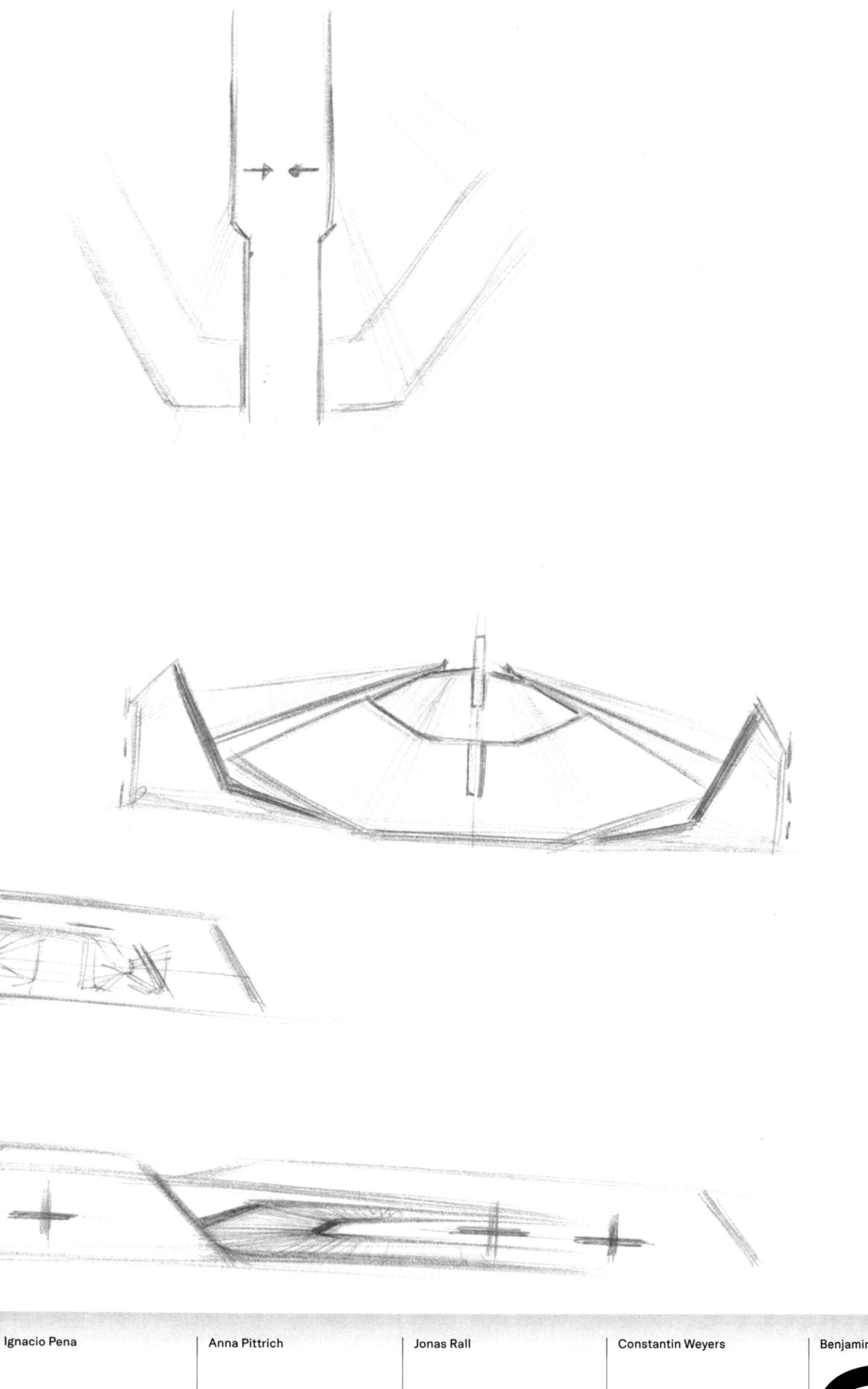

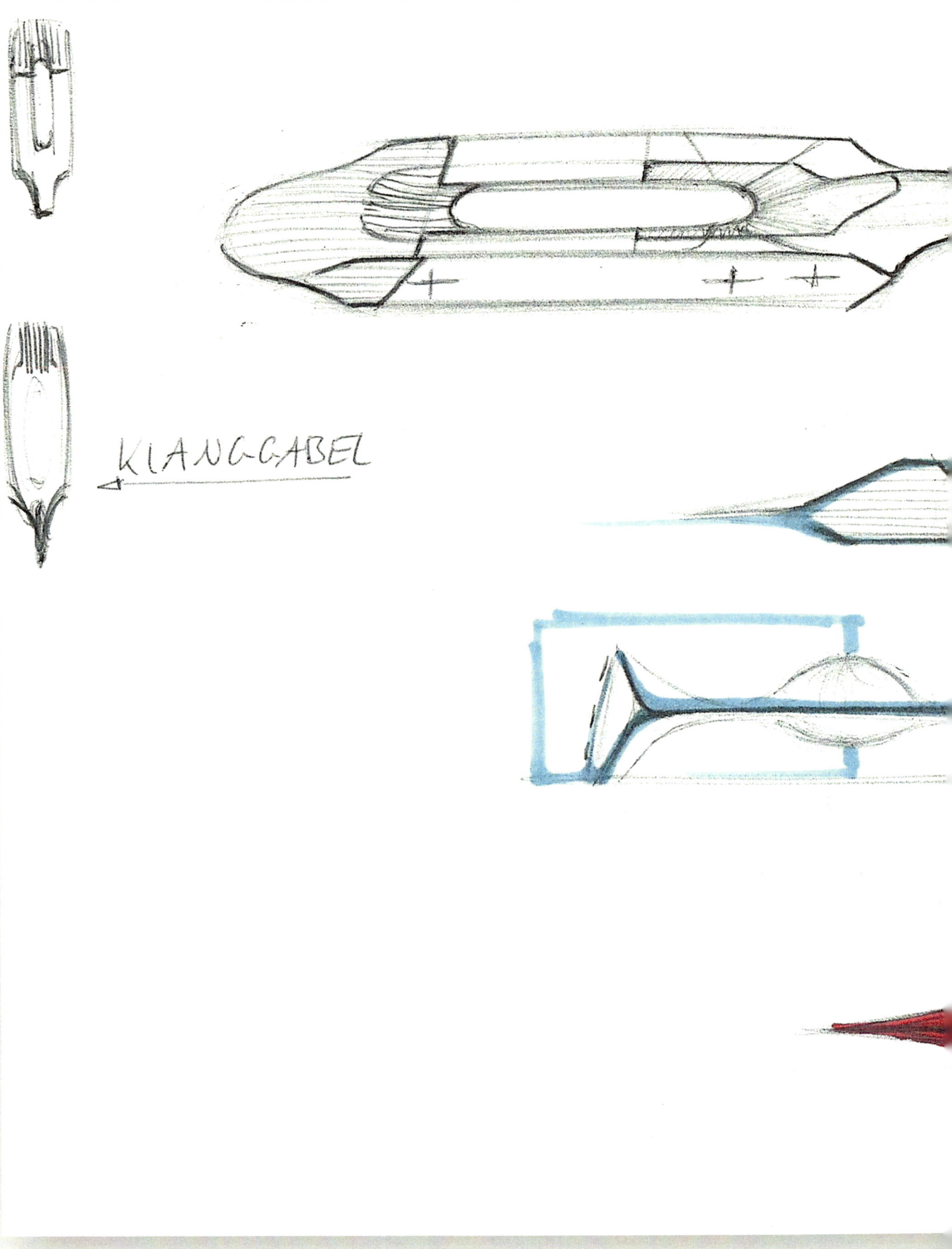

KLANGGABEL

Dominic Baumann	Sebastian Bekmann	Tim Bormann	Michael Juraschek	Anja König

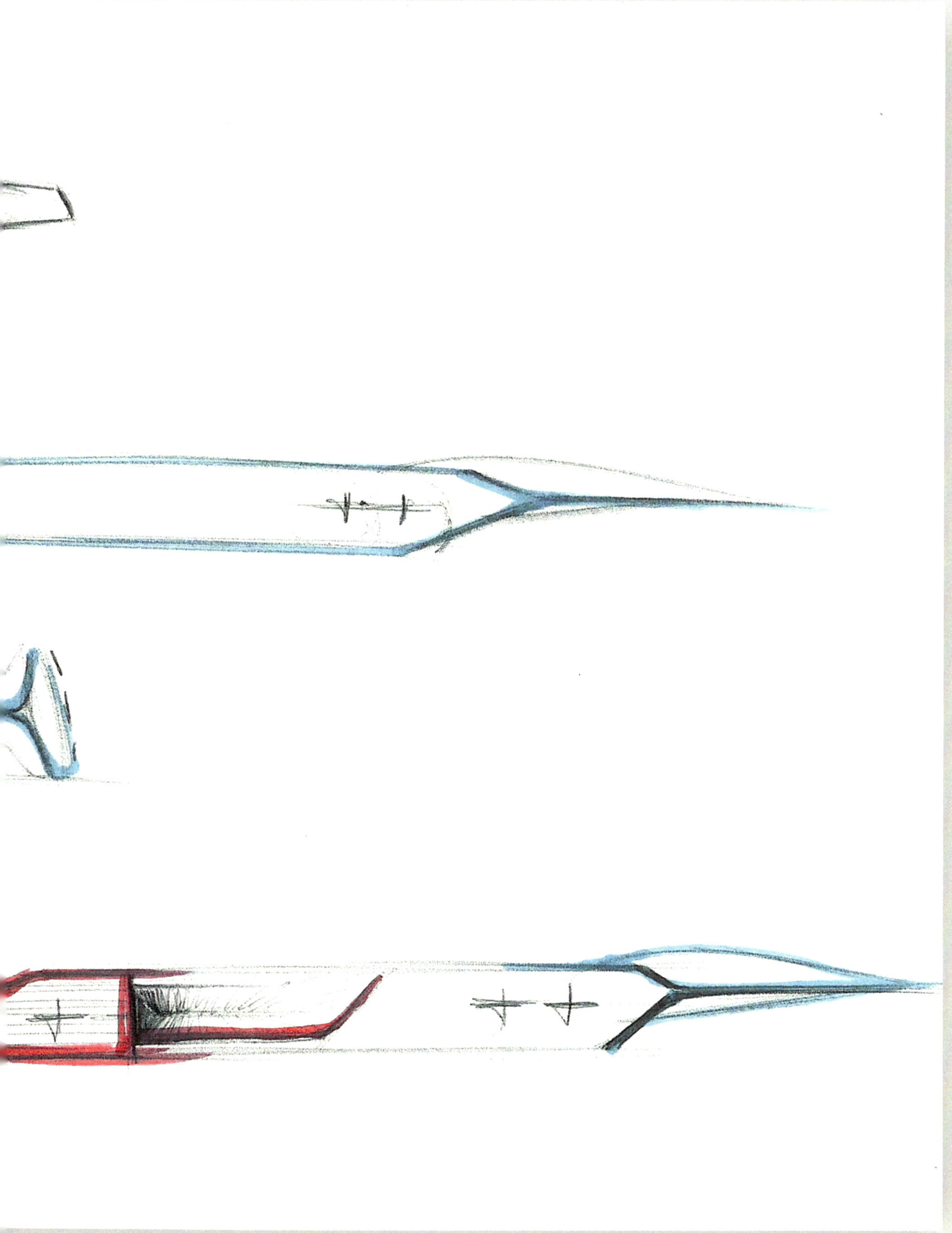

Ignacio Pena | Anna Pittrich | Jonas Rall | Constantin Weyers | Benjamin Wiedling

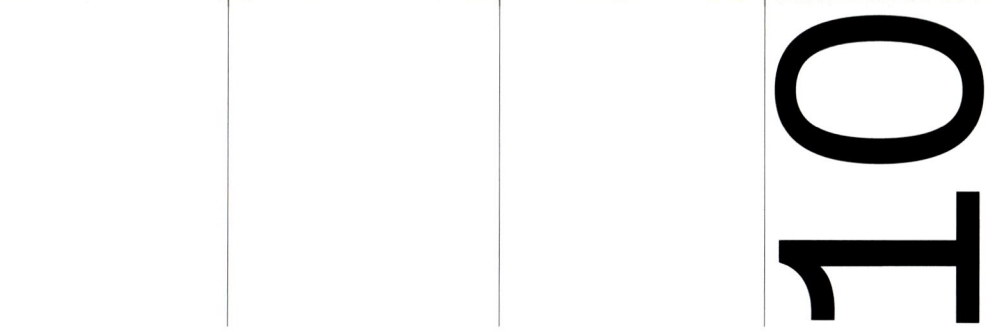

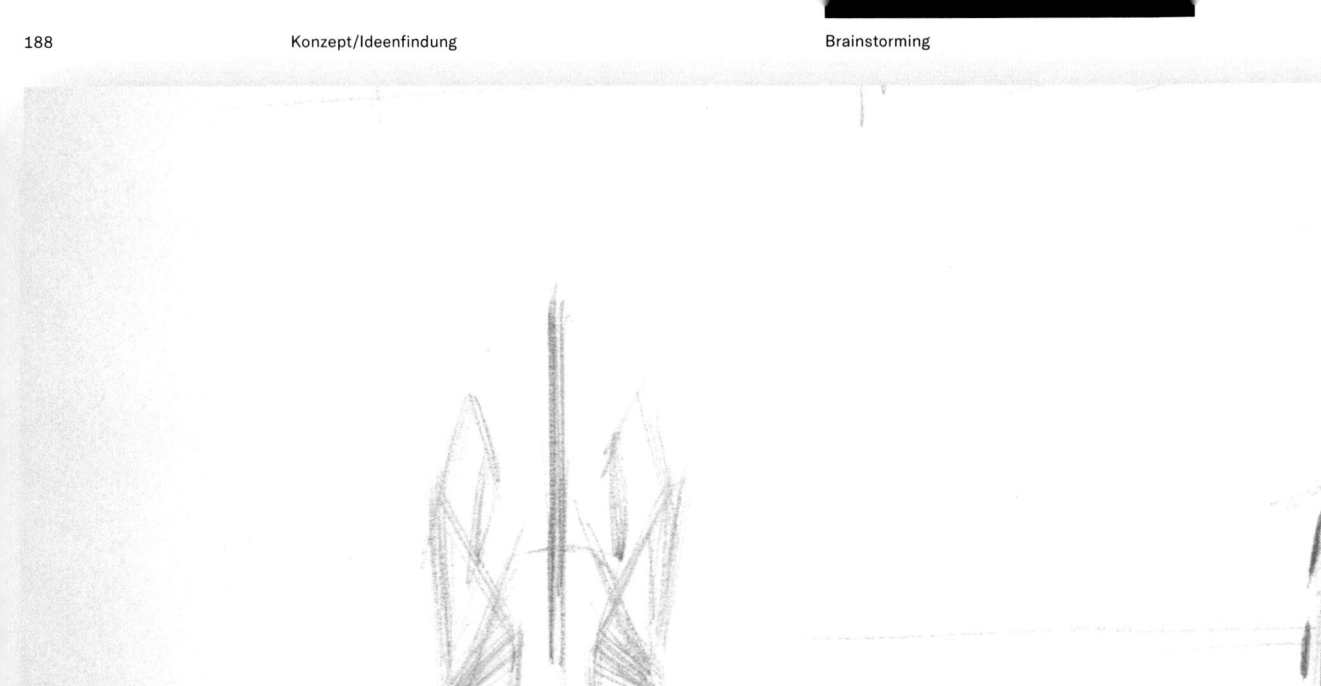

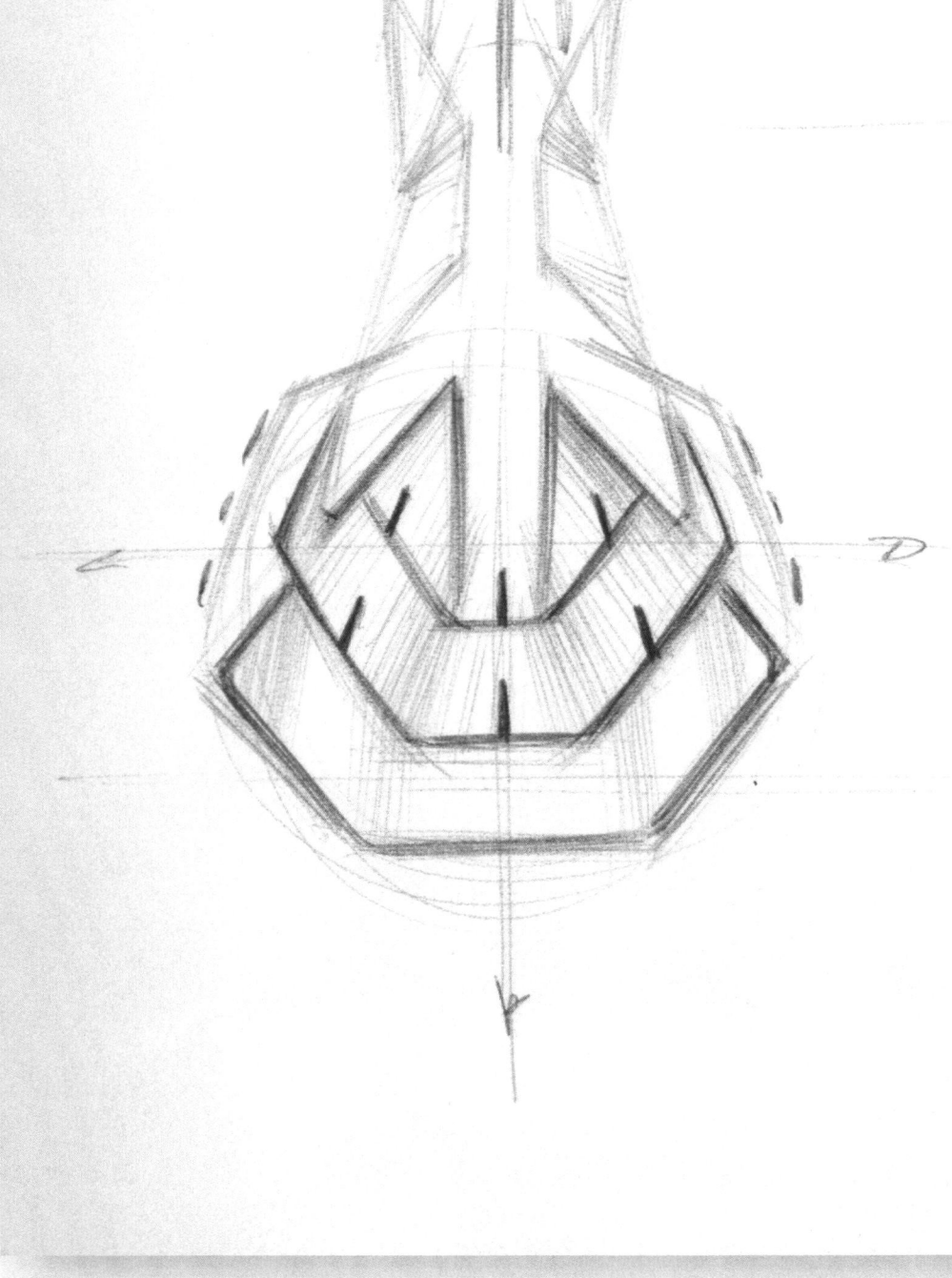

Dominic Baumann	Sebastian Bekmann	Tim Bormann	Michael Juraschek	Anja König

| Ignacio Pena | Anna Pittrich | Jonas Rall | Constantin Weyers | Benjamin Wiedling |

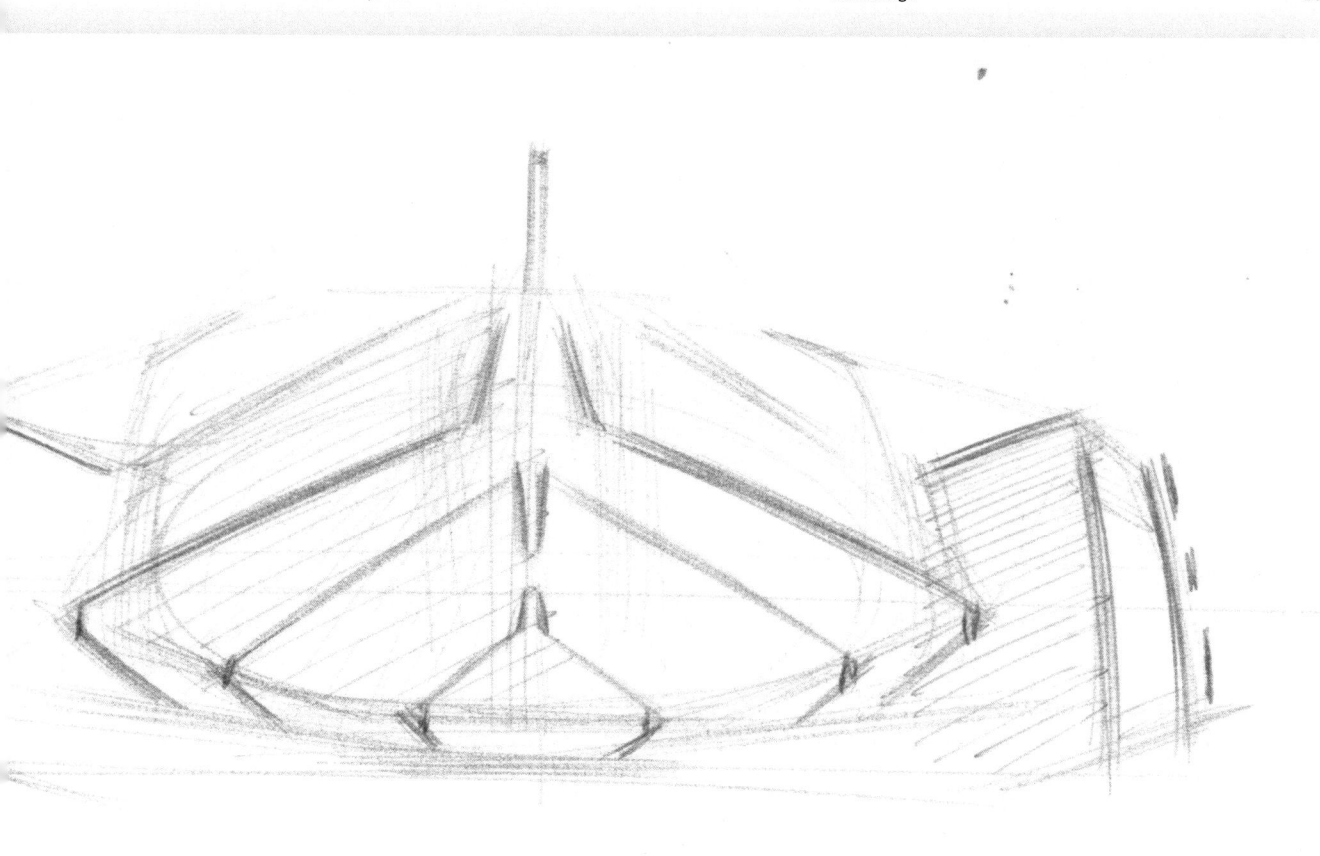

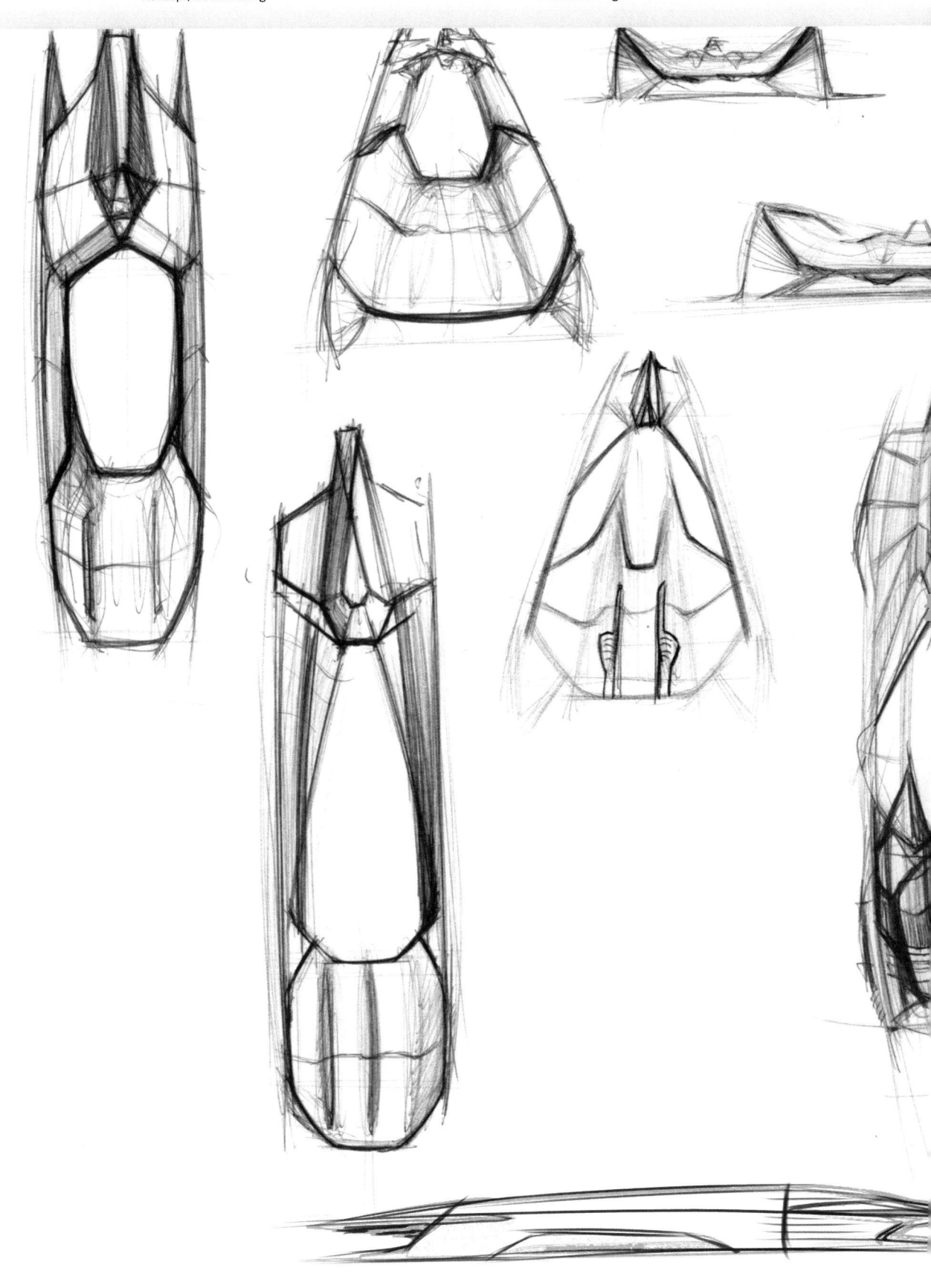

Dominic Baumann	Sebastian Bekmann	Tim Bormann	Michael Juraschek	Anja König

Ignacio Pena	Anna Pittrich	Jonas Rall	Constantin Weyers	Benjamin Wiedling

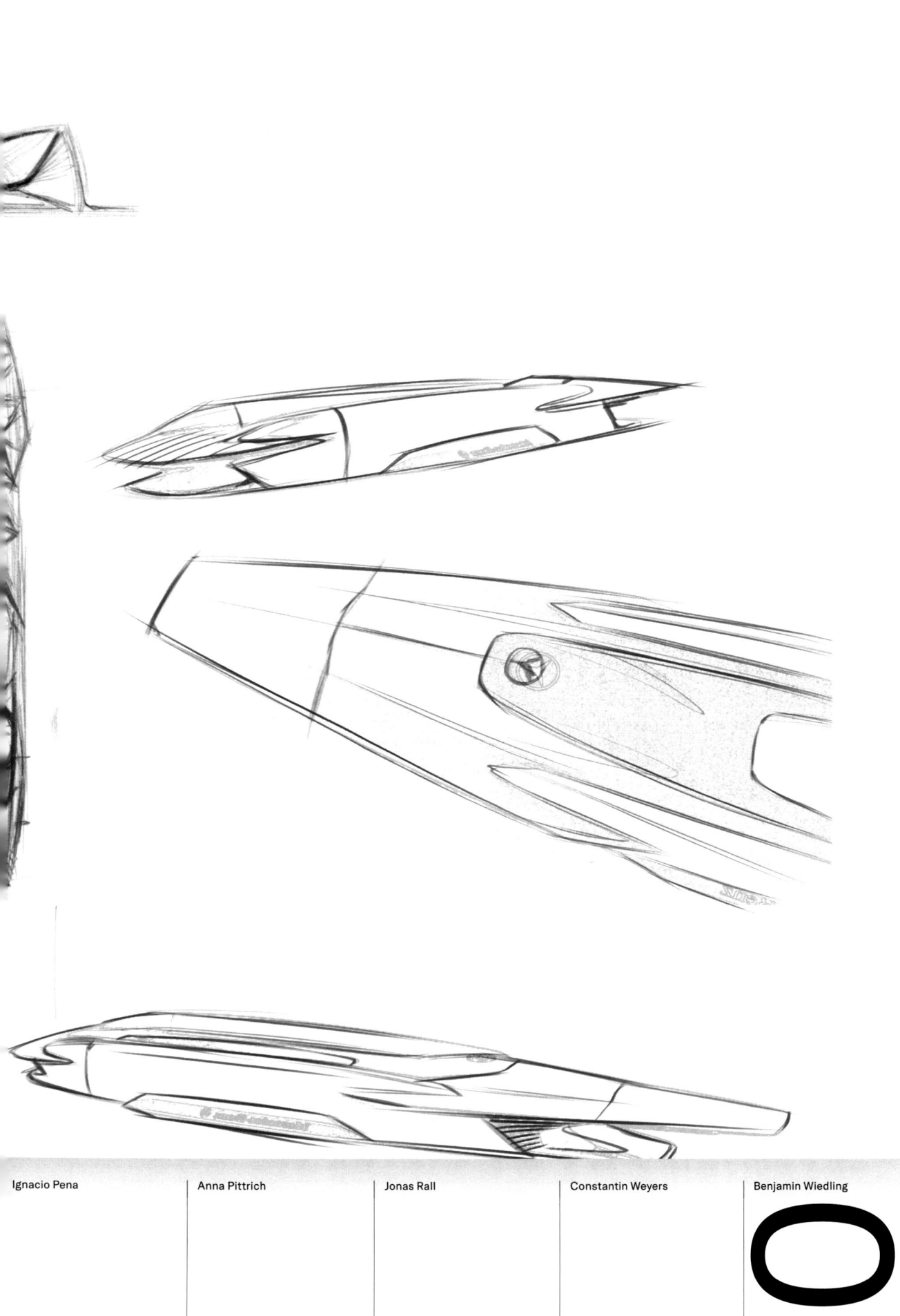

Dominic Baumann	Sebastian Bekmann	Tim Bormann	Michael Juraschek	Anja König

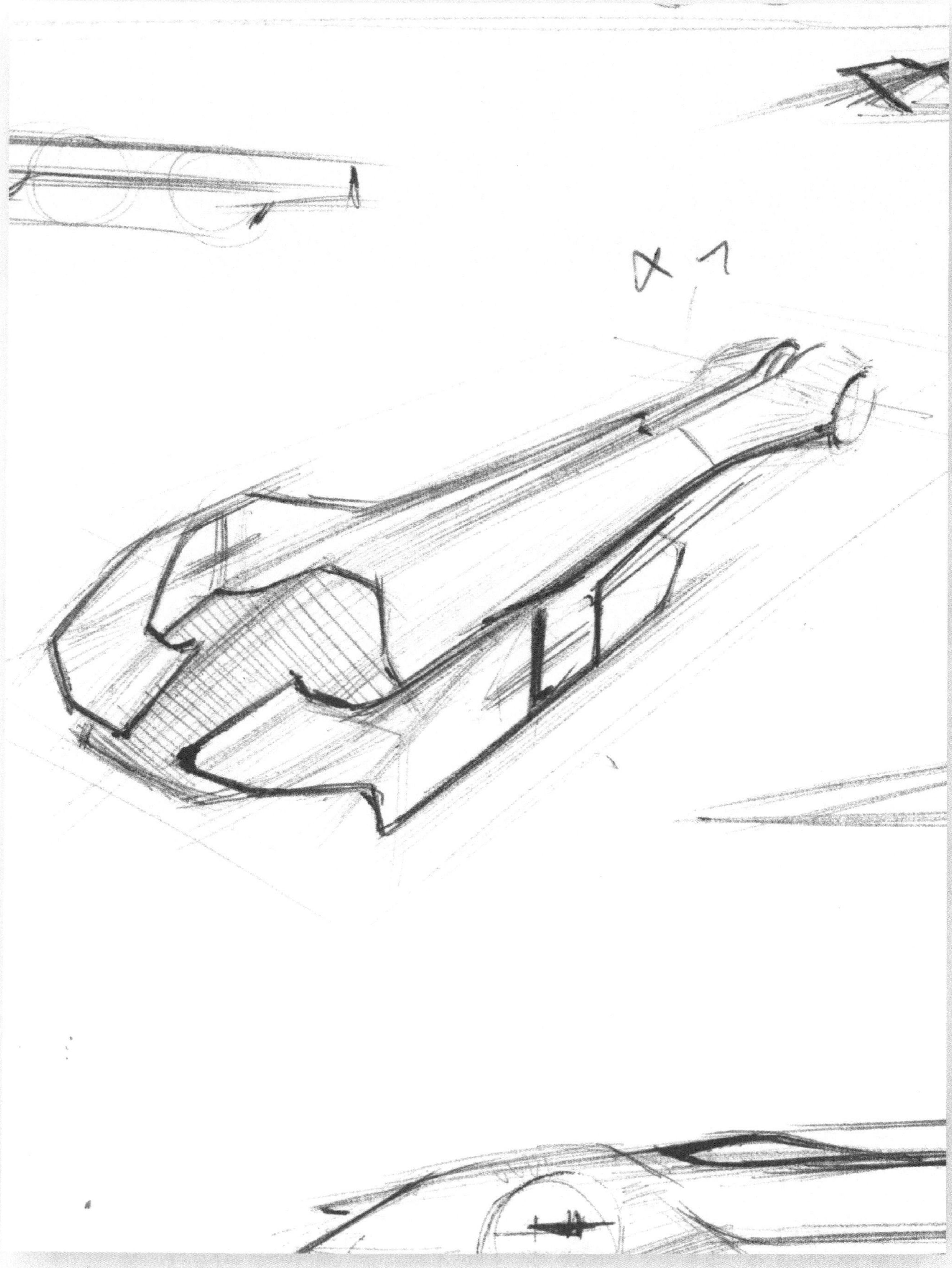

Ignacio Pena | Anna Pittrich | Jonas Rall | Constantin Weyers | Benjamin Wiedling

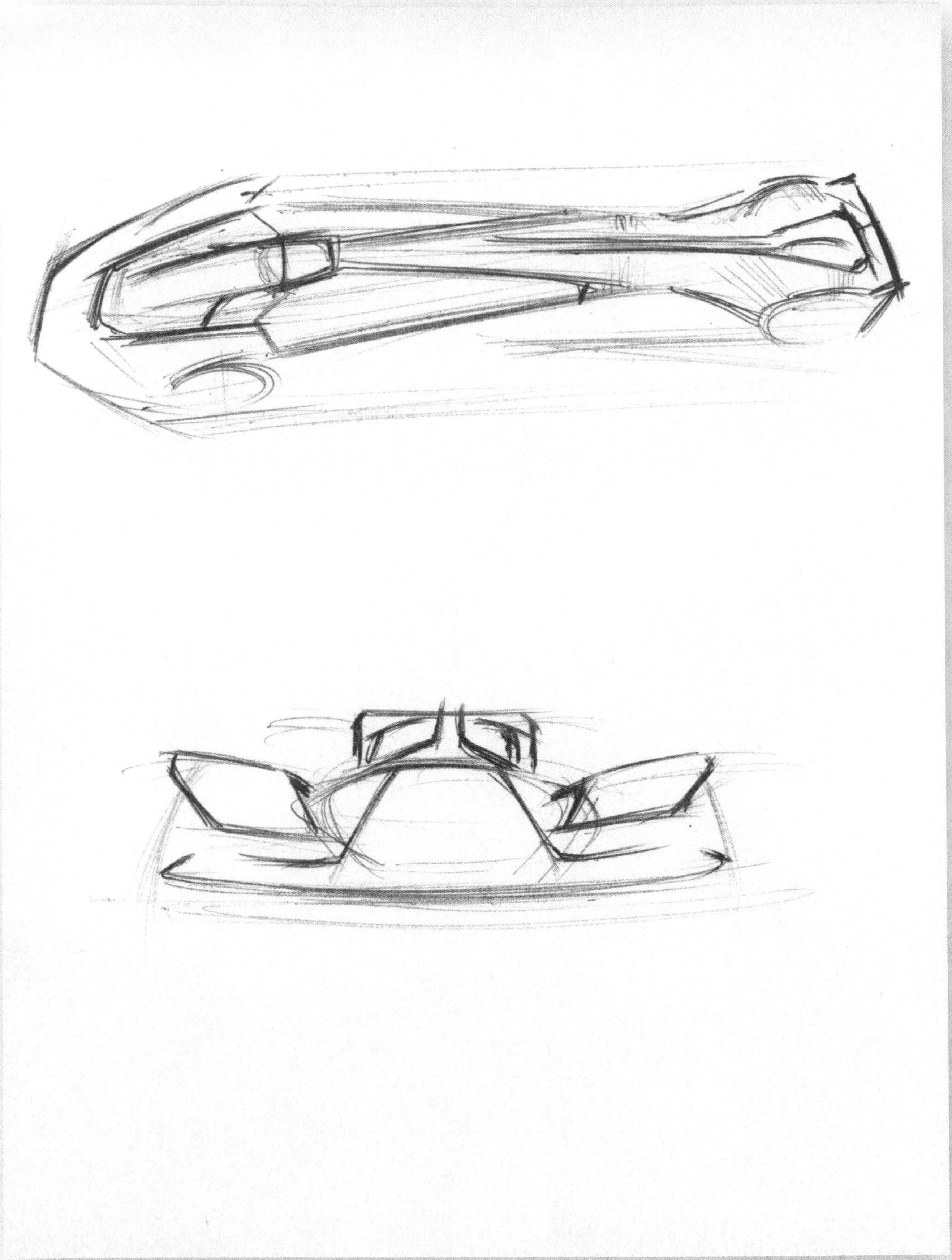

Dominic Baumann	Sebastian Bekmann	Tim Bormann	Michael Juraschek	Anja König

| Ignacio Pena | Anna Pittrich | Jonas Rall | Constantin Weyers | Benjamin Wiedling |

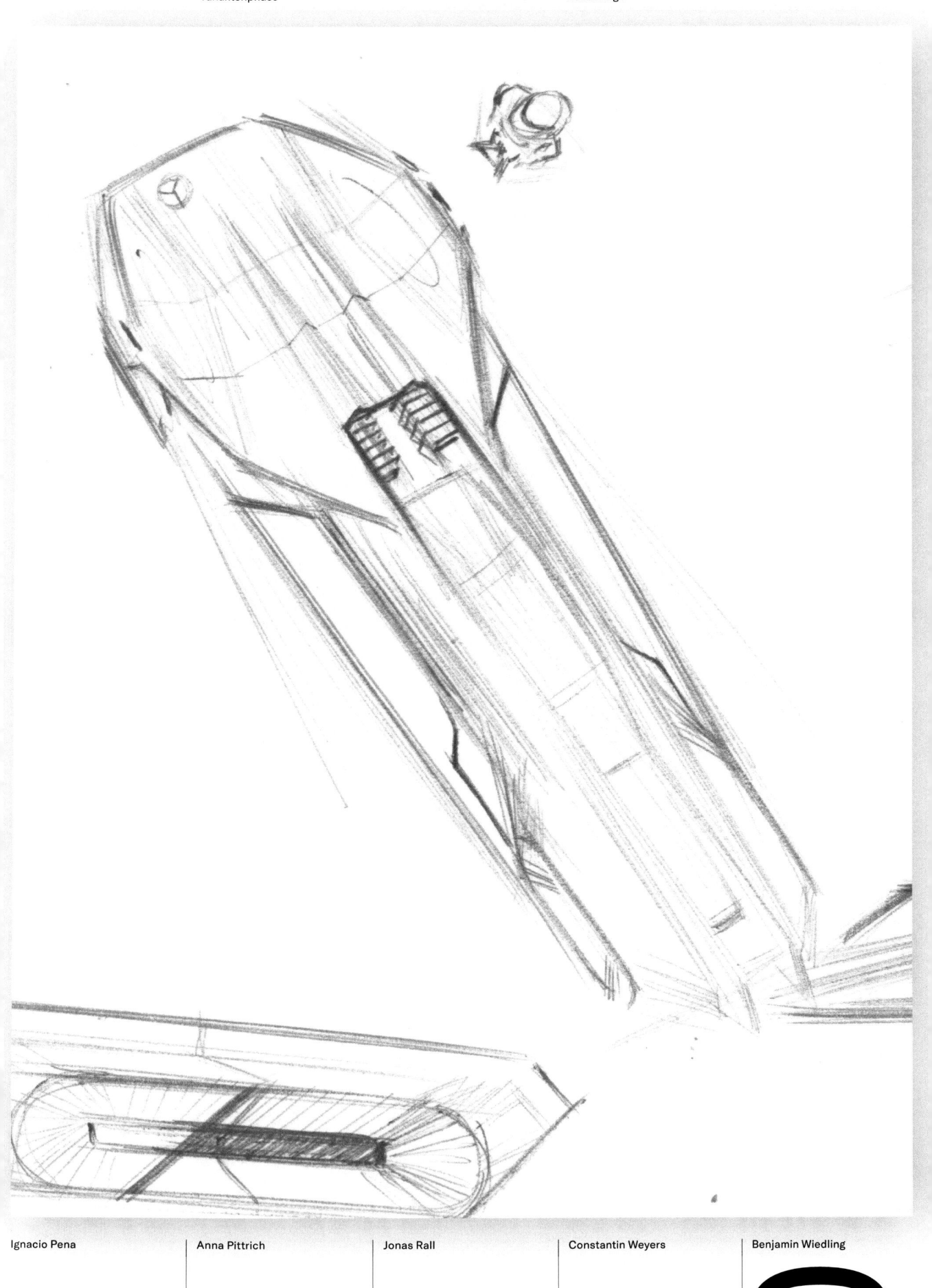

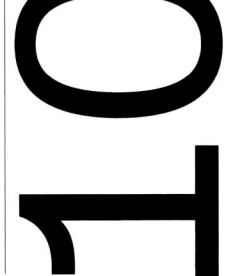

Konzept/Ideenfindung — Brainstorming

01 Dominic Baumann

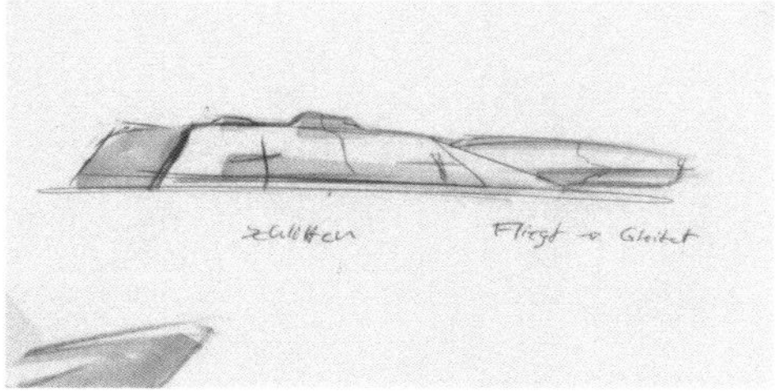

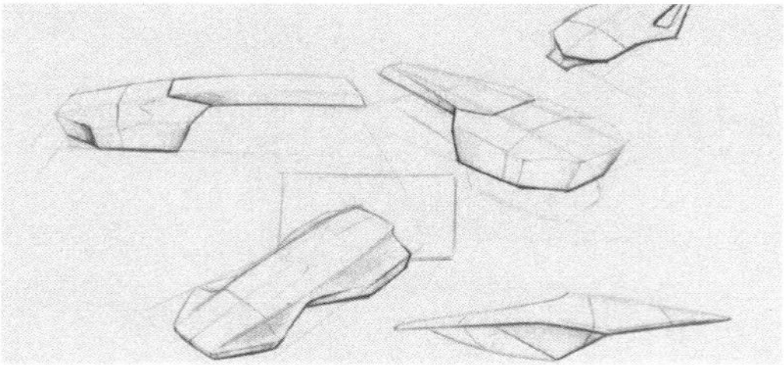

Mit dem Konzept der Polymagneten und deren Anbringung am Fahrzeug wurden drei potentielle Designrichtungen erarbeitet. Beim ersten Ansatz wurde der Gestaltungsfokus auf ein magnetisches Feld von unten gelegt. Beim zweiten Ansatz wurde die Anbringung von oben und beim dritten Ansatz von oben und unten gewählt. Auf Basis der vielversprechendsten Variante wurden neue Gestaltungsansätze erarbeitet, welche die Ideen der ersten Skizzen weiterentwickelten.

02 Sebastian Bekmann

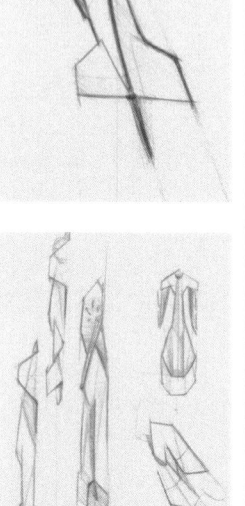

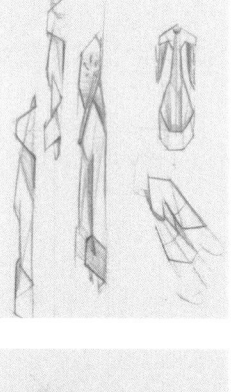

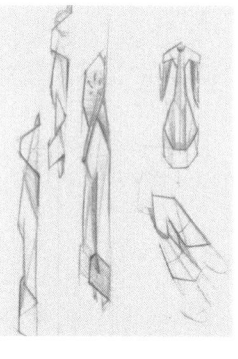

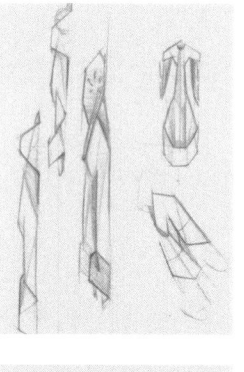

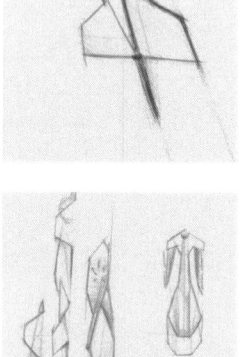

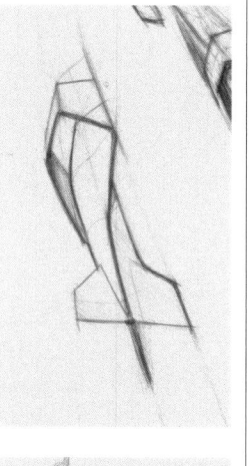

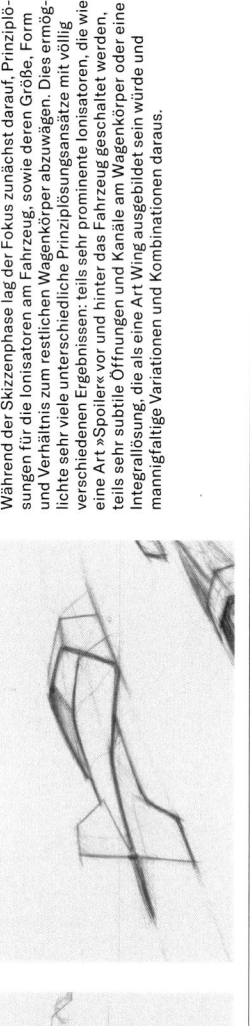

Während der Skizzenphase lag der Fokus zunächst darauf, Prinziplösungen für die Ionisatoren am Fahrzeug, sowie deren Größe, Form und Verhältnis zum restlichen Wagenkörper abzuwägen. Dies ermöglichte sehr viele unterschiedliche Prinziplösungsansätze mit völlig verschiedenen Ergebnissen: teils sehr prominente Ionisatoren, die wie eine Art »Spoiler« vor und hinter das Fahrzeug geschaltet werden, teils sehr subtile Öffnungen und Kanäle am Wagenkörper oder eine Integrallösung, die als eine Art Wing ausgebildet sein würde und mannigfaltige Variationen und Kombinationen daraus.

03 Tim Bormann

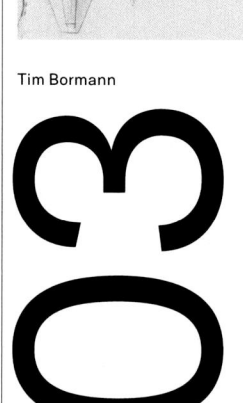

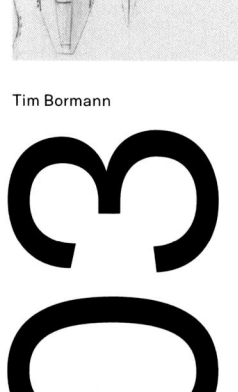

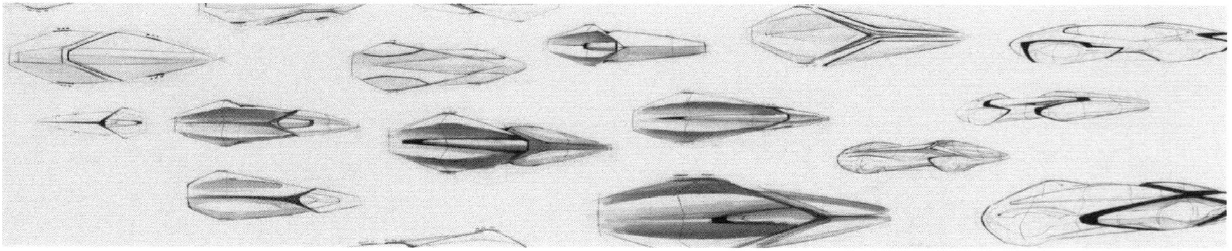

Das Ziel der Skizzenphase war es, den Prozess der Formveränderung des Rekordfahrtzeugs zu visualisieren. Das Verschmelzen der kraftvoll anmutenden Radkästen mit der aerodynamischen Tropfenform, die besonders in der Top-View zum Ausdruck kommt, statuiert den Ausgangspunkt der Entwürfe.

04 Michael Juraschek

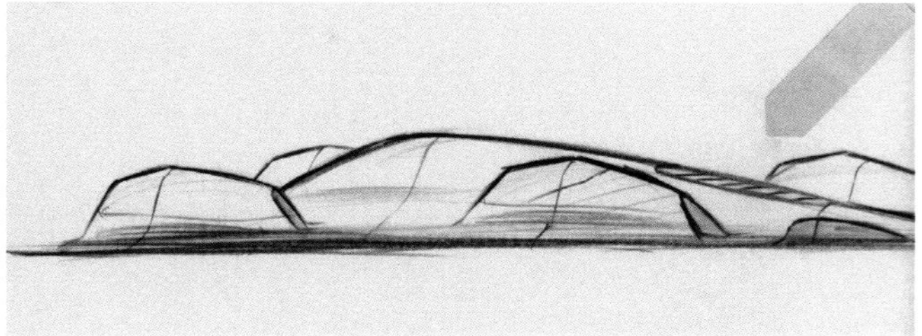

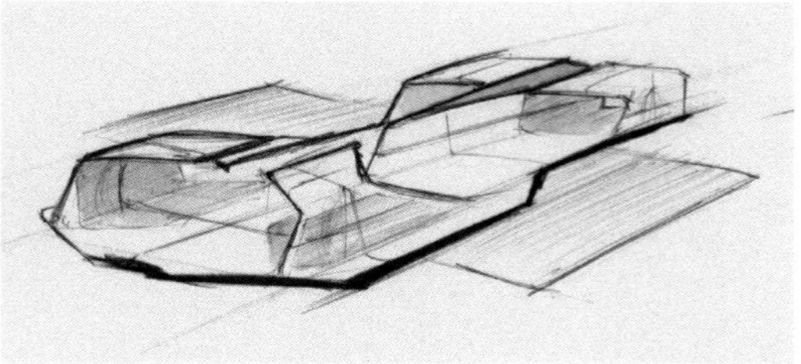

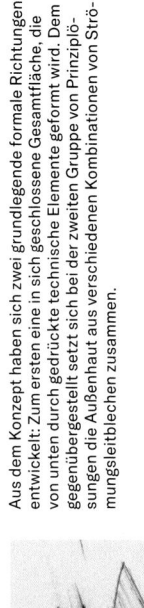

Aus dem Konzept haben sich zwei grundlegende formale Richtungen entwickelt: Zum ersten eine in sich geschlossene Gesamtfläche, die von unten durch gedrückte technische Elemente geformt wird. Dem gegenübergestellt setzt sich bei der zweiten Gruppe von Prinziplösungen die Außenhaut aus verschiedenen Kombinationen von Strömungsleitblechen zusammen.

05 Anja König

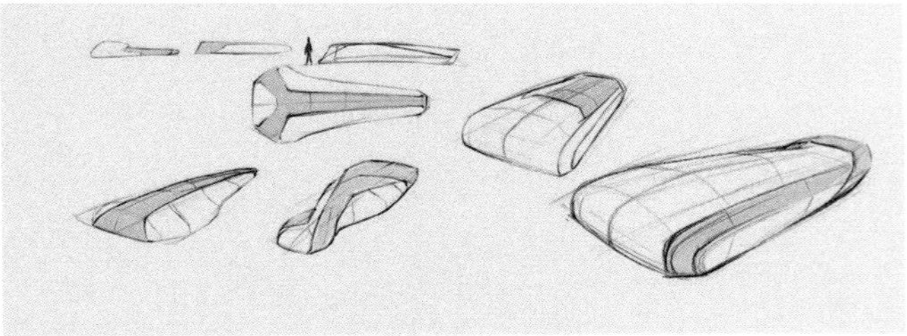

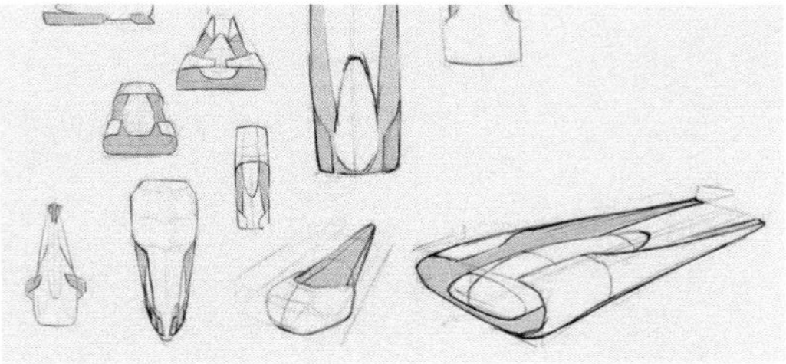

Mit dem zuvor erarbeiteten Konzept ist in diesem Teil des Projekts die dafür geeignetste Form erarbeitet worden. Dabei wurde besonders auf eine geringe Stirnfläche geachtet und gleichzeitig sollte die Anmutung eines Kometen erhalten bleiben.

Von Anfang an wurde hier der Fokus auf Radikalität gesetzt und zugleich auf einen starken Bezug zur Historie der Rennfahrzeuge von MERCEDES-BENZ, insbesondere zum T 80. Wichtig dafür war der Prozess des *unlearn-relearn*. Dadurch entstand die Box als radikalste Art eines Geschwindigkeitsrekordfahrzeugs. Die nächste Herausforderung war dieses Hauptmerkmal zu behalten, indem der Antrieb integriert und Luftführungselemente in das Innere der Karosserie verlagert wurden.

Ignacio Pena

06

In der Brainstormingphase wurden verschiedene Prinziplösungen des zuvor erarbeiteten Konzepts durchdekliniert. Hierbei wurden zum Teil auch nur Front- oder Heckteile variiert, um in möglichst kurzer Zeit möglichst viele Ergebnisse zu bekommen und der Vorstellungskraft freien Lauf zu lassen. Hierbei flossen verschiedenste Assoziationen, von der faszinierenden Wassertierwelt der Rochen und Kalmare, bis hin zu verschiedensten Raumschiffvariationen mit ein. Ziel war es hierbei ergonomisch sinnvolle und proportional extreme, formale Lösungen zu verbinden. Am Ende der Brainstormingphase wurde ein Keysketch entschieden, auf dessen Grundlage weitergearbeitet wurde.

Anna Pittrich

07

Für das Konzept SPEED ARROW wurde in den ersten Entwürfen untersucht, wie weit Volumina aufgebrochen werden können, ohne das Fahrzeug zerklüftet und instabil wirken zu lassen. Die inneren Outcuts über die komplette Länge des Fahrzeugs minimalisieren die frontale Windangriffsfläche A, weshalb auch eine große Spurbreite ohne aerodynamische Nachteile möglich ist. Ziel war es, eine niederkomplexe, ikonische Form zu finden, die den Ausdruck von Hochgeschwindigkeit und Dynamik vereint.

Jonas Rall

08

Ziel in der Skizzenphase war es eine formale Lösung zur Verbindung des großen Vorderrades und des Wagenkörpers zu finden. Dieser sollte aerodynamisch möglichst realitätsnah gestaltet sein, da der Luftwiderstand die einzige wirklich bedeutende Größe für Hochgeschwindigkeitsfahrzeuge ist, und orientiert sich somit an der typischen Zigarrenform. Somit besitzt dieser Rekordwagen bei Abmessungen von ca. 1 m Breite und knapp 10 m Länge praktisch nur eine Seitenansicht, weshalb die erste Skizzenphase sich rein auf Side-View Sketches beschränkt hat, die das visuelle Zusammenspiel von Vorderrad zu Zigarrenkörper darstellen. Inspiriert von der Wendung »durch die Luft schneiden« finden sich besonders haiflossen- bzw. klingenartige Themen in den Skizzen, kombiniert mit dynamischen Seitengrafiken.

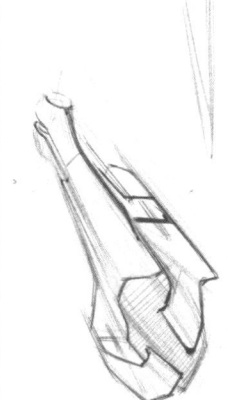

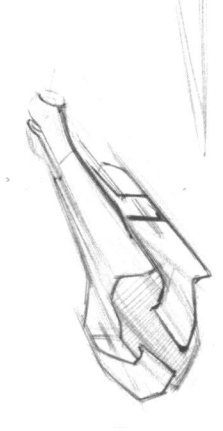

Constantin Weyers

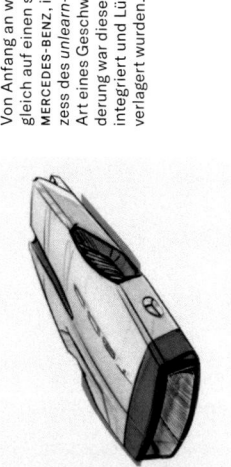

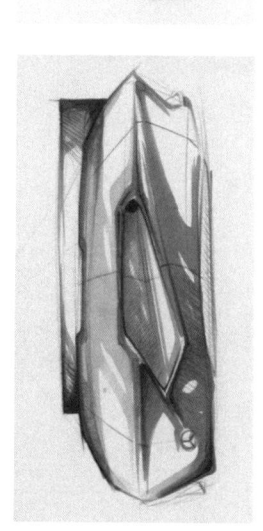

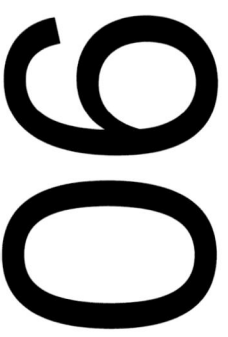

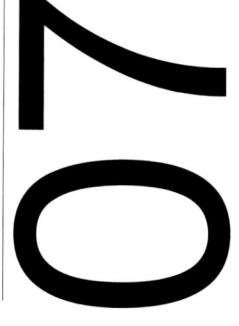

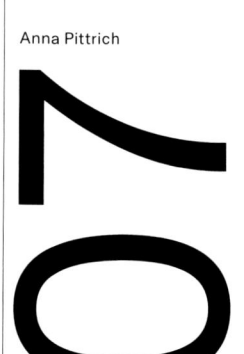

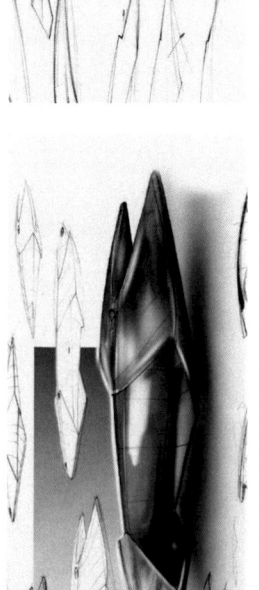

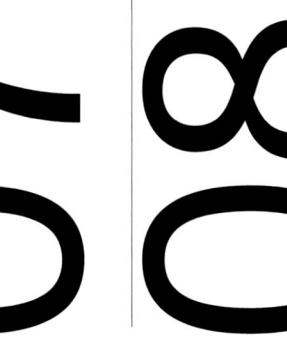

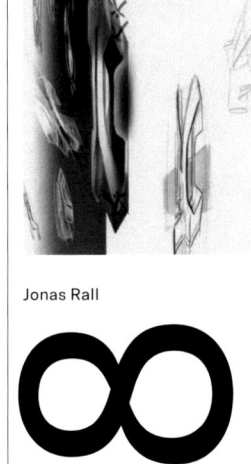

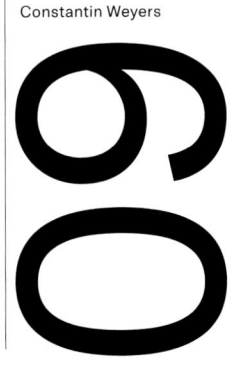

09

In der Skizzenphase lag die Herausforderung darin, eine ansprechende aerodynamische Form zu finden, die mit dem technischen Aspekt dieses Konzepts harmoniert. Da die Front des Rekordfahrzeugs erhitzt werden sollte, wurden hier einige Prinziplösungen erarbeitet, bei denen an der Spitze des Fahrzeugs eine Art in den Körper integrierten Elements erkennt, welches die gesamte, auf die Stirnfläche auftreffende Luft, aufheizen soll. Grundsätzlich verjüngt sich das Volumen des Rekordfahrzeugs von der Spitze an, sodass alles was hinter dem Hitzeelement stattfindet, nicht zur Fläche A addiert werden kann.

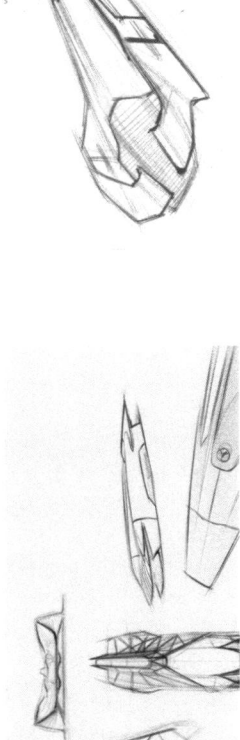

Benjamin Wiedling

10

→ Variantenphase ● Im genauen Unterschied zur Ideenfindungsphase gehört bei der Erarbeitung der Varianten die genaue Evaluation der Gestaltungsentwicklung zu den zielführenden Maßnahmen. Nicht länger die Vielzahl an unterschiedlichen Prinziplösungen, sondern der Grad der kontinuierlichen Verbesserung der ausgewählten Designthematik in unterschiedlichen Varianten entscheidet, ob die Entwicklung ein tatsächlicher Designfortschritt ist oder kaum einen Unterschied ausmacht, oder sogar die Gestaltungsabsicht verwässert und damit eher einen Rückschritt bedeutet.

Eine Methode besteht darin, dass die Studierenden auf Basis der Zeichnungen ihrer Kommilitonen spontan zeichnerisch eigene Variationen zum Thema entwickeln. In 15-Minuten-Intervallen wurden die Sitzpositionen und somit die verwendeten Entwürfe rotiert, wodurch jeder Projekteilnehmer innerhalb von vier Stunden den direkten Input aus der individuellen Perspektive seiner elf Teamkollegen erhielt, während er parallel dazu Output für elf Designkonzepte erstellte. Dieser doppelte Gewinn an Design Content aus einem anderen Blickwinkel stellte eine große Bereicherung in dieser Phase des Projektes dar. Denn nicht primär die eigene Sichtweise und Kreativität sowie die reine Anzahl an Innovationen stehen dabei im Mittelpunkt, sondern die Präzisierung der Botschaft liegt im Fokus und fordert das Erfassen sowie das balancierte Ausbauen der stilprägenden Merkmale hin zu einer dominanten Charaktereigenschaft, mit der das Designkonzept aus allen Ansichten deutlich seinen Anspruch an ein identitätsstiftendes Geschwindigkeitsrekordfahrzeug aus dem Hause MERCEDES-BENZ widerspiegelt.

| Dominic Baumann | Sebastian Bekmann | Tim Bormann | Michael Juraschek | Anja König |

Variantenphase   Renderings   199

Ignacio Pena   Anna Pittrich   Jonas Rall   Constantin Weyers   Benjamin Wiedling

Kapsel 1   Kapsel 2

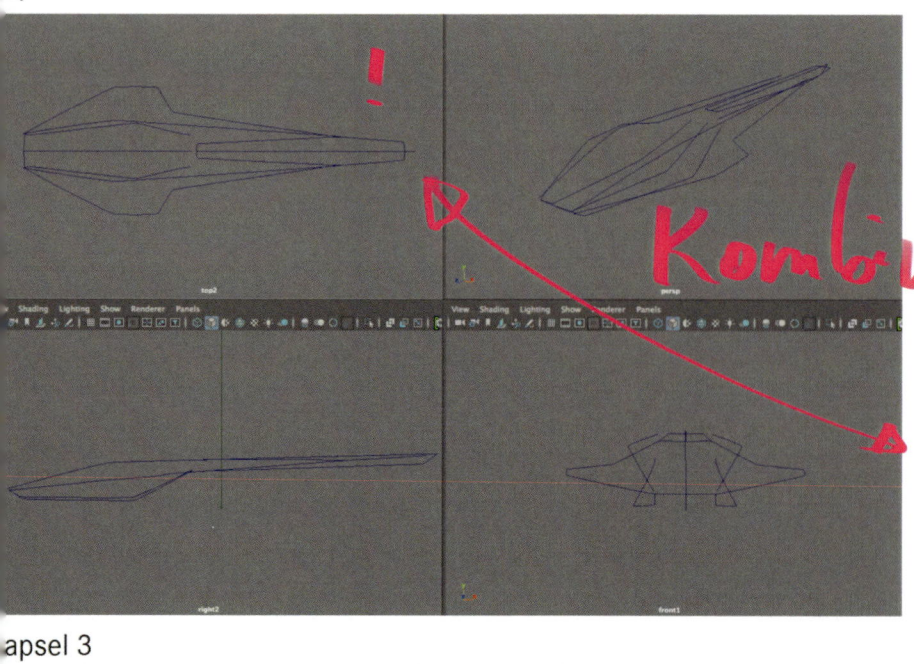

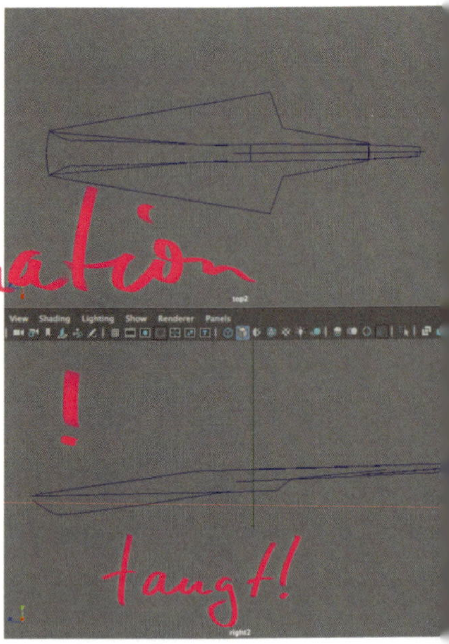

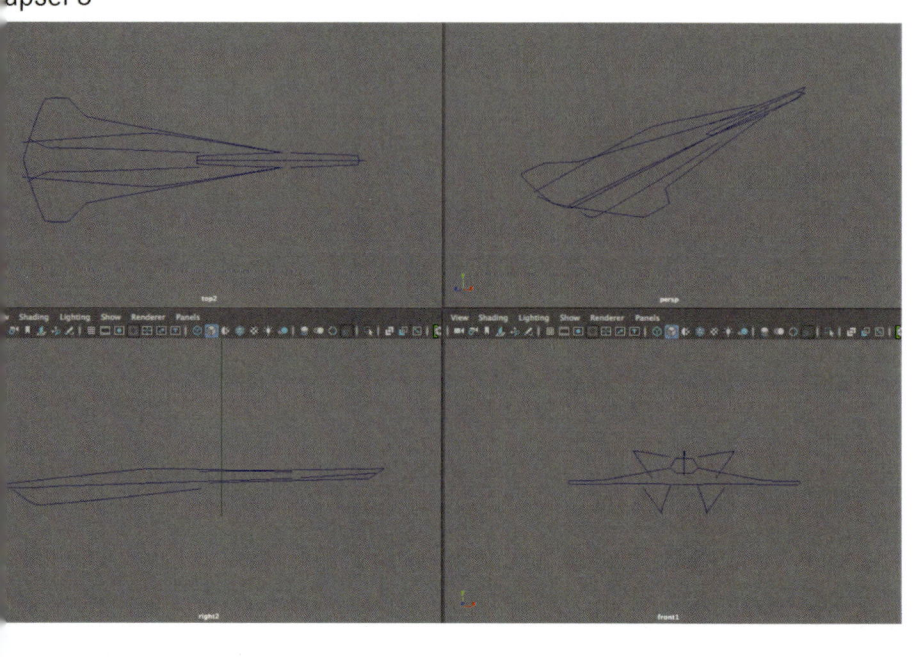

Kombination!

taugt!

Kapsel 3   Antriebsstrang

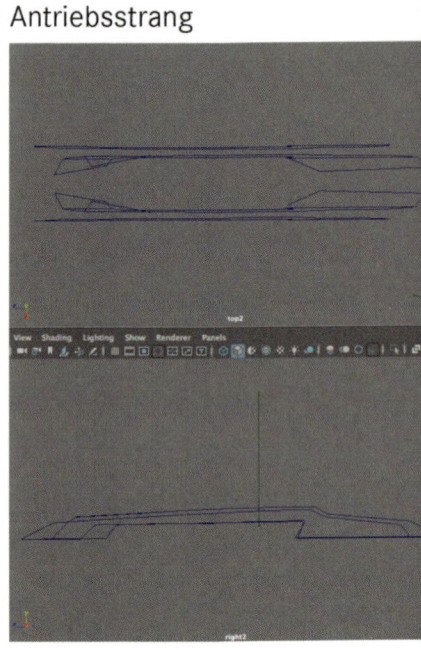

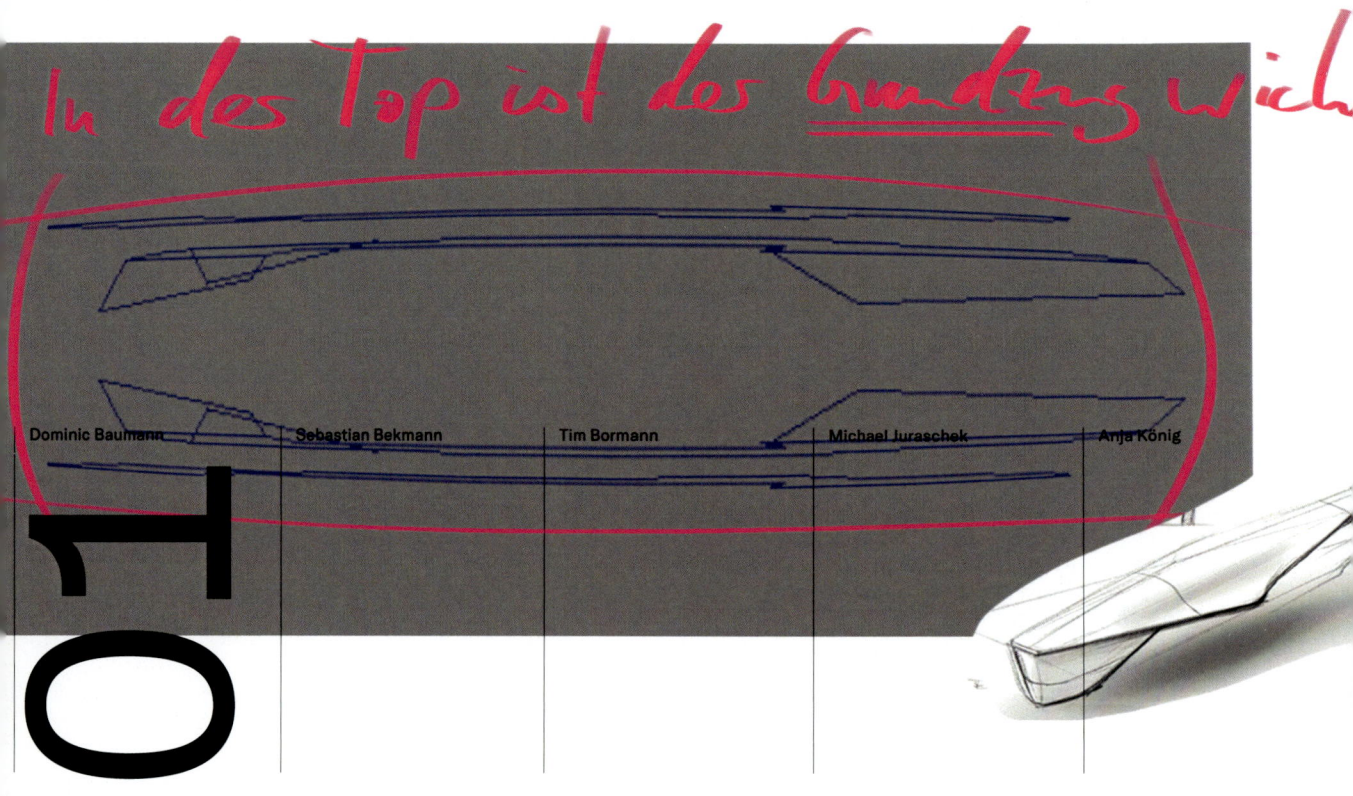

In des Top ist des Grundzeug wich

Dominic Baumann   Sebastian Bekmann   Tim Bormann   Michael Juraschek   Anja König

01

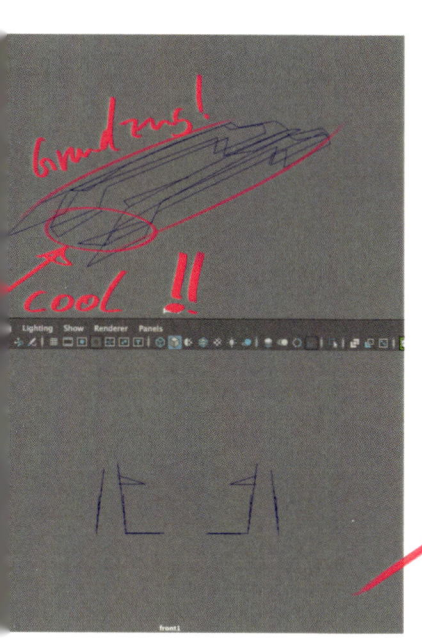

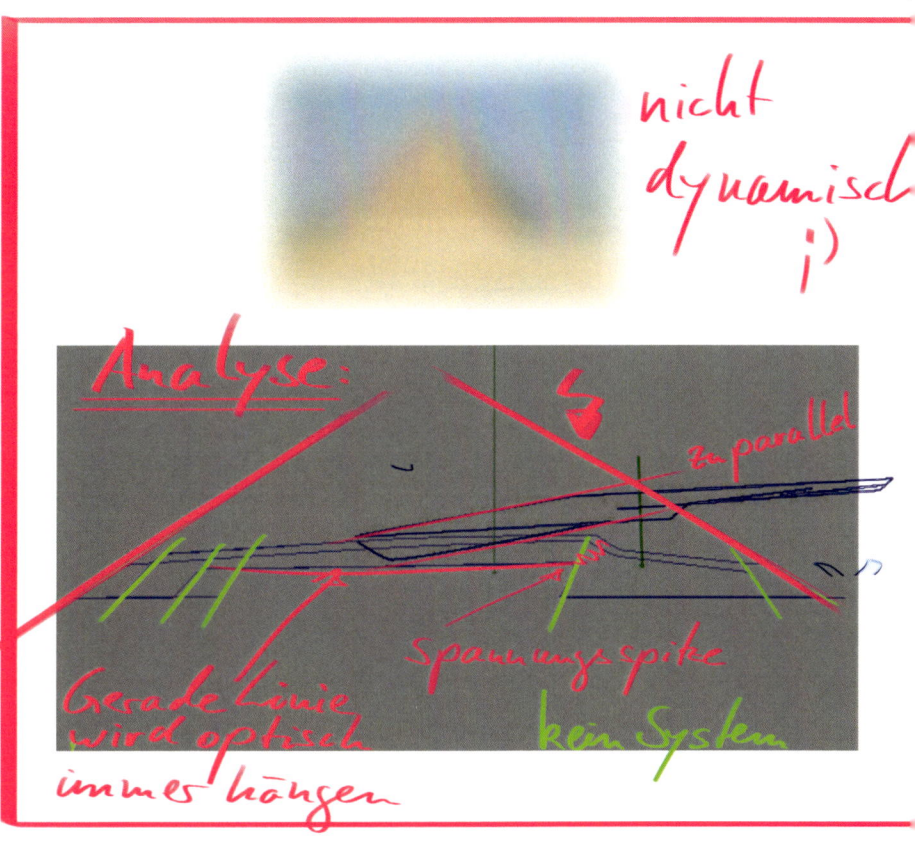

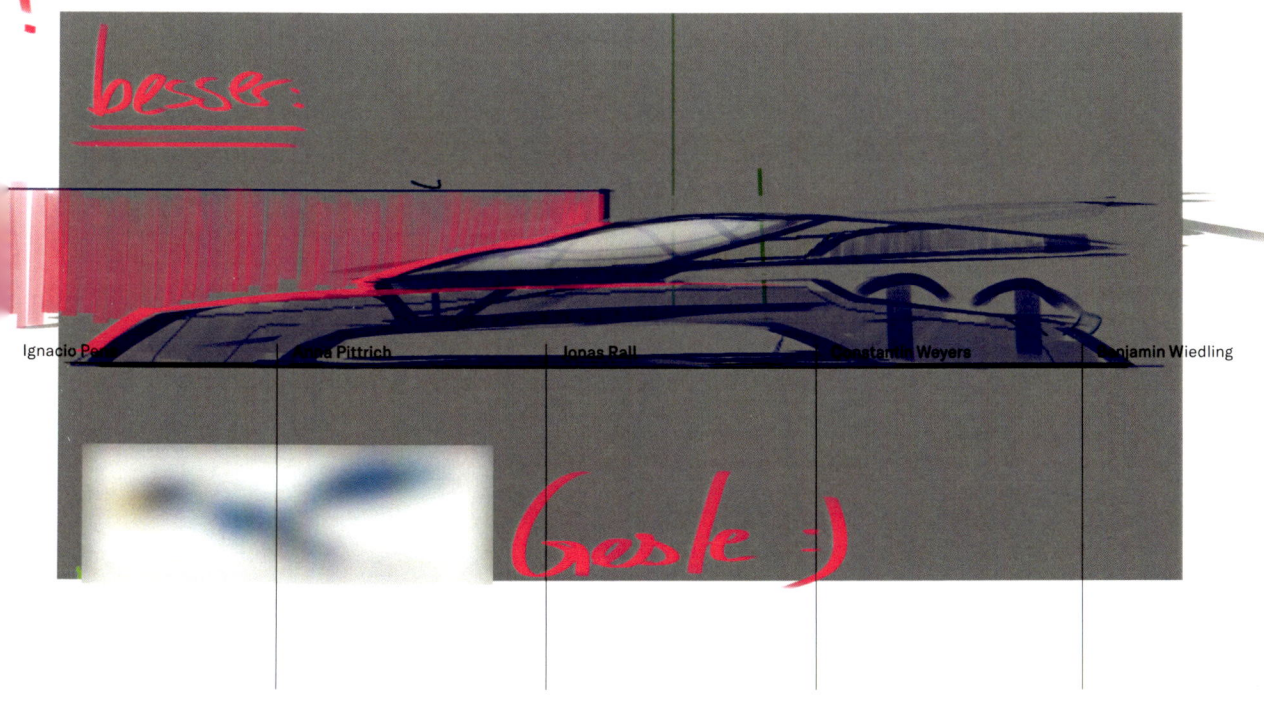

Variantenphase — Renderings — 201

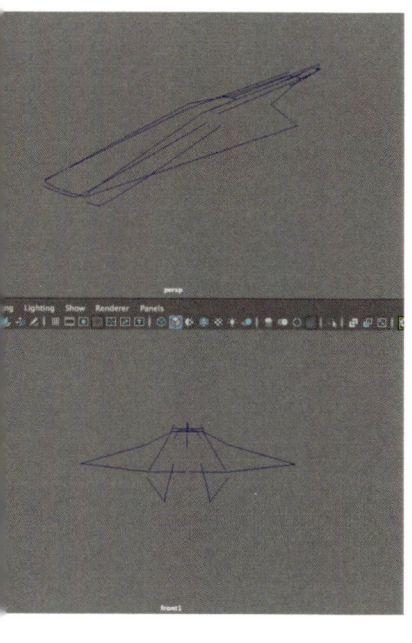

bitte auch Räder platzieren !

nicht dynamisch ;)

Grundriss!

cool !!

Analyse:
zu parallel
Spannungsspitze
kein System
Gerade Linie wird optisch immer hängen

!
besser:

(Geste :-)

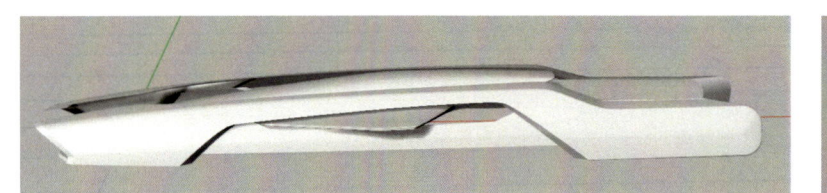

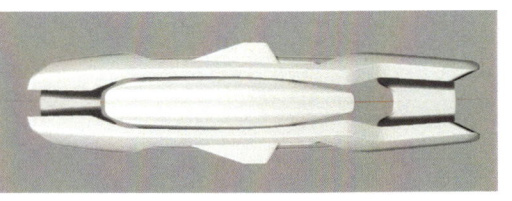

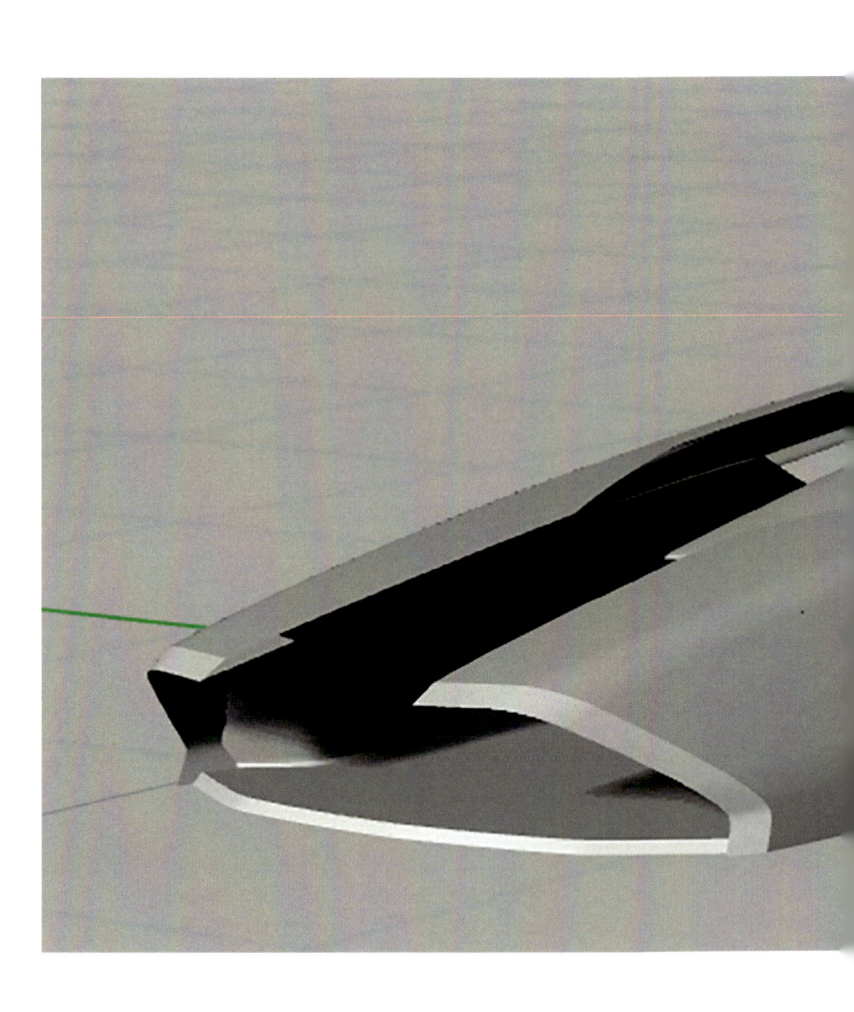

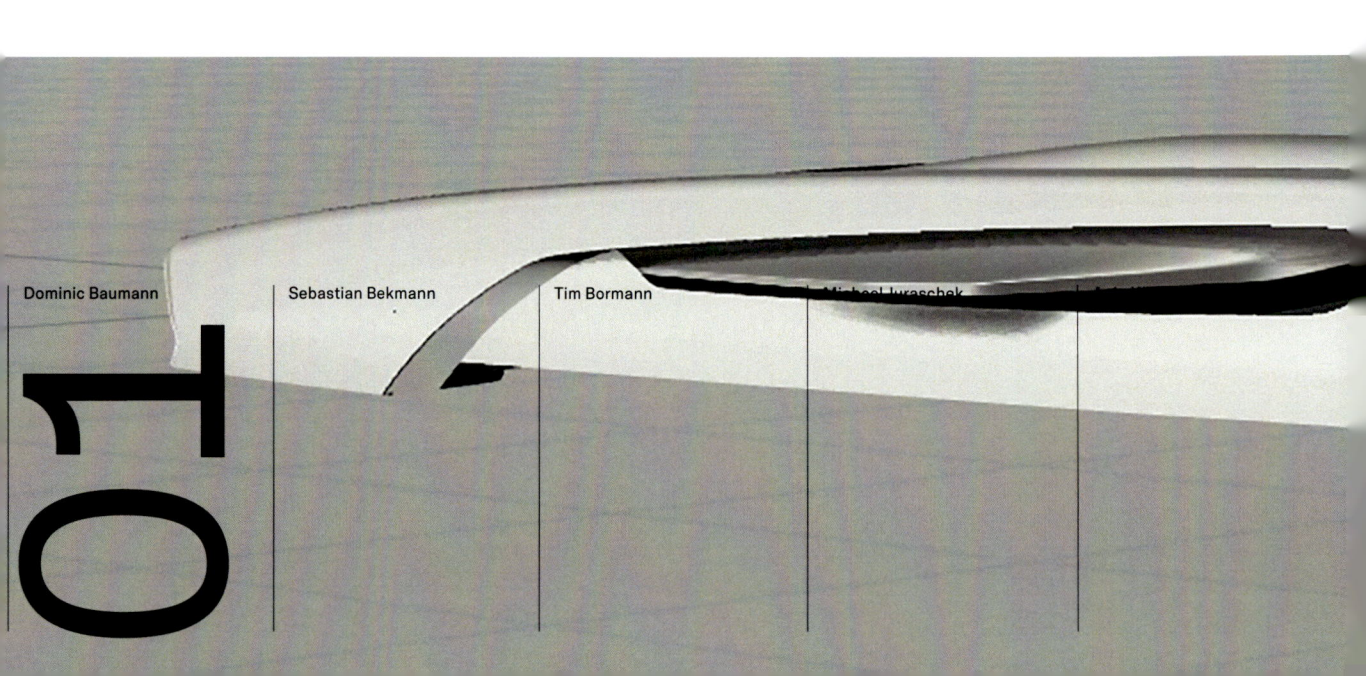

Konzept/Ideenfindung Brainstorming

01 | Dominic Baumann | Sebastian Bekmann | Tim Bormann | Michael Juraschek

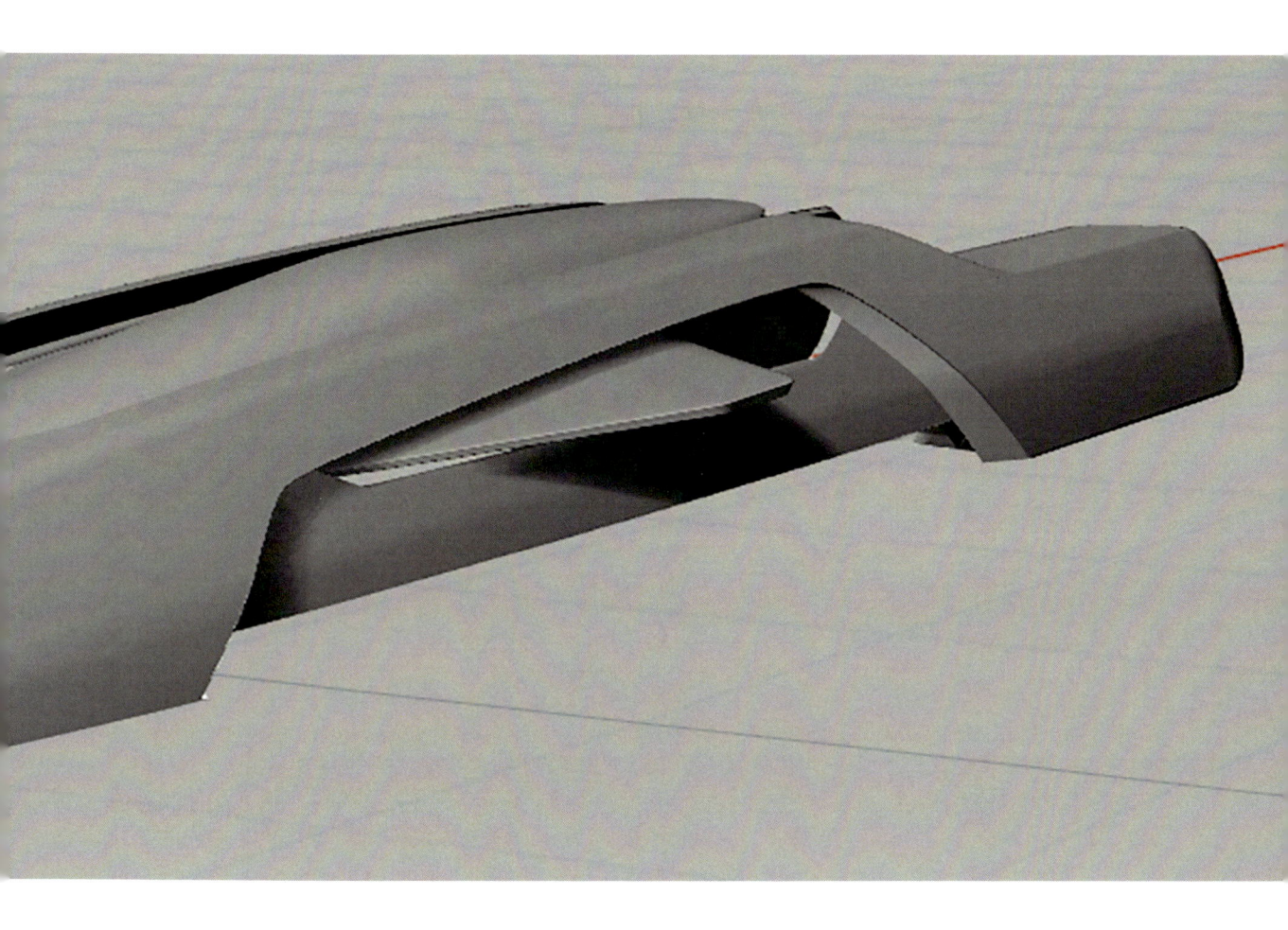

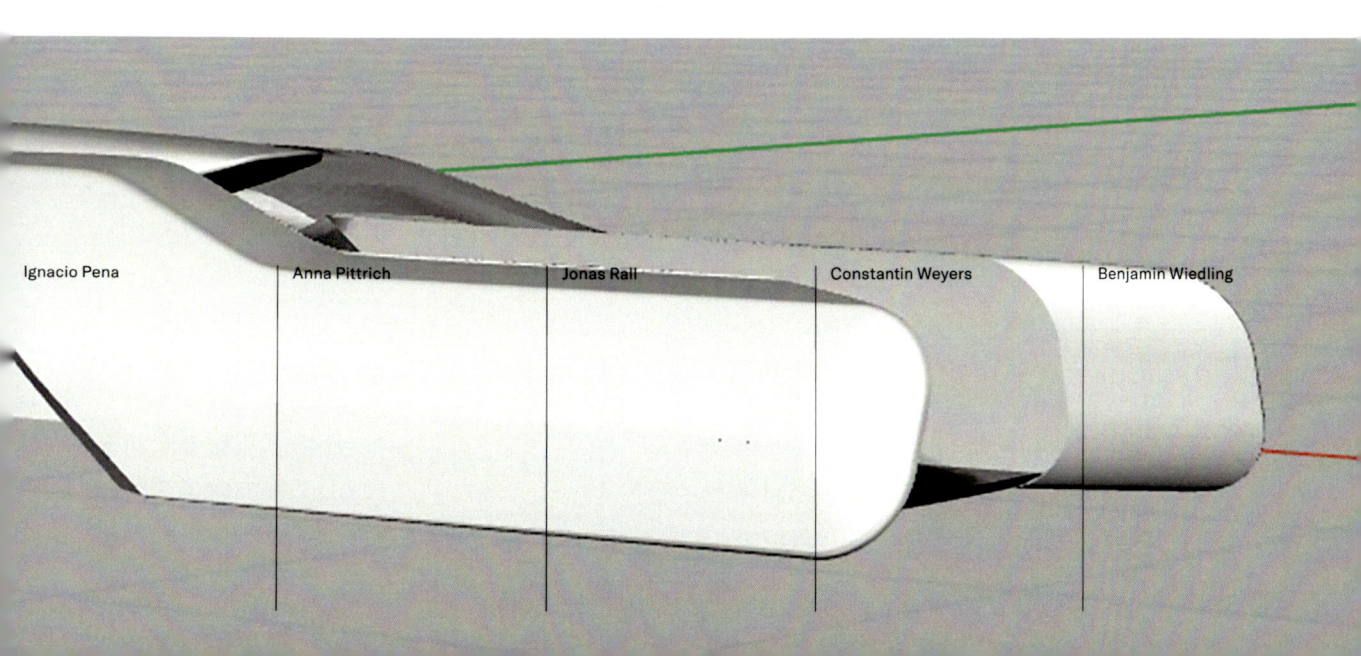

Variantenphase   Renderings   203

Ignacio Pena   Anna Pittrich   Jonas Rall   Constantin Weyers   Benjamin Wiedling

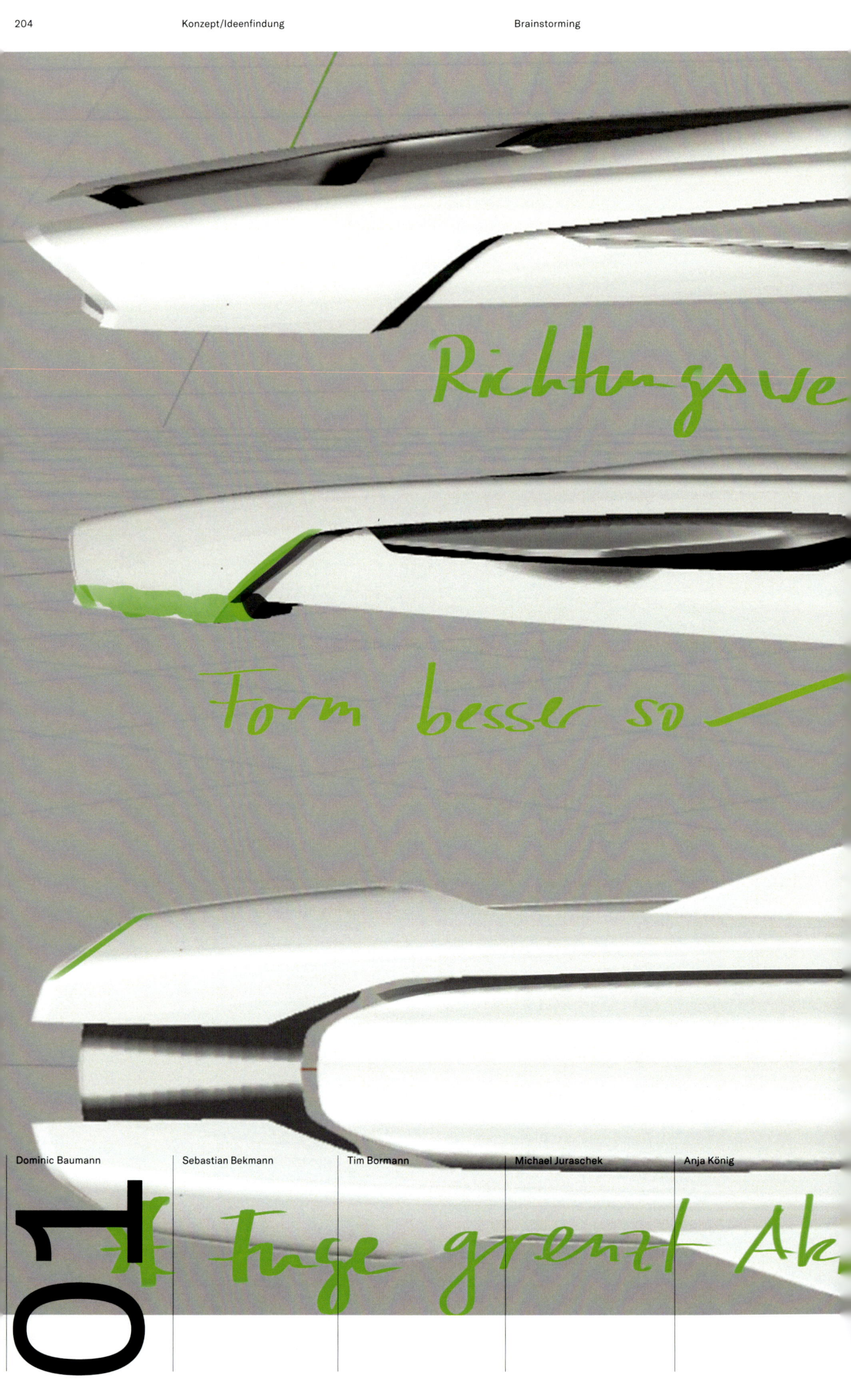

| Dominic Baumann | Sebastian Bekmann | Tim Bormann | Michael Juraschek | Anja König |

Variantenphase — Renderings — 205

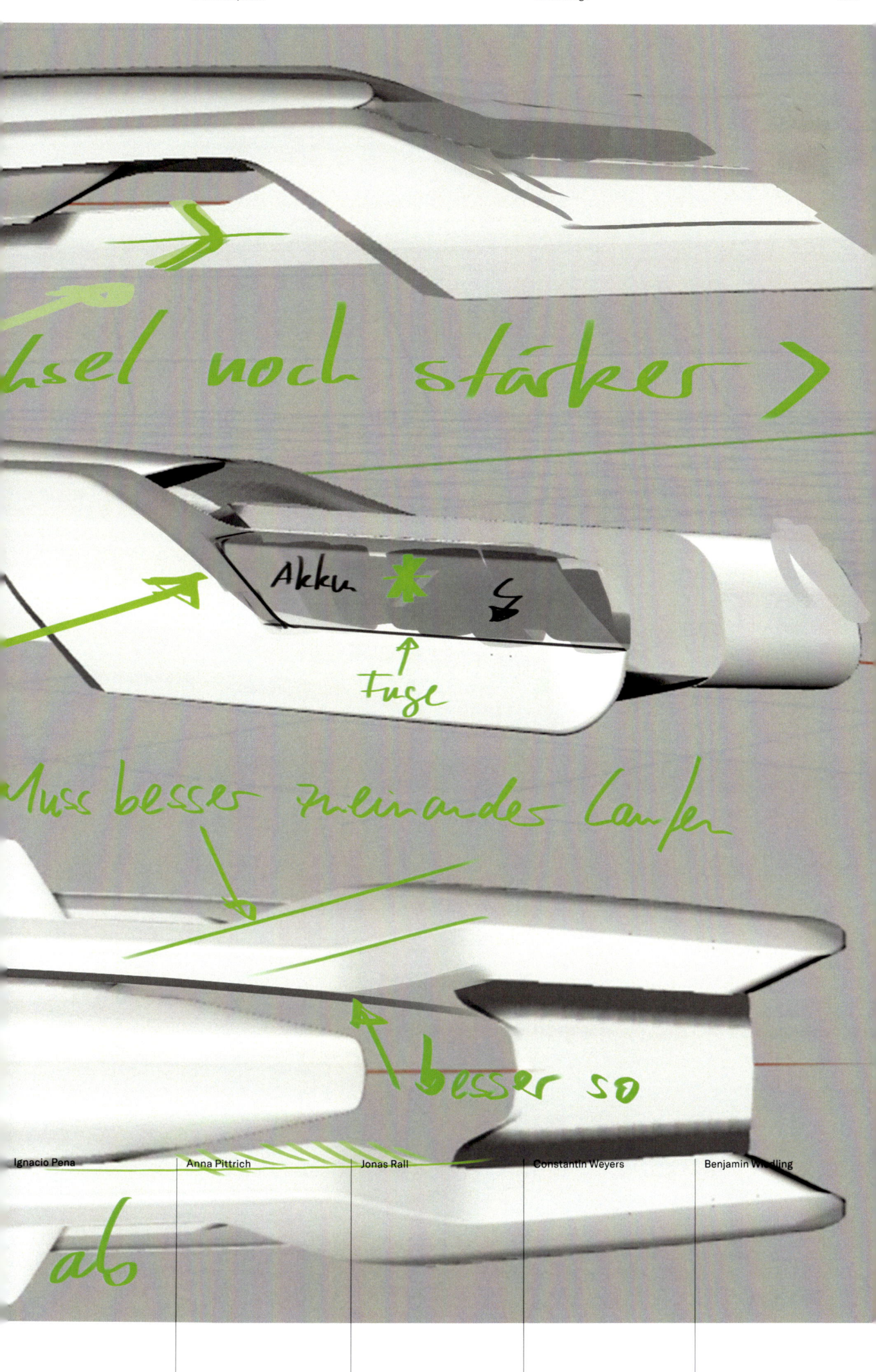

hsel noch stärker >

Akku
Fuse

Muss besser zueinander laufen

besser so

ab

Ignacio Pena — Anna Pittrich — Jonas Rall — Constantin Weyers — Benjamin Wiedling

besser so!
sonst zu brettig

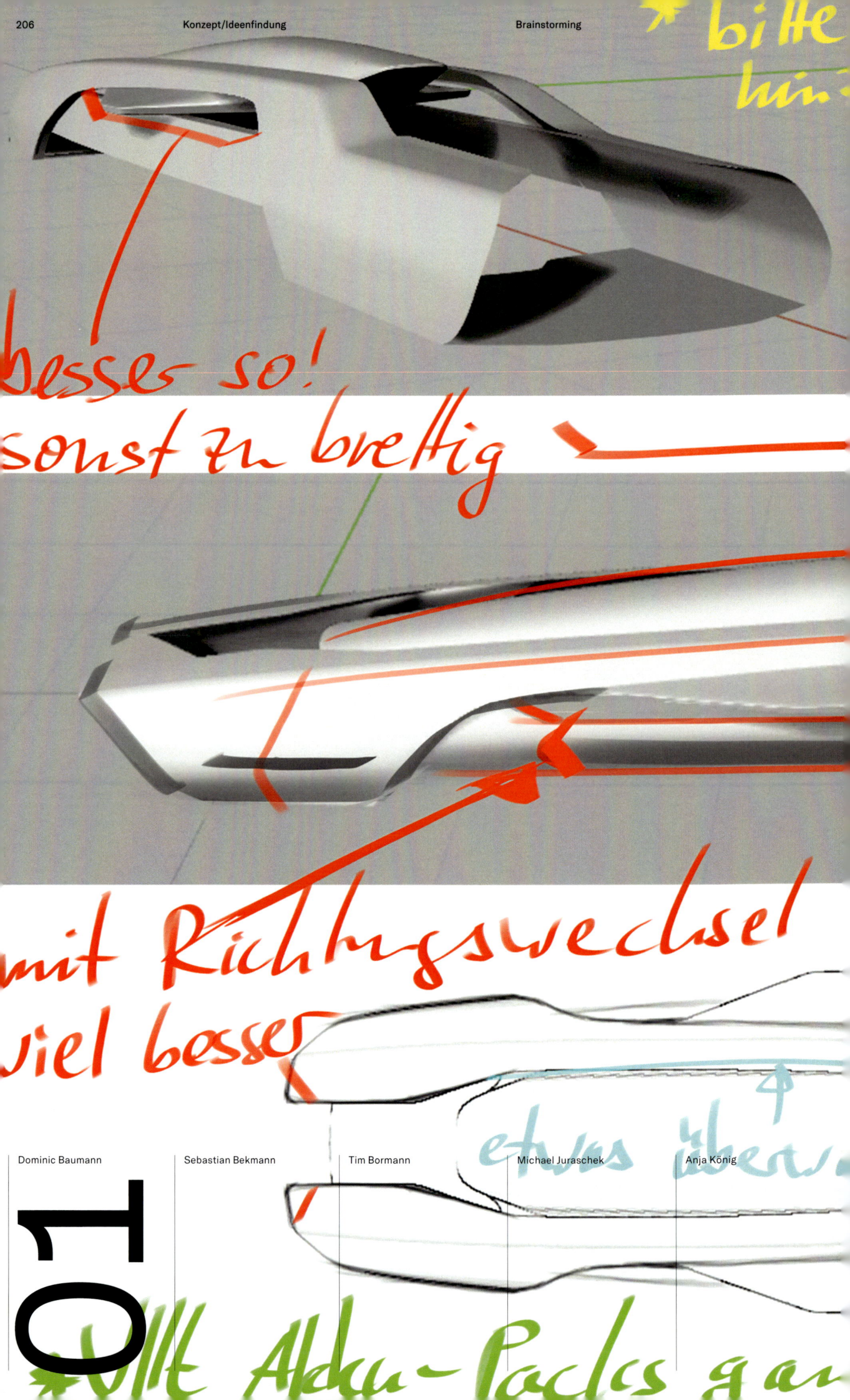

mit Richtungswechsel
viel besser

bitte hin...

etwas über...

vllt Akku-Packs g a...

| Dominic Baumann | Sebastian Bekmann | Tim Bormann | Michael Juraschek | Anja König |

01

Variantenphase — Renderings — 207

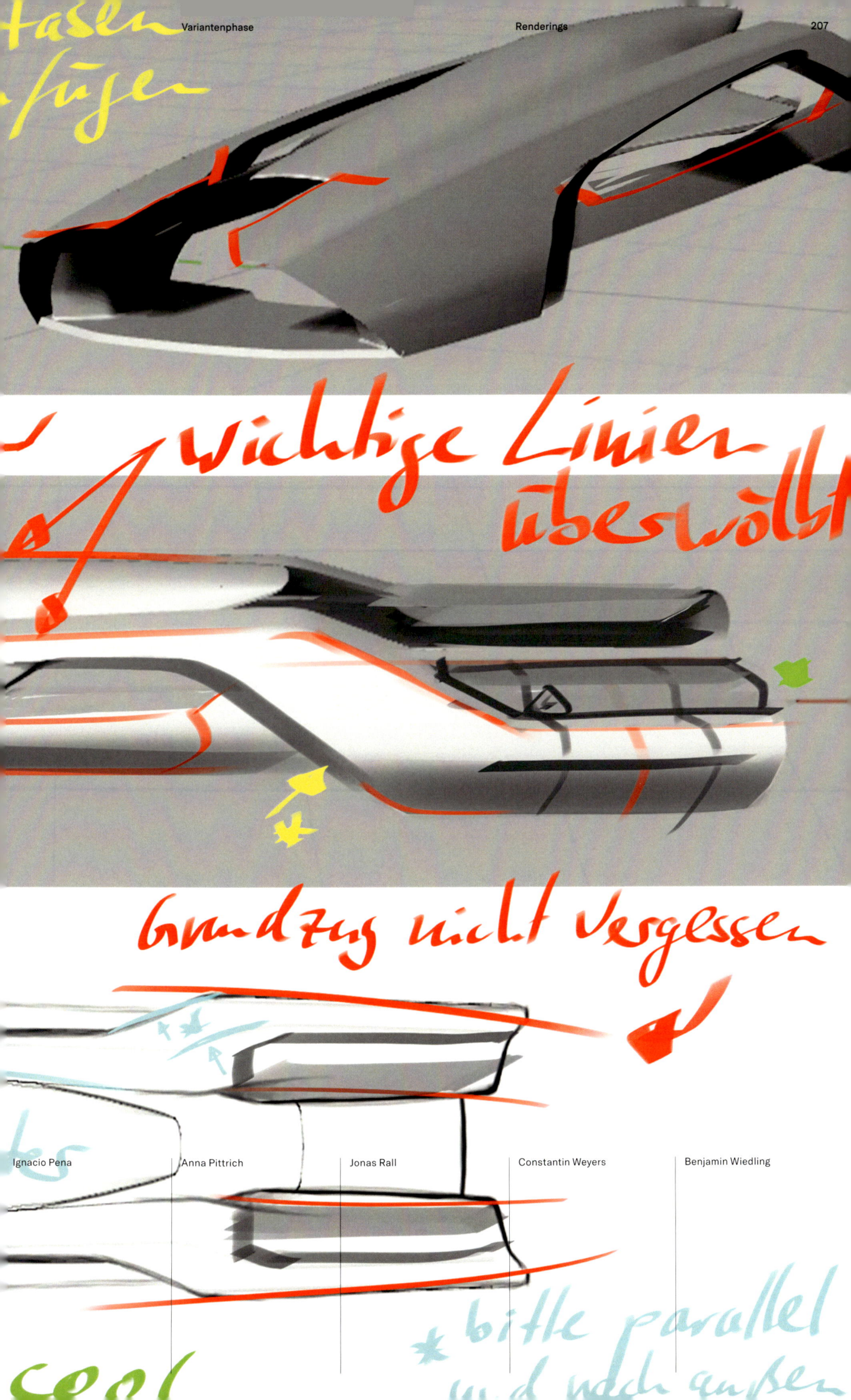

fasen fügen

wichtige Linien überwölbt

Grundzug nicht vergessen

Ignacio Pena · Anna Pittrich · Jonas Rall · Constantin Weyers · Benjamin Wiedling

cool

bitte parallel und nach außen

Konzept/Ideenfindung — Brainstorming

| Dominic Baumann | Sebastian Bekmann | Tim Bormann | Michael Juraschek | Anja König |

01

| Ignacio Pena | Anna Pittrich | Jonas Rall | Constantin Weyers | Benjamin Wiedling |

210   Konzept/Ideenfindung   Brainstorming

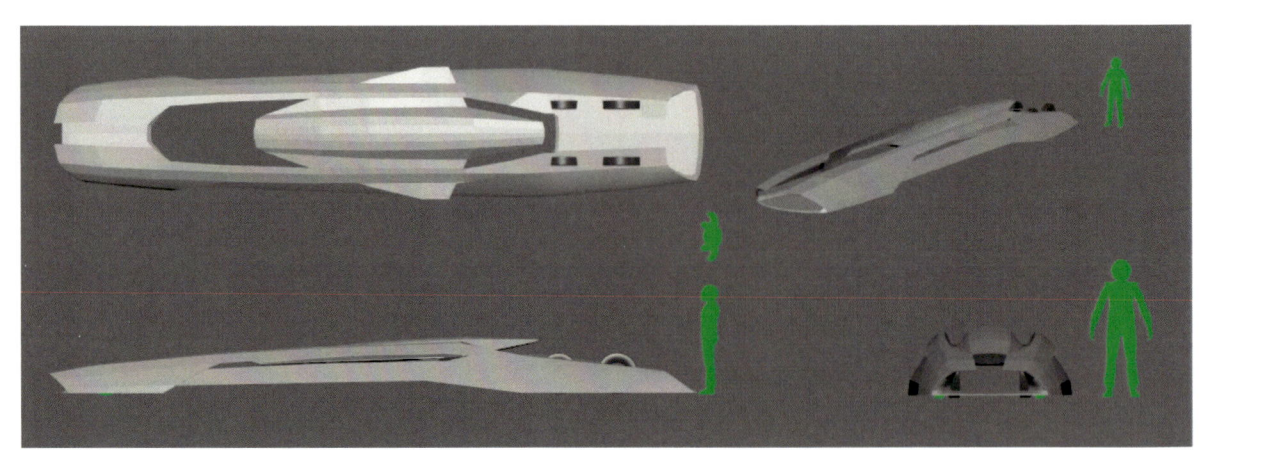

Dominic Baumann | Sebastian Bekmann | Tim Bormann | Michael Juraschek | Anja König

01

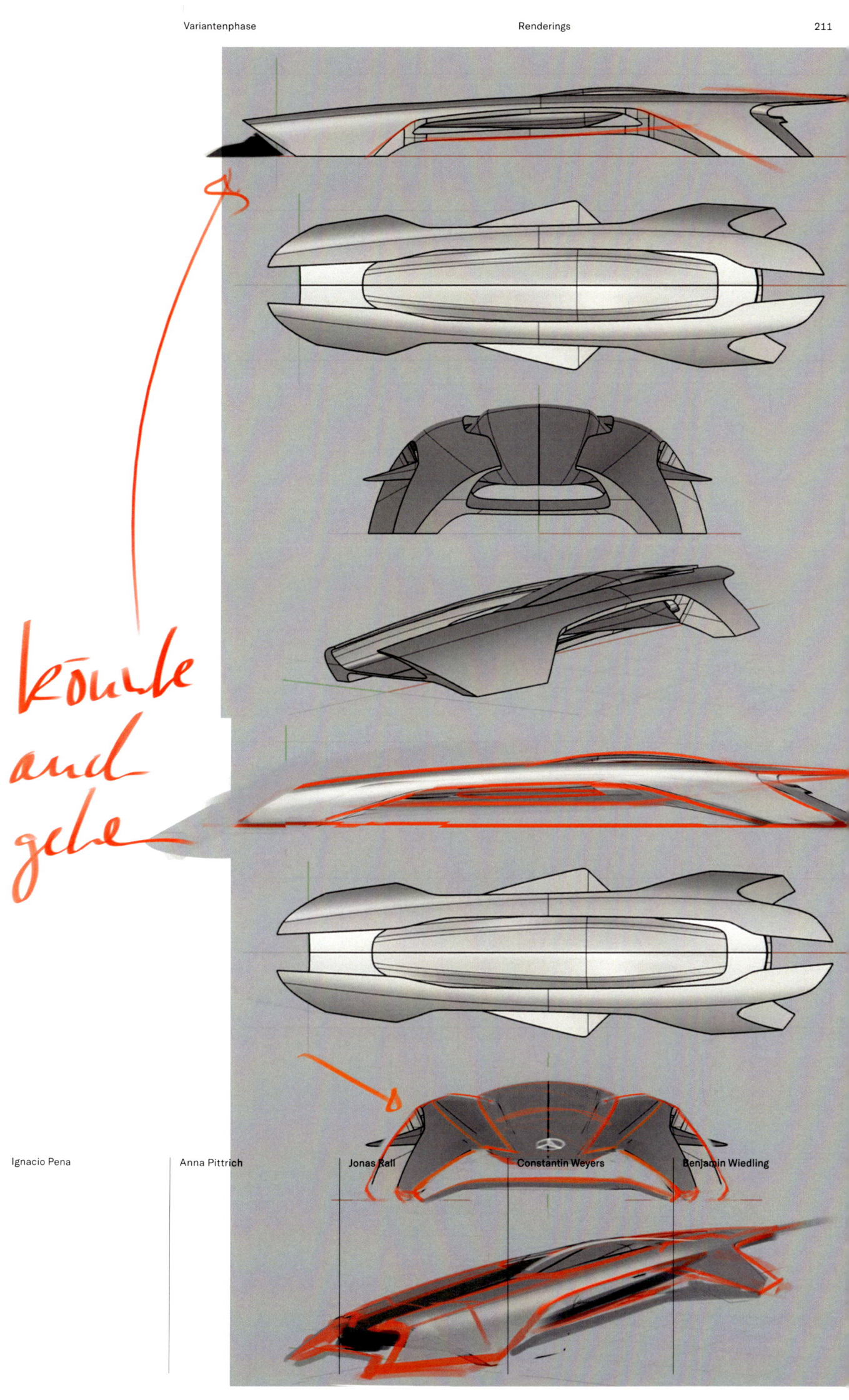

Variantenphase — Renderings — 211

könnte and gehe

Ignacio Pena | Anna Pittrich | Jonas Rall | Constantin Weyers | Benjamin Wiedling

212 Konzept/Ideenfindung Brainstorming

Dominic Baumann | Sebastian Bekmann | Tim Bormann | Michael Juraschek | Anja König

02

Variantenphase   Renderings

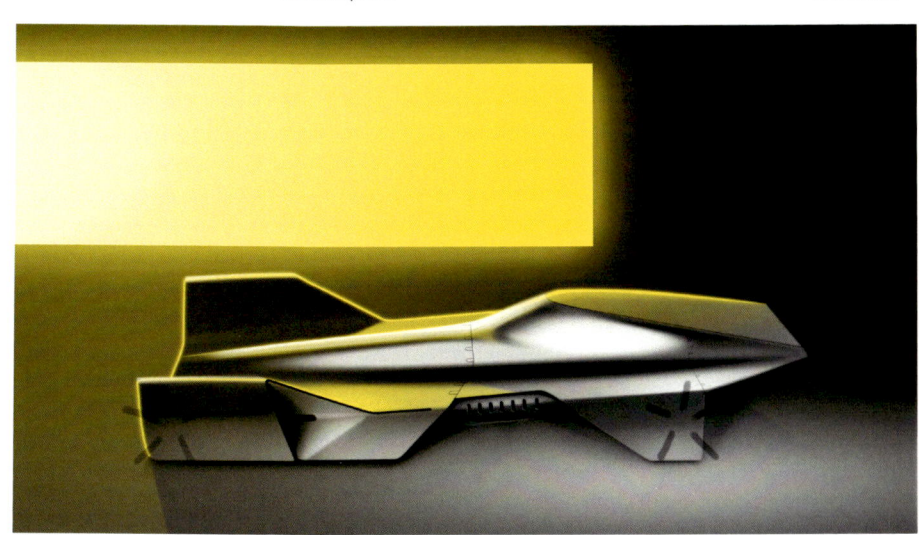

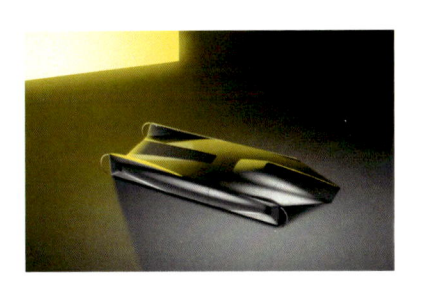

Ignacio Pena | Anna Pitonak | Jonas Rall | Constantin Weyers | Benjamin Wiedling

214 Konzept/Ideenfindung Brainstorming

| Dominic Baumann | Sebastian Bekmann | Tim Bormann | Michael Juraschek | Anja König |

02

Variantenphase — Renderings

Ignacio Pena | Anna Pittrich | Jonas Rall | Constantin Weyers | Benjamin Wiedling

Concept
Ionic Flow

Konzept/Ideenfindung — Brainstorming

wackelt — *gerade!* — *Rad...*

Concept
Ionic Flow

etwas verschieben — *länger* — *cool :)* — *Die müssen besser*

Dominic Baumann · Sebastian Bekmann · Tim Bormann · Michael Juraschek · Anja König

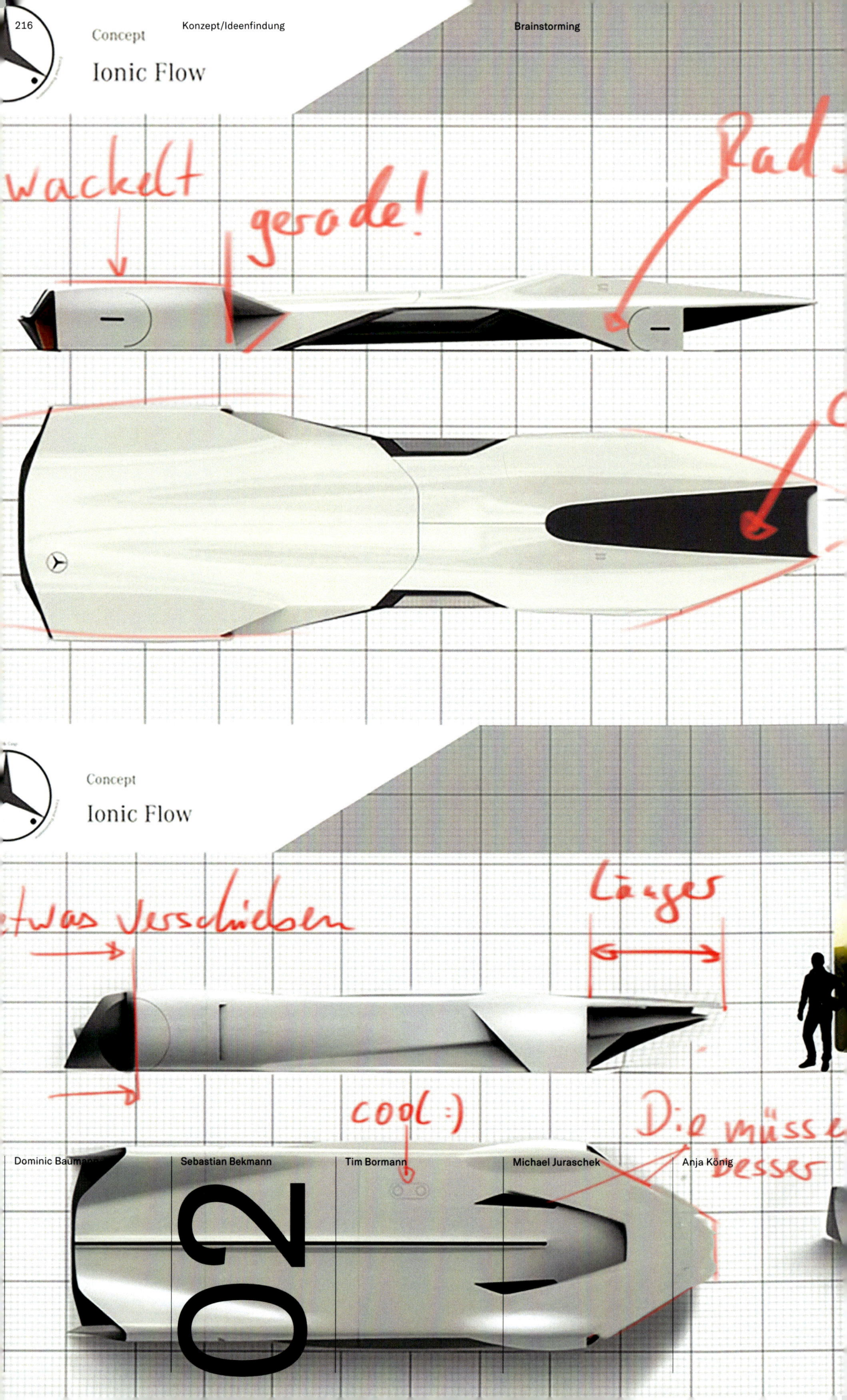

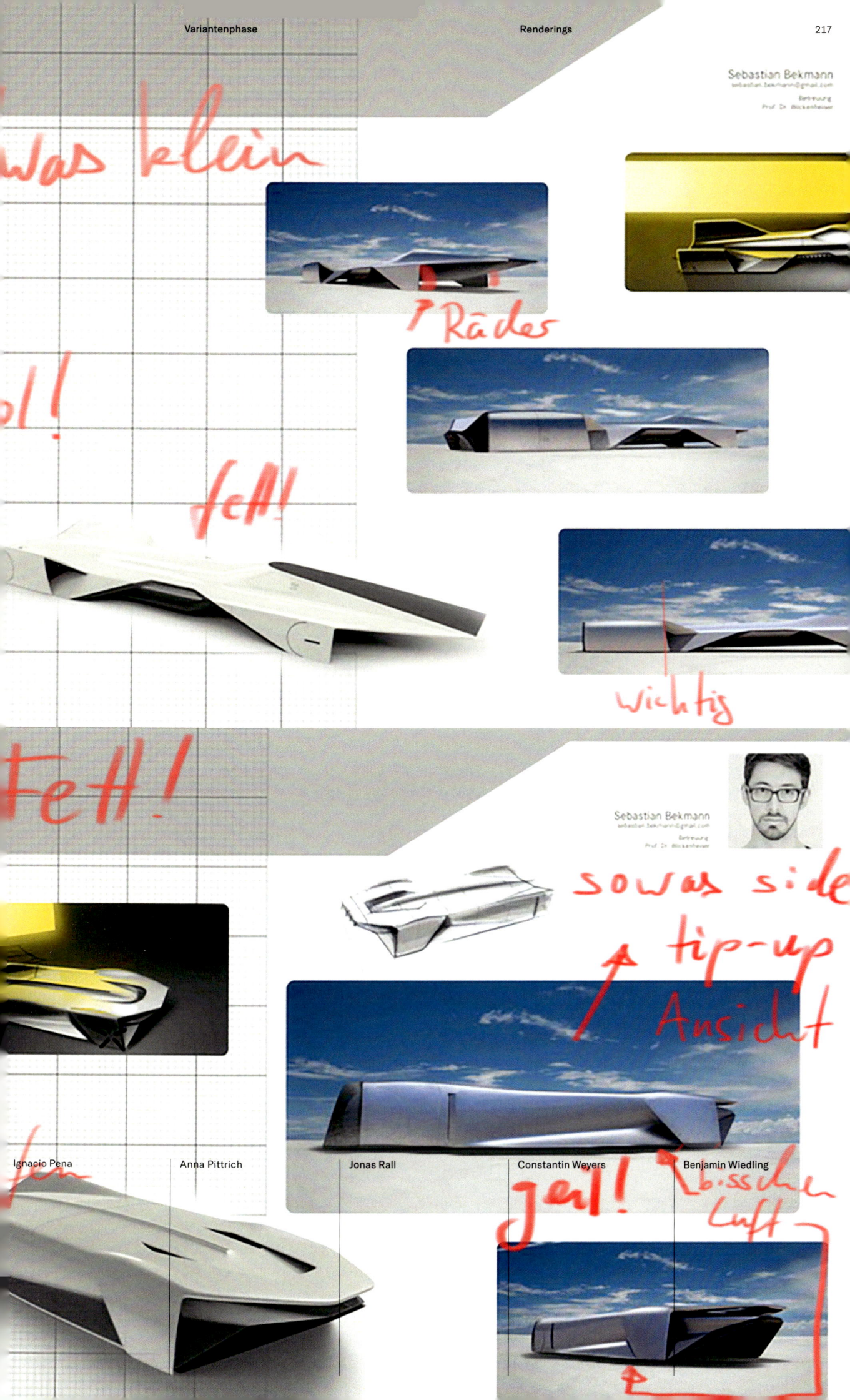

Variantenphase — Renderings

Sebastian Bekmann

was klein

Räder

fett!

wichtig

fett!

sowas side tip-up Ansicht

geil! *bisschen Luft*

Ignacio Pena — Anna Pittrich — Jonas Rall — Constantin Weyers — Benjamin Wiedling

218　　　Konzept/Ideenfindung　　　Brainstorming

Dominic Baumann　　Sebastian Bekmann　　Tim Bormann　　Michael Juraschek　　Anja König

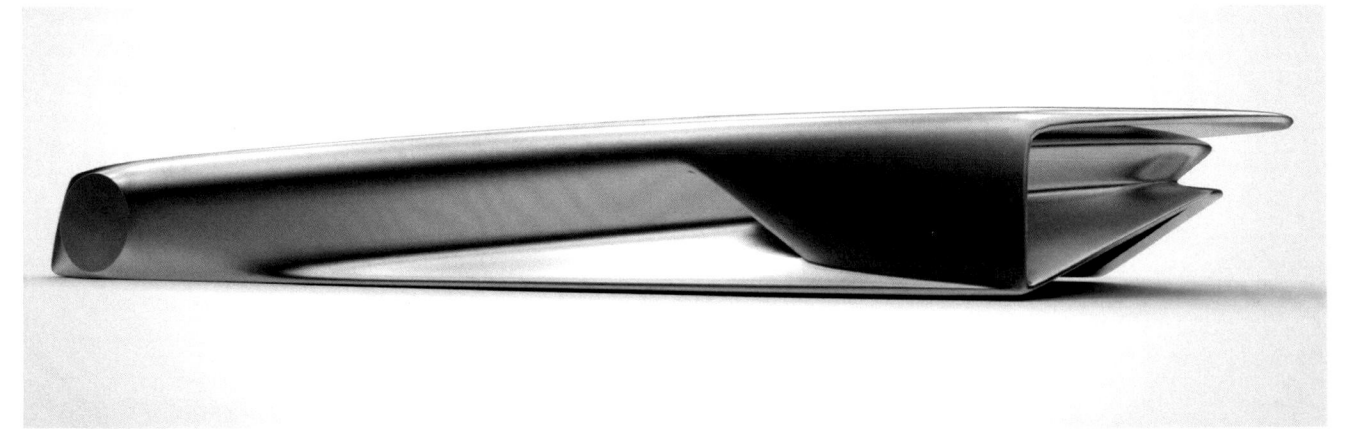

02

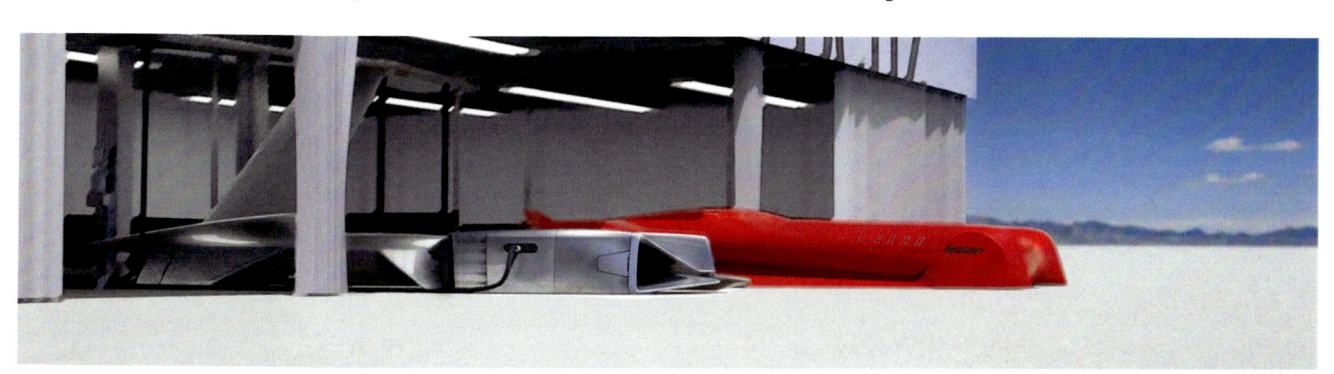

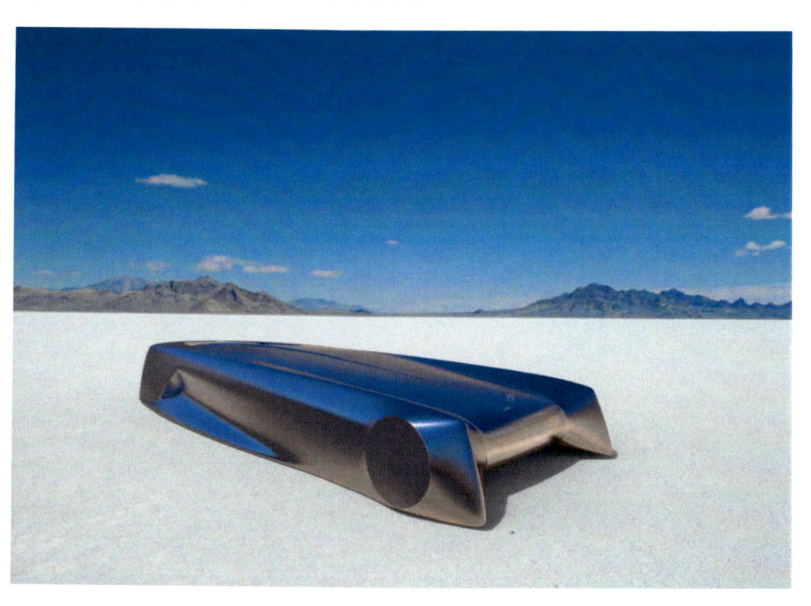

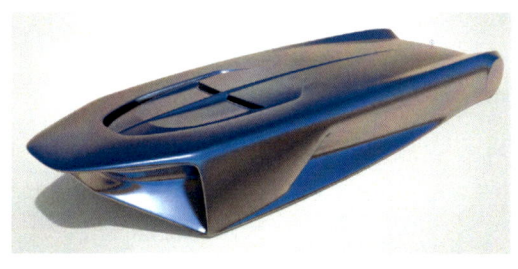

Variantenphase · Renderings · 219

| Ignacio Pena | Anna Pittrich | Jonas Rall | Constantin Weyers | Benjamin Wiedling |

220 Konzept/Ideenfindung Brainstorming

Dominic Baumann	Sebastian Bekmann	Tim Bormann		Anja König

02

Variantenphase   Renderings   221

Ignacio Pena | Anna Pittrich | Jonas Rall | Constantin Weyers | Benjamin Wiedling

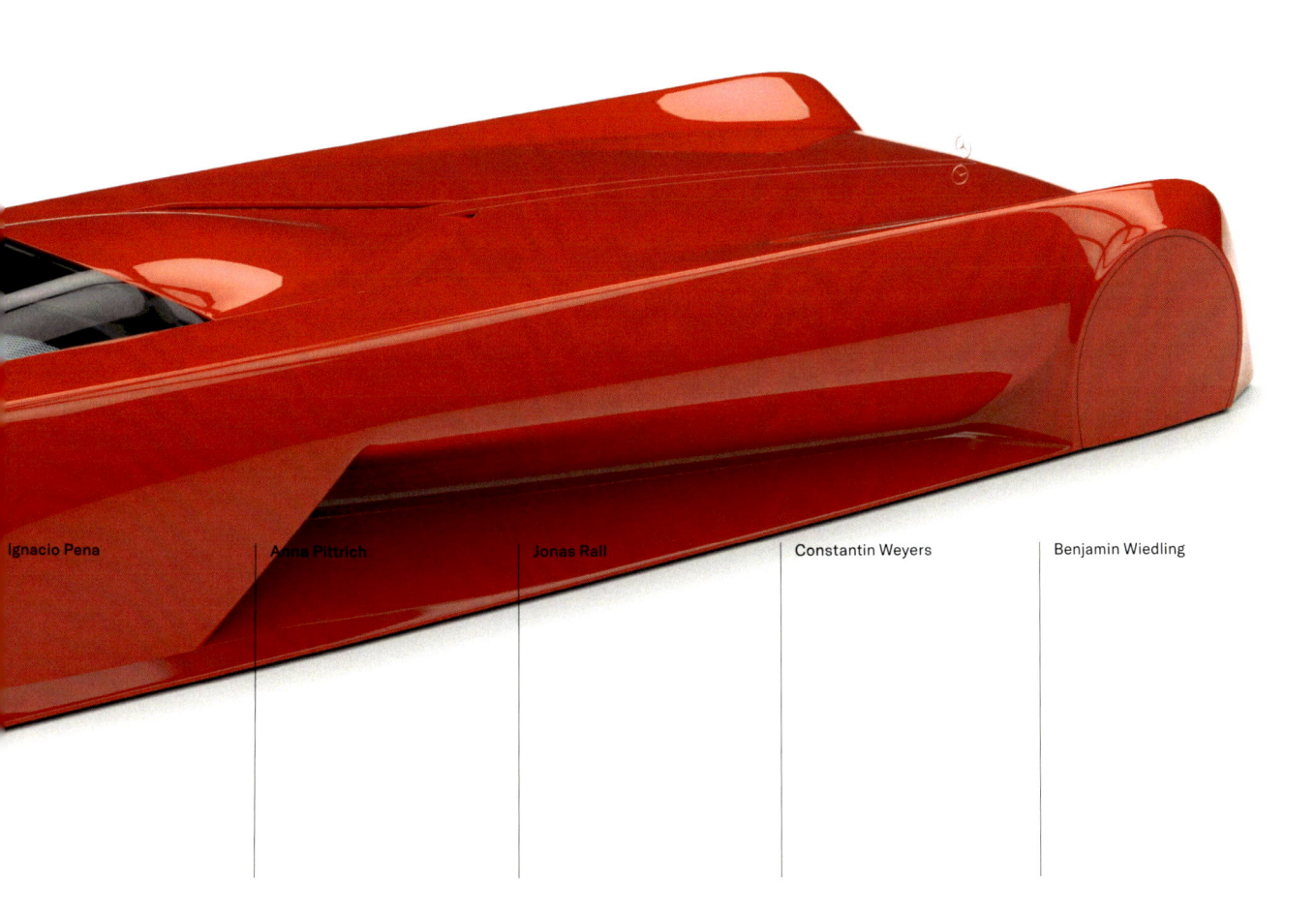

222 Konzept/Ideenfindung — Brainstorming

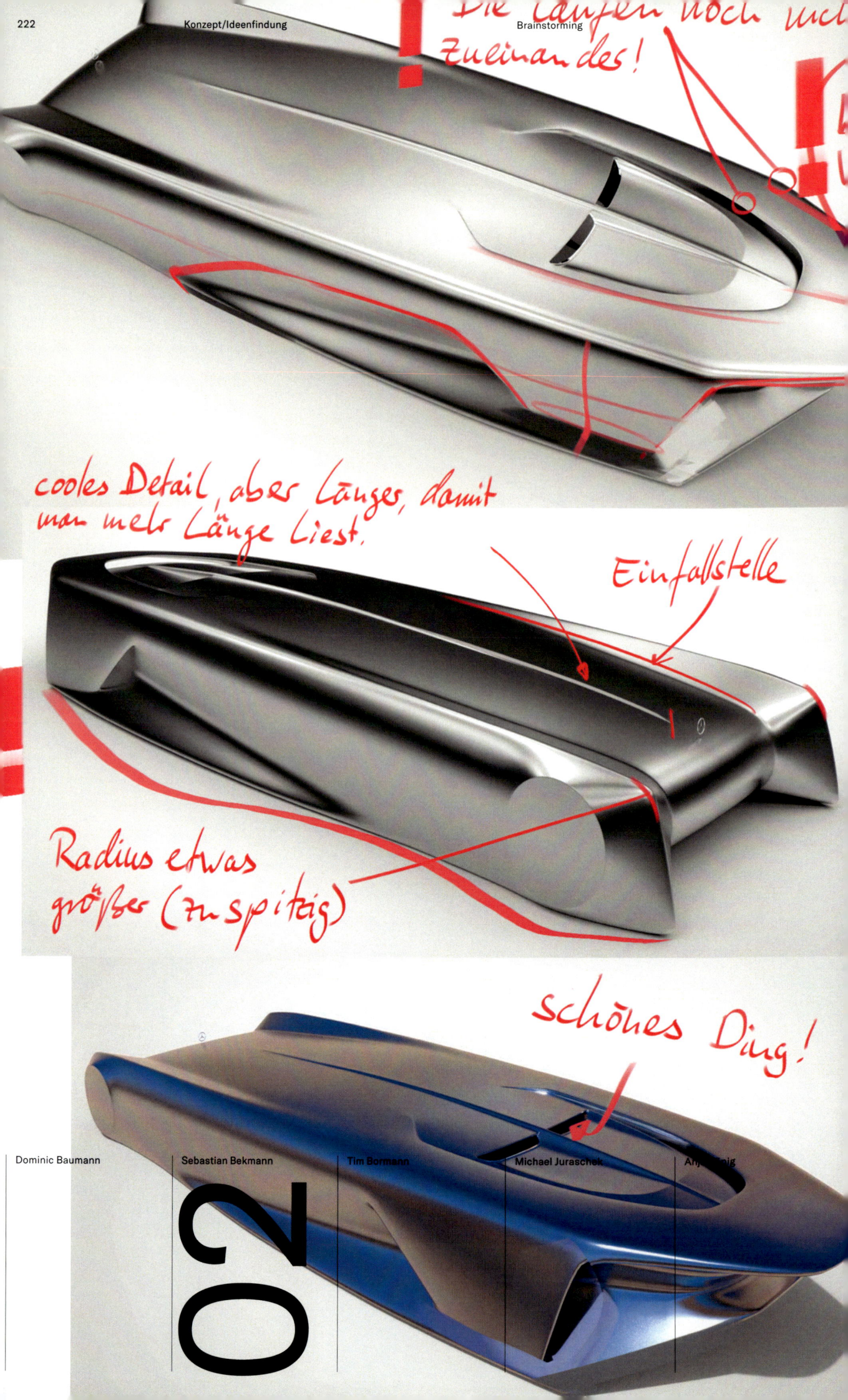

Die laufen noch nicht zueinander!

cooles Detail, aber Länger, damit man mehr Länge liest.

Einfallstelle

Radius etwas größer (zu spitzig)

schönes Ding!

Dominic Baumann | Sebastian Bekmann | Tim Bormann | Michael Juraschek | Anj...ig

Variantenphase Renderings

e Stelle ist
[di]r noch nicht gelöst.
bringt dich
[au]f eine
Idee

brett! (Da müssen bald Details dran)

muss
straffer sein
! !

Hier unbedingt
gerade durchziehen.
(Wenn die Flächen-Theorie passt, kommt
das auto-
matisch)

Wenn du das alte Thema aufgibst,
dann würde ich es so lösen.
Ist sauberer.

Ignacio Pena   Anna Pittrich   Jonas Rall   Constantin Weyers   Benjamin Wiedling

Winkel so
besser

Konzept/Ideenfindung Brainstorming

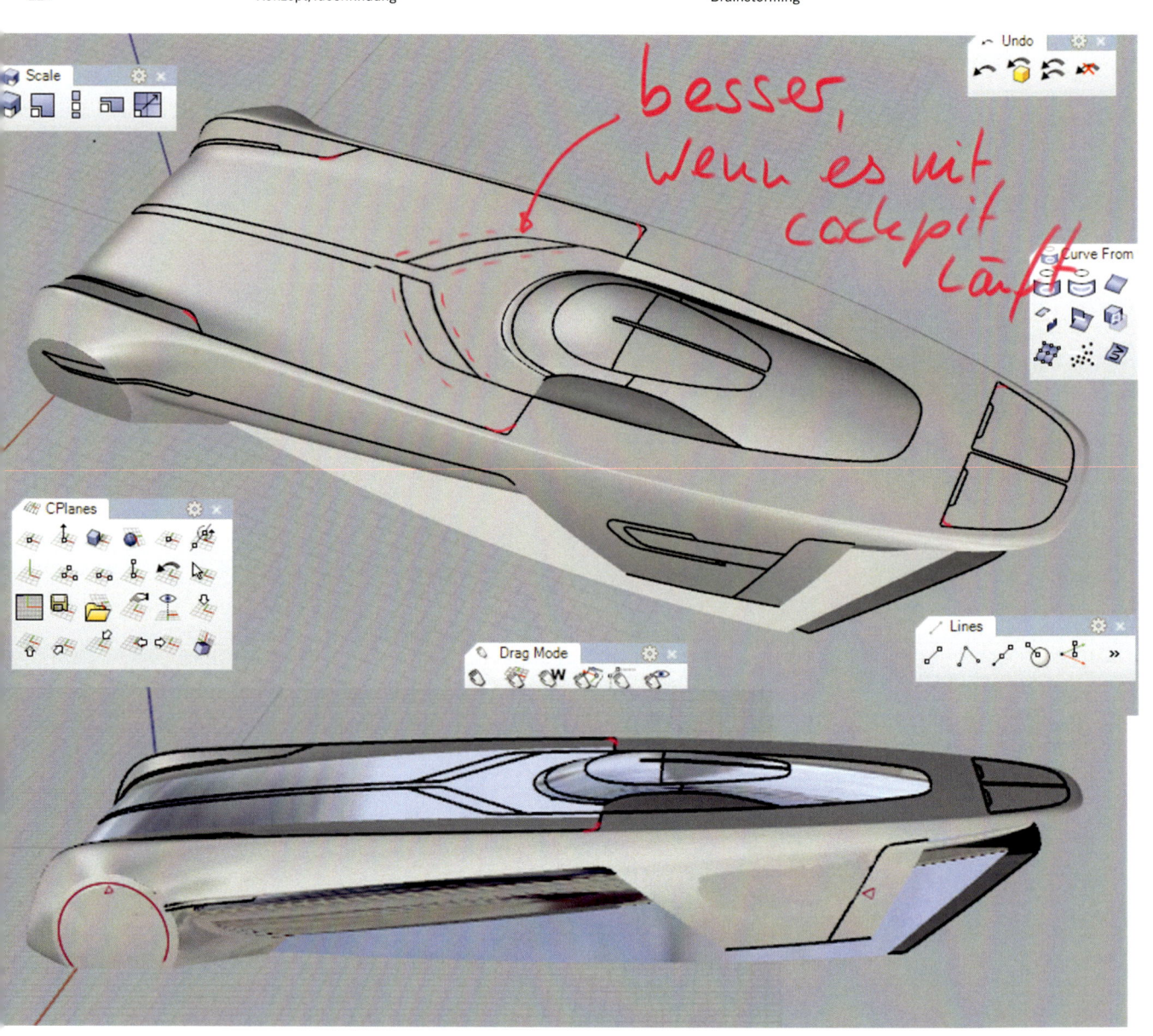

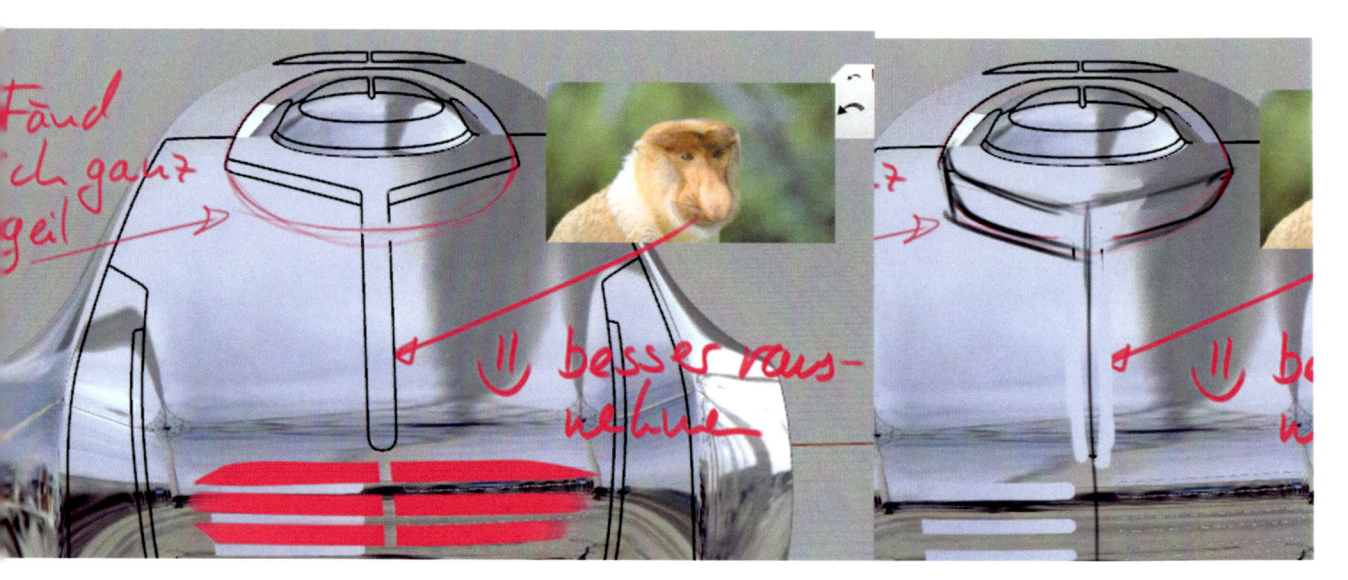

besser, wenn es mit cockpit läuft

Fänd ich ganz geil

!! besser rausnehmen

!! b…

| Dominic Baumann | Sebastian Bekmann | Tim Bormann | Michael Juraschek | Anja König |

02

tormentierung

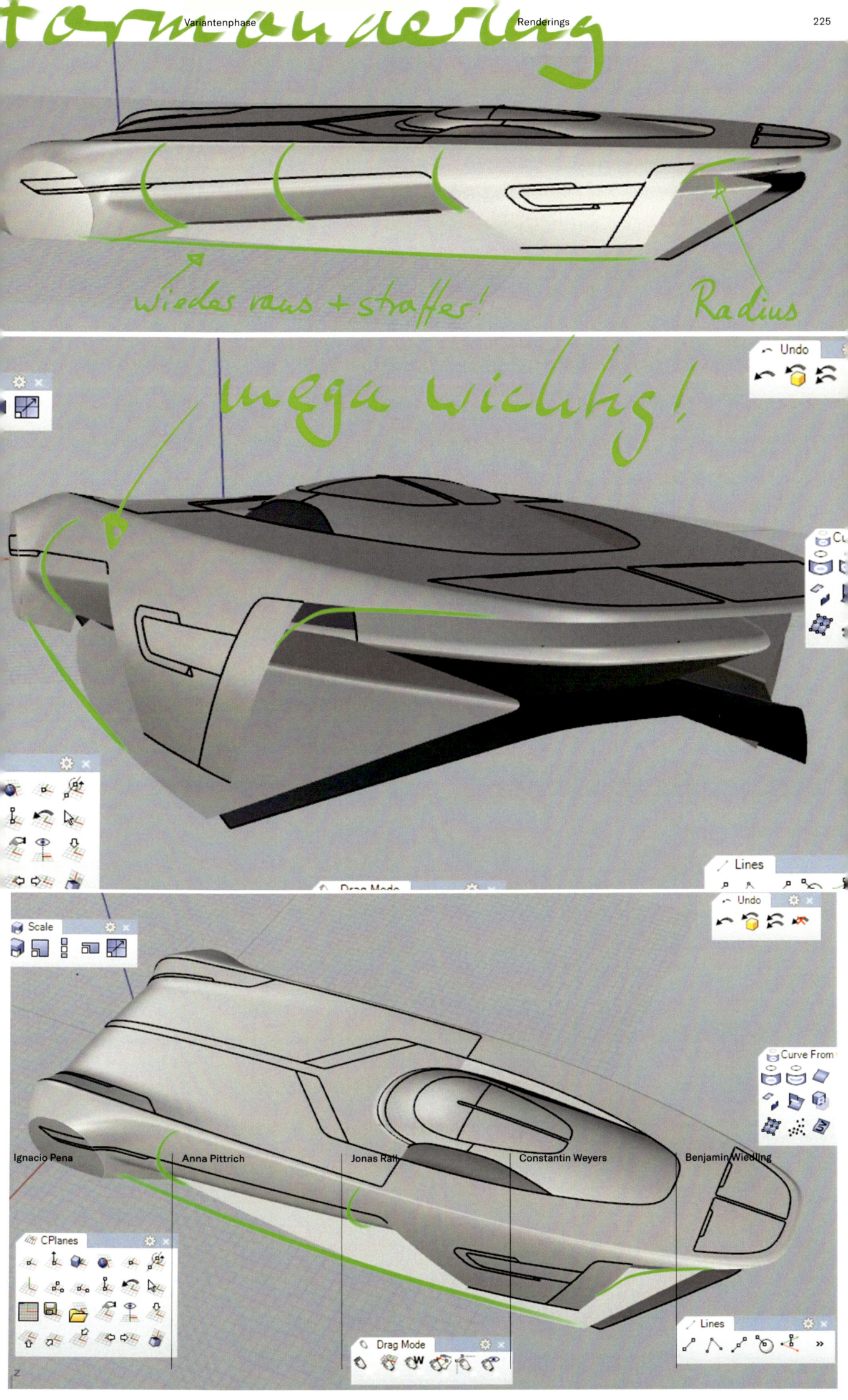

Wieder raus + straffer!

Radius

mega wichtig!

*hier ein Thema finden, was hinten wieder etwas auffängt

Finde es so besser (obwohl es keine Lufteinlässe haben sollte)

coodes Thema! (betont die "Pille")

Die Lufttasc
Anderes Ma

vorher Aufteilung nicht gu

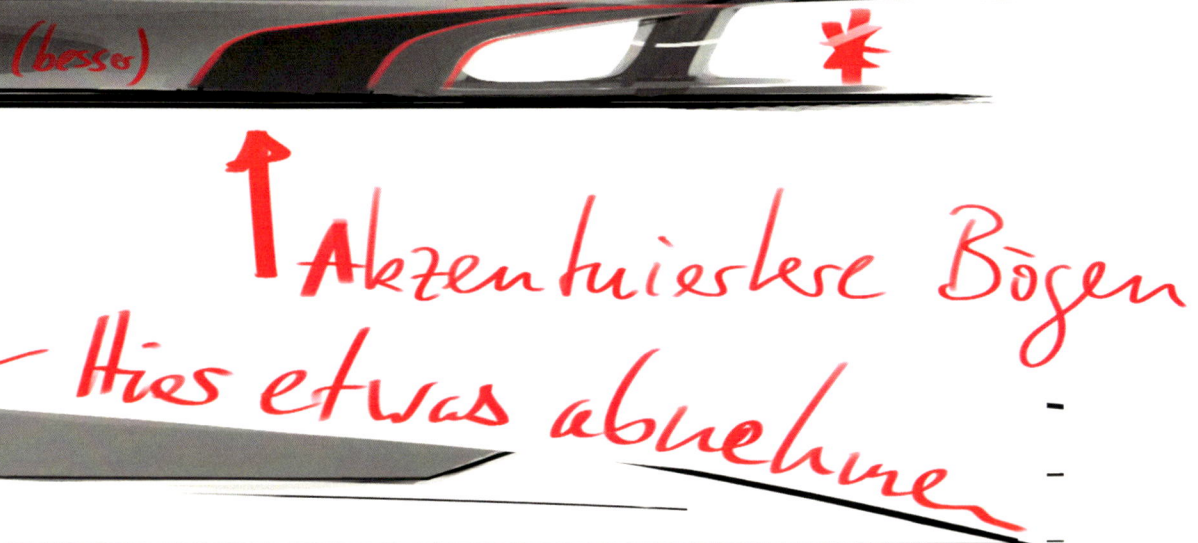

1/3
1/3 (besser)

50
50

↑ Akzentuiertere Bögen
← Hier etwas abnehmen

| Ignacio Pena | Anna Pittrich | Jonas Rall | Constantin Weyers | Benjamin Wiedling |

muss sich vom Rest abheben!
al (andere Farbe)

| Dominic Baumann | Sebastian Bekmann | Tim Bormann | Michael Juraschek | Anja König |

03

Variantenphase — Renderings

Ignacio Pena | Anna Pittrich | Jonas Rall | Constantin Weyers | Benjamin Wiedling

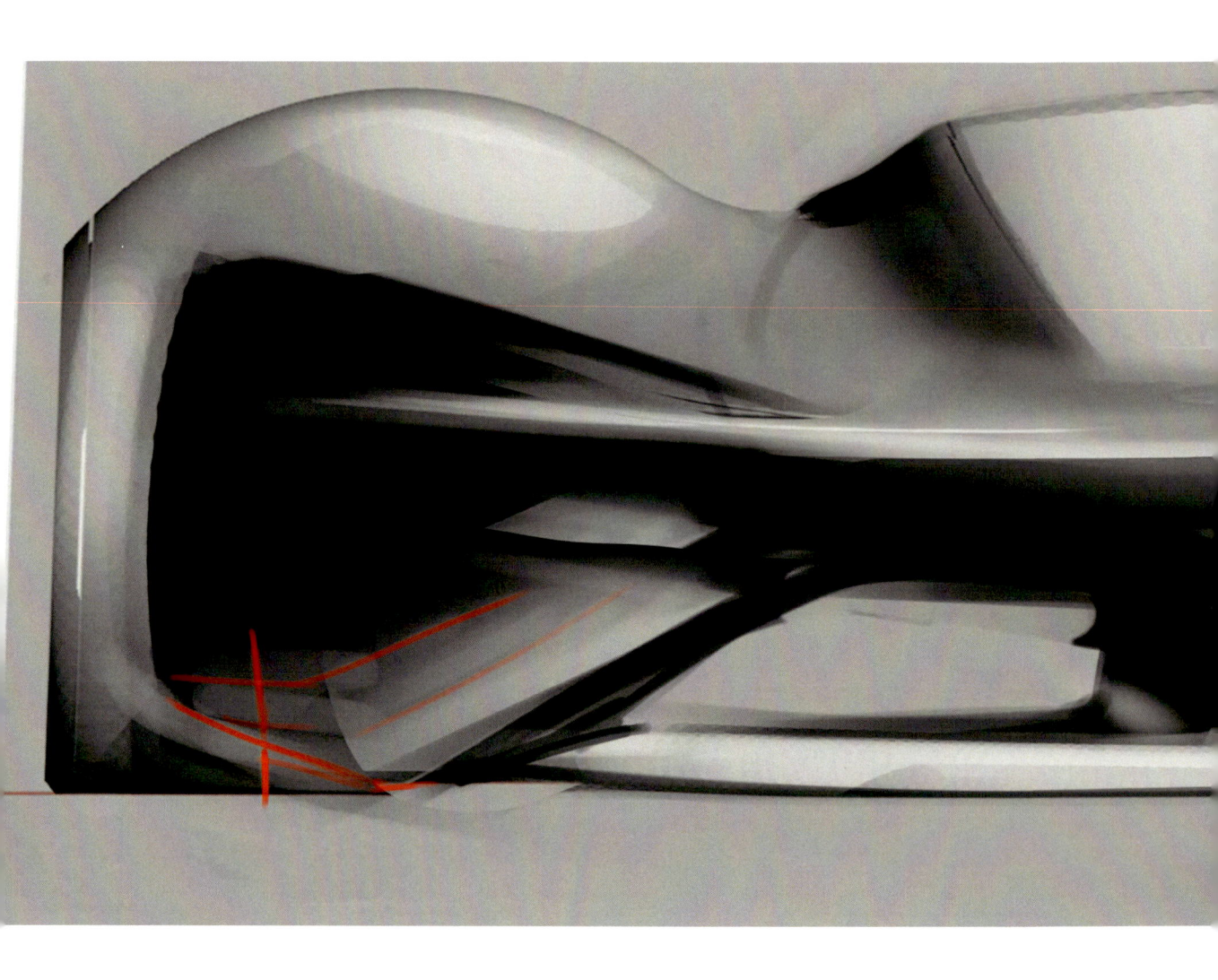

Dominic Baumann	Sebastian Bekmann	Tim Bormann	Michael Juraschek	Anja König
		03		

Variantenphase — Renderings

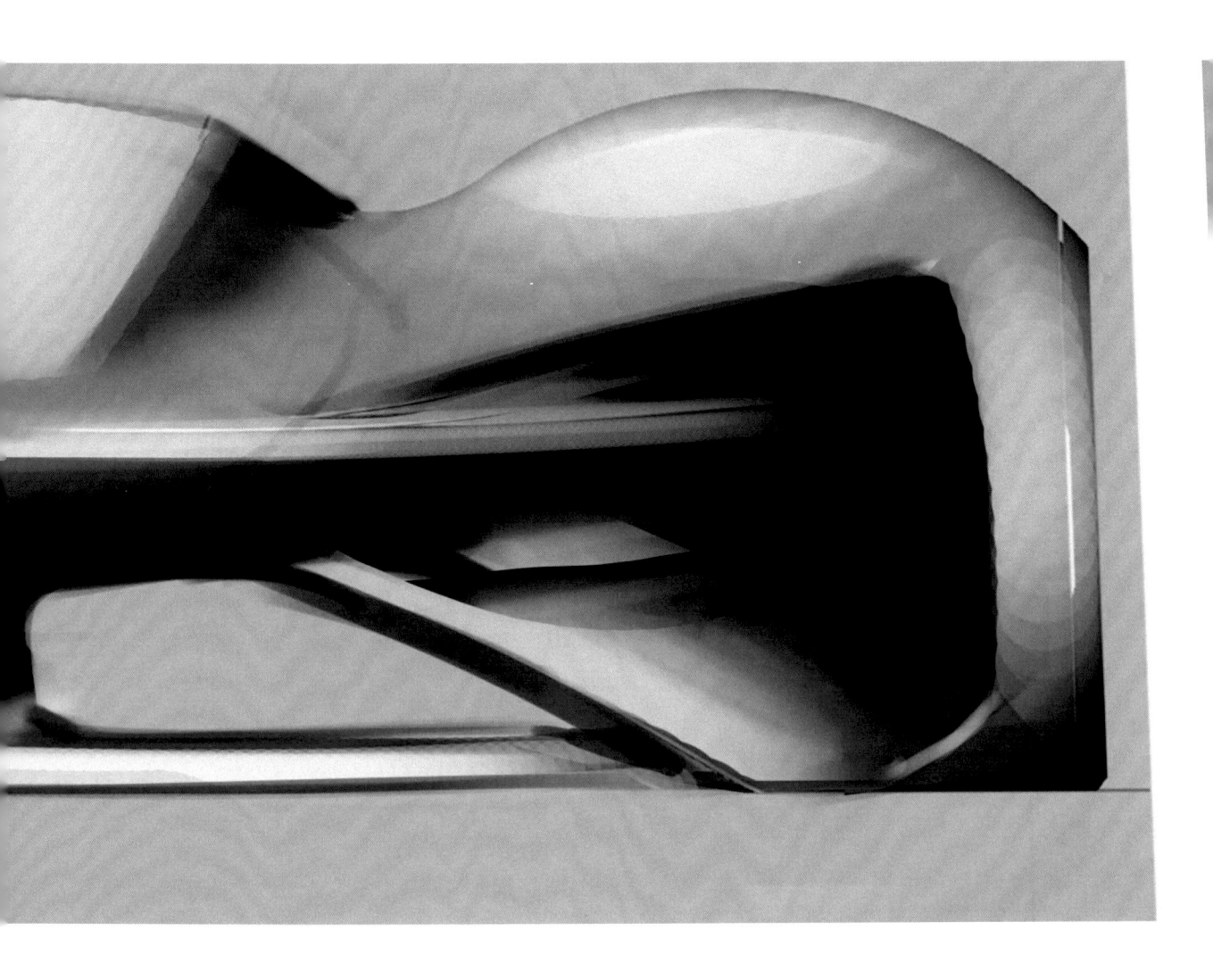

Ignacio Pena | Anna Pittrich | Jonas Rall | Constantin Weyers | Benjamin Wiedling

| Dominic Baumann | Sebastian Bekmann | Tim Bormann | Michael Juraschek | Anja König |

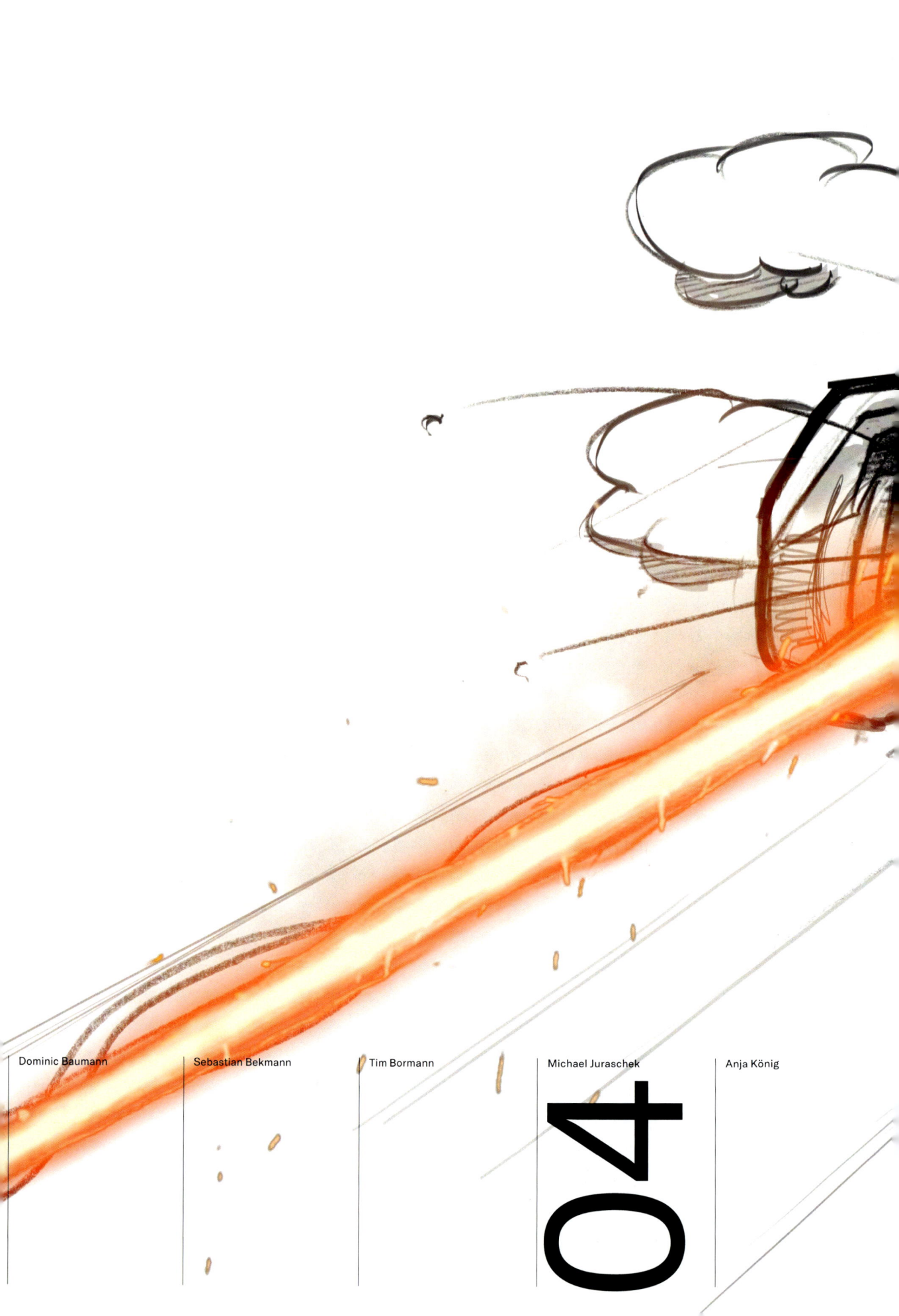

04

| Ignacio Pena | Anna Pittrich | Jonas Rall | Constantin Weyers | Benjamin Wiedling |

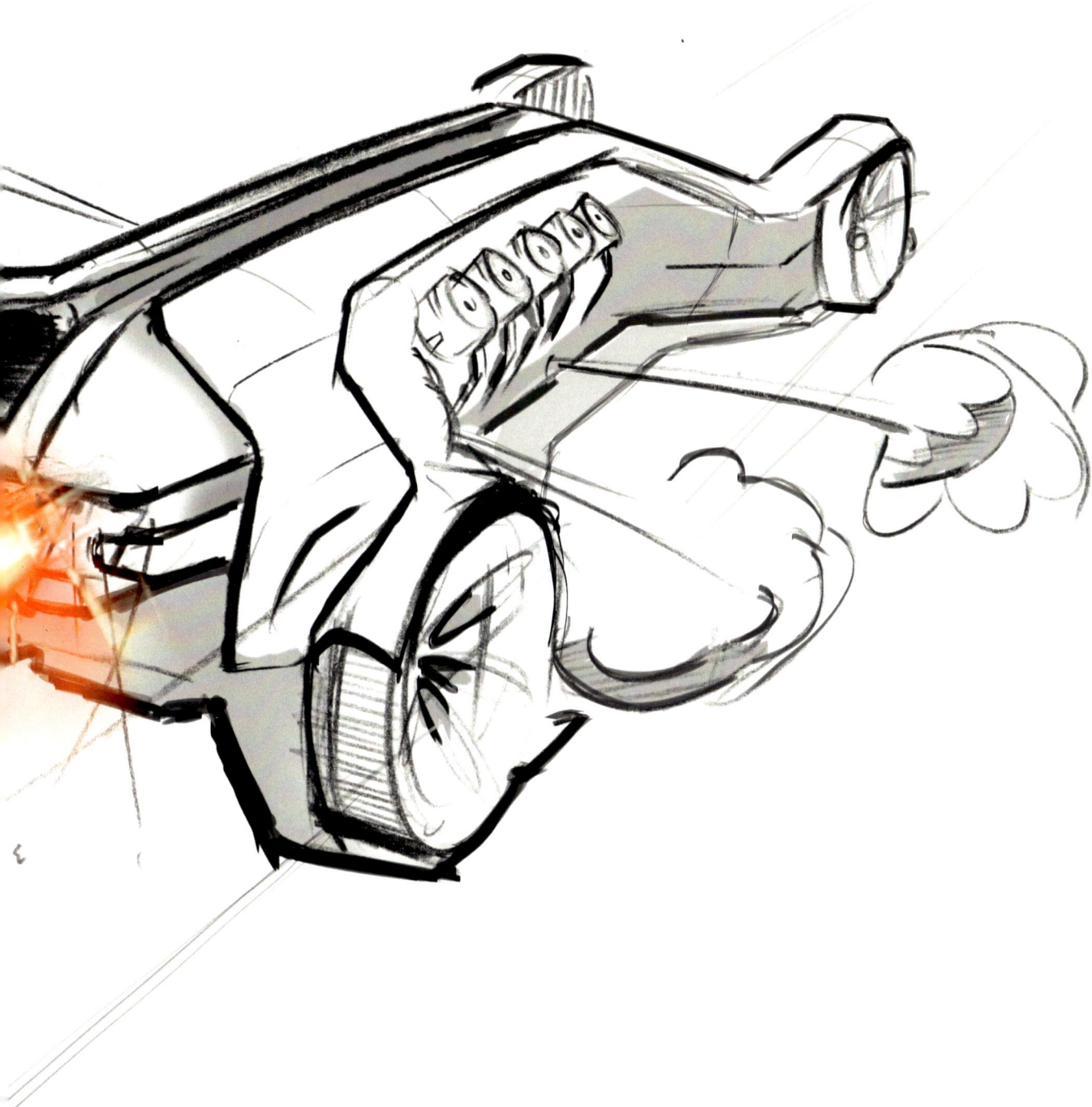

Konzept/Ideenfindung   Brainstorming

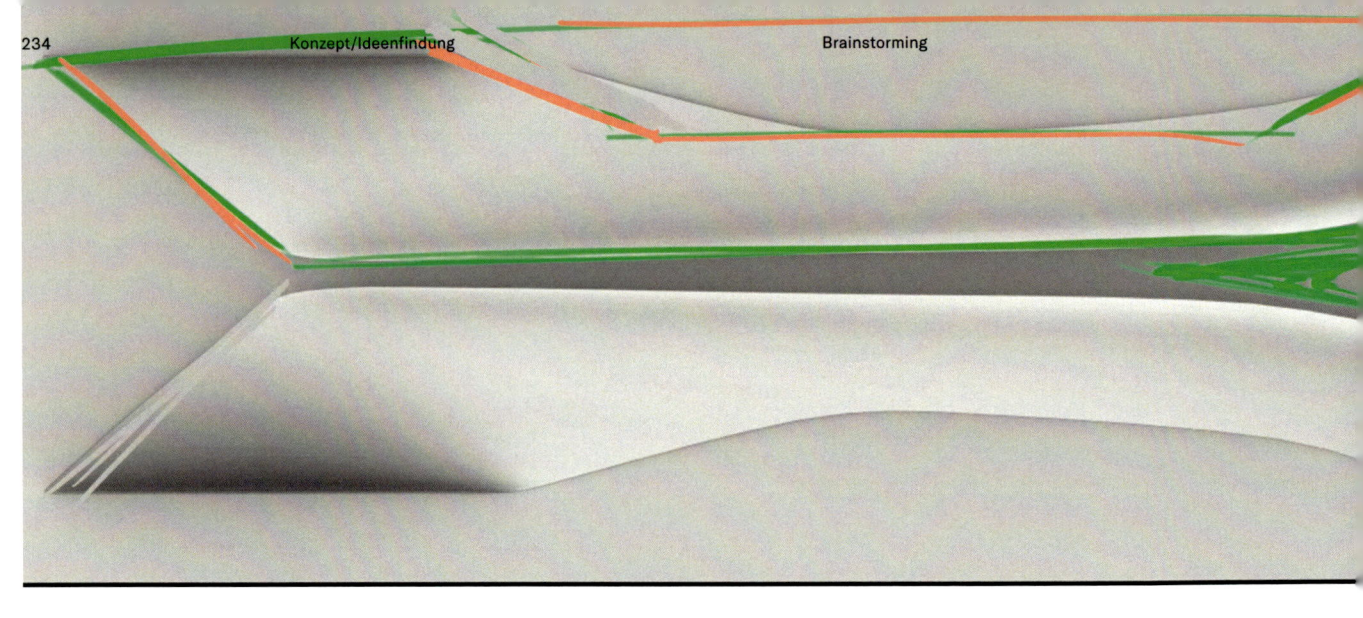

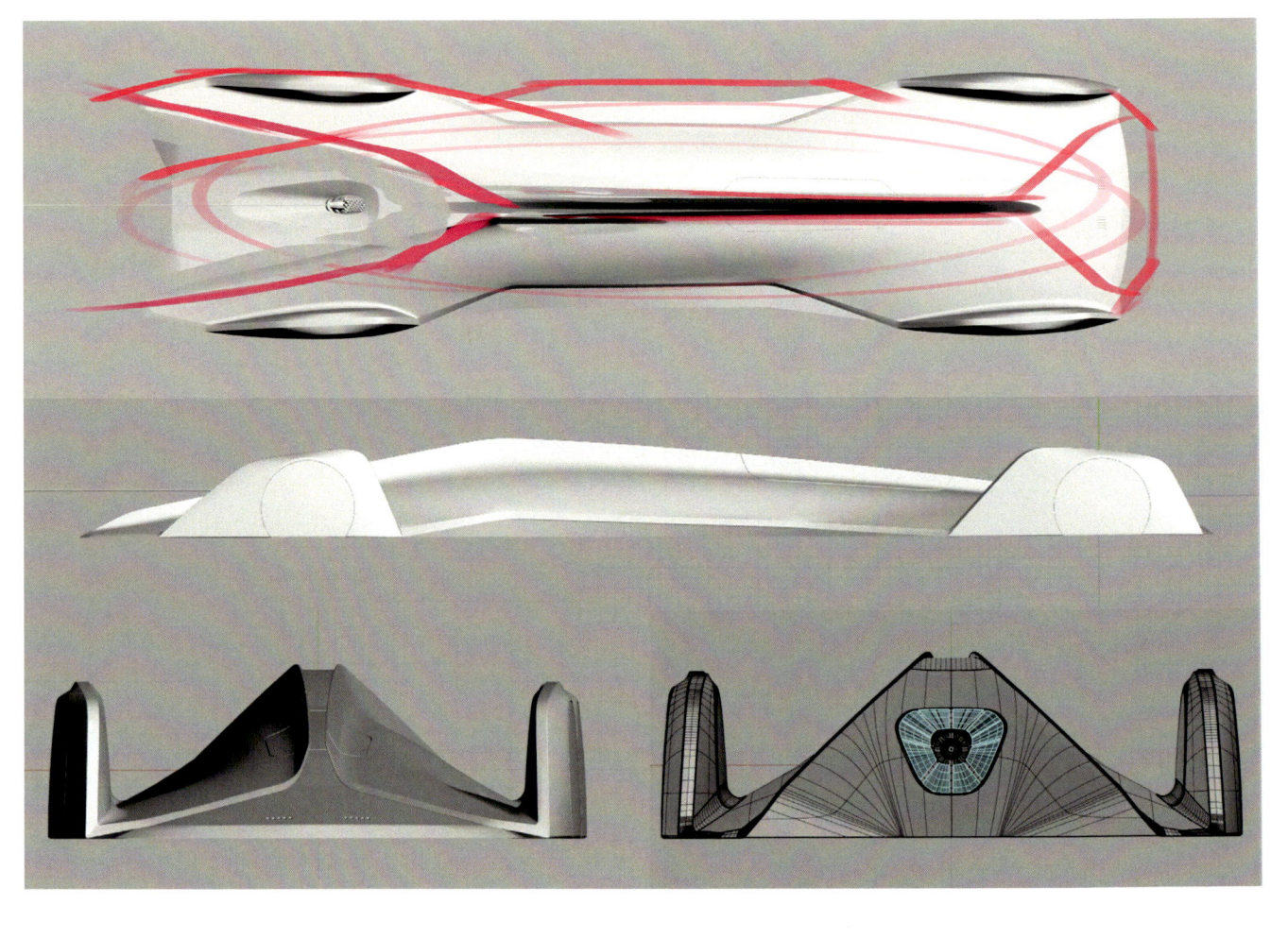

Dominic Baumann | Sebastian Bekmann | Tim Bormann | Michael Juraschek | Anja König

04

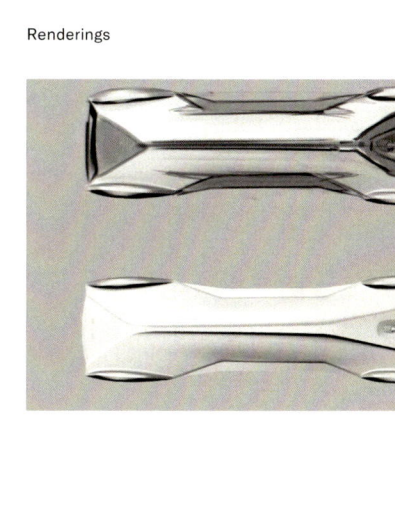

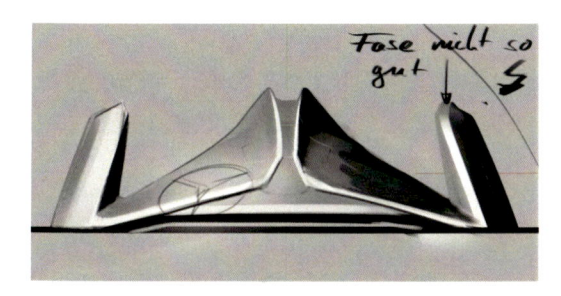

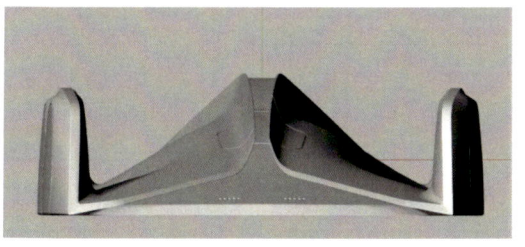

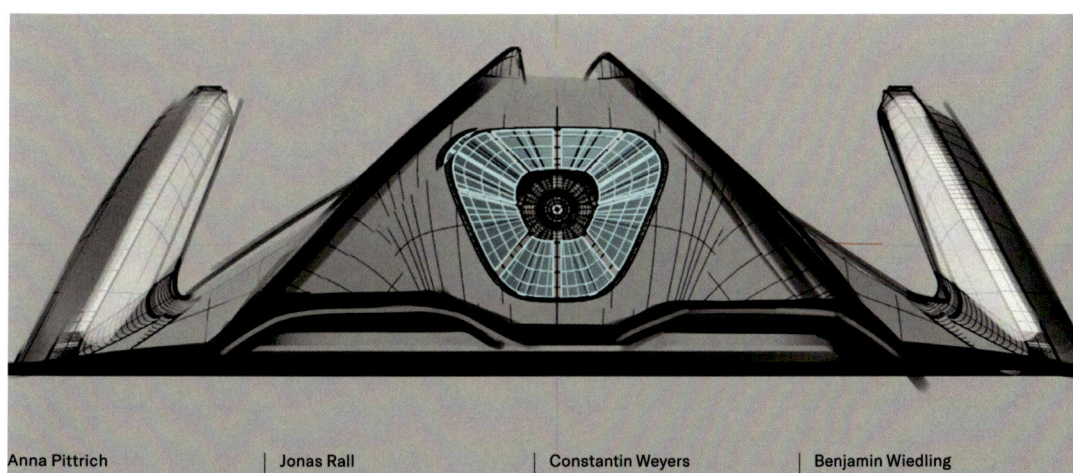

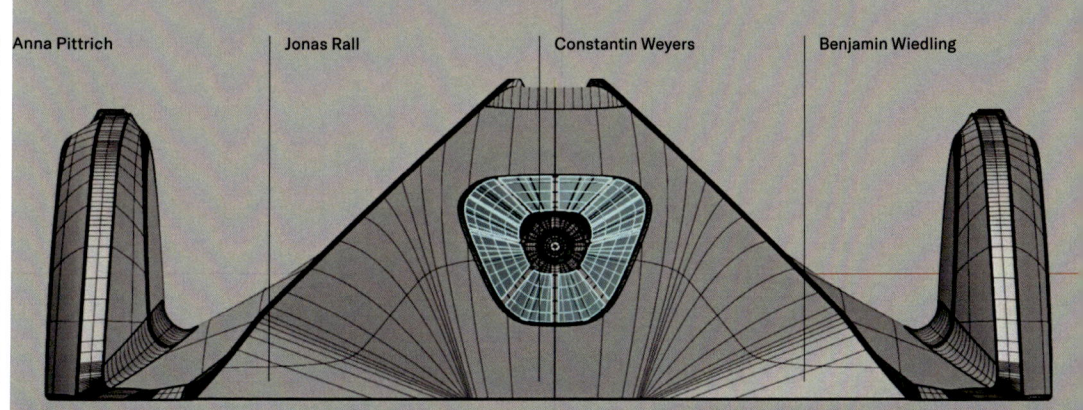

Variantenphase

Renderings 235

Ignacio Pena | Anna Pittrich | Jonas Rall | Constantin Weyers | Benjamin Wiedling

Fase nicht so gut

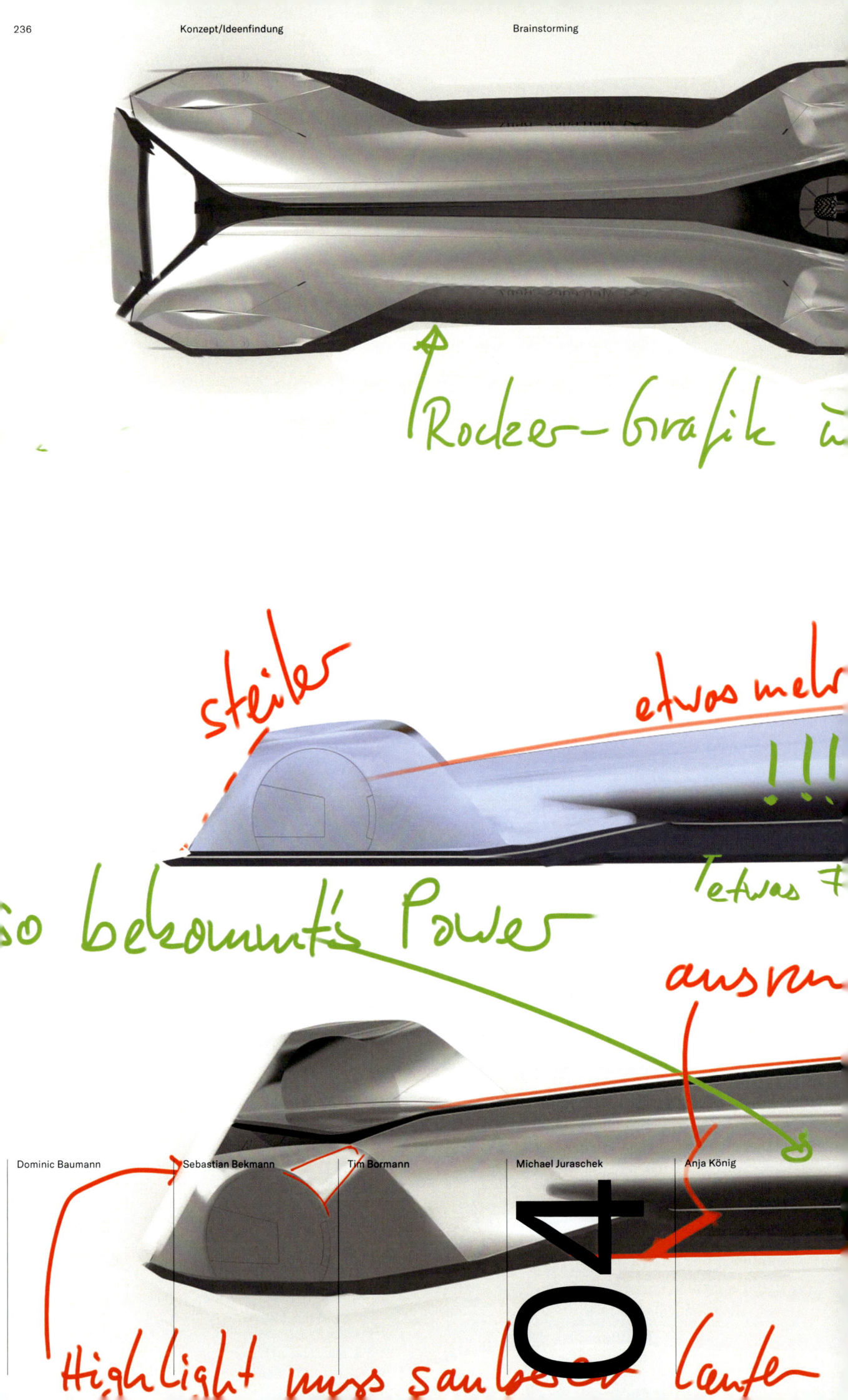

Konzept/Ideenfindung — Brainstorming

Rocker-Grafik ü...

steiler *etwas mehr !!!*

so bekommt's Power *Tetwas ↑*

ausr...

Dominic Baumann — Sebastian Bekmann — Tim Bormann — Michael Juraschek — Anja König

04

Highlight muss sauber laufen

Variantenphase · Renderings

Abscheider

Auslass z.B.

nicht so gerade

Blade

~~wölle~~ hängt durch ↙↙↙

läuft nicht !!!

drücke

geht kleiner Radius auf groß :)

Ignacio Pena · Anna Pittrich · Jonas Rall · Constantin Weyers · Benjamin Wiedling

238 Konzept/Ideenfindung Brainstorming

Dominic Baumann | Sebastian Bekmann | Tim Bormann | Michael Juraschek | Anja König

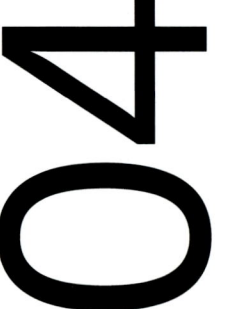

04

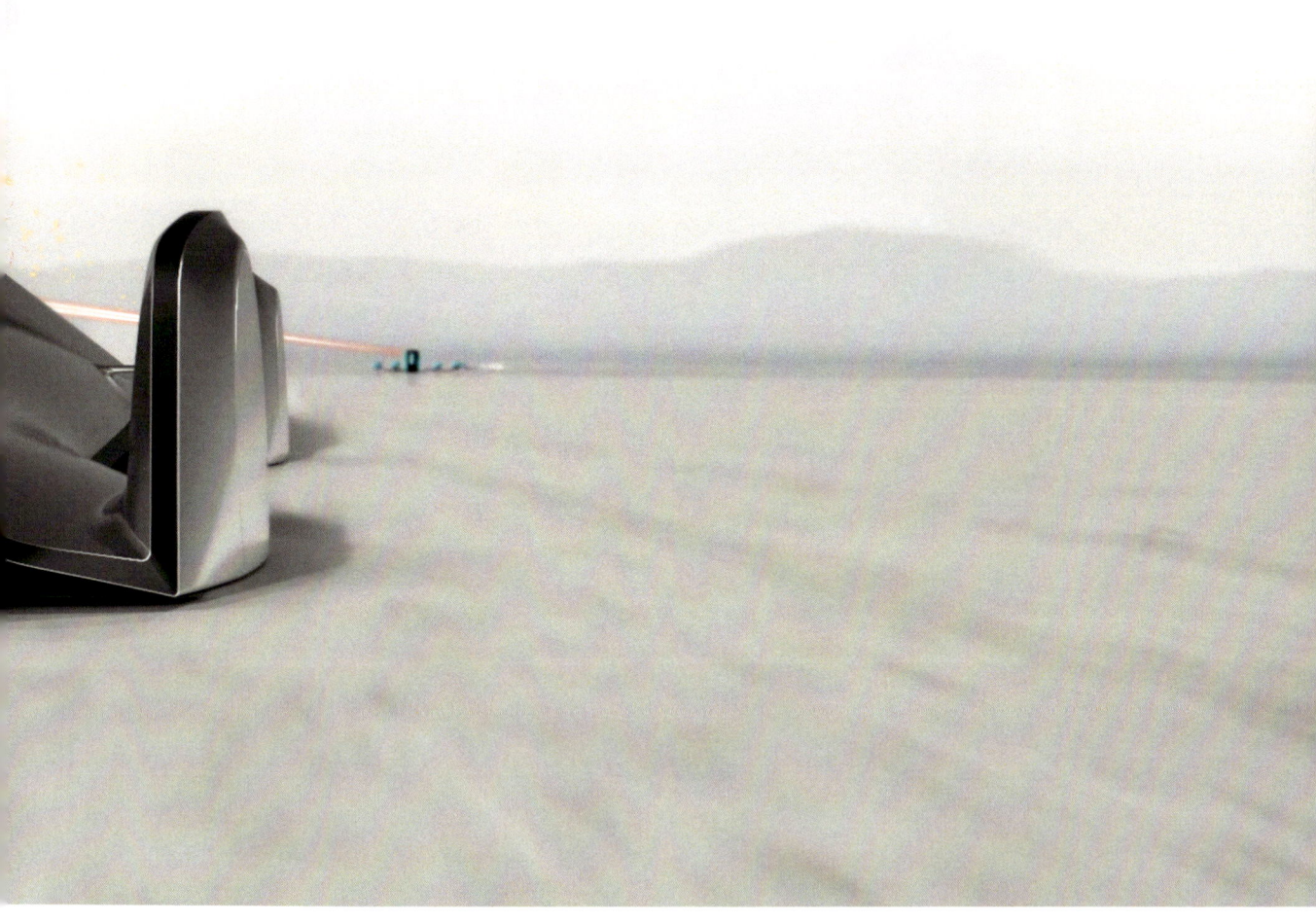

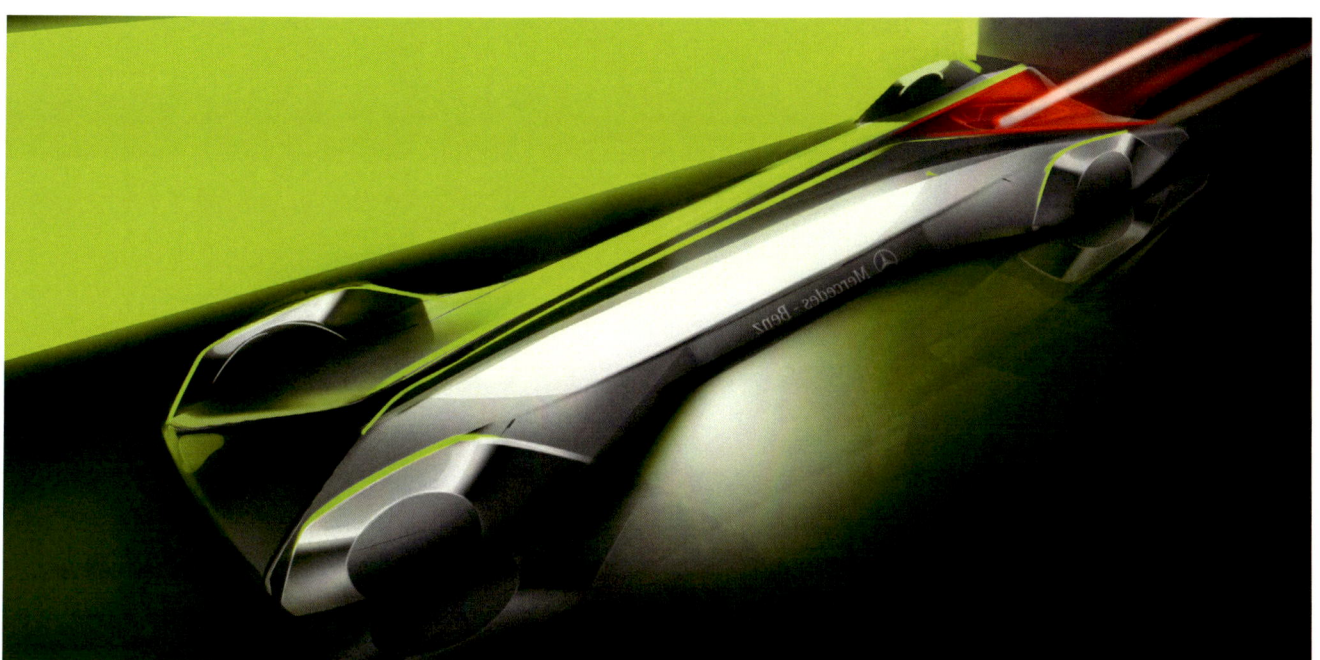

| Ignacio Pena | Anna Pittrich | Jonas Rall | Constantin Weyers | Benjamin Wiedling |

Konzept/Ideenfindung   Brainstorming

Dominic Baumann | Sebastian Bekmann | Tim Bormann | Michael Juraschek | Anja König

04

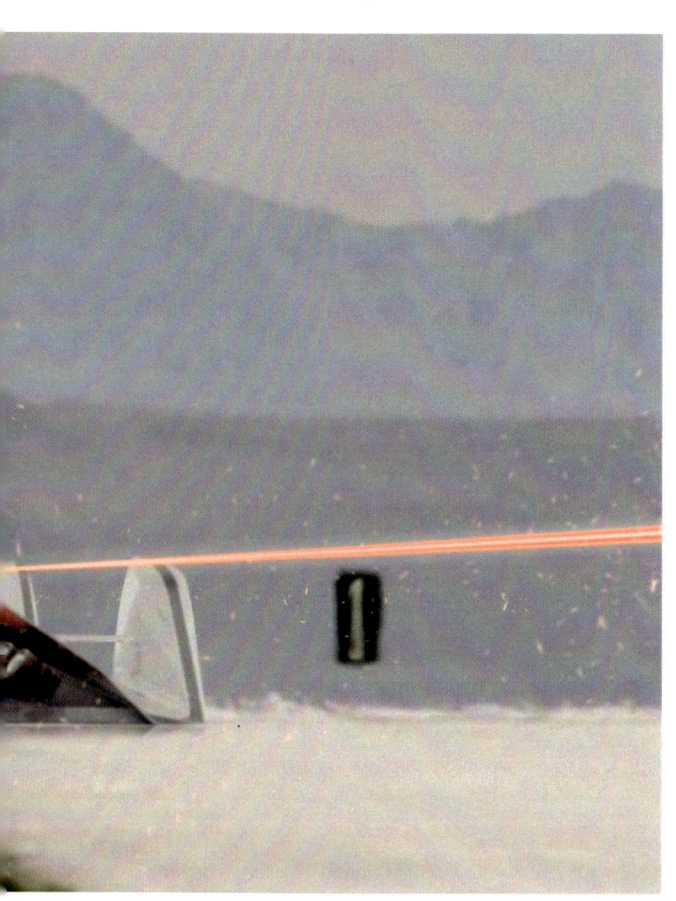

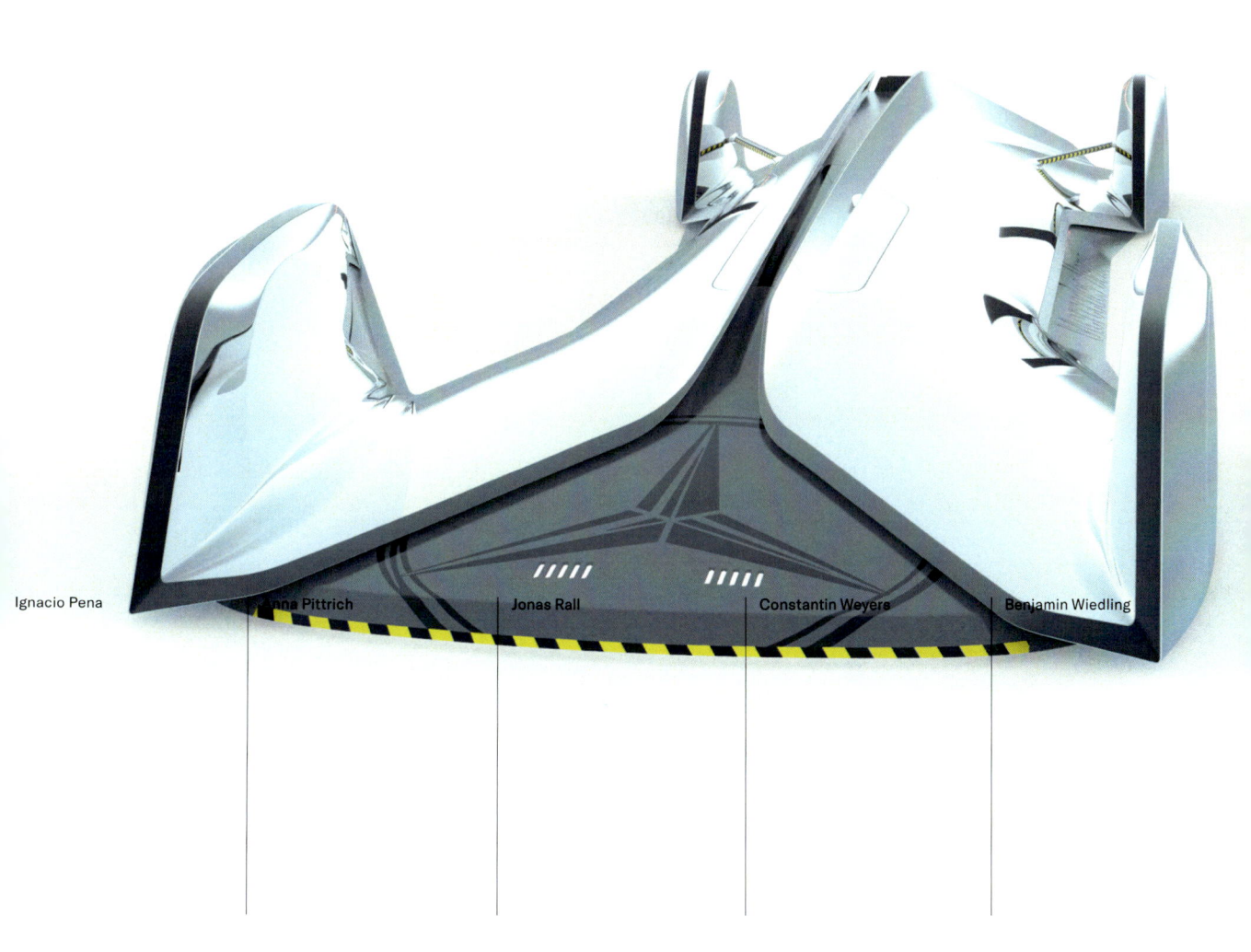

| Ignacio Pena | Anna Pittrich | Jonas Rall | Constantin Weyers | Benjamin Wiedling |

242   Konzept/Ideenfindung   Brainstorming

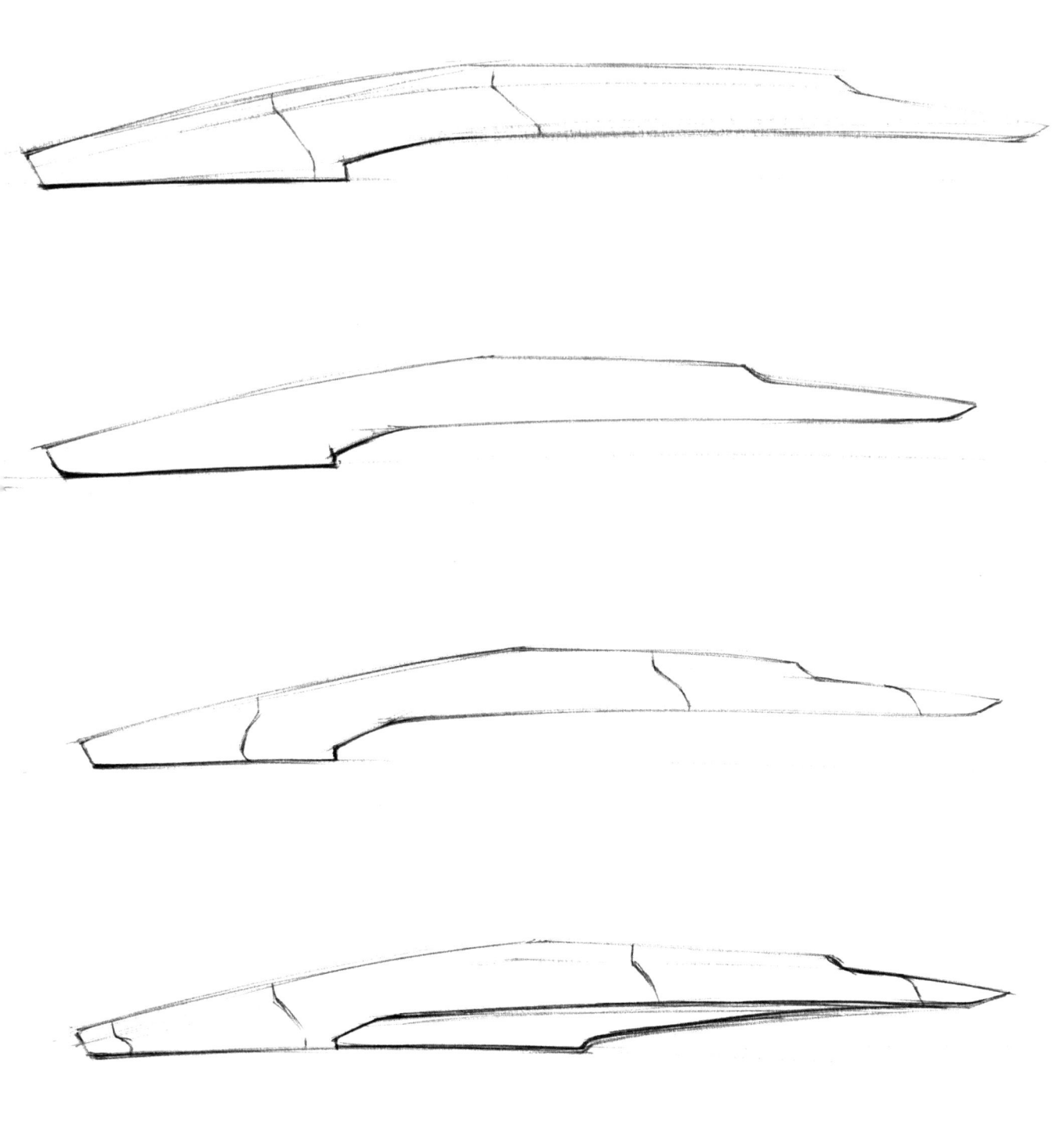

Dominic Baumann	Sebastian Bekmann	Tim Bormann	Michael Juraschek	Anja König

05

Variantenphase — Renderings

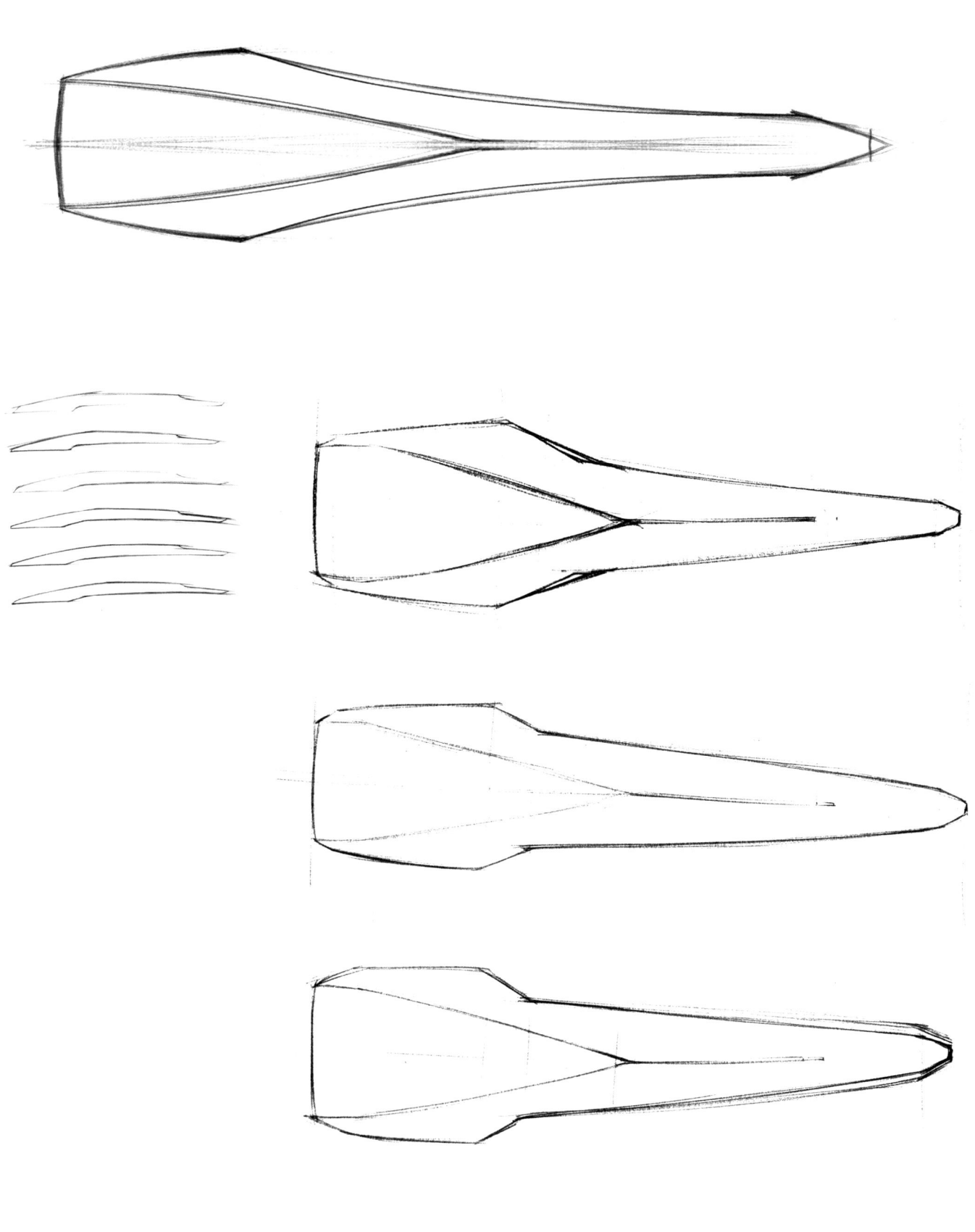

| Ignacio Pena | Anna Pittrich | Jonas Rall | Constantin Weyers | Benjamin Wiedling |

244   Konzept/Ideenfindung   Brainstorming

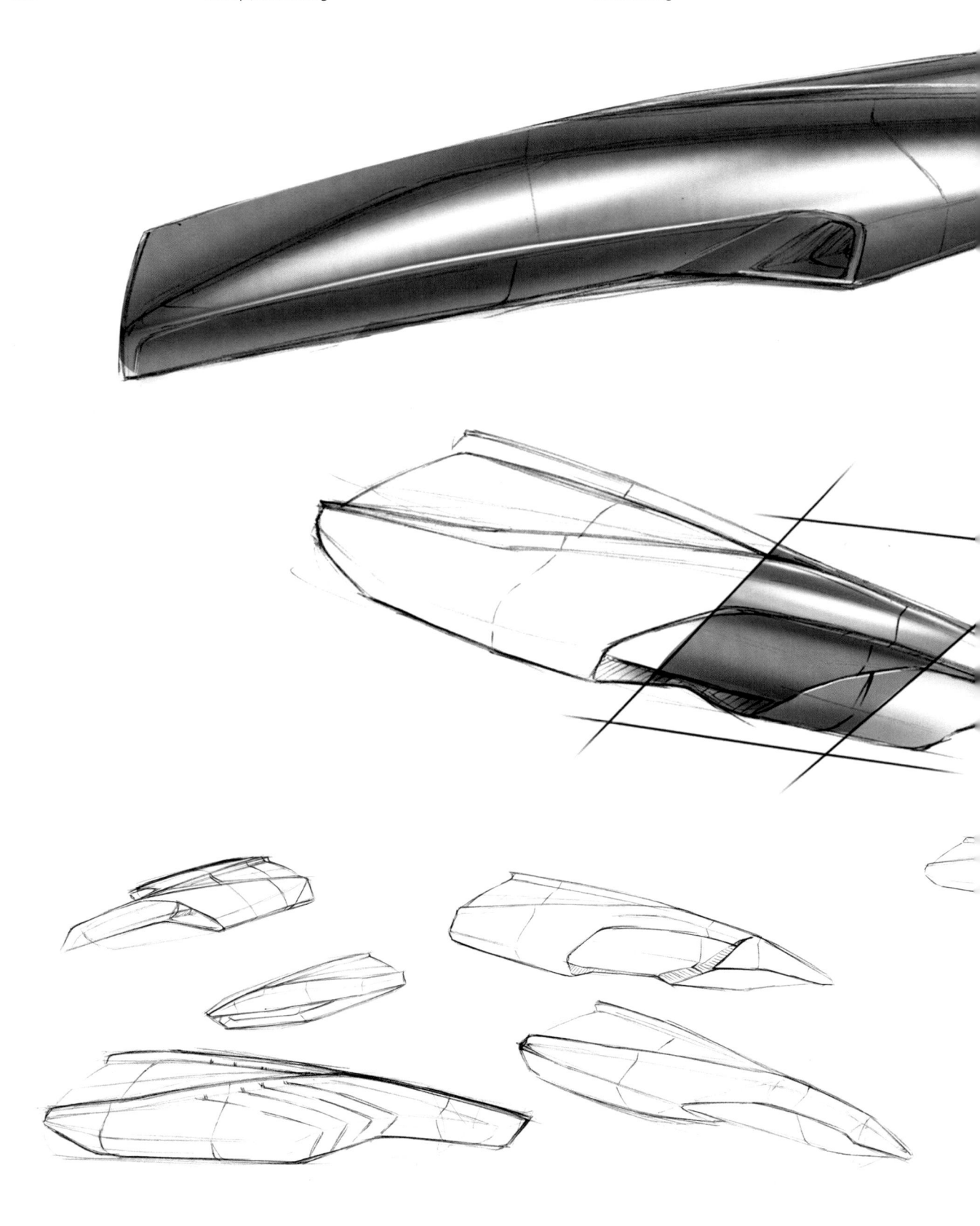

| Dominic Baumann | Sebastian Bekmann | Tim Bormann | Michael Juraschek | Anja König |

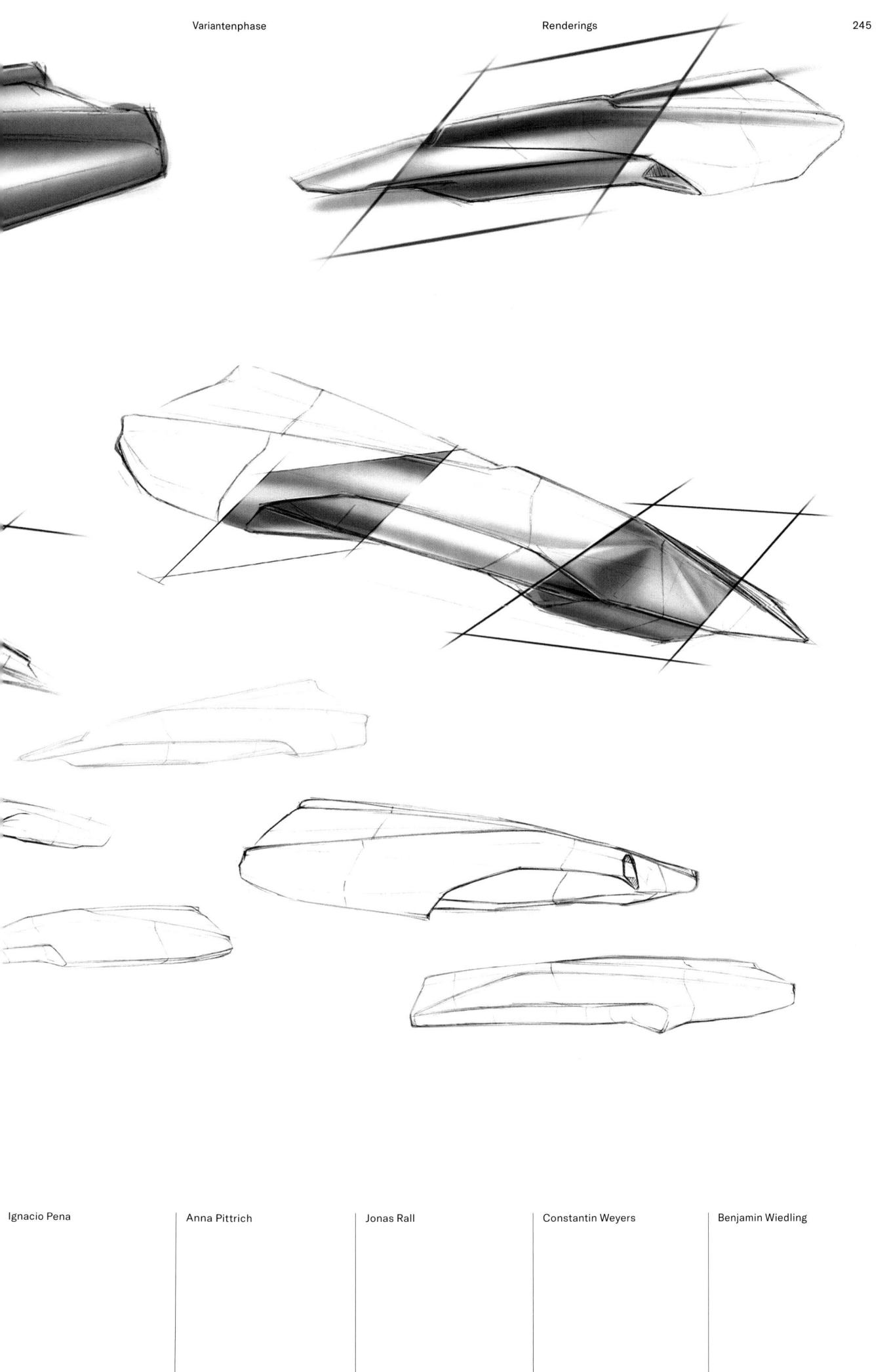

Ignacio Pena • Anna Pittrich • Jonas Rall • Constantin Weyers • Benjamin Wiedling

| Dominic Baumann | Sebastian Bekmann | Tim Bormann | Michael Juraschek | Anja König |

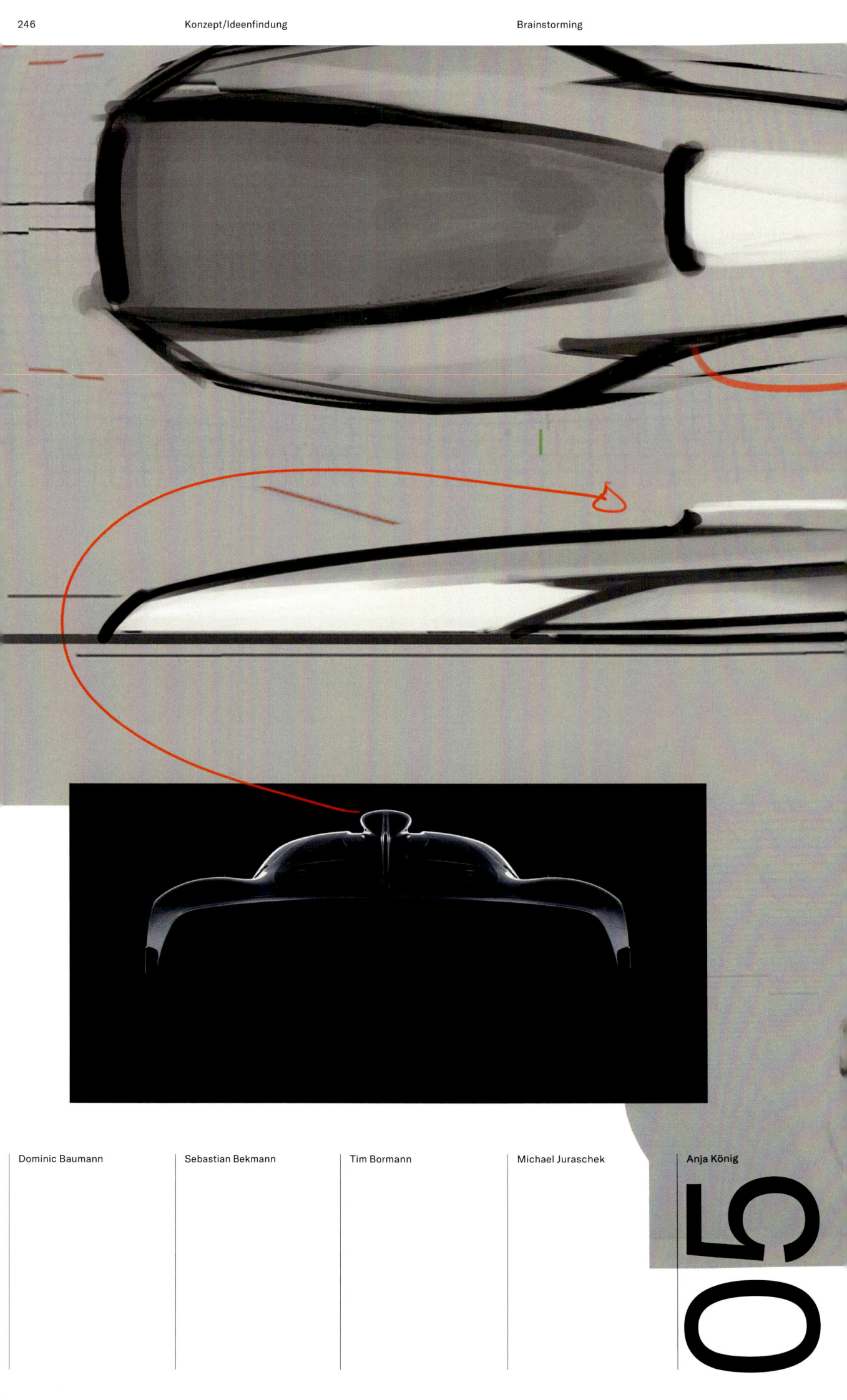

Hier vielleicht eine andere Kontur testen

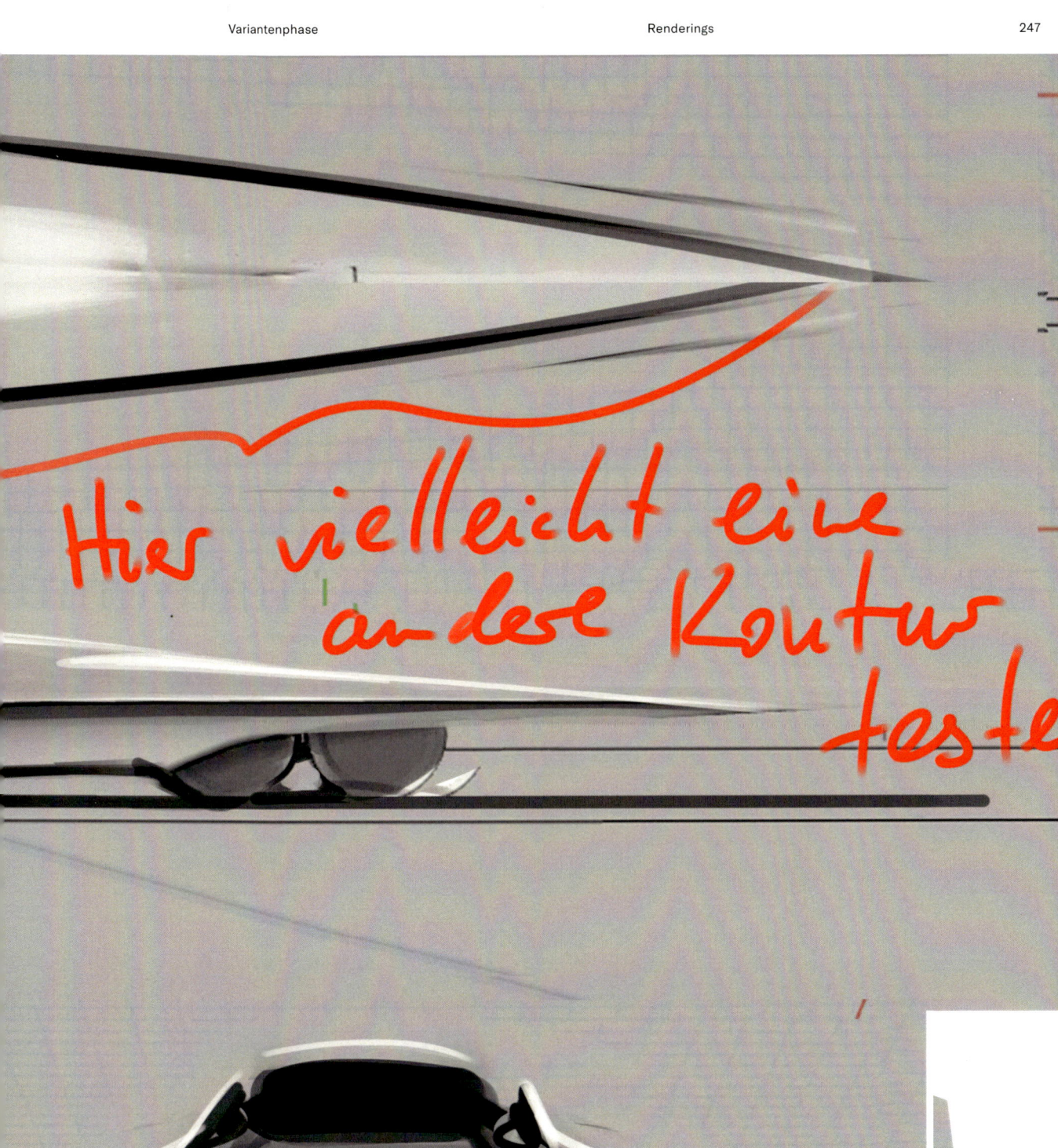

Ignacio Pena   Anna Pittrich   Jonas Rall   Constantin W...   Benjamin Wiedling

248 Konzept/Ideenfindung Brainstorming

oder bewusstes Knick

etwas runter

besser so

weiter nach an

Dominic Baumann Sebastian Bekmann Tim Bormann Michael Juraschek Anja König

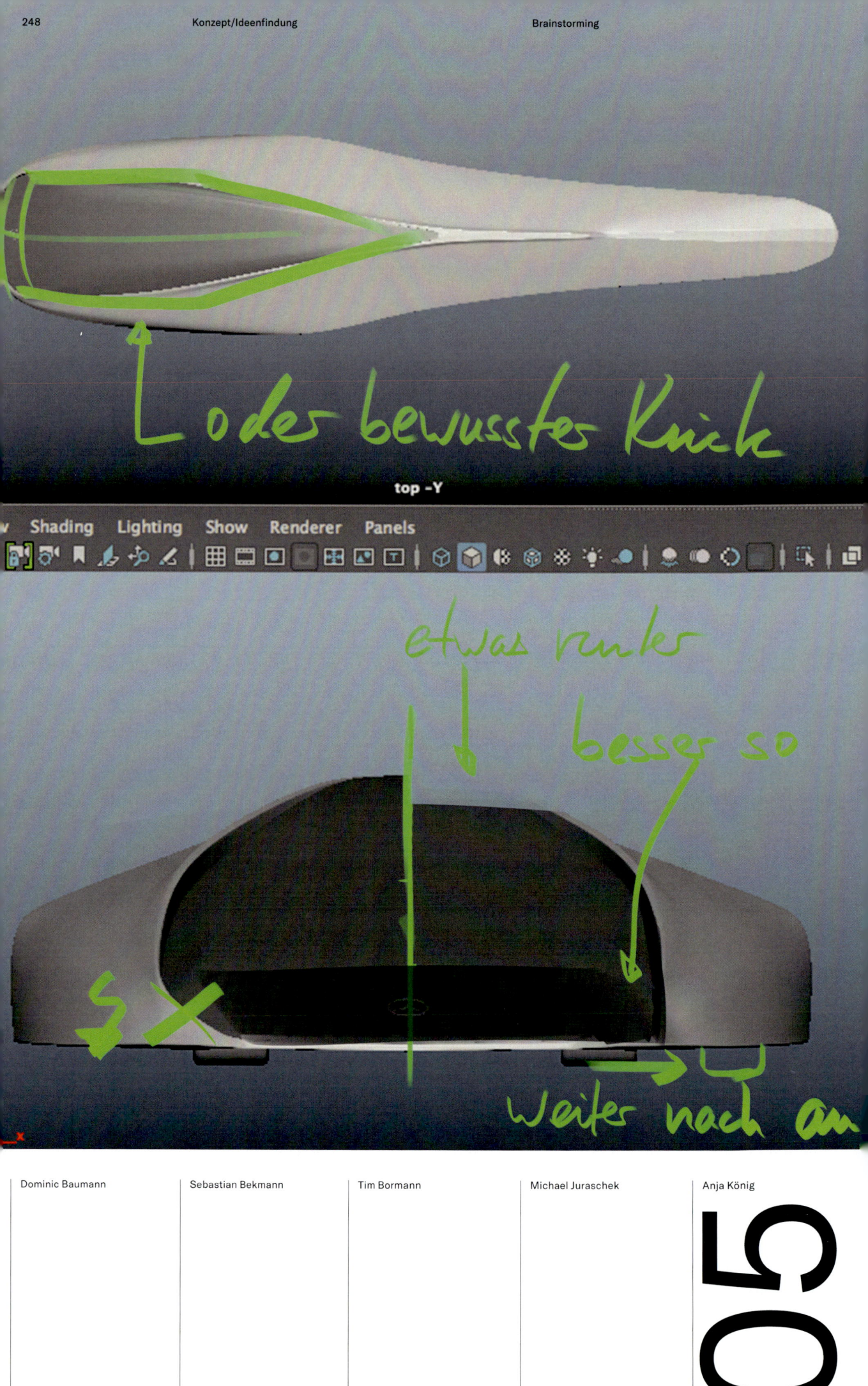

05

Variantenphase — Renderings — 249

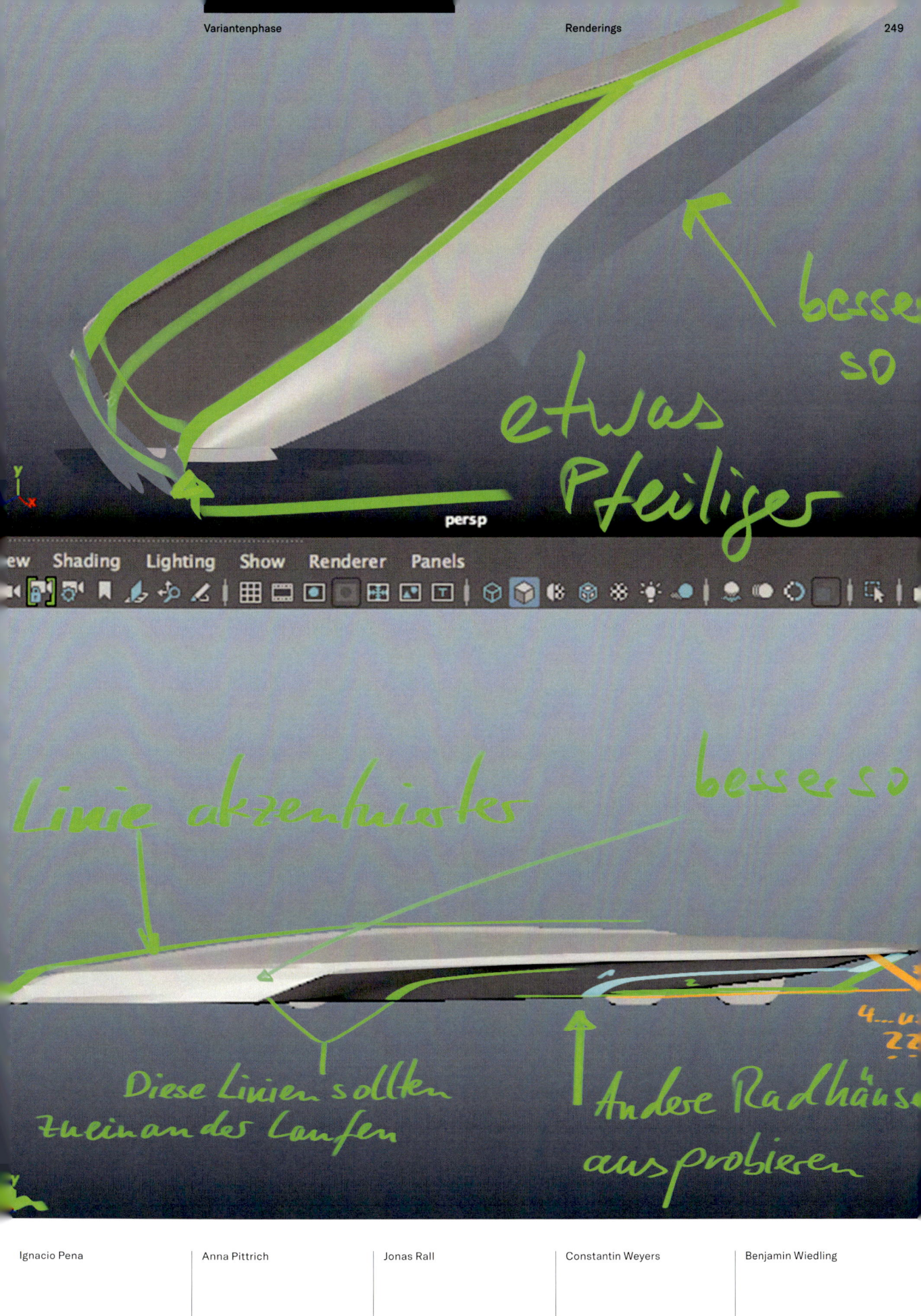

besser so

etwas Pfeiliger

Linie akzentuierter

besser so

Diese Linien sollten zueinander laufen

Andere Radhäuser ausprobieren

Ignacio Pena   Anna Pittrich   Jonas Rall   Constantin Weyers   Benjamin Wiedling

Konzept/Ideenfindung — Brainstorming

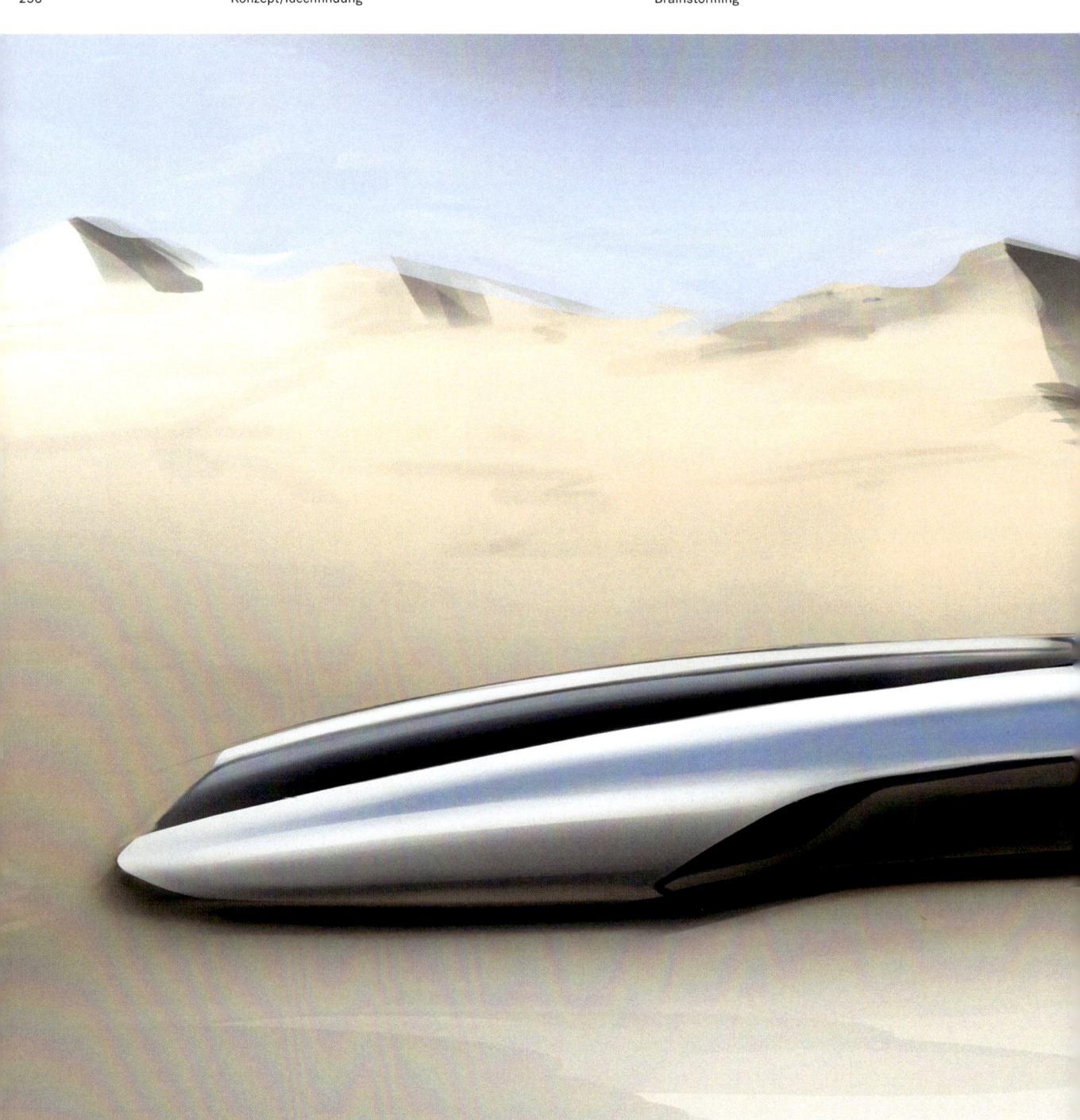

Dominic Baumann | Sebastian Bekmann | Tim Bormann | Michael Juraschek | Anja König

| Ignacio Pena | Anna Pittrich | Jonas Rall | Constantin Weyers | Benjamin Wiedling |

Konzept/Ideenfindung

Dominic Baumann   Sebastian Bekmann   Tim Bormann   Michael Juraschek   Anja König

Variantenpr... Renderings 253

Ignacio Pena | Anna Pittrich | | Constantin Weyers | Benjamin Wiedling

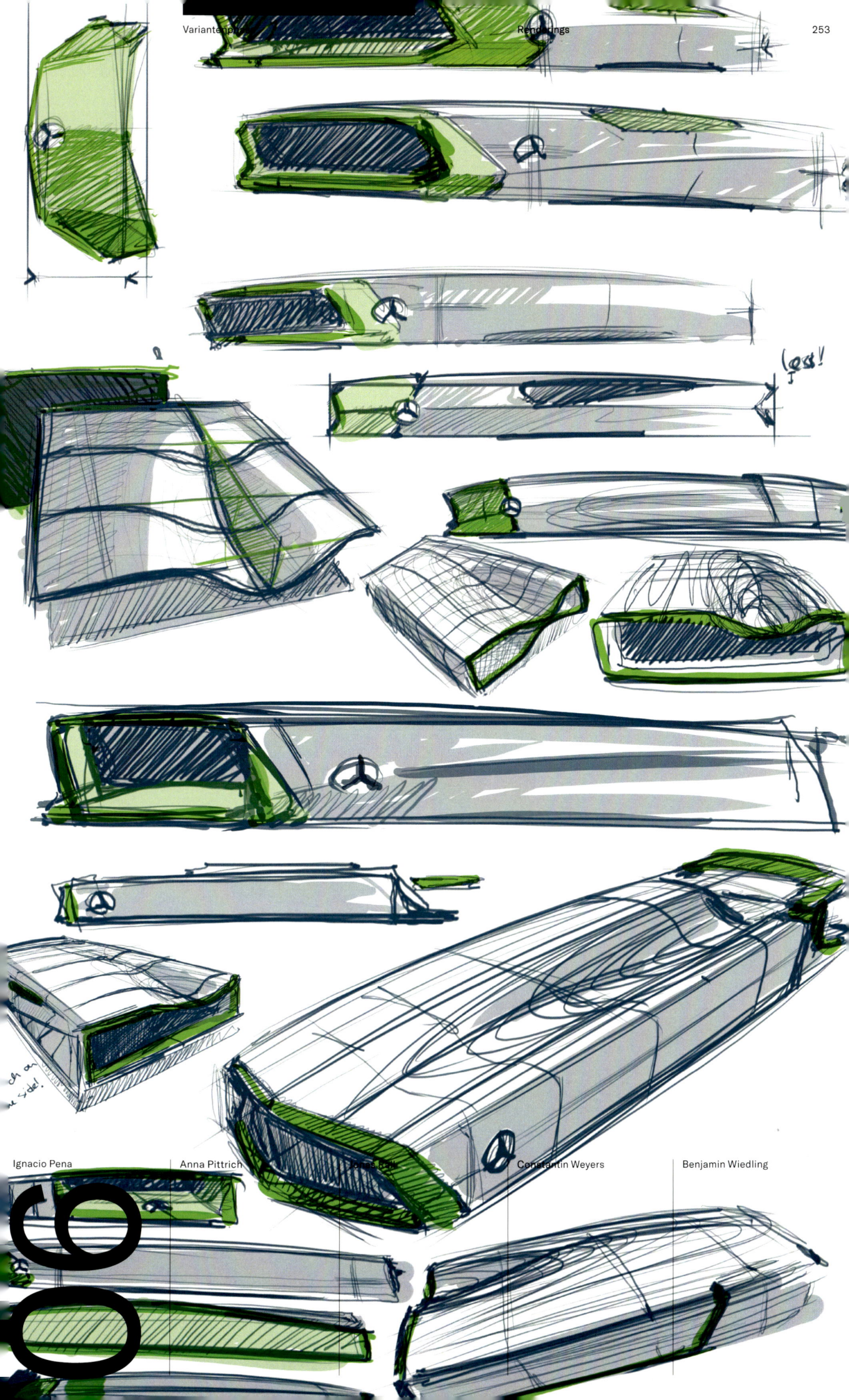

Dominic Baumann | Sebastian Dekmann | Tim Dörmann | Michael Juraschek | Anja König

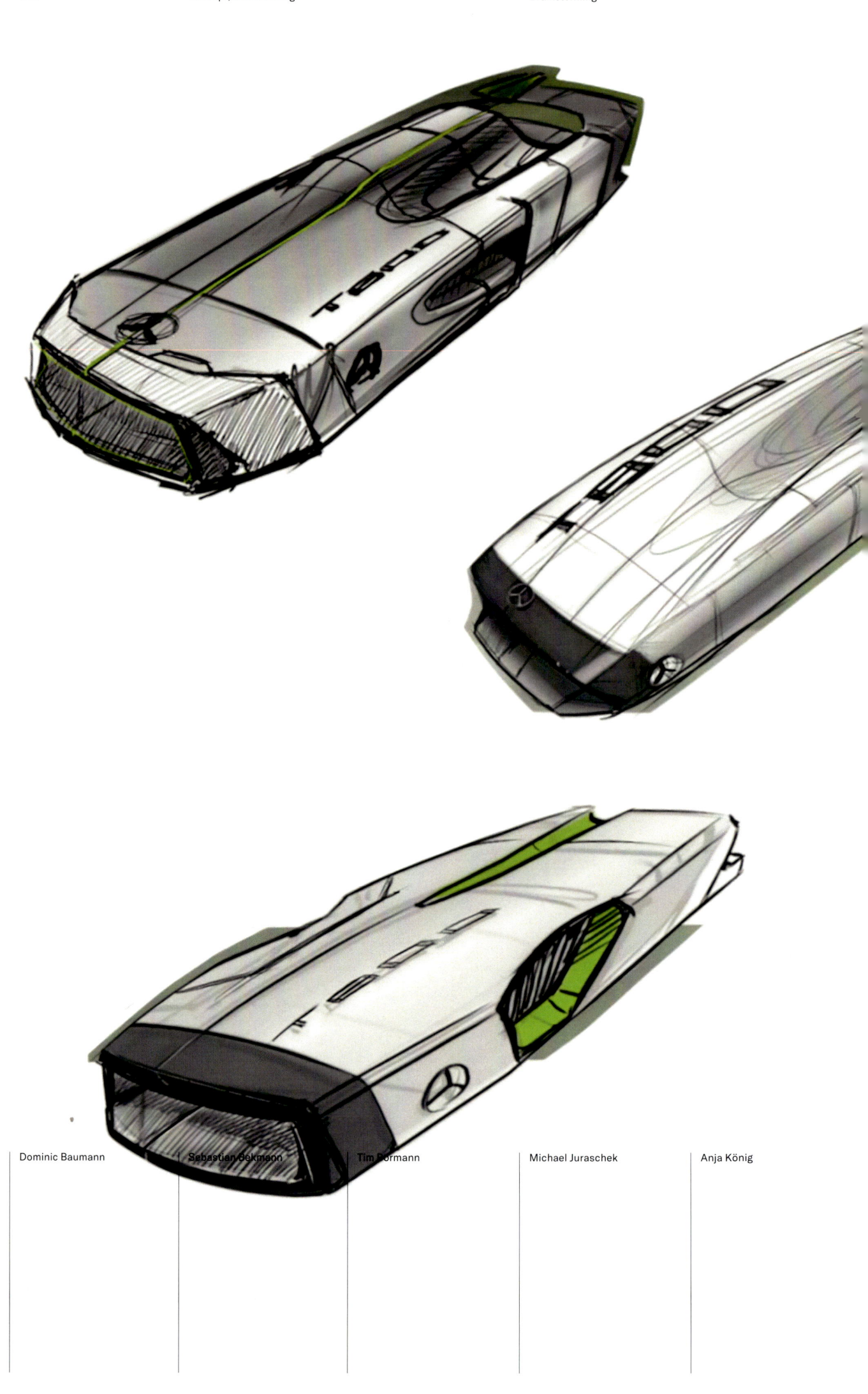

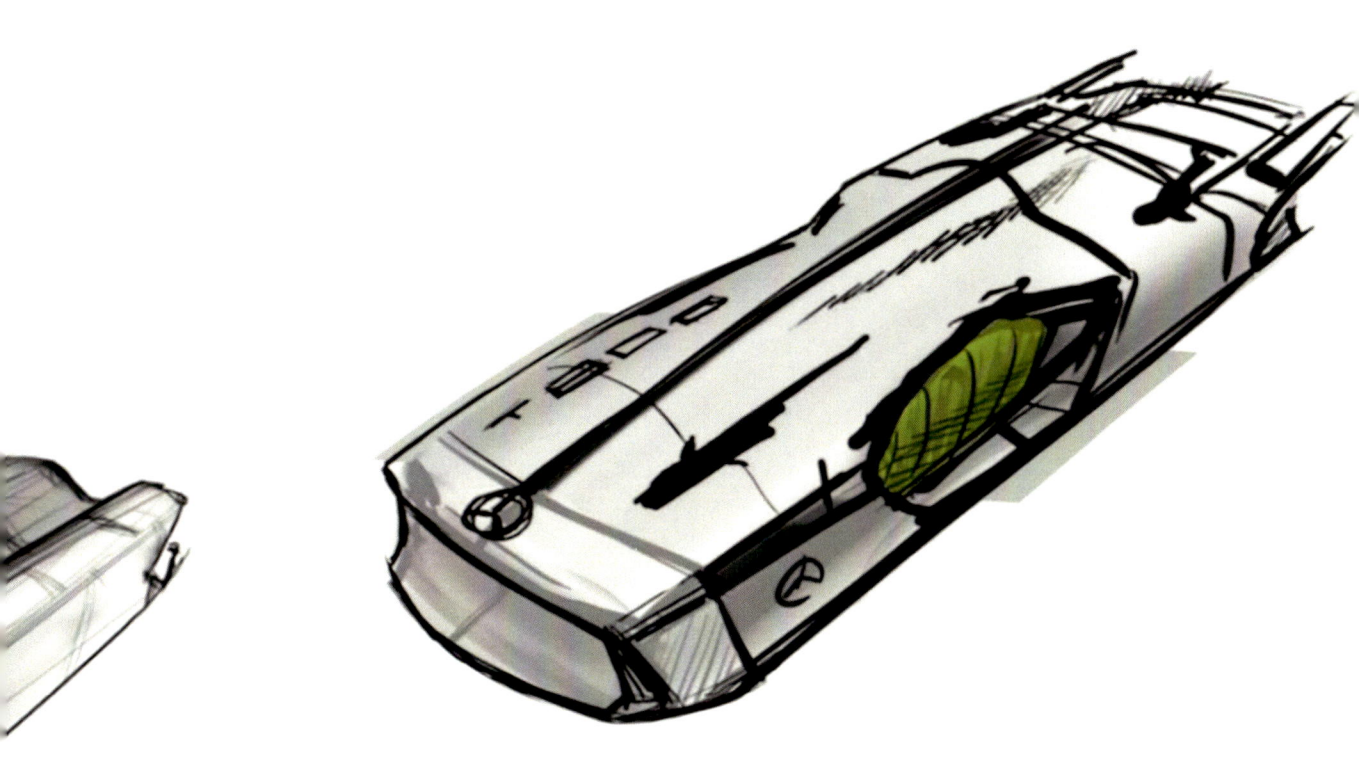

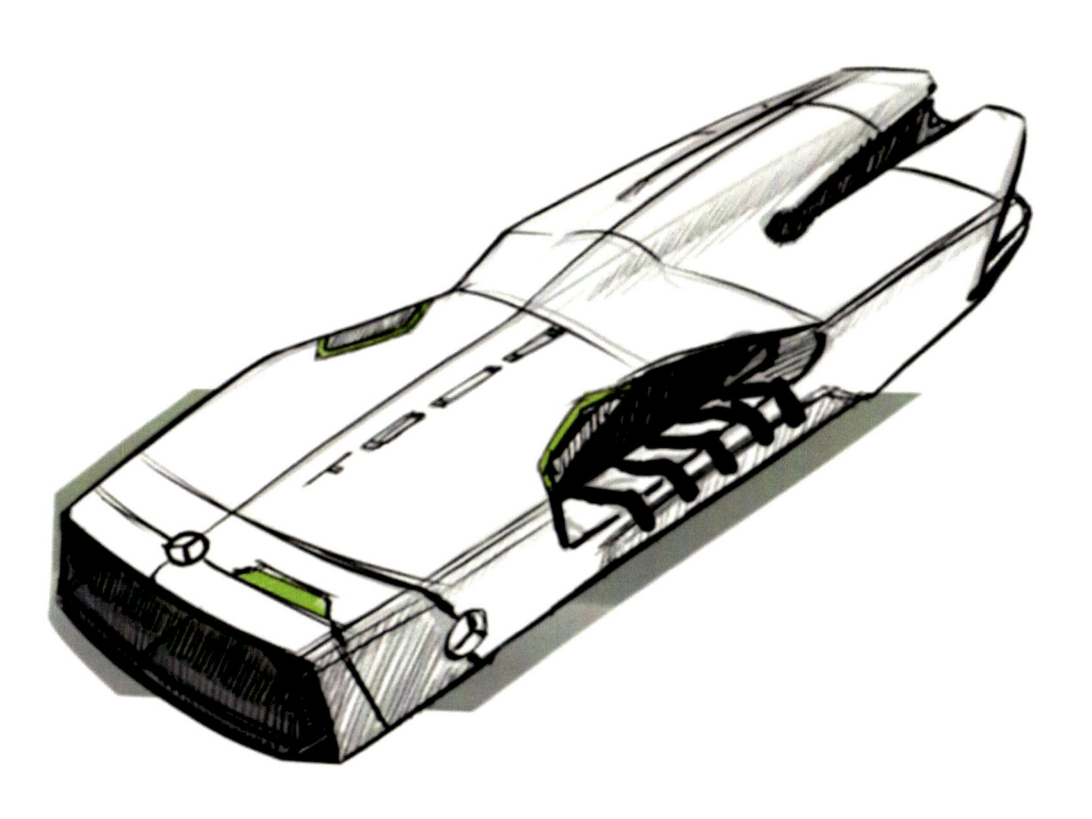

| Variantenphase | Renderings | 255 |

| Ignacio Pena | Anna Pittrich | Jonas Rall | Constantin Weyers | Benjamin Wiedling |

06

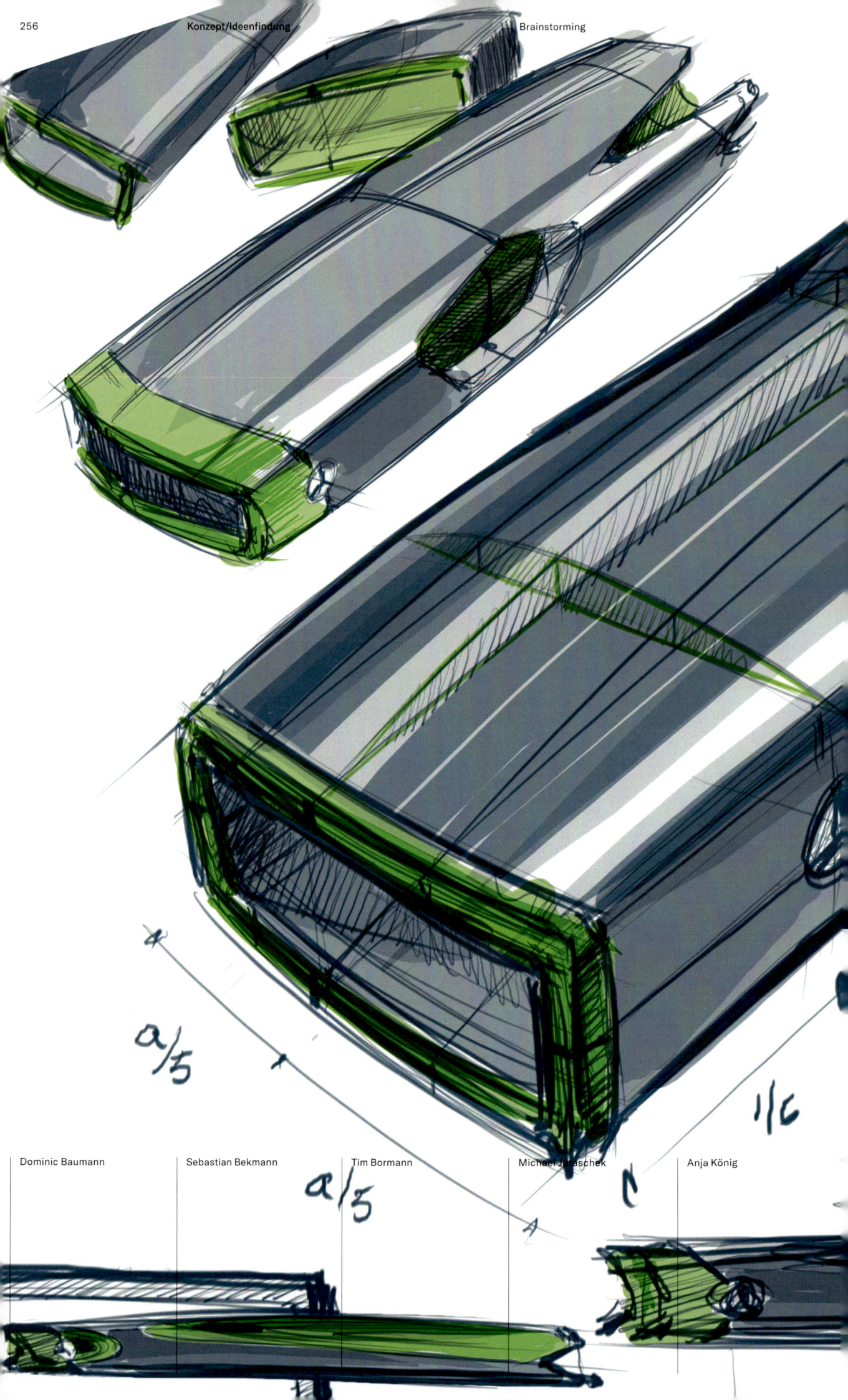

Dominic Baumann | Sebastian Bekmann | Tim Bormann | Michael Juraschek | Anja König

too massive!

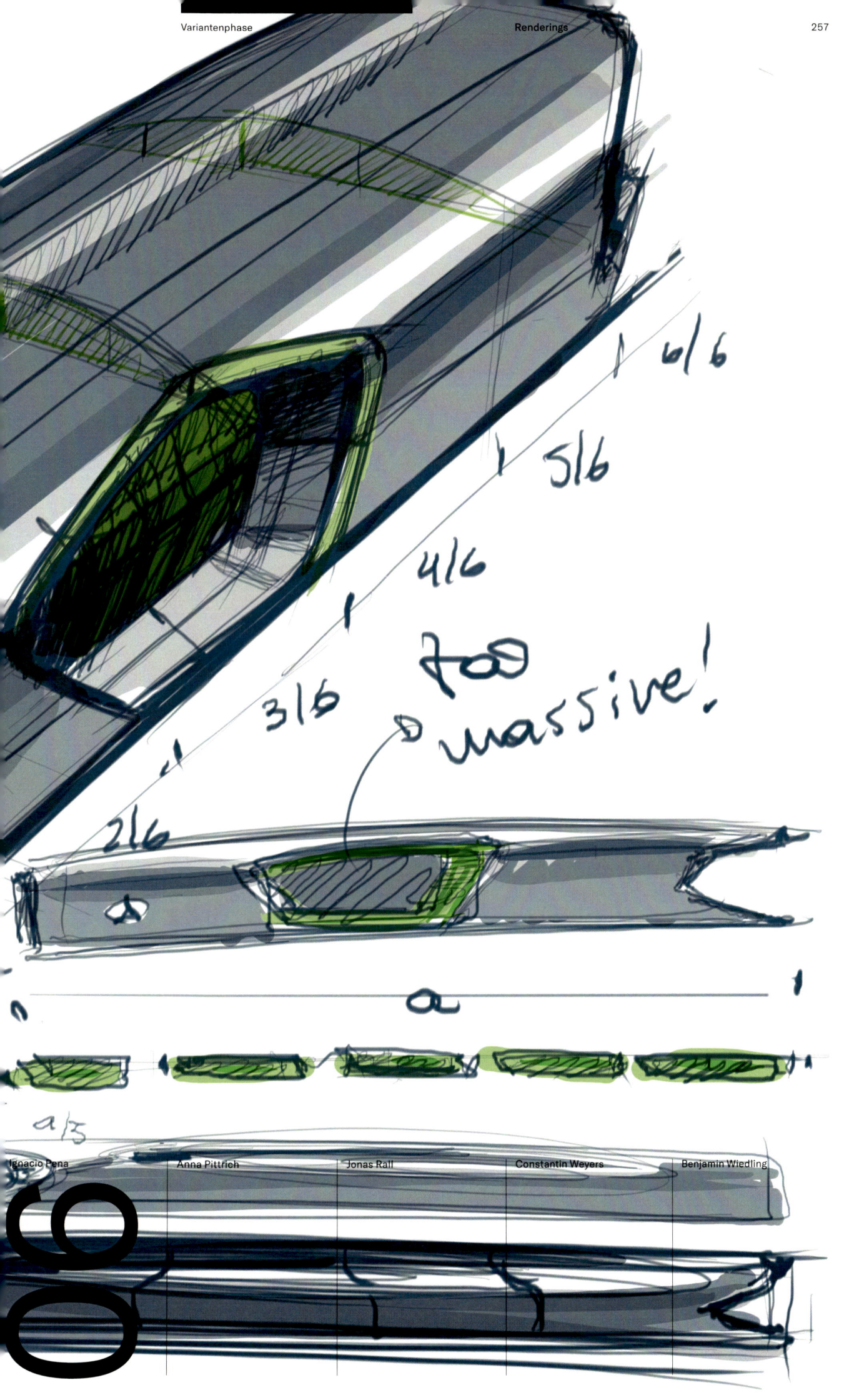

Dominic Baumann   Sebastian Bekmann   Tim Bormann   Michael Juraschek   Anja König

Variantenphase — Renderings

Ignacio Pena | Anna Pittrich | Jonas Rall | Constantin Wers | Benjamin Wiedli

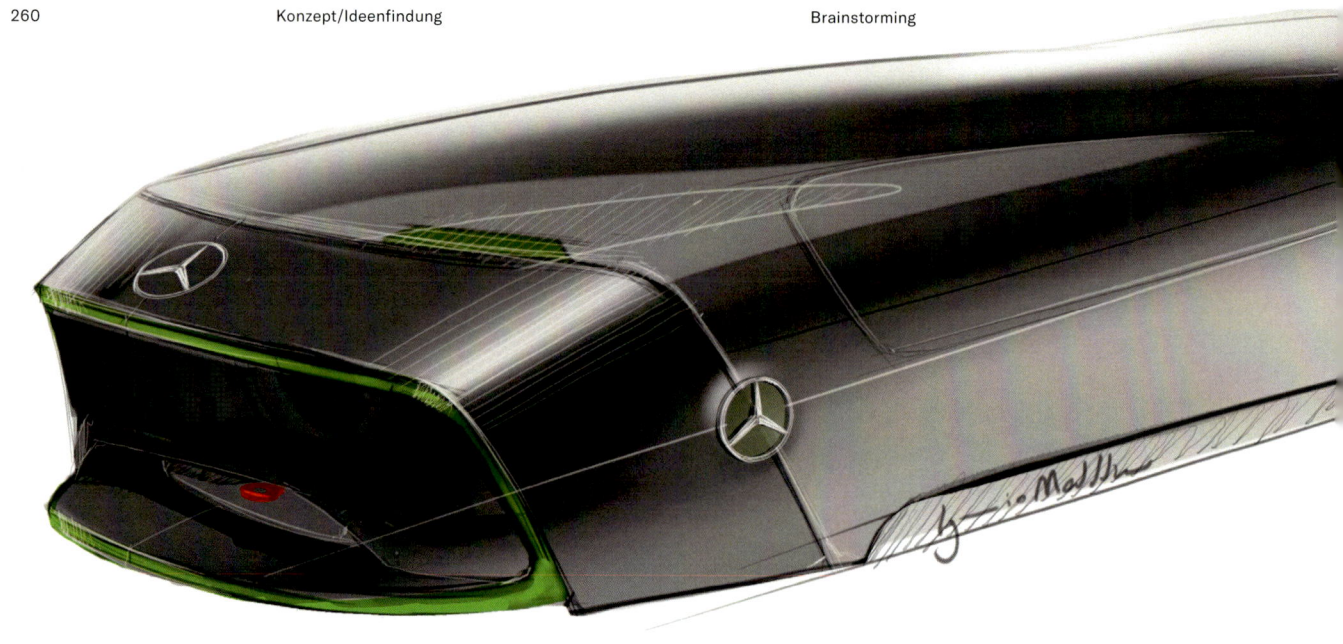

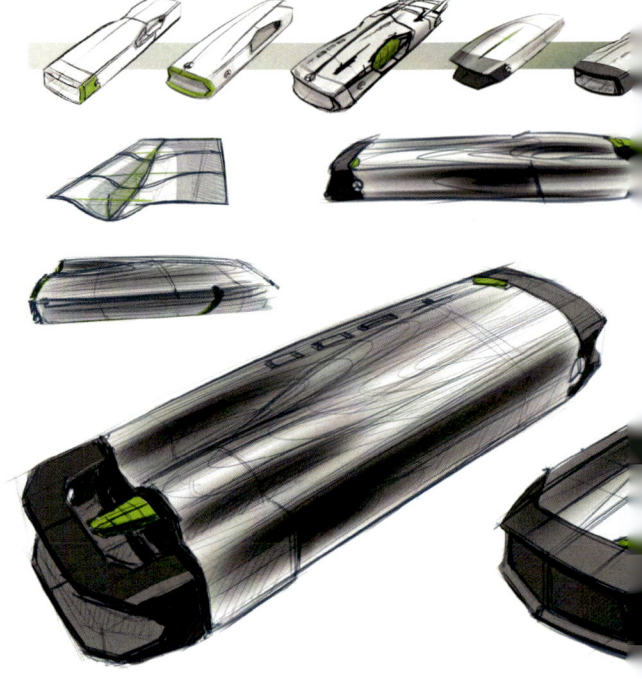

Konzept/Ideenfindung — Brainstorming

Dominic Baumann | Sebastian Bekmann | Tim Bormann | Michael Juraschek | Anja König

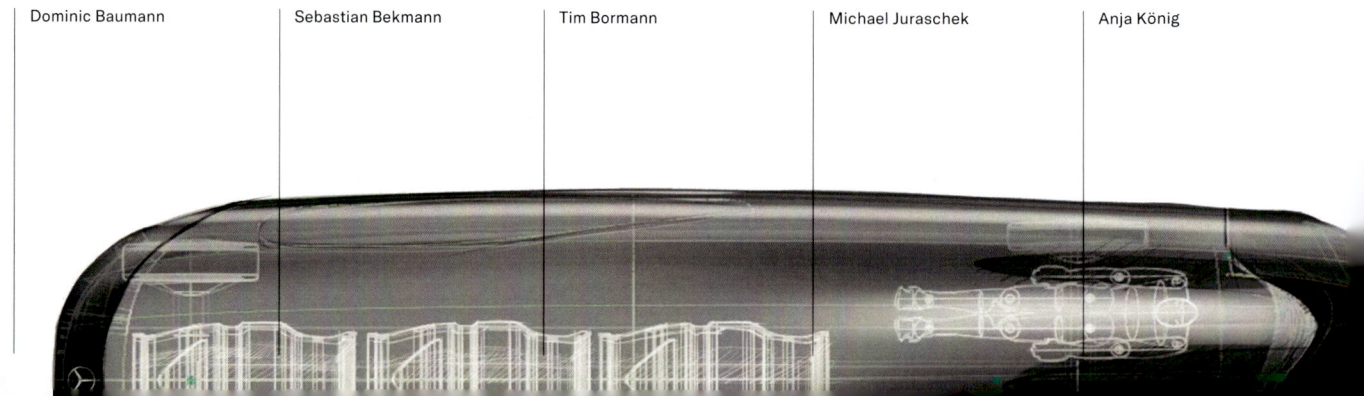

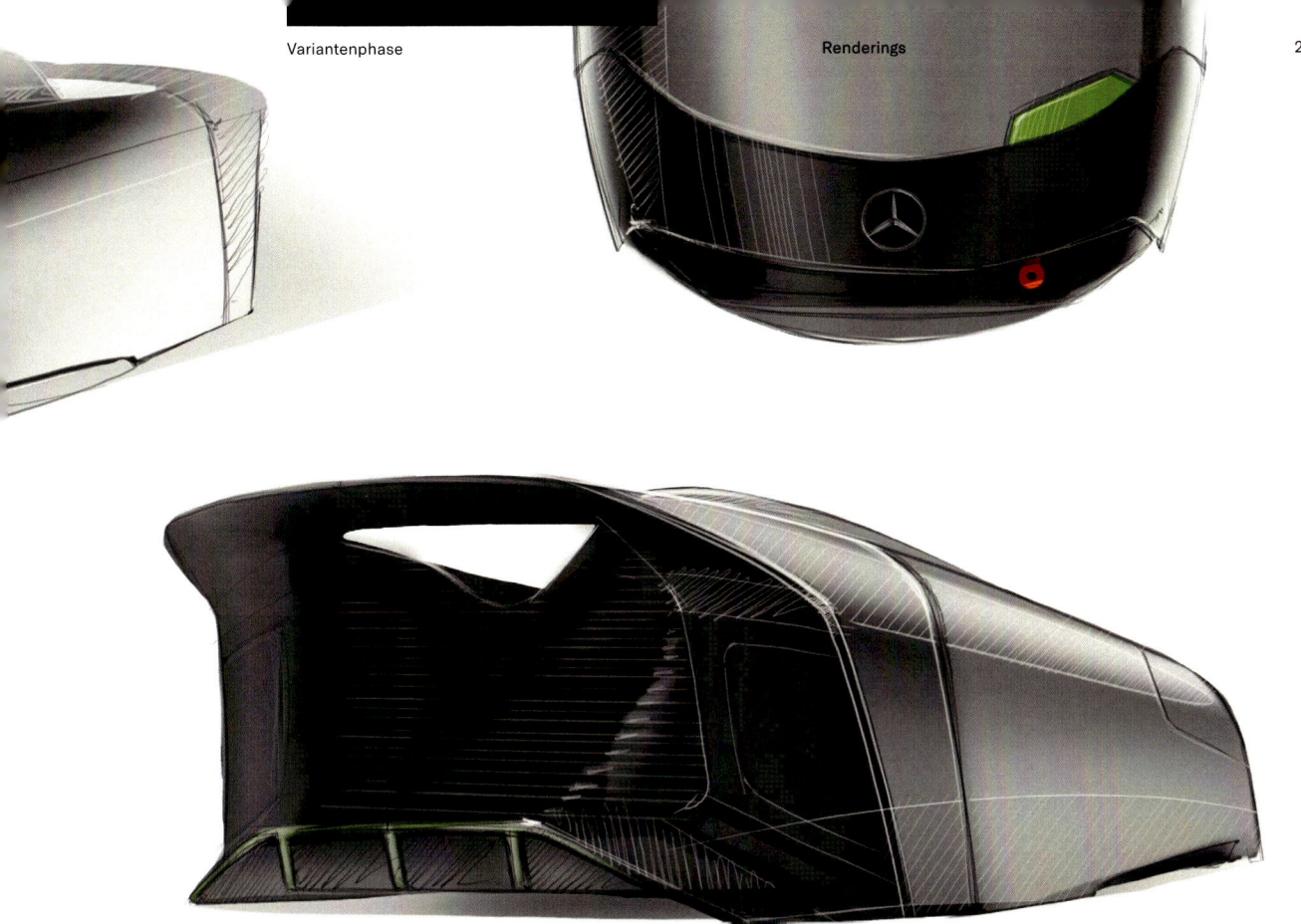

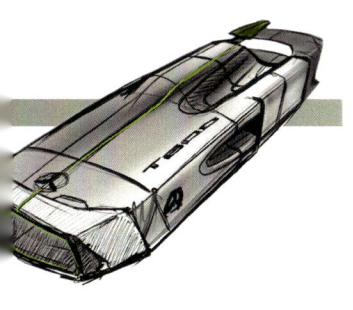

Variantenphase   Renderings   261

Ignacio Pena | Anna Pittrich | Jonas Rall | Constantin Weyers | Benjamin Wiedling

06

262 Konzept/Ideenfindung Brainstorming

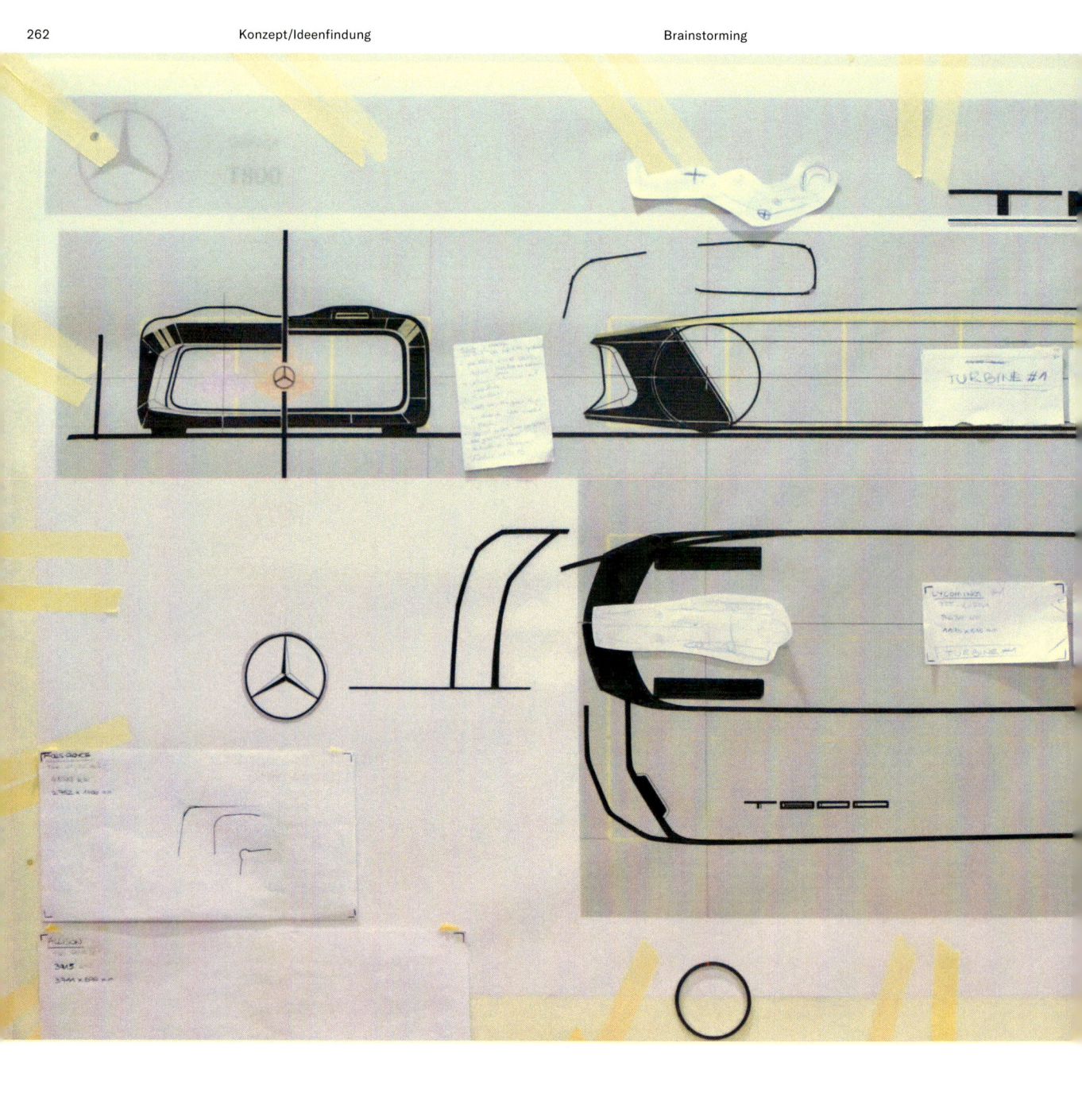

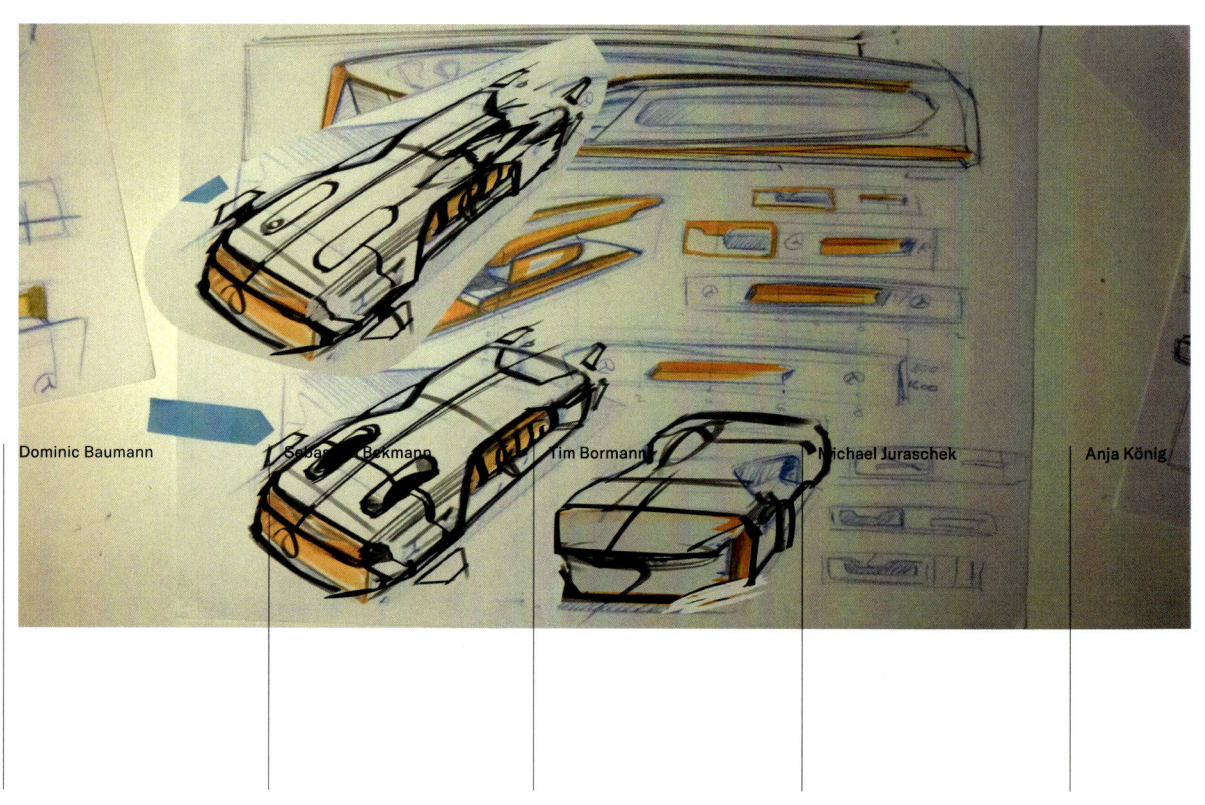

Dominic Baumann | Sebastian Bekmann | Tim Bormann | Michael Juraschek | Anja König

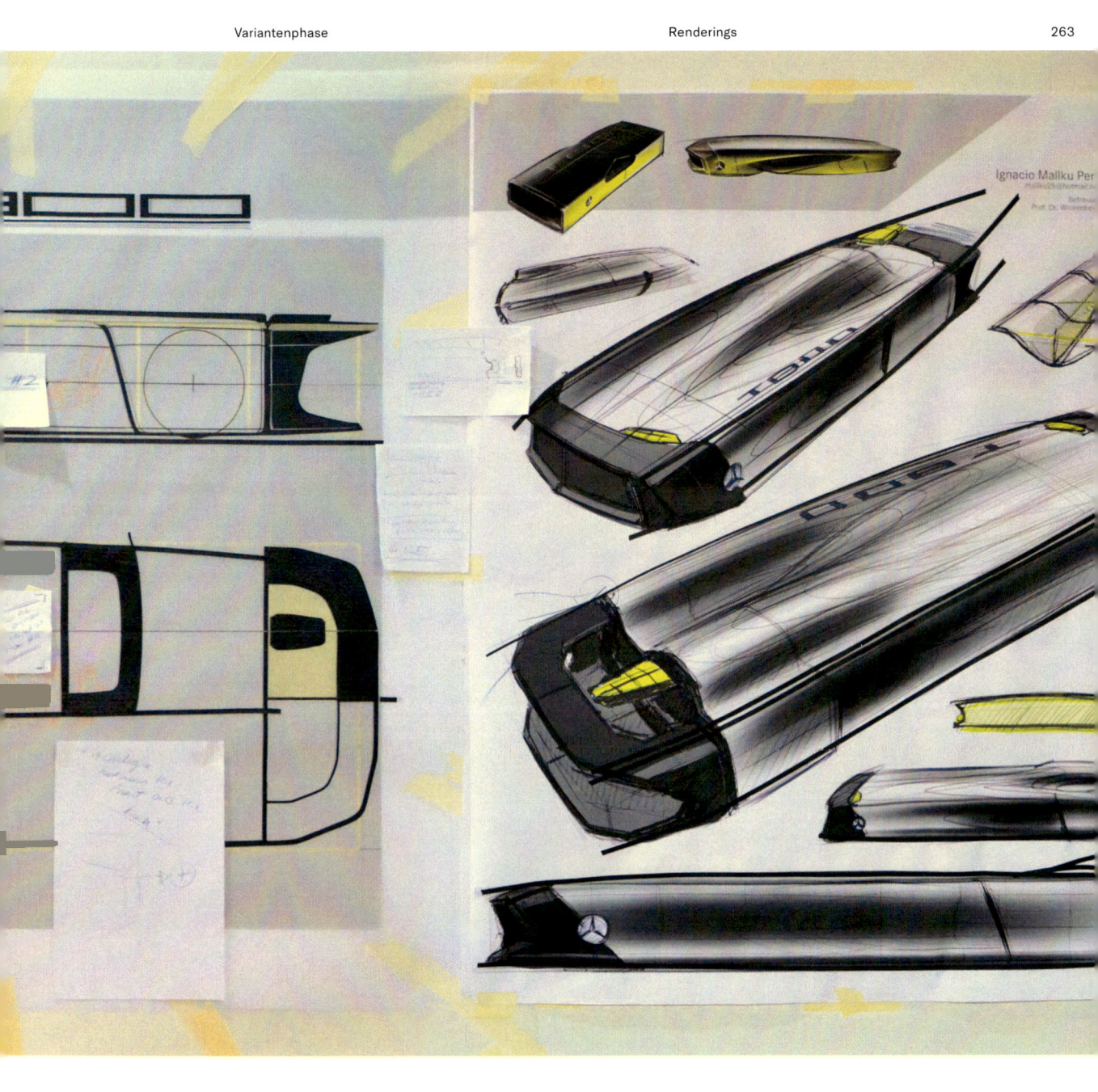

Variantenphase — Renderings — 263

Ignacio Pena

Anna Pittrich | Jonas Rall | Constantin Weyers | Benjamin Wiedling

06

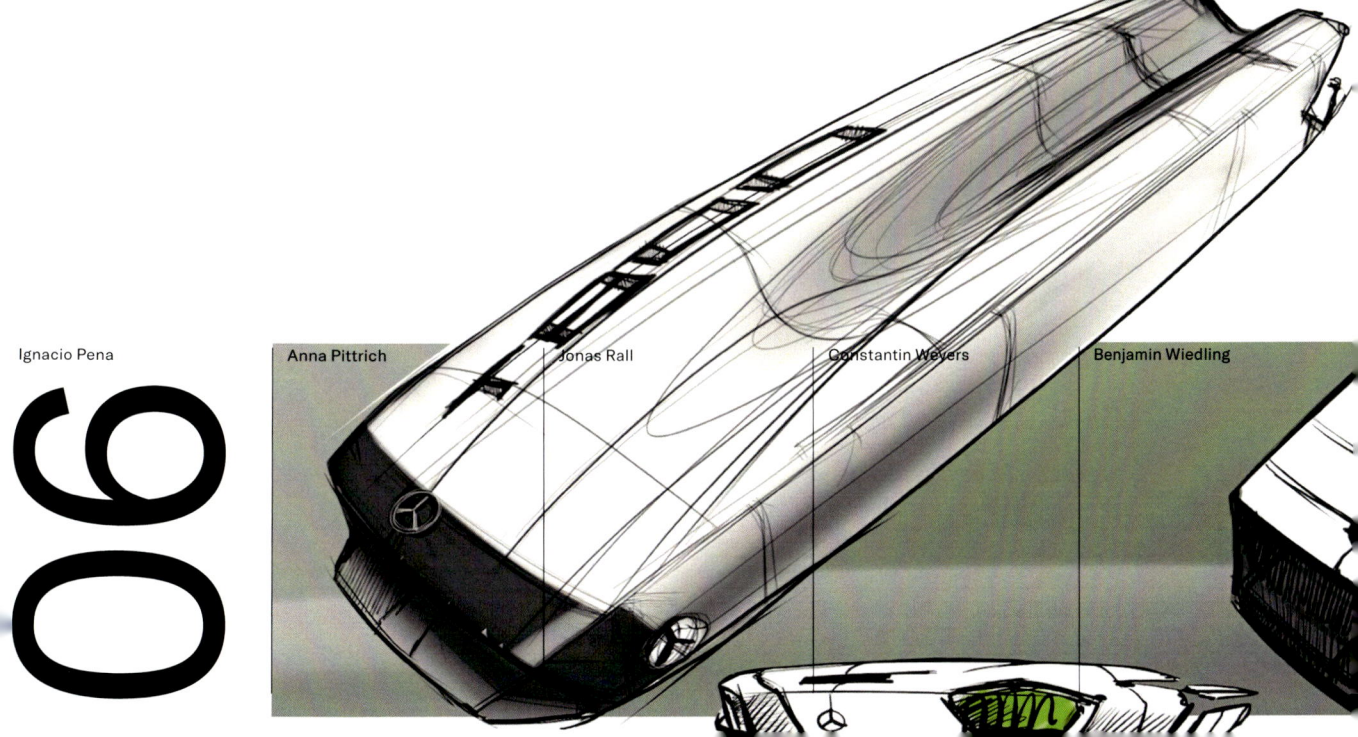

264 Konzept/Ideenfindung Brainstorming

Alter Stand

Fläche in der Side wird dadurch schmaler und streckt das Fahrzeug!!

Neuer Stand

Korrektur

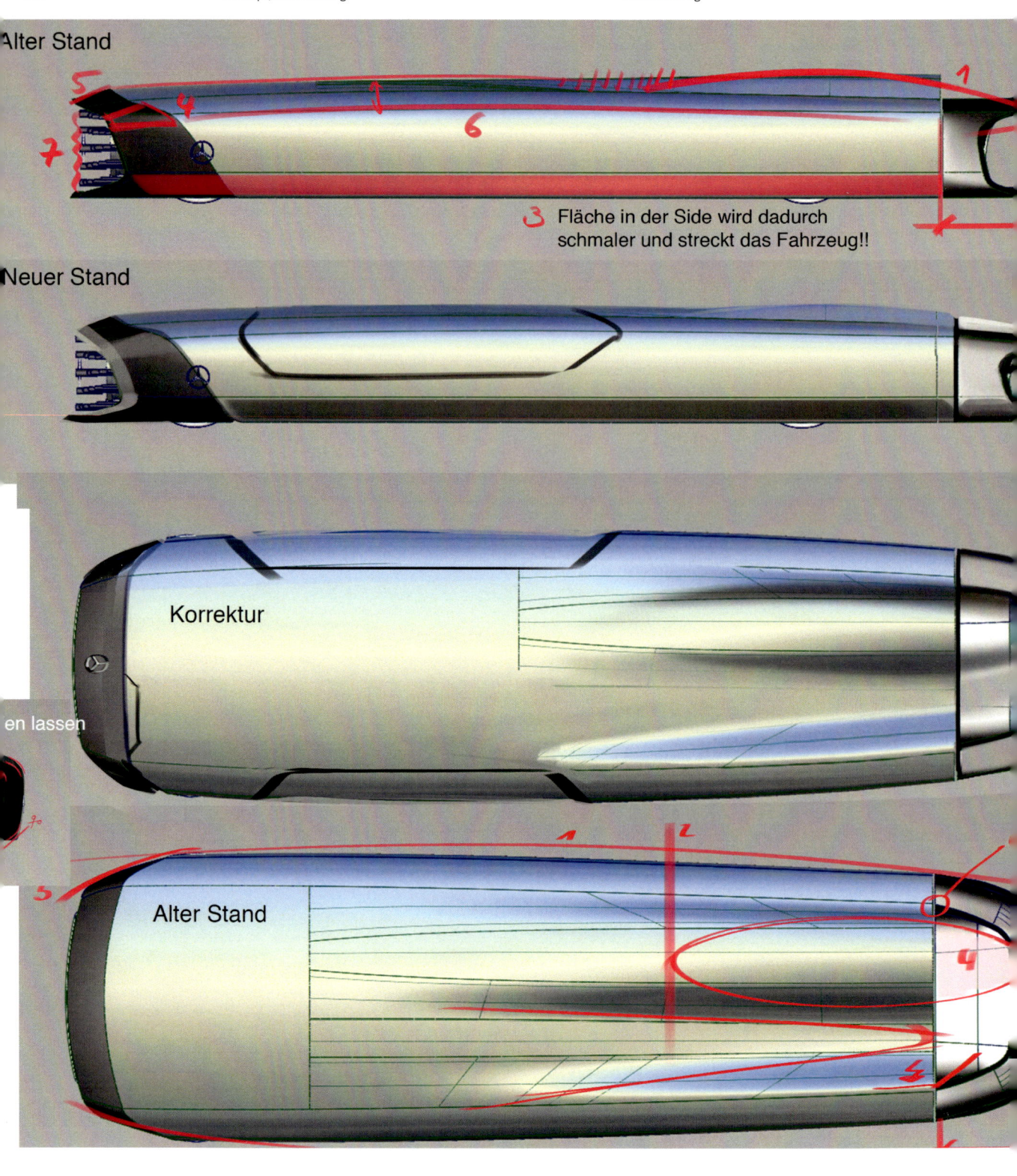

en lassen

Alter Stand

Dominic Baumann	Sebastian Bekmann	Tim Bormann	Michael Juraschek	Anja König

Korrektur

- Cockpit kürzer und nach hinten verlängert 1
- Heckteil länger 2
- Radius größer 3
- Radius weiter nach unten neigen 4
- Fase niegen 5
- Linie etwas mehr überwölben 6
- Kühlergrill-Thema finden 7
  (Aerodynamik sonst schlecht)

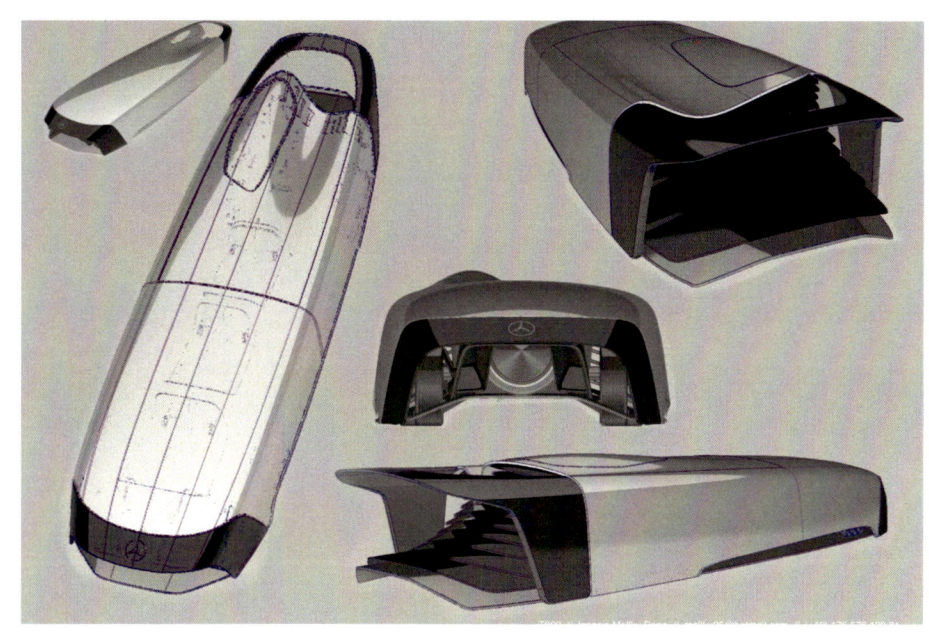

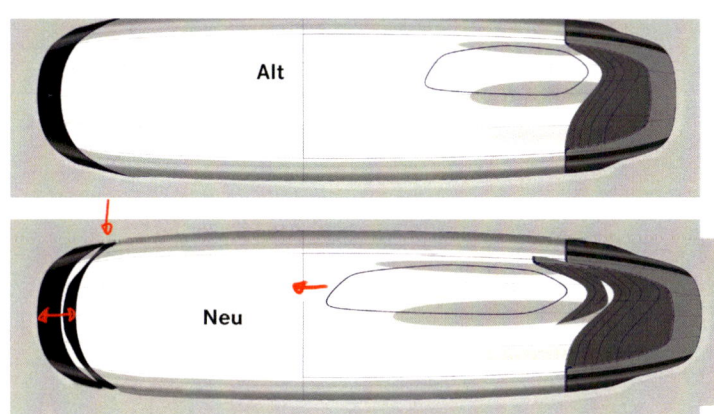

Alt

Neu

- Top view ist soweit ganz gut!
- Front gleichmäßiger Zug
- Greenhouse nach vorne
- Heckteil länger und tapern

Korrektur

- Grundzug 1
- Cockpit kürzer 2
- Heck Anbauteil länger 3
- Cockpit fließt in Heckteil mit ein 4
- Frontteil mehr Überwölbung 5
- Fließender Übergang 6

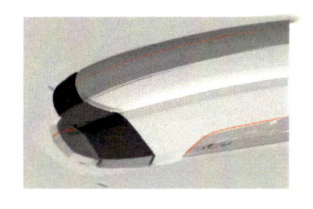

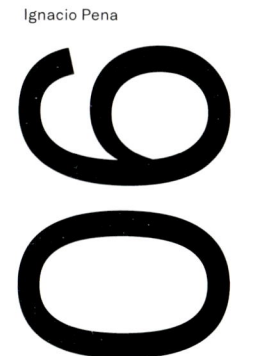

Ignacio Pena Anna Pittrich Jonas Rall Constantin Weyers Benjamin Wiedling

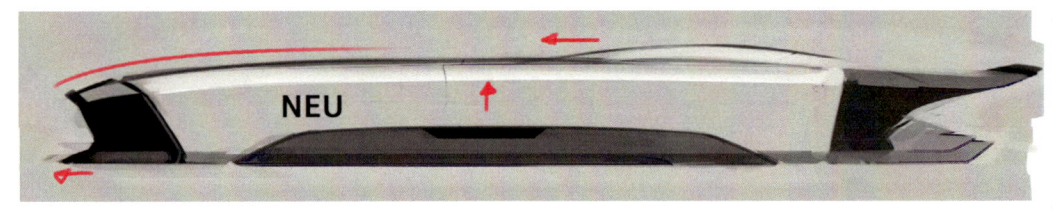

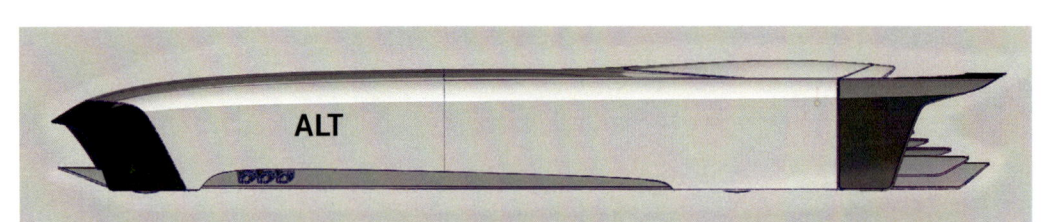

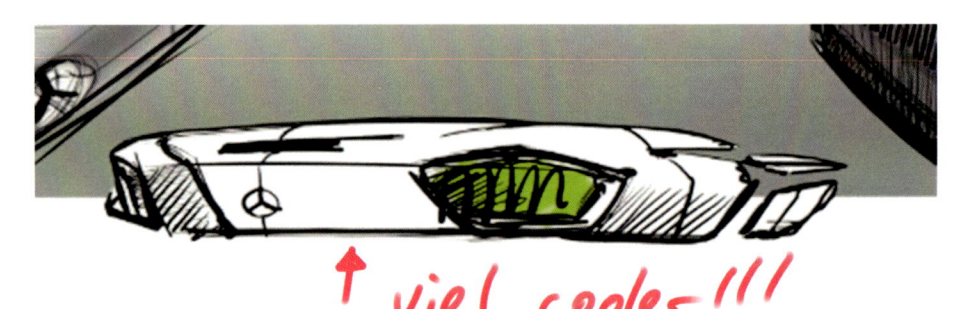

- Greenhouse weiter nach vorne (wie alte Skizze)

- Nur wenig Knick in der Haube (ein Zug)

- Fahrzeug in der Höhe reduzieren

- Höhe visuell abbauen durch Grafik

- Ein wenig Grundzug in der Body-Side

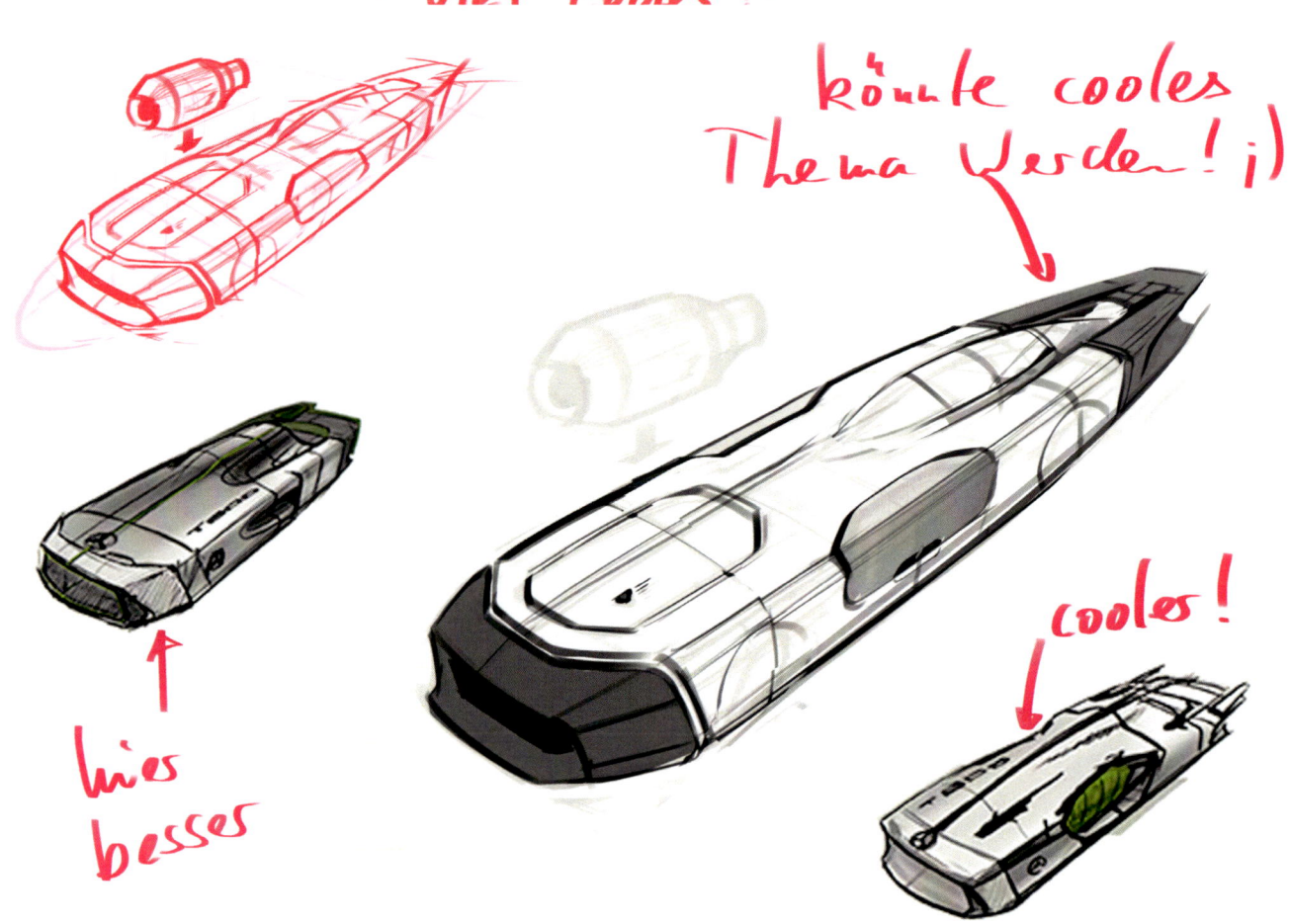

↑ viel cooler!!!

könnte cooles Thema werden! ;)

hier besser

cooler!

Dominic Baumann	Sebastian Bekmann	Tim Bormann	Michael Juraschek	Anja König

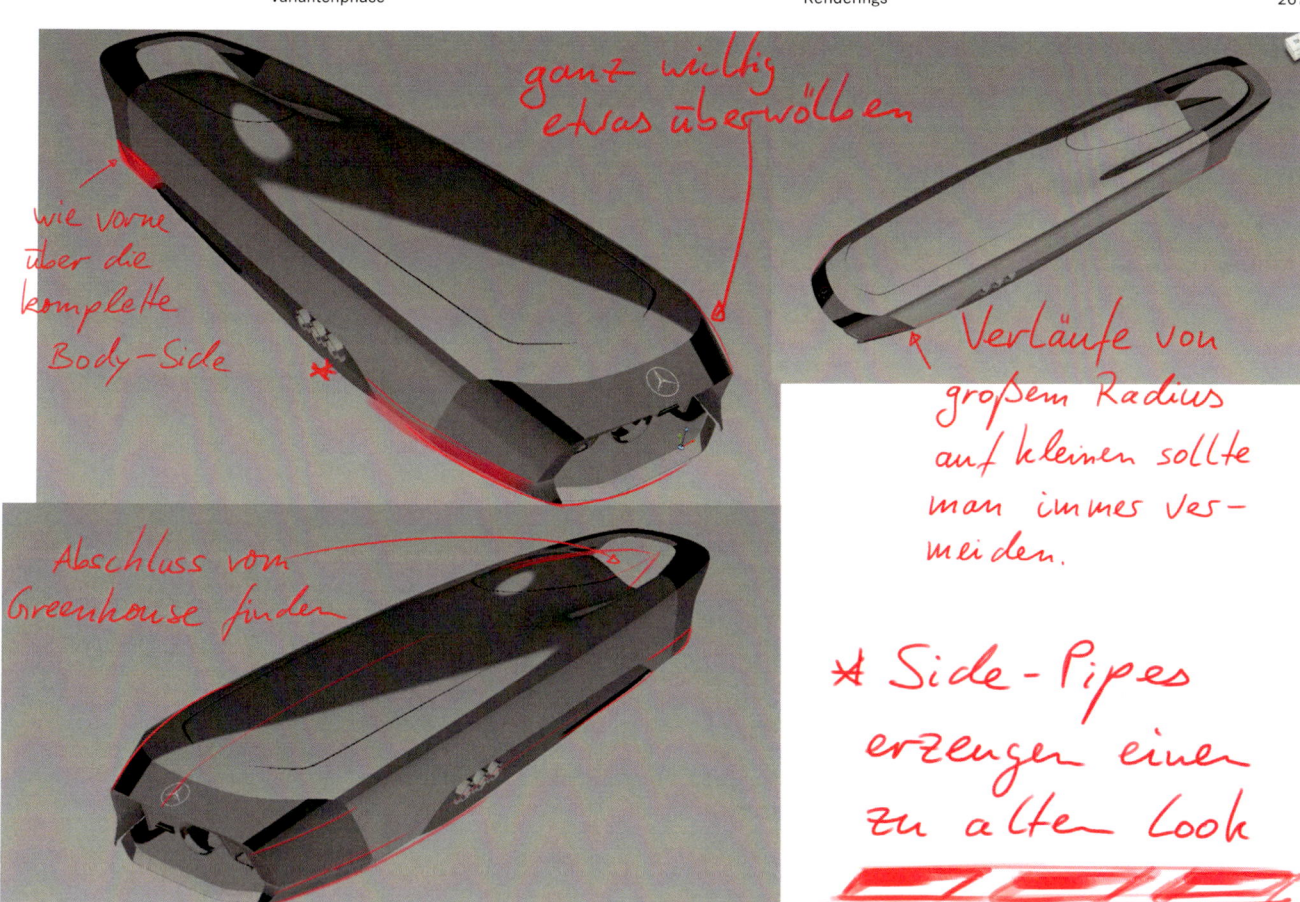

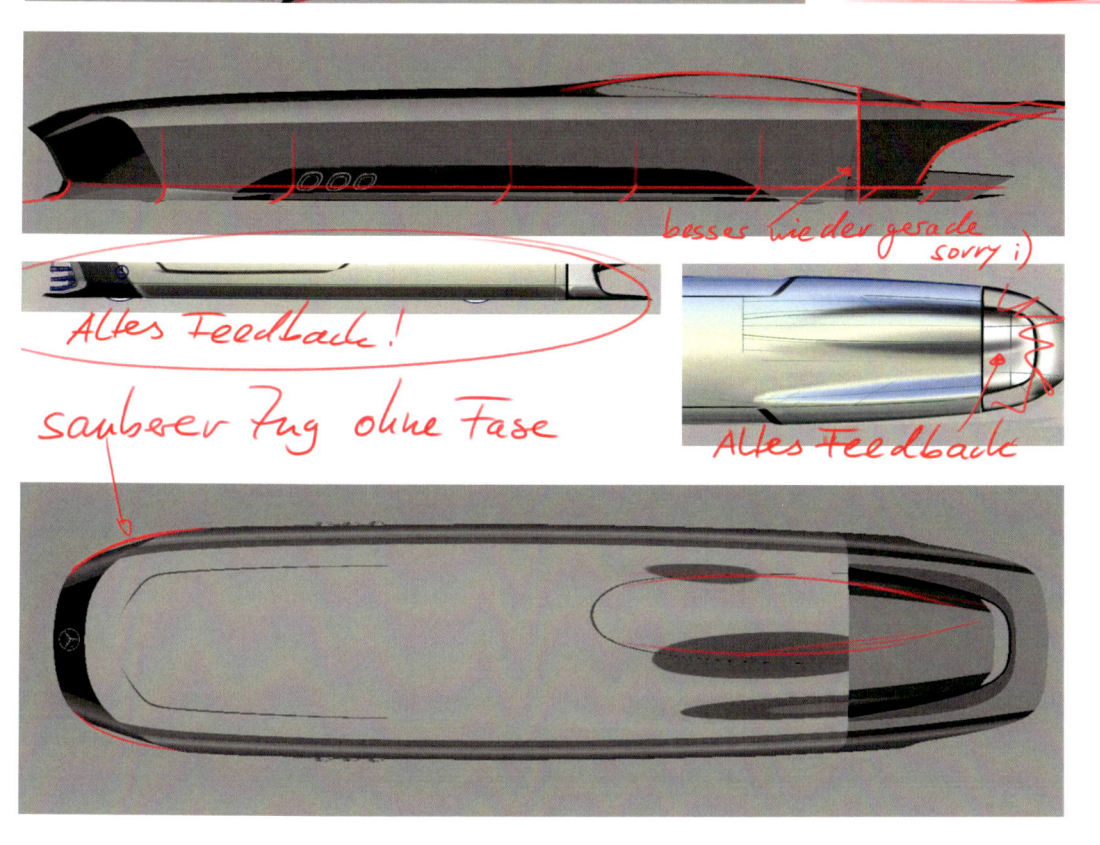

Variantenphase — Renderings — 267

06 Ignacio Pena | Anna Pittrich | Jonas Rall | Constantin Weyers | Benjamin Wiedling

| Dominic Baumann | Sebastian Bekmann | Tim Bormann | Michael Juraschek | Anja König |

Variantenphase   Renderings   269

Ignacio Pena   Anna Pittrich   Jonas Roll   Constantin Weyers   Benjamin Wiedling

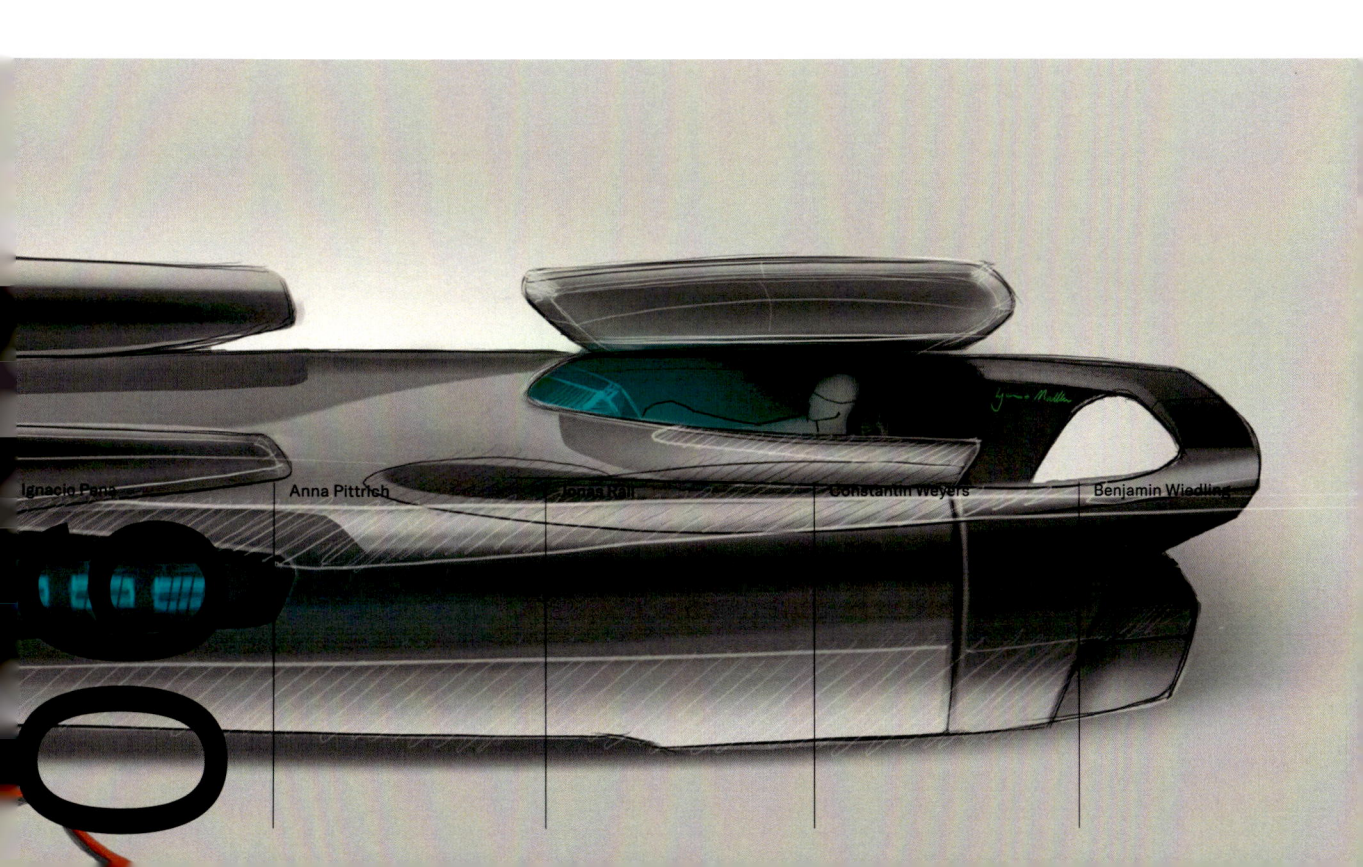

chtungswechsel
leicht besser, wenn
facher

Noc

Dominic Baumann	Sebastian Bekmann	Tim Bormann	Michael Juraschek	Anja König

Variantenphase — Renderings

wenig

| Ignacio Pena | Anna Pittrich | Jonas Rall | Constantin Weyers | Benjamin Wiedling |

07

272 Konzept/Ideenfindung Brainstorming

zu viel dünn — zu kantig

besser

könnte codes sein

ggf feature

etwas drücken

Dominic Baumann

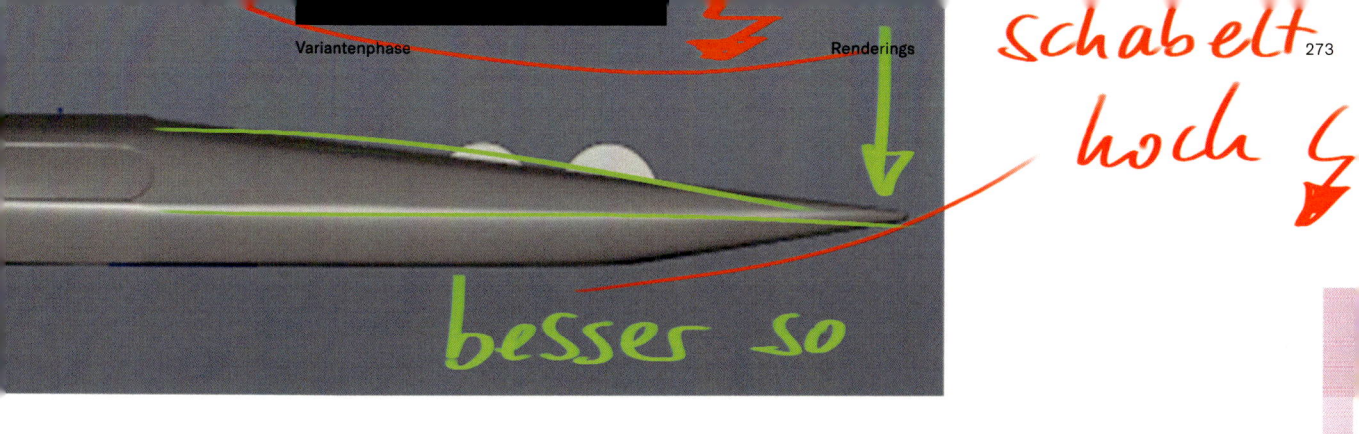

Variantenphase | Renderings

schabelt hoch

besser so

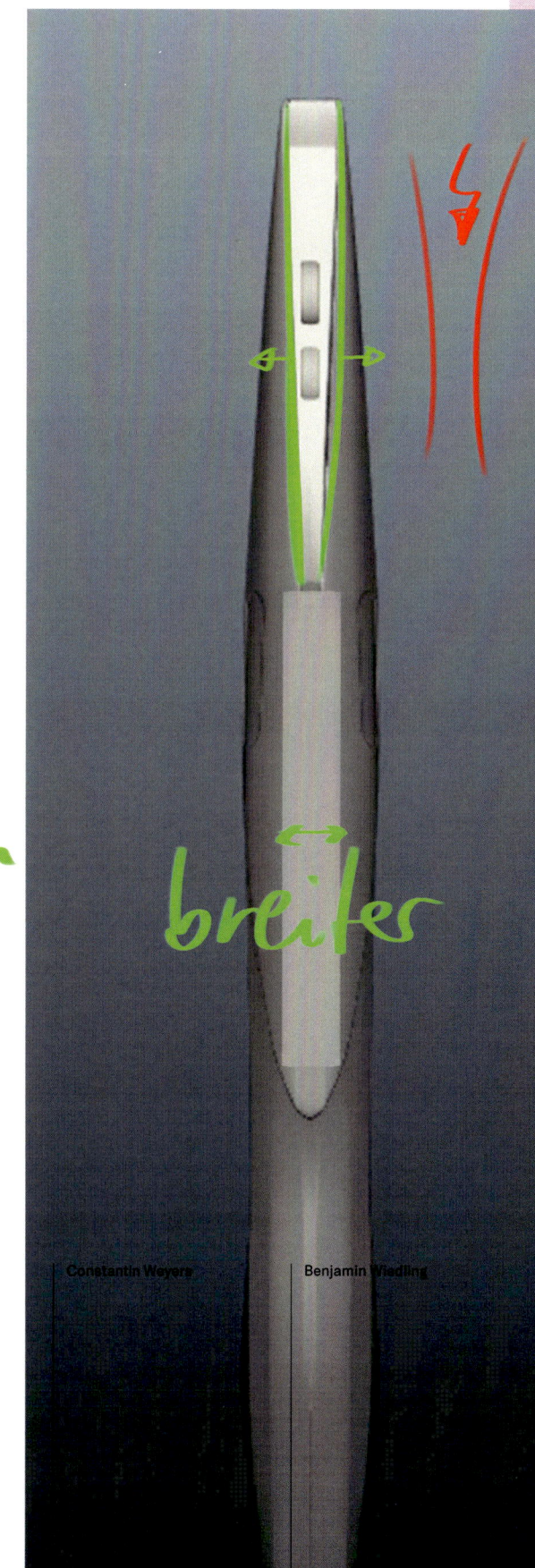

da abschneiden

breiter

Radien
softer
definitiv
vertikal

Ignacio Pena | Anna Pittrich | Jonas Rall | Constantin Weyer | Benjamin Wiedling

Konzept/Ideenfindung — Brainstorming

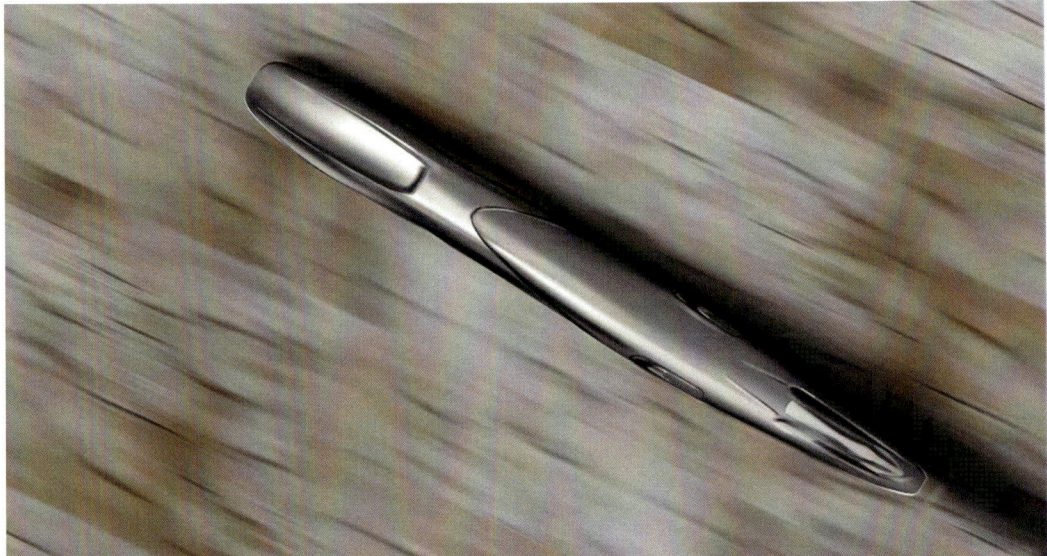

| Dominic Baumann | Sebastian Bekmann | Tim Bormann | Michael Juraschek | Anja König |

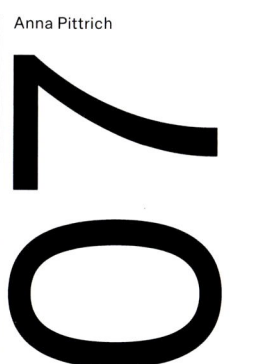

Ignacio Pena	Anna Pittrich	Jonas Rall	Constantin Weyers	Benjamin Wiedling

70

| Dominic Baumann | Sebastian Bekmann | Tim Bormann | Michael Juraschek | Anja König |

| Variantenphase | Renderings | | | 277 |

| Ignacio Pena | Anna Pittrich | Jonas Rall | Constantin Weyers | Benjamin Wiedling |

08

Dominic Baumann   Sebastian Bekmann   Tim Bormann   Michael Juraschek   Anja König

Variantenphase — Renderings

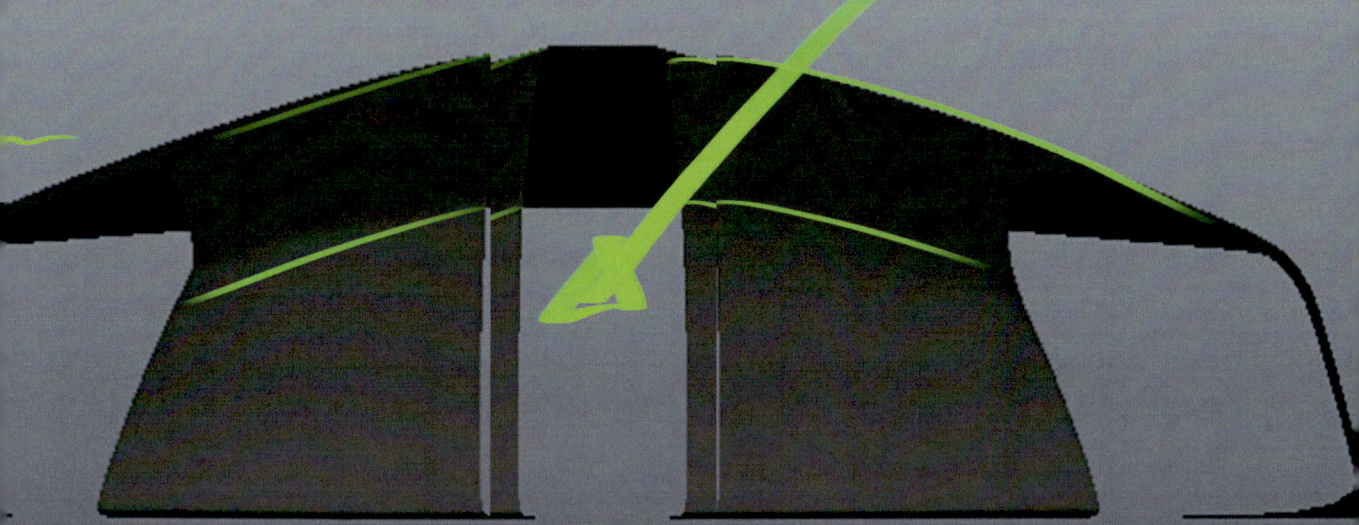

überwölben
radius
schmaler
besser hoch

Ignacio Pena | Anna Pittrich | Jonas Rall | Constantin Weyers | Benjamin Wiedling

280 Konzept/Ideenfindung   Brainstorming

alt

grundsätzlich gut, aber langweilig ausgeführt

Vorschlag

Kesselvolumen andeuten

Bisher beste Ansicht

Sebastian Bekmann | Tim Bormann | Michael Jurascheck | Anja König

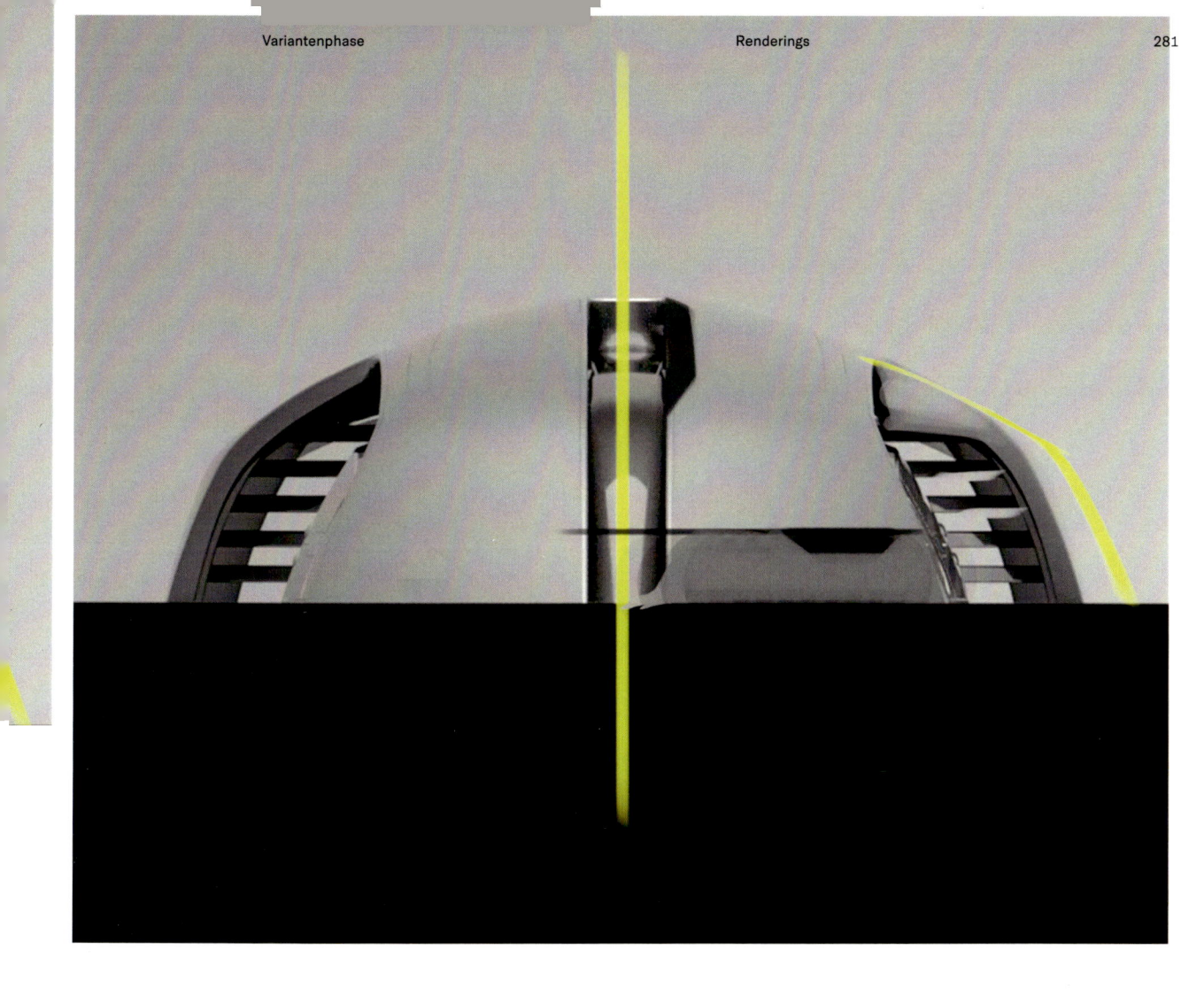

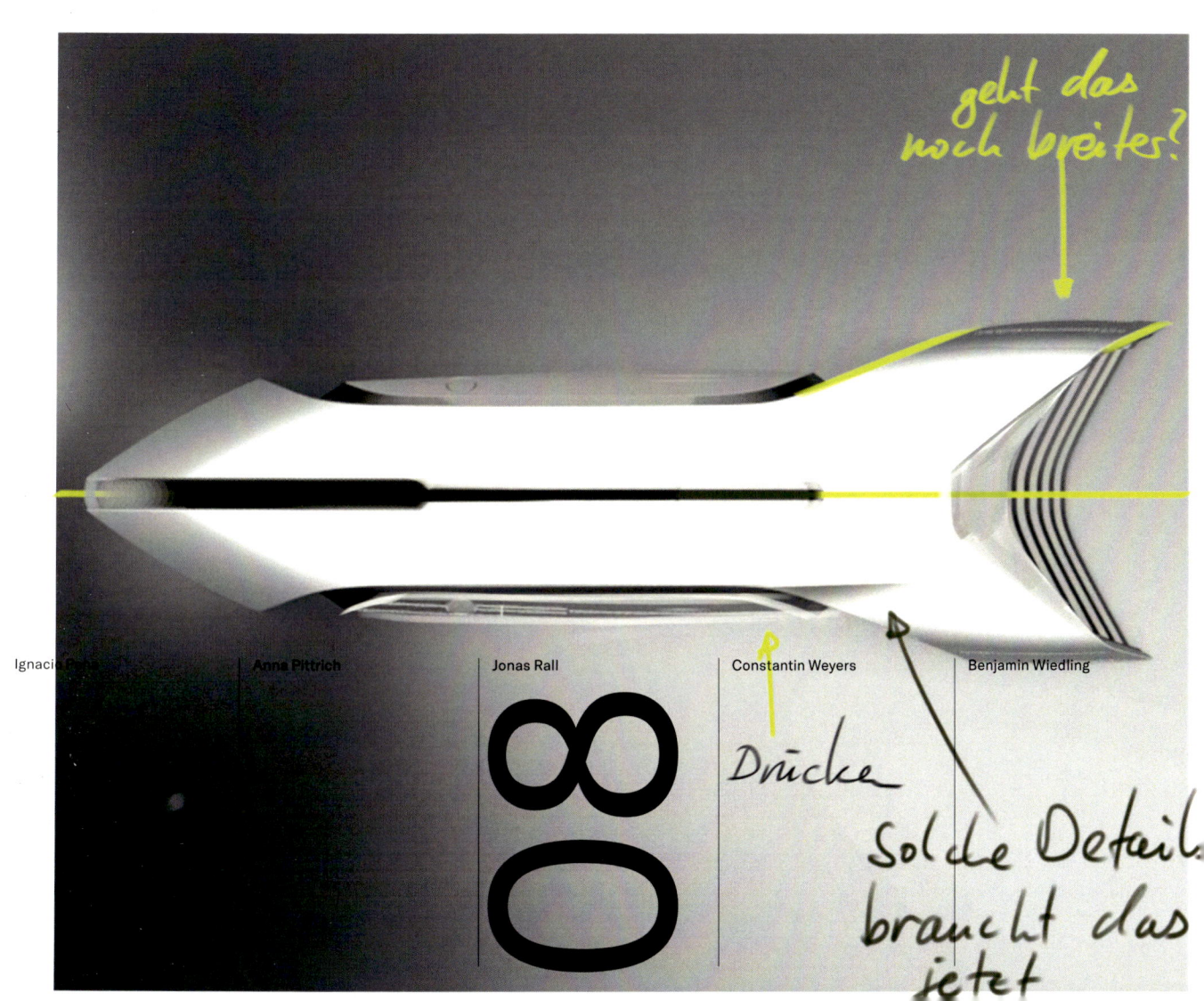

Variantenphase   Renderings   281

geht das noch breiter?

Ignacio Peña   Anna Pittrich   Jonas Rall   Constantin Weyers   Benjamin Wiedling

08

Drücke

Solche Details braucht das jetzt

282 Konzept/Ideenfindung Brainstorming

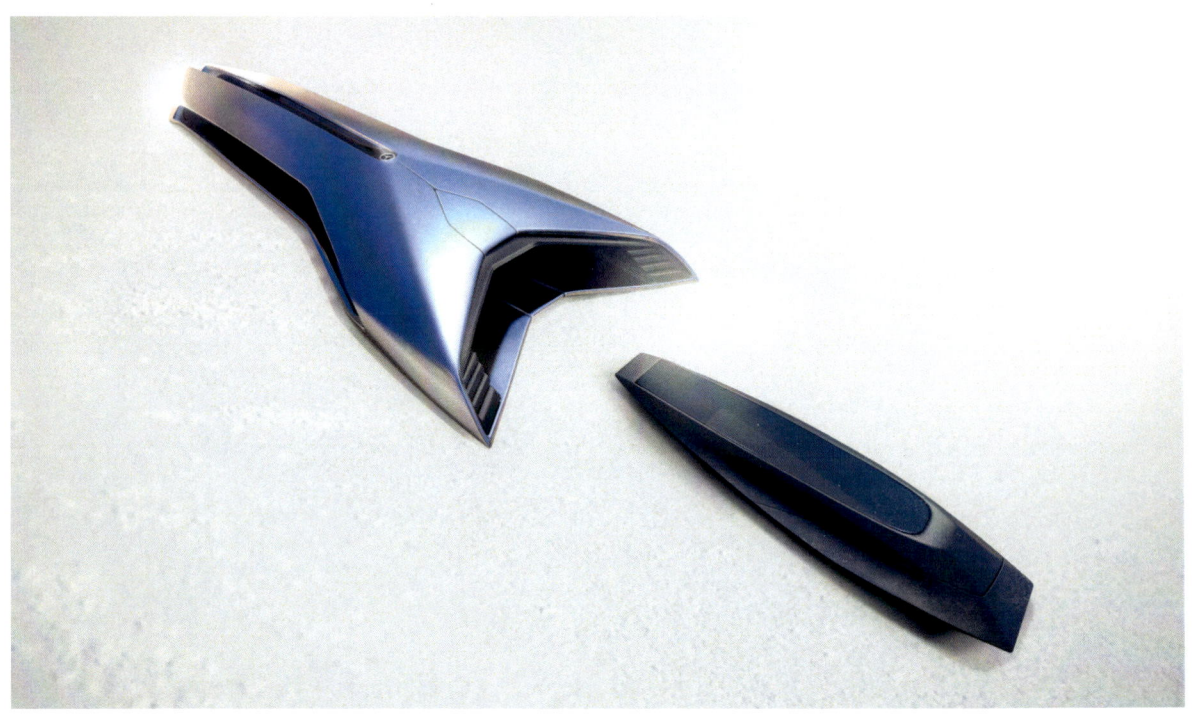

Dominic Baumann	Sebastian Bekmann	Tim Bormann	Michael Juraschek	Anja König

Variantenphase Renderings

Ignacio Pena | Anna Pittrich | Jonas Rall | Constantin Weyers | Benjamin Wiedling

08

Dominic Baumann	Sebastian Bekmann	Tim Bormann	Michael Juraschek	Anja König

| Ignacio Pena | Anna Pittrich | Jonas Rall | Constantin Weyers | Benjamin Wiedling |

80

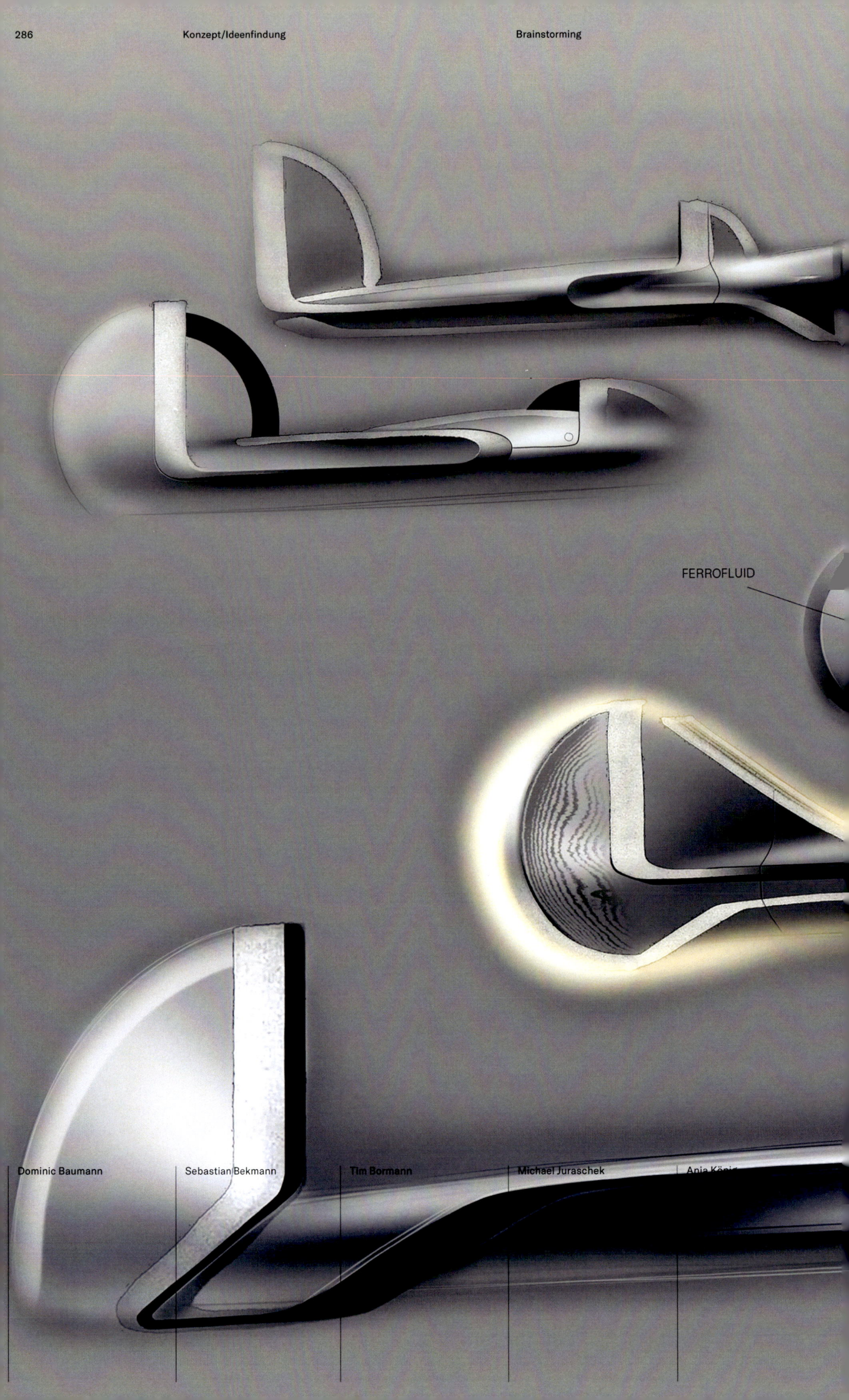

286 Konzept/Ideenfindung Brainstorming

FERROFLUID

Dominic Baumann | Sebastian Bekmann | Tim Bormann | Michael Juraschek | Anja König

Variantenphase · Renderings · 287

ADJUSTABLE SURFACE > VARIABLE INTAKE

Anna Pittrich | Jonas Rall | Constantin Weyers | Benjamin Wiedling

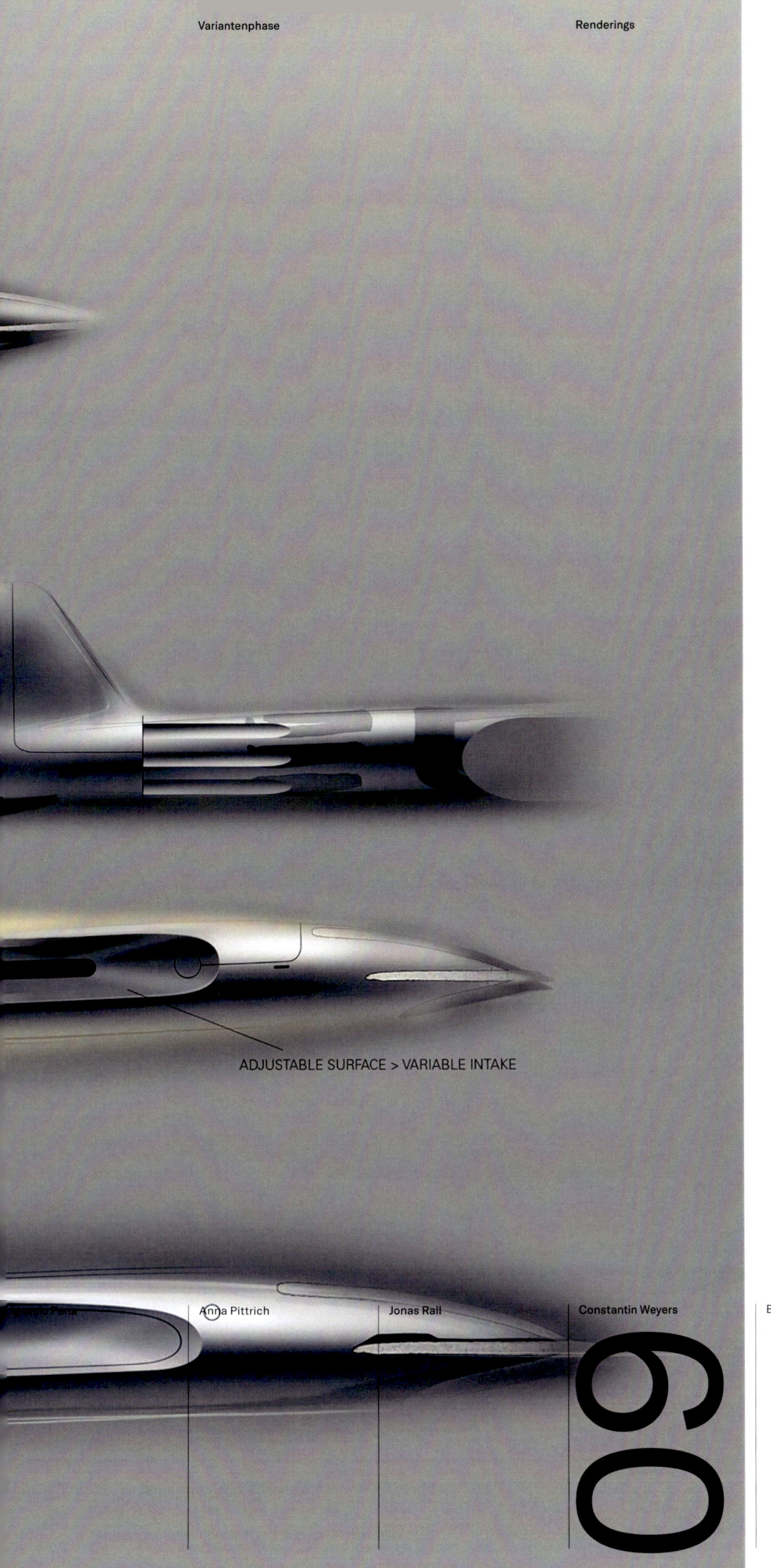

09

288 Konzept/Ideenfindung Brainstorming

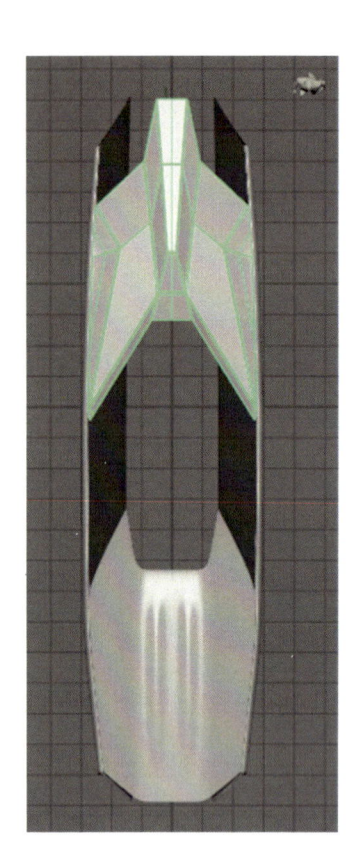

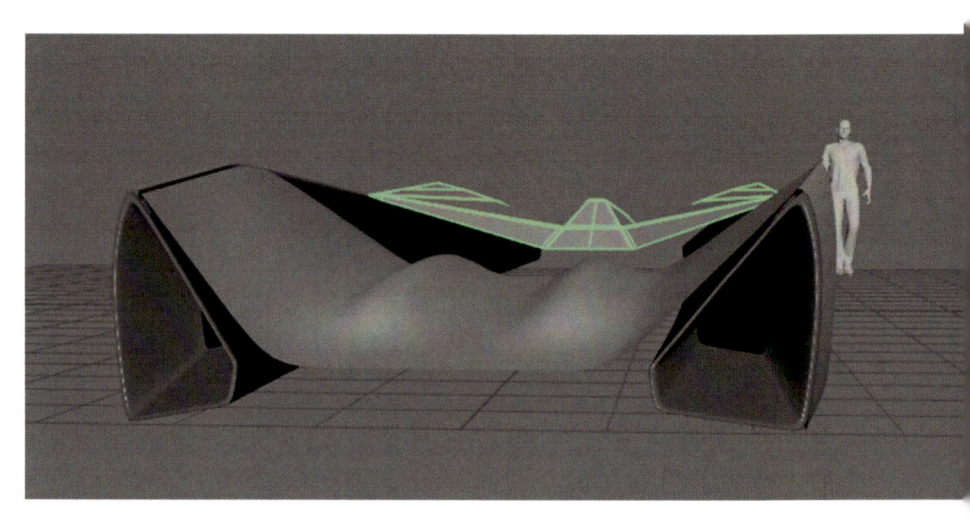

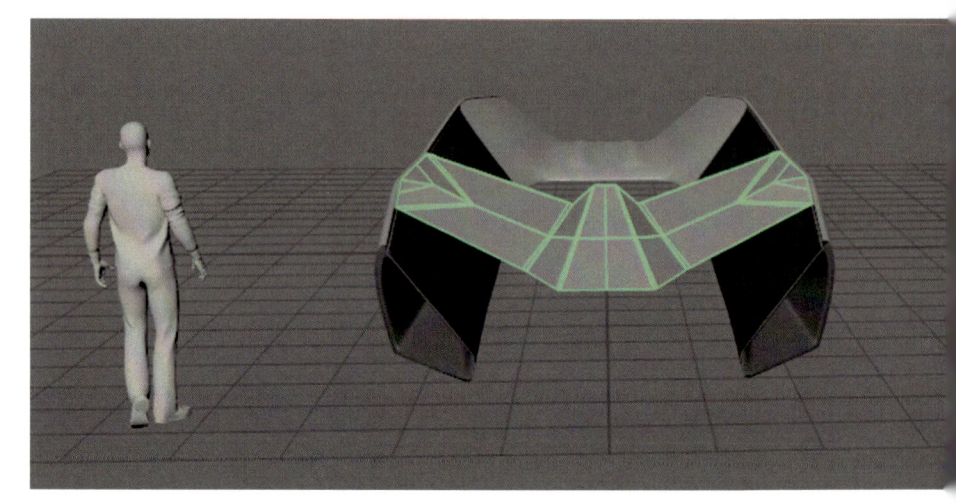

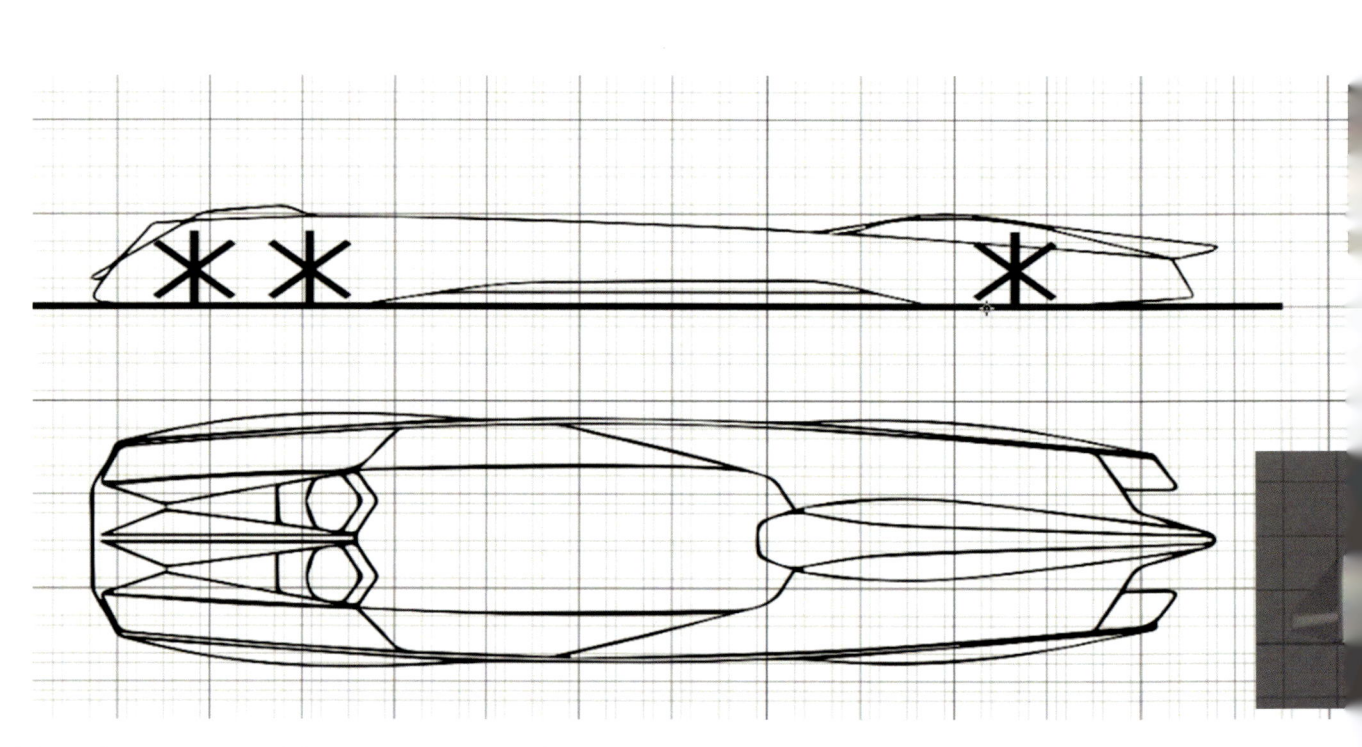

| Dominic Baumann | Sebastian Bekmann | Tim Bormann | Michael Juraschek | Anja König |

Variantenphase — Renderings — 289

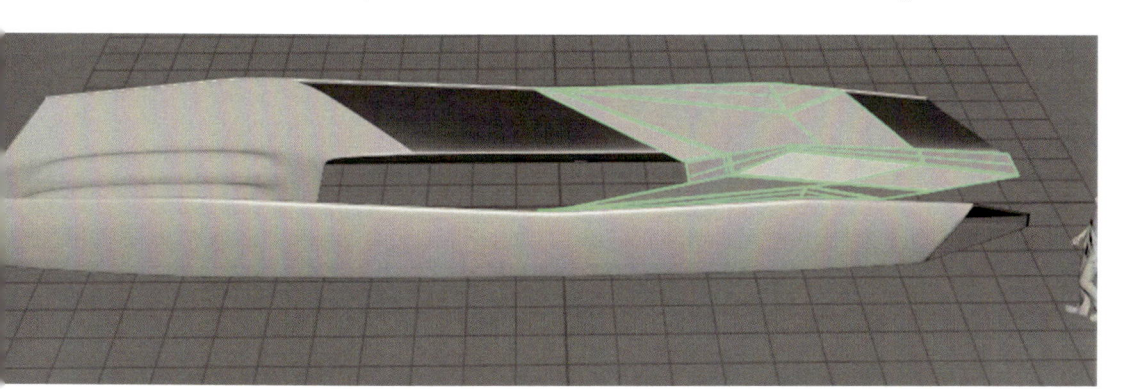

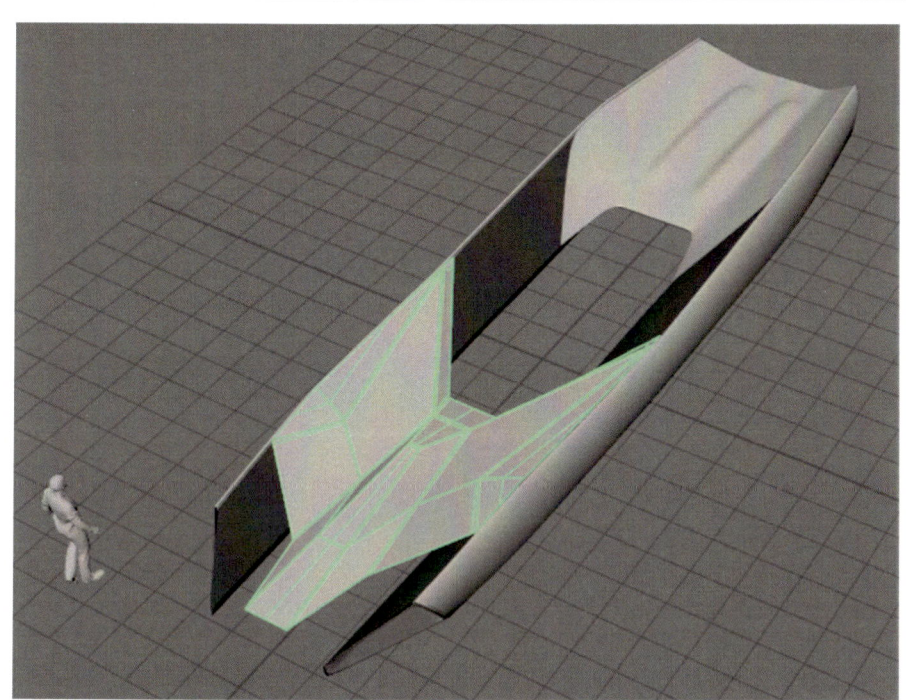

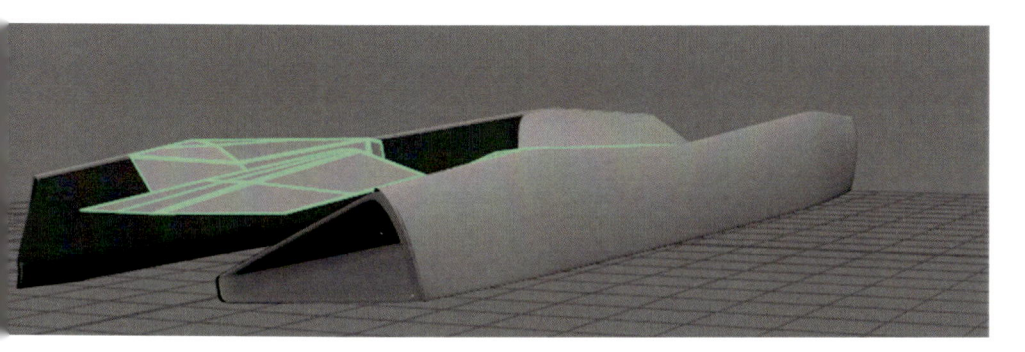

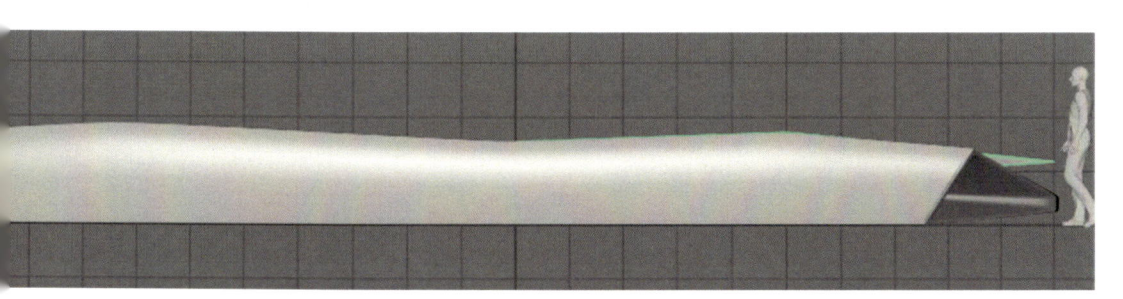

| Ignacio Pena | Anna Pittrich | Jonas Rall | Constantin Weyers | Benjamin Wiedling |

Vorschlag 1

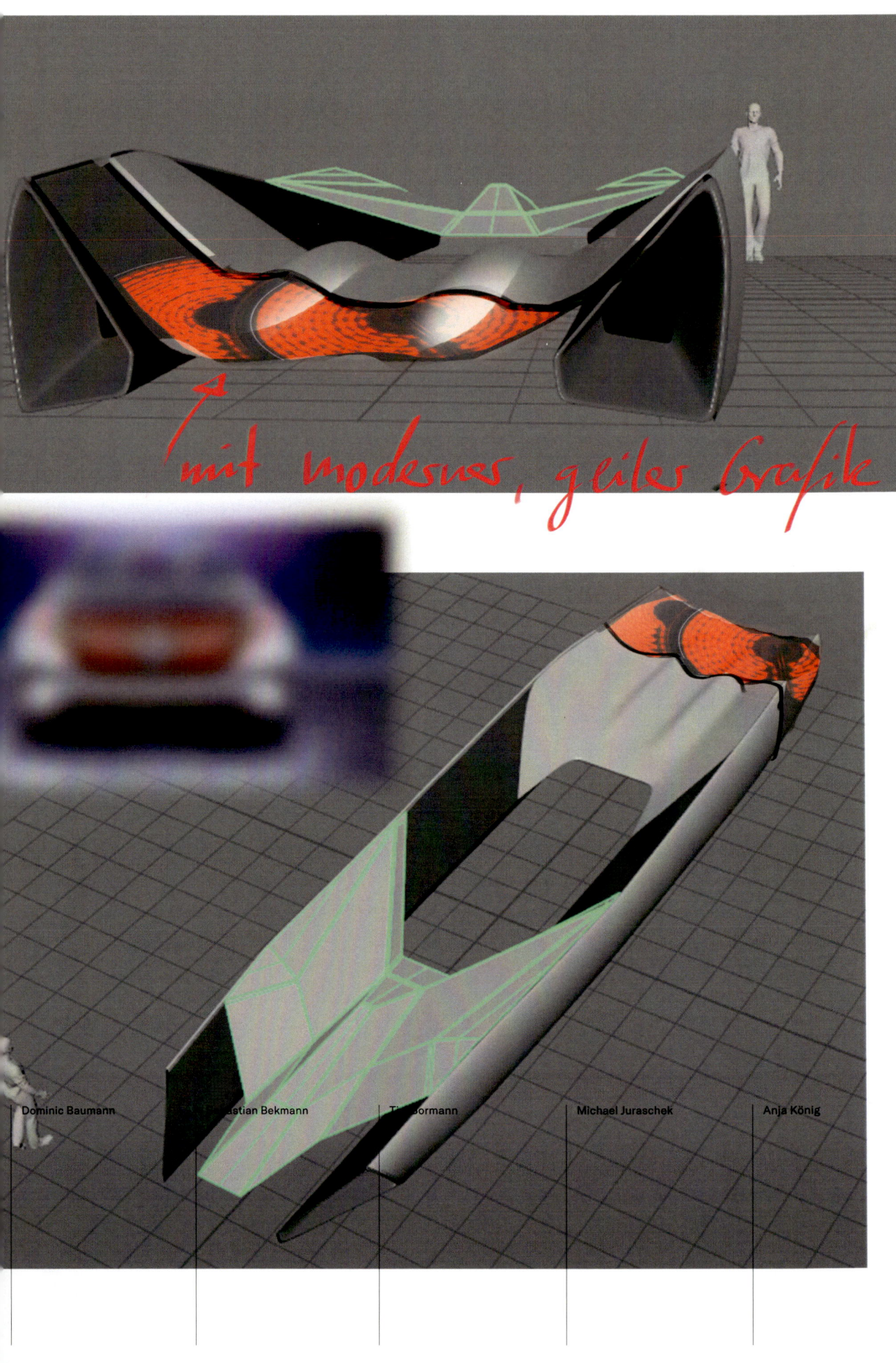

mit modesues, geiles Grafik

| Dominic Baumann | Sebastian Bekmann | Tim Bormann | Michael Juraschek | Anja König |

Variantenphase · Renderings

Vorschlag 2

halt

Finde ich viel besser

muss man halt Gestalterisch besser ade sich ji

Ignacio Pena · Anna Pittrich · Jonas Rall · Constantin Weyers · Benjamin Wiedling

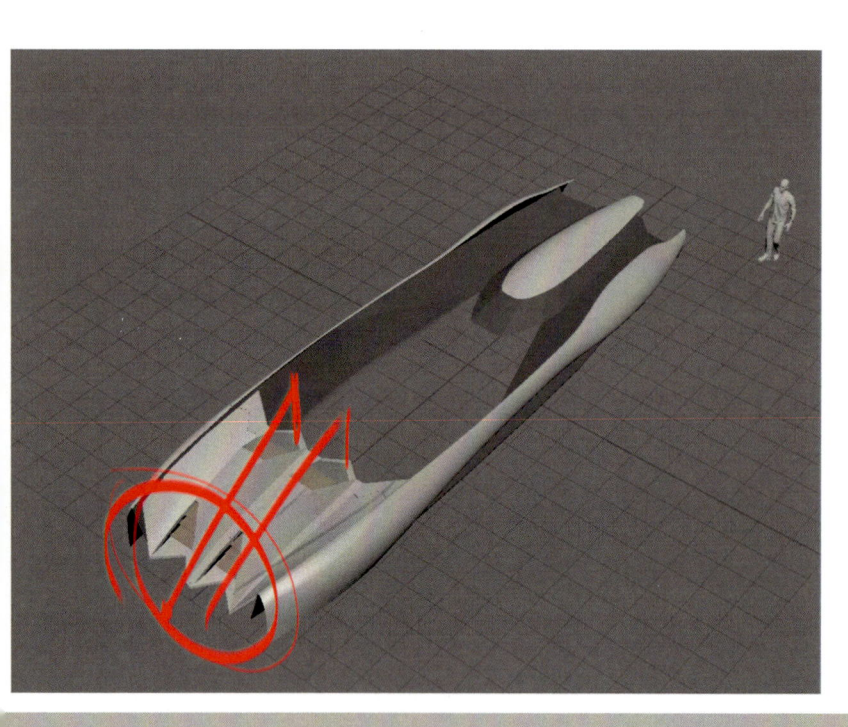

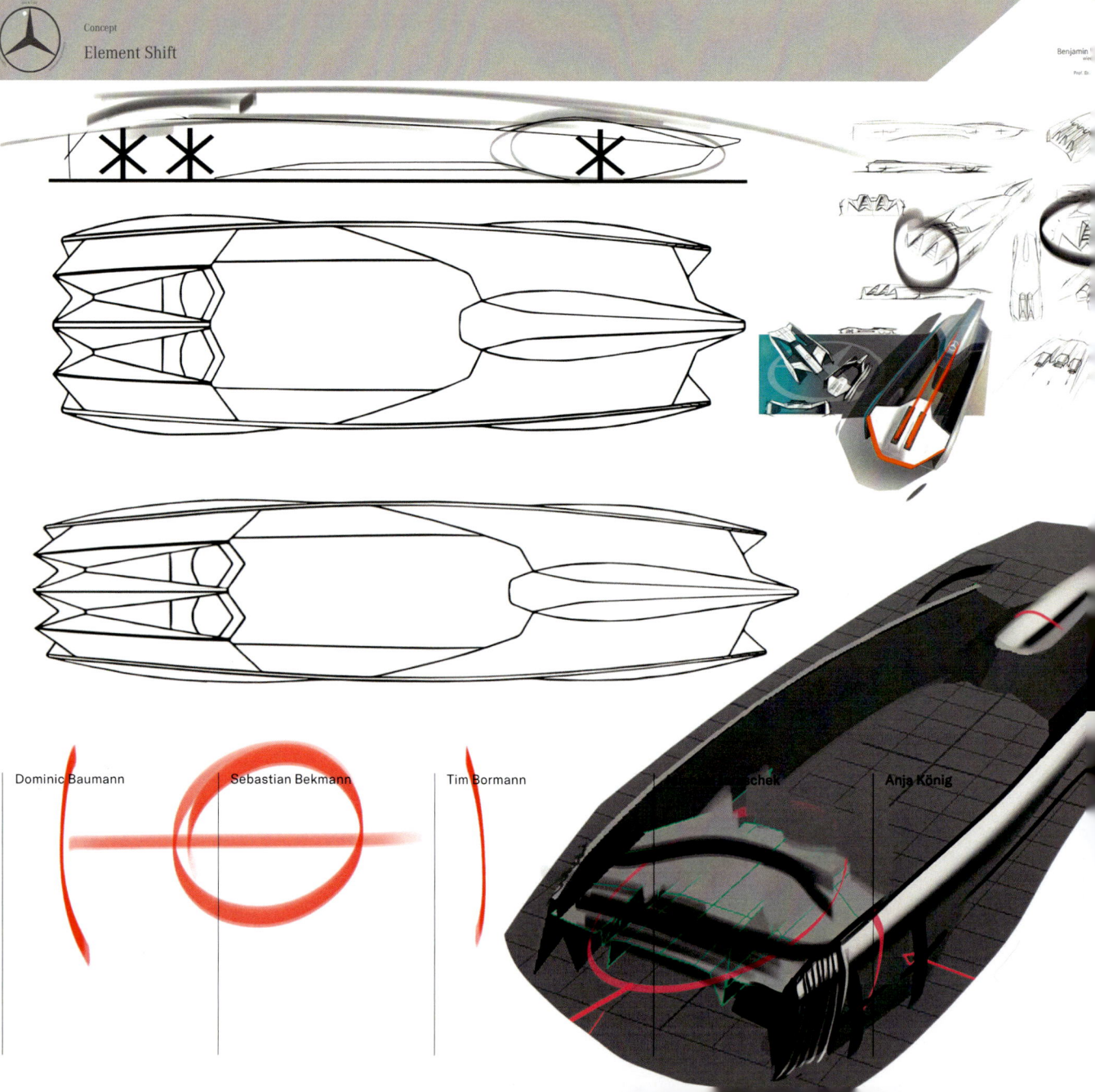

Konzept/Ideenfindung Brainstorming

Mercedes Concept
Element Shift

Dominic Baumann | Sebastian Bekmann | Tim Bormann | | Anja König

Side

- wo sitzen die Räder?
- noch kein Gefühl für die Größe (wo sitzt der Pilot?)

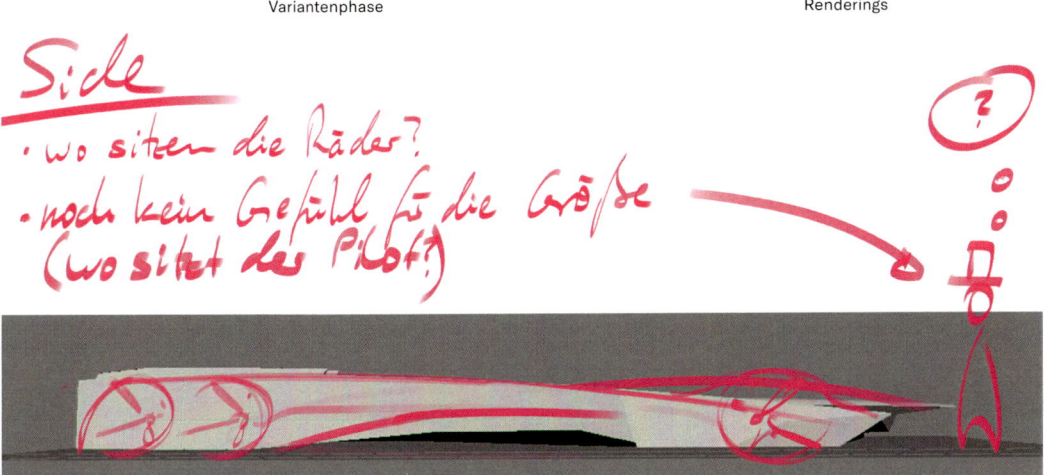

- Die anderen Ansichten sind im Mom noch 10 Mal geiler als die Side
  → Das muss sich ändern ;)
- Wirkt sehr schmächtig

Top

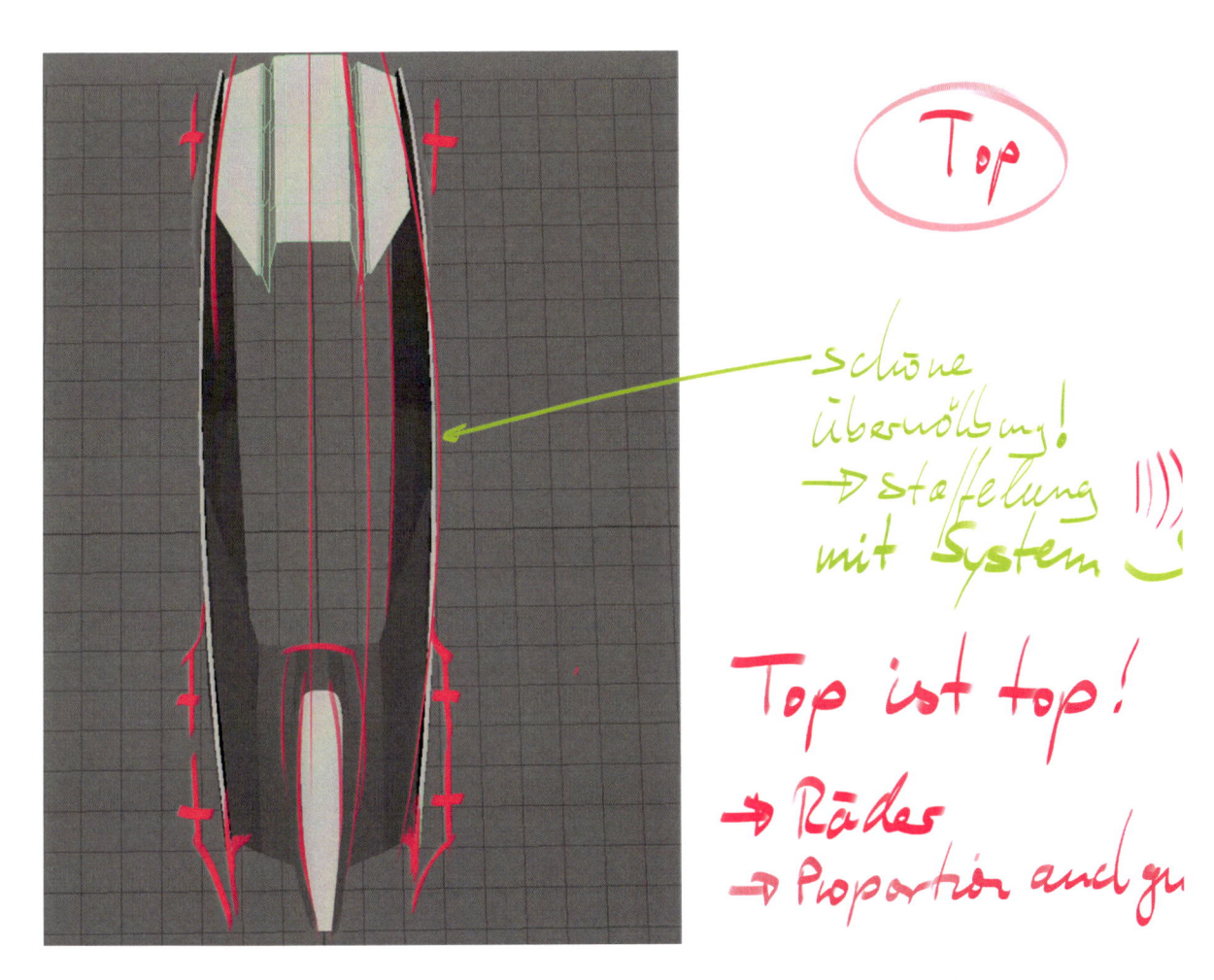

schöne überwölbung!
→ Staffelung mit System

Top ist top!
→ Räder
→ Proportion auch gut

Ignacio Pena   Anna Pittrich   Jonas Rall   Constantin Weyers   Benjamin Wiedling

Konzept/Ideenfindung — Brainstorming

auch gut

KLANG-GABEL

Verschieden

kip...

INTERNAL SHAPE + FRONT UND HECK WIE E...

HITZESCHUTZ

HART

SOFT

KRISTALLINES FUGENBILD

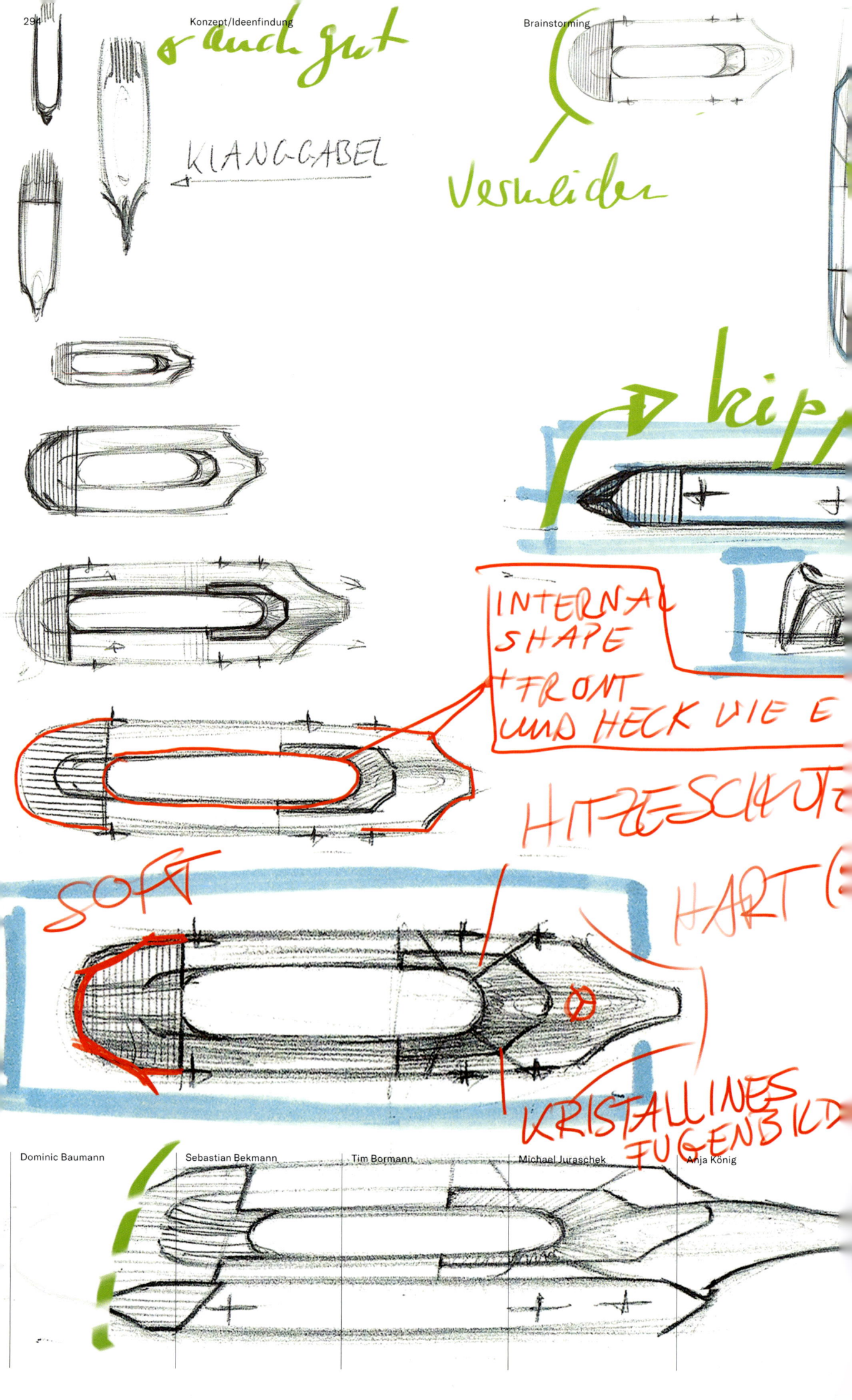

Dominic Baumann — Sebastian Bekmann — Tim Bormann — Michael Juraschek — Anja König

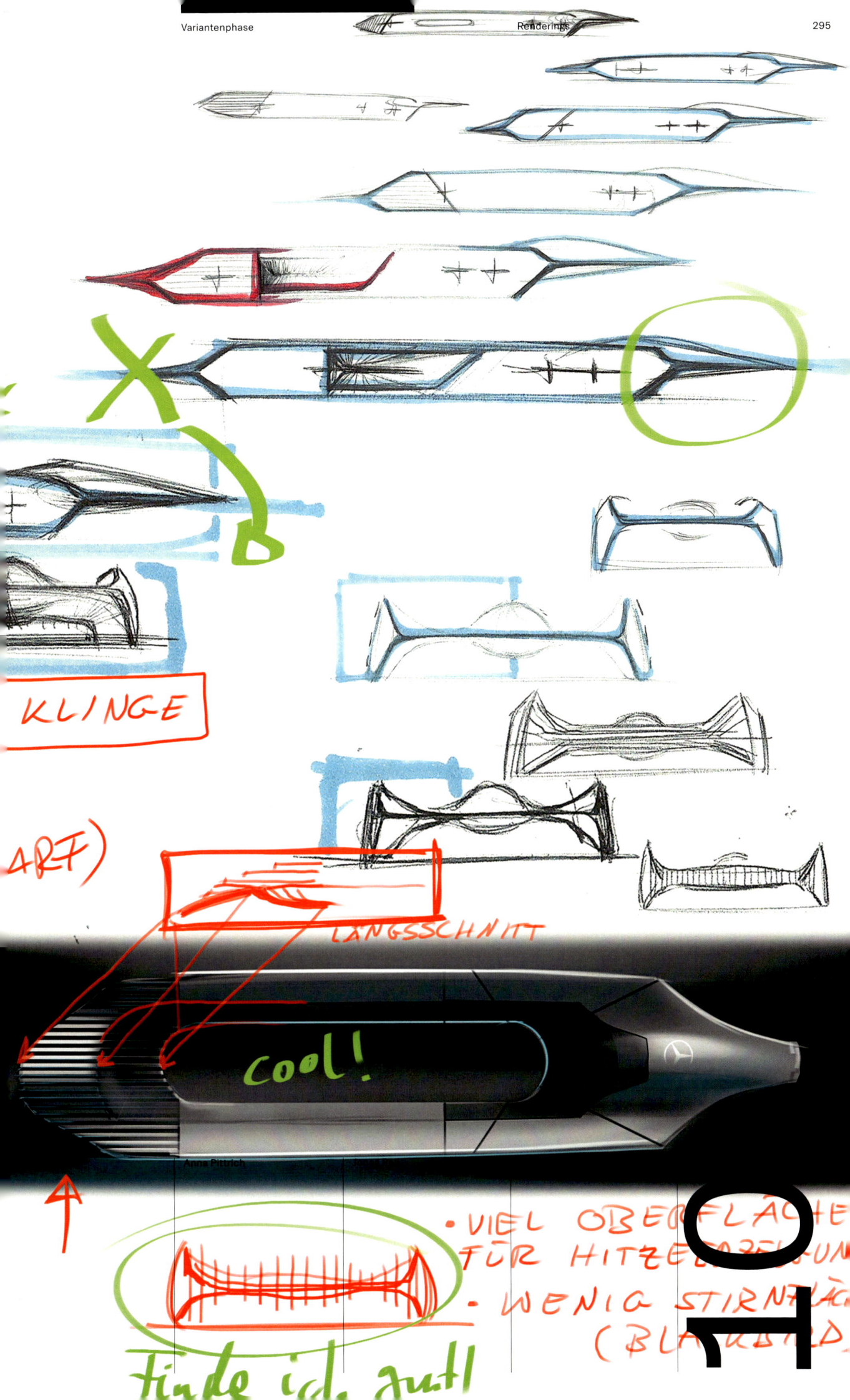

Variantenphase Renderings 295

KLINGE

ART)

LANGSSCHNITT

cool!

- VIEL OBERFLÄCHE FÜR HITZEABFUHR
- WENIG STIRNFLÄCHE (BLABLA)

finde ich gut!

Dominic Baumann	Sebastian Bekmann	Tim Bormann	Michael Juraschek	Anja König

| Ignacio Pena | Anna Pittrich | Jonas Rall | Constantin Weyers | Benjamin Wiedling |

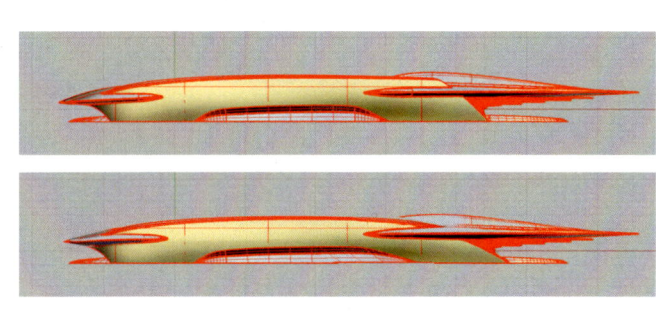

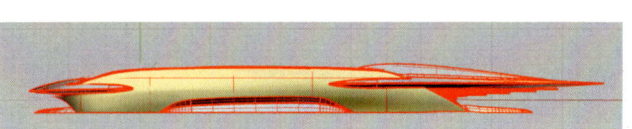

Konzept/Ideenfindung   Brainstorming

01 — Dominic Baumann

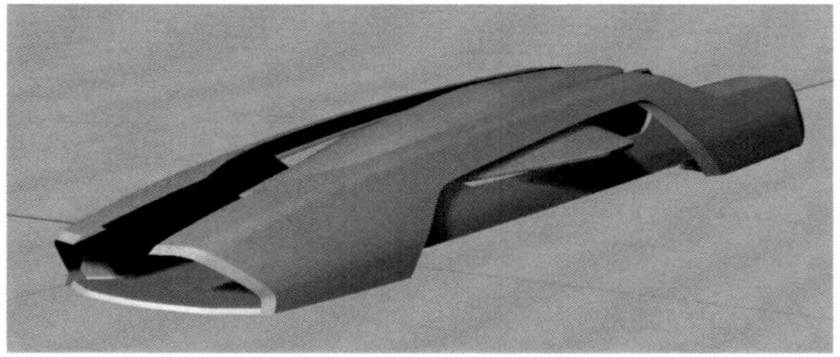

Bei der Ausarbeitung der Grundidee mit oben und unten angebrachten Polymagneten, entwickelten sich verschiedene Gestaltungsthemen, wie die zwei Hauptelemente (Antriebsstrang und Kapsel) zueinander wirken. Hier wurden sowohl verschiedene Proportionsaufteilungen gewählt, sowie unterschiedliche formale Ansätze für den Body und das Greenhouse. Die Kapsel orientierte sich dabei sehr an Flugzeugen und Raumschiffkonzepten. Der Antriebsstrang lehnte sich sehr an die Gestaltung von Speedyachten an.

02 — Sebastian Bekmann

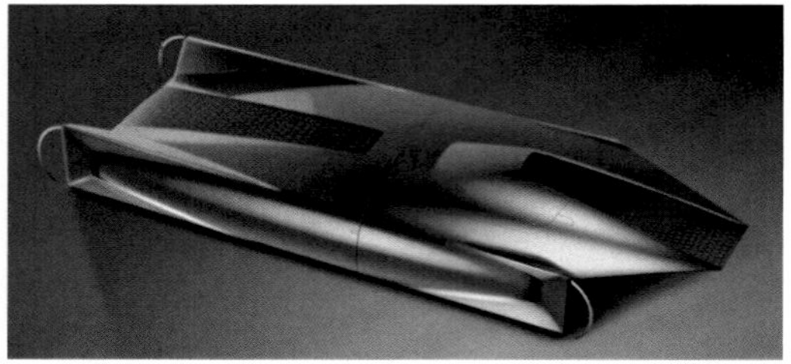

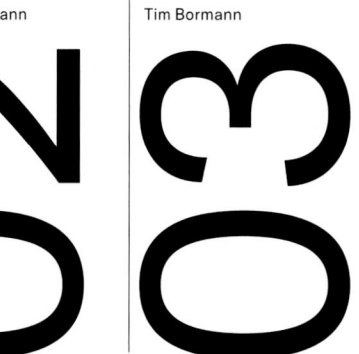

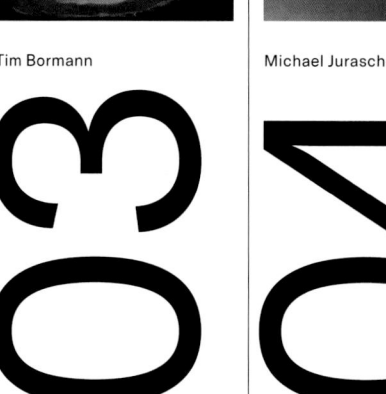

Zunächst entstanden grob geshadete Renderings mit den ausgewählten Prinziplösungen – über eher rennwagenhafte Proportionen bis hin zu avantgardistischen Ansätzen kristallisierten sich zwei Hauptansätze heraus: ein eher automotives, retrofuturistisches Konzept bestehend aus einem Monovolumen (zunächst ohne Greenhouse), welches um- und durchströmt wird, sowie ein weit mehr futuristisch anmutender Gestaltungsansatz bestehend aus einem Cockpit mit vorgespannten Ionisator-Kanälen.

03 — Tim Bormann

Aufbauend auf den Keysketches kristallisierten sich die kräftigen Radhäuser, die fließend in ein nach hinten versetztes Greenhouse übergehen, das in der Form eines strömungsgünstigen Tropfens sanft nach hinten abfällt, als Gestaltungsthema heraus. Damit ergeben sich aus den Radlaufvolumen und dem Greenhouse drei Hauptvolumina, die die Frontsilhouette des Konzepts maßgeblich prägen. Der fokussierte Blick einer Schlange diente hierbei als Inspirationsquelle. Die dynamische Ausstrahlung wird verstärkt durch eine gestreckte, spannungsvolle Seitenlinie.

04 — Michael Juraschek

In der Variantenphase wurde der grundlegende Charakter der beiden Hauptflächen und des Absorbers, an dem der Laserstrahl auftrifft, ausgearbeitet. Die Überspannung der Hauptflächen wurde noch einmal mit einem hinterschnittigen Einzug auf der Flanke hervorgehoben. Darüber hinaus wurde durch das Anstellen der Radkästen eine stimmigere Gesamtwirkung erzeugt.

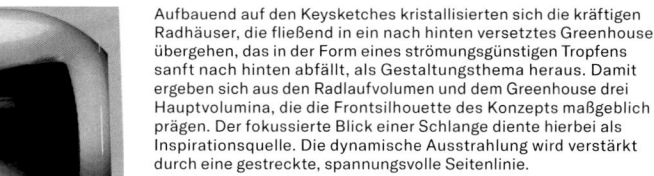

05 — Anja König

Vom Keysketch ausgehend, welcher in der letzten Phase ausgewählt wurde, sind Varianten entstanden. Besondere Aufmerksamkeit lag hierbei auf der maximalen Reduktion von Linien und Flächen sowie einer perfekten Linie, die von der Front ins Heck führt.

06 Ignacio Pena

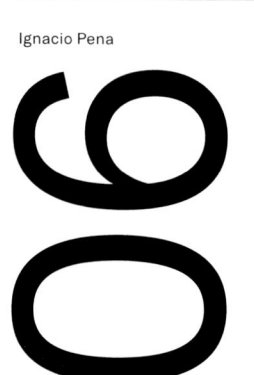

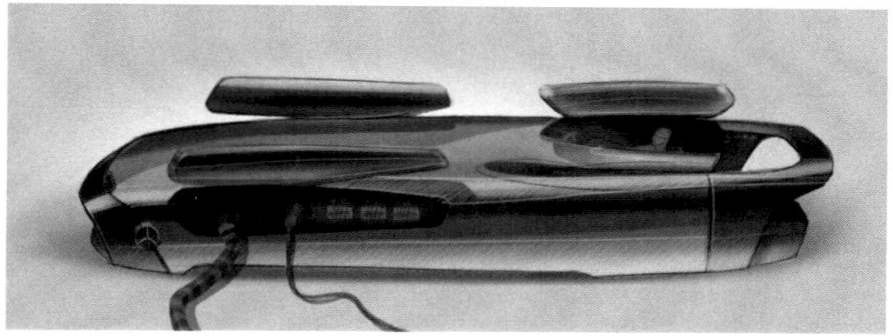

Die Lösung für die Integration des Antriebs und der besonderen Beachtung der Luftströmungen im Fahrzeug wird sichtbar in der Art der Flächenbehandlung, die in der Mitte des Fahrzeugs deutlich zu erkennen ist. Hier spielt das Innenleben eine wichtige Rolle, in dem die Integration der Fahrerkapsel zu einem der Hauptmerkmale im Exterieur wird. Diese wellenförmigen Flächen deuten auch auf eine Weiterentwicklung der Formensprache, die der T 80 hinterlassen hat. Front und Heck werden durch zwei Designmerkmale des Fahrzeugs bearbeitet: das Gladding Thema, welches in der Side-View am besten zu erkennen ist. In der Front ist ein großer Lufteinlass angebracht, der für die Beatmung des Elektroturbinen-Antriebs sorgt und durch die Lamellen im Heckteil des Fahrzeugs die Luft wieder rauslässt.

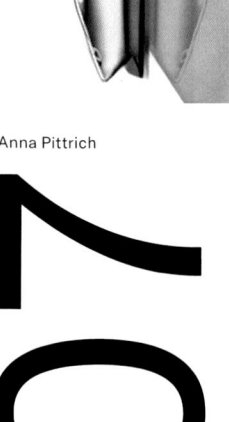

07 Anna Pittrich

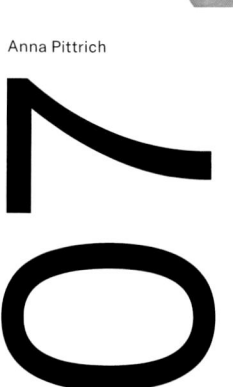

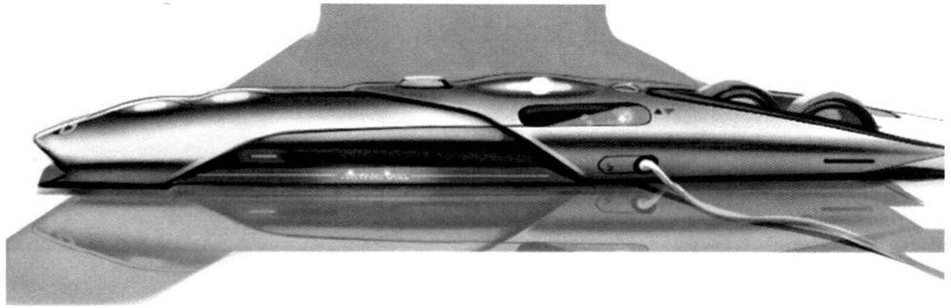

In der Variantenphase wurden verschiedene Ansätze der zuvor erarbeiteten Keysketches gezeigt und ausgearbeitet. Hierbei war wichtig, dass das Augenmerk, welches auf den technischen Aspekten des Bernoulli Effekts liegt, auch in der Gestaltung der Exterieurflächen und des Gesamtvolumens erhalten bleibt. Hierbei mussten die extremen Proportion des Rekordfahrzeuges im Längen zu Breitenverhältnis von mehr als 1:10, die Silhouette und die Details, – wie z.B. die Lufteinlässe zum Erzeugen eines Unterdruckes und zur Erhöhung des Anpressdruckes -zusammenpassen, um den Konzeptgedanken stimmig darzustellen.

08 Jonas Rall

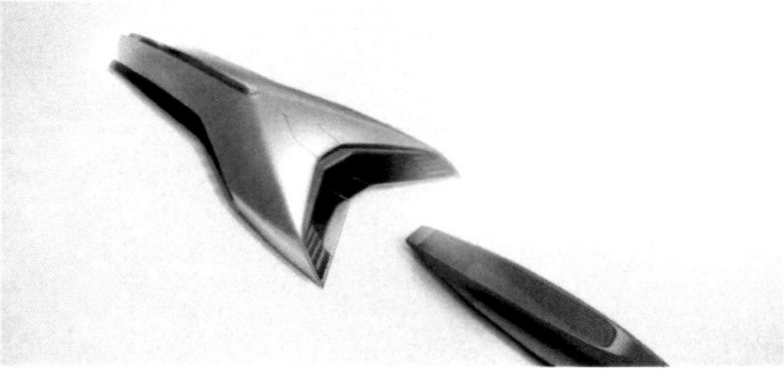

Der umgesetzte Entwurf beschäftigt sich mit der optischen Wirkung der Pfeilform, die sich aus der Draufsicht mit Peilspitze, -schaft und -nocke ergibt. Das wird durch eine versetzte Spurbreite erreicht. Das Augenmerk lag hierbei auf der Gestaltung der zwei Hauptflächen, die, aus der Front kommend, im hinteren Drittel zusammengeführt werden und sich zu den Rädern hin aufspreizen.

09 Constantin Weyers

Die finale Seitengrafik, die sich vom Vorderrad in den Hauptkörper zieht, visualisiert als dynamische Bewegung die Verbindung der Antriebseinheiten vorne und hinten und greift gleichzeitig auf subtile Weise das MERCEDES-BENZ Logo in der Vorderradabdeckung auf. Somit ist die Identität des MERCEDES-BENZ Logos in dynamisierter Form versteckt im Fahrzeug enthalten und dadurch Teil des Designs des Rekordwagens.

10 Benjamin Wiedling

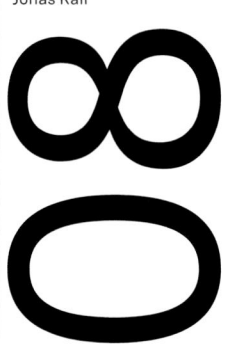

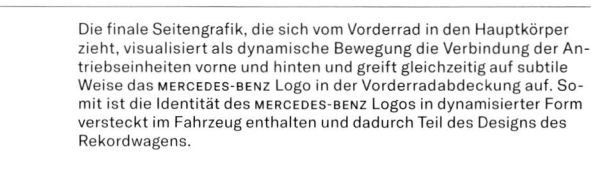

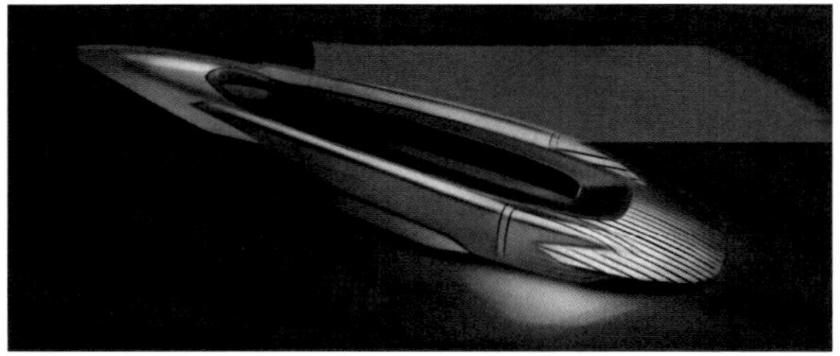

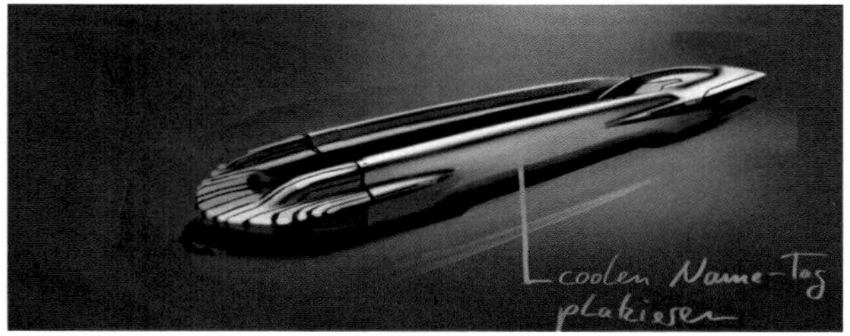

Grundgedanke war es die Thematik *hot & cold* in einem Fahrzeug zu vereinen, indem man ein kaltes und ein heißes Element einfasst. Die heiße Front und das kalte Heck werden mit unterschiedlichen, zueinander passenden Themen bearbeitet, welche ihren jeweiligen physikalischen Effekt visualisieren und ebenso auf die Aerodynamik positive Auswirkung haben.

→ Renderings und die Dritte Dimension ● Den Realismus, der unsere Wahrnehmung einfordert, um in einer Abbildung ein plastisches Produkt zu erkennen, von welchem die Faszination der Geschwindigkeit ausgeht und als ästhetisches Ereignis positive Emotionen hervorruft, stellt eine große Herausforderung an die empathische Kompetenz und die künstlerische Eignung des Designers dar. Nur wenn es gelingt mit dem Licht- und Reflexionsspiel auf dem Automobilvolumen die Dynamik einer Silhouette und die Richtungsorientierung einer Proportion mit der Form in Balance zu bringen, um aus der Ebene der Zeichenfläche in das Herz des Betrachters zu gelangen, dann wird das Design als Gesamterscheinung die Menschen begeistern. Erst wenn dies geschafft ist beginnt die Umsetzung in die dritte Dimension.

Längen von 10 Meter und darüber hinaus sind für Hochgeschwindigkeitsrekordfahrzeuge keine Seltenheit. In der Breite hingegen versucht man möglichst die Windangriffsfläche gering zu halten. Somit überragen diese Sonderanfertigungen die meisten Personenkraftwagen um das Doppelte in der Länge, sind aber um ein Drittel bis zur Hälfte schmäler als viele konventionelle Automobile auf unseren Straßen. Diese funktionsbedingt ungewöhnlichen Proportionsverhältnisse zeigen sich in den Designentwicklungen bereits von der ersten Skizze an und führen bereits im zweidimensionalen Prozessverlauf dazu, dass in den unterschiedlichen Entwicklungsstufen im begrenzten Raumangebot des Lehrkontexts auch die üblichen 1:4 Maßstäbe in der Seitenansicht weiter reduziert werden mussten. Insbesondere bei der Umsetzung ins Modell entschied sich das Team dafür für die zusammenschauende Betrachtung aller Modelle als ersten physischen Zwischencheck 3D-gedruckte Kunststoffmodelle im Maßstab 1:64 darzustellen.

Dazu wurden alle digitalen Datenflächenmodelle als geschlossenes Gesamtvolumen aufbereitet, um so die in Maya oder Alias modellierten Entwürfe auf den Druckvorgang abzustimmen. Natürlich blieb das gesamte Surfacemanagement wie die Flächenverläufe, Anbindungen und alle Tangenten- und Krümmungsstetigkeiten erhalten. Im dem 3D-Programm Rhinoceros wurden exakt die intendierten Designergebnisse lediglich zu soliden Volumenkörpern präzisiert und somit eine hohe Qualität der plastischen Darstellung im 3D-Druck ermöglicht. Allerdings erschien es, um die jeweiligen gestalterischen Kernaussagen auch in diesem starken Verkleinerungsmaßstab spontan erfassbar zu machen, unabdingbar die Komplexität zu reduzieren, um im Ergebnis die formensprachliche Botschaft der Hauptvolumina der Wagenkörper klar fokussiert und so klar skulptural und dominant wie möglich zu veranschaulichen.

| Dominic Baumann | Sebastian Bekmann | Tim Bormann | Michael Juraschek | Anja König |

Nachdem die Modelle mit einer Genauigkeit von ¹⁄₁₀ mm pro Auftragsschicht in Kunststoff gedruckt waren, wurde das Supportmaterial, das während des Drucks zum Schutz des Modells und als Stützmaterial additiv aufgetragen wird, durch abrasive Verfahren in Handarbeit auch unter Zuhilfenahme von Hochdruckwasserstrahlen entfernt.

Anschließend bedurfte es erneut der händischen Nachbesserung, um den sichtbaren Oberflächen durch mehrmaliges Trocken- und Nassschleifen der dynamischen Mini-Skulpturen die entsprechende Oberflächengüte zu verleihen. Nun garantieren Lackierungsvorbereitungen die zum Teil weichen Flächenübergänge mit dem entsprechend ästhetisch ansprechenden Lichtverlauf auf den Deckflächen.

Schließlich wurden die so veredelten Druckergebnisse zwei Mal mit einer hauchdünnen, matt MERCEDES-BENZ silbernen Acryllackschicht überzogen, um bewusst Reminiszenzen an die Silberpfeile zu schaffen und den Charakter und Charme der einstigen Weltrekordautos, wie dem des T 80 zu entsprechen. Die Präsentation aller Designergebnisse auf einen Blick wurde erreicht, indem die im hellsilbernen Lackfinish startbereiten Rennboliden für die Rekordfahrt auf einer leicht spiegelnden schwarzen Acrylglasplatte positioniert wurden, um bewusst durch den hohen Kontrast der Materialien und der Farbigkeit die Dynamik und Präsenz ausdrucksvoll zu visualisieren.

Konzept/Ideenfindung — Brainstorming

Dominic Baumann | Sebastian Bekmann | Tim Bormann | Michael Juraschek | Anja König

01

Variantenphase Renderings 303

Ignacio Pena   Anna Pittrich   Jonas Rall   Constantin Weyers   Benjamin Wiedling

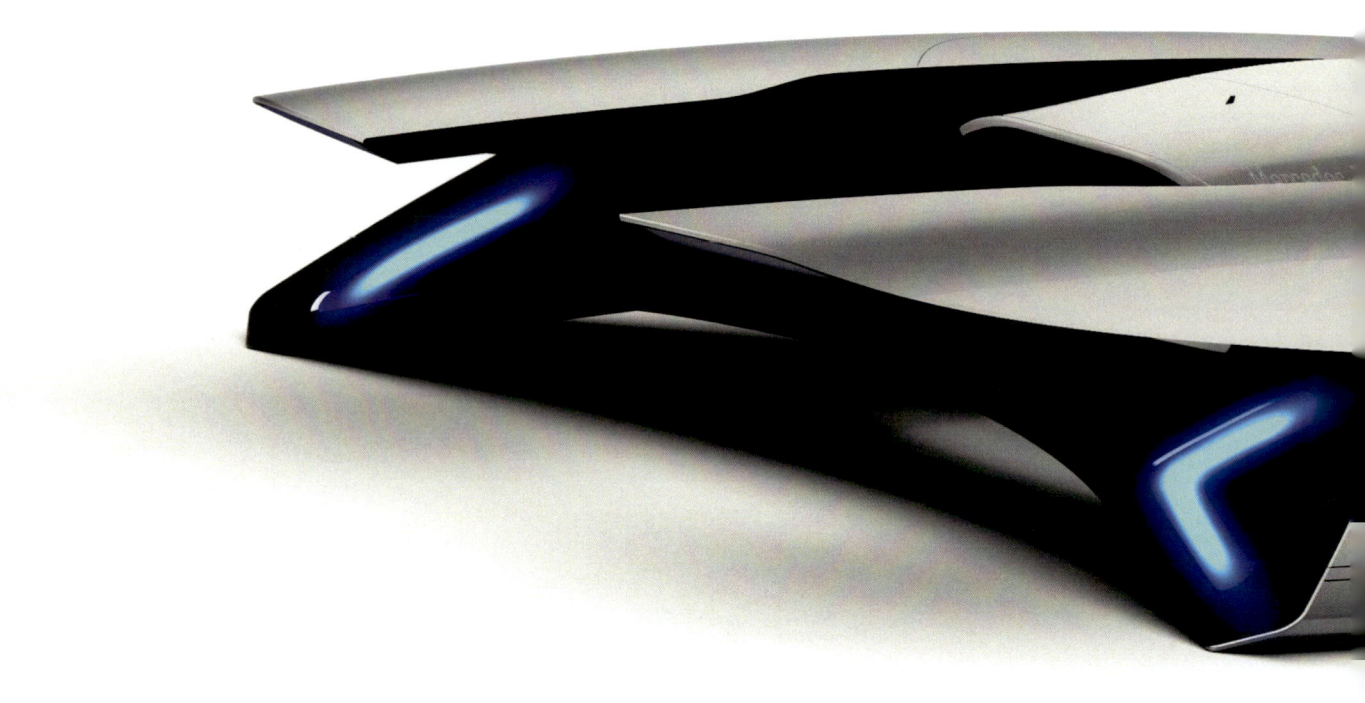

Dominic Baumann	Sebastian Bekmann	Tim Bormann	Michael Juraschek	Anja König

| Ignacio Pena | Anna Pittrich | Jonas Rall | Constantin Weyers | Benjamin Wiedling |

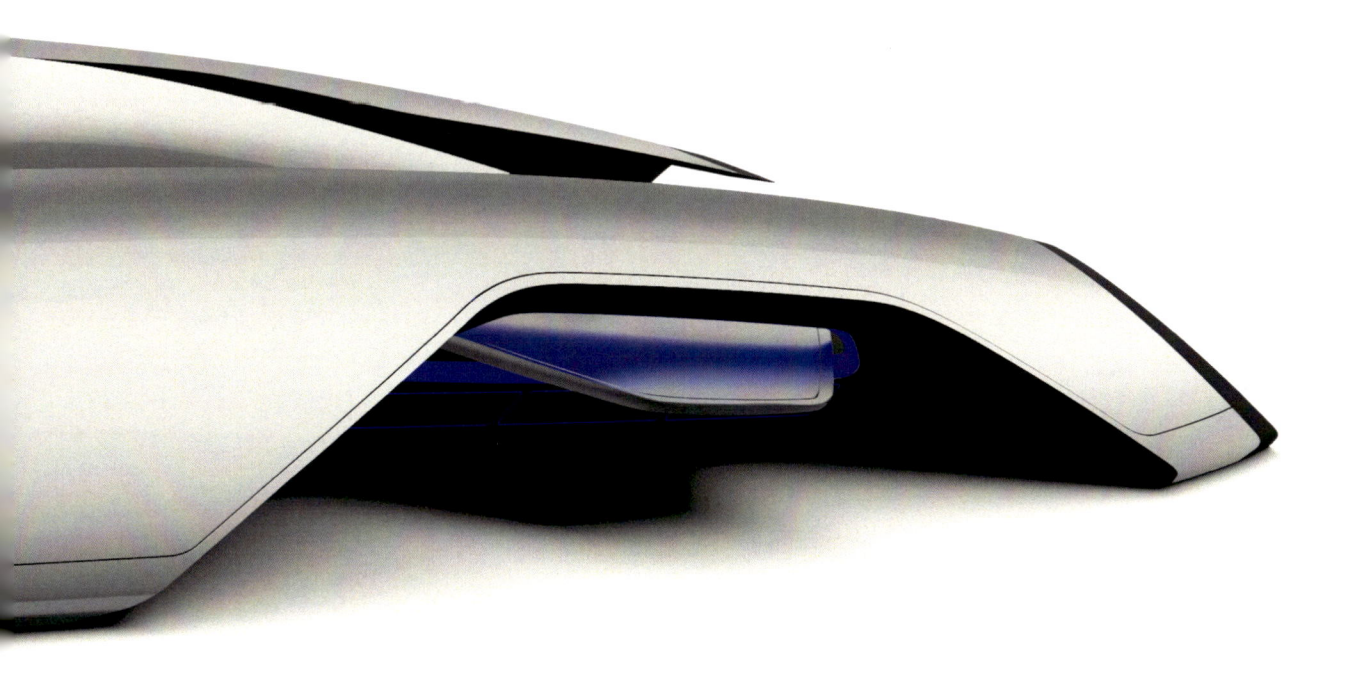

| Dominic Baumann | Sebastian Bekmann | Tim Bormann | Michael Juraschek | Anja König |

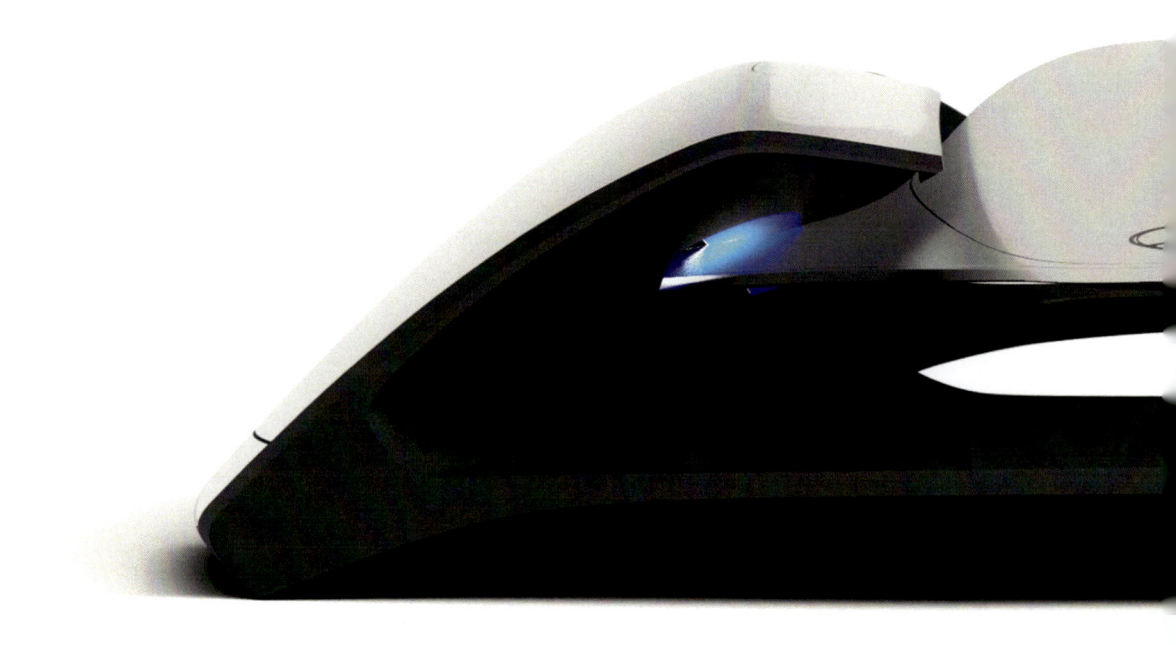

01

Variantenphase | Renderings

Ignacio Pena | Anna Pittrich | Jonas Rall | Constantin Weyers | Benjamin Wiedling

| Dominic Baumann | Sebastian Bekmann | Tim Bormann | Michael Juraschek | Anja König |

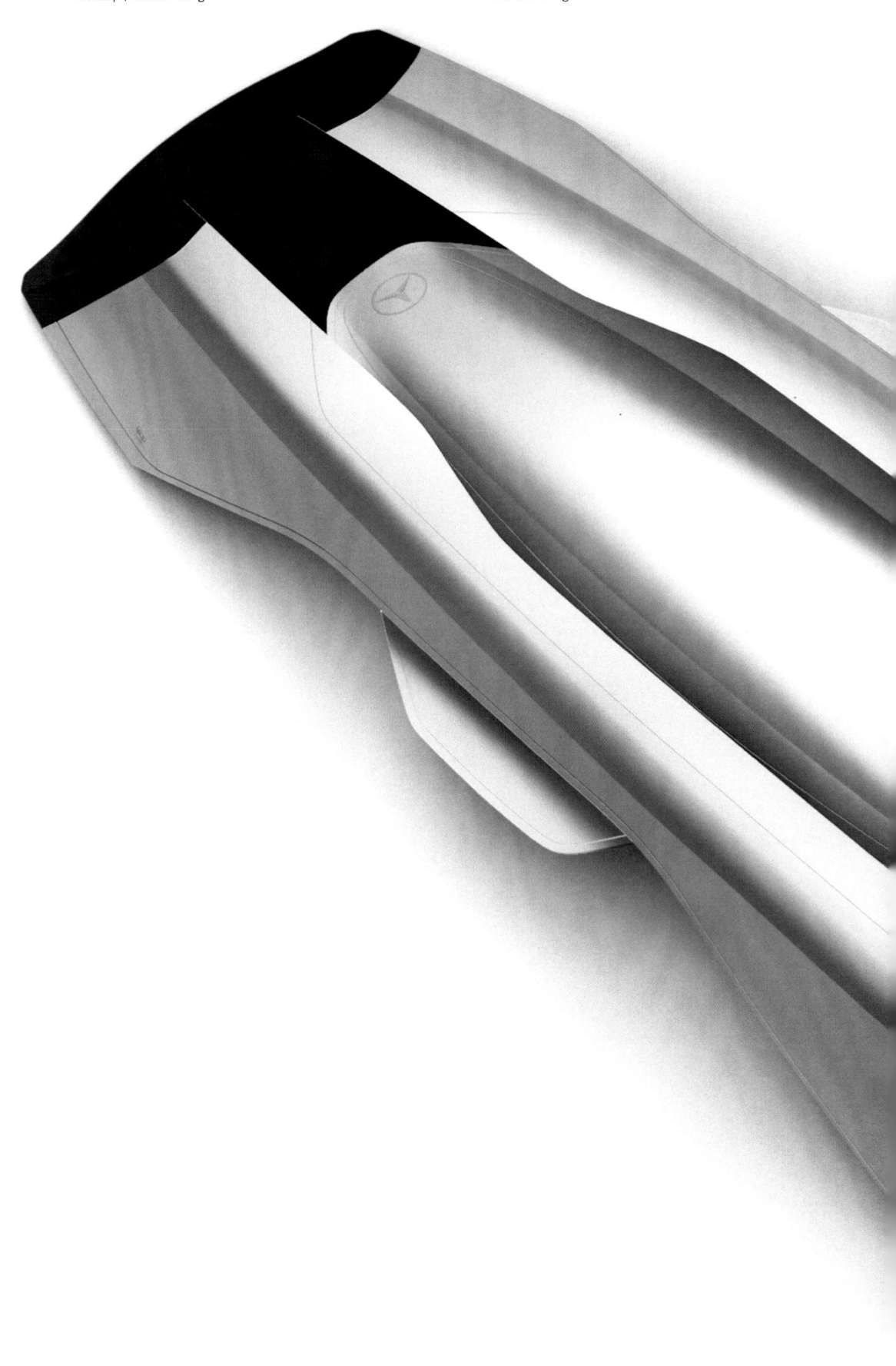

01

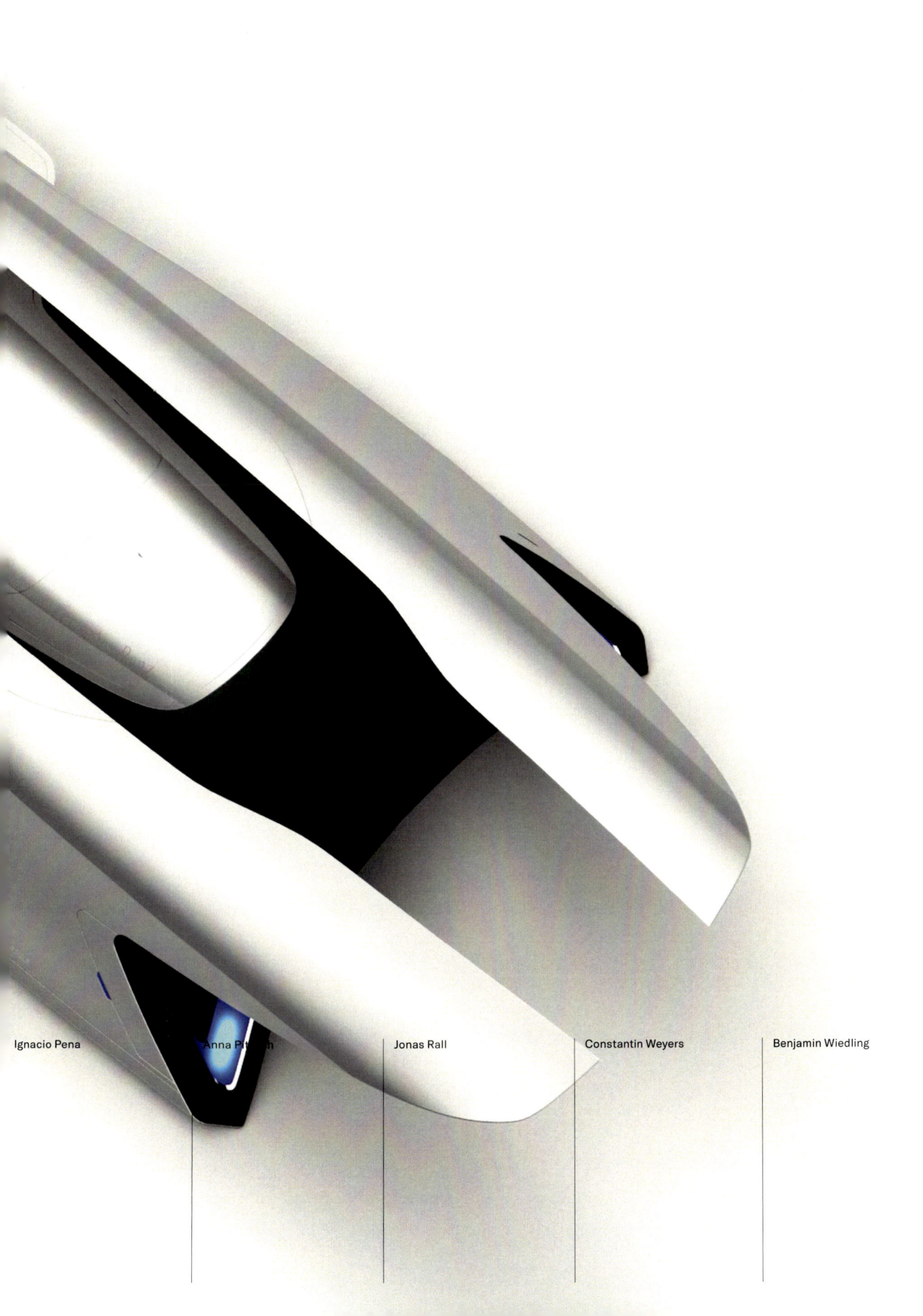

Variantenphase — Renderings

Ignacio Pena | Anna Pflug | Jonas Rall | Constantin Weyers | Benjamin Wiedling

Dominic Baumann	Sebastian Bekmann	Tim Bormann	Michael Juraschek	Anja König

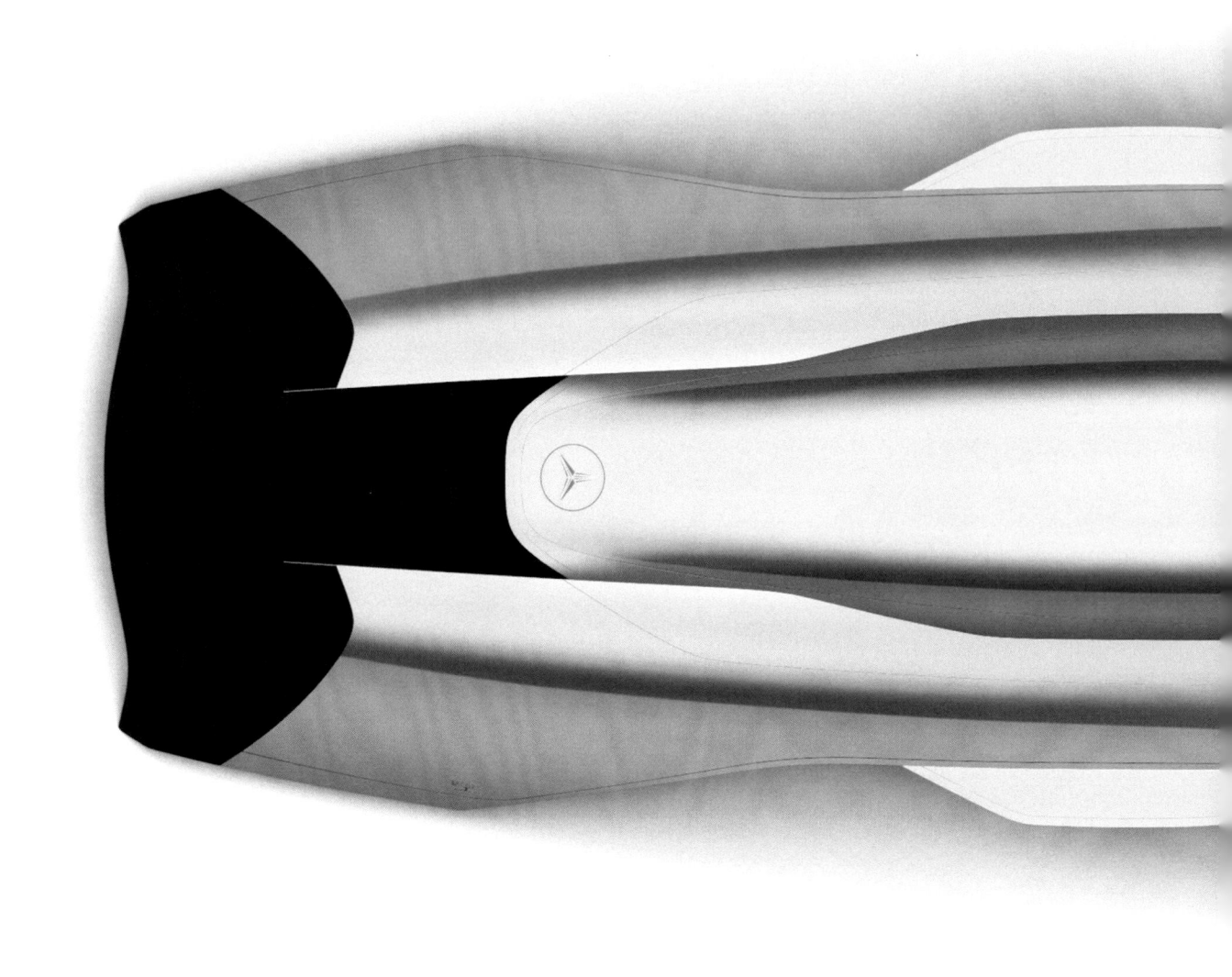

01

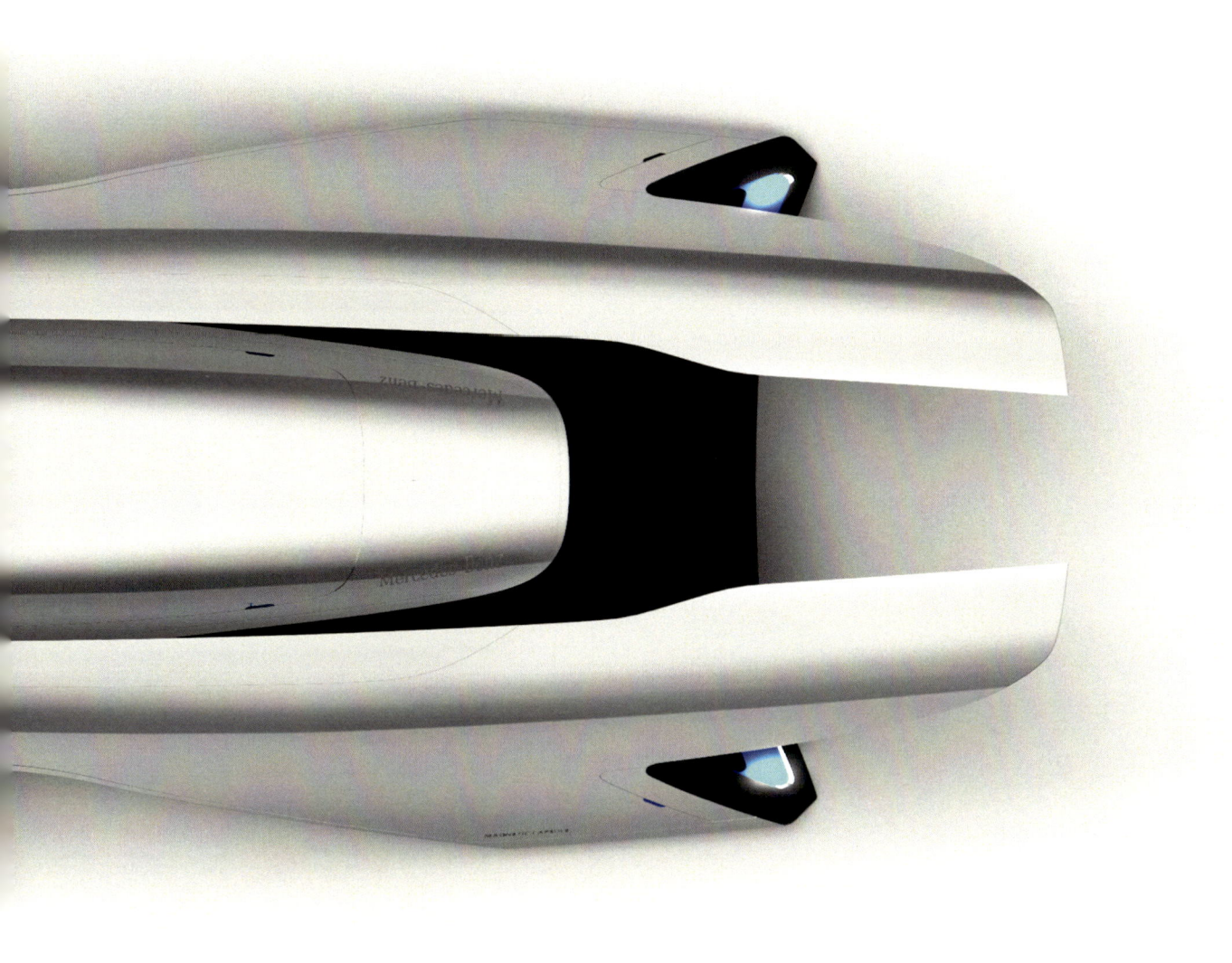

| Ignacio Pena | Anna Pittrich | Jonas Rall | Constantin Weyers | Benjamin Wiedling |

| Dominic Baumann | Sebastian Bekmann | Tim Bormann | Michael Juraschek | Anja König |

01

Ignacio Pena | Anna Pittrich | Jonas Rall | Constantin Weyers | Benjamin Wiedling

| Dominic Baumann | Sebastian Bekmann | Tim Bormann | Michael Juraschek | Anja König |

| Ignacio Pena | Anna Pittrich | Jonas Rall | Constantin Weyers | Benjamin Wiedling |

Dominic Baumann | Sebastian Bekmann | Tim Bormann | Michael Juraschek | Anja König

02

Variantenphase — Renderings

Ignacio Pena — Anna Pittrich — Jonas Rall — Constantin Weyers — Benjamin Wiedling

Dominic Baumann	Sebastian Bekmann	Tim Bormann	Michael Juraschek	Anja König
	02			

Variantenphase Renderings

Ignacio Pena | Anna Pittrich | Jonas Rall | Constantin Weyers | Benjamin Wiedling

| Dominic Baumann | Sebastian Bekmann | Tim Bormann | Michael Juraschek | Anja König |

02

| Ignacio Pena | Anna Pittrich | Jonas Rall | Constantin Weyers | Benjamin Wiedling |

Dominic Baumann	Sebastian Bekmann	Tim Bormann	Michael Juraschek	Anja König
	02			

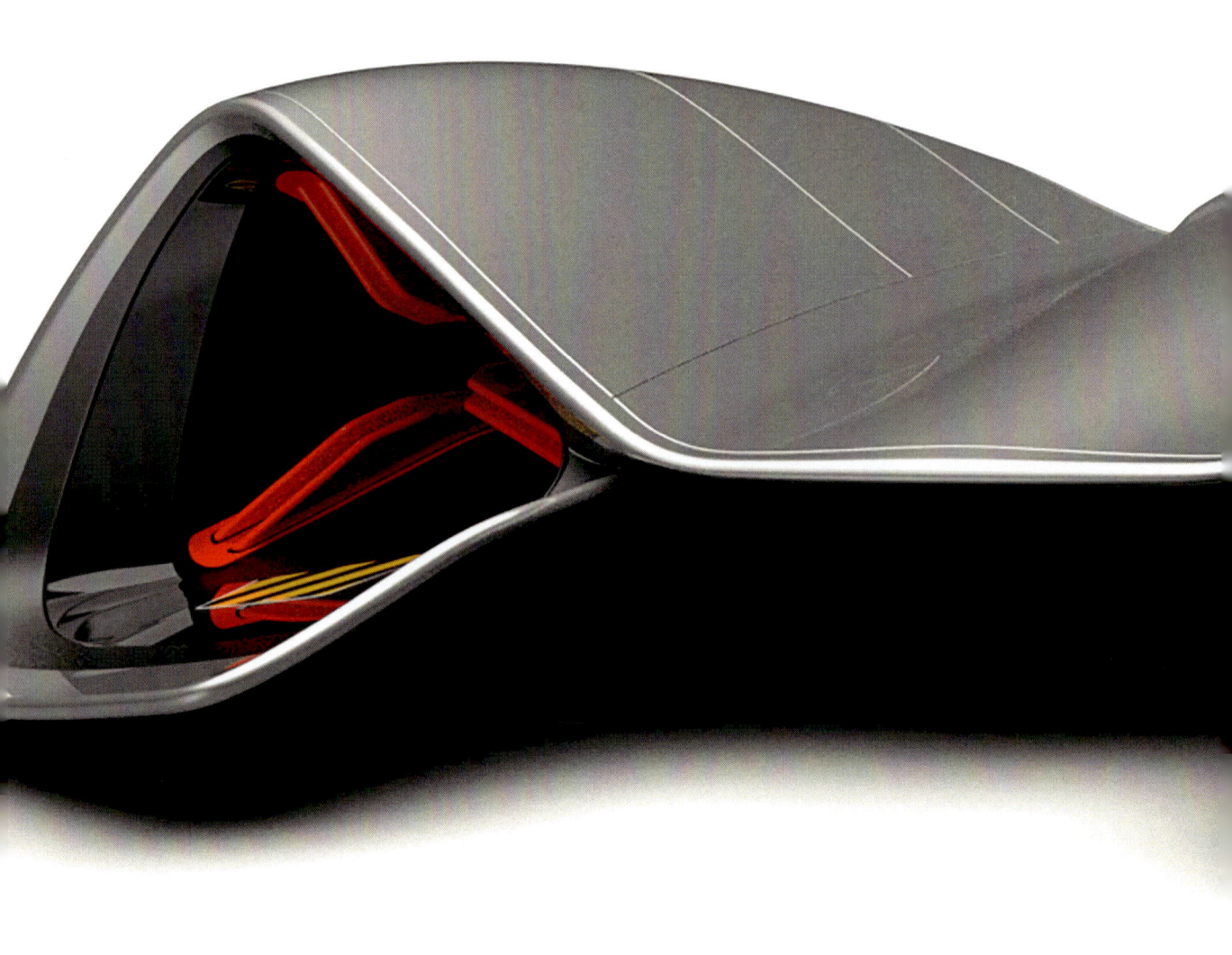

Variantenphase   Renderings   323

Ignacio Pena | Anna Pittrich | Jonas Rall | Constantin Weyers | Benjamin Wiedling

324 Konzept/Ideenfindung Brainstorming

Dominic Baumann | Sebastian Bekmann | Tim Bormann | Michael Juraschek | Anja König

02

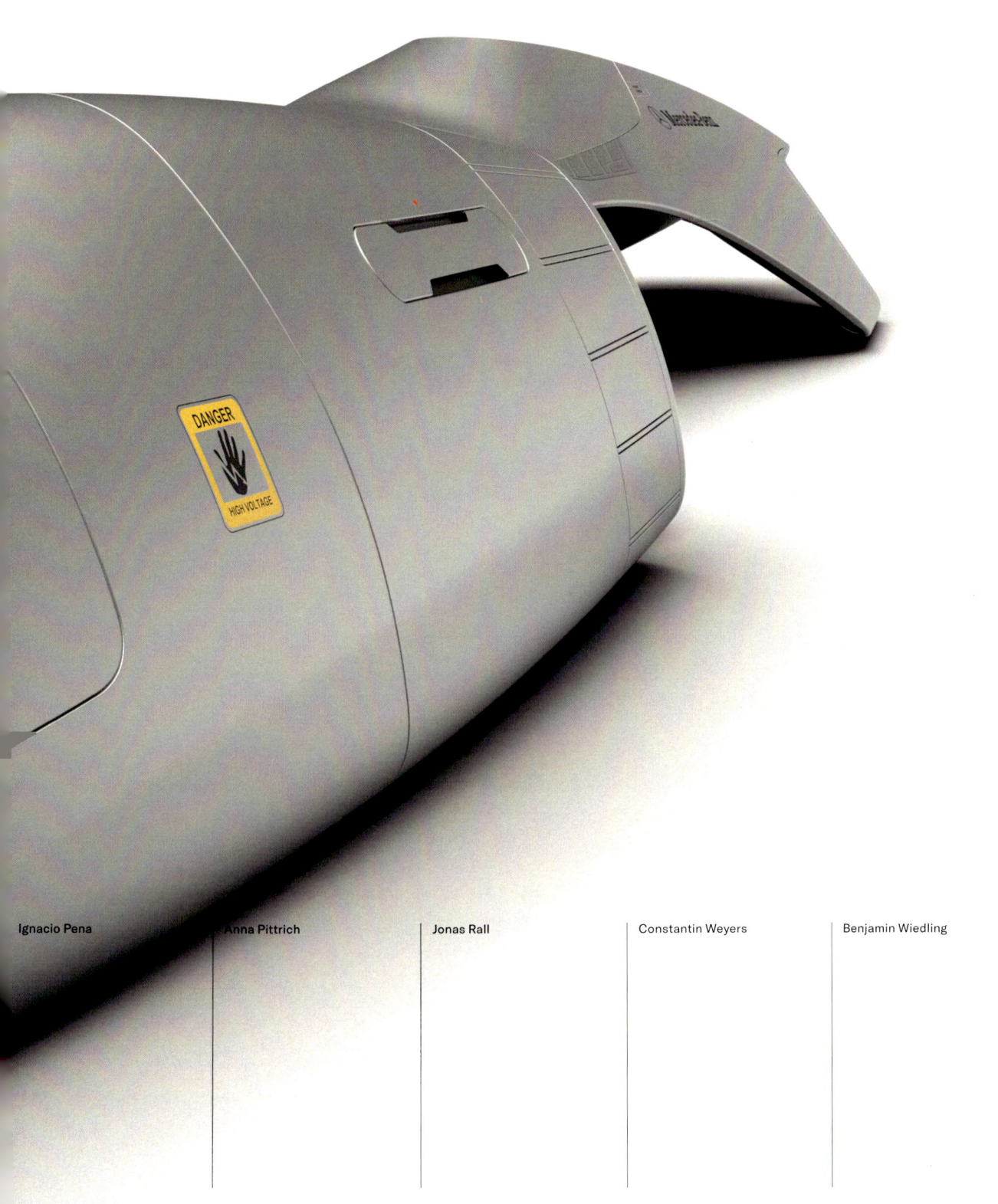

| Ignacio Pena | Anna Pittrich | Jonas Rall | Constantin Weyers | Benjamin Wiedling |

| Dominic Baumann | Sebastian Bekmann | Tim Bormann | Michael Juraschek | Anja König |

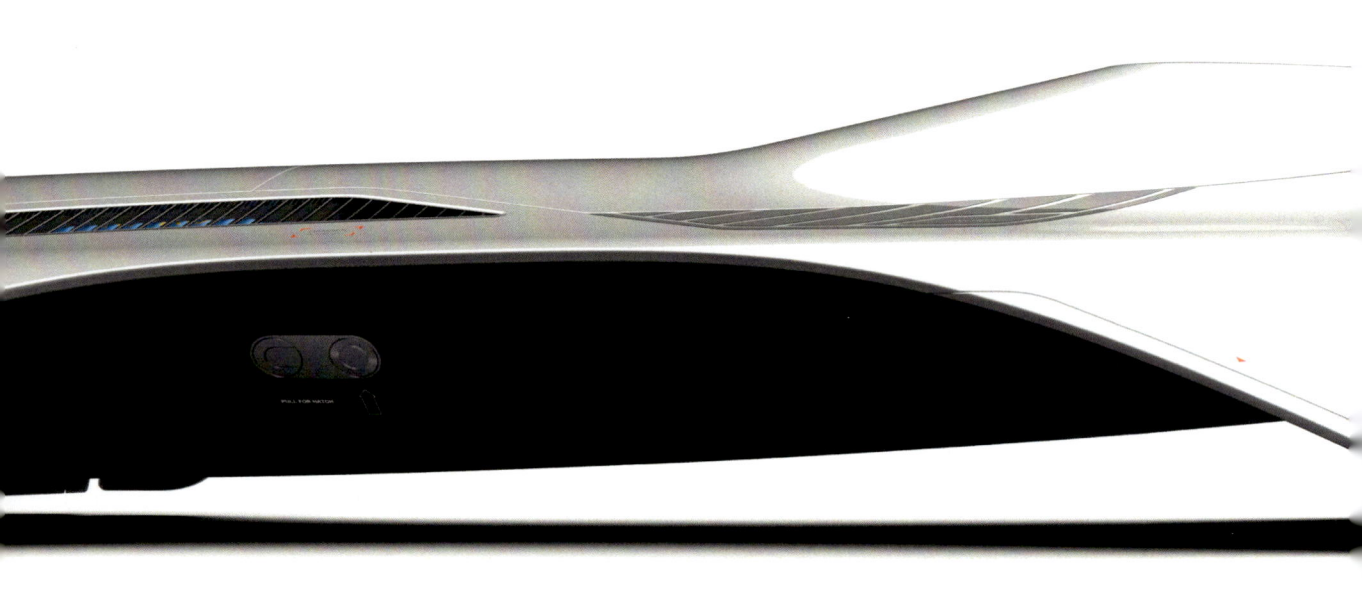

02

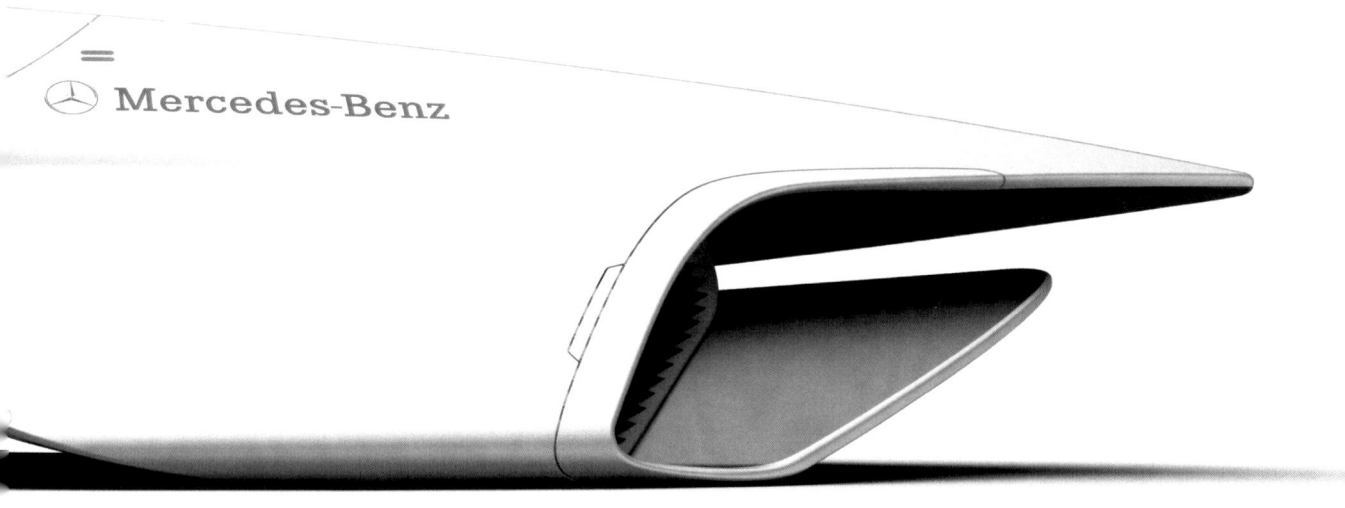

| Ignacio Pena | Anna Pittrich | Jonas Rall | Constantin Weyers | Benjamin Wiedling |

| Dominic Baumann | Sebastian Bekmann | Tim Bormann | Michael Juraschek | Anja König |

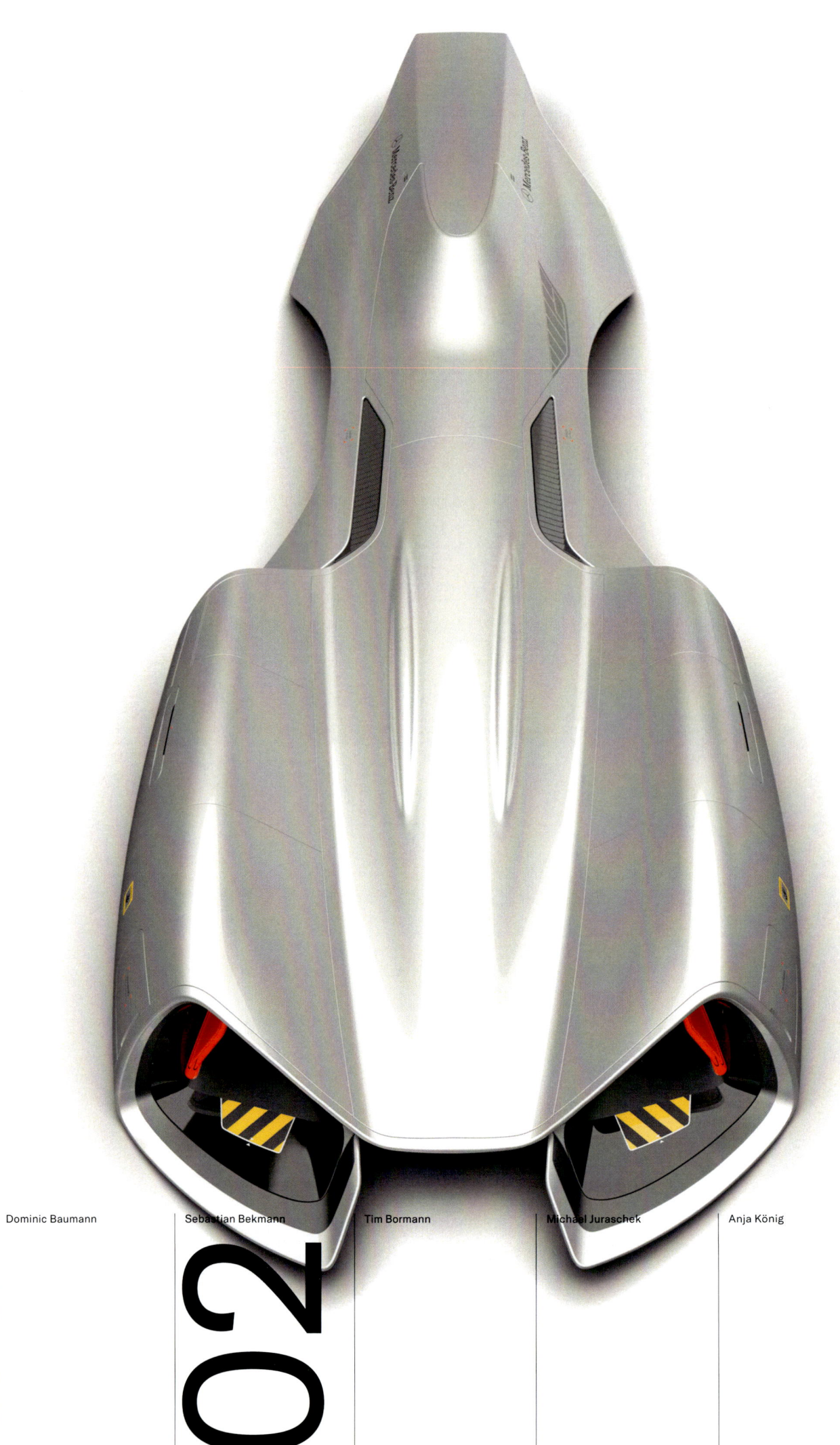

02

Variantenphase · Renderings

Ignacio Pena | Anna Pittrich | Jonas Rall | Constantin Weyers | Benjamin Wiedling

Konzept/Ideenfindung — Brainstorming

| Dominic Baumann | Sebastian Bekmann | Tim Bormann | Michael Juraschek | Anja König |

02

Variantenphase Renderings 331

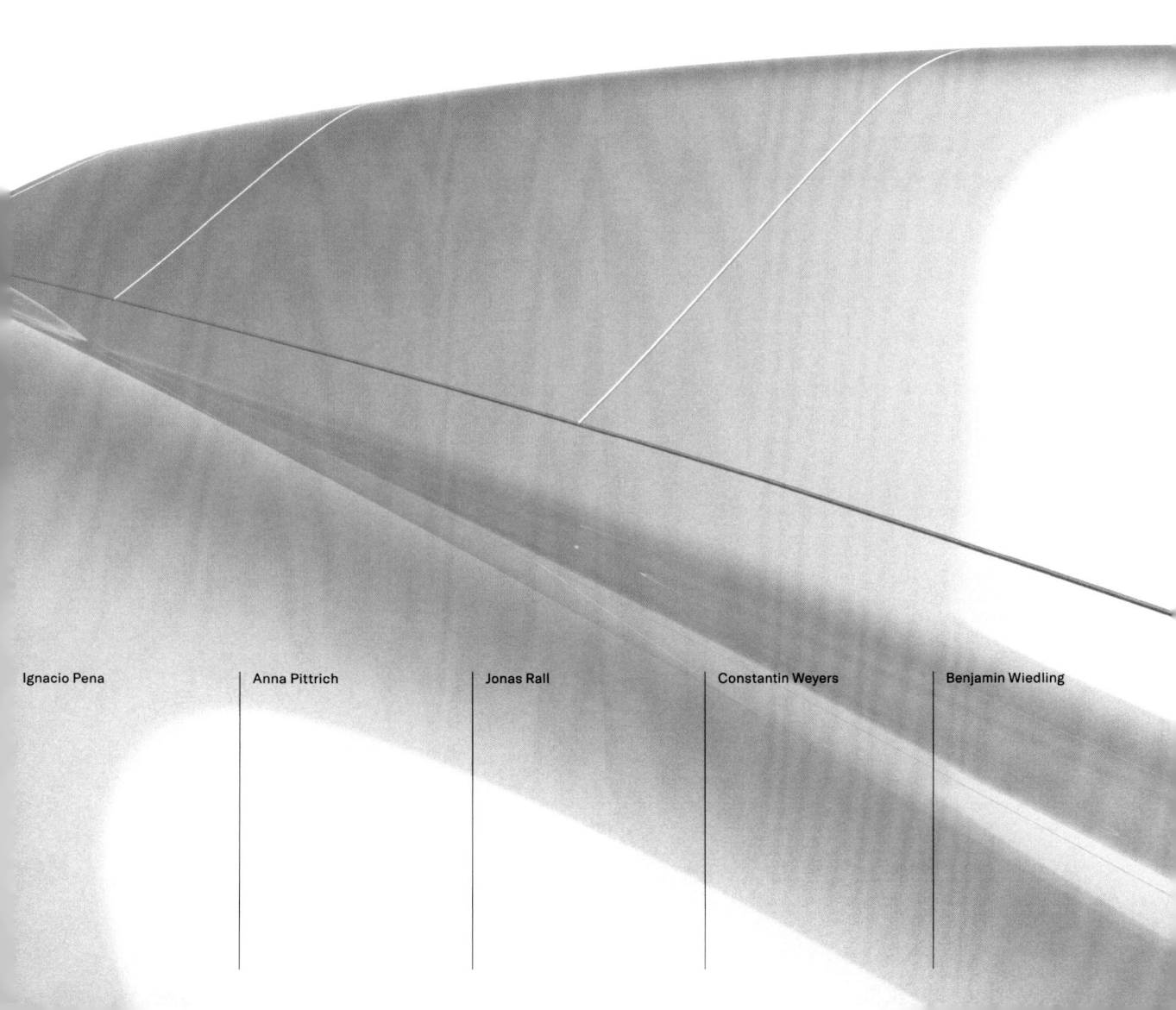

| Ignacio Pena | Anna Pittrich | Jonas Rall | Constantin Weyers | Benjamin Wiedling |

| Dominic Baumann | Sebastian Bekmann | Tim Bormann | Michael Juraschek | Anja König |

02

Ignacio Pena	Anna Pittrich	Jonas Rall	Constantin Weyers	Benjamin Wiedling

Dominic Baumann | Sebastian Bekmann | Tim Bormann | Michael Juraschek | Anja König

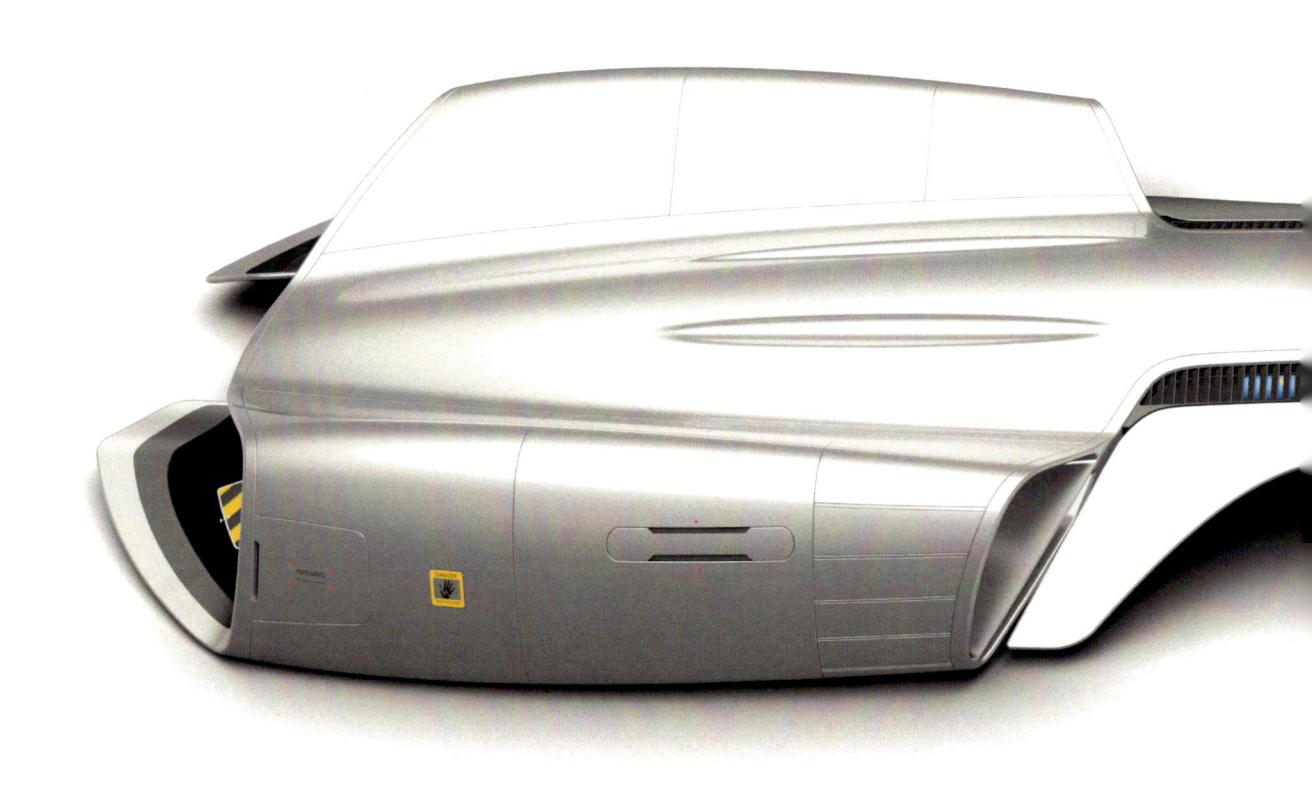

02

| Ignacio Pena | Anna Pittrich | Jonas Rall | Constantin Weyers | Benjamin Wiedling |

| Dominic Baumann | Sebastian Bekmann | Tim Bormann | Michael Juraschek | Anja König |

02

Variantenphase		Renderings		
Ignacio Pena	Anna Pittrich	Jonas Rall	Constantin Weyers	Benjamin Wiedling

| Dominic Baumann | Sebastian Bekmann | Tim Bormann | Michael Juraschek | Anja König |

02

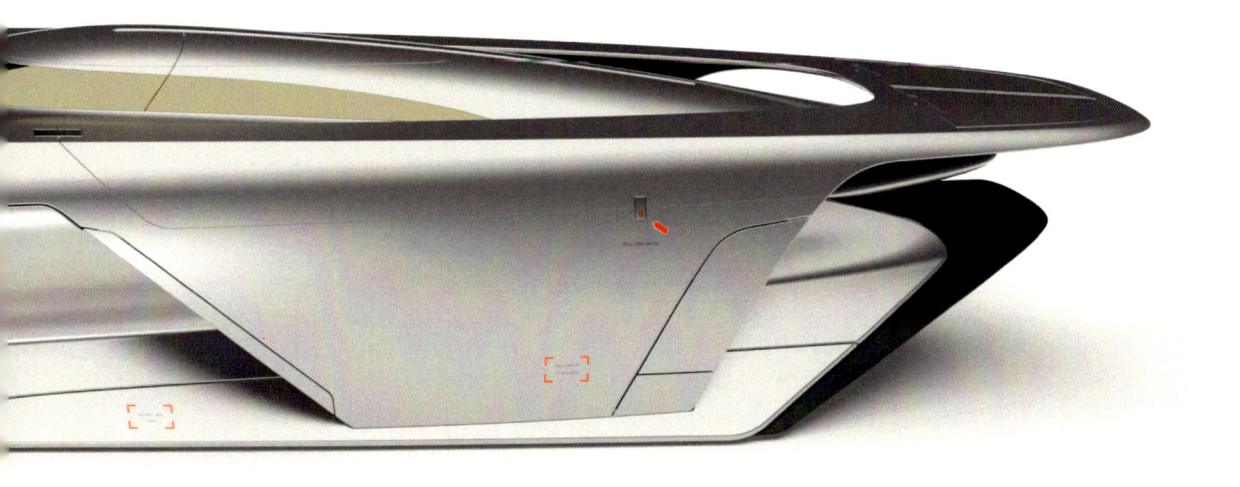

Variantenphase   Renderings

Ignacio Pena | Anna Pittrich | Jonas Rall | Constantin Weyers | Benjamin Wiedling

| Dominic Baumann | Sebastian Bekmann | Tim Bormann | Michael Juraschek | Anja König |

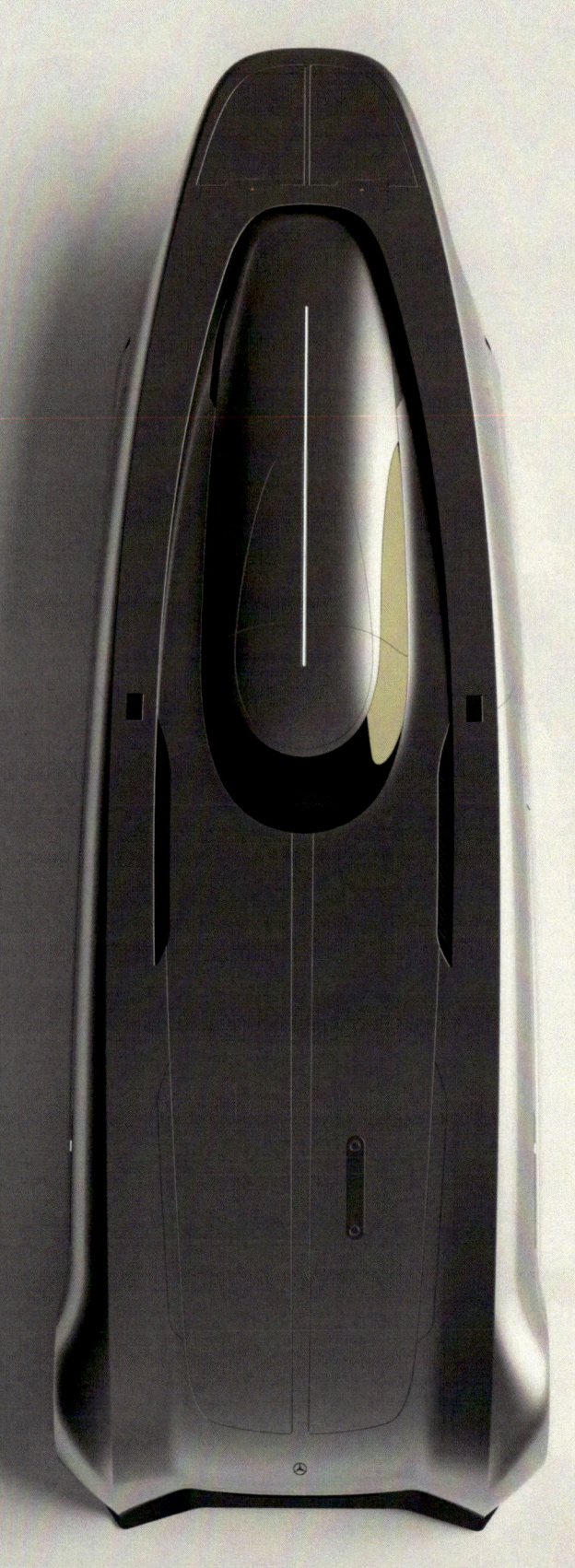

02

| Ignacio Pena | Anna Pittrich | Jonas Rall | Constantin Weyers | Benjamin Wiedling |

Variantenphase

Renderings

| Dominic Baumann | Sebastian Bekmann | Tim Bormann | Michael Juraschek | Anja König |

02

| Variantenphase | | Renderings | | | 343 |

| Ignacio Pena | Anna Pittrich | Jonas Rall | Constantin Weyers | Benjamin Wiedling |

| Dominic Baumann | Sebastian Bekmann | Tim Bormann | Michael Juraschek | Anja König |

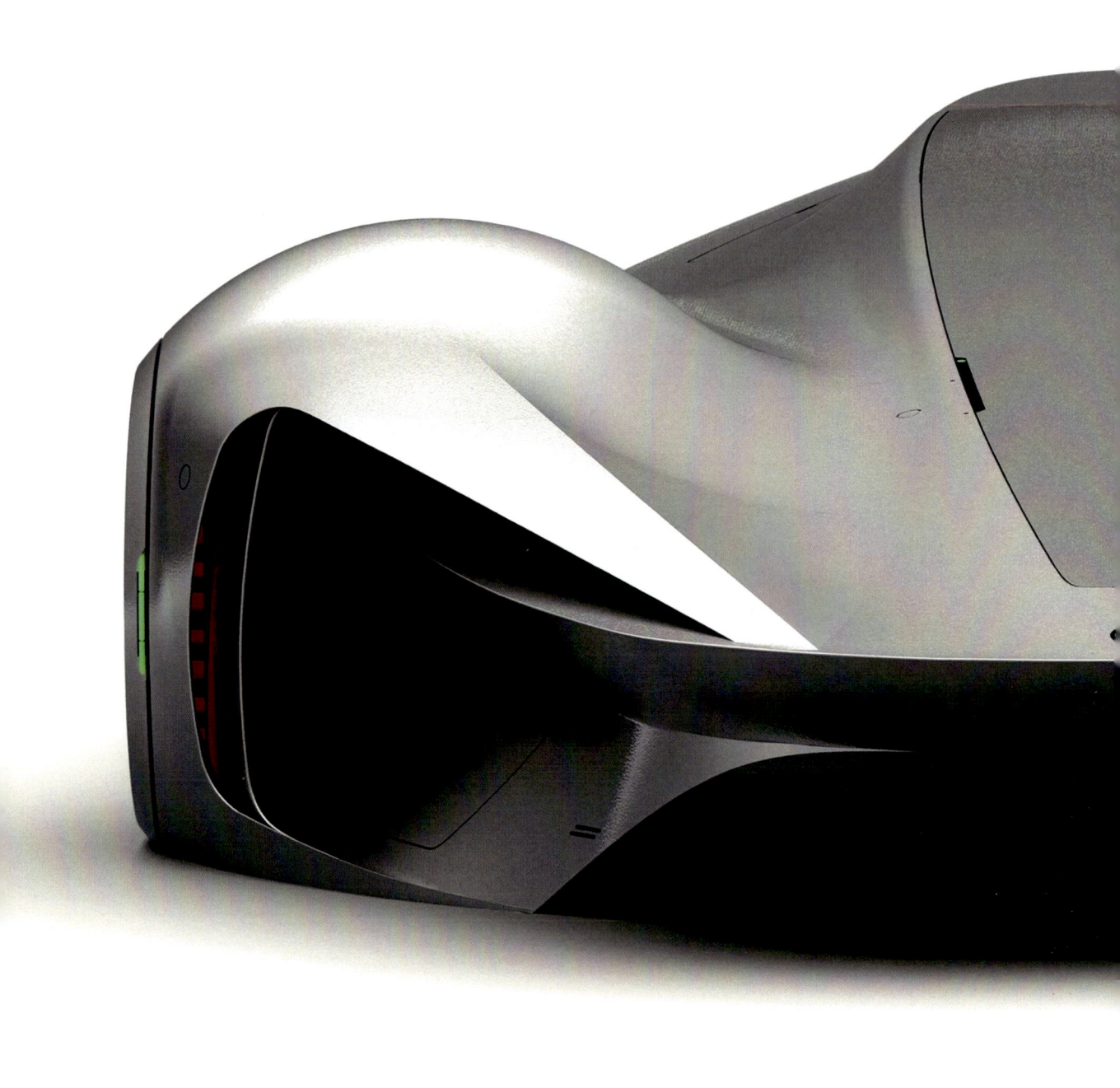

03

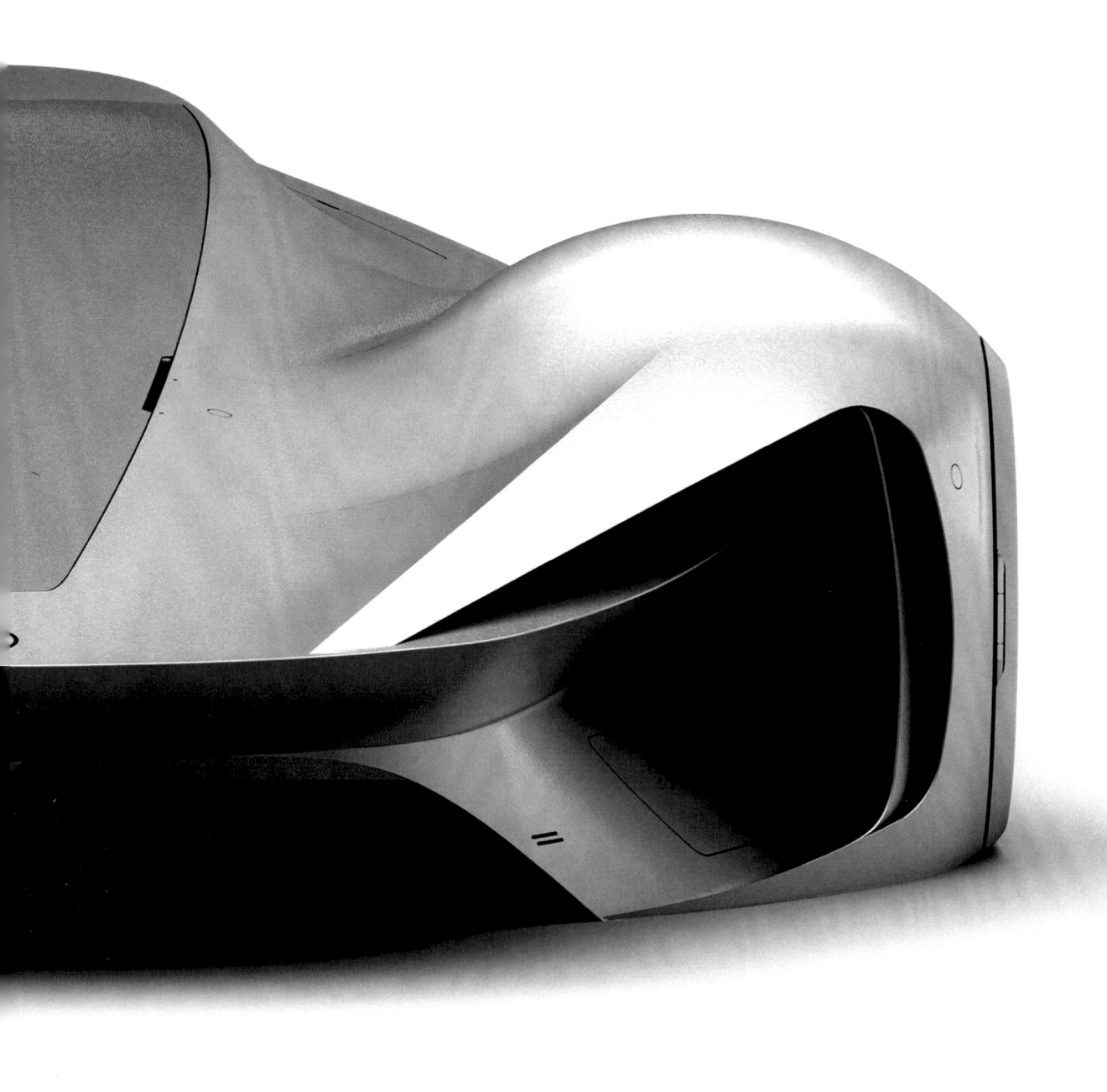

| Ignacio Pena | Anna Pittrich | Jonas Rall | Constantin Weyers | Benjamin Wiedling |

| Konzept/Ideenfindung | Brainstorming |

| Dominic Baumann | Sebastian Bekmann | Tim Bormann | Michael Juraschek | Anja König |

03

Variantenphase Renderings

Ignacio Pena | Anna Pittrich | Jonas Rall | Constantin Weyers | Benjamin Wiedling

348 Konzept/Ideenfindung Brainstorming

Dominic Baumann | Sebastian Bekmann | | Michael Juraschek | Anja König

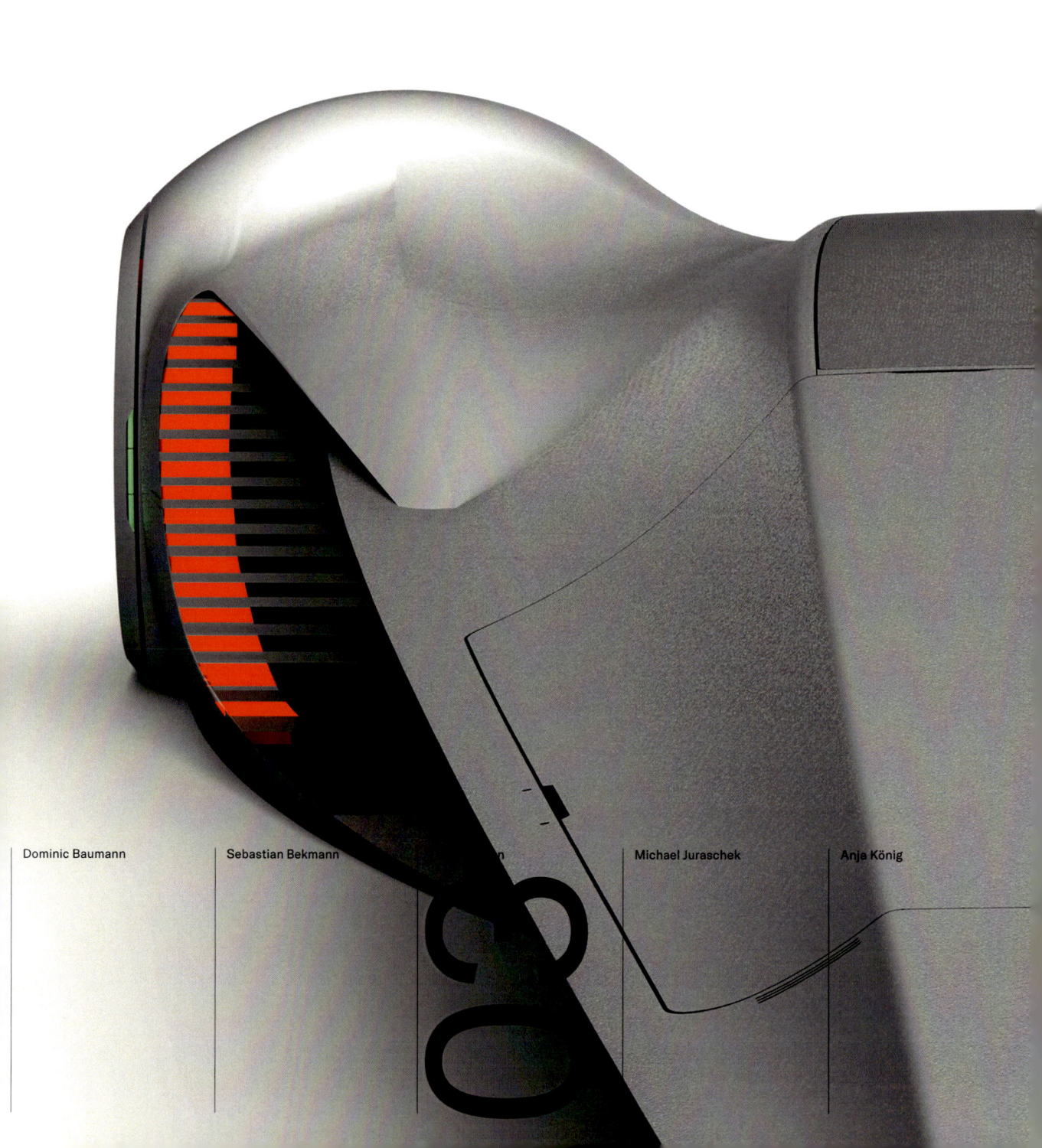

Variantenphase | Renderings | 349

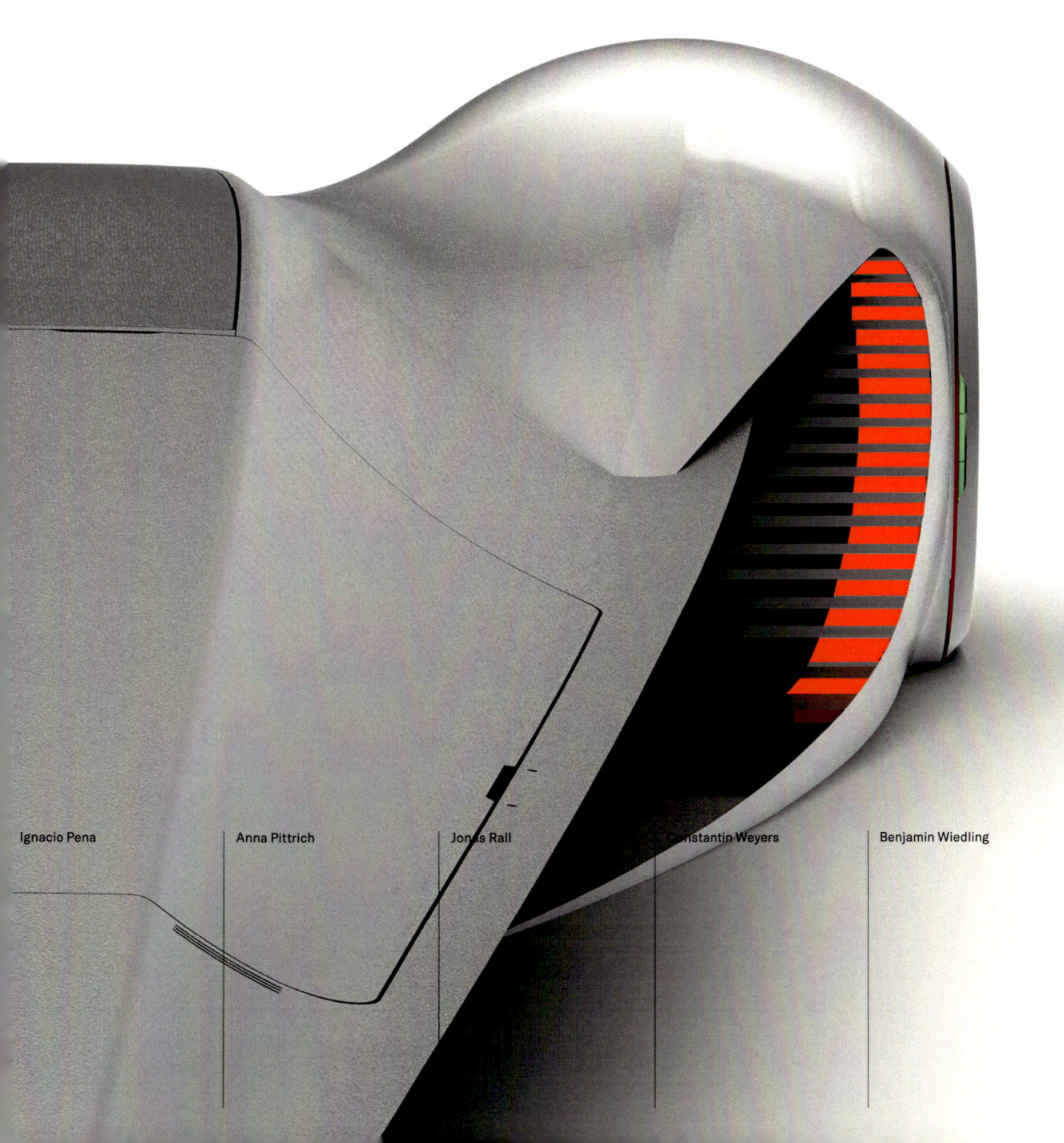

Ignacio Pena | Anna Pittrich | Jonas Rall | Constantin Weyers | Benjamin Wiedling

| Dominic Baumann | Sebastian Bekmann | Tim Bormann | Michael Juraschek | Anja König |

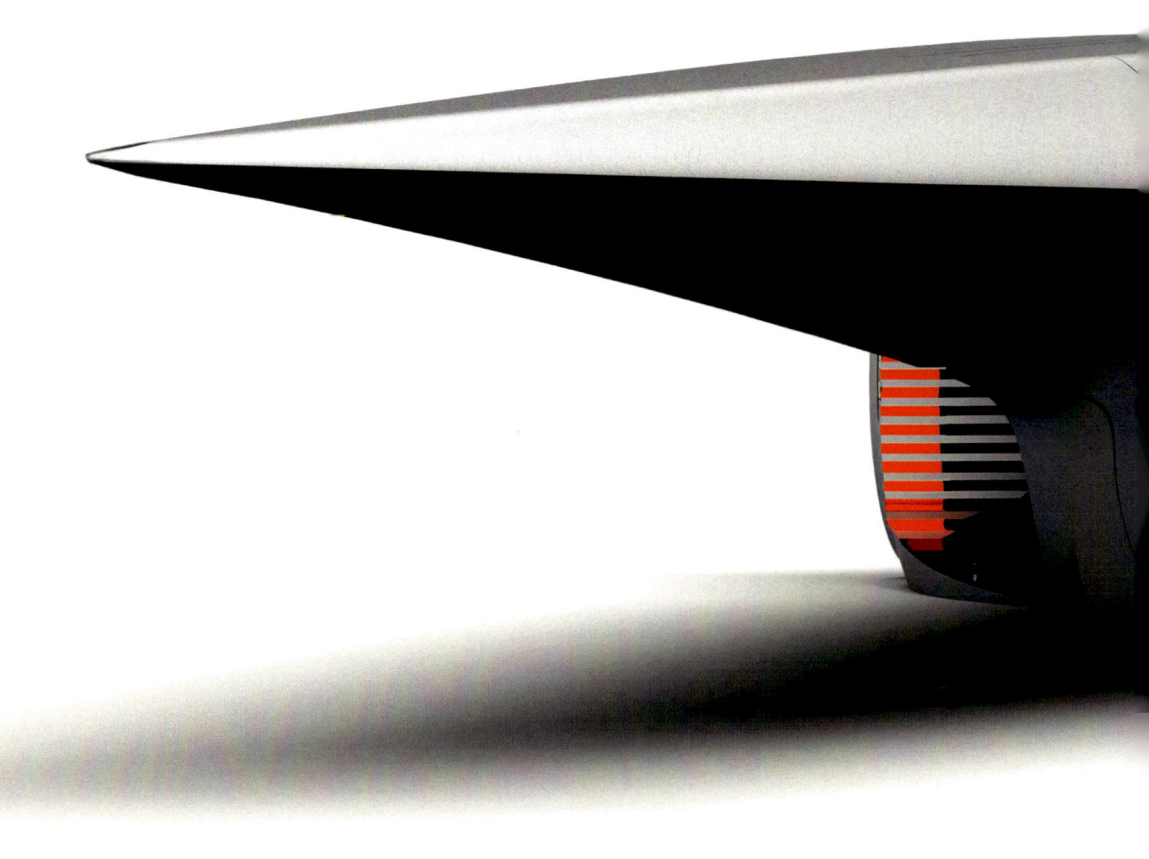

03

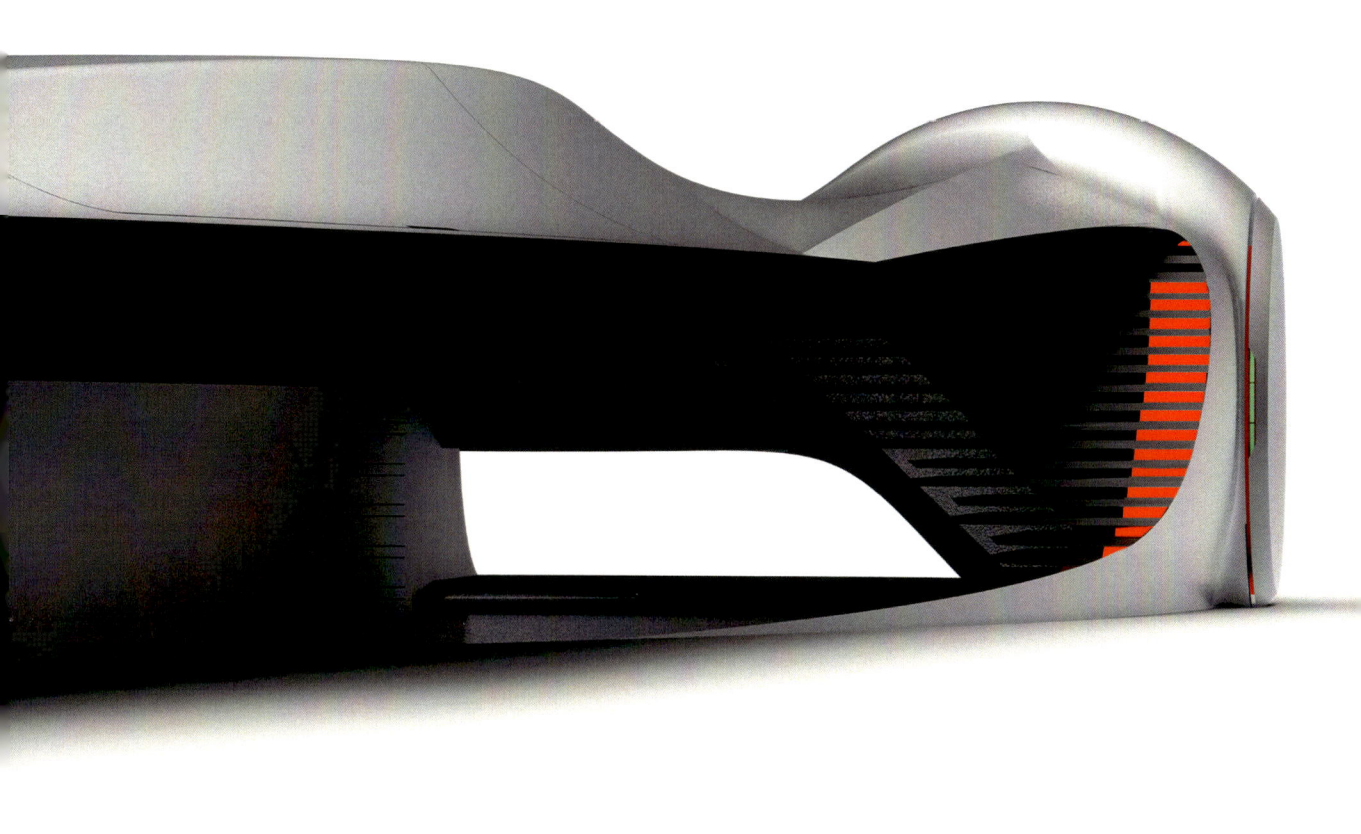

| Ignacio Pena | Anna Pittrich | Jonas Rall | Constantin Weyers | Benjamin Wiedling |

Dominic Baumann | Sebastian Bekmann | Tim Bormann | Michael Juraschek | Anja König

04

Variantenphase | Renderings

Ignacio Pena | Anna Pittrich | Jonas Rall | Constantin Weyers | Benjamin Wiedling

Dominic Baumann	Sebastian Bekmann	Tim Bormann	Michael Juraschek	Anja König
			04	

| Ignacio Pena | Anna Pittrich | Jonas Rall | Constantin Weyers | Benjamin Wiedling |

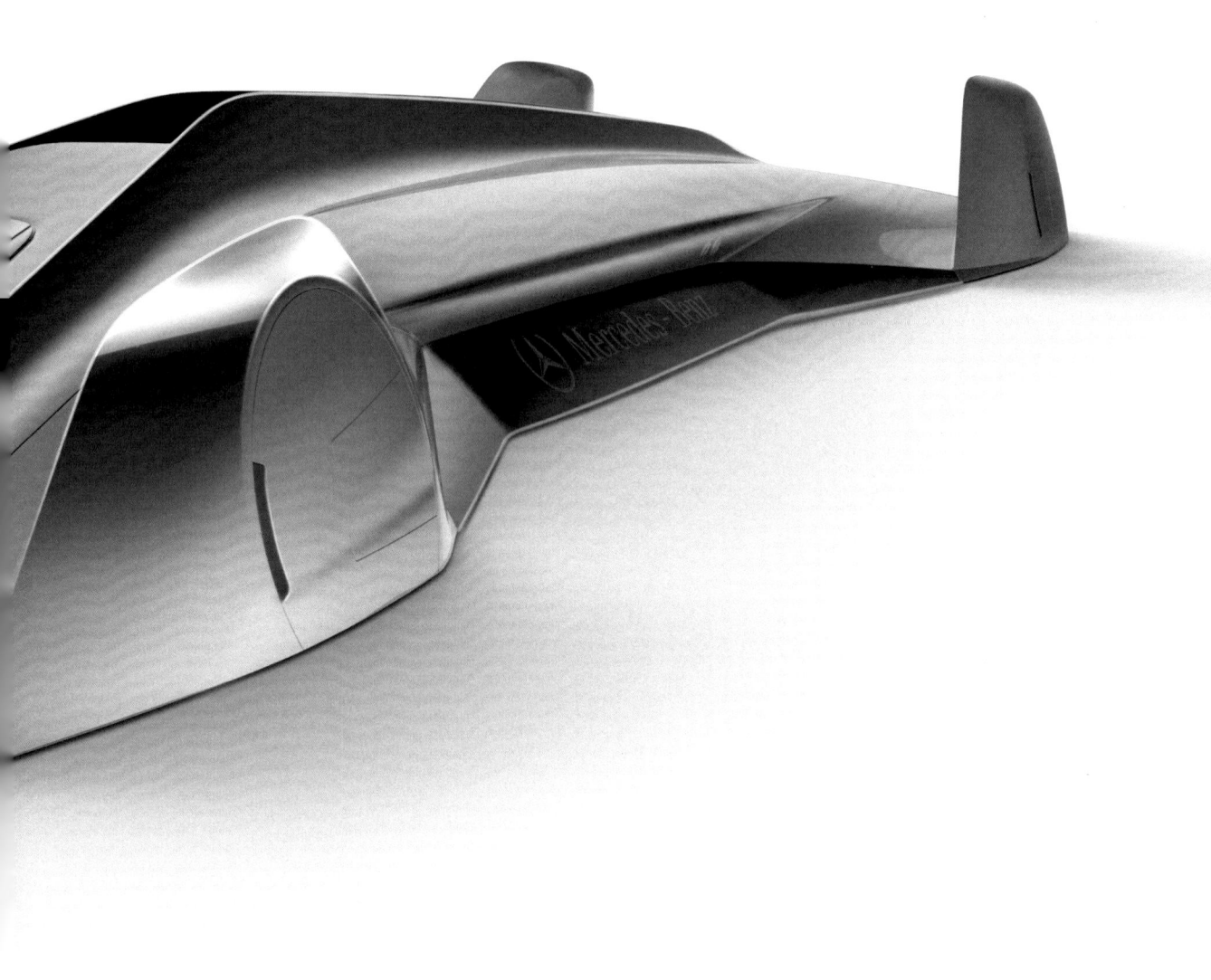

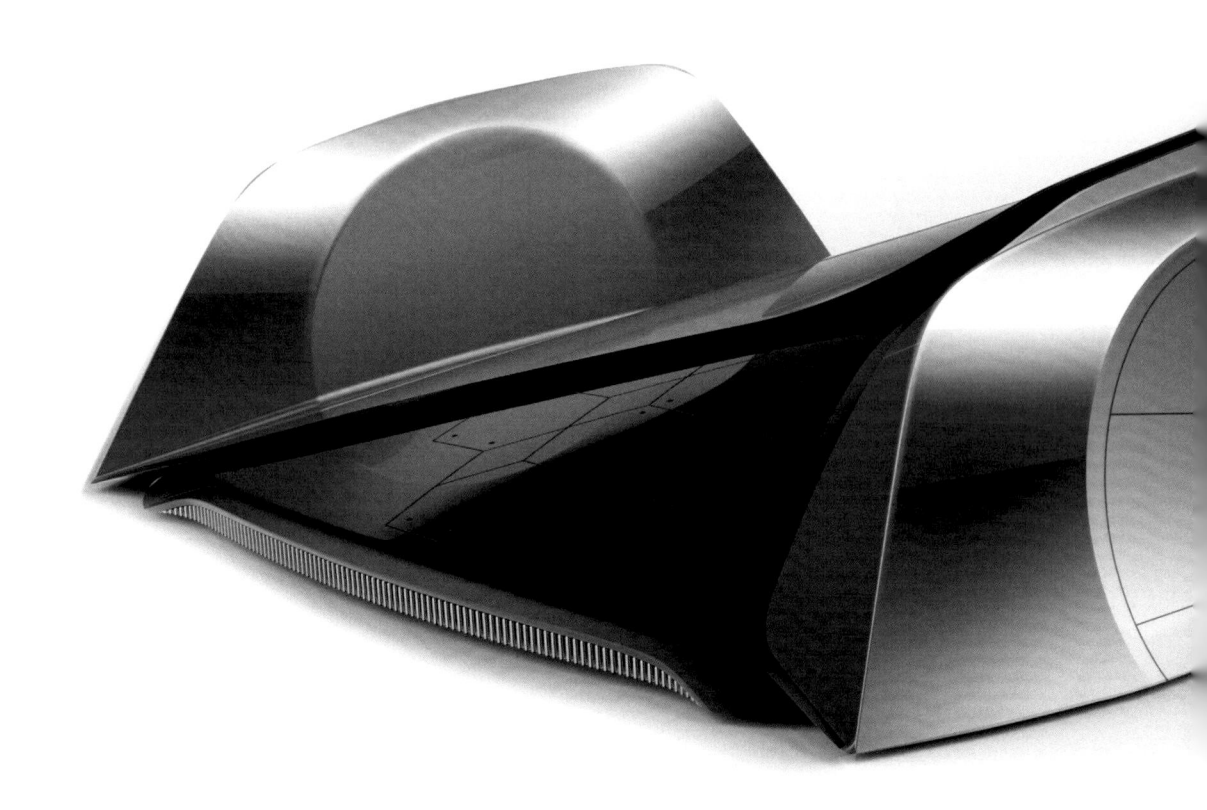

Konzept/Ideenfindung Brainstorming

| Dominic Baumann | Sebastian Bekmann | Tim Bormann | Michael Juraschek | Anja König |

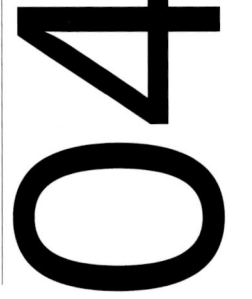

04

| Ignacio Pena | Anna Pittrich | Jonas Rall | Constantin Weyers | Benjamin Wiedling |

Konzept/Ideenfindung — Brainstorming

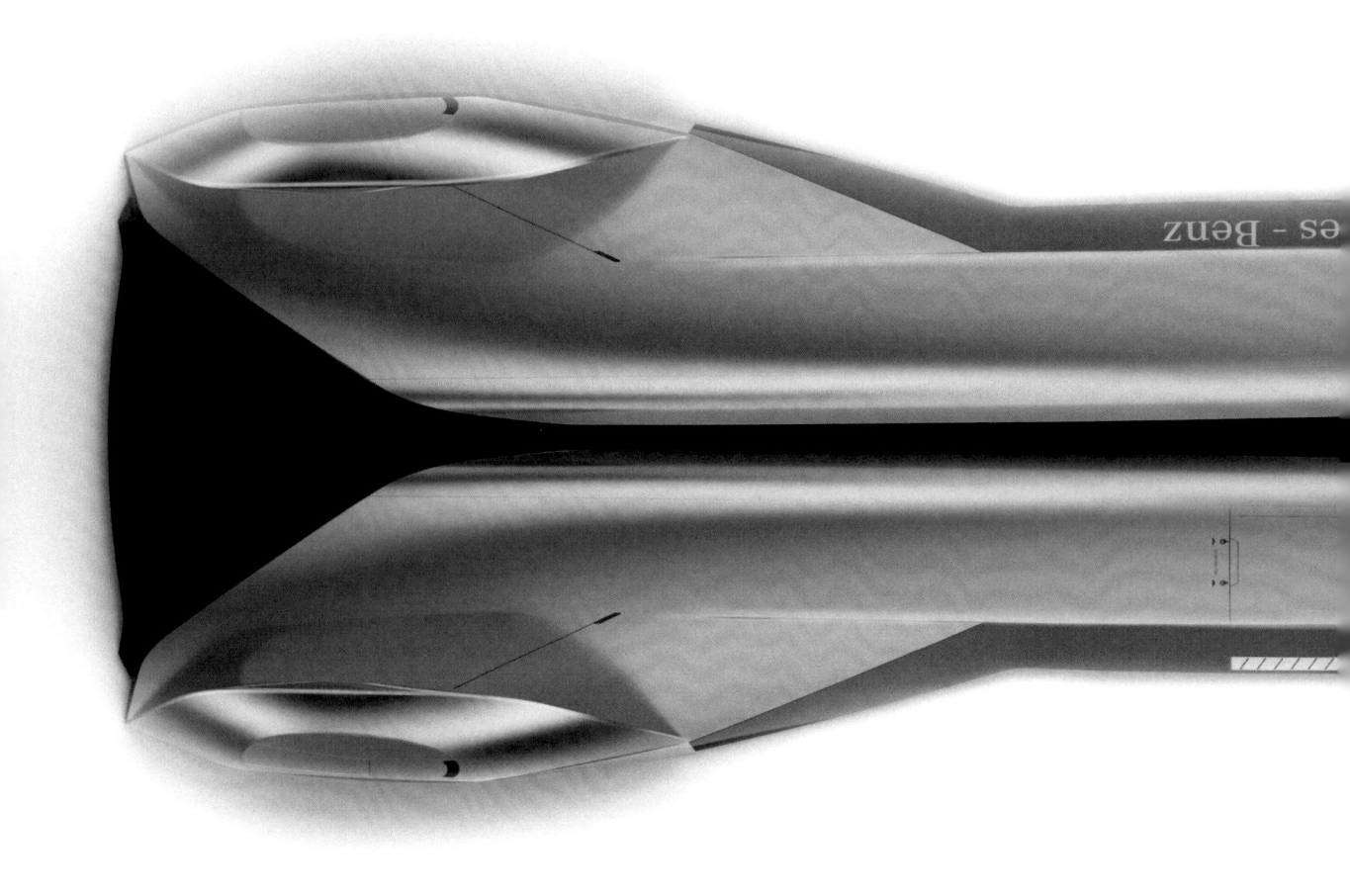

| Dominic Baumann | Sebastian Bekmann | Tim Bormann | Michael Juraschek | Anja König |

04

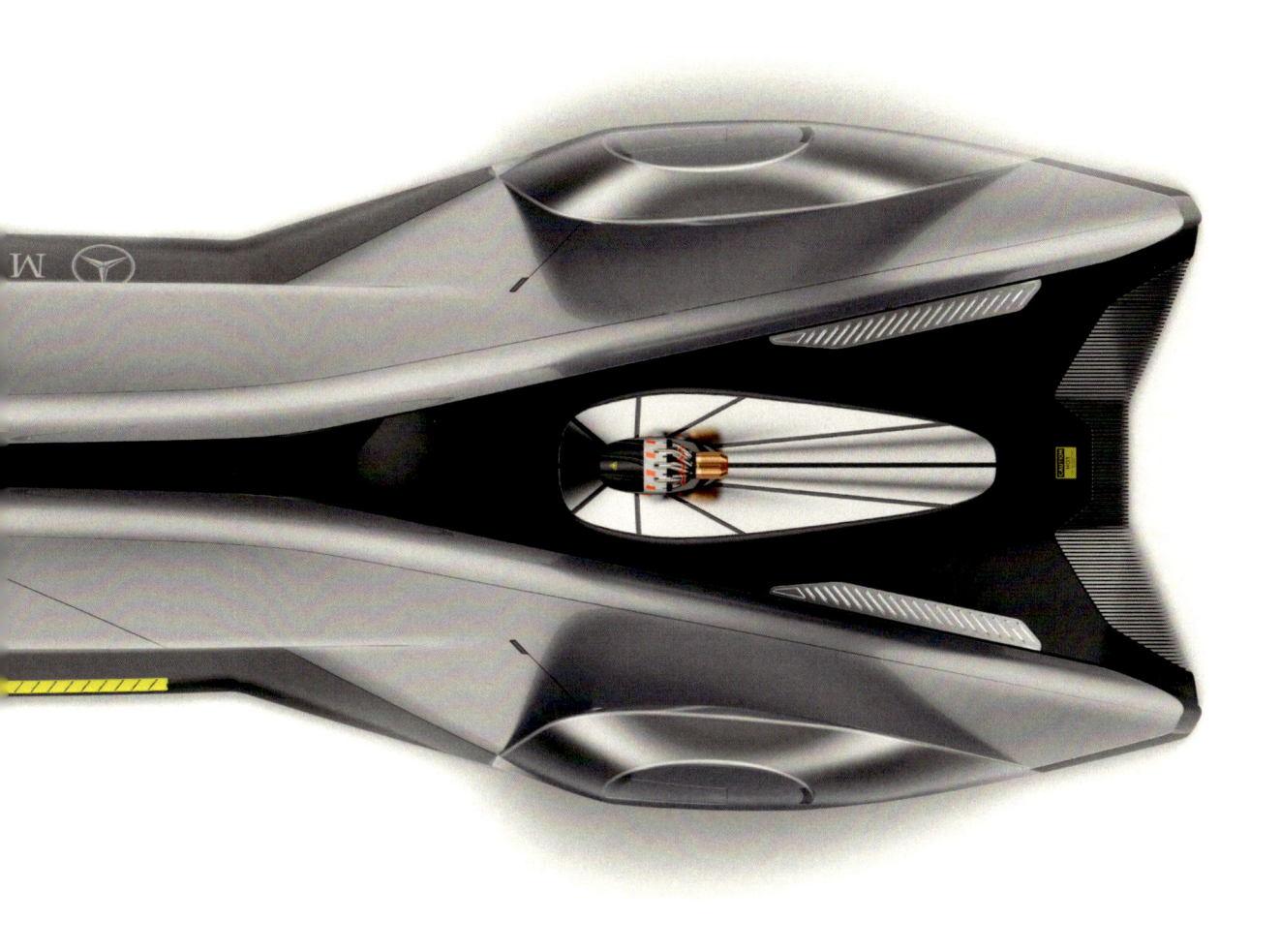

| Ignacio Pena | Anna Pittrich | Jonas Rall | Constantin Weyers | Benjamin Wiedling |

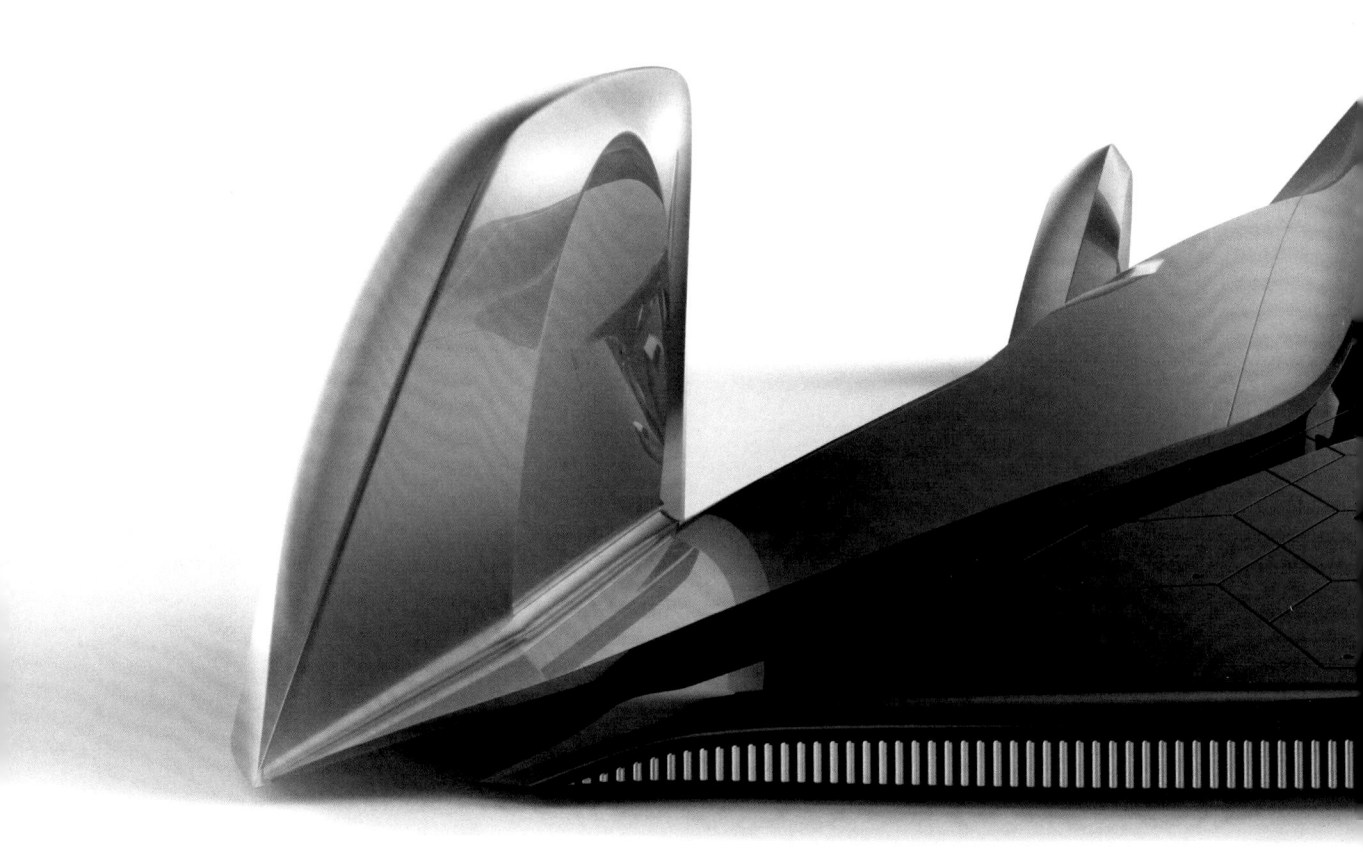

360 Konzept/Ideenfindung Brainstorming

| Dominic Baumann | Sebastian Bekmann | Tim Bormann | Michael Juraschek | Anja König |

04

Variantenphase — Renderings — 361

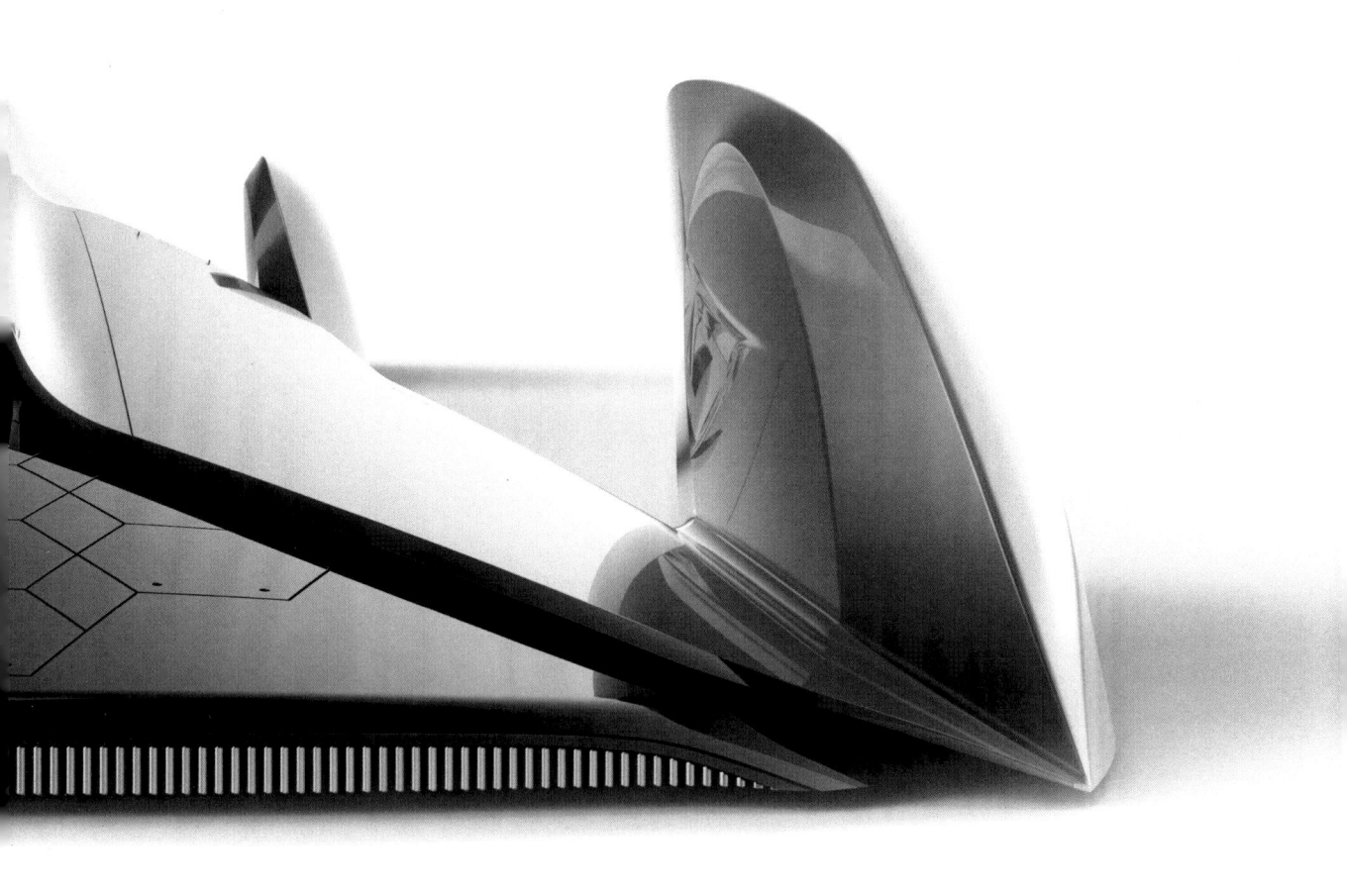

Ignacio Pena | Anna Pittrich | Jonas Rall | Constantin Weyers | Benjamin Wiedling

| Dominic Baumann | Sebastian Bekmann | Tim Bormann | Michael Juraschek | Anja König |

Variantenphase | Renderings | 363

Ignacio Pena | Anna Pittrich | Jonas Rall | Constantin Weyers | Benjamin Wiedling

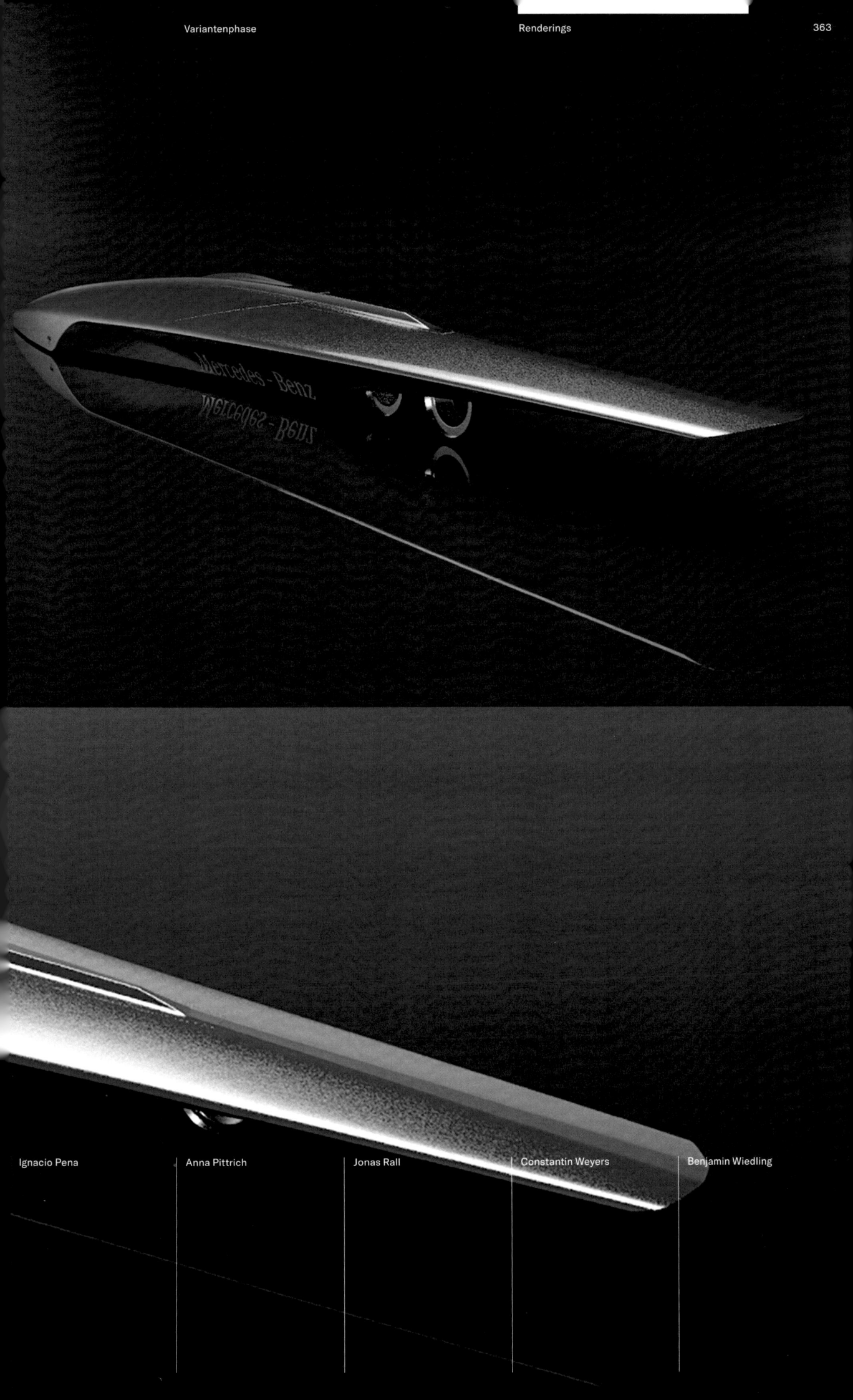

| Dominic Baumann | Sebastian Bekmann | Tim Bormann | Michael Juraschek | Anja König |

| Variantenphase | | Renderings | | 365 |

| Ignacio Pena | Anna Pittrich | Jonas Rall | Constantin Weyers | Benjamin Wiedling |

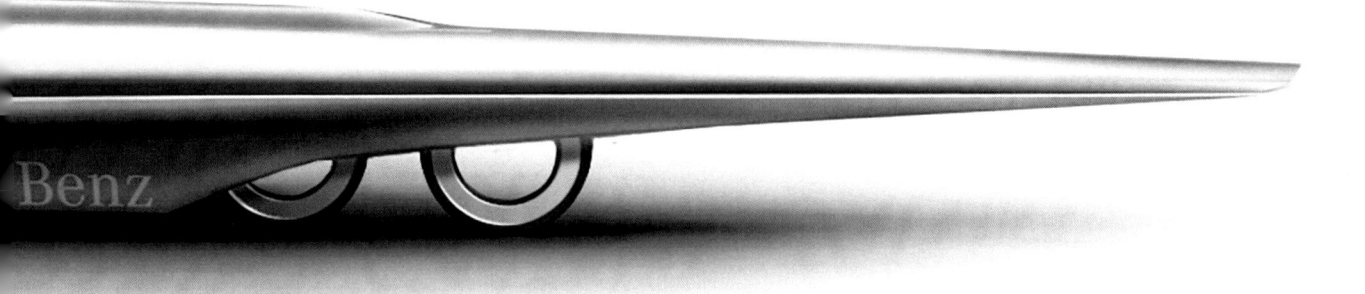

| Dominic Baumann | Sebastian Bekmann | Tim Bormann | Michael Juraschek | Anja König |

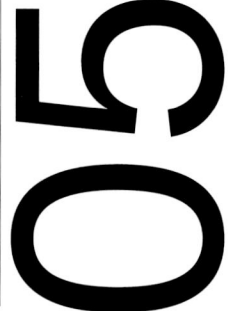

Variantenphase · Renderings · 367

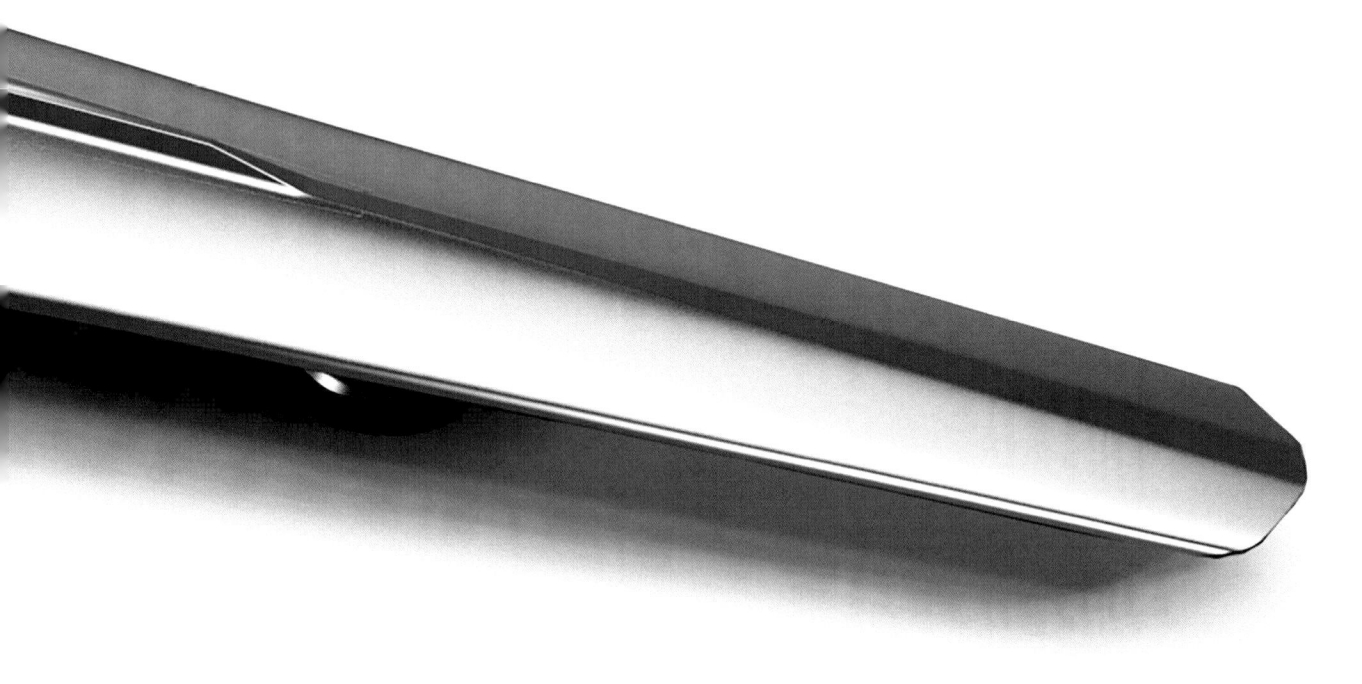

Ignacio Pena | Anna Pittrich | Jonas Rall | Constantin Weyers | Benjamin Wiedling

Dominic Baumann   Sebastian Bekmann   Tim Bormann   Michael Juraschek   Anja König

Variantenphase — Renderings

06

Ignacio Pena | Anna Pittrich | Jonas Rall | Constantin Weyers | Benjamin Wiedling

| Dominic Baumann | Sebastian Bekmann | Tim Bormann | Michael Juraschek | Anja König |

| Ignacio Pena | Anna Pittrich | Jonas Rall | Constantin Weyers | Benjamin Wiedling |

| Dominic Baumann | Sebastian Bekmann | Tim Bormann | Michael Juraschek | Anja König |

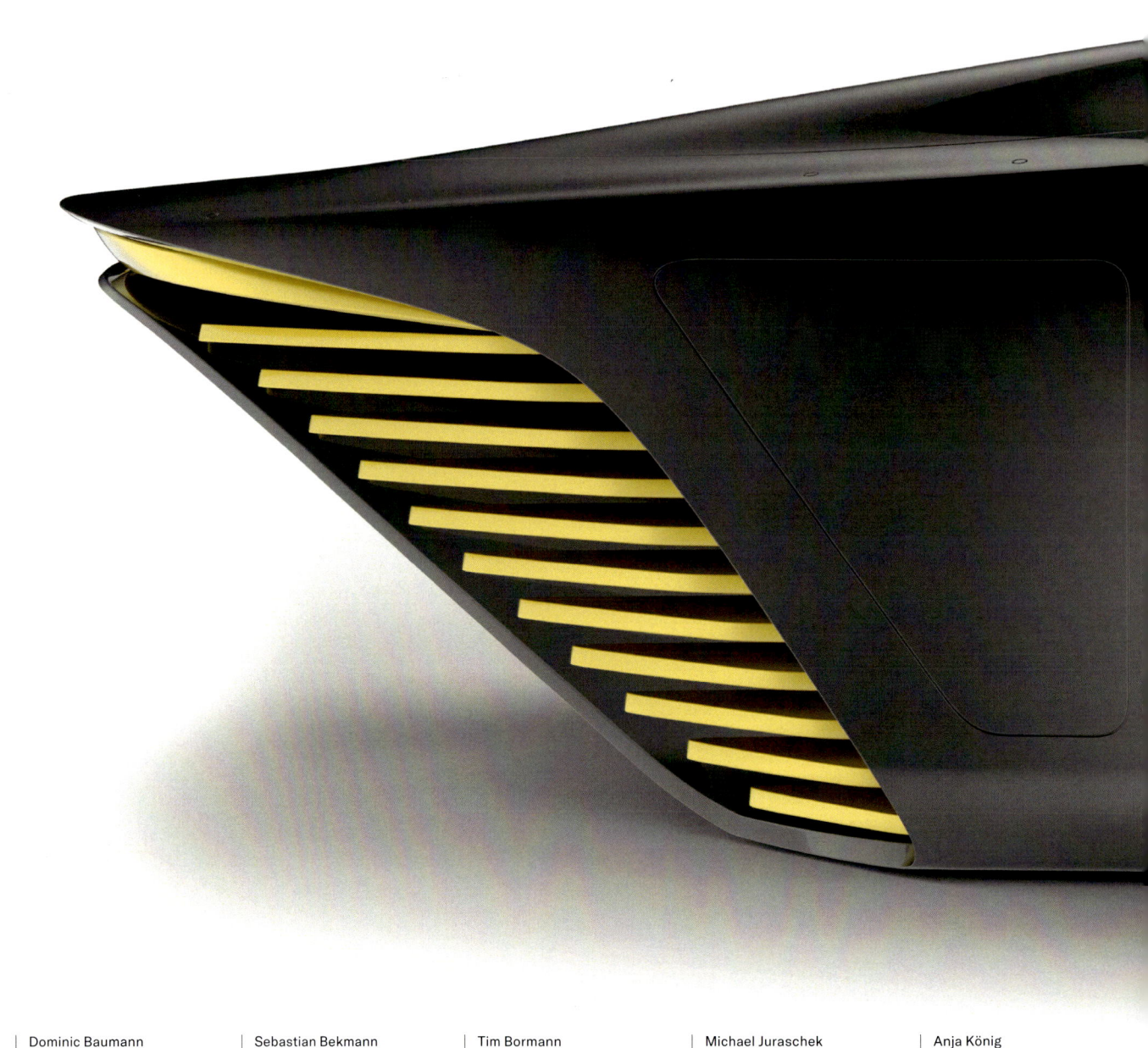

06

| Ignacio Pena | Anna Pittrich | Jonas Rall | Constantin Weyers | Benjamin Wiedling |

Konzept/Ideenfindung — Brainstorming

| Dominic Baumann | Sebastian Bekmann | Tim Bormann | Michael Juraschek | Anja König |

| Ignacio Pena | Anna Pittrich | Jonas Rall | Constantin Weyers | Benjamin Wiedling |

06

Dominic Baumann	Sebastian Bekmann	Tim Bormann	Michael Juraschek	Anja König

| Variantenphase | Renderings | 377 |

Ignacio Pena | Anna Pittrich | Jonas Rall | Constantin Weyers | Benjamin Wiedling

06

378 Konzept/Ideenfindung Brainstorming

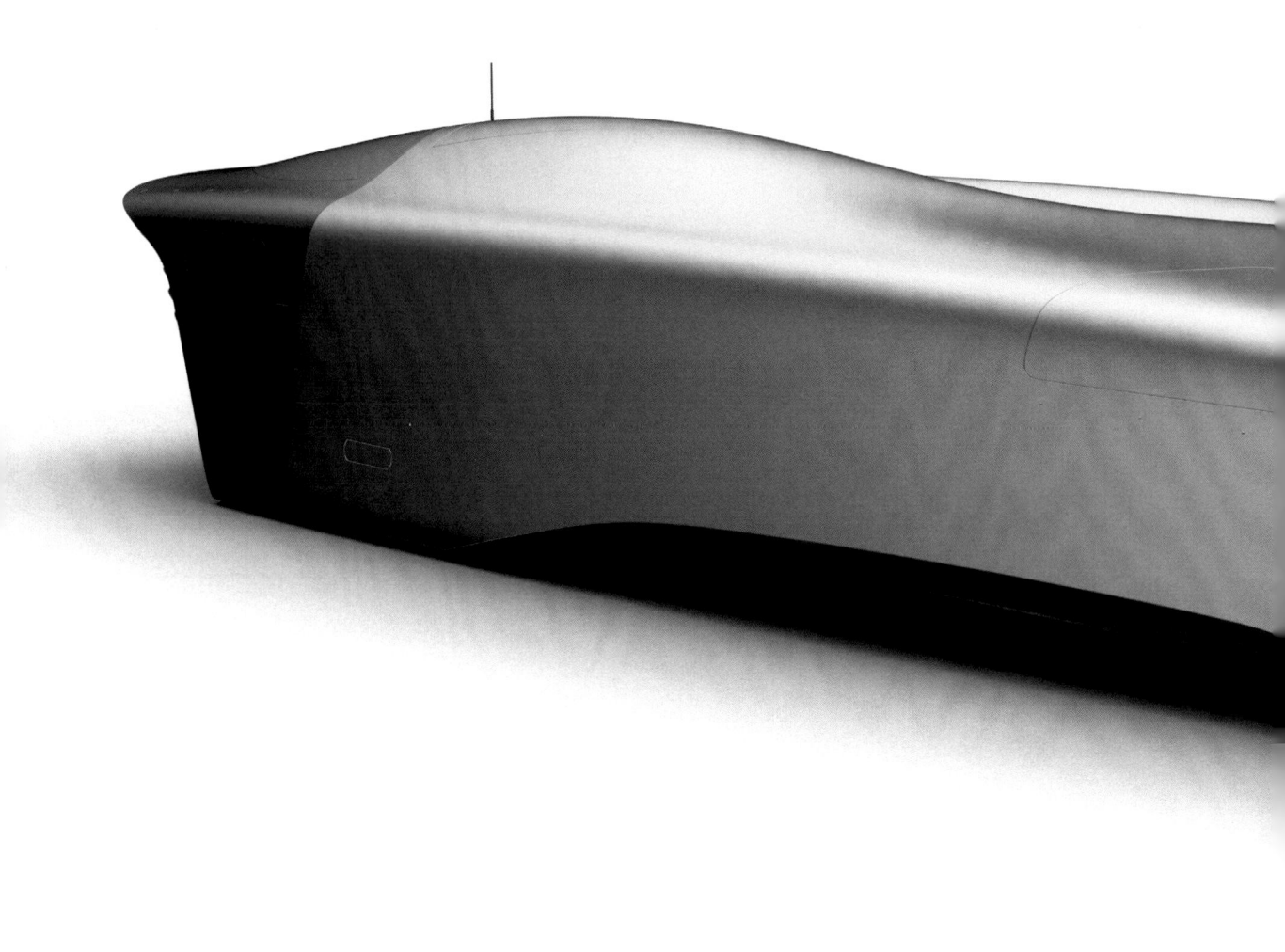

| Dominic Baumann | Sebastian Bekmann | Tim Bormann | Michael Juraschek | Anja König |

| Ignacio Pena | Anna Pittrich | Jonas Rall | Constantin Weyers | Benjamin Wiedling |

06

Dominic Baumann	Sebastian Bekmann	Tim Bormann	Michael Juraschek	Anja König

| Ignacio Pena | Anna Pittrich | Jonas Rall | Constantin Weyers | Benjamin Wiedling |

06

| Dominic Baumann | Sebastian Bekmann | Tim Bormann | Michael Juraschek | Anja König |

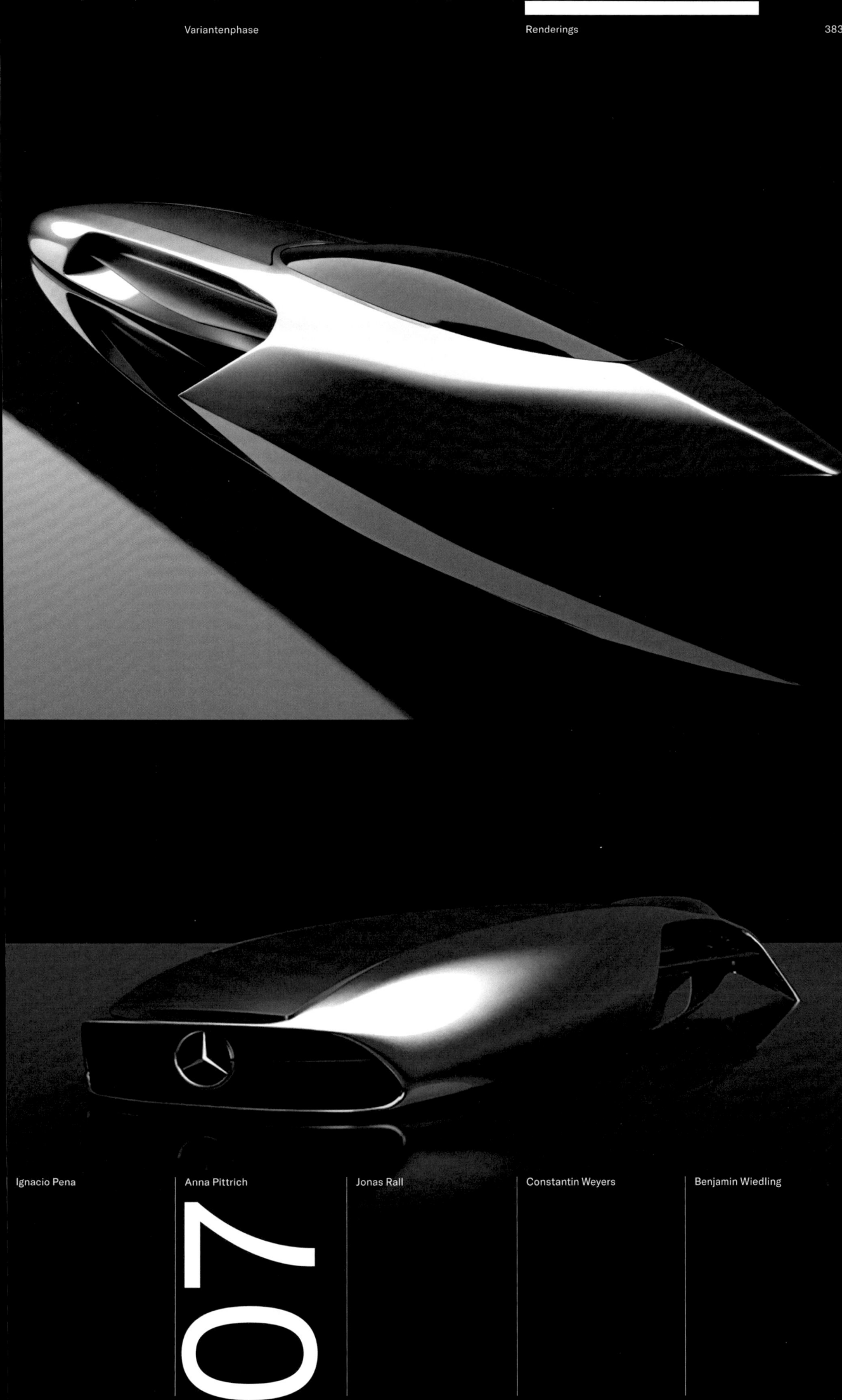

Variantenphase | Renderings

Ignacio Pena | Anna Pittrich | Jonas Rall | Constantin Weyers | Benjamin Wiedling

07

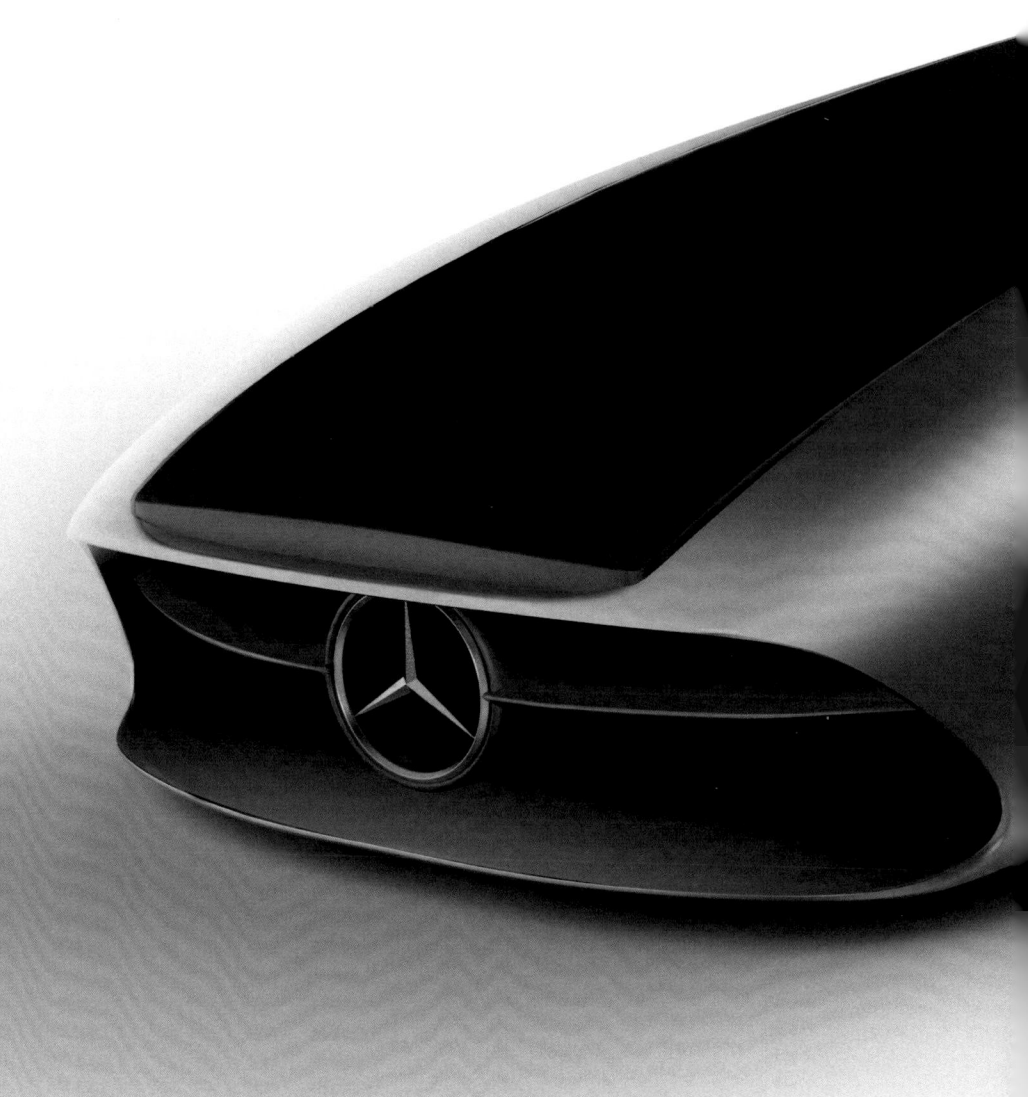

| Dominic Baumann | Sebastian Bekmann | Tim Bormann | Michael Juraschek | Anja König |

| Ignacio Pena | Anna Pittrich | Jonas Rall | Constantin Weyers | Benjamin Wiedling |

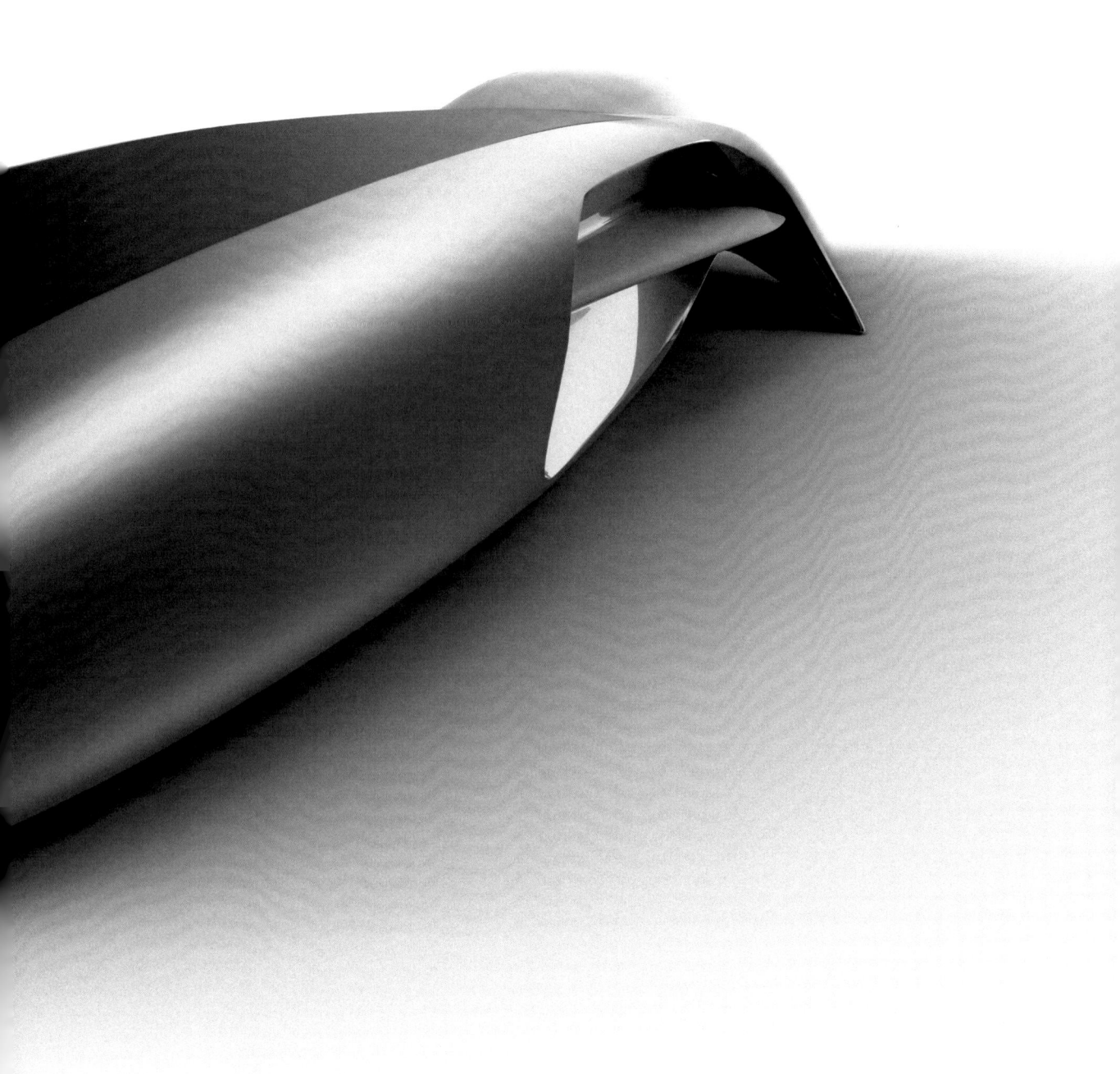

07

| Dominic Baumann | Sebastian Bekmann | Tim Bormann | Michael Juraschek | Anja König |

Variantenphase Renderings 387

Ignacio Pena | Anna Pittrich | Jonas Rall | Constantin Weyers | Benjamin Wiedling

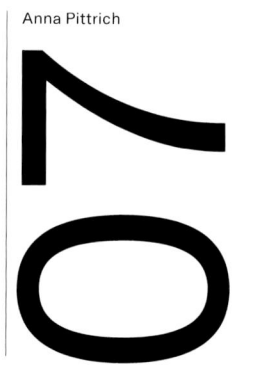

07

Dominic Baumann	Sebastian Bekmann	Tim Bormann	Michael Juraschek	Anja König

| Ignacio Pena | Anna Pittrich | Jonas Rall | Constantin Weyers | Benjamin Wiedling |

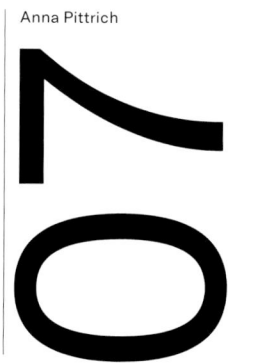

07

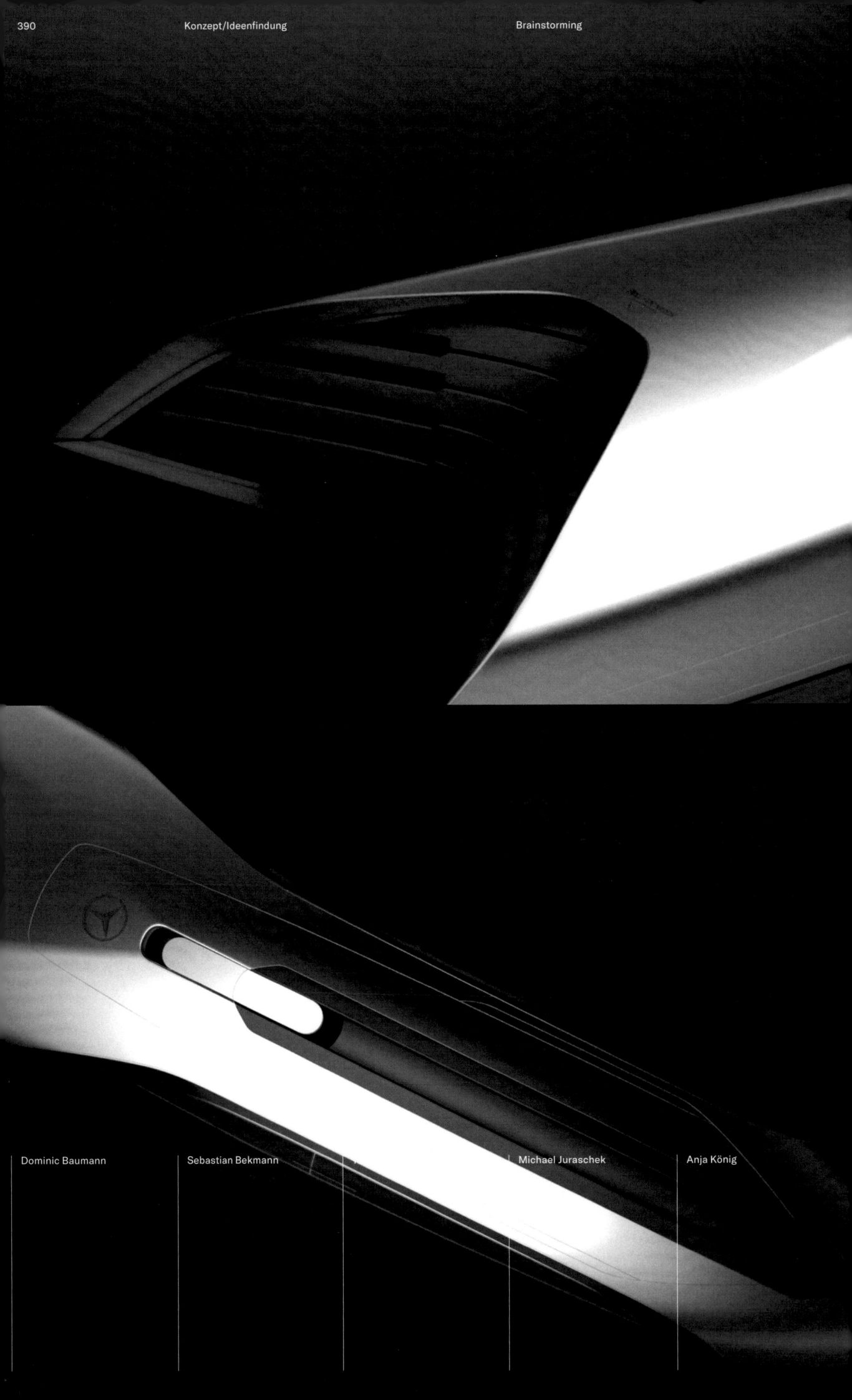

390	Konzept/Ideenfindung		Brainstorming	
Dominic Baumann	Sebastian Bekmann		Michael Juraschek	Anja König

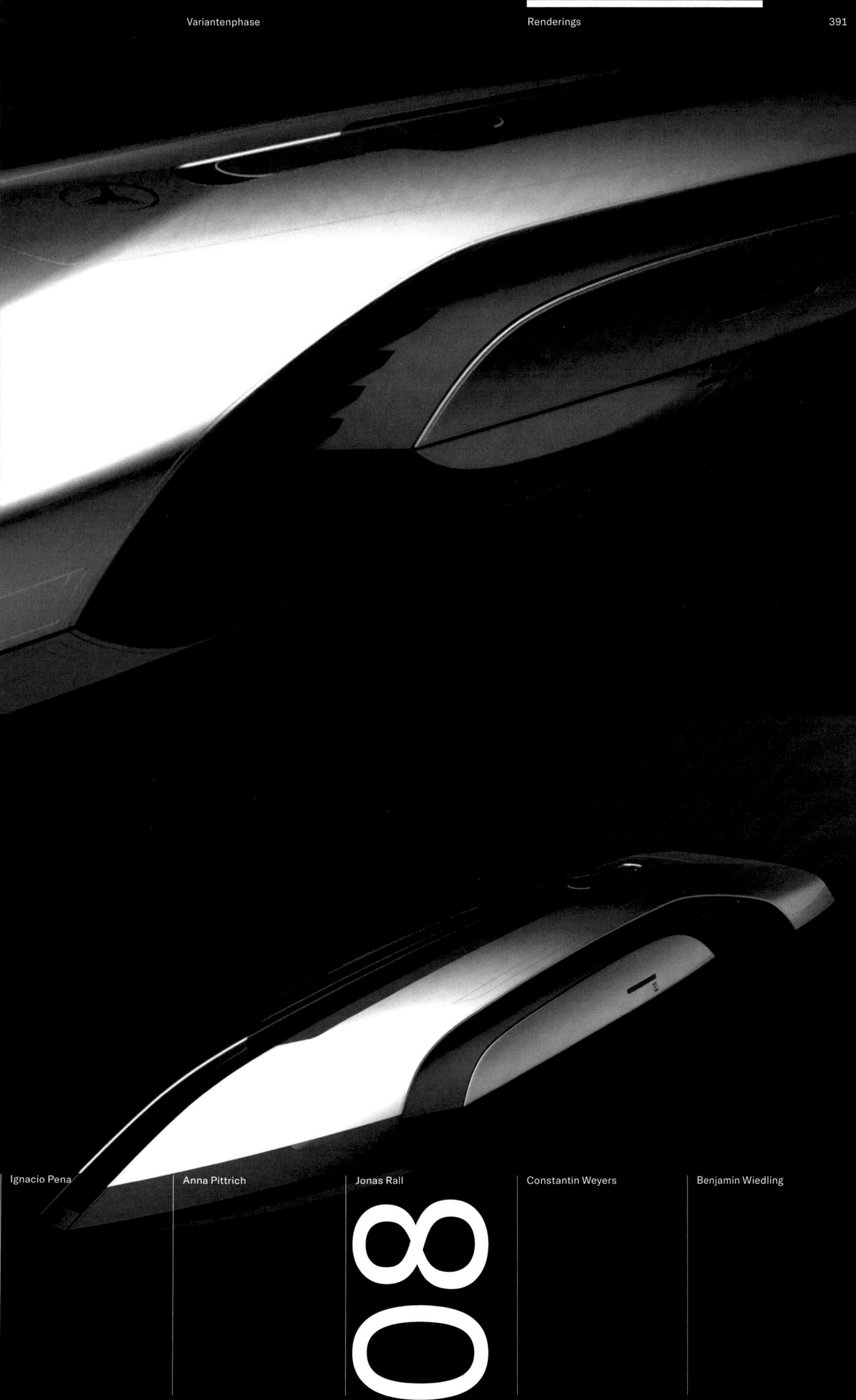

Variantenphase — Renderings

Ignacio Pena | Anna Pittrich | Jonas Rall | Constantin Weyers | Benjamin Wiedling

08

Dominic Baumann	Sebastian Bekmann	Tim Bormann	Michael Juraschek	Anja König

Ignacio Pena | Anna Pittrich | Jonas Rall | Constantin Weyers | Benjamin Wiedling

80

| Dominic Baumann | Sebastian Bekmann | Tim Bormann | Michael Juraschek | Anja König |

Variantenphase — Renderings

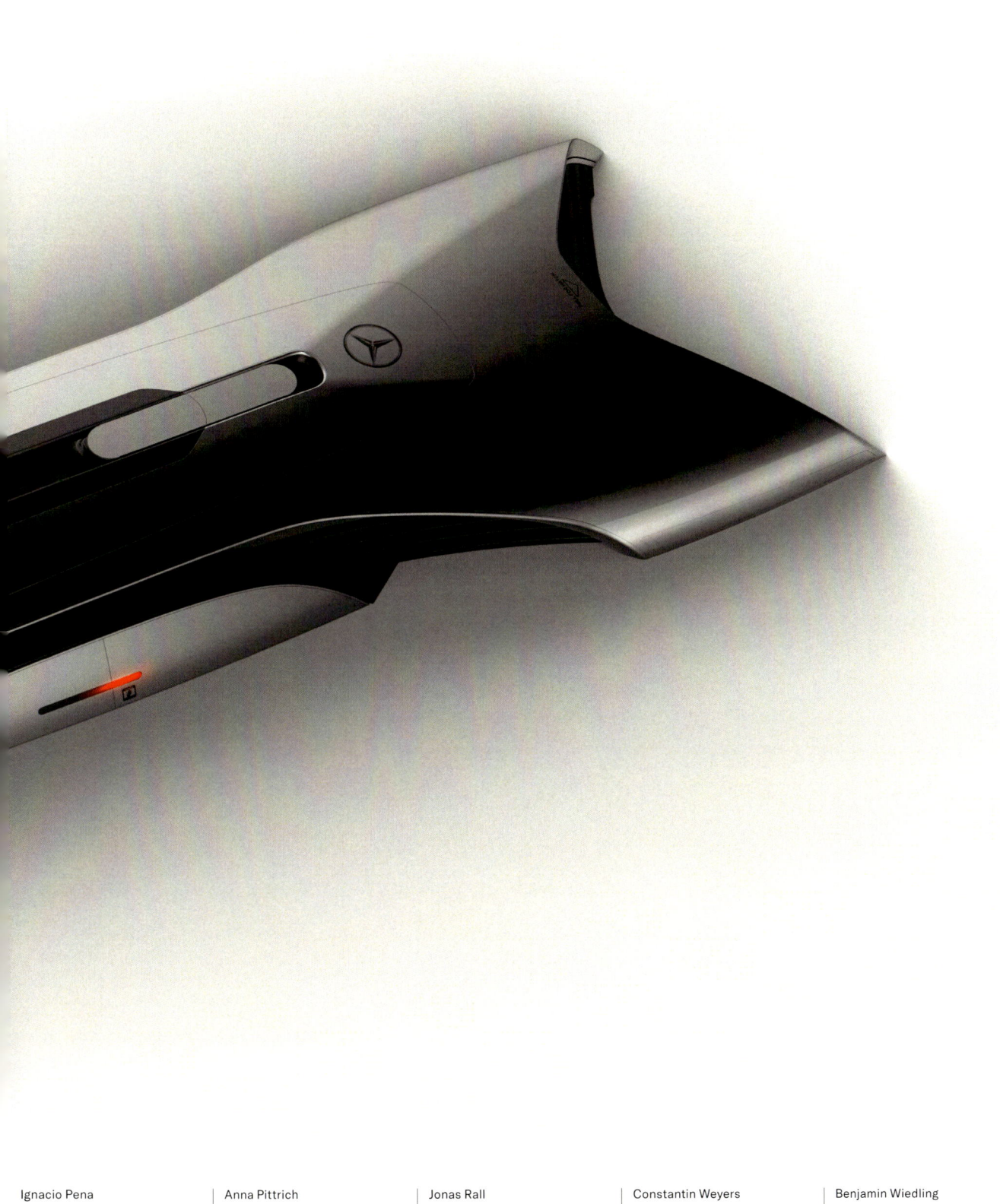

Ignacio Pena — Anna Pittrich — Jonas Rall — Constantin Weyers — Benjamin Wiedling

80

| Dominic Baumann | Sebastian Bekmann | Tim Bormann | Michael Juraschek | Anja König |

Variantenphase		Renderings		
Ignacio Pena	Anna Pittrich	Jonas Rall	Constantin Weyers	Benjamin Wiedling

08

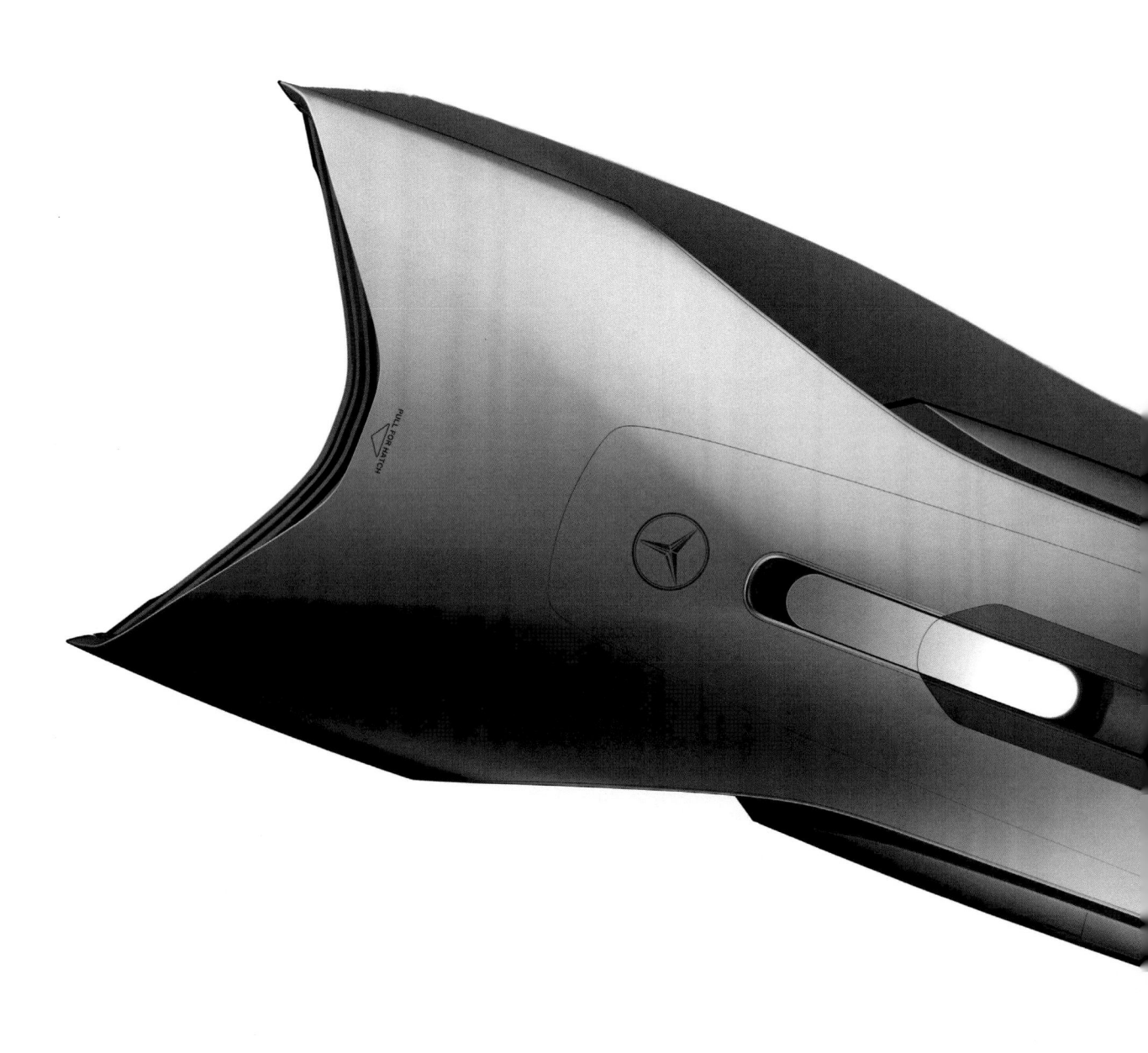

Dominic Baumann	Sebastian Bekmann	Tim Bormann	Michael Juraschek	Anja König

| Variantenphase | Renderings | 399 |

Ignacio Pena | Anna Pittrich | Jonas Rall | Constantin Weyers | Benjamin Wiedling

08

| Dominic Baumann | Sebastien Bekmann | Tim Bormann | Michael Juraschek | Anja König |

| Ignacio Pena | Anna Pittrich | Jonas Rall | Constantin Weyers | Benjamin Wiedling |

402 Konzept/Ideenfindung

Dominic Baumann | Sebastian Bekmann | Tim Bormann | Michael Juraschek | Anja König

| Variantenphase | Renderings | 403 |

Ignacio Pena | Anna Pittrich | Jonas Rall | Constantin Weyers | Benjamin Wiedling

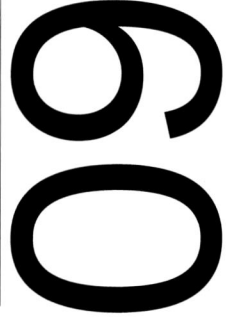

Dominic Baumann   Michael Juras

| Variantenphase | Renderings | 405 |

| Ignacio Pena | Anna Pittrich | Jonas Rall | Constantin Weyers | Benjamin Wiedling |

406 Konzept/Ideenfindung Brainstorming

| Dominic Baumann | Sebastian Bekmann | Tim Borma... | Michael Juraschek | Anja König |

| Ignacio Pena | Anna Pittrich | Jonas Rall | Constantin Weyers | Benjamin Wiedling |

| Dominic Baumann | Sebastian Bekmann | Tim Bormann | Michael Juraschek | Anja König |

Ignacio Pena | Anna Pittrich | Jonas Rall | Constantin Weyers | Benjamin Wiedling

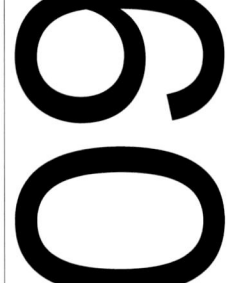

09

410 Konzept/Ideenfindung Brainstorming

Dominic Baumann   Sebastian Bekmann

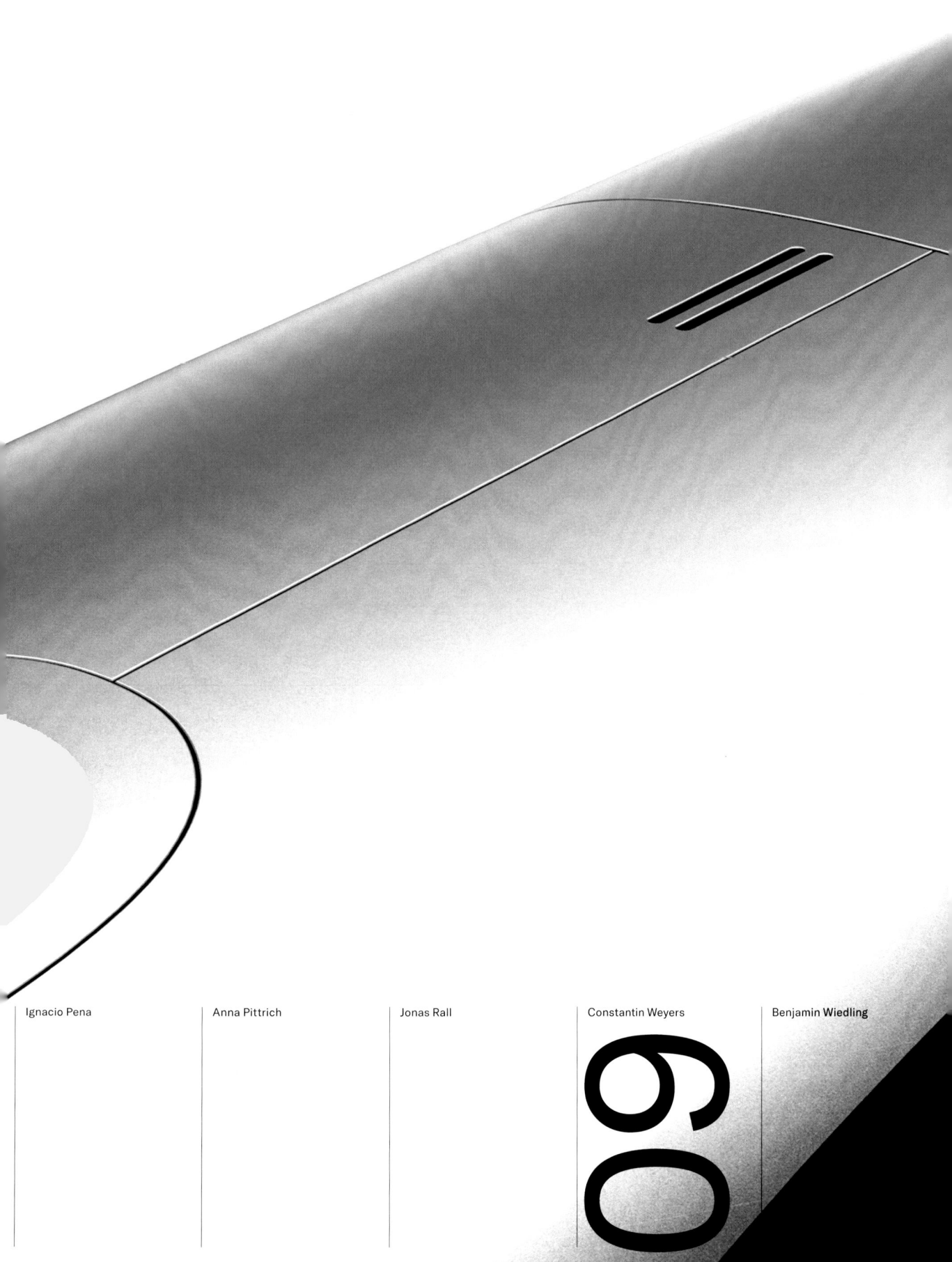

| Ignacio Pena | Anna Pittrich | Jonas Rall | Constantin Weyers | Benjamin Wiedling |

| 412 | Konzept/Ideenfindung | Brainstorming |

| Dominic Baumann | Sebastian Bekmann | Tim Bormann | Michael Juraschek | Anja König |

Varianten | Renderings

Ignacio Pena | Anna Pittrich | Jonas Rall | Constantin Weyers | Benjamin Wiedling

09

| Dominic Baumann | Sebastian Bekmann | Tim Bormann | Michael Juraschek | Anja König |

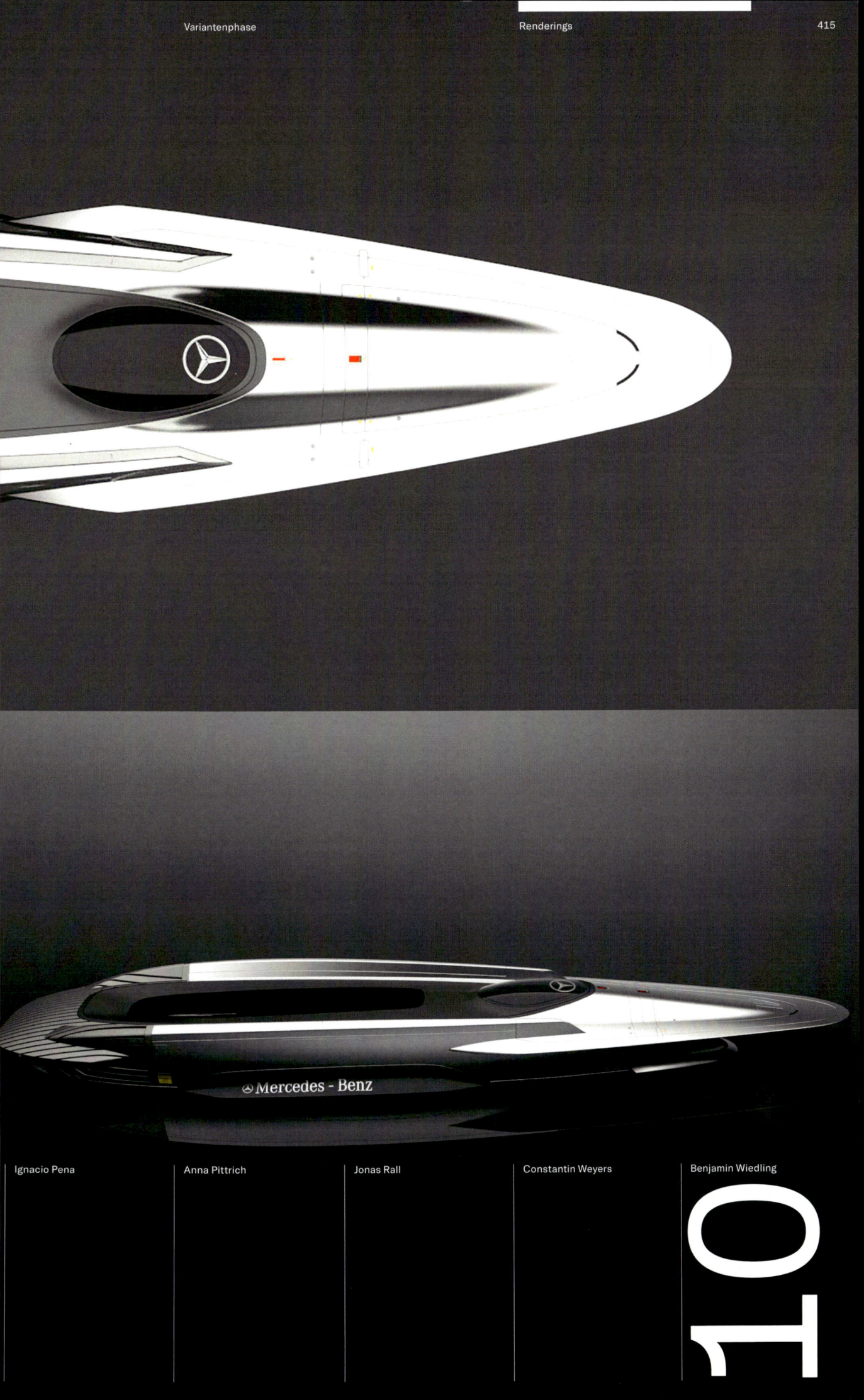

Variantenphase · Renderings · 415

Ignacio Pena · Anna Pittrich · Jonas Rall · Constantin Weyers · Benjamin Wiedling

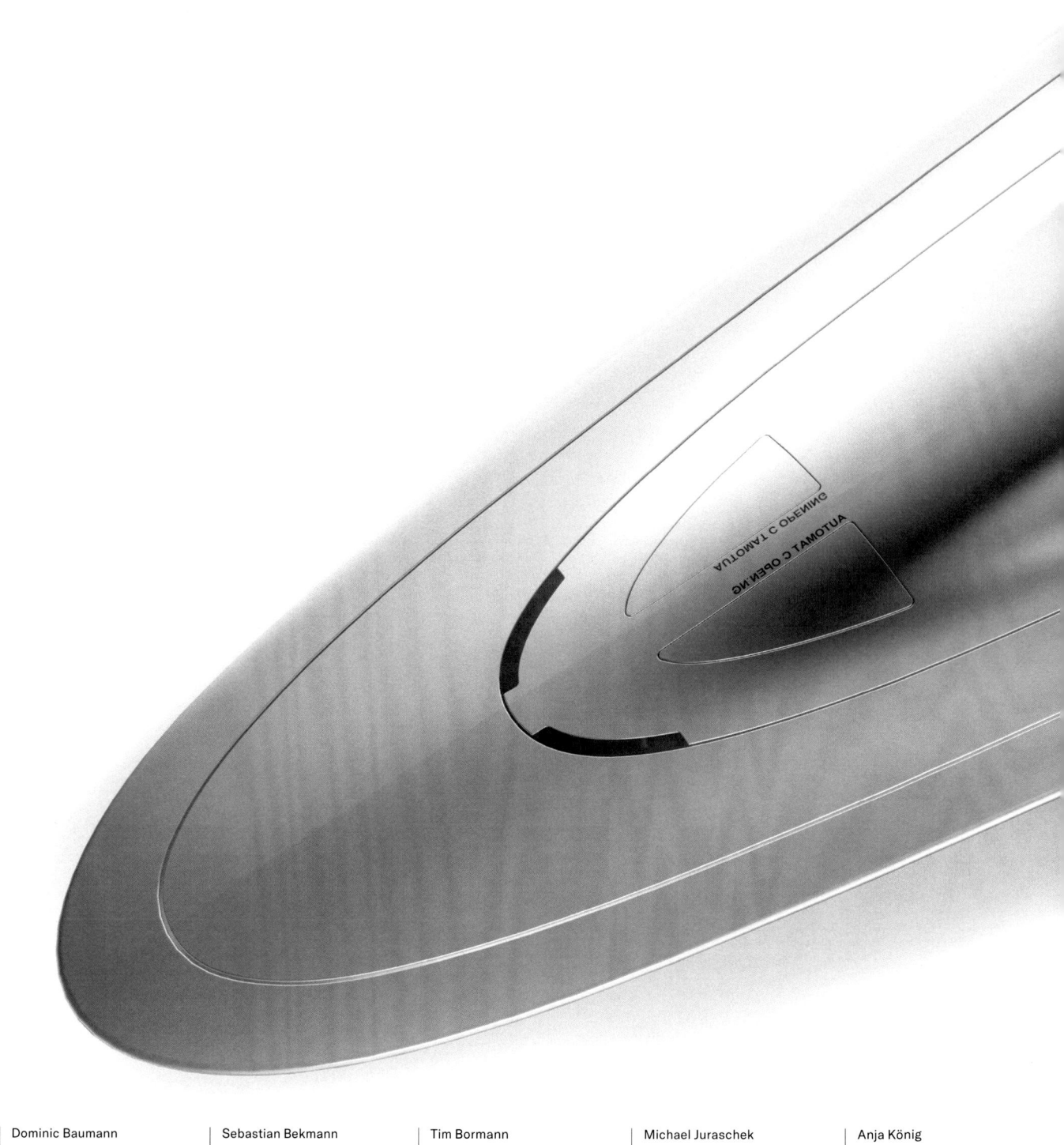

Konzept/Ideenfindung Brainstorming

| Dominic Baumann | Sebastian Bekmann | Tim Bormann | Michael Juraschek | Anja König |

Variantenphase   Renderings   417

Ignacio Pena | Anna Pittrich | Jonas Rall | Constantin Weyers | Benjamin Wiedling

10

Konzept/Ideenfindung Brainstorming

| Dominic Baumann | Sebastian Bekmann | Tim Bormann | Michael Juraschek | Anja König |

Variantenphase — Renderings

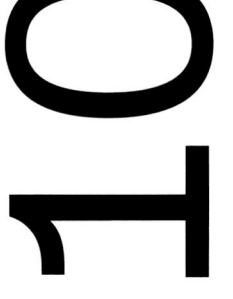

Ignacio Pena — Anna Pittrich — Jonas Rall — Constantin Weyers — Benjamin Wiedling

Konzept/Ideenfindung — Brainstorming

Dominic Baumann | Sebastian Bekmann | Anja König

Variantenphase   Renderings   421

Ignacio Pena | Anna Pittrich | Jonas Rall | Constantin Weyers | Benjamin Wiedling

10

Konzept/Ideenfindung — Brainstorming

| Dominic Baumann | Sebastian Bekmann | Tim Bormann | Michael Juraschek | Anja König |

Variantenphase — Renderings — 423

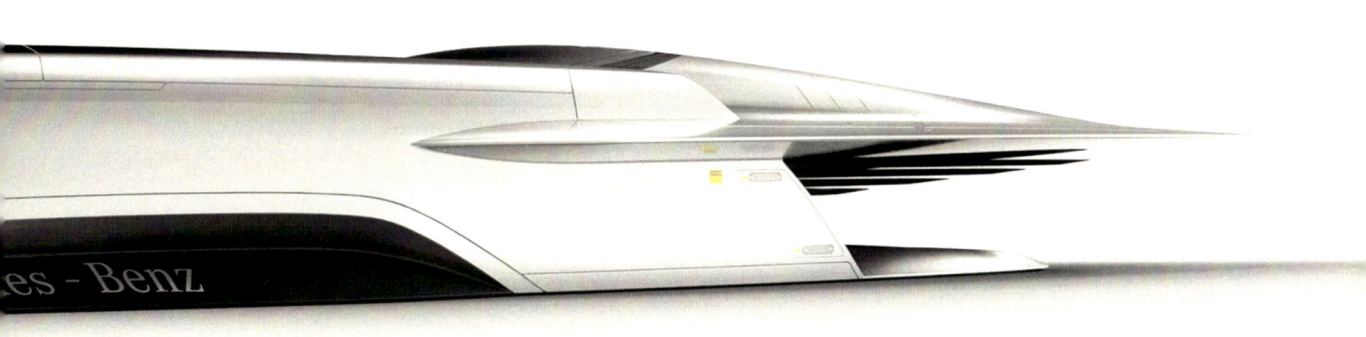

Ignacio Pena | Anna Pittrich | Jonas Rall | Constantin Weyers | Benjamin Wiedling

10

Konzept/Ideenfindung — Brainstorming

Dominic Baumann	Sebastian Bekmann	Tim Bormann	Michael Juraschek	Anja König

Variantenphase — Renderings

| Ignacio Pena | Anna Pittrich | Jonas Rall | Constantin Weyers | Benjamin Wiedling |

Dominic Baumann	Sebastian Bekmann	Tim Bormann	Michael Juraschek	Anja König

| Ignacio Pena | Anna Pittrich | Jonas Rall | Constantin Weyers | Benjamin Wiedling |

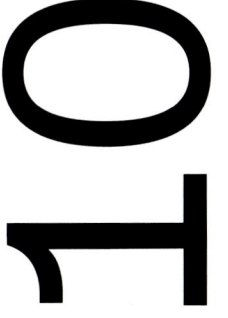

Konzept/Ideenfindung — Brainstorming

01 — Dominic Baumann

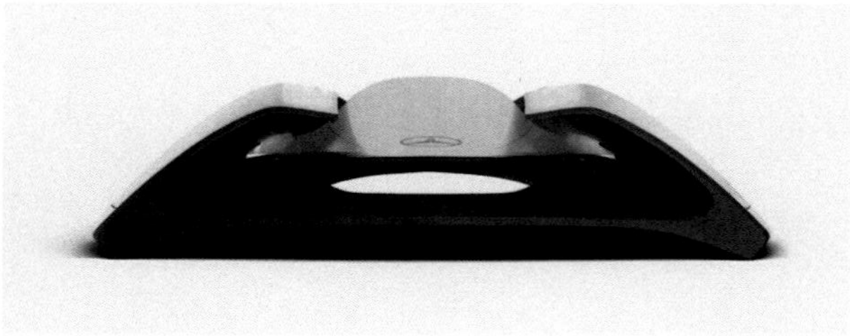

Bei den Renderings war es wichtig, die Zweiteilung der Hauptvolumen ideal darzustellen. Hierzu boten sich extreme Perspektiven besonders von der Draufsicht an. Nicht fehlen durften ebenso die leuchtenden Elemente, welche die Elektromobilität und Power zusätzlich sichtbar machen.

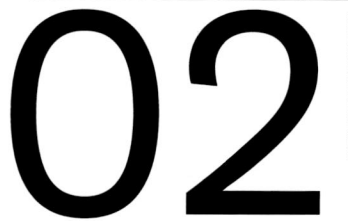

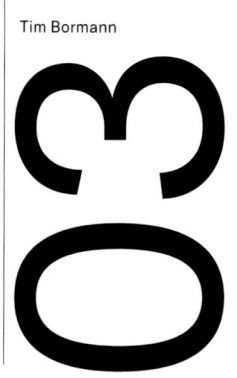

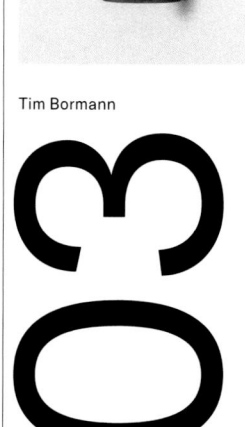

02 — Sebastian Bekmann

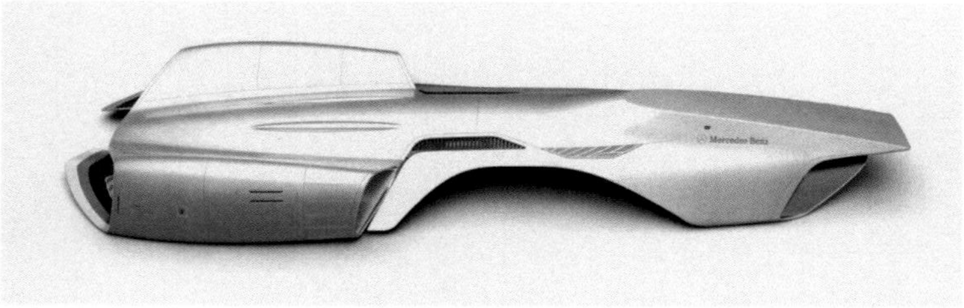

Nachdem das Design der beiden Entwürfe stand und die grundlegenden technischen Elemente sowie Details eingearbeitet wurden bestand der Fokus darin, diese nun in den Studio- sowie Szenenrenderings zur Geltung kommen zu lassen und die teils sehr dramatischen Volumen und Flächenwechsel der Fahrzeuge in Szene zu setzen.

03 — Tim Bormann

Bei den Studio Renderings und den Salzsee Renderings stand die Darstellung der animalischen Geste des Fahrzeugs, sowie die aus der charakteristischen Tropfenform resultierenden Länge des Konzepts im Fokus.

04 — Michael Juraschek

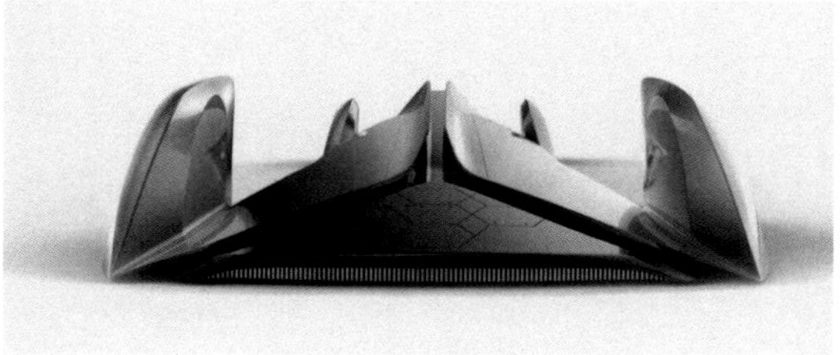

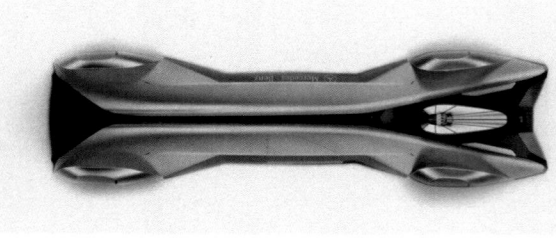

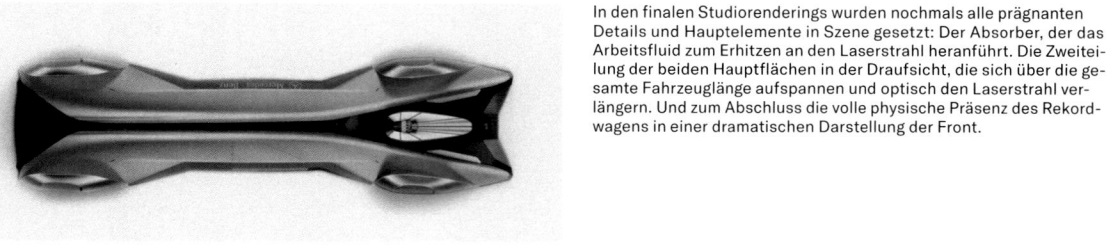

In den finalen Studiorenderings wurden nochmals alle prägnanten Details und Hauptelemente in Szene gesetzt: Der Absorber, der das Arbeitsfluid zum Erhitzen an den Laserstrahl heranführt. Die Zweiteilung der beiden Hauptflächen in der Draufsicht, die sich über die gesamte Fahrzeuglänge aufspannen und optisch den Laserstrahl verlängern. Und zum Abschluss die volle physische Präsenz des Rekordwagens in einer dramatischen Darstellung der Front.

05 — Anja König

Das im 3D-Programm gebaute Modell wurde in einem Studio sowie in einem realistischen Umfeld, der Salzwüste, dargestellt. Die Anmutung eines Kometen sowie der fliegende Charakter wurde mit einem dunklen, sowie matten Material im unteren Teils des Fahrzeuges visualisiert. Um dies zu verstärken sind die bewegten Renderings in realistischer Darstellung im Bereich der Hitzfläche durch ein Hitzeflimmern besonders hervorgehoben.

Variantenphase — Renderings

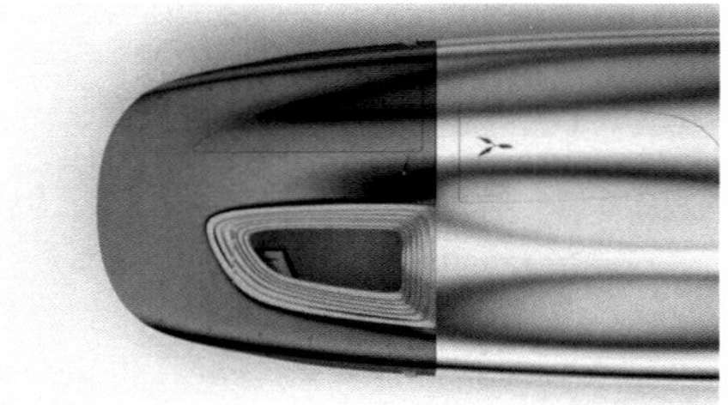

Mit diesen Renderings in Studioumgebung entsteht gegenüber den Skizzen ein noch realistischerer Eindruck in Bezug zu der Materialdefinition im Bezug auf deren Farbigkeit und den Glanzgraden. Darüber hinaus werden alle Überwölbungsszenarien aus dem Flächenmanagement sichtbar und die Gestaltungstiefe bis hin zum Fugenbildverlauf treten bis ins Detail zu Tage.

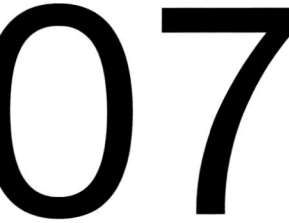

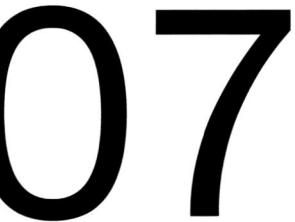

Bei den Darstellungen der Renderings liegt das Hauptaugenmerk neben der maritim angehauchten Silhouette in der Topansicht, auf den weichen primären Grundflächen, zudem auf den durch Materialtrennung angezeigten funktional hervorgehobenen Flächen: Zum einen auf der erhitzten Motorhaube, die den Ansaugeffekt durch die Öffnung an der Front und an der Seite optimiert, zum anderen auf den seitlich integrierten Blades, die durch ihre Form, im Grunde ein umgedrehtes Flügelprofil, den Anpressdruck im Inneren, besonders im Heck des Fahrzeuges, maximieren.

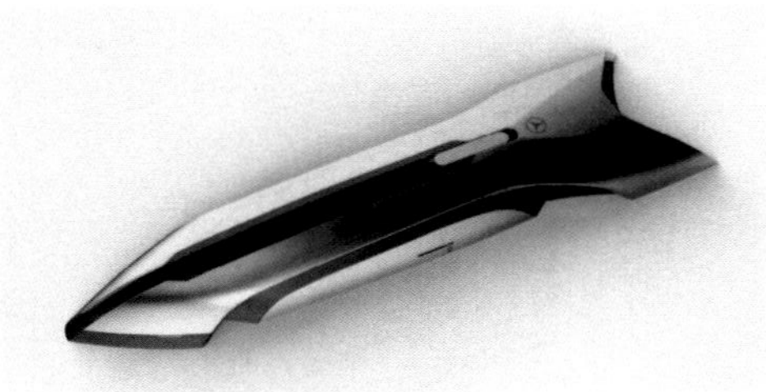

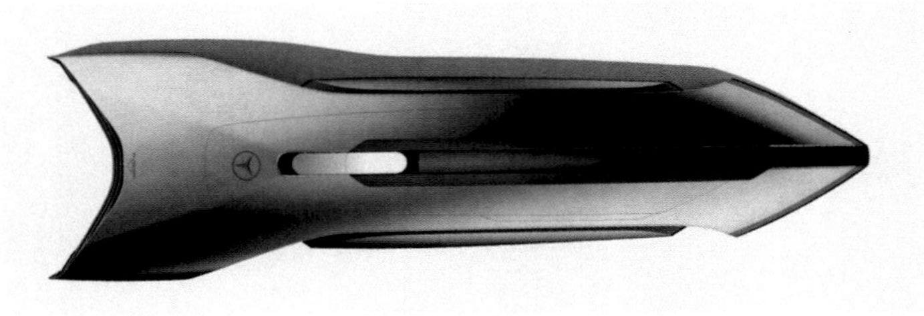

Vor der finalen Darstellung wurde noch das Akkuvolumen unterhalb der Karosseriefläche gestaltet, das seitlich sichtbar wird. Es greift die Innensilhouette der Topfläche auf und passt sich in der Draufsicht dem Grundzug der Silhouette an. Die Platzierung der Akkumulatoren im unteren Bereich sorgt für einen optimierten Schwerpunkt des Fahrzeugs und damit für eine erhöhte Fahrstabilität während des Rekordversuchs. Schließlich wurden in der Front noch sogenannte Dimple-Elemente angebracht, die durch ihre Oberflächenstruktur, wie bei einem Golfball, für eine zusätzliche Minimierung der Luftverwirbelungen an den Oberflächen sorgen.

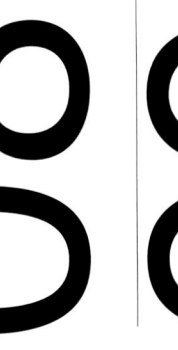

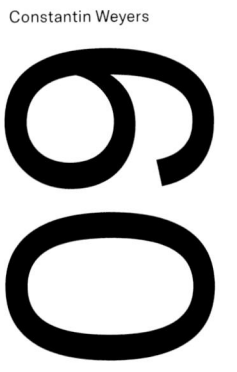

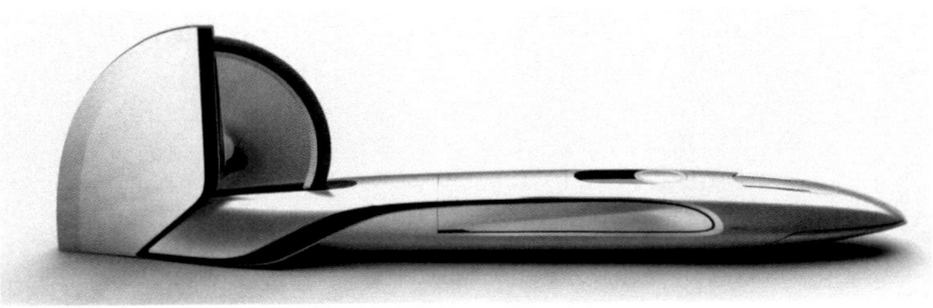

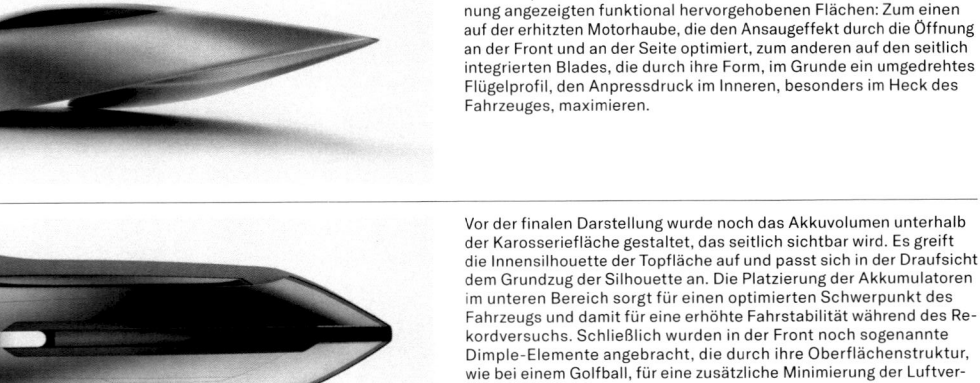

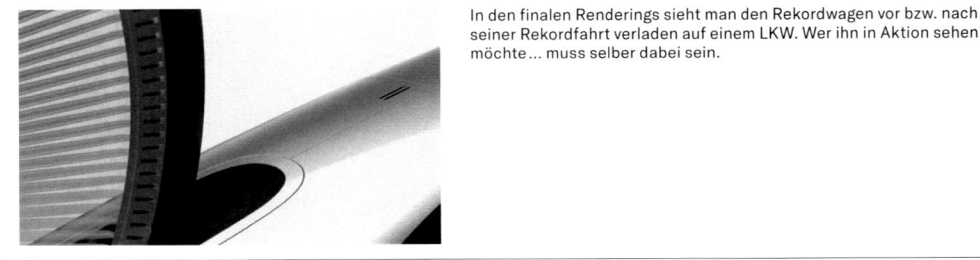

In den finalen Renderings sieht man den Rekordwagen vor bzw. nach seiner Rekordfahrt verladen auf einem LKW. Wer ihn in Aktion sehen möchte… muss selber dabei sein.

Die finalen Renderings zeigen die auf die unmittelbare Umgebung wirkenden Effekte der heißen Front und des kalten Hecks. Besonders die Hochgeschwindigkeitsaufnahme der Wärmebildkamera zeigt, wie sich die Kavitationsblase aus heißer Luft um das Fahrzeug bildet. In den Renderings, welche das Fahrzeug auf dem Salzsee darstellen, wird außerdem der visuelle Effekt sichtbar, den die Blase aus heißer Luft auf das menschliche Auge hat. Der extrem hohe Temperaturunterschied unmittelbar über der Spitze des Fahrzeugs verzerrt optisch den Horizont.

Ignacio Pena
06

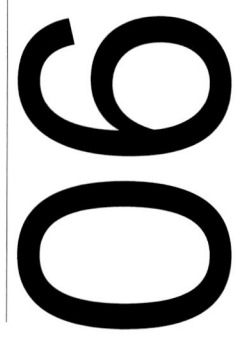

Anna Pittrich
07

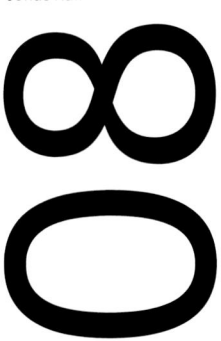

Jonas Rall
08

Constantin Weyers
09

Benjamin Wiedling
10

01

Dominic Baumann | Sebastian Bekmann | Tim Bormann | Michael Juraschek | Anja König

Variantenphase Renderings

Ignacio Pena | Anna Pittrich | Jonas Rall | Constantin Weyers | Benjamin Wiedling

432	Konzept/Ideenfindung		Brainstorming	
Dominic Baumann	Sebastian Bekmann	Tim Bormann	Michael Juraschek	Anja König

01

| Variantenphase | | Renderings | | 433 |

Ignacio Pena | Anna Pittrich | Jonas Rall | Constantin Weyers | Benjamin Wiedling

| Dominic Baumann | Sebastian Bekmann | Tim Bormann | Michael Juraschek | Anja König |

01

Variantenphase — Renderings

Ignacio Pena | Anna Pittrich | Jonas Rall | Constantin Weyers | Benjamin Wiedling

436 Konzept/Ideenfindung Brainstorming

Dominic Baumann | Sebastian Bekmann | Tim Bormann | Michael Jurasch | Anja König

01

Variantenphase Renderings 437

Ignacio Pena Anna Pittrich Jonas Ralf Constantin Weyers Benjamin Wiedling

438 | Konzept/Ideenfindung | Brainstorming

| Dominic Baumann | Sebastian Bekmann | Tim Bormann | Michael Juraschek | Anja König |

02

| Ignacio Pena | Anna Pittrich | Jonas Rall | Constantin Weyers | Benjamin Wiedling |

Konzept/Ideenfindung   Brainstorming

| Dominic Baumann | Sebastian Bekmann | Tim Bormann | Michael Juraschek | Anja König |

02

Variantenphase   Renderings   441

| Ignacio Pena | Anna Pittrich | Jonas Rall | Constantin Weyers | Benjamin Wiedling |

442 Konzept/Ideenfindung Brainstorming

| Dominic Baumann | Sebastian Bekmann | Tim Bormann | Michael Juraschek | Anja König |

02

Variantenphase | Renderings

| Ignacio Pena | Anna Pittrich | Jonas Rall | Constantin Weyers | Benjamin Wiedling |

| Dominic Baumann | Sebastian Bekmann | Tim Bormann | Michael Juraschek | Anja König |

02

Variantenphase Renderings 445

Ignacio Pena | Anna Pittrich | Jonas Rall | Constantin Weyers | Benjamin Wiedling

446   Konzept/Ideenfindung   Brainstorming

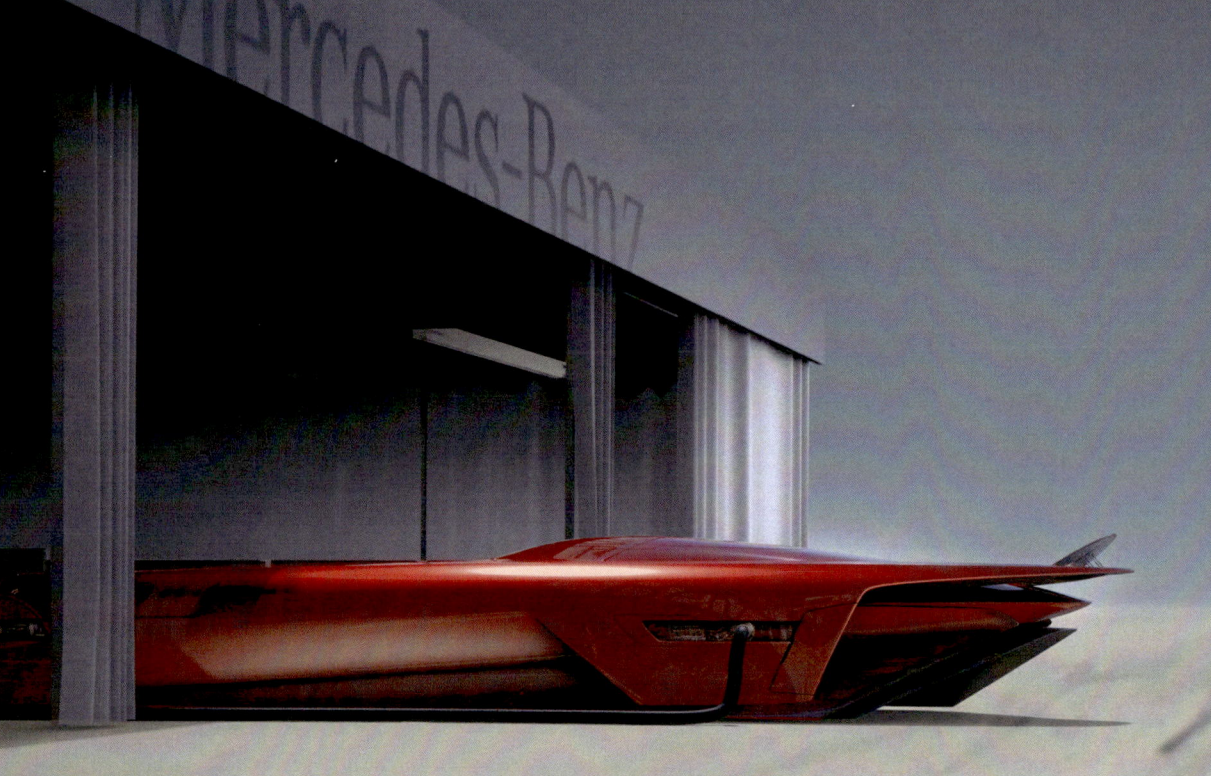

Dominic Baumann   Sebastian Bekmann   Tim Bormann   Michael Juraschek   Anja König

02

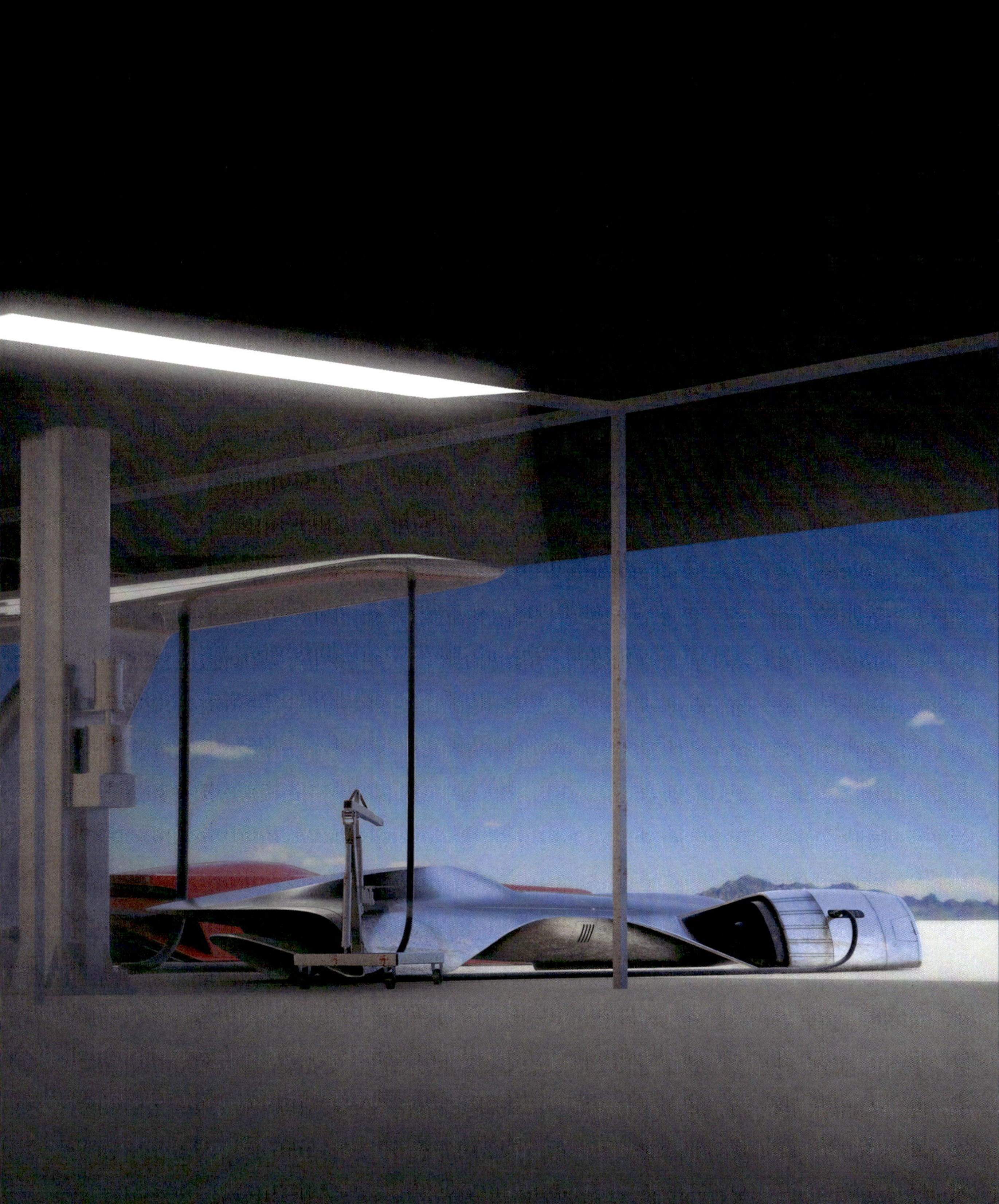

| Dominic Baumann | Sebastian Bekmann | Tim Bormann | Michael Juraschek | Anja König |

02

Variantenphase Renderings

Ignacio Pena | Anna Pittrich | Jonas Rall | Constantin Weyers | Benjamin Wiedling

Konzept/Ideenfindung | Brainstorming

| Dominic Baumann | Sebastian Bekmann | Tim Bormann | Michael Juraschek | Anja König |

02

Variantenphase

| Ignacio Pena | Anna Pittrich | Jonas Rall | Constantin Weyers | Benjamin Wiedling |

Konzept/Ideenfindung — Brainstorming

| Dominic Baumann | Sebastian Bekmann | Tim Bormann | Michael Juraschek | Anja König |

02

Ignacio Pena	Anna Pittrich	Jonas Rall	Constantin Weyers	Benjamin Wiedling
	Variantenphase	Renderings		

| Dominic Baumann | Sebastian Bekmann | Tim Bormann | Michael Juraschek | Anja König |

03

| Ignacio Pena | Anna Pittrich | Jonas Rall | Constantin Weyers | Benjamin Wiedling |

456 Konzept/Ideenfindung Brainstorming

| Dominic Baumann | Sebastian Bekmann | Tim Bormann | Michael Juraschek | Anja König |

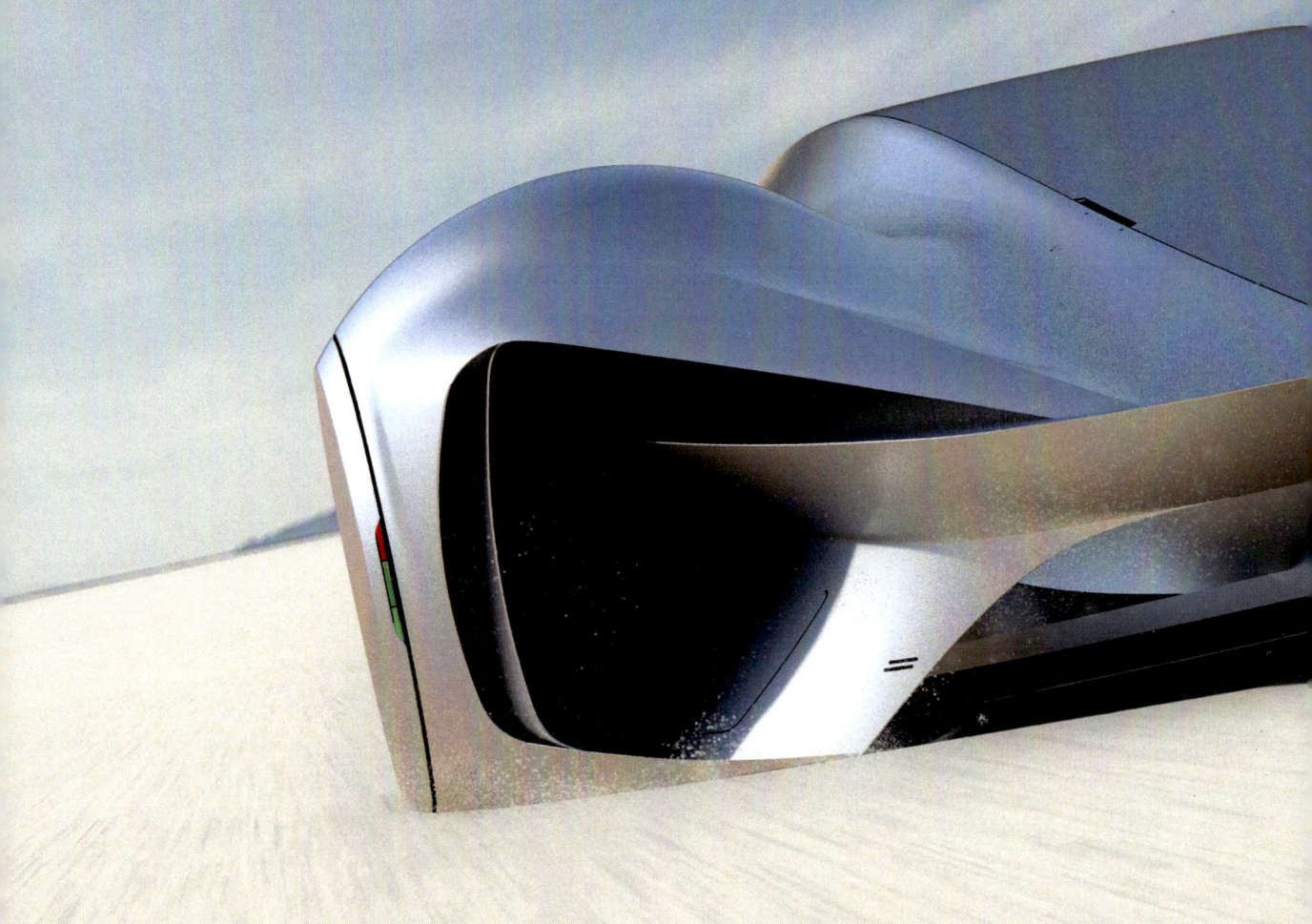

03

| Ignacio Pena | Anna Pittrich | Jonas Rall | Constantin Weyers | Benjamin Wiedling |

| Dominic Baumann | Sebastian Bekmann | Tim Bormann | Michael Juraschek | Anja König |

03

| Ignacio Pena | Anna Pittrich | Jonas Rall | Constantin Weyers | Benjamin Wiedling |

460 Konzept/Ideenfindung Brainstorming

Dominic Baumann Sebastian Bekmann Tim Bormann Michael Juraschek Anja König

040

Variantenphase   Renderings

Ignacio Pena   Anna Pittrich   Jonas Rall   Constantin Weyers   Benjamin Wiedling

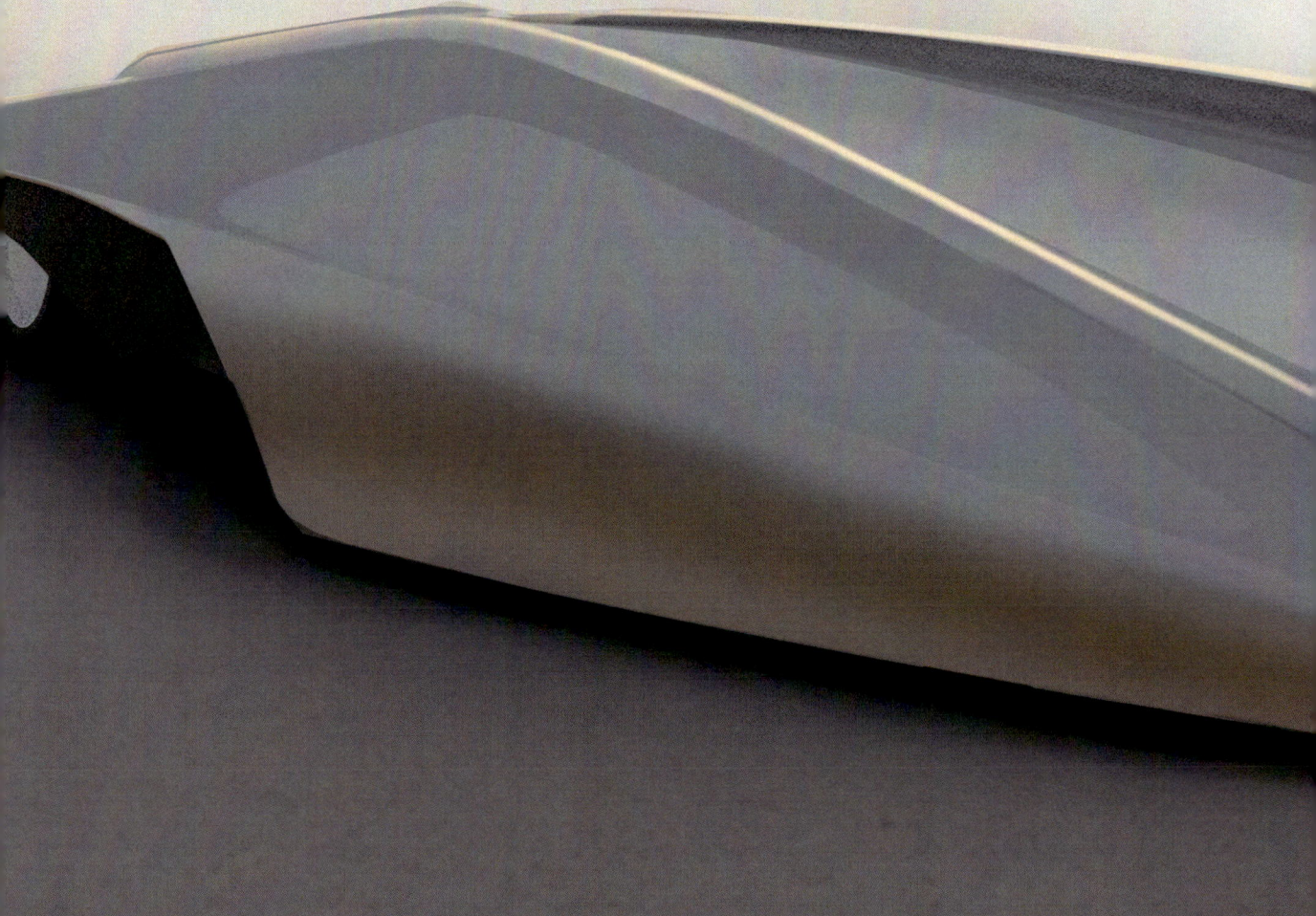

| Dominic Baumann | Sebastian Bekmann | Tim Bormann | Michael Juraschek | Anja König |

| Ignacio Pena | Anna Pittrich | Jonas Rall | Constantin Weyers | Benjamin Wiedling |

464 Konzept/Ideenfindung Brainstorming

Dominic Baumann | Sebastian Bekmann | Tim Bormann | Michael Juraschek | Anja König

05

Variantenphase · Renderings

Ignacio Pena · Anna Pittrich · Jonas Rall · Constantin Weyers · Benjamin Wiedling

| Dominic Baumann | Sebastian Bekmann | Tim Bormann | Michael Juraschek | Anja König |

05

Variantenphase | Renderings | 467

Ignacio Pena | Anna Pittrich | Jonas Rall | Constantin Weyers | Benjamin Wiedling

| Dominic Baumann | Sebastian Bekmann | Tim Bormann | Michael Juraschek | Anja König |

| Ignacio Pena | Anna Pittrich | Jonas Rall | Constantin Weyers | Benjamin Wiedling |

470　　　Konzept/Ideenfindung　　　Brainstorming

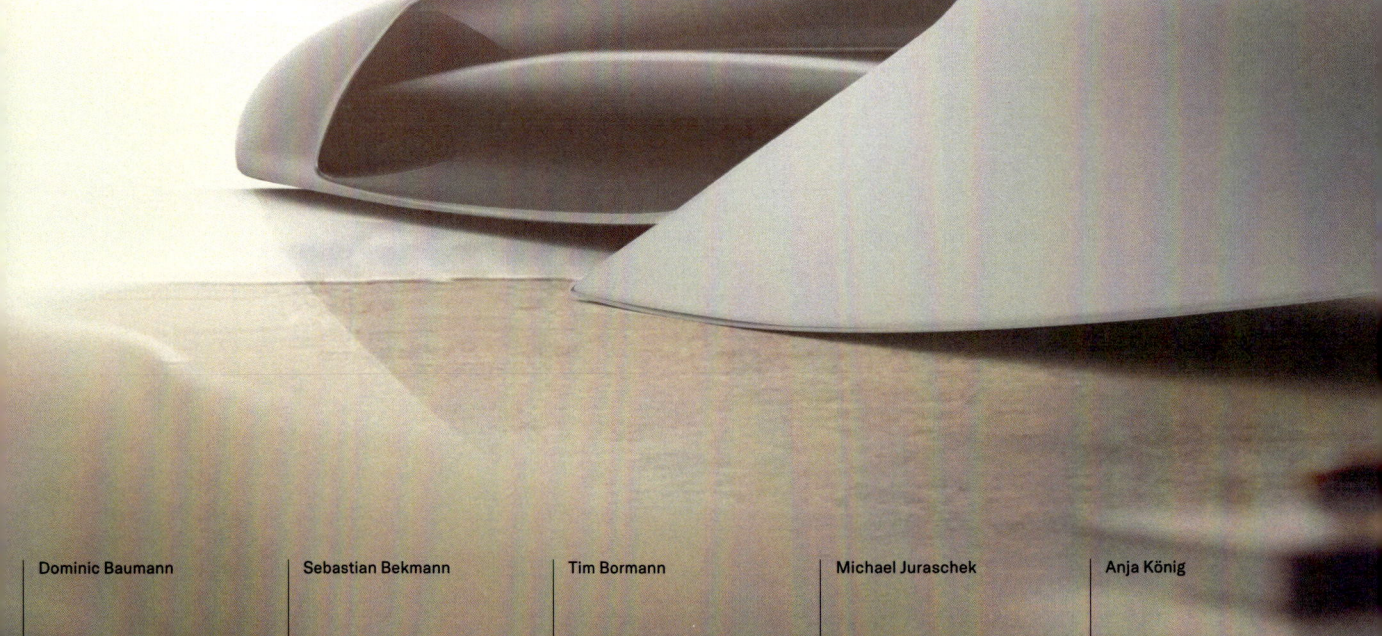

| Dominic Baumann | Sebastian Bekmann | Tim Bormann | Michael Juraschek | Anja König |

Variantenphase — Renderings

Ignacio Pena — Jonas Rall — Constantin Weyers — Benjamin Wiedling

Konzept/Ideenfindung

Dominic Baumann | Sebastian Bekmann | Tim Bormann | Michael Juraschek | Anja König

| Ignacio Pena | Anna Pittrich | Jonas Rall | Constantin Weyers | Benjamin Wiedling |

BATTERY

| Dominic Baumann | Sebastian Bekmann | Tim Bormann | Michael Juraschek | Anja König |

DIMPLE STRUCTURE

Ignacio Pena | Anna Pittrich | Jonas Rall | Constantin Weyers | Benjamin Wiedling

08

476 Konzept/Ideenfindung Brainstorming

Dominic Baumann   Sebastian Bekmann   Tim Bormann   Michael Juraschek   Anja König

| Variantenphase | Renderings | 477

Ignacio Pena | Anna Pitzrick | Jonas Rall | Constantin Weyers | Benjamin Wiedling

09

| Dominic Baumann | Sebastian Bekmann | Tim Bormann | Michael Juraschek | Anja König |

Variantenphase Renderings 479

Ignacio Pena | Anna Pittrich | Jonas Rall | Constantin Weyers | Benjamin Wiedling

09

Dominic Baumann	Sebastian Bekmann	Tim Bormann	Michael Juraschek	Anja König

Variantenphase			Renderings	
Ignacio Pena	Anna Pittrich	Jonas Rall	Constantin Weyers	Benjamin Wiedling

09

Dominic Baumann | Sebastian Bekmann | Tim Bormann | Michael Juraschek | Anja König

| Ignacio Pena | Anna Pittrich | Jonas Rall | Constantin Weyers | Benjamin Wiedling |

484　　　　Konzept/Ideenfindung　　　　　　　　Brainstorming

Dominic Baumann　　　Sebastian Bekmann　　　Tim Bormann　　　Michael Juraschek　　　Anja König

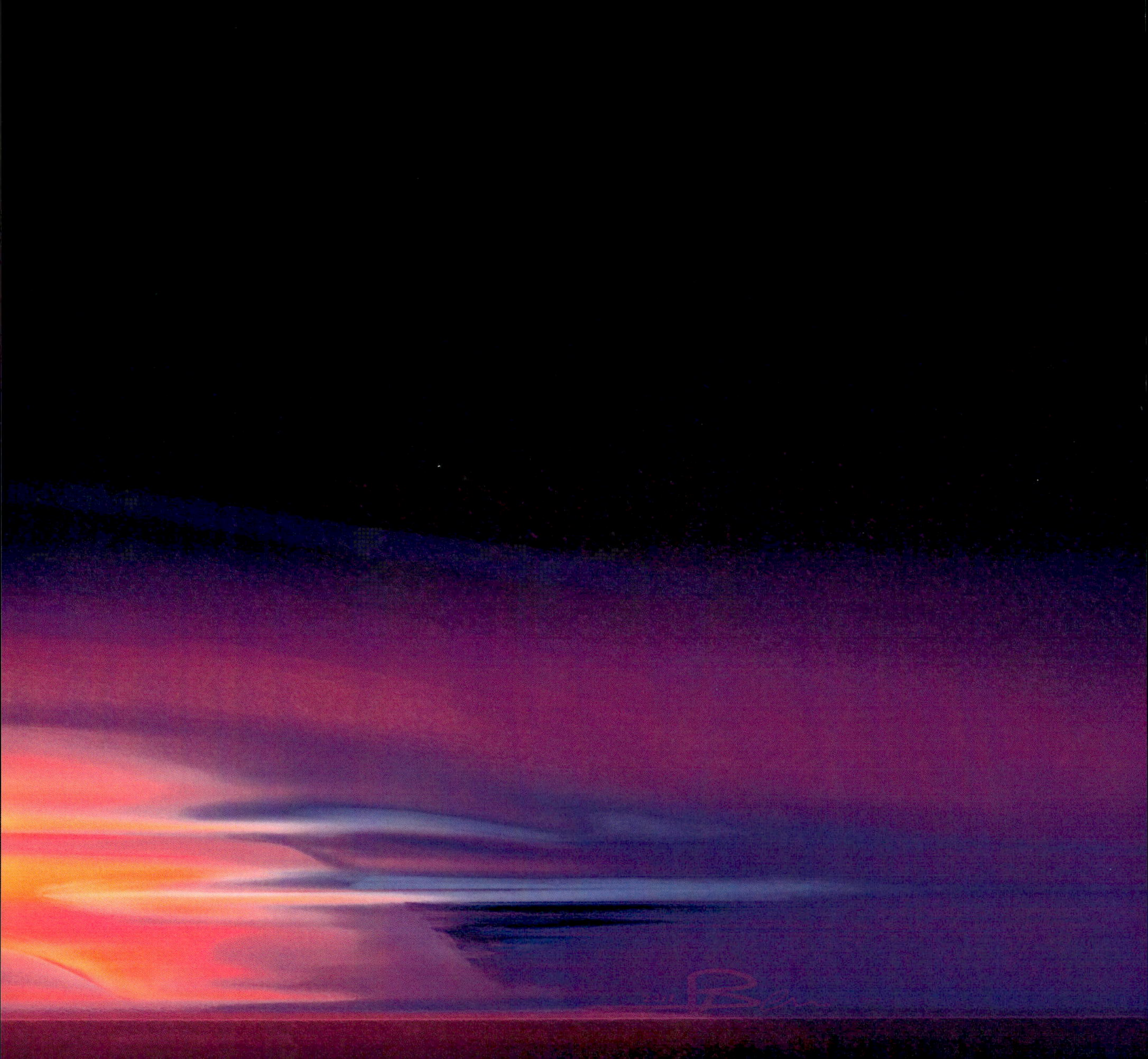

Konzept/Ideenfindung Brainstorming

Dominic Baumann | Sebastian Bekmann | Tim Bormann | Michael Juraschek | Anja König

| Ignacio Pena | Anna Pittrich | Jonas Rall | Constantin Weyers | Benjamin Wiedling |

488   Konzept/Ideenfindung   Brainstorming

Dominic Baumann   Sebastian Bakmann   Tim Bormann   Michael Juraschek   Anja König

Variantenphase | Renderings | 489

Ignacio Pena | Anna Pittrich | Konstantin Weyers | Benjamin Wiedling

Dominic Baumann	Sebastian Baumann	Tim Bormann	Michael Juraschek	Anja König

| Ignacio Pena | Anna Pittrich | Jonas Rall | Constantin Weyers | Benjamin Wiedling |

492 Konzept/Ideenfindung Brainstorming

Dominic Baumann	Sebastian Bekmann	Tim Bormann	Michael Juraschek	Anja König

Variantenphase — Renderings — 493

| Ignacio Pena | Anna Pittrich | Jonas Rall | Constantin Weyers | Benjamin Wiedling |

10

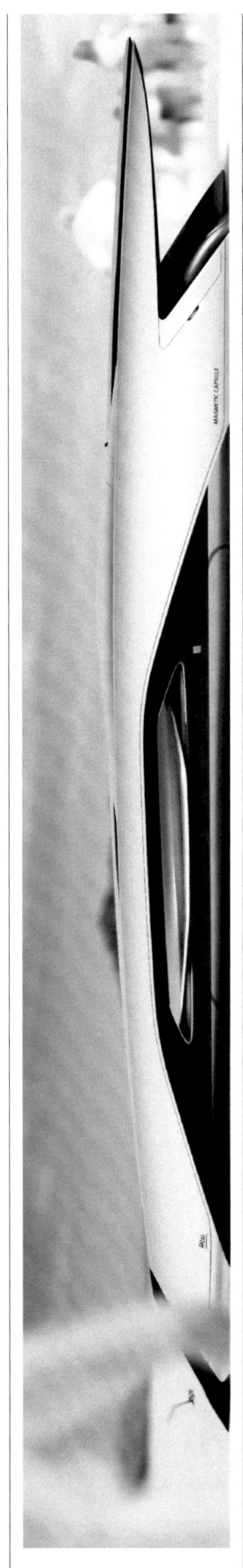

Konzept/Ideenfindung　　　Brainstorming

Dominic Baumann　　Sebastian Bekmann　　Tim Bormann　　Michael Juraschek　　Anja König

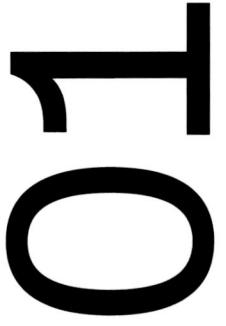

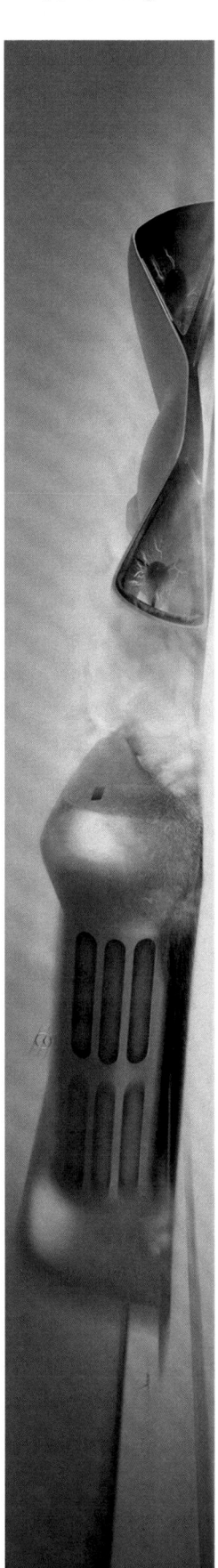

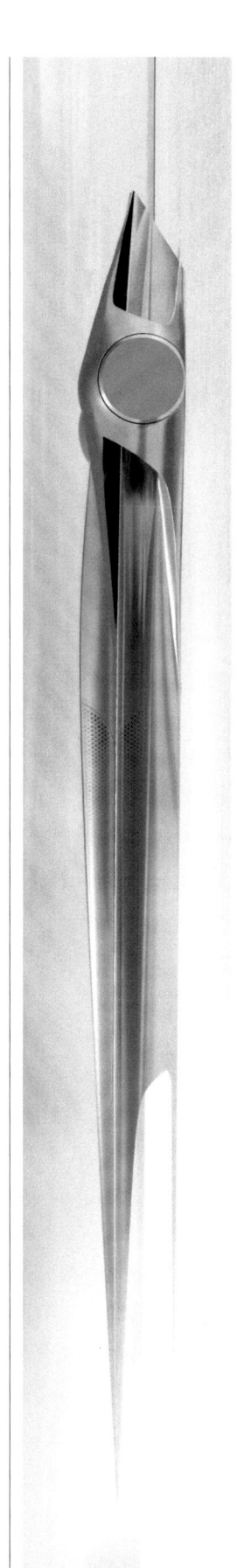

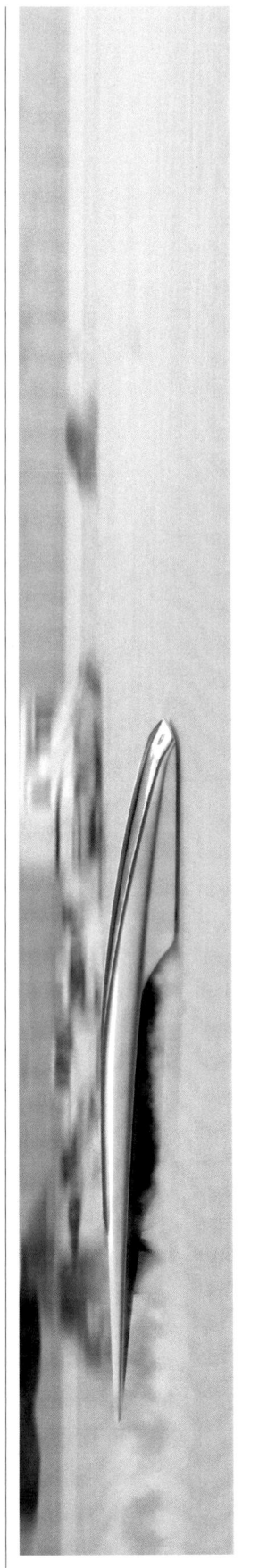

01　02　03　04　05

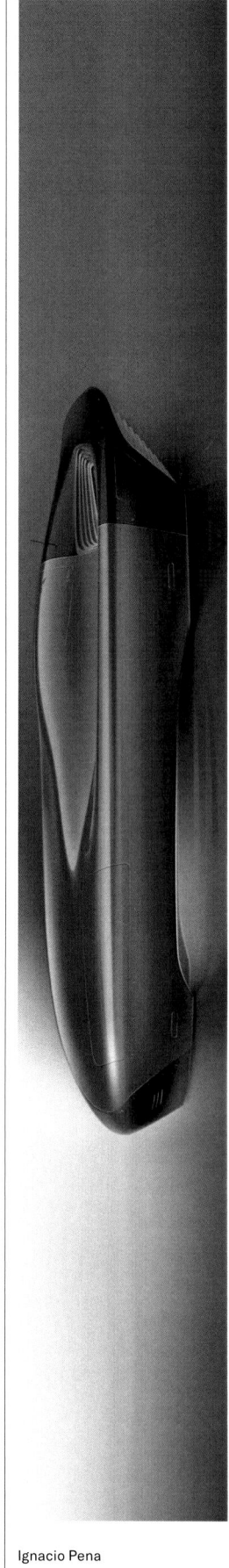

Variantenphase — Renderings

Ignacio Pena
06

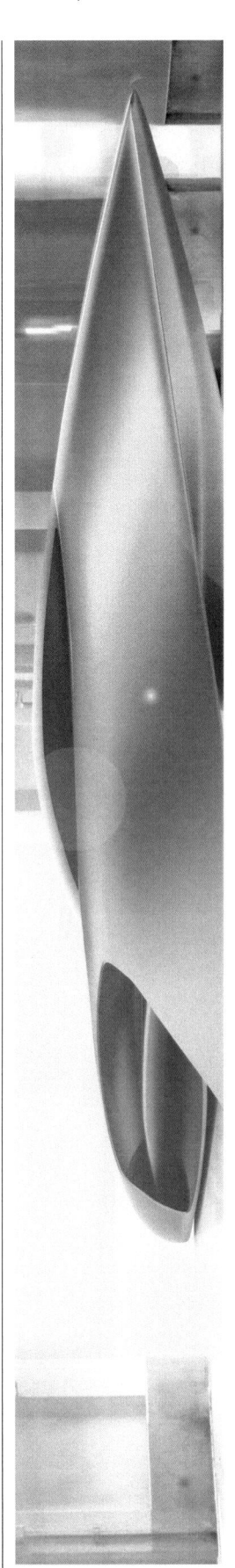

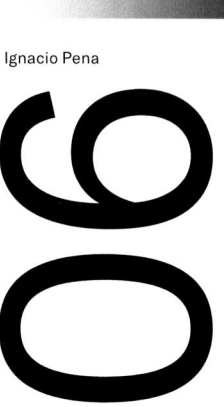

Anna Pittrich
07

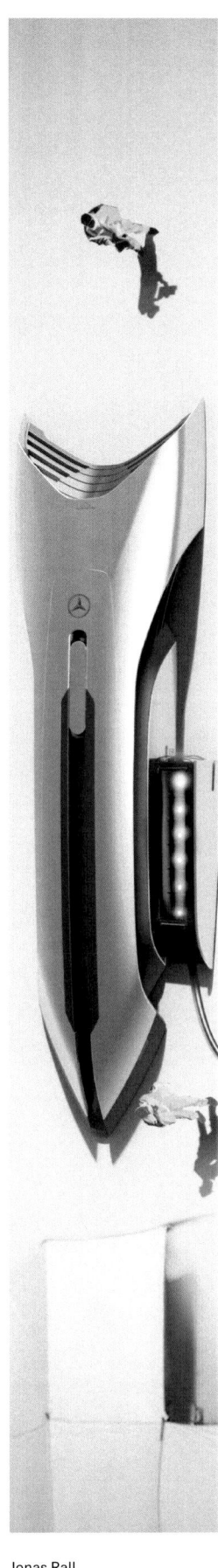

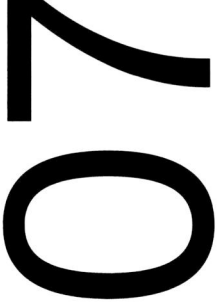

Jonas Rall
08

Constantin Weyers
09

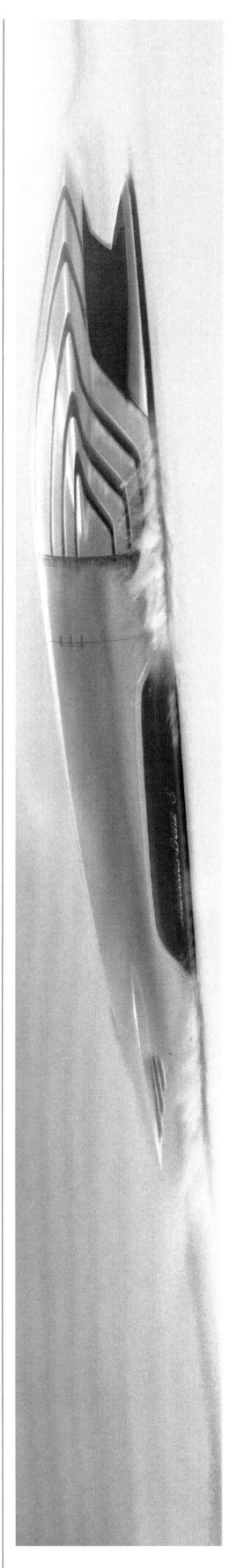

Benjamin Wiedling
10

→ Hinter den Kulissen

→ Präsentationen ● Während des gesamten Projektes stellten die Studierenden wöchentlich ihre Arbeitsergebnisse vor, um ein Feedback zu erhalten, mit dem man produktiv weiterarbeiten kann. Tatkräftige Unterstützung erhielten wir dabei von Prof. Dr. Othmar Wickenheiser und von Torben Ewe, einem ehemaligen Studenten der HOCHSCHULE MÜNCHEN, der uns als Ansprechpartner rund um die Uhr mit Rat und Tat zur Seite stand.

Das Semester begann mit einer Auftaktveranstaltung in der nullten Woche, bei der unsere Kooperationspartner von MERCEDES-BENZ, Achim Badstübner und Frank Spörle, uns in das Thema eingewiesen haben. Daraufhin setzten sich die Studierenden zusammen und erstellten ein gemeinsames Moodboard, aus dem jeder seine Inspiration ziehen konnte. Auf Basis dessen entwickelte jeder Studierende ein individuelles Konzept, das bei dem nächsten Treffen mit Herrn Badstübner besprochen wurde. Zusätzlich sollte sich jeder Projektteilnehmer in eine Art Mindmap eintragen, um das Hauptthema seines Konzeptes deutlich zu machen: der »Mercedesstern« diente dabei als wegweisend, jeder Zacken stand für eines von drei Themen – *hot & cold*, *opposite forces* und *external power*. Bei weiteren insgesamt 4 Treffen mit MERCEDES-BENZ wurden die einzelnen Ideen für das Rekordfahrzeug immer konkreter, sodass jede Präsentation ein voller Erfolg wurde.

→ Konzeptumsetzung ● Auf Basis der Konzepte wurden morphologische Kästen genutzt, um verschiedene Ideen aus den Bereichen Technik und Design miteinander zu kombinieren. Aus den dutzenden oder sogar hunderten von Prinziplösungen, die sich hieraus ergaben, wurden die vielversprechendsten ausgesucht, und variiert. Hieraus wurden wiederum eine Handvoll Favoriten bestimmt, die mithilfe von Torben verfeinert wurden. Aus diesen Alternativen wurde von Achim Badstübner der Favorit gewählt, der dann wiederum konkretisiert und in orthogonale Ansichten gebracht wurde. Hierbei ist, je nach Finalisierungsgrad, ein Taperendering umgesetzt worden. Nach dem Präsentieren dieses Zwischenschritts wurde die Kritik aufgenommen und begonnen, das jeweilige Modell dreidimensional zu konstruieren. In einem Wechsel zwischen digitalem Modell und Skizze wurde sich immer näher an das Endergebnis herangearbeitet, indem ein grobes Modell erstellt und als Grundlage für (meist digitale) Skizzen genutzt wurde, die die nächsten Schritte im Modellierprozess ermöglichten. Auf Basis der fertigen 3D-Modelle wurden Showrenderings erstellt. Hierfür wurden Programme wie KEYSHOT und PHOTOSHOP miteinander kombiniert und eingesetzt.

→ Studio Cosima ● Die Arbeitsräume des Teams sind, ausgelagert von den Gebäuden der Hochschule, in der COSIMASTRASSE in BOGENHAUSEN angesiedelt. Hier verbringen die Studierenden während des Semesters einen Großteil ihrer Stunden, wodurch sich, speziell seit dem Sommersemester 2016, eine sehr positive Gruppendynamik entwickelt hat, in der die verschiedenen Teilnehmer sich eigenständig mit ihren unterschiedlichen Stärken und Kenntnissen einbringen. Der Studioerfolg ist so, neben der eigenen Leistung, zu einem definierenden Faktor geworden.

Begünstigt wurde diese Entwicklung durch die exzellente Ausstattung (Zeichentablets, Plakatplotter, VR-Brille), reichhaltiger Design-Literatur usw., mit der das Team seiner Kreativität freien Lauf lassen kann. Hier entstehen neue Ideen, die auf Papier gebracht und in Präsentationen vorgestellt werden. Wertvoll sind besonders die gegenseitigen Feedbackrunden zu Designs, Renderings und Präsentationstechniken, die alle Studierenden immer weiter motivieren und antreiben, sich zu verbessern. Durch die in den Projekten angebotenen Workshops und den Support von externen Designern, bekommt man einen guten Einblick in den Beruf und dementsprechend hilfreiche Tipps in alle Richtungen. Die Skizzen des Teams werden im Verlauf des Semesters an den Wänden des Studios aufgehängt, um die Designentwicklungsstände im Blick zu behalten und sich davon wieder inspirieren zu lassen. Die gute Atmosphäre in der Gruppe lebt von gemeinschaftlichen Veranstaltungen, wie zum Beispiel einer Weihnachtsfeier, die zusammen vorbereitet wurde und im Studio stattfand. In einem der beiden Arbeitsräume kann durch klappbare Tische in kürzester Zeit eine Präsentationsfläche geschaffen werden, welche genutzt wird um den Projektsponsoren aus der Industrie die Konzepte und Ausarbeitungen an Plakatwänden vorzustellen.

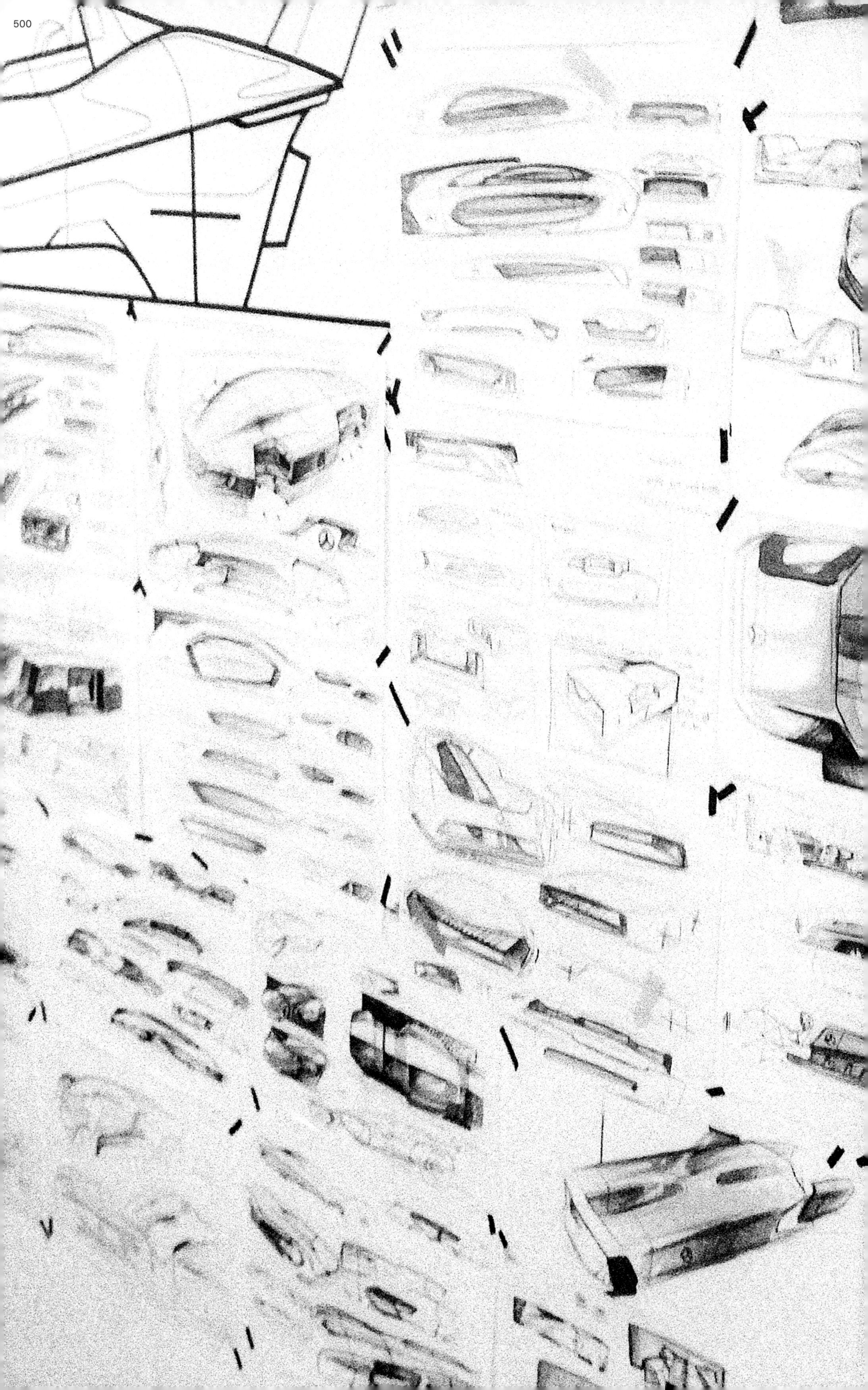

501

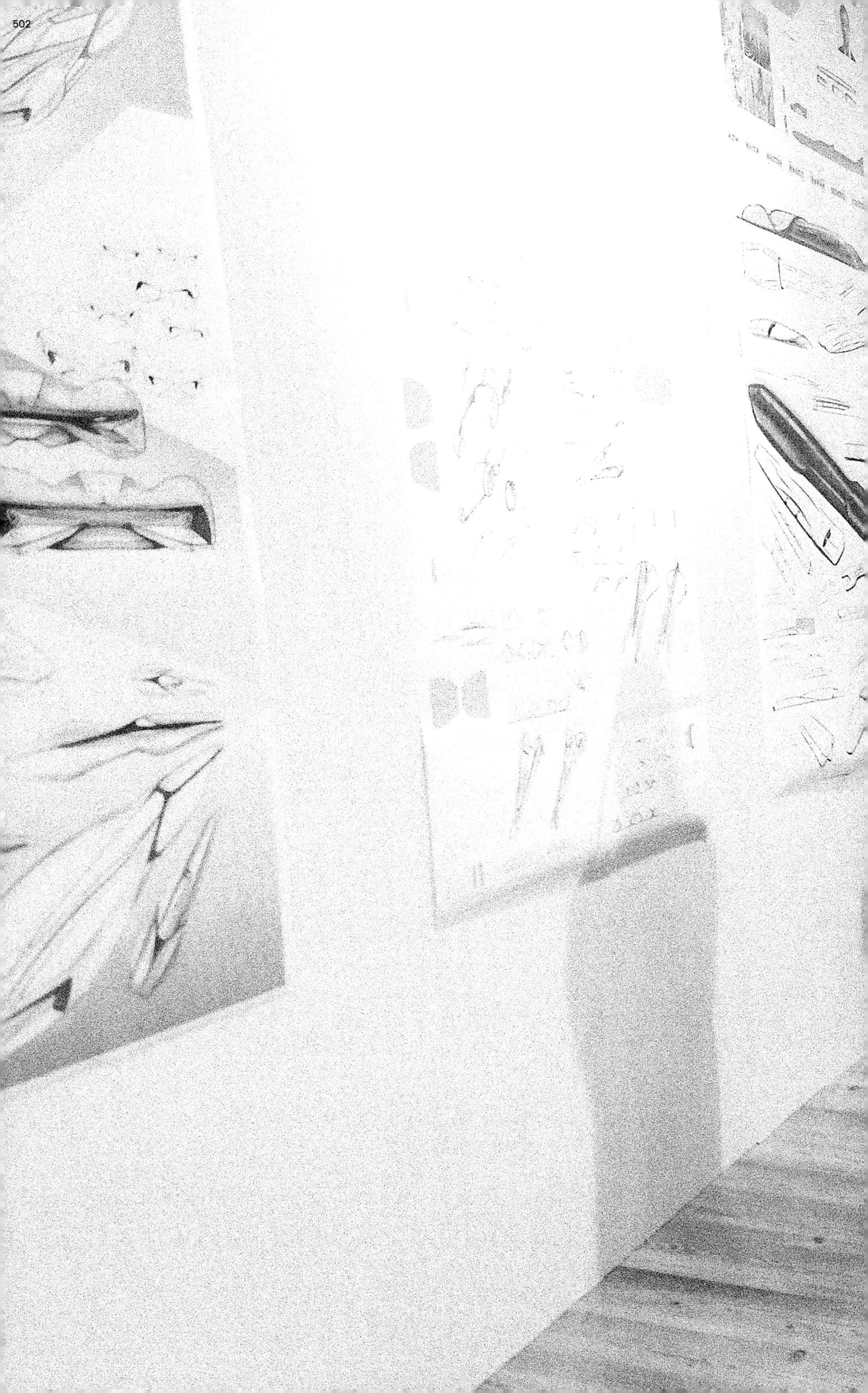

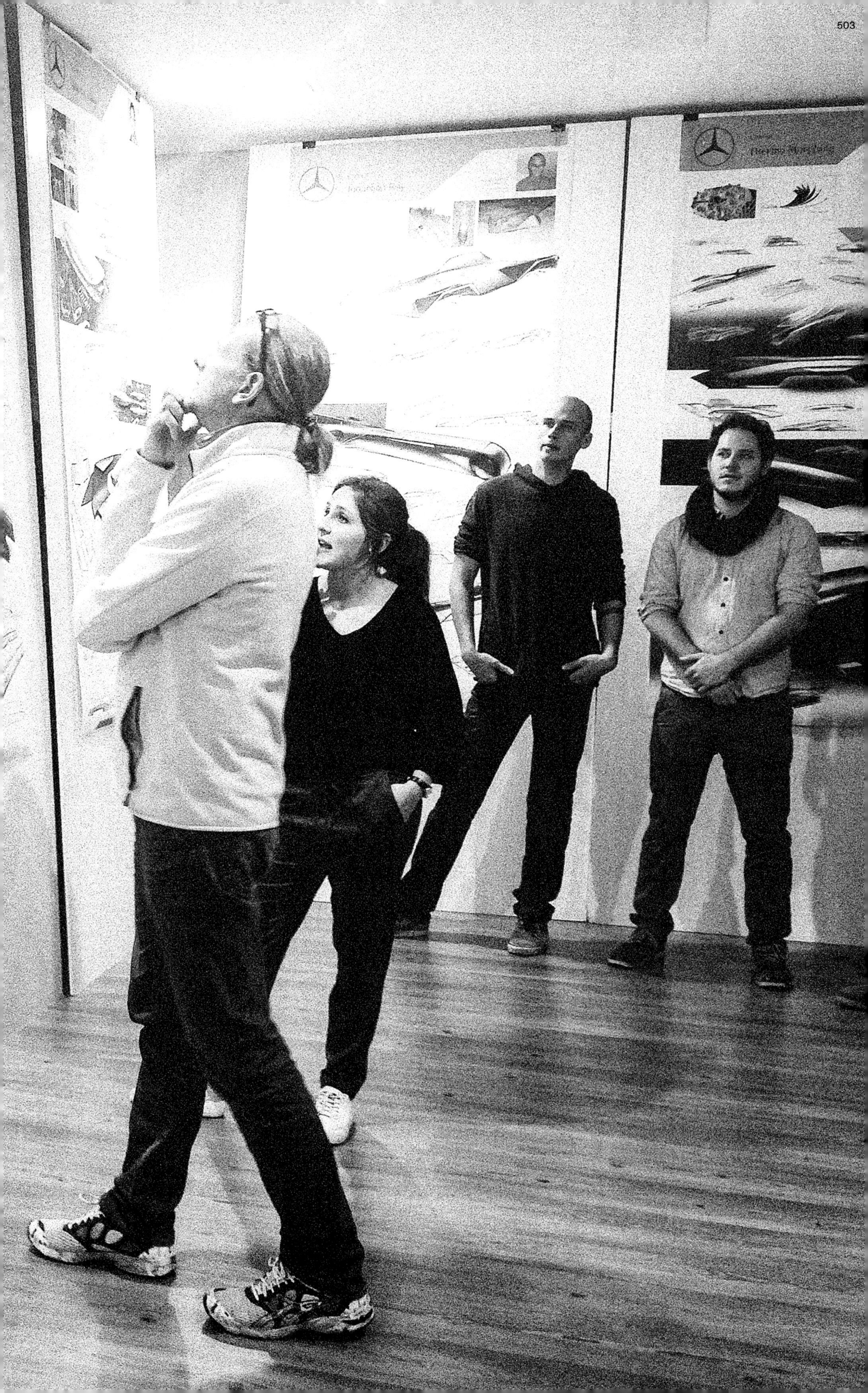

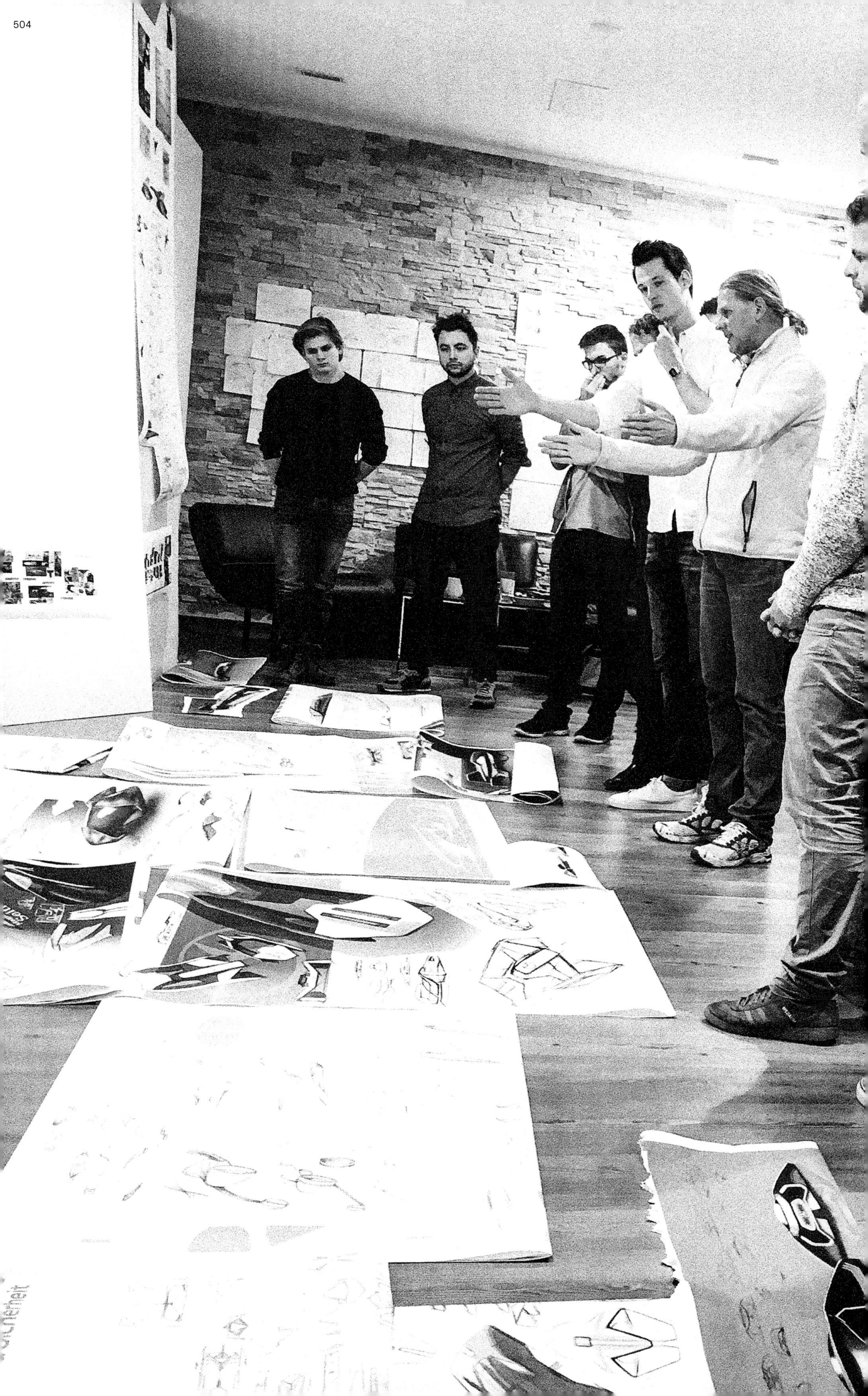

505

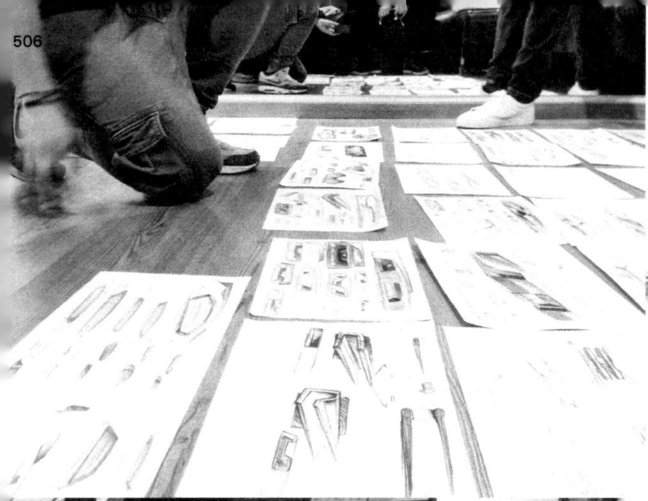

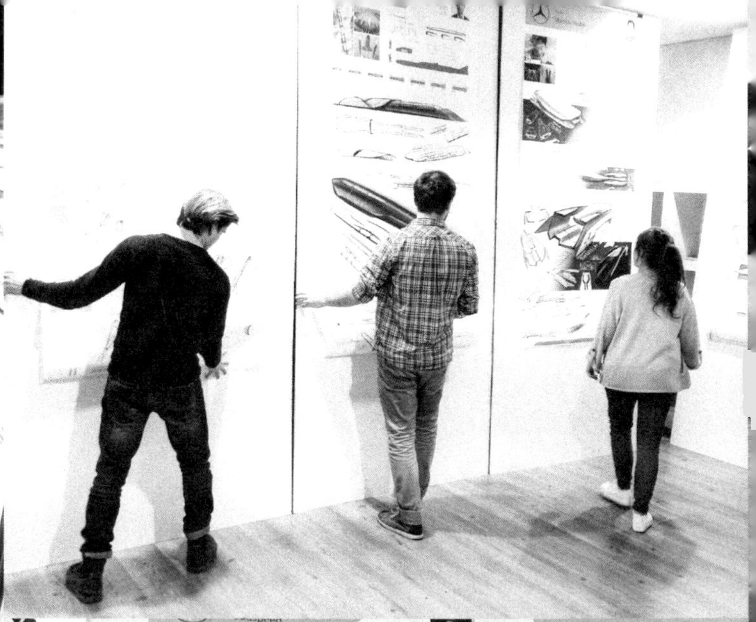

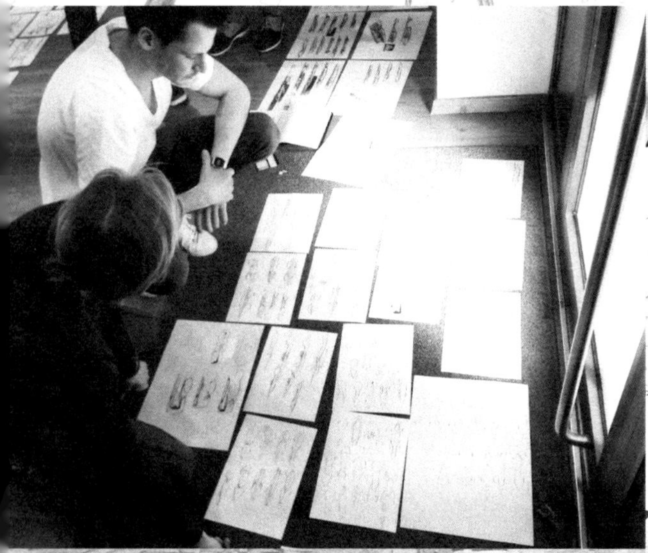

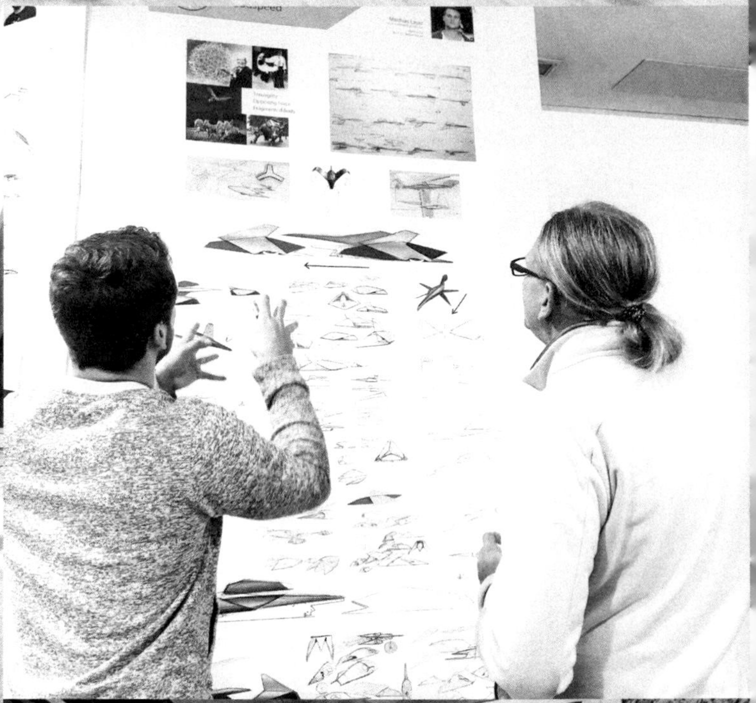

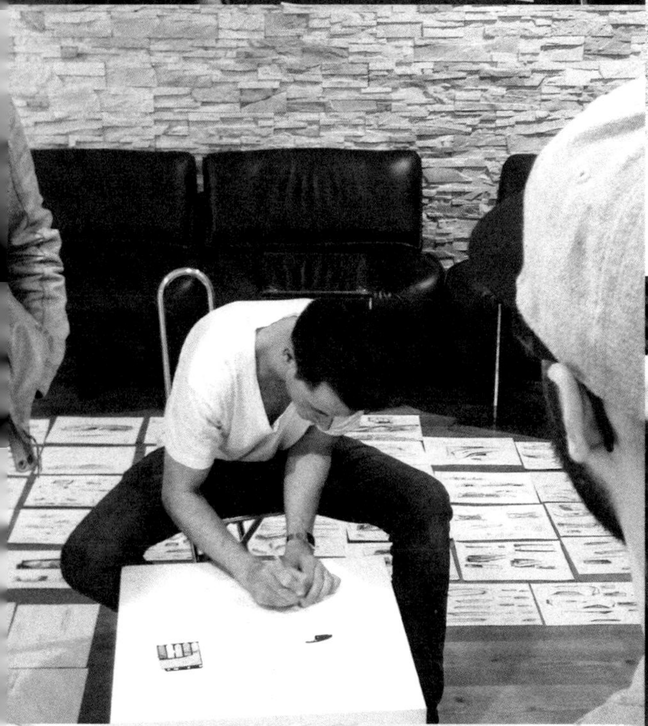

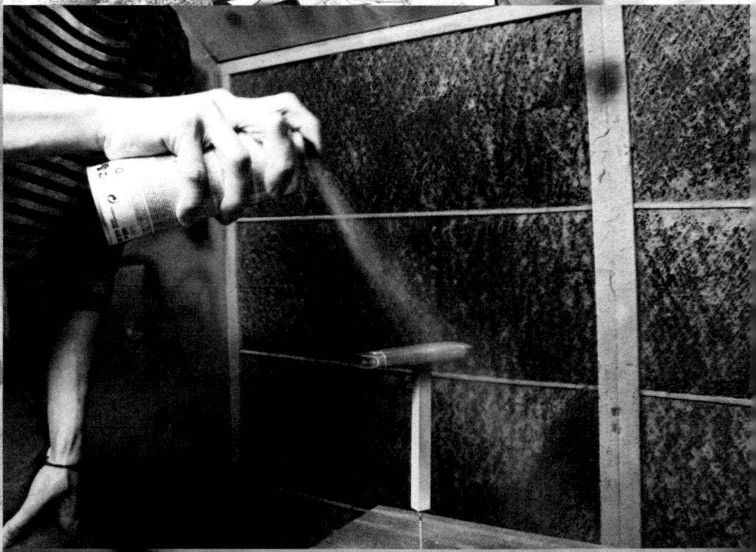

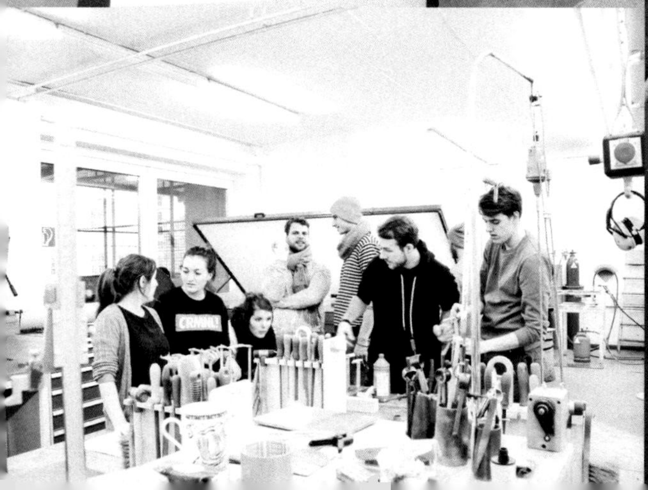

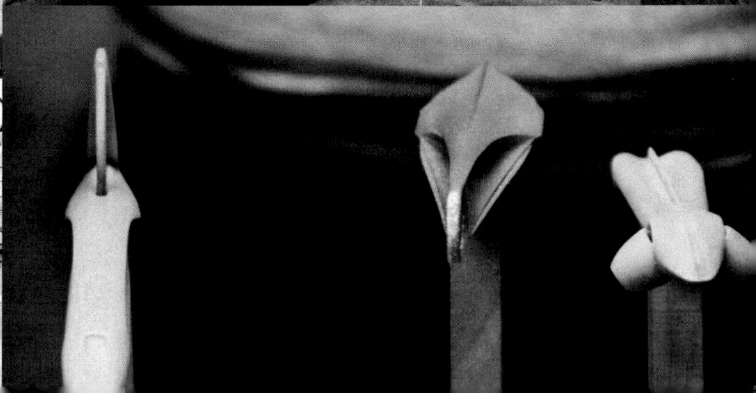

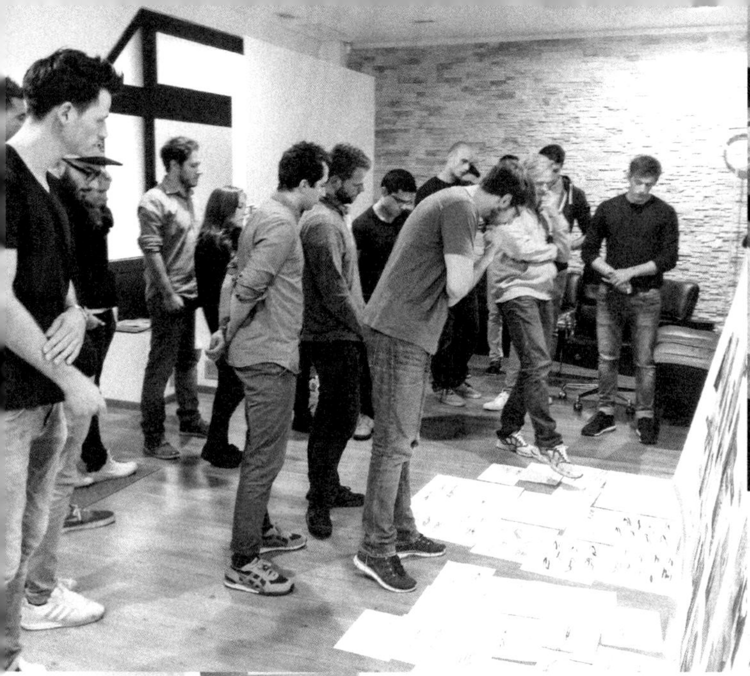

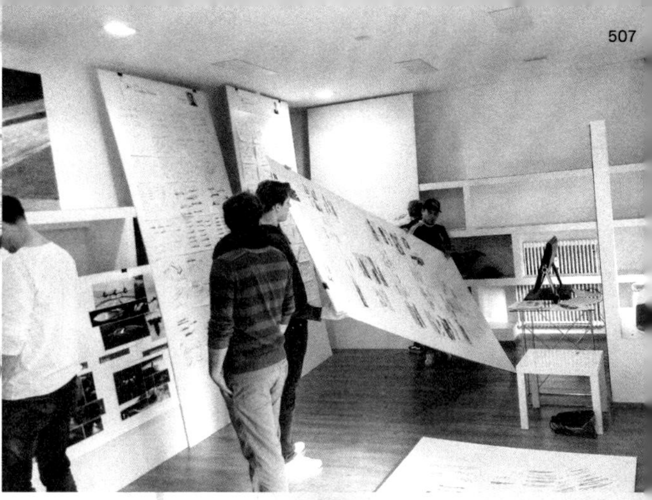

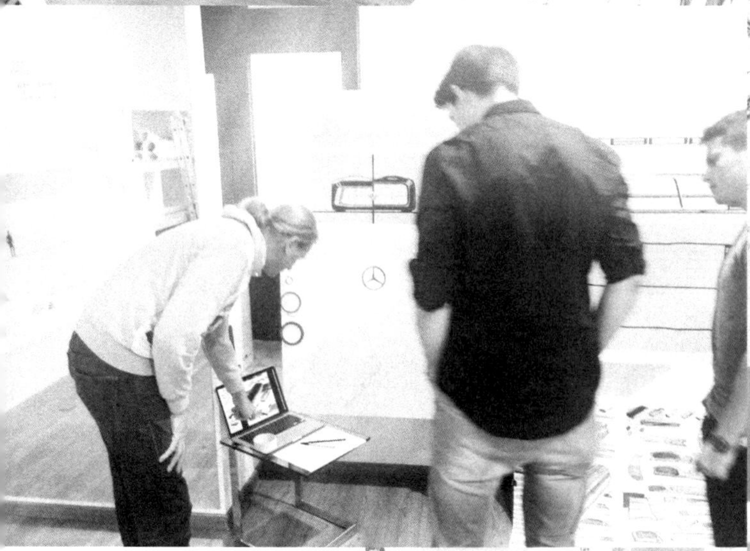

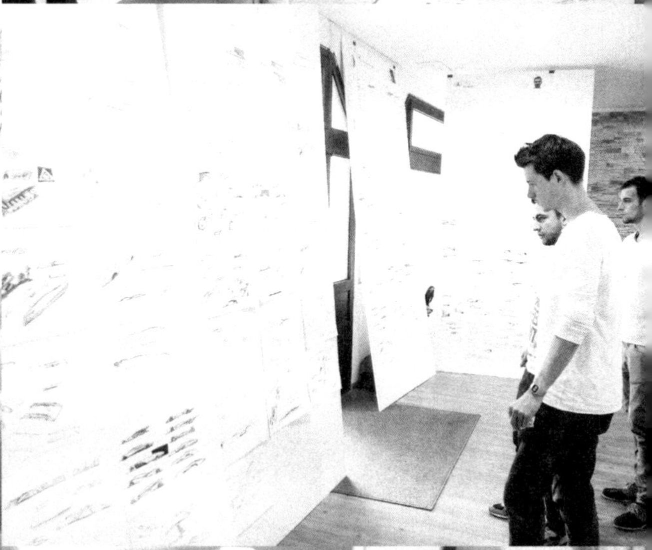

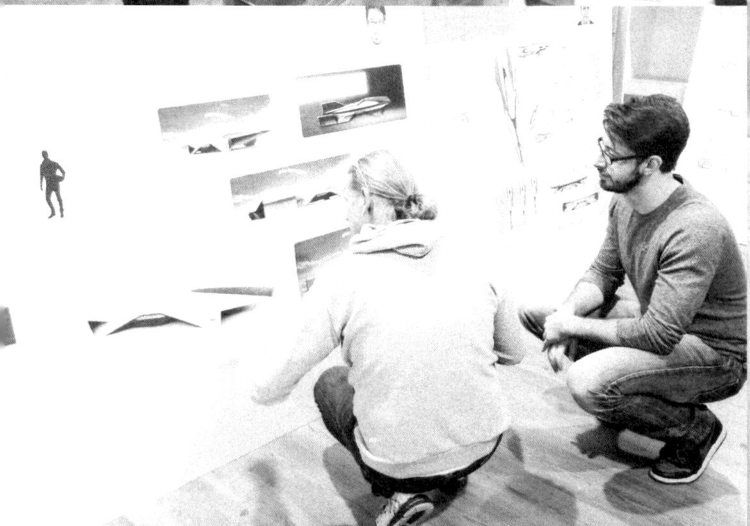

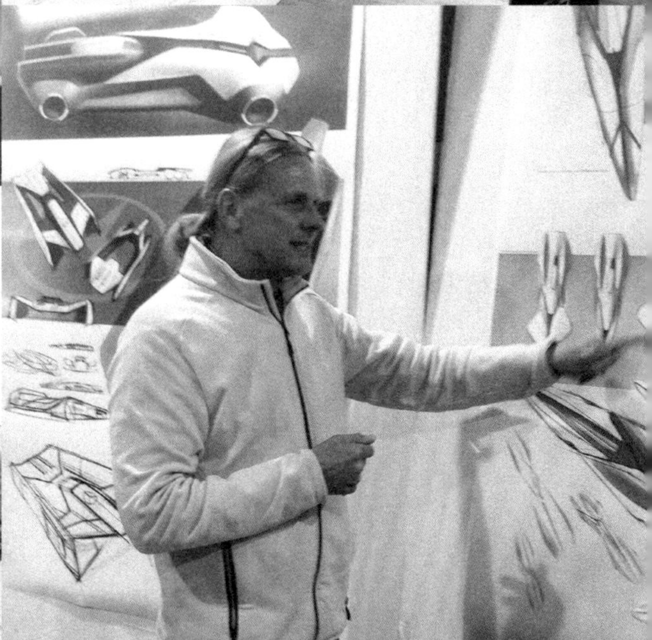

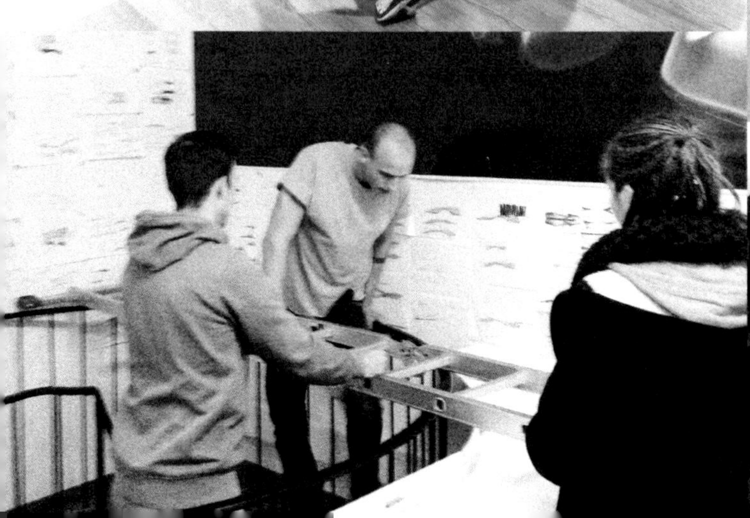

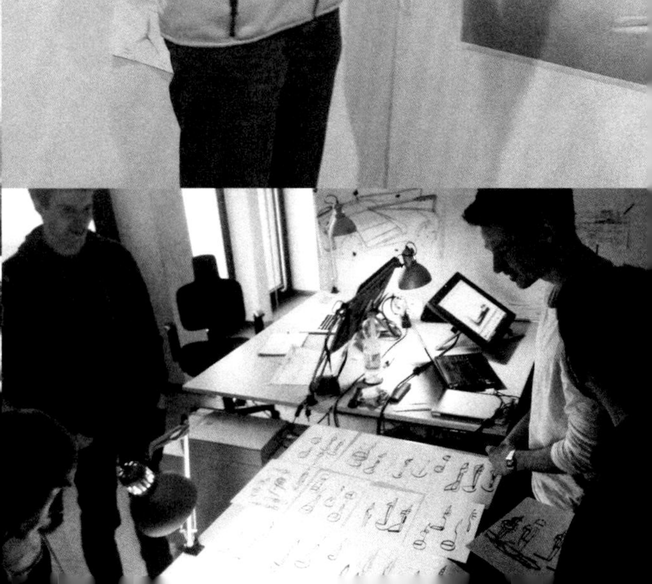

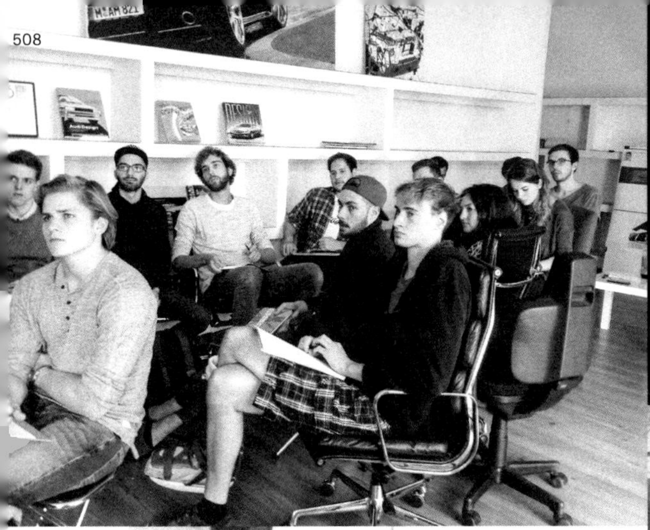

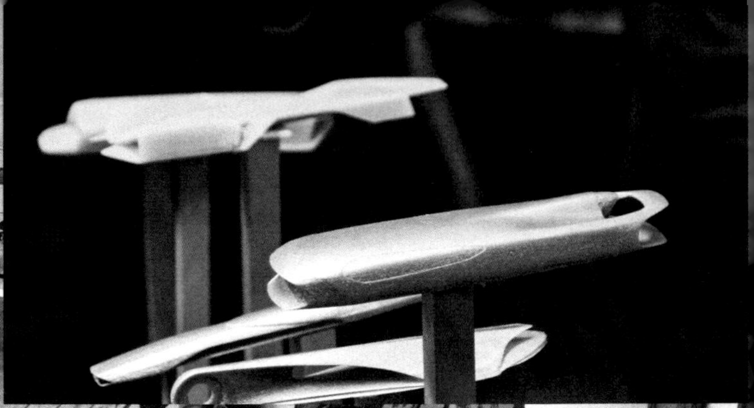

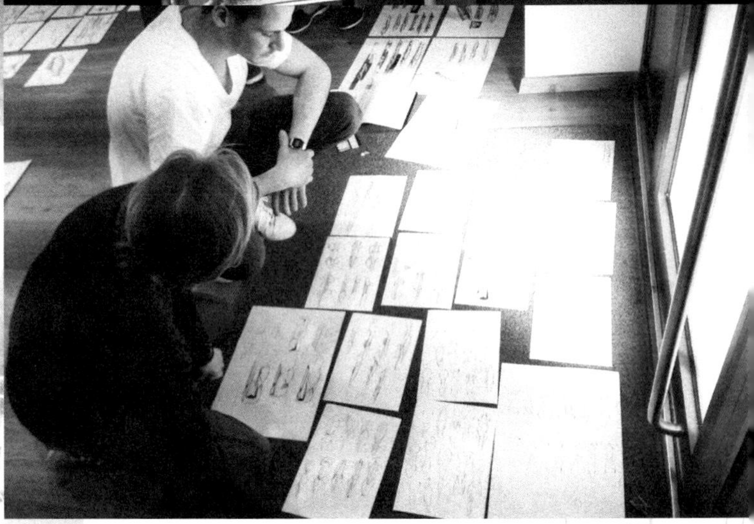

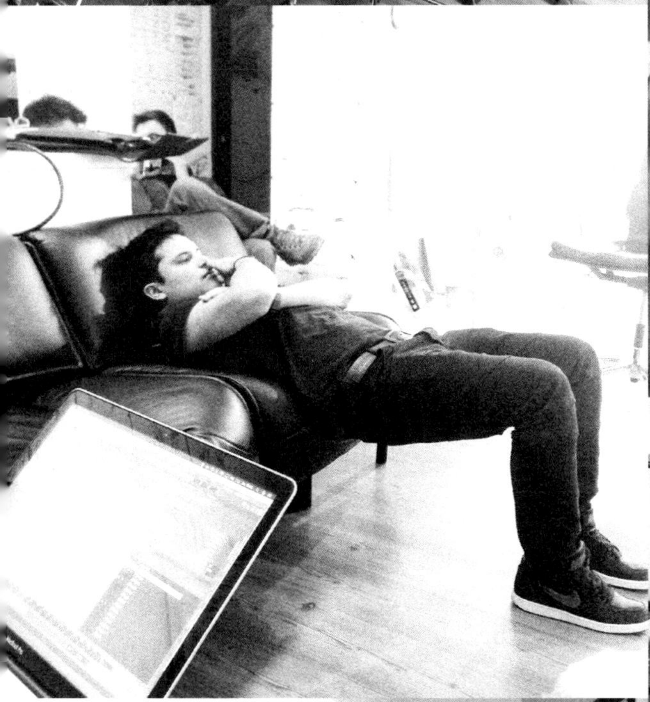

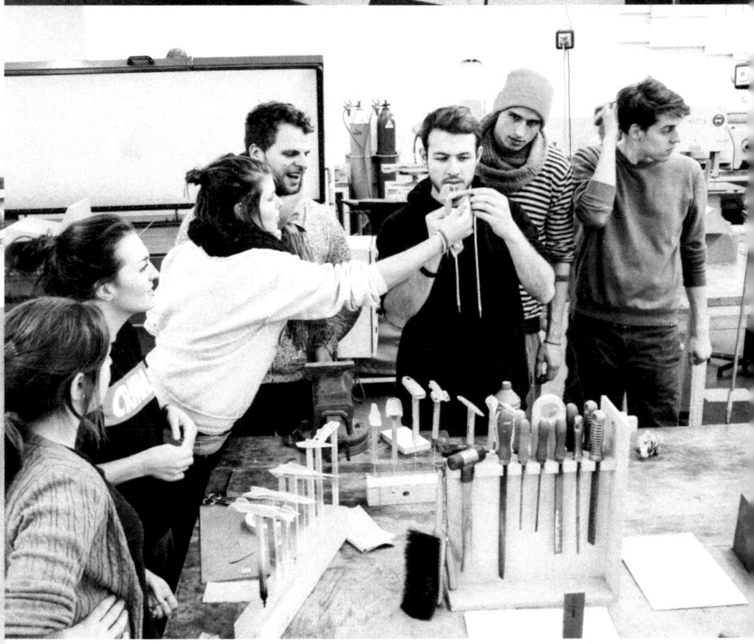

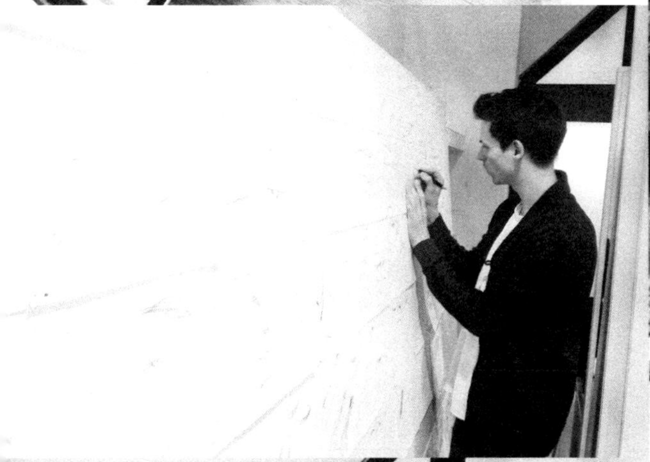

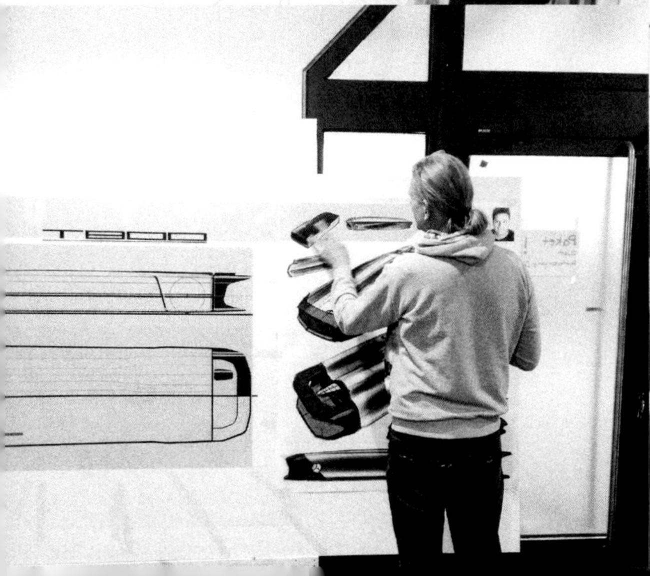
T800

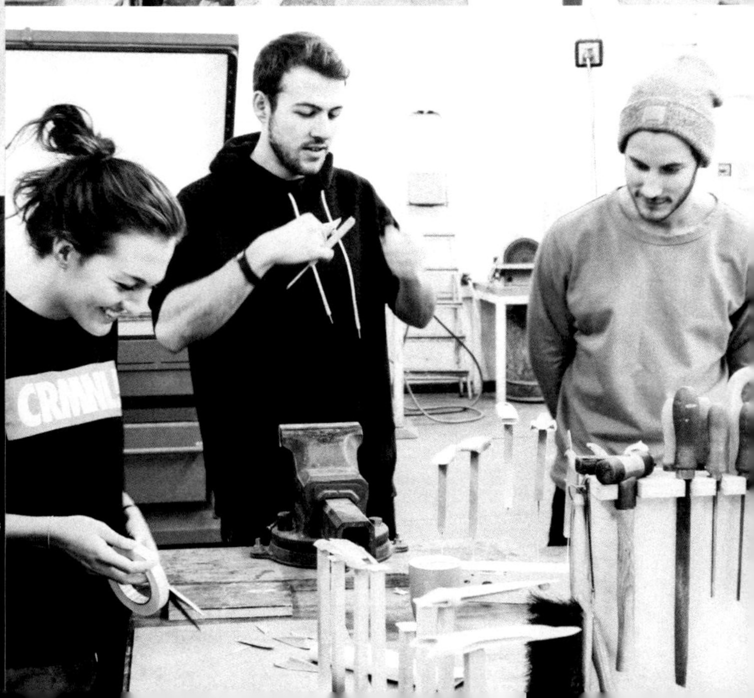
CRMNL

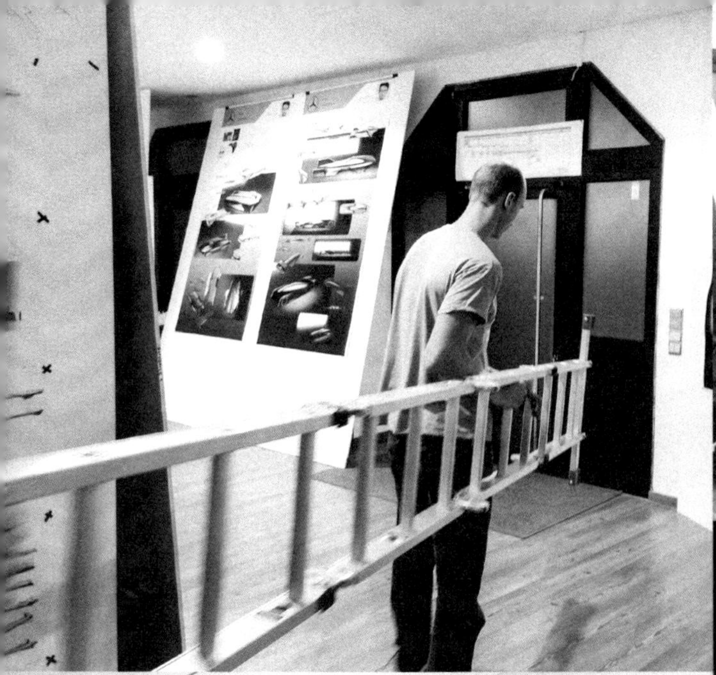

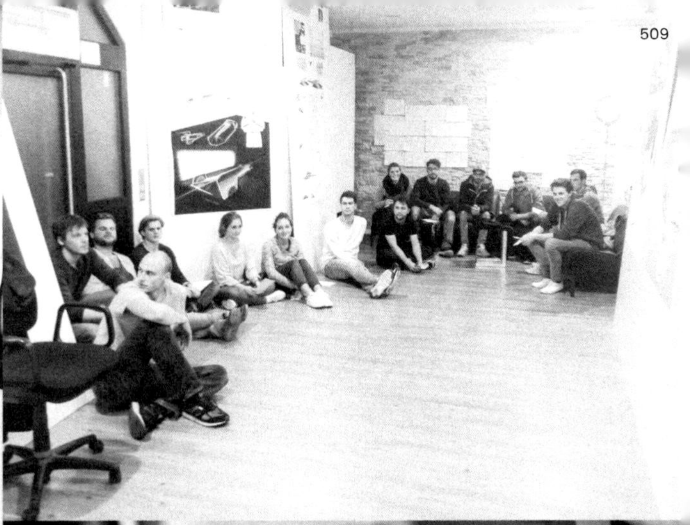

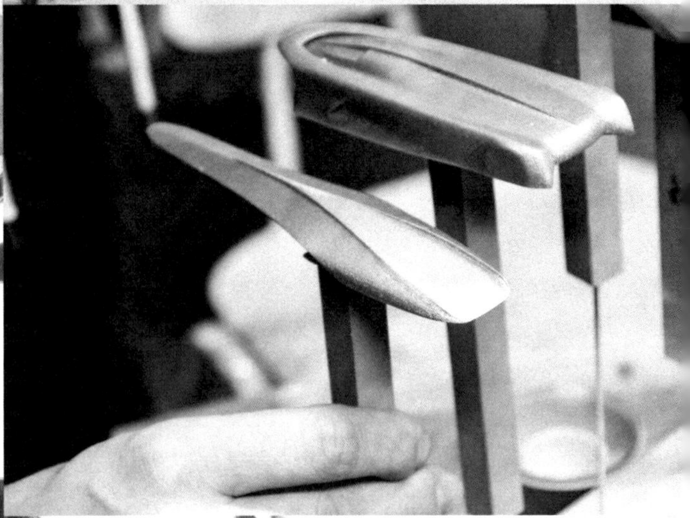

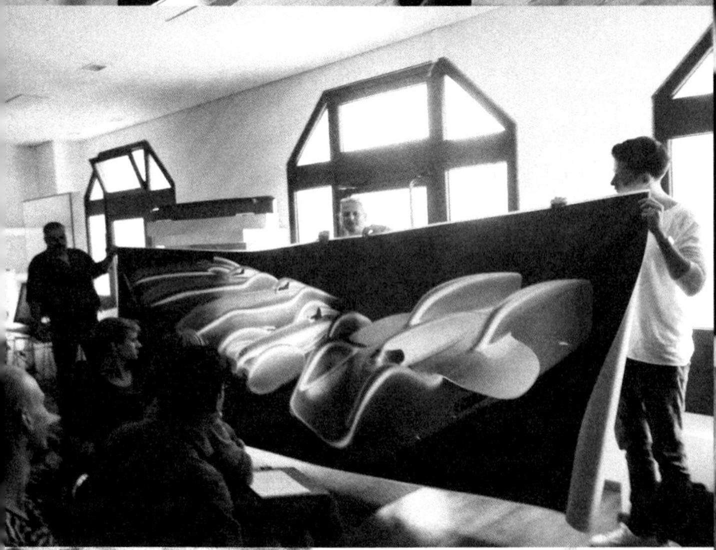

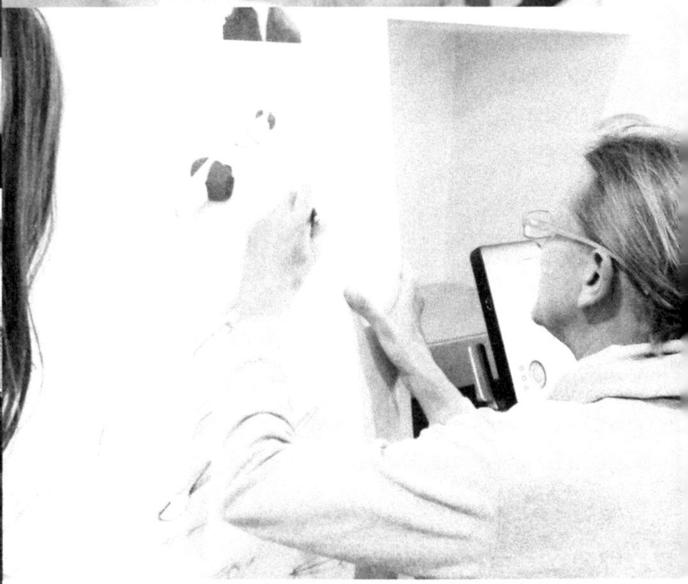

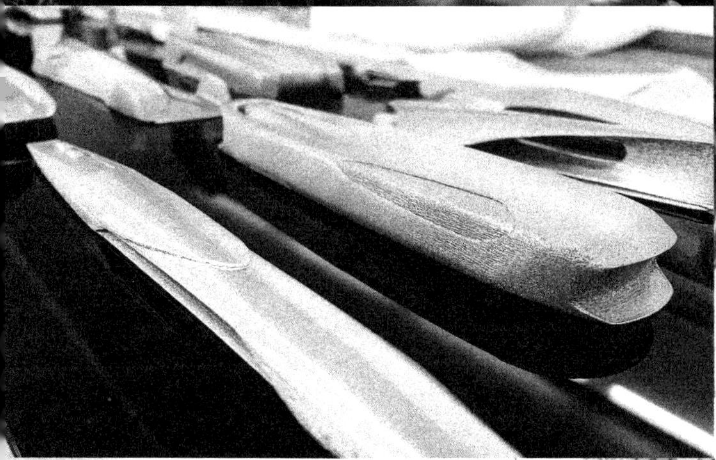

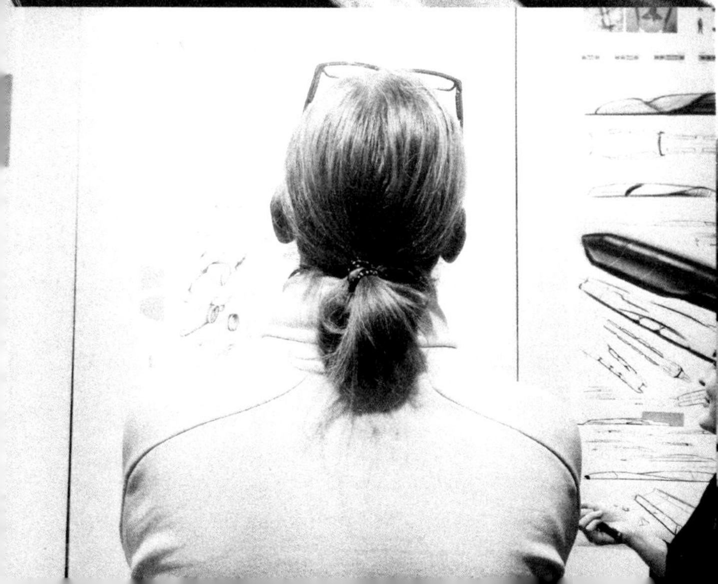

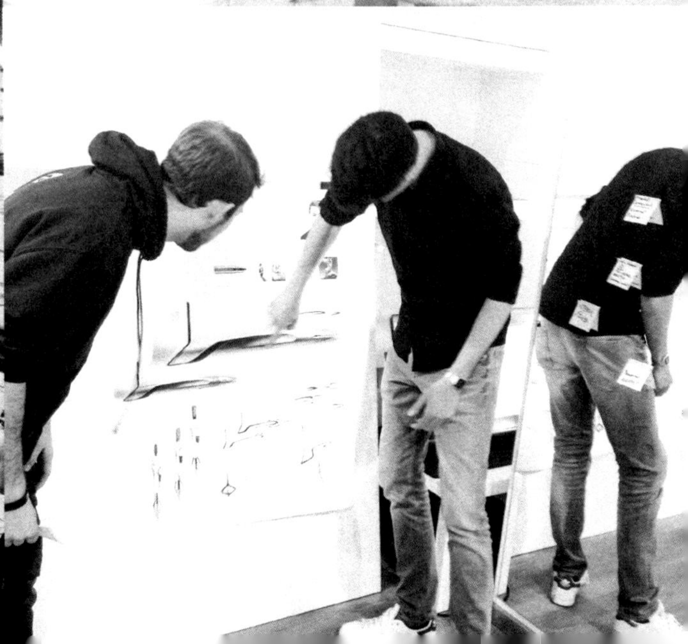

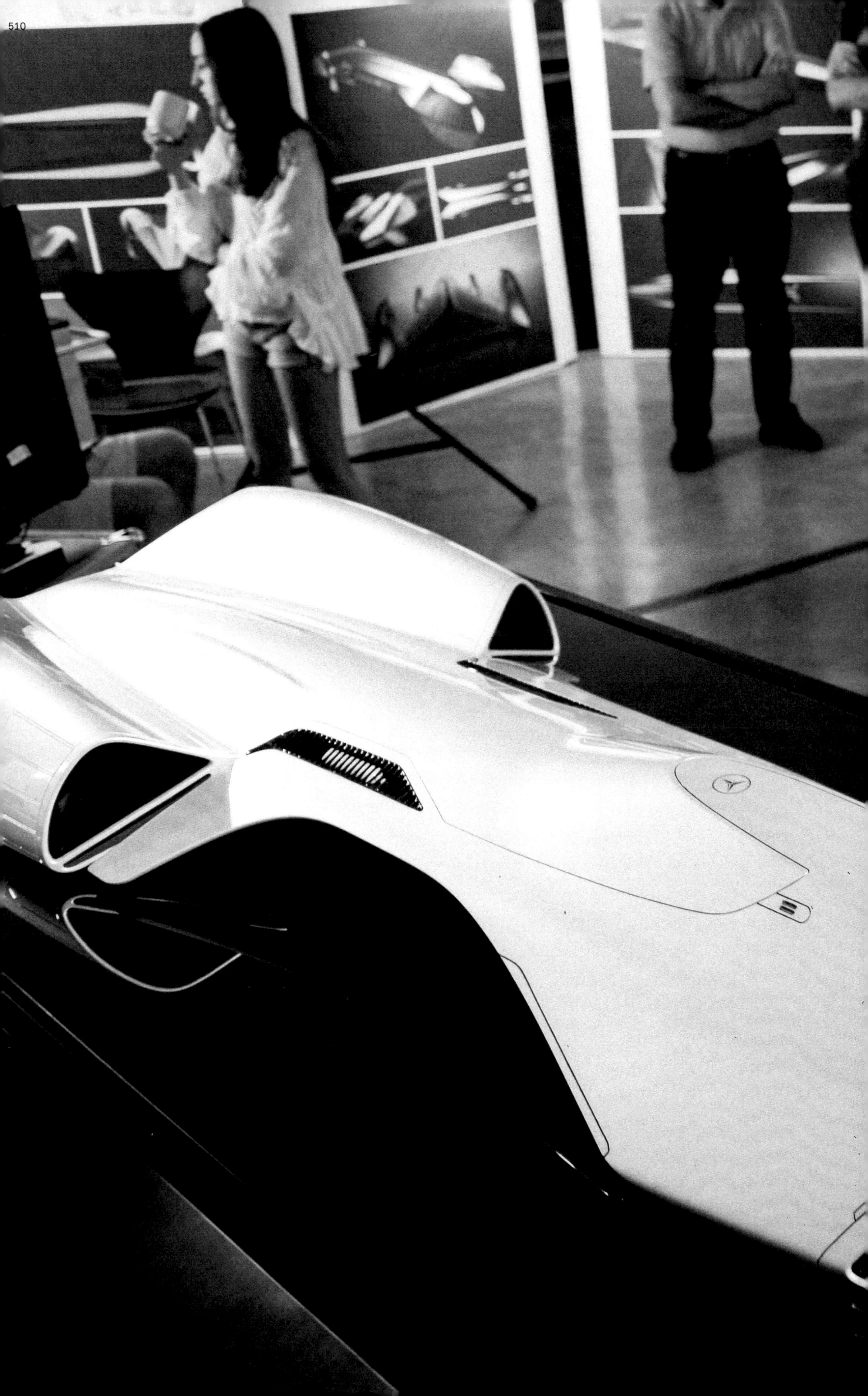

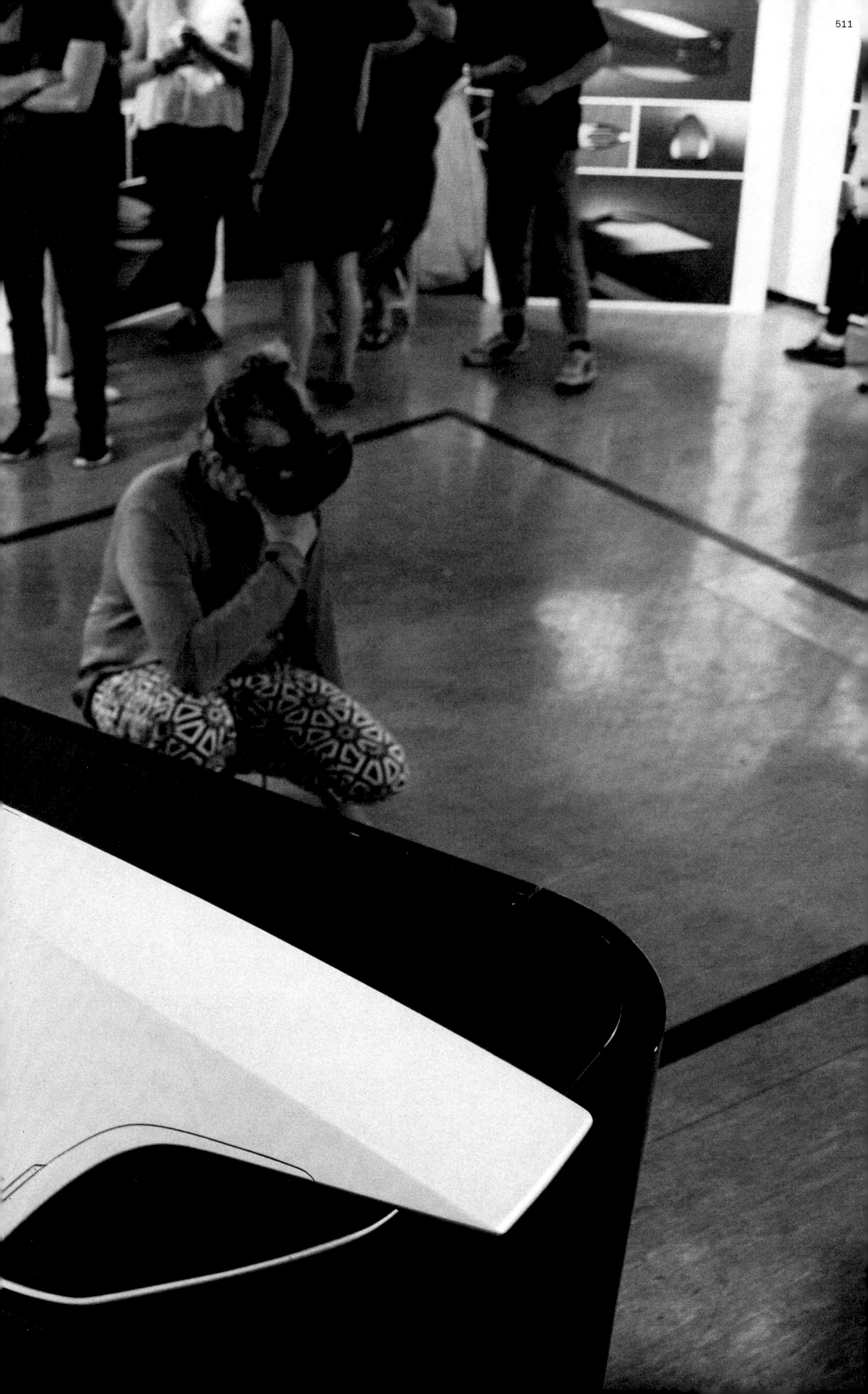

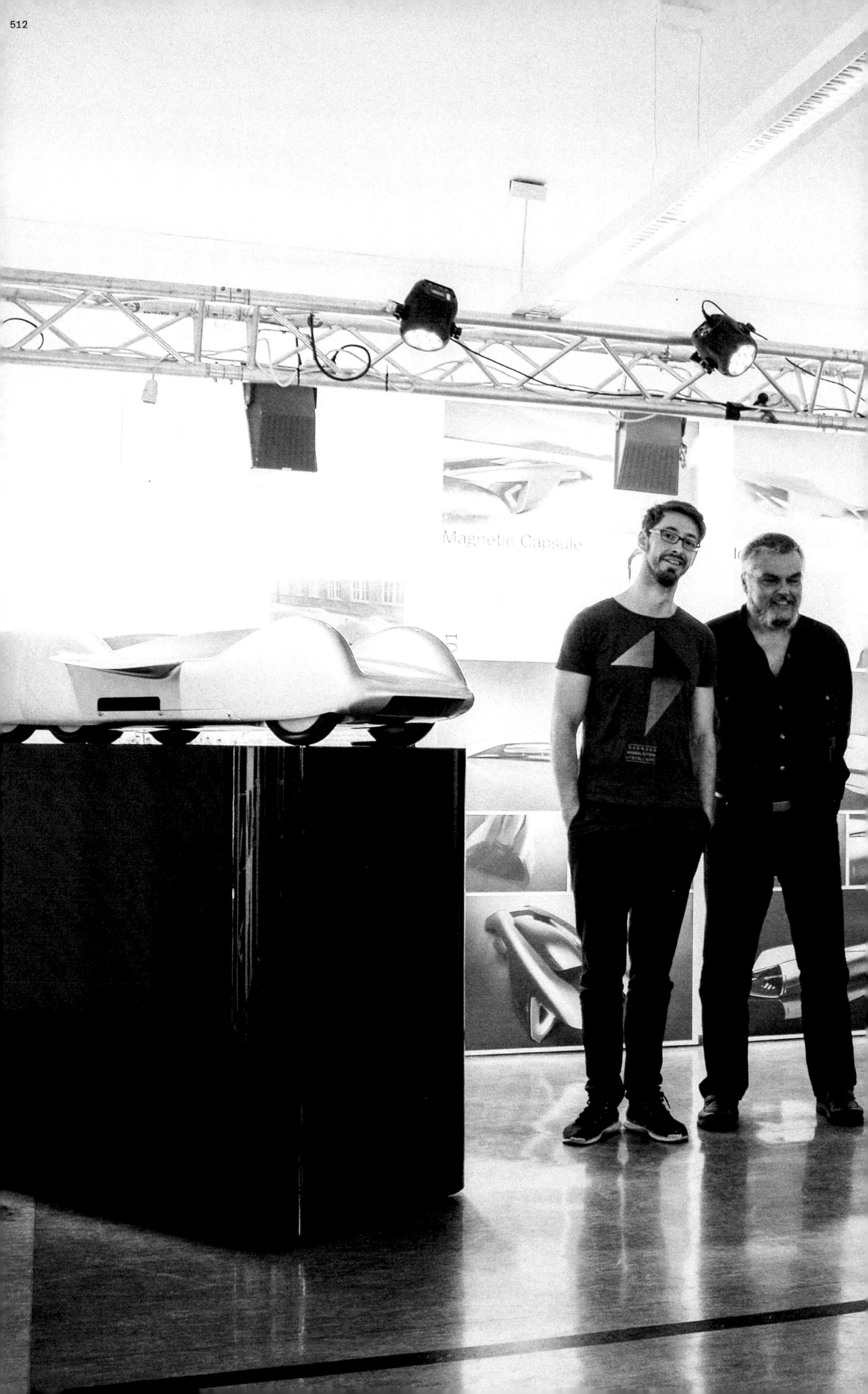
Magnetic Capsule

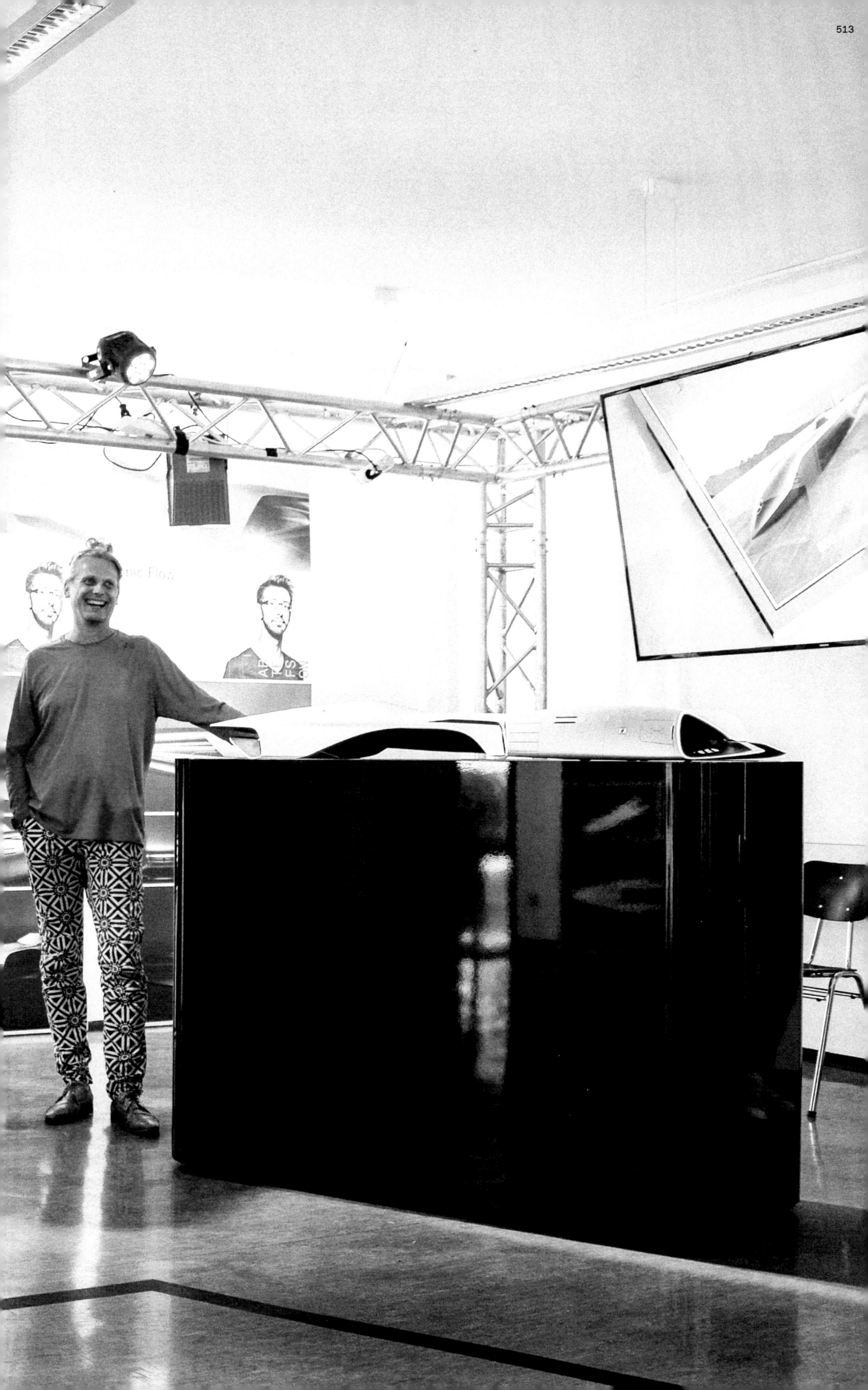

ener

515

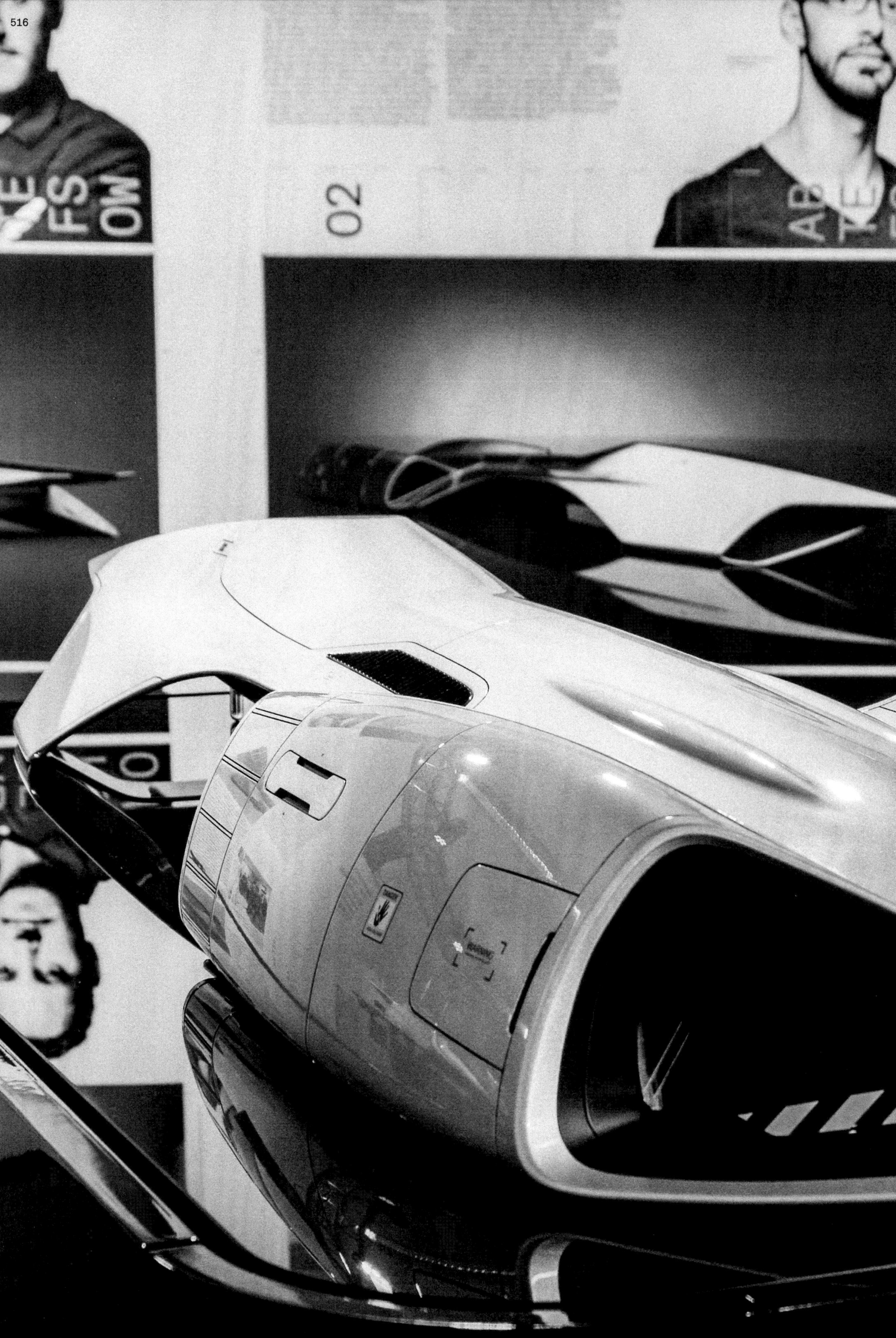
02

02

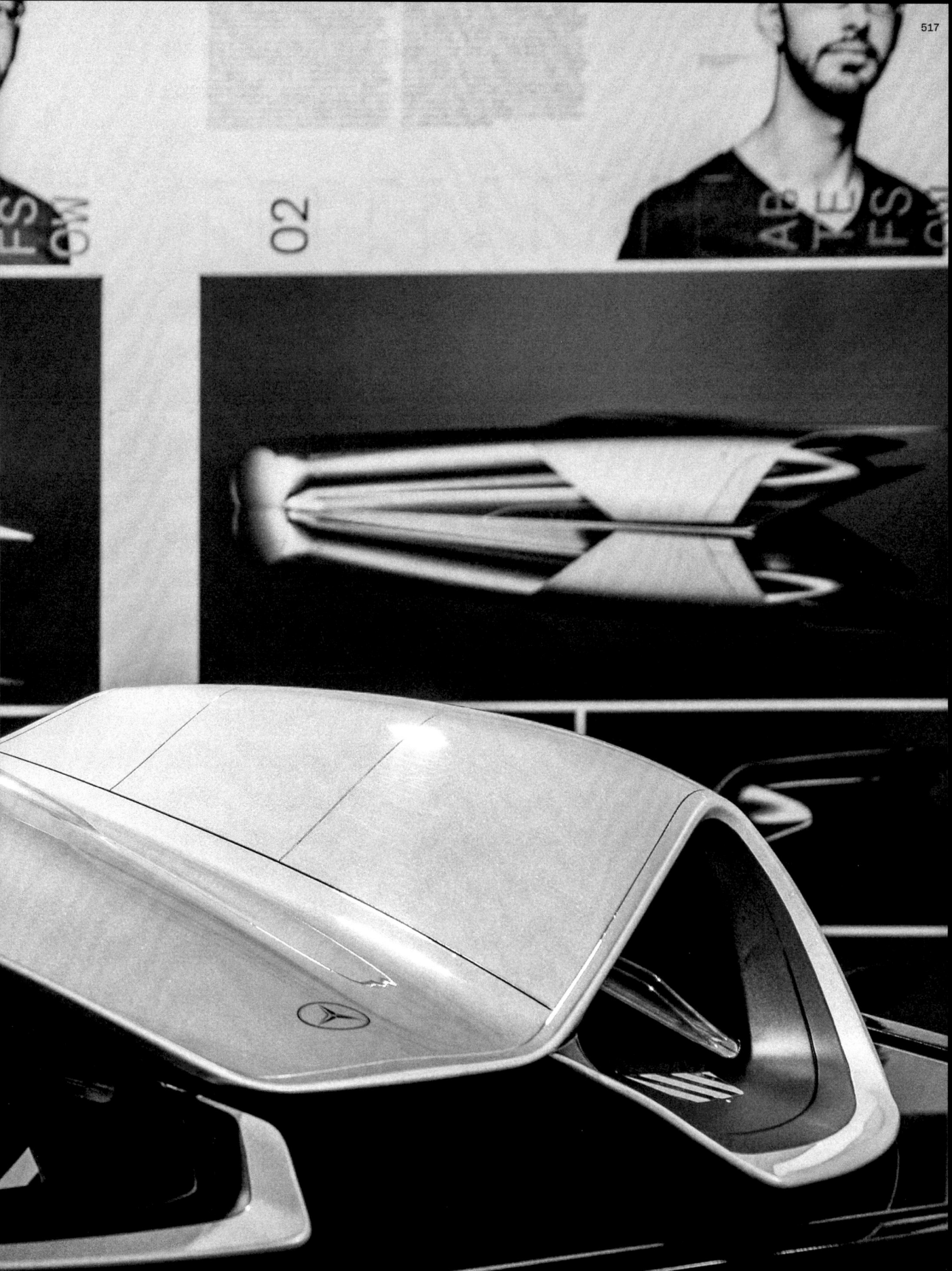

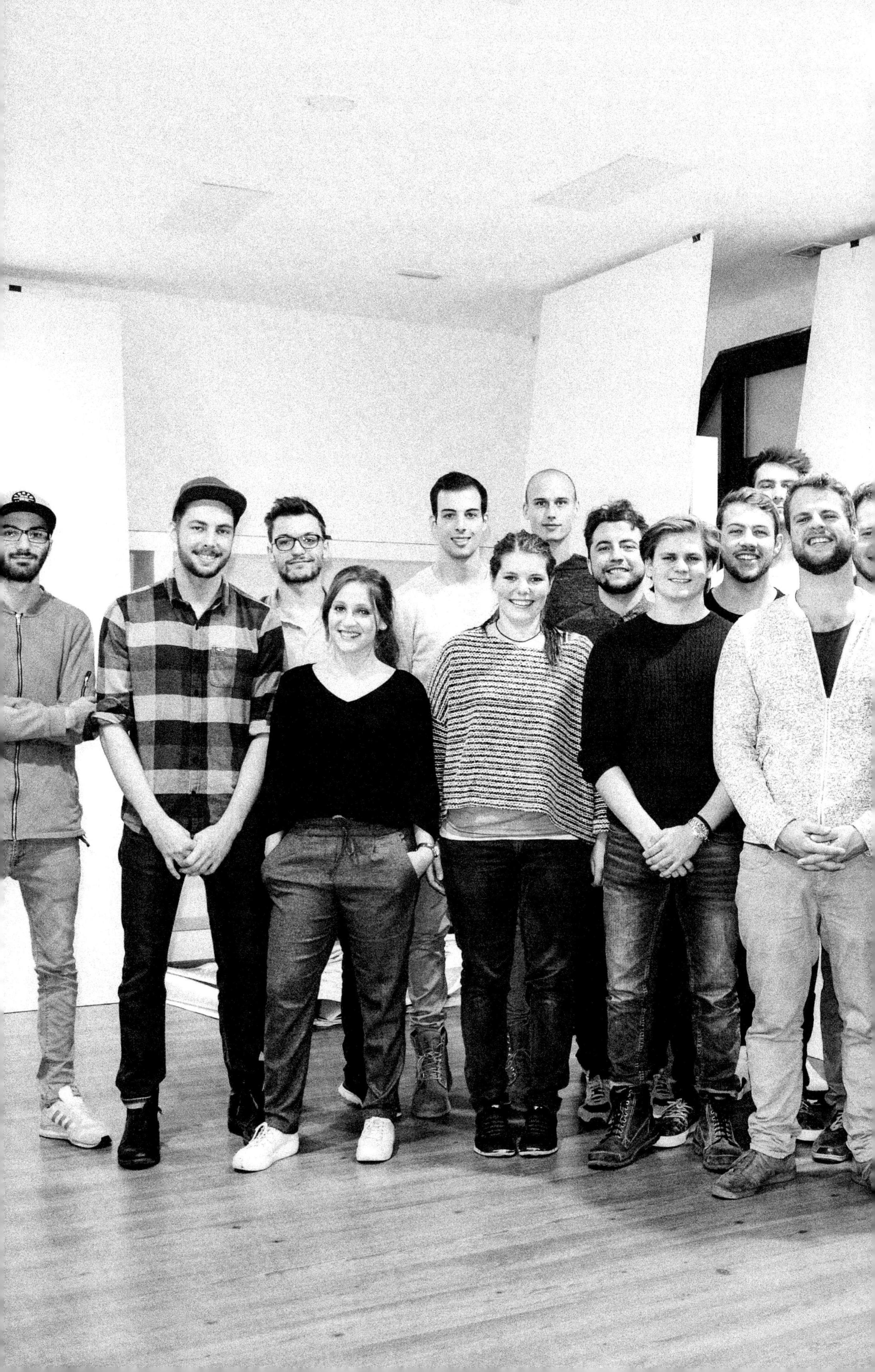

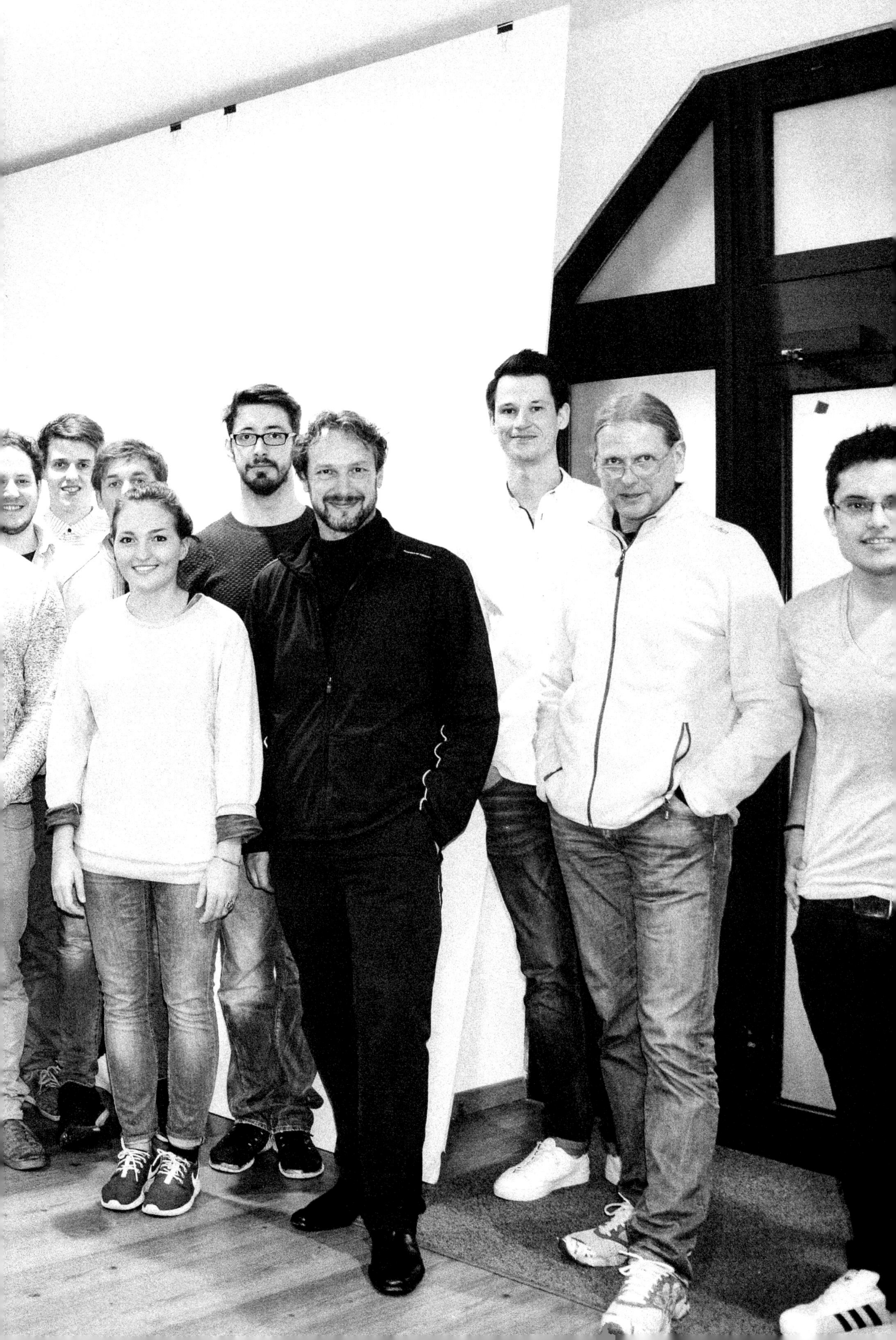

→ **Additive Gestaltung** ● Mindestens zwei getrennte Volumenelemente werden ohne verbindenden Flächenübergang stumpf zusammengefügt

→ **Add on** ● aus dem Englischen, bezeichnet das einfach stumpfe Hinzufügen von Volumenelementen zu einem Grundvolumen ohne verbindende Flächenübergänge, vergl. additiv

→ **Airbrush** ● Kurzbezeichnung aus dem Englischen, welche eine sehr aufwendige Darstellungstechnik beschreibt, die mit Sprühpistolen einen Pigmentnebel auf den Bildträger aufbringt, um möglichst homogene Verlaufsflächen zu erreichen

→ **Ausgewogenheitsgrad einer Körperform** ● Anhand der Kontinuität, mit der sich der mittlere Schwerpunktverlauf insgesamt darstellt, wird der Grad der Ausgewogenheit einer Körperform wiedergegeben. So vermittelt z.B. ein ganz gerader oder gleichförmig bombierter, mittlerer Schwerpunktverlauf eine eher ruhige Wirkung, dem gegenüber erzielt ein ungleichförmiger Verlauf mit zahlreichen, eventuell abrupten Richtungswechseln und insbesondere einer ungleichen Anzahl von Wendepunkten zwischen oberem und unterem Silhouettenzug eine in sich lebendigere Gesamtkörperwirkung

→ **Body** ● in der Automobilindustrie Bezeichnung des unteren Wagenkörpers ohne Fahrzeugkanzel

→ **Clay** ● englisches Wort für speziellen Industrieton (in Deutschland erhältlich von den Firmen Chavant und Eberhard Faber Neumarkt), wie er vorwiegend in der Automobilindustrie im Weichmodellbau Verwendung findet. Im Unterschied zu gewöhnlichen Plastilinen wird diese braun und grün erhältliche Plastilinart in einem Wärmeofen auf 50 Grad erhitzt und wird dann margarineweich. Bei Auskühlen auf Zimmertemperatur kann er mit Modellierwerkzeugen abrasiv bearbeitet werden. Jederzeit jedoch kann weicher Ton wieder aufgetragen werden, was den Vorteil dieser Arbeitsmethode – etwa im Vergleich zu Gips- oder Holzmodellen – ausmacht

→ **Concept Car** ● technischer Innovationsträger zu Versuchszwecken. Design Concept Car: formale Stilstudie mit zukunftsweisendem Anspruch

→ **Crossover-Modell** ● Eine neu geschaffene Fahrzeuggattung, die aus einem Mix von verschiedenen, meist klassischen Fahrzeugkategorien entsteht, z.B. Van Coupé oder Offroad Kombi

→ **Cut away** ● aus dem Englischen, beschreibt den subtraktiven Designansatz, wobei aus einem Grundvolumen Volumenelemente herausgeschnitten werden und meist das reduzierte Grundvolumen an den Schnittkanten unbearbeitet bleibt und nicht, z.B. über große Radien oder Hohlkehlen, verblendet wird

→ **Dashboard** ● aus dem Englischen für Armaturenträger

→ **Design-Freeze** ● Festlegung des Designentstandes am Ende des Designprozesses, der nicht mehr verändert werden darf; findet in der Regel zwei Jahre vor Produktionsstart statt

→ **Design-Modell** ● dient zur Beurteilung und Entscheidung der Designidee in dreidimensionaler Form, entweder als Maßstabsmodell (in der europäischen Automobilindustrie meist im Maßstab 1:4) oder in voller Größe als 1:1 Modell. Im Unterschied zum Prototyp hat das Designmodell keine technische Ausstattung und technische Funktionen, sondern ist ein reines Ansichtsmodell

→ **DLO** ● steht kurz für »Day Light Opening« also die Fensterflächen, durch die das Tageslicht in den Innenraum dringt. Die DLO-Konturen sind somit die Umrisslinien der Fensterflächengraphik

→ **Einzug** ● Kurzbezeichnung für das Einschnüren oder Taillieren in der Draufsicht, bei der sich das Volumen verjüngt, d.h. schmäler wird

→ **Facelift** ● vergleichbar mit den Gestaltungsmaßnahmen der Modellpflege, wobei insbesondere die Umgestaltung des Frontbereichs vorgenommen wird, da dort im Gesicht des Automobils Veränderungen am Deutlichsten wahrgenommen werden

→ **Featureline** ● auch als Charakterlinie bezeichnet, drückt diese Linie das hervorstechendste Designmerkmal aus

→ **Fließheck** ● als Fließheck bezeichnet man die Karosserieform, bei der die Heckscheibe und der Kofferraumdeckel in der Seitenansicht bis zum Abschluss der hinteren Kofferraumkante eine fließende Linie bilden, im Gegensatz zum Stufenheck

→ **Footprint** ● wörtlich übersetzt Fußabdruck, kennzeichnet der Begriff »footprint« die Projektionsfläche, die ein Fahrzeug auf der Straße einnimmt, also nicht etwa die Standfläche der Räder, sondern das Feld, mit welchem das Fahrzeug in Länge und Breite seine spezifische Verkehrsfläche definiert

→ **Freiformfläche** ● Fläche, die in allen drei Richtungsebenen geformt ist

→ **Frontüberhang** ● der Bereich der Fahrzeugfront, der vom Vorderradmittelpunkt bis zur weitesten Punkt der Wagenfront gemessen wird. Als visueller Frontüberhang wird allerdings der Bereich wahrgenommen, der vor der Vorderkante des vorderen Radhauses liegt

→ **Frottagetechnik** ● spezielles Verfahren zur graphischen Darstellung von Oberflächentexturen. Eine strukturierte Unterlage, die auf dem Bildträger erscheinen soll, wird unter das Blatt gelegt und durchgedrückt

→ **Fugenbild** ● alle Linien, die an den Stoßkanten der Karosserieelemente entstehen, ergeben ein Gesamtbild, das als Fugenbild bezeichnet wird

→ **Full-Size** ● 1:1 Maßstab, entweder als dreidimensionales Modell oder als zweidimensionales Bild

→ **Greenhouse** ● bezeichnet den oberen Fahrzeugaufbau mit Dach- und Fensterflächen, zu deutsch: Fahrzeugkanzel

→ **Grundzug** ● Bezeichnung für die Außenlinie in der Draufsicht

→ **Gürtellinie** ● Unterhalb der Schulterunterkante verläuft die Gürtellinie durch die breitesten Stellen der Wagenflanke (laut.: Harry Bradley, Professor am Art Center College of Design). Häufig befindet sich sinnvollerweise genau dort die Rammschutzleiste. Aber oft wird abweichend davon auch die Schulteroberkante als Gürtellinie bezeichnet, wobei dann ein Widerspruch darin besteht, dass der Gürtel oberhalb der Schulter getragen würde

→ **Hartmodell** ● Im Vergleich zum weichen Claymodell relativ widerstandsfähiges, nicht funktionsfähiges Ansichtsmodell, früher aus Holz, heute als Kunststoff. Wird meist als See-Through ausgebildet und weist eine hohe Detailgenauigkeit auf. Trägt bereits viele realistische Anbauteile wie Chromzierleisten, Lampen, Dichtungen, Kühlergrillelemente. Unterscheidet sich vom Prototypen dadurch, dass es nicht in den späteren Materialien ausgeführt wird, wie z.B. Blech, und nicht funktionstüchtig ist

→ **Hecküberhang** ● der Bereich des Fahrzeughecks, der vom Hinterradmittelpunkt bis zum weitesten Punkt des Wagenhecks gemessen wird. Als visueller Hecküberhang wird allerdings der Bereich wahrgenommen, der vor der Hinterkante des hinteren Radhauses liegt

→ **Hutze** ● Aufsatz, meist auf der Motohaube, um insgesamt eine niedrige Motorhaubenlinie beibehalten zu können. Die Hutze verdeckt dabei Teile, die über dieser niedrigen Linie liegen und ohne Hutze darüber hinaus ragen würden

→ **Integrative Gestaltung** ● Ein Volumenelement, welches in der formalen Herleitung aus mindestens zwei Volumenelementen wie zu einer Körpereinheit verschmolzen wirkt

→ **Keilform** ● Vom niedrigen Bug in Richtung hohes Heck aufsteigende Seitenflanke, die in der Seitenansicht durch einen deutlich ansteigenden Winkel der Fensterunterkante, der Schulterfläche und der Gürtellinie charakterisiert wird. Früher Vertreter bei den Serienlimousinen ist der NSU Ro 80, der 1963 entwickelt wurde und 1967 – 1976 produziert wurde

→ **Konjunktive Gestaltung** ● Elementverbindend, mindestens zwei separate Volumenelemente, die über eine meist tangentiale Flächenüberleitung, z.B. in Form einer Hohlkehle, verbunden werden

→ **Körper-Ausrichtung** ● Mit der linearen Regression vom Schwerpunktverlauf entwickelt man eine Gerade, an deren Steigung sich wiederum die Körper-Ausrichtung – also z.B. eine horizontale Balance oder eine keilförmige, nach vorne angestellte Ausrichtung bzw. eine stromlinienförmige Neigung nach hinten – erkennen lässt.

→ **Körper-Anstellwinkel** ● Die Steigung einer Geraden, die aus der linearen Regression der Schwerpunkteverlaufskurve hergeleitet wird, entspricht dem Körper-Anstellwinkel.

→ **Körper-Höhenlinie** ● Relative Höhe zur Bodenfläche der Schwerpunkteverlaufskurve.

→ **Kühlergrill (Kühlermaske)** ● vorderer Lufteinlass vor dem eigentlichen Kühlerelement. Meist zentral und durch Kühlerstege, -lamellen oder -gitter verblendete Lufteintrittsöffnung, teilweise chromgefasst, oft als Emblemträger eingesetzt

→ **Lastenheft** ● Vorgabenliste, wie sie z.B. bei der Karosserieentwicklung den Ingenieuren an die Hand gegeben wird. Das stilistische Lastenheft beschreibt neben den sog. Hardpoints, die maßlich eingehalten werden müssen, insbesondere die Vorgaben, in welcher Zielrichtung die Designentwicklung betrieben werden soll, z.B. soziodemographische Angaben über die Käuferzielgruppe oder über das entsprechende Produktumfeld, in das sich der Entwurf einfügen soll

→ **Luftwiderstandsbeiwert** ● Aerodynamische Qualität, die der Aerodynamiker im Windkanal ermittelt und als sogenannten c_w-Wert ausweist

→ **Marker** ● Filzstift, der aufgrund seiner schnellen Trocknung zeitsparendes Anlegen von Flächen ermöglicht

→ **Modellpflege** ● Gestaltungsmaßnahmen, die zum Zweck der Modernisierung an einem Modell durchgeführt werden, das sich schon geraume Zeit auf dem Markt befindet, jedoch im Produktzyklus noch nicht durch einen Nachfolger abgelöst wird. Diese Aktualisierungsmaßnahmen umfassen in der Regel aus Kostengründen Anbauteile, wie z.B. die Stoßfänger oder die Kotflügel, und nicht selbsttragende Karosserieteile, wie z.B. das Dach, da diese Änderung eine Neukonstruktion der gesamten Karosserie in großem Umfang nach sich ziehen würde

→ **Negative Space** ● Wird aus einer Fläche oder einem Volumen ein Teilbereich ausgespart bezeichnet man dieses freigeschnittene, fehlende Feld als »negative space«, während man dort wo das Material bestehen bleibt, vom »positive space« spricht. So sind z.B. die Arme eines Räderdesigns der »positive space«, während die freien Zwischenräume das Muster des »negative space« darstellen. Auf keinen Fall ist dies im Sinne einer Wertung misszuverstehen, als sei z.B. der »positive space« vorteilhaft und der »negative space« nachteilig für die Gestaltung, denn durchaus kann die Gestaltungsabsicht sein möglichst leicht zu wirken, und so kann durchaus ein hoher Anteil an »negative space« vorteilhaft sein

→ **Nischenmodell** ● Ein spezialisiertes Fahrzeug für eine kleine Zielgruppe, meist in relativ geringen Stückzahlen

→ **Offsetfläche** ● parallel nach innen oder außen von der Grundfläche verschobene Flächenanteile

→ **Package** ● technisches Grundgerüst auch Maßkonzept, auf dem alle technischen Vorgaben dargestellt sind, die vom Design zu berücksichtigen sind

→ **Prototyp** ● fahrbereite, noch nicht mit Serienwerkzeugen hergestellte Einzelanfertigung, auch Vorserienfahrzeug genannt

→ **PSK** ● »Produkt Strategie Kommission«, Entscheidergremium u.a. für die vorgestellten Designrichtungen

→ **Radlippen** ● deutlich aus der seitlichen Karosserie heraustretende Flächen, die zur vorgeschriebenen Überdeckung der Räder ausgeführt werden

→ **Radstand** ● Der Abstand gemessen zwischen den Mittelpunkten von Vorder- und Hinterrad

→ **Radspiegel** ● Der plane, meist radiale Flächenverlauf, welcher den lotrecht zur Straße ausgerichteten, flachen Rand der Karosserie direkt um den Radausschnitt beschreibt.

→ **Redesign** ● Eine in der Gestaltungsfreiheit durch ein Vorläufermodell stark eingeschränkte Form der Designaussage, die ohne grundlegende und tiefgreifende Veränderung auf dem formalen Lastenheft des Vorläufermodells aufbaut

→ **Rendering** ● Fotorealistische zeichnerische Darstellung eines Produktes, meist mit realistischer Umgebung

→ Säulen ● die Pfosten zwischen den Fensterflächen des Greenhouses. Die vordere Säule zwischen Frontsäule und vorderer Seitenscheibe bezeichnet man als A-Säule. Je nachdem, wie viele Türen und seitliche Fenster das Säulenbild prägen, werden diese von A nach hinten fortlaufend mit B, C, D benannt

→ Schnitte ● theoretische Kanten, die den Verlauf der Umrisse eines Volumens als Linie darstellen. Hauptschnitte laufen entlang der aussagekräftigsten Konturen, wie z.B. der Mittellinie oder an der breitesten Stelle des Fahrzeugs

→ Schulter ● der Bereich des unteren Wagenkörpers, der unterhalb der Fensterunterkante beginnt und sich bis zur Schulterunterkante erstreckt

→ Schweller ● horizontale Trägerkonstruktion unterhalb der Türen

→ Scribble ● loses Aufskizzieren als visuelle Gedankenstütze

→ See-Through-Modell ● Ausführung eines Modells, bei dem das Greenhouse mit transparenten, glasähnlichen Materialien ausgestattet ist. Meistens wird dabei das Interieur bis zur Scheibenunterkante auch dreidimensional dargestellt

→ Seitenfallung ● seitliche Fallung des Karosseriekörpers, also der Flächenverlauf mit den Bombierungsgraden und Richtungswechseln.

→ Seitengrafik ● Die Seitengrafik wird durch die Kontur der Wagensilhouette in der Seitenansicht umrissen. Innerhalb dieser Ansicht entsteht ein Proportionsgefüge aus unterschiedlichen Bestandteilen. Früher setzte sich dieses graphische Gefüge funktional aus den drei Hauptelementen Motorraum, Fahrgastzelle und Kofferraum zusammen, wodurch eine vertikale Dreiteilung entstand. Zahlreiche damals noch nicht integrierte Nebenelemente wie Kotflügel, Trittbrett, Scheinwerfer oder außen liegende Ersatzräder sorgten darüber hinaus für ein vielteilig anmutendes Gesamtbild. Das heutige Proportionsgefüge setzt sich primär auf Grund der Materialunterschiede aus den beiden graphischen Hauptelementen, dem Wagenkörper und dem Greenhouse zusammen. Diese bilden somit eine horizontal orientierte Zweiteilung. Das graphische Bild in der Seitenansicht wirkt heute durch die Integration nahezu aller Nebenelemente in den Wagenkörper homogener und geglättet. Eine aktuelle Designtendenz ist jedoch, diese Glattflächigkeit und die horizontale Zweiteilung in der Seitengraphik durch ein bewusstes Separieren von Elementen, wie z.B. dem Kofferraum, wieder mehrteiliger und damit vielseitiger zu gestalten. Auch wird in der Absicht kein so großes Gestaltungspotential ungenutzt zu lassen durch gezielte Designmaßnahmen, wie z.B. Ebenenversätze oder Knickkonturen, der lange homogene Flächenverlauf in der Seitenflanke abwechslungsreicher und markanter gestaltet

→ Show Car ● speziell entwickeltes Fahrzeug zur Überprüfung der Publikumsresonanz, das auf Automobilausstellungen präsentiert wird. Meist stellt das Show Car zukünftige Designtrends vor

→ Sicke ● abrupter Vor- oder Rücksprung innerhalb eines homogenen Flächenverlaufs

→ Silhouette ● Mittelschnitt der Seitenansicht, vergleichbar der Umlaufkontur bei Scherenschnitten

→ Sitzkiste ● Modell für die Interieurgestaltung, bei der zur Designbeurteilung auf den Sitzen Platz genommen werden kann ohne das Modell zu zerstören

→ Subtraktive Anbindung ● Als subtraktive Anbindung bezeichnet man die formale Gruppierung unterschiedlicher Komponenten, die gerade an den Berührungsstellen mit deutlichem Abstand zum benachbarten Element positioniert werden. Durch die so meist hervorgerufene Schattenfuge kann sich oftmals ein schwebender Effekt oder ein partiell überlappender, auf jeden Fall ein distanzierter formaler Bezug zwischen den Komponenten einstellen

→ Spooncut ● Ein randscharf konkaver Flächenbereich, der als einzelne Vertiefung oder gesamte Vertiefungsspur zurückbleibt, als habe man mit einem Löffel ein meist nach außen konvex bombiertes Volumen ausgeschnitten, nennt man »Spooncut«

→ Strak ● geglättete Flächenverläufe

→ Stufenheck ● als Stufenheck bezeichnet man die Karosserieform, bei der die Heckscheibe in der Seitenansicht in einem deutlich anderen Winkel zur Kofferraumdeckelfläche steht und dabei ähnlich einer Treppenstufe das Wagenheck beschreibt

→ Stummelheck ● eine Besonderheit bei der Form des Stufenhecks ist das Stummelheck, bei dem zunächst wie beim Fließheck die Heckscheibe und die Kofferraumklappe in einer fließenden Line verlaufen. Kurz vor dem Erreichen der hinteren Kofferraumabschlusskante wird jedoch im Blech der Kofferraumklappe eine deutliche Winkelveränderung in Form einer kurzen Stufe erzeugt

→ Surface ● aus dem Englischen für Fläche

→ Stylist ● Berufsbezeichnung aus dem Englischen, die auch im Automobildesign den Formgestalter bezeichnet. Mitte der 70er Jahre wird »Stylist« auch oft mit negativem Unterton von den Puristen des Industrial Designs gebraucht. Während den sog. »Stylisten« die Umsetzung auch emotionaler Werte in ihren Gestaltungsansätzen vorgeworfen wird, beschränkte sich die Philosophie von der »guten Form« auf rein funktional Ansätze

→ Tape ● aus dem Englischen, bedeutet eigentlich »Klebeband«, wird als Kurzbezeichnung für »Tape Rendering« verwendet und bezeichnet eine Darstellungstechnik, wo anstelle von Farbpigmenten Klebeband auf eine Folie aufgebracht wird. Vorteil dieser Technik ist die Möglichkeit ohne zu Radieren die Linien und Flächen durch einfaches Ablösen des Klebebandes zu verändern. Als Träger dient eine spezielle Kunststofffolie, die – ähnlich einem Fell auf einer Trommel – an der Wand gespannt wird, so dass die Trägerfläche durch die Spannkraft des Klebebandes sich nicht wellen oder verziehen kann

→ tumble home ● die angloamerikanische Kurzbezeichnung, welche die Neigungswinkel, mit der sich die Seitenscheiben aus der Vertikalen nach innen einziehen, umschreibt

→ Visueller Körper-Schwerpunkt ● Mittelpunkt auf der Strecke des Schwerpunkteverlaufs, also der Mittelkurve zwischen Unter- und Oberzug der Silhouette.

→ Visuelle Volumenbalance ● Die visuelle Volumenbalance beschreibt aus einer bestimmten Ansicht an welchem Punkt sich ein geschlossener Körper im visuellen Gleichgewicht befindet. Bei Karosseriekörpern – oft im Querformat – setzt man dazu primär die Ober- und Unterzüge der Silhouetten ins Verhältnis. Fügt man diese Punkte als Verlauf zusammen, ergibt sich daraus eine mittlere Resultierende, die den Schwerpunkteverlauf darstellt. Diese Mittelkurve ist nur in sehr speziellen Fällen eine Gerade, in jedem Fall liegt die visuelle Volumenbalance in der Streckenmitte des Schwerpunkteverlaufs

→ Volumenmodell ● Das Modell der Angebotspalette eines Herstellers, welches mit den höchsten Stückzahlen am Markt vertrieben wird, z.B. früher der Käfer, heute der Golf für Volkswagen

→ Wrap Around ● Zieht sich ein Gestaltungsthema, z.B. eine Linie oder auch eine Fläche um das gesamte Fahrzeug, so dass aus allen Ansichten erkennbar auch eine Verbindung besteht, spricht man von einem umlaufenden Designmerkmal oder auch »Wrap-Around Feature«

Bibliografische Information der
Deutschen Nationalbibliothek

Die Deutsche Nationalbibliothek verzeichnet diese Publikation in der Deutschen Nationalbibliografie; detaillierte bibliografische Daten sind im Internet über http://dnb.d-nb.de abrufbar.

Idee und Gesamtkonzeption, Texte
Prof. Dr. Othmar Wickenheiser

Betreuer Mercedes-Benz
Prof. Dr. h.c. Gorden Wagener
Achim Badstübner
Torben Ewe
Frank Spörle

Betreuer Hochschule München
Prof. Dr. Wickenheiser

Studierende
Dominic Baumann
Sebastian Bekmann
Tim Bormann
Michael Juraschek
Anja König
Ignacio Pena
Anna Pittrich
Jonas Rall
Constantin Weyers
Benjamin Wiedling

Konzeption und Gestaltung
Daniel Künzner
Tim Tauschek
kuenznertauschek.com
Prof. Béla Stetzer

Covergestaltung
Daniel Künzner
Tim Tauschek

Satzarbeit
Daniel Künzner
Tim Tauschek

Fotografie
Said Burg
Sandra Sommerkamp
Ignacio Pena

Historische Bilder
Mercedes-Benz Archiv

Copyright Shaker Media 2017
Alle Rechte, auch das des auszugsweisen Nachdruckes, der auszugsweisen oder vollständigen Wiedergabe, der Speicherung in Datenverarbeitungsanlagen und der Übersetzung, vorbehalten.

Printed in Germany

ISBN 978-3-95631-626-5

Shaker Media GmbH
Postfach 101818
52018 Aachen
Telefon: 02407 / 95964-0
Telefax: 02407 / 95964-9